VDI-Wasserdampftafeln

bis 800 °C und 1000 at

VDI Steam Tables

up to 800 °C and 1000 at

Tables VDI de la vapeur d'eau

jusqu'à 800 °C et 1000 at

Tablas VDI de vapor de agua

hasta 800 °C y 1000 at

$$\boxed{\text{kcal, at}}$$

Herausgeber: Verein Deutscher Ingenieure

Siebente, neubearbeitete und erweiterte Auflage · Seventh renewed and amplified edition
Septième édition renouvellée et augmentée · Séptima edición renovada y ampliada

Von

Ernst Schmidt VDI

Dr.-Ing. habil., Dr. rer. nat. E. h., LL. D. h. c.
M. I. Mech. E., em. o. Prof. an der Technischen Hochschule München

1968

Springer-Verlag Berlin Heidelberg GmbH

Mit einem Mollier h, s-Diagramm und einem T, s-Diagramm
Including a Mollier h, s-Diagram and a T, s-Diagram
Comprenant un diagramme h, s de Mollier et un diagramme T, s
Incluyendo un diagrama h, s de Mollier y un diagrama T, s

Additional material to this book can be downloaded from http://extras.springer.com

ISBN 978-3-662-22843-2   ISBN 978-3-662-24776-1 (eBook)
DOI 10.1007/978-3-662-24776-1

Titelnummer 1076

Berichtigungen

S. 146/147: 4 b. Internationale Rahmentafel . . .
lies

Druck	Temperatur	Rahmentafel-wert	Toleranz
5	50	. . . . .	0,0002
1	425	3218	. . . . .
225	425	9,51	. . . . .
100	450	. . . . .	0,05
10	475	342,2	. . . . .
950	800	4,57	. . . . .

S. 158: Überschrift zur Tabelle b) lies 0,85985
S. 192/193: Zeile 22 lies 100—700 °C

Vorwort

Diese 7. Auflage der VDI-Wasserdampftafeln, früher Ausgabe A [i] genannt, stimmt inhaltlich mit der gleichzeitig unter dem Titel ,,Properties of Water and Steam in International Units'' erscheinenden internationalen Tafel überein, welche an die Stelle der 6. Auflage, Ausgabe B, tritt. Sie unterscheidet sich von der internationalen Tafel durch die Verwendung der Einheiten Kilokalorie (kcal) und technische Atmosphäre (1 at = 1 kp/cm² = 1 kgf/cm²). Gegenüber der 6. Auflage ist sie im Druckbereich bis 1000 at erweitert und durch eine Tafel mit verfeinerter Temperaturstufung in der Nähe des kritischen Punktes ergänzt. Ferner wurden Prandtl-Zahl, Oberflächenspannung und Isentropenexponent aufgenommen.

Die Tafeln der Eigenschaften des Wasserdampfes sind aus international vereinbarten Gleichungen berechnet. Leichte Glättungen oder Interpolationen sind nur in kleinen Bereichen bei der spezifischen Wärmekapazität, der dynamischen Viskosität und der Wärmeleitfähigkeit vorgenommen worden.

Gleichungen und Tabellen sind ein wichtiges Hilfsmittel für die Industrie aller Länder. Bei der Verwendung digitaler Rechenautomaten sind Gleichungen notwendig, da Tabellen zu großen Speicherplatz erfordern.

Die zusammenfassend als "Formulation" bezeichneten Zustandsgleichungen der thermodynamischen Eigenschaften wurden von dem International Formulation Committee (IFC) aufgestellt, das die 6. Internationale Konferenz über die Eigenschaften des Wasserdampfes 1963 in New York eingesetzt hat. Das IFC besteht aus Vertretern der folgenden Länder:

Bundesrepublik Deutschland (BRD)	Sowjetunion (UdSSR)
Großbritannien (UK)	Tschechoslowakei (ČSSR)
Japan	Vereinigte Staaten von Amerika (USA)

Den Mitgliedern des IFC und allen denen, die durch experimentelle und theoretische Untersuchungen zur Vertiefung unserer Kenntnis der Eigenschaften des Wasserdampfes beigetragen haben, gebührt Dank. Besonderen Dank schulde ich Herrn Dr. K. R. Schmidt, Siemens AG, und den Herren Dipl.-Ing. J. Bach, Dr.-Ing. F. Mayinger, Dipl.-Ing. M. Reimann, Dr.-Ing. D. Schwarz und Dr.-Ing. H. Tratz, vor allem für die umfangreichen Arbeiten an der automatischen Rechenanlage, sowie Herrn Prof. U. Grigull für den Beitrag über Transportgrößen und Oberflächenspannung. Schließlich danke ich der Siemens AG Erlangen für die Benutzung ihrer Rechenanlage und dem Springer-Verlag für die vorbildliche Drucklegung.

München, im März 1968

Ernst Schmidt

Preface

This 7th Edition of the VDI-Steam Tables, as formerly called version A [i], agrees with the International Table published at the same time under the title "Properties of Water and Steam in International Units", which replaces the Version B of the VDI Tables. It differs from the International Table by the use of the units kilocalorie (kcal) and technical atmosphere (1 at = 1 kp/cm² = 1 kgf/cm²). Compared with the 6. Edition, it is enlarged to include 1000 at and supplemented by a table with narrower spacing of temperature in the neighbourhood of the critical point. Moreover, values of Prandtlnumber, surface tension and isentropic exponent are included.

The tables of the properties of water and steam are computed using internationally agreed equations. Slight smoothing and some interpolations were only applied in small regions of the specific heat capacity, the dynamic viscosity and the thermal conductivity.

Equations and tables are important devices for the industry of all countries. For use with digital computers equations are necessary because tables need too much storage space.

The equations of state comprehensively named "Formulation" were developed by the International Formulation Committee (IFC) set up at the Sixth International Conference on the Properties of Steam 1963 in New York. The IFC is composed of delegates of the following countries:

Bundesrepublik Deutschland (BRD)	Japan
Czechoslovakia (ČSSR)	Sovjet Union (USSR)
Great Britain (UK)	United States of America (USA)

Thanks are due to the members of the IFC, and to all who enlarged by experimental and theoretical research the knowledge of the properties of steam. I owe gratitude to Dr. K. R. Schmidt, Siemens AG, and Dipl.-Ing. J. Bach, Dr.-Ing. F. Mayinger, Dipl.-Ing. M. Reimann, Dr.-Ing. D. Schwarz and Dr.-Ing. H. Tratz especially for the extensive work with the computer, as well as Prof. U. Grigull for his contribution on transport properties and surface tension. Finally I thank the Siemens AG Erlangen for the use of their computer, and Springer-Verlag for the excellent printing.

Munich, March 1968

Ernst Schmidt

Préface

Cette édition, la septième, des tables VDI de la vapeur d'eau, autrefois la version A [i], correspond, en ce qui concerne le contenu, à la table internationale apparaissant, en même temps, sous le titre « Properties of Water and Steam in International Units » et remplaçant la sixième édition, version B. Elle diffère de la table internationale par l'emploi, pour unités, de la kilocalorie (kcal) et de l'atmosphère technique (1 at $=$ 1 kp/cm² $=$ 1 kgf/cm²). Elle est, par rapport à la sixième édition, augmentée dans la zone des pressions jusqu'à 1000 at et complétée par une table avec échelonnement plus fin de la température à proximité du point critique. Elle contient, en plus, le nombre de Prandtl, la tension superficielle et l'exposant isentropique.

Les tables des constantes de la vapeur d'eau ont été calculées à partir d'équations qui ont fait l'objet d'un accord international. Des lissages légers ou des interpolations n'ont été effectuées que dans de petites zones pour la chaleur spécifique, la viscosité dynamique et la conductivité thermique.

Les tableaux et les équations constituent une aide importante pour l'industrie de tous les pays. Dans le cas d'emploi de machines à calculer numériques, on a besoin d'équations car les tableaux demandent un trop grand espace pour la mise en mémoire.

Les équations d'état des propriétés thermodynamiques, sommairement désignées par "formulation", ont été établies par l'International Formulation Committee (IFC) qui a été crée en 1963, à New York, par la 6ᵉᵐᵉ Conférence Internationale sur les propriétés de la vapeur d'eau. L'IFC se compose des représentants des pays suivants:

République fédérale d'Allemagne (RFA)	Union Soviétique (URSS)
Grande-Bretagne (GB)	Tchécoslovaquie (ČSSR)
Japon	Etats-Unis d'Amérique (USA)

Nous tenons à remercier les membres de l'IFC et tous ceux qui, par des études expérimentales et théoriques, ont contribué à approfondir nos connaissances des propriétés de la vapeur d'eau. Nous remercions particulièrement M. le docteur K. R. Schmidt, Siemens AG, MM. les ingénieurs diplomés J. Bach et M. Reimann, MM. les docteurs-ingénieurs F. Mayinger, D. Schwarz et H. Tratz surtout pour les travaux importants effectués sur l'installation à calculer automatique, ainsi que M. le professeur U. Grigull pour la contribution à l'étude des grandeurs de transport et de tension superficielle. Nous remercions finalement la Siemens AG à Erlangen pour l'utilisation de son installation à calculer ainsi que la maison d'édition Springer pour l'impression exemplaire.

Munich, Mars 1968

Ernst Schmidt

Prólogo

Esta séptima edición de las tablas VDI de vapor de agua, entonces la publicación A [i], coincide en su contenido con la tabla internacional que aparecerá simultáneamente bajo el título "Properties of water and Steam in International Units", la cual sustituye a la sexta edición, reimpresión B. La presente edición se diferencia de la tabla internacional por la utilización de las unidades kilocaloría (kcal) y atmósfera técnica (1 at $=$ 1 kp/cm² $=$ 1 kgf/cm²). En comparación con la sexta edición, la presente se ha ampliado en la gama de presiones hasta 1000 at y se ha completado con una tabla que presenta un escalonamiento de temperaturas más fino, en las proximidades del punto crítico. Además, se han recogido el número de Prandtl, la tensión superficial y el exponente isentrópico.

Las tablas de las propiedades del vapor de agua se han calculado basándose en ecuaciones aceptadas internacionalmente. Sólo en zonas muy reducidas se han llevado a cabo ligeros retoques o interpolaciones para la viscosidad dinámica y la conductibilidad térmica.

Las ecuaciones y tablas son un importante medio auxiliar para la industria de todos los países. Cuando se utilizan máquinas automáticas digitales de calcular, resultan necesarias las ecuaciones, puesto que las tablas requieren una capacidad de memoria excesiva.

Las ecuaciones de estado de las propiedades termodinámicas, designadas resumidamente "formulación", fueron establecidas por el International Formulation Committee (IFC), el cual organizó en 1963 la sexta conferencia internacional de Nueva York sobre las propiedades del vapor de agua. El comité IFC está compuesto por representantes de los siguientes países:

República Federal de Alemania	Unión Soviética
Gran Bretaña	Checoslovaquia
Japón	Estados Unidos de América

Mi agradecimiento a los miembros del comité IFC y a todas aquellas personas que con sus investigaciones teóricas y experimentales han contribuido a un mejor conocimiento de las propiedades del vapor de agua. Reitero especialmente mi gratitud al Dr. K. R. Schmidt, Siemens AG, Dipl. Ing. J. Bach, Dr. Ing. F. Mayinger, Dipl. Ing. M. Reimann, Dr. Ing. D. Schwarz y Dr. Ing. H. Tratz, sobre todo por sus extensos trabajos en el calculador automático, así como al profesor U. Grigull por su aportación relativa a las magnitudes de transporte y de tensión superficial. Finalmente, agradezco a la Casa Siemens AG, de Erlangen, las facilidades concedidas para utilizar su calculador, así como a la editorial Springer su ejemplar impresión.

München, Marzo 1968

Ernst Schmidt

Inhaltsverzeichnis

Contents

Tables des matières

Indice

Einführung

1. Allgemeines

Die zweite und dritte internationale Konferenz über die Eigenschaften des Wasserdampfes [23, 19] schufen sogenannte Rahmentafeln (Skeleton Tables), in denen die thermodynamischen Eigenschaften des Wasserdampfes für einen Bereich von abgestuften Drücken und Temperaturen zahlenmäßig vereinbart sind mit gewissen durch die begrenzte Genauigkeit aller Messungen bedingten Toleranzen. Die Rahmentafeln wurden von den folgenden Konferenzen [55, 56] verbessert und auf größere Bereiche von Druck und Temperatur erweitert, bis auf der sechsten Konferenz [60] die in Tafel B4 wiedergegebene Rahmentafel 1963 angenommen wurde. Diese basiert auf allen bis zu diesem Zeitpunkt vorliegenden und als zuverlässig angesehenen Meßwerten.

Die Größe der Toleranzen ist so bemessen, daß alle als vertrauenswürdig angesehenen Versuchsergebnisse in ihrem Bereich liegen. Die Toleranzen der Rahmentafel sind also zugleich ein Maß für die Unsicherheit der Rahmentafelwerte. Bei der geringen Zahl der über große Bereiche verteilten Versuchswerte ist eine genauere Definition, etwa im Sinne der statistischen Fehlertheorie nicht möglich. Es ist unwahrscheinlich, aber nicht ausgeschlossen, daß die „wahren" Werte an dieser oder jener Stelle noch außerhalb des Bereiches der Toleranzen liegen. In verschiedenen Ländern bestehen heute noch nationale Dampftafeln, deren Werte innerhalb des Bereiches der Toleranzen der Rahmentafel voneinander abweichen können.

Die Rahmentafeln benutzen bereits die Einheiten des allgemein angestrebten Internationalen Einheitensystems (SI-Einheiten), wie sie von der Conférence Générale des Poids et Mesures (CGPM) 1954 definiert wurden, und deren dezimale Teile und Vielfache: für Menge das Kilogramm, für Volumen das Kubikmeter, für Druck das bar, für Temperatur den Grad Kelvin und den Grad Celsius. Da in der Übergangszeit bis zur endgültigen Einführung der SI-Einheiten auch die bisherigen Einheiten weiter benutzt werden, wurde diese 7. Auflage der VDI-Wasserdampftafeln in den Einheiten Kilokalorie (kcal) und technischer Atmosphäre (1 at $= 1 \text{ kp/cm}^2 = 1 \text{ kgf/cm}^2$) herausgebracht in Fortführung der Ausgabe A der 6. Auflage. Die Ausgabe B der 6. Auflage wird nicht mehr als VDI-Wasserdampftafel, sondern als internationale Gemeinschaftsarbeit des VDI mit den Ingenieurvereinen anderer Länder erscheinen.

Die früheren Rahmentafeln und auch die bisherigen nationalen Tafeln, z. B. die VDI-Wasserdampftafeln, 6. Auflage (1963) [i], begannen die Zählung von Enthalpie und Entropie beim Zustand des flüssigen Wassers am Eispunkt bei 0 °C. Die Rahmentafeln 1963 und die folgenden Formeln und Tabellen gehen dagegen vom Tripelpunkt aus, an dem spez. Enthalpie und spez. Entropie des flüssigen Wassers den Wert Null erhalten. Der Tripelpunkt, der zusammen mit dem absoluten Nullpunkt die thermodynamische Temperaturskala festlegt, hat den international vereinbarten genauen Wert 273,16 °K. Der Anfangspunkt der Celsiusskala, die vom Eispunkt an zählte, liegt heute bei genau 273,15 °K, also um 0,01 °K unter dem Tripelpunkt. Bei 273,15 °K hat nach den neuen Festlegungen das hier nicht in einem Gleichgewichtszustand befindliche, sondern etwas unterkühlte Wasser die spez. Enthalpie $h = -0,01 \text{ kcal/kg}$ und die spez. Entropie $s = -0,00004 \text{ kcal/kg °K}$. Für industrielle Berechnungen sind diese kleinen Differenzen zwischen Tripelpunkt und Eispunkt ohne Bedeutung.

Mit dem zunehmenden Gebrauch von digitalen Rechenanlagen für komplizierte Berechnungen, besonders bei der Auslegung und Optimierung von Kraftanlagen wurde es nötig, eine für den Gebrauch der Industrie geeignete Formulierung der thermodynamischen Eigenschaften des Wassers und Wasserdampfes zu entwickeln.

Introduction

1. Generalities

The second and third International Conferences on the Properties of Steam [23, 19] set up what are known as skeleton tables in which the thermodynamic properties of steam are tabulated for a range of pressures and temperatures with tolerances occasioned by the limited precision inherent in all measurements of these properties. The skeleton tables have been enlarged to cover a wider range of pressure and temperature and improved by the succeeding conferences [55, 56] until at the Sixth Conference [60] the 1963 skeleton table reproduced in section B 4 was adopted. This is based on all results of measurements of properties available up to that time and which were believed to be reliable.

The magnitudes of the tolerances have been so chosen so that all experimental results regarded as trustworthy lie within them. Thus the tolerances in the skeleton table are at the same time an indication of the uncertainity of their values. The tolerances cannot be defined more precisely (for instance by the use of statistical theory of errors) because of the small number of experimental data points scattered over large regions. It is unlikely, but of course not impossible, that the "true" values at a few points may be outside the tolerance interval. There are still national steam tables in several countries in which the values of the properties may differ from each other by amounts within the range of the tolerances in the skeleton table.

The skeleton tables already use the generally advocated units of the International System of Units (SI-Units) defined by the Conférence Générale des Poids et Mesures (CGPM) 1954, and their decimal parts and multiples: for quantity the kilogram, for volume the metre cubic, for pressure the bar, for temperature the degree Kelvin and the degree Celsius. Because the former units will be widely used in the transition period ending in the final adoption of the SI-Units, this 7th Edition of the VDI-Wasserdampftafeln is published with the units kilocalorie (kcal) and technical atmosphere (1 at $= 1 \text{ kp/cm}^2 = 1 \text{ kgf/cm}^2$) in continuation of version A of the 6th Edition. The version B of the 6. Edition will be longer no published as "VDI-Wasserdampftafel" but in international collaboration of the VDI with the Engineering Societies of other countries.

The earlier skeleton tables, and also the national tables based on them (for example the VDI-Wasserdampftafeln, 6th ed. 1963 [i]), used as the datum for zero enthalpy and entropy the value of the properties of liquid water at the ice point, that is at 0 °C. The 1963 skeleton tables and the following formulae and tables use instead the triple point as the point where specific enthalpy and specific entropy of liquid water are assigned the value zero. The triple point, which together with absolute zero determines the thermodynamic temperature scale, has an internationally adopted exact value of 273,16 °K. The initial point of the Celsius (Centigrade) scale, which was based on the ice point, is now exactly 273,15 °K, or 0,01 °K below the triple point. At 273,15 °K, according to the new convention, water, which is here not in a condition of equilibrium but slightly supercooled, has a specific enthalpy $h = -0,01 \text{ kcal/kg}$ and a specific entropy $s = -0,00004 \text{ kcal/kg °K}$. For industrial calculations these minute differences between triple point and ice point are insignificant.

With increased use of digital computers for complicated calculations, especially in the design and the optimisation of powerstations, it has become necessary to develop a formulation of the properties of water and steam for industrial use.

Introduction

1. Généralités

La deuxième et la troisième conférence internationale sur les propriétés de la vapeur d'eau [23, 19] ont établi des tables nommées tables-cadres (Skeleton Tables) qui contiennent les valeurs numériques des propriétés de la vapeur d'eau pour une zone de pressions et de températures échelonnées, avec les tolérances conditionnées par la précision limitée de toutes les mesures. Par les conférences suivantes [55, 56], les tables-cadres ont été améliorées et étendues à des zones plus grandes de la pression et de la température; finalement, à la sixième conférence [60], la table-cadre 1963 reproduite dans la table B4 a été adoptée. Cette table-cadre est basée sur toutes les valeurs de mesure existant jusqu'à ce jour et considérées comme sûres.

Les tolérances ont été choisies de façon que tous les résultats d'essais dignes de confiance soient situés à l'intérieur de ses limites. Les tolérances de la table-cadre caractérisent donc l'incertitude des valeurs de la table-cadre. Une définition plus précise, par exemple dans le sens de la théorie statistique des erreurs, n'est pas possible par suite du faible nombre des valeurs d'essais réparties sur des zones très étendues. Il est invraisemblable, mais non exclu, que les « vraies » valeurs à l'un ou l'autre endroit soient encore situées à l'extérieur des tolérances. Dans différents pays, il existe encore aujourd' hui des tables nationales dont les valeurs peuvent différer à l'intérieur des tolérances de la table-cadre.

Les tables-cadres utilisent déjà les unités du Système International d'Unités (unités SI) recommandées de façon générale et définies par la Conférence Générale des Poids et Mesures (CGPM) en 1954, ainsi que les multiples et sous-multiples décimaux de ces unités: le kilogramme pour la masse, le mètre cube pour le volume, le bar pour la pression, le degré Kelvin et le degré Celsius pour la température. Etant donné que, pendant la période de transition, jusqu'à l'introduction définitive des unités SI, les unités valables jusqu'à ce jour seront encore utilisées, nous avons fait paraître cette septième édition des tables VDI des constantes de la vapeur d'eau qui est basée sur la kilocalorie (kcal) et l'atmosphère technique (1 at = 1 kp/cm^2 = 1 kgf/cm^2) et qui constitue la continuation de la version A de la sixième édition.

La version B de la sixième édition n'apparaîtra plus sous le titre de tables VDI de la vapeur d'eau, mais sous le titre d'une collaboration internationale de VDI avec les associations d'ingénieurs d'autres pays.

Dans les tables-cadres anciennes et aussi dans les tables nationales utilisées jusqu'au présent, p. ex. les tables VDI, 6ème édition (1963) [i], l'enthalpie et l'entropie sont comptées pour l'eau liquide à partir du point de congélation à 0 °C. Les tables-cadres de 1963 et les formules et tableaux qui suivent se rapportent, par contre, au point triple pour lequel l'enthalpie spécifique et l'entropie spécifique de l'eau liquide sont posées comme égales à zéro. Le point triple qui, ensemble avec le zéro absolu, détermine l'échelle thermodynamique des températures a la valeur exacte, qui résulte d'un accord international, de 273,16 °K. Le point de départ de l'échelle Celsius, c'est-à-dire le point de congélation, se situe aujourd'hui exactement à 273,15 °K, donc de 0,01 °K au-dessous du point triple. D'après les nouvelles déterminations, l'eau qui, ici, n'est pas en état d'équilibre, mais un peu refroidie a, à 273,15 °K, l'enthalpie spécifique $h = -0,01$ kcal/kg et l'entropie spécifique $s = -0,00004$ kcal/kg °K. Pour les calculs industriels, ces petites différences entre le point triple et le point de congélation n'ont aucune importance.

Les installations à calculer numériques étant de plus en plus utilisées pour des calculs compliqués, spécialement dans le cas de l'étude et de l'optimisation des centrales électriques, il était devenu nécessaire de mettre

Introducción

1. Generalidades

La segunda y tercera conferencia internacional sobre las propiedades del vapor de agua [23, 19] establecieron las denominadas tablas estructurales (Skeleton Tables), en las que se fijan numéricamente las propiedades del vapor de agua dentro de una zona de presiones y temperaturas escalonadas, con ciertas tolerancias debidas a la exactitud limitada propia de todas las mediciones. En las siguientes conferencias [55, 56] se mejoraron dichas tablas y se ampliaron a zonas más extensas de presión y temperatura, hasta que, en la sexta conferencia [60], se aceptó la tabla estructural 1963, que se reproduce en la tabla B4. Dicha tabla se basa en todos los valores de los que hasta aquel momento se disponía y que eran considerados como seguros.

La magnitud de las tolerancias es tal, que quedan dentro de su margen todos los resultados de experimentos que puedan considerarse de confianza. Por lo tanto, las tolerancias de la tabla estructural constituyen al mismo tiempo un grado de medida de la inseguridad de los valores en ella contenidos. En el reducido número de valores experimentales distribuidos a lo largo de extensas zonas no resulta posible establecer una definición más exacta, tal como se hace, por ejemplo, para la teoría de errores, en estadística. Es improbable, pero no queda descartado, que los valores "reales", en uno u otro punto, queden fuera del margen de tolerancias. En distintos países existen aún, hoy en día, tablas nacionales de las constantes del vapor, cuyos valores pueden discrepar entre sí dentro del margen de tolerancias de la tabla estructural.

En las tablas estructurales se hace uso ya de las unidades del sistema internacional (unidades SI), al que generalmente se tiende, tal como se definieron en la Conférence Générale des Poids et Mesures (CGPM) 1954, empleándose también los múltiples y submúltiples decimales de dichas unidades: para masas, el kilogramo; para volúmenes, el metro cúbico; para presiones, el bar, y para temperaturas, los grados Kelvin y Celsius. Puesto que en el tiempo de transición, hasta el empleo definitivo de las unidades SI, se seguirán utilizando también las actuales unidades, esta séptima edición de las tablas VDI se ha editado en las unidades kilocaloría (kcal) y atmósfera técnica (1 at = 1 kp/cm^2 = 1 kgf/cm^2), como continuación de la reimpresión A de la sexta edición.

La reimpresión B de la sexta edición no aparecerá ya como tabla VDI de vapor de agua, sino como un trabajo de cooperación internacional de VDI con asociaciones de ingenieros de otros países.

En las anteriores tablas estructurales, e incluso en las actuales tablas nacionales, por ejemplo tablas VDI de vapor de agua, sexta edición (1963) [i], se tomaba como origen de la entalpía y de la entropía el estado del agua líquida en el punto de solidificación, a 0 °C. En las tablas estructurales de 1963, y en las fórmulas y tablas que siguen, se parte, por el contrario, del punto triple, en el que se asigna un valor nulo a la entalpía y entropía específicas del agua líquida. El punto triple, que en unión del cero absoluto define la escala termodinámica de temperaturas, tiene un valor exacto de 273,16 °K, según acuerdo internacional. El origen de la escala Celsius, que comienza a contar a partir del punto de congelación, se encuentra en la actualidad exactamente a 273,15 °K, es decir, 0,01 °K por debajo del punto triple. Según el nuevo convenio, a 273,15 °K, el agua, que en este punto no se encuentra en estado de equilibrio sino ligeramente subenfriada, tiene una entalpía específica $h = -0,01$ kcal/kg y una entropía específica $s = 0,00004$ kcal/kg °K. En los cálculos industriales, estas pequeñas diferencias entre el punto triple y el punto de congelación carecen de importancia.

Con el creciente uso de los computadores digitales para efectuar cálculos complicados, en especial al diseñar

Zu diesem Zweck wurde von der 6. Internationalen Konferenz über die Eigenschaften des Wasserdampfes (1963 in New York) das International Formulation Committee (IFC) ins Leben gerufen. Ergebnis seiner Arbeit ist: „The 1967 IFC-Formulation for Industrial Use."

Diese international anerkannte, in Abschnitt C.I gegebene Formulation besteht aus einem Satz von Gleichungen, sie umfaßt den ganzen in der Rahmentafel angegebenen Bereich und liefert Werte, die überall innerhalb der Toleranzen der Rahmentafel liegen und thermodynamisch konsistent sind, d. h. den bekannten Beziehungen zwischen den verschiedenen Zustandsgrößen genügen.

Die in der folgenden Dampftafel bis zu Temperaturen von 800 °C und Drücken von 1000 at angegebenen thermodynamischen Zustandsgrößen spez. Volumen, spez. Enthalpie und spez. Entropie von Wasser und Dampf sind mit dieser Formulation gerechnet. Sie sind in den Tabellen mit größerer Stellenzahl angegeben als es die Genauigkeit der Versuchswerte und der Spielraum der Toleranzen rechtfertigt, um das Interpolieren zu erleichtern.

Die Stufung der Temperatur beträgt normalerweise 10 °C. Für einen kleinen Bereich in der Nähe des kritischen Zustandes wurde in einer besonderen Tabelle (Tafel B 3 a) die Temperaturstufung auf 1 °C verfeinert, um eine bessere Interpolation der hier mit der Temperatur stark veränderlichen Werte zu ermöglichen.

Die spez. Wärmekapazität bei konstantem Druck wurde mit Hilfe thermodynamischer Beziehungen aus der Formulation berechnet. In einem kleinen überkritischen Bereich bei hohen Drücken war es nötig, graphisch zu glätten. Die Werte der spez. Wärmekapazität sind in Tafel B 5 enthalten und in einem Diagramm über der Temperatur mit dem Druck als Parameter dargestellt.

Die Transportgrößen Viskosität und Wärmeleitvermögen behandelte eine Arbeitsgruppe [16, 44] der 6. Internationalen Konferenz, sie schlug für diese Größen erstmals Rahmentafeln und Interpolationsgleichungen vor, die internationale Anerkennung fanden. Mit Hilfe dieser Gleichungen, anderer inzwischen bekannt gewordenen Funktionen und auf graphischem Wege wurden Tabellen für die Viskosität, Wärmeleitfähigkeit und die Prandtl-Zahl $Pr = \eta\, c_p/\lambda$ ermittelt und diese Größen jeweils über der Temperatur mit dem Druck als Parameter und außerdem noch in einer p,t-Ebene dargestellt.

Um für die Prandtl-Zahl einen glatten Verlauf zu erhalten, mußten die Werte der Wärmeleitfähigkeit des überhitzten Dampfes bei $p = 1$ bar und oberhalb 650 °C bei allen Drücken in der dritten Stelle der Zahlenwerte etwas geändert werden; aber diese Änderungen sind viel kleiner als die Toleranzen der Rahmentafel 1964.

Die Werte der Oberflächenspannung und der Laplace-Konstanten von Wasser [15] sind in einer Tabelle und in einem Diagramm angegeben. Der Isentropenexponent wurde aus der Formulation abgeleitet und in einem T,s-Diagramm dargestellt.

Als Beilage ist ein h,s-Diagramm und ein T,s-Diagramm angefügt.

Der wesentliche Teil des Textes ist in Deutsch, Englisch, Französisch und Spanisch gedruckt. In den Tabellen sind aber fast gleich lautende, auf denselben Ursprung zurückgehende Ausdrücke, z. B. Temperatur, Enthalpie, nur in Deutsch angegeben und in den anderen Sprachen nicht wiederholt.

For this purpose the 6. International Conference on the Properties of Steam (1963 in New York) installed the International Formulation Committee (IFC). The result of its work is: "The 1967 IFC Formulation for Industrial Use."

This internationally recognized formulation given in paragraph CI. consists of a set of equations and corresponds to the state of our knowledge in early 1967. It comprises the whole area of the skeleton tables and the values derived from it are everywhere within the tolerances of the skeleton table and are thermodynamically consistant, i.e. they satisfy the known relationships among the several parameters of state.

The values of specific volume, specific enthalpy and specific entropy of water and steam in the following tables up to temperatures of 800 °C and pressures of 1000 at are calculated with the help of this formulation, they are given to a larger number of digits than the accuracy of the experimental data and the range of tolerances warrant in order to facilitate interpolation.

The spacing of temperature normally is 10 °C. For a small region in the neighbourhood of the critical state is was reduced to 1 °C in order to permit a better interpolation of the values, which here vary sharply with temperature (Table B 3 a).

The specific heat capacity at constant pressure was derived from the formulation with the help of the thermodynamic relations. However, in a small supercritical region at high pressures slight graphical smoothing was necessary. The values of the specific heat capacity are given in Table B 5 and represented in a diagram as a function of temperature with pressure as parameter.

The transport properties: viscosity and thermal conductivity were treated by a working group [16, 44] of the 6. International Conference. This group proposed skeleton tables and equations for interpolation which were internationally recognized. With the help of these equations, of other meanwhile published functions, tables of viscosity, thermal conductivity, and of Prandtl-number $Pr = \eta\, c_p/\lambda$ were composed graphically, and represented as functions of temperature with pressure as parameter, and also in a p,t-plane.

In order to get smooth Prandtl number curves, the values of thermal conductivity of superheated steam at 1 bar and above 650 °C at all pressures had to be slightly altered in the third significant figure, but these alterations are much smaller than the tolerances of the skeleton table 1964.

The values of surface tension and of Laplace-constant [15] are given in a table and a diagram. The isentropic exponent was derived from the formulation and represented in a T,s-diagram.

As supplements, a h,s-Diagram and a T,s-Diagram are enclosed.

The essential part of the text is printed in German, English, French and Spanish. However, in the tables almost identical terms originating from the same root are only given in German and not repeated in the other languages.

au point une formule des propriétés thermodynamiques de l'eau et de la vapeur d'eau qui s'adapte à l'usage dans l'industrie.

A cet effet, la 6ᵉᵐᵉ Conférence Internationale sur les propriétés de la vapeur d'eau (à New York en 1963) a créé l'International Formulation committee (IFC). Le résultat de ce comité est «The 1967 IFC-Formulation for Industrial Use».

Cette formulation reconnue sur le plan international se compose d'un ensemble d'équations; elle comprend la totalité de la zone indiquée dans la table-cadre et elle fournit des valeurs qui sont toujours situées à l'intérieur des tolérances de la table-cadre et qui sont thermodynamiquement consistantes, c'est-à-dire qui satisfont aux relations connues entre les différentes variables d'état.

Au moyen de cette formulation ont été calculées les variables d'état thermodynamiques, à savoir le volume spécifique, l'enthalpie spécifique et l'entropie spécifique de l'eau et de la vapeur qui figurent dans la table suivante des constantes de la vapeur (jusqu'à des températures en 800 °C et des pressions de 1000 at). Ces valeurs dot été indiquées, dans les tableaux, avec un nombre de chiffres plus grand qu'il n'est justifié par la précision des valeurs d'essais et par la marge des tolérances, ceci afin de faciliter les interpolations.

L'échelonnement de la température est normalement de 10 °C. Pour une petite zone dans le voisinage de l'état critique, l'échelonnement de la température a été réduit à 1 °C afin de permettre une meilleure interpolation des valeurs qui varient fortement en fonction de la température. Ces valeurs sont groupées dans un tableau spécial (table B 3 a).

La chaleur spécifique à pression constante a été calculée à partir de la formulation à l'aide de relations thermodynamiques. Dans une petite zone hypercritique à des pressions élevées, il a été nécessaire de lisser graphiquement. Les valeurs de la chaleur spécifique sont contenues dans le tableau B 5 et elles sont représentées dans un diagramme en fonction de la température avec la pression comme paramètre.

Les grandeurs de transport, c'est-à-dire la viscosité et la conductivité thermique, ont été traitées par un groupe de travail de la 6ᵉᵐᵉ Conférence Internationale [16, 44]; ce groupe a proposé pour la première fois d'établir, pour ces grandeurs, des tables-cadres et des équations d'interpolation qui ont été reconnues sur le plan international. A l'aide de ces équations et au moyen d'autres fonctions connues depuis ainsi que par voie graphique, on a établi des tableaux pour la viscosité, la conductivité thermique et le nombre de Prandtl $Pr = \eta\, c_p/\lambda$; chacune de ces grandeurs a été représentée en fonction de la température avec la pression comme paramètre, et aussi dans un plan p, t.

Afin d'obtenir une allure lisse de la courbe du nombre de Prandtl, on a dû modifier légèrement les valeurs de la conductivité thermique de la vapeur surchauffée à $p = 1$ bar et à toutes les pressions pour températures supérieures à 650 °C. Ces modifications concernent le troisième chiffre des valeurs numériques; elles sont cependant bien plus petites que les tolérances de la table-cadre 1964.

Les valeurs de la tension superficielle et de la constante de Laplace de l'eau [15] sont indiquées dans un tableau et dans un diagramme. L'exposant isentropique a été déduit de la formulation et représenté dans un diagramme T, s.

On a ajouté, comme annexe, un diagramme h, s et un diagramme T, s.

La partie essentielle est imprimée en allemand, en anglais, en français et en espagnol. Cependant, dans les tableaux, les expressions semblables ayant la même origine, p. ex. la température, l'enthalpie, etc., ne sont indiquées qu'en allemand et ne sont donc pas répétées dans les autres langues.

y optimar las centrales térmica, se hizo necesario desarrollar una formulación, adecuada para usos industriales, de las propiedades termodinámicas del agua y del vapor de agua.

A tal fin, en la sexta conferencia internacional sobre las propiedades del vapor de agua (Nueva York, 1963) se creó el International Formulation Committee (IFC). La publicación "The 1967 IFC-Formulation for Industrial Use" es un resultado de la labor de dicho comité.

Este sistema de fórmulas, internacionalmente reconocido, se compone de un grupo de ecuaciones, comprende la totalidad de la zona indicada en la tabla estructural y proporciona valores que quedan dentro de las tolerancias de dicha tabla y tienen una consistencia termodinámica, es decir, satisfacen las conocidas relaciones entre las diversas magnitudes de estado.

En la tabla de propiedades del vapor, que a continuación sigue, se indican, hasta temperaturas de 800 °C y presiones de 1000 at, las magnitudes de estado termodinámicas: volumen específico, entalpía específica y entropía específica del agua y del vapor, magnitudes estas que han sido calculadas con ayuda del sistema de fórmulas citado. Con el fin de facilitar la interpolación, las magnitudes se dan en las tablas con un número de cifras superior al que justifican la exactitud de los valores experimentales y el margen de las tolerancias.

El escalonamiento de la temperatura es, normalmente, de 10 °C. Para una reducida zona, en las proximidades del estado crítico, dicho escalonamiento se ha reducido a 1 °C en una tabla especial (tabla B 3 a), para posibilitar una mejor interpolación de los valores, que en esta región varían considerablemente con la temperatura.

La capacidad calorífica específica a presión constante se ha calculado con ayuda de relaciones termodinámicas, partiendo de la formulación. En una pequeña zona supercrítica, a elevadas presiones, resultó preciso aproximar gráficamente. Los valores de la capacidad calorífica específica están recogidos en la tabla B 5 y representados mediante la temperatura en un diagrama, con la presión como parámetro.

Las magnitudes de transporte, viscosidad y conductibilidad calorífica fueron objeto de trabajo de una comisión de la 6ᵃ Conferencia Internacional [16, 44], la cual propuso por primera vez para estas magnitudes la confección de unas tablas estructurales y el establecimiento de ecuaciones de interpolación, las cuales fueron reconocidas internacionalmente. Con ayuda de dichas ecuaciones, de otras funciones que entretanto han sido conocidas y por procedimientos gráficos se han determinado unas tablas para la viscosidad, con la conductibilidad calorífica y el número de Prandtl $Pr = \eta\, c_p/\lambda$, habiéndose representado estas magnitudes en función de la temperatura, con la presión como parámetro, y además en un plano p, t.

Con el fin de obtener una variación uniforme para el número de Prandtl, hubo que variar algo, en su tercera cifra, los valores de la conductilidad térmica del vapor recalentado para $p = 1$ bar y, por encima de 650 °C, para todas las presiones; estas modificaciones son, sin embargo, mucho menores que las tolerancias de la tabla estructural de 1964.

Los valores de la tensión superficial y de las constantes de Laplace del agua [15] se indican en una tabla y en un diagrama. El exponente isentrópico se ha deducido del sistema de fórmulas, habiéndose representado en un diagrama T, s.

Como anexos se incluyen un diagrama h, s y otro T, s.

La parte fundamental se publica en alemán, inglés, francés y español, sin embargo, en las tablas, las expresiones similares, con un mismo origen, tales como temperatura y entalpía, se han indicado exclusivamente en alemán.

2. In den Tafeln benutzte Größen und Einheiten/Quantities and units used in the tables

Temperatur, Celsius-	temperature Celsius	t	°C, grd, deg
Temperatur, thermodynamische oder Kelvin-	temperature Kelvin	T	°K
Druck	pressure	p	at = kp/cm² = kgf/cm²
spez. Volumen	specific volume	v	m³/kg
Dichte	density	$\varrho = 1/v$	kg/m³
spez. Enthalpie	specific enthalpy $\big\}$	h	kcal/kg
spez. Verdampfungswärme	specific heat of evaporation	r	
spez. Entropie	specific entropy	s	kcal/kg °K
spez. Wärmekapazität bei konstantem Druck	specific heat capacity at constant pressure	c_p	kcal/kg grd = kcal/kg deg
dynamische Viskosität	dynamic viscosity	η	kg/m s
Wärmeleitfähigkeit	thermal conductivity	λ	W/m grd = W/m deg
Prandtl-Zahl	Prandtl number	$Pr = \eta\, c_p/\lambda$	—
im Sättigungszustand:	in state of saturation:		
für Wasser Index '	for water index '		
für Dampf Index ''	for steam index ''		

3. Thermodynamische Beziehungen

Zwischen den Zustandsgrößen T, p, v, h und s bestehen Differentialbeziehungen, die sich aus den Hauptsätzen der Thermodynamik ergeben. Bei Benutzung der sogenannten thermodynamischen Potentiale

spez. freie Energie oder Helmholtz-Funktion f
spez. freie Enthalpie oder Gibbs-Funktion $g = f + p\,v$
auten sie:

$$s = -(\partial g/\partial T)_p = -(\partial f/\partial T)_v, \quad v = +(\partial g/\partial p)_T,$$

Zustandsgleichungen, welche diese Differentialbeziehungen erfüllen, bezeichnet man als thermodynamisch konsistent.

3. Thermodynamic Relations

Between the parameters of state T, p, v, h and s exist differential relations, resulting from the laws of thermodynamics. Using the so-called thermodynamic potentials:

specific free energy or Helmholtz function f
specific free enthalpy or Gibbs function $g = f + p\,v$
they read:

$$p = -(\partial f/\partial v)_T, \quad h = g + T\,s = f + p\,v + T\,s. \tag{1}$$

Equations of state which satisfy these differential relations are called thermodynamicly consistent.

4. Grundgrößen und Umrechnungsfaktoren

Eine Grundgröße aller Gase im idealen Zustand ist die allgemeine Gaskonstante

4. Fundamental Quantities and Conversion Factors

A fundamental quantity for all gases in ideal state is the universal gas constant

$$\boldsymbol{R} = 1{,}9858 \text{ kcal/kmol °K} = 8{,}31415 \text{ kJ/kmol °K}. \tag{2}$$

Die molare Masse von Wasserdampf ist

The molar mass of steam is

$$m_m = 18{,}0153 \text{ kg/kmol}, \tag{3}$$

bezogen auf das Atomgewicht 12 des Kohlenstoffnuklids ¹²C. Deshalb ist die spezifische Gaskonstante von Wasserdampf im idealen Zustand

referred to the atomic mass 12 of the carbon nuclid ¹²C. Therefore the specific gas constant of steam in ideal state is

$$R = \boldsymbol{R}/m_m = 0{,}110229 \text{ kcal/kg °K} = 0{,}461505 \text{ kJ/kg °K}. \tag{4}$$

Die Kilokalorie ist definiert durch das Kilojoule (kJ)

The kilocalorie is defined by the kilojoule (kJ)

$$1 \text{ kcal} = 4{,}1868 \text{ kJ}, \tag{5}$$

die technische Atmosphäre durch

the technical atmosphere by

$$1 \text{ at} = 1 \text{ kp/cm}^2 = 1 \text{ kgf/cm}^2 = 0{,}980665 \text{ bar}. \tag{6}$$

Das Kilopond oder kilogramme-force ist vom Kilogramm abgeleitet durch die Beziehung

The kilopond or kilogramme-force is derived from the kilogramme by the relation

$$1 \text{ kp} = 1 \text{ kgf} = 1 \text{ kg} \cdot 9{,}80665 \text{ m/s}^2, \tag{7}$$

wobei 9,80665 m/s² der Normwert der Schwerebeschleunigung ist.

where 9,80665 m/s² is the standard value of the gravitational acceleration.

2. Grandeurs et unités utilisées dans les tableaux/Magnitudes y unidades utilizadas en las tablas

température Celsius	temperatura Celcius	t	°C
température Kelvin	temperatura Kelvin	T	°K
pression	presión	p	at = kp/cm² = kgf/cm²
volume spécifique	volumen específico	v	m³/kg
densité	densidad	$\varrho = 1/v$	kg/m³
enthalpie spécifique	entalpía específica	h	kcal/kg
chaleur de vaporisation spécifique	calor específico de vaporización	r	
entropie spécifique	entropía específica	s	kcal/kg °K
chaleur spécifique à pression constante	capacidad calorífica específica a presión constante	c_p	kcal/kg grd = kcal/kg deg
viscosité dynamique	viscosidad dinámica	η	kg/m s
conductivité thermique	conductibilidad térmica	λ	W/m grd = W/m deg
nombre de Prandtl	número de Prandtl	$Pr = \eta\, c_p/\lambda$	—
en état de saturation:	en estado saturado:		
pour l'eau index ′	para agua indice ′		
pour la vapeur index ″	para vapor indice ″		

3. Relations thermodynamiques

Entre les variables d'état T, p, v, h et s, il existe des relations différentielles qui résultent des lois fondamentales de la thermodynamique. Quand on utilise les potentiels dits thermodynamiques, à savoir

l'énergie libre spécifique ou fonction de Helmholtz f l'enthalpie libre spécifique ou fonction de Gibbs $g = f + pv$, ces relations sont les suivantes:

3. Relaciones termodinámicas

Entre las magnitudes de estado T, p, v, h y s existen relaciones diferenciales, que se deducen de las leyes principales de la termodinámica. Utilizando los denominados potenciales termodinámicos

energía específica libre o función de Helmholtz f entalpía específica libre o función de Gibbs $g = f + p\,v$ dichas relaciones son las siguientes:

$$s = -(\partial g/\partial T)_p = -(\partial f/\partial T)_v, \quad v = +(\partial g/\partial p)_T, \qquad p = -(\partial f/\partial v)_T, \quad h = g + T\,s = f + p\,v + T\,s. \tag{1}$$

Les équations d'état qui satisfont à ces relations différentielles sont désignées par thermodynamiquement consistentes.

Las ecuaciones de estado que satisfagan estas relaciones diferenciales se dice que son termodinámicamente consistentes.

4. Grandeurs fondamentales et facteurs de conversion

Une grandeur fondamentale de tous les gaz à l'état idéal est la constante universelle des gaz

4. Magnitudes fundamentales y factores de conversión

Una magnitud fundamental de todos los gases en estado ideal es la constante general de los mismos

$$R = 1{,}9858 \text{ kcal/kmol °K} = 8{,}31415 \text{ kJ/kmol °K.} \tag{2}$$

La masse molar de la vapeur d'eau est

La masa molar del vapor de agua es

$$m_m = 18{,}0153 \text{ kg/kmol,} \tag{3}$$

rapporté à la masse atomique 12 du nuclid du carbone ¹²C. La constant spécifique des gaz pour la vapeur d'eau à l'état idéal est donc

referido a la masa atómico 12 del nuclid del carbono ¹²C. Por consiguiente, la constante específica del vapor de agua, en estado ideal, es

$$R = R/m_m = 0{,}110229 \text{ kcal/kg °K} = 0{,}461505 \text{ kJ/kg °K.} \tag{4}$$

La kilocalorie est définie par le kilojoule (kJ)

La kilocaloría se ha definido del siguiente modo

$$1 \text{ kcal} = 4{,}1868 \text{ kJ,} \tag{5}$$

l'atmosphère technique par

y la atmósfera técnica por

$$1 \text{ at} = 1 \text{ kp/cm}^2 = 1 \text{ kgf/cm}^2 = 0{,}980665 \text{ bar.} \tag{6}$$

Le kilopond ou kilogramme-force est déduit du kilogramme par la relation

El kilopondio o kilogramme-force se deriva del kilogramo mediante la relación

$$1 \text{ kp} = 1 \text{ kgf} = 1 \text{ kg} \cdot 9{,}80665 \text{ m/s}^2, \tag{7}$$

9,80665 m/s² étant la valeur normale de l'accélération terrestre.

siendo 9,80665 m/s² el valor normal de la aceleración de la gravedad.

Die folgenden Umrechnungstabellen enthalten auch die britischen Einheiten

inch (in) und foot (ft)   für Länge
Grad Fahrenheit (°F)   für Temperatur
pound (lb)   für Masse
pound-force (lbf)   für Kraft
British Thermal Unit (Btu)   für Wärme und Energie

Für die Umrechnung von m °F in n °C gilt die Zahlenwertgleichung

The following conversion tables also include the British units:

inch (in) and foot (ft)   for length
degree Fahrenheit (°F)   for temperature
pound (lb)   for mass
pound-force (lbf)   for force
British Thermal Unit (Btu)   for heat and energy

The conversion from m °F into n °C is made by the numerical equation

$$n = \tfrac{5}{9}\,(m - 32)\,. \tag{8}$$

Die vom absoluten Nullpunkt in °F gezählte Skala bezeichnet man als Rankine-Skala (°R), in ihr liegt der Nullpunkt der Celsiusskala bei 491,67 °R = 273,15 °K.

Die fett gedruckten Zahlen der Tabellen sind genaue Werte.

The temperature scale in deg F starting at absolute zero is called Rankine scale (°R), in it the zero point of the Celsius scale is at 491,67 °R = 273,15 °K.

The factors of the conversion tables shown in bold face are exact.

Umrechnungstabelle — Conversion Table

		bar	at	lbf/in²
Druck **Pressure**	1 bar =	1	1,01972	14,5038
	1 at =	0,980665	1	14,2233
	1 lbf/in² =	0,0689476	0,0703070	1
		m³/kg	ft³/lb	
Spezifisches Volumen **Specific Volume**	1 m³/kg =	1	16,0185	
	1 ft³/lb =	0,0624280	1	
		kJ/kg	kcal/kg	Btu/lb
Spezifische Enthalpie **Specific Enthalpy**	1 kJ/kg =	1	0,238846	0,429923
	1 kcal/kg =	4,1868	1	1,8
	1 Btu/lb =	2,326	0,555556	1
		kJ/kg °K	kcal/kg °K	Btu/lb °R
Spezifische Entropie **Specific Entropy**	1 kJ/kg °K =	1	0,238846	0,238846
	1 kcal/kg °K =	4,1868	1	1
	1 Btu/lb °R =	4,1868	1	1
		kJ/kg grd	kcal/kg grd	Btu/lb deg F
Spezifische Wärmekapazität **Specific Heat Capacity**	1 kJ/kg grd =	1	0,238846	0,238846
	1 kcal/kg grd =	4,1868	1	1
	1 Btu/lb deg F =	4,1868	1	1
		kg/m s	kp s/m²	lb/ft s
Dynamische Viskosität **Dynamic Viscosity**	1 kg/m s =	1	0,101972	0,671969
	1 kp s/m² =	9,80665	1	6,58976
	1 lb/ft s =	1,48816	0,151750	1
	1 Poise = 1 g/cm s = 1 dyn s/cm² = 10^{-1} kg/m s			
		W/m grd	kcal/m h grd	Btu/ft h deg F
Wärmeleitfähigkeit **Thermal Conductivity**	1 W/m grd =	1	0,859845	0,577789
	1 kcal/m h grd =	1,163	1	0,671969
	1 Btu/ft h deg F =	1,73073	1,48816	1

Les tableaux de conversion qui suivent contiennent aussi les unités britanniques:

le inch (in) et le foot (ft) pour la longueur
le degré Fahrenheit (°F) pour la température
le pound (lb) pour la masse
le pound-force (lbf) pour la force
le British Thermal Unit (Btu) pour la chaleur et l'énergie

Pour la conversion de m °F en n °C, on a l'équation numérique

Las tablas de conversión que siguen contienen también las unidades inglesas

inch (in) y foot (ft) para longitudes
grado Fahrenheit (°F) para temperaturas
pound (lb) para masas
pound-force (lbf) para fuerzas
British Thermal Unit (Btu) para calor y energía

Para la conversión de m °F en n °C rige la ecuación numérica

$$n = \tfrac{5}{9}\,(m - 32)\,. \tag{8}$$

L'échelle comptant, en °F, à partir du zéro absolu est désignée par l'échelle Rankine (°R); sur cette échelle, le point zéro de l'échelle Celsius est à 491,67 °R = 273,15 °K.

Les nombres imprimés en gras dans les tableaux sont des valeurs exactes.

La escala en °F que tiene su origen en el cero absoluto y se denomina escala Rankine (°R), encontrándose en ella el cero de la escala Celsius a 491,67 °R = 273,15 °K.

Los números de las tablas impresos en negrillas son valores exactos.

Tableau de conversion — Tabla de conversión

		bar	at	lbf/in²
Pression **Presión**	1 bar =	1	1,019 72	14,5038
	1 at =	0,980 66**5**	1	14,2233
	1 lbf/in² =	0,068 947 6	0,070 307 0	1

		m³/kg	ft³/lb	
Volume spécifique **Volumen específico**	1 m³/kg =	1	16,0185	
	1 ft³/lb =	0,062 428 0	1	

		kJ/kg	kcal/kg	Btu/lb
Enthalpie spécifique **Entalpia específica**	1 kJ/kg =	1	0,238 846	0,429 923
	1 kcal/kg =	4,1868	1	1,8
	1 Btu/lb =	2,326	0,555 556	1

		kJ/kg °K	kcal/kg °K	Btu/lb °R
Entropie spécifique **Entropía específica**	1 kJ/kg °K =	1	0,238 846	0,238 846
	1 kcal/kg °K =	4,1868	1	1
	1 Btu/lb °R =	4,1868	1	1

		kJ/kg deg	kcal/kg deg	Btu/lb deg F
Chaleur spécifique **Capacidad calorífica específica**	1 kcal/kg deg =	1	0,238 846	0,238 846
	1 kJ/kg deg =	4,1868	1	1
	1 Btu/lb deg F =	4,1868	1	1

		kg/m s	kp s/m²	lb/ft s
Viscosité dynamique **Viscosidad dinámica**	1 kg/m s =	1	0,101 972	0,671 969
	1 kp s/m² =	9,806 6**5**	1	6,589 76
	1 lb/ft s =	1,488 16	0,151 750	1

1 Poise = 1 g/cm s = 1 dyn s/cm² = 10⁻¹ kg/m s

		W/m deg	kcal/m h deg	Btu/ft h deg F
Conductivité thermique **Conductibilidad térmica**	1 W/m deg =	1	0,859 845	0,577 789
	1 kcal/m h deg =	1,163	1	0,671 969
	1 Btu/ft h deg F =	1,730 73	1,488 16	1

5. Literaturverzeichnis/Bibliography/Bibliographie/Registro Literario

Dampftafeln und Diagramme/Steamtables and Diagrams/Tables et Diagrammes/Tablas y Diagramas

[a] CALLENDAR, G. S., and A. C. EGERTON: The 1939 Callendar Steam Tables, London 1944.
[b] BAIN, R. W.: N.E.L.-Steam Tables, Edinburgh 1964.
[c] DZUNG, L. S., u. W. ROHRBACH: Enthalpie-Entropie-Diagramme für Wasserdampf und Wasser, Berlin/Göttingen/Heidelberg: Springer 1955.
[d] FAXÉN, O. H.: Thermodynamic Tables in the Metric System for Water and Steam, Stockholm: Nordisk Rotogravyr 1953.
[e] KEENAN, J. H., and F. G. KEYES: Thermodynamic Properties of Steam, New York/London 1936.
[f] KNOBLAUCH, O., E. RAISCH, H. HAUSEN u. W. KOCH: Tabellen und Diagramme für Wasserdampf, 2. Aufl., München und Berlin 1932.
[g] MOLLIER, R.: Neue Tabellen und Diagramme für Wasserdampf, 7. Aufl., Berlin 1932.
[h] Revised Steam Tables and Diagrams of the Japanes Soc. of Mech. Eng. Tokyo 1955.
[i] SCHMIDT, E.: VDI-Wasserdampftafeln, 6. Aufl., Berlin/Göttingen/Heidelberg, München: Springer und Oldenbourg 1963. Ausgabe A (kcal, at), Ausgabe B (Joule, bar).
[k] 1967 Steam Tables. The Electrical Research Association, London: Eduard Arnold (Publishers) Ltd. 1967.
[l] WUKALOWITSCH, M. P.: Thermodynamische Eigenschaften des Wassers und des Wasserdampfes, 6. Aufl., Moskau, Berlin: VEB Verlag Technik 1958.
[m] The 1967 ASME Steam Tables. The American Society of Mechanical Engineers, New York 1967.

Einzelarbeiten/Special Reports/Rapports Détaillés/Relaciones detalles

[1] AMIRCHANOFF, CH. I., u. A. M. KERIMOFF: Investigation of heat capacity at continuous volume of water and steam using direct method along saturation line, including critical point. Teploenergetika 10 (1963) Nr. 8, S. 64/69. Ref.: BWK 15 (1963) Nr. 11, S. 544.
[2] AMIRCHANOFF, CH. I., u. A. M. KERIMOFF: An Experimental Study of the Heat Capacity C_v of Water and Steam in the Supercritical State. Teploenergetika 10 (1963) Nr. 9, S. 61/65. Ref.: BWK 16 (1964) Nr. 1, S. 40/41.
[3] ANGUS, S., and D. M. NEWITT: The measurement of the specific enthalpy of steam at pressures of 60 to 1000 bar and temperatures of 400 to 700 °C. Philos. Trans. Royal Soc., Ser. A 259 (1966) Nr. 1098.
[4] BACH, J., u. U. GRIGULL: Eine Interpolationsgleichung für die Wärmeleitfähigkeit von überhitztem Wasserdampf. Brennstoff – Wärme – Kraft (BWK) 18 (1966) Nr. 3, S. 125/127.
[5] BAEHR, H. D., u. H. THÜRMER: Eine Zustandsgleichung für Wasser im kritischen und überkritischen Gebiet. Brennstoff – Wärme – Kraft (BWK) 17 (1965) 20/25.
[6] BAIN, R. W.: The preparation of steam tables with the aid of a digital computer. J. mech. Engng. Sci. 8 (4) (1961) 289/294.
[7] BAIN, R. W., E. A. S. PATON and A. S. SCRIMGEOUR: An equation of state for steam. NEL Report No. 7. East Kilbride, Glasgow: National Engineering Laboratory 1961.
[8] BRUGES, E. A.: Transport Properties of Water and Steam — Viscosity. Techn. Report No. 9 (A) Sept. University of Glasgow 1963.
[9] BRUGES, E. A., B. LATTO and A. K. RAY: New correlations and tables of the coefficient of viscosity of water and steam up to 1000 bar and 1000 °C. Int. J. Heat and Mass Transfer 9 (1966) Nr. 5, S. 465/480.
[10] CALLENDAR, G. S., and A. EGERTON: An Experimental Study of the Enthalpy of Steam. Philos. Trans. Roy. Soc. [London], Series A 1 252 (1959/60) 133/164.
[11] CALLENDAR, G. S., and A. C. EGERTON: Tables of total heat of steam. ERA Report J/T 173. Leatherhead, Surrey: Electrical Research Association, 1958.
[12] CHALLONER, A. R., and R. W. POWELL: Thermal conductivity of liquids, new determinations for seven liquids and appraisal of existing values. Proc. Roy. Soc. A 238 (1956) 90/106.
[13] FRIEDMAN, A. G., and L. HAAR: High speed machine computation of ideal gas thermodynamic functions. 1. Isotopic water molecules. J. chem. Phys. 22 (12) (1954) 2051/2058.
[14] FRITZ, W., u. H. POLTZ: Absolutbestimmung der Wärmeleitfähigkeit von Flüssigkeiten. Int. J. Heat and Mass Transfer 5 (1962) 307/316.
[15] GRIGULL, U., u. J. BACH: Die Oberflächenspannung und verwandte Zustandsgrößen des Wassers. Brennstoff – Wärme – Kraft (BWK) 18 (1966) Nr. 2, S. 73/75.
[16] GRIGULL, U., F. MAYINGER u. J. BACH: Viskosität, Wärmeleitfähigkeit und Prandtl-Zahl von Wasser und Wasserdampf. Wärme- und Stoffübertragung. Bd. 1 (1968) 15/34.
[17] HAVLIČEK, J., and L. MIŠKOVSKI: Research at the Masaryk Academy in Prague on the physical properties of water and steam. Helv. phys. Acta 9 (1936), 161/207.
[18] HAYWOOD, R. W.: The Sixth International Conference on the Properties of Steam (Official Release), New York, Oktober 1963.
[19] HENNING, F.: Rahmentafeln für Wasser und Wasserdampf nebst Erläuterungen. Ergebnisse der 3. Internationalen Dampftafelkonferenz. VDI-Z. 79 (1935) Nr. 45, S. 1359/1362.
[20] HOLSER, W. T., and G. C. KENNEDY: Properties of water. Part IV. Pressure-volume-temperature relations of water in the range 100–400 °C and 100–1400 bars. Amer. J. Sci. 256 (10) (1958) 744/754.
[21] HOLSER, W. T., and G. C. KENNEDY: Properties of water. Part V. Pressure-volume-temperature relations of water in the range 400–1000 °C and 100–1400 bars. Amer. J. Sci. 257 (1) (1959) 71/77.

[22] JAKOB, M.: Rahmentafeln für Wasserdampf nebst Erläuterungen. Beschlüsse der Internationalen Dampftafel-Konferenz in London. Z. VDI 78 (1929) 1856/1858.
[23] JAKOB, M.: Rahmentafeln für Wasserdampf nebst Erläuterungen. Ergebnisse der 2. Internationalen Dampf-tafel-Konferenz in Berlin. Z. VDI 75 (1931) 187/188.
[24] JUZA, J.: Equation of state for saturated superheated steam. Prague: Mechanical Engineering Research Institute, Czechoslovak Academy of Sciences, 1962.
[25] JUZA, J.: Equation of State for Water and Steam in the Region of Critical Point — Part I and Part II, Critical Point and its Immediate Vicinity.
[26] JUZA, J.: Equation of State for Water and Steam in the Range from — 20 to + 900 °C, from 0 to 100000 Bar — Part II.
[27] JUZA, J., V. KMONÍČEK u. K. SCHOVANEC: The Joule-Thomson Effect in Light and Heavy Water for the Range of 1.2 to 1.8 bar, 130 to 190 °C.
[28] JUZA, J.: Equations for Thermodynamic Properties of Water and Steam Suitable for Electronic Computers (2nd corrected edition).
(Die Arbeiten [24 bis [28] sind 1963 herausgegeben worden von der Tschechoslowakischen Akademie der Wissenschaften, Prag 6, Puschkinplatz 9.)
[29] KELL, G. S., u. E. WHALLEY: The PVT Properties of Water. I. Experimental Methods, II. Compressions in the Range 0° to 150 °C up to 1026 Bars Nat. Res. Council, Ottawa, N.R.C. No. 7607 u. 7608 (1963).
[30] KELL, G. S., G. E. McLAURIN u. E. WHALLEY: The PVT Properties of Water. III. The Thermal Expansion from 80 to 150 °C. Nat. Res. Council, Ottawa. N.R.C. No. 7609 (1963).
[31] KELL, G. S., u. E. WHALLEY: A Proposal for the International Skeleton Tables of the Properties of Liquid Water in the Range 0—150 °C, 0—1000 bar. Nat. Res. Council, Ottawa (1963).
[32] KENNEDY, G. C., W. L. KNIGHT and W. T. HOLSER: Properties of water, Part III. Specific volume of liquid water to 100 °C and 1400 bars. Amer. J. Sci. 256 (8) (1958) 590/595.
[33] KESTIN, J., B. H. SAGE, J. H. KEENAN and F. G. KEYES: Comparisons and comments on existing steam data with formulations. Paper submitted at the Moscow meeting of the International Co-ordinating Committee on the Properties of Steam, July 1958.
[34] KESTIN, J., and J. H. WHITELAW: Transport Properties of Water and Steam. Brown University, June 1963.
[35] KESTIN, J., J. H. WHITELAW and T. F. ZIEN: Thermal Conductivity of Superheated Steam. Brown University, Providence, July 1963.
[36] KEYES, F. G., L. B. SMITH and H. T. GERRY: The specific volume of steam in the saturated and superheated condition together with derived values of the enthalpy, heat capacity and Joule-Thomson coefficients. Part IV. Steam research program. Proc. Amer. Acad. Arts Sci. 70 (8) (1936) 319/364.
[37] KEYES, F. G.: Intercomparisons of Observational Data for Steam with Various Formulated Data, Boston, August 1963.
[38] KEYES, F. G., and R. G. VINES: Report of the U.S.A. Commission on Properties of Steam to the Sixth International Conference — Thermal Conductivity, New York 1963.
[39] KIRILLIN, V. A., and S. A. ULYBIN: An analysis of the accuracy and a summary table of experimental values of specific volume of water and steam obtained at the Moscow Power Institute (in Russian). Teploenergetika 6 (9) (1959) 3/7.
[40] KIRILLIN, V. A., L. I. RUMJANZEW and W. N. SUBAREW: Experimental Research of Specific Volumes of Water and Steam of High Parameters. Beitrag der russischen Dampftafelkommission zu der V. Internationalen Dampftafelkonferenz, London 1956, S. 37.
[41] LAWSON, A. W., R. LOWELL and A. L. JAIN: Thermal conductivity of water at high pressure. J. Chem. Phys. 30 (1959) 643.
[42] MAYINGER, F., E. SCHMIDT u. H. TRATZ: Neue Zustandsgleichungen für Wasserdampf unter Berücksichtigung ihrer Verwendung in elektronischen Rechenanlagen. Brennstoff – Wärme – Kraft (BWK) 14 (1962) 261/266 und 360.
[43] MAYINGER, F.: Messungen der Viskosität von Wasser und Wasserdampf bis zu 700 °C und 800 at. Int. J. Mass and Heat Transfer 5 (1962) 807/824.
[44] MAYINGER, F., u. U. GRIGULL: Viskosität und Wärmeleitfähigkeit des Wasserdampfs. Neue internationale Rahmentafeln und ihre Auswertung. Brennstoff – Wärme – Kraft (BWK) 17 (1965) 53/60.
[45] MOSZYNSKI, J. R.: Measurement of the viscosity of steam. Trans. ASME 88 C (1961) 111.
[46] NEWITT, D. M., and S. ANGUS: Notes and tables on the experimental determination of the specific enthalpy of steam; ERA Report I/T 181. British Electrical and Allied Industries Research Association, Leatherhead, Surrey 1961.
[47] OSBORNE, N. S., and C. H. MEYERS: A formula and tables for the pressure of saturated water vapour in the range 0 to 374 °C. J. Res. Nat. Bur. Stand. 13 (1934) 1/20.
[48] OSBORNE, N. S., H. F. STIMSON and D. C. GINNINGS: Thermal properties of saturated water and steam. J. Res. Nat. Bur. Stand. 23 (1939) 261/270.
[49] POWEL, R. W., and A. R. CHALLONER: The Thermal Conductivity of Water. An Investigation of a Reported Anomaly. Phil. Mag. 46 (1959) 1183/1186.
[50] RASSKASOW, D. S., u. A. E. SCHEINDLIN: Spezifische Wärme c_p von Wasser und Wasserdampf im überkritischen Gebiet. Teploenergetika 4 (1957) Nr. 11, S. 81/83. Bericht darüber in Brennstoff – Wärme – Kraft (BWK) 10 (1958) 345.
[51] RAY, A. K.: Measurement of the Cinematic Viscosity of Steam at High Pressures and Temperatures. University of Glasgow 1963.
[52] RIVKIN, S. L., u. T. S. ACHUNDOFF: An Experimental Study of the Specific Volumes of Water at Temperatures of 374.15 up to 500 °C and at pressures up to 600 kg/cm². Teploenergetika 10 (1963) Nr. 9, S. 66/71. Ref.: BWK 16 (1964) Nr. 2, S. 99.
[53] SCHMIDT, E., u. W. SELLSCHOPP: Wärmeleitfähigkeit des Wassers bei Temperaturen bis zu 270 °C. Forsch. Ing.-Wes. 3 (1932) 277.
[54] SCHMIDT, E., u. W. LEIDENFROST: Wärmeleitzahl-Messungen an Wasser, Äthenglykylol-Wasser-Mischungen und Kaliumchlorid-Lösungen im Temperaturbereich von 0 bis 100 °C. Forsch. Ing.-Wes. 21 (1955) 176.
[55] SCHMIDT, E.: Vierte Internationale Dampftafel-Konferenz. VDI-Z. 97 (1955) Nr. 23, 796/798.

[56] SCHMIDT, E.: Fünfte Internationale Dampftafel-Konferenz. Brennstoff – Wärme – Kraft (BWK) **9** (1957) Nr. 9, S. 432/435.
[57] SCHMIDT, E.: Internationale Dampftafel-Konferenz in Moskau. BWK **10** (1958) Nr. 12, S. 553/556.
[58] SCHMIDT, E., u. K. TRAUBE: Gradients of density of fluids near their critical states in the field of gravity. In: Progress in International Research on Thermodynamic and Transport Properties, New York u. London 1962, S. 193/205.
[59] SCHMIDT, E.: Auf dem Weg zur internationalen Wasserdampftafel. BWK **15** (1963) Nr. 1, S. 15/19.
[60] SCHMIDT, E.: Verhandlungen und Ergebnisse der Sechsten Internationalen Konferenz über die Eigenschaften des Wasserdampfes. Die neuen Rahmentafeln 1963 für die thermodynamischen Eigenschaften des Wasserdampfes. BWK **16** (1964) Nr. 7, S. 322/330.
[61] SCHEINDLIN, A. E., E. E. SPIELREIN u. W. W. SYTSCHOFF: Spezifische Wärme c_p des Wasserdampfes. Teploenergetika **6** (1959) Nr. 12, S. 80/83. Ref.: BWK **13** (1961) 282/283.
[62] SCHEINDLIN, A. E., W. W. SYTSCHOFF, M. M. CHILAL u. N. I. GORBUNOVA: Experimental Investigation of the Enthalpy of Water and Steam at Temperatures up to 390 °C and Pressures up to 500 kg/cm². Teploenergetika **10** (1963) Nr. 9, S. 76/81. Ref.: BWK **16** (1964) Nr. 2, S. 100.
[63] SCHWARZ, D.: Entwicklung einer Zustandsgleichung für überhitzten Wasserdampf. Fortschritts-Ber. VDI-Z. Reihe 6, **10** (1967) 1/100.
[64] SIGWART, K.: Messungen der Zähigkeit von Wasser und Wasserdampf bis ins kritische Gebiet. Forsch. Ing.-Wes. **7** (1936) 125.
[65] SIROTA, A. M., and D. L. TIMROT: Experimental investigation of the specific heat of steam in the sub-critical region (in Russian). Teploenergetika **3** (7) (1956) 16/23.
[66] SIROTA, A. M.: Specific heat and enthalpy of steam at supercritical pressures (in Russian). Teploenergetika **5** (7) (1958) 10/13.
[67] SIROTA, A. M., and B. K. MALTSEW: An experimental investigation on the specific heat of water at temperatures from 10—500 °C and pressures up to 500 kg/cm² (in Russian). Teploenergetika **6** (9) (1959) 7/15.
[68] SIROTA, A. M., and P. E. BELIAKOVA: On the calorific properties of water under pressures up to 500 kg/cm² and temperatures up to 300 °C (in Russian). Teploenergetika **6** (10) (1959) 67/70.
[69] SIROTA, A. M., and B. K. MALTSEW: Experimental data for the specific heat of steam under pressures 300 to 500 atm and temperatures 500—600 °C (in Russian). Teploenergetika **7** (10) (1960) 67/68.
[70] SIROTA, A. M., P. E. BELIAKOVA, N. B. WARGAFTIK, A. A. TARZIMANOW and O. N. OLESCHUK: Tables of the Thermal Conductivity and Heat Capacity of Water and Steam (engl. Übers.). All-Union Wärmetechn. Inst. (V. T. I.) 1963.
[71] SIROTA, A. M., B. K. MALTSEW and A. Y. GRISCHKOFF: An Experimental Study of the Heat Capacity of Water at High Pressures. Teploenergetika **10** (1963) Nr. 9, S. 57/60. Ref.: BWK **16** (1964) Nr. 1, S. 39/40.
[72] SMITH, L. B., and F. G. KEYES: Steam Research Program, Part III: The Volumes of Unit Mass of Liquid Water and their Correlation as a Function of Pressure and Temperature. Proc. Amer. Acad. of Arts and Sciences **69** (1934) 285/312.
[73] STRAUB J.: Optische Bestimmung von Dichteschichtungen im kritischen Zustand. Chem. Ing. Techn. 39 (1967) 291/96.
[74] SUGUWARA, S., T. SATO, T. MINAMIYAMA and J. YATA: On the Equation of State of Steam. J.C.P.S. Report No. 11.
[75] SYTSCHEW, W. W.: Der Joule-Thomson-Koeffizient für Wasser und Wasserdampf auf der Sättigungslinie (russ.). Teploenergetika **8** (1962) Nr. 1, S. 66/69.
[76] SYTSCHEW, W. W.: Analysis of existing heat capacity C_v data of water and steam at the saturation line. Teploenergetika **10** (1963) Nr. 7, S. 68.
[77] TANAKA, K., et al.: Comment on the Report „Transport Properties of Water and Steam" by J. Kestin and J. H. Whitelaw. 1. Okt. 1963.
[78] TANAKA, K., et al.: Viscosity of Steam at High Pressures and High Temperatures (The 2nd Report). J.C.P.S. Report No. 10.
[79] TANISHITA, I., and K. WATANABE: Experimental Study on the Specific Volume of Steam at High Temperatures and Pressure. (Second Report: Temperature Range 600—900 °C under the Pressures up to 900 kg/cm²). J.C.P.S. Report No. 9.
(Die Arbeiten [76] bis [78] wurden herausgegeben vom Resources Research Institute, Kawaguchi.)
[80] TIMROT, D. L.: Determination of the viscosity of steam and water at high temperatures and pressures. J. Phys. U.S.S.R. **2** (1940) 419.
[81] TIMROT, D. L., u. N. B. WARGAFTIK: Wärmeleitfähigkeit des Wassers. J. techn. Phys. (U.S.S.R.) **10** (1940) 1063.
[82] TRATZ, H.: Neue Zustandsgleichungen für flüssiges Wasser und eine Gleichung der Dampfdruckkurve. Brennstoff – Wärme – Kraft (BWK) **14** (1962) 379/383 u. 504.
[83] TRAUBE, K.: Messungen von Dichteschichtungen in der Umgebung des kritischen Zustandes (gasförmig-flüssig) nach einem optischen Verfahren. VDI-Forschungsheft Nr. 487, Düsseldorf 1961.
[84] VESPER, H.: Näherungsgleichungen für die Zustandsgrößen des Wassers und des Dampfes an den Grenzkurven zur Verwendung in elektronischen Rechenmaschinen. Brennstoff – Wärme – Kraft (BWK) **15** (1963) Nr. 1, S. 20/23 u. 108.
[85] WARGAFTIK, N. B., and O. N. OLESCHUK: Experimental investigation of the heat conduction of water. Teploenergetika **6** (1959) 70. Bericht darüber in Brennstoff – Wärme – Kraft (BWK) **13** (1961) 37/38.
[86] WARGAFTIK, N. B., u. A. A. TARSIMANOW: Auswertung von Messungen der Wärmeleitfähigkeit des Wasserdampfes (russ.). Teploenergetika **8** (1961) 5/8. Übersetzung in Arch. Energiewirtsch. **15** (1961) 983/991. Bericht darüber in Brennstoff – Wärme – Kraft (BWK) **14** (1962) 244/245.
[87] WARGAFTIK, N. B.: Corrections to the Draft Skeleton Tables for Thermal Conductivity of Water and Steam (engl. Übers.). Moskauer Aeronaut. Inst. u. All-Union Wärmetechn. Inst. (V.T.I.) Sept. 1963.
[88] WHITELAW, J. H.: Viscosity of steam at supercritical pressures. J. Mech. Eng. Sci. **2** (1960) 288.
[89] WUKALOWITSCH, M. P., V. N. ZUBAREW and P. G. PRUSAKOW: Experimental investigation of the enthalpy of steam (in Russian). Teploenergetika **5** (7) (1958) 22/26.
[90] WUKALOVITSCH, M. P., V. N. ZUBAREW, A. A. ALEXANDROW and Y. Y. KALININ: Experimental determination of the specific volume of water under pressures up to 1200 kgf/cm² at 300 °C (in Russian). Teploenergetika **6** (10) (1959) 74/77.

[91] Wukalowitsch, M. P., B. W. Dsampow, D. S. Rasskasow u. S. A. Remisow: Neue Tafeln für die spezifischen Volume des Wassers bei 1200 ata und 300 °C. Teploenergetika 7 (1960) Nr. 7, S. 4/12. Bericht darüber in Brennstoff – Wärme – Kraft (BWK) 12 (1960) 492/498.

[92] Wukalowitsch, M. P., B. W. Dsampow, D. S. Rasskasow u. S. A. Remisow: Tabellen der Wärmekapazität c_p des Wassers und Wasserdampfes (Tafel nach neuesten Messungen). Teploenergetika 8 (1961) Nr. 12, S. 70/77. Bericht darüber in Brennstoff – Wärme – Kraft (BWK) 14 (1962) 242/244.

[93] Wukalowitsch, M. P., B. W. Dsampow u. D. S. Rasskasow: Eigenschaften des Wassers und des Wasserdampfes bis zu Drücken von 1000 ata im Temperaturbereich von 300 bis 1000 °C (Tafeln nach neuesten Messungen). Teploenergetika 8 (1961) Nr. 7, S. 48/49.

[94] Wukalowitsch, M. P., V. N. Zubarew and A. A. Alexandrow: Experimental determination of the specific volume of steam in the temperature range 400 °C to 650 °C and for pressures up to 1200 kgf/cm² (in Russian). Teploenergetika 8 (10) (1961) 79/86.

[95] Wukalowitsch, M. P., V. N. Zubarew and A. A. Alexandrow: Experimental determination of the specific volume of steam in the temperature range 700 °C to 900 °C and for pressures up to 1200 kgf/cm² (in Russian). Teploenergetika 9 (1) (1962) 49/51.

[96] Wukalowitsch, M. P., u. L. I. Tscherneeva: Experimental Investigations of the Heat Conductivity Coefficient of Steam up to 660 °C and 1500 kg/cm². Teploenergetika 10 (1963) Nr. 9, S. 71/76. Ref.: BWK 16 (1964) Nr. 2, S. 100/101.

[97] Yamada, Y., u. S. Nagai: Measurement of Enthalpy of Steam at High Temperature and Pressure. J.C.P.S. Report No. 7.
(Die Arbeiten [97] und [98] wurden herausgegeben von The Japan Society of Mechanical Engineers, Nihon Kikaku Kyokai Bldg., 89, Akasaka Hitotsugi-cho, Minato-ku, Tokyo.)

[98] Yamada, Y.: Thermodynamically consistent values of v, i and s of steam in the neighbourhood of the Critical Point (Second Report). J.C.P.S. Report No. 8.

[99] Zagoruchenko, V. A.: Comparison of the Skeleton Tables for Steam Project with Experimental Thermal and Calorimetric Data. Teploenergetika 10 (1963) Nr. 9, S. 54.

[100] Zens, R.: Ein Programmsystem für die elektronische Berechnung von Kreisprozessen bei Dampfturbinenanlagen. Siemens-Z. 37 (1936) Nr. 7 u. 8.

[101] Zens, R.: Näherungsgleichung für die Berechnung isentroper Wärmegefälle des überhitzten Wasserdampfes mit einer Datenverarbeitungsanlage. Siemens-Z. 38 (1964) Nr. 1, S. 32/36.

Tafel 1. Sättigungszustand (Temperaturtafel)

Table 1. State of Saturation (Temperature Table)
Table 1. Etat saturé (Table de température)   Tabla 1. Estado saturado (Tabla de temperatura)

t	T	p	v'	v''	ϱ''	h'	h''	r	s'	s''
°C	°K	at	m³/kg	m³/kg	kg/m³	kcal/kg	kcal/kg	kcal/kg	kcal/kg °K	kcal/kg °K
0,00	273,15	0,006228	0,0010002	206,3	0,004847	− 0,01	597,5	597,5	− 0,0000	2,1873
0,01	273,16	0,006233	0,0010002	206,2	0,004851	+ 0,00	597,5	597,5	+ 0,0000	2,1872
1	274,15	0,006696	0,0010001	192,6	0,005192	+ 1,00	597,9	596,9	+ 0,0036	2,1809
2	275,15	0,007194	0,0010001	179,9	0,005558	2,00	598,4	596,4	0,0073	2,1746
3	276,15	0,007724	0,0010001	168,2	0,005946	3,01	598,8	595,8	0,0110	2,1684
4	277,15	0,008289	0,0010000	157,3	0,006358	4,01	599,2	595,2	0,0146	2,1622
5	278,15	0,008890	0,0010000	147,2	0,006795	5,02	599,7	594,7	0,0182	2,1560
6	279,15	0,009530	0,0010000	137,8	0,007258	6,02	600,1	594,1	0,0218	2,1500
7	280,15	0,010209	0,0010001	129,1	0,007748	7,02	600,6	593,5	0,0254	2,1439
8	281,15	0,010931	0,0010001	121,0	0,008267	8,03	601,0	593,0	0,0290	2,1380
9	282,15	0,011698	0,0010002	113,4	0,008816	9,03	601,4	592,4	0,0325	2,1321
10	283,15	0,012512	0,0010003	106,4	0,009396	10,03	601,9	591,8	0,0361	2,1262
11	284,15	0,013375	0,0010003	99,91	0,01001	11,03	602,3	591,3	0,0396	2,1204
12	285,15	0,014290	0,0010004	93,84	0,01066	12,03	602,7	590,7	0,0431	2,1146
13	286,15	0,015260	0,0010006	88,18	0,01134	13,03	603,2	590,1	0,0466	2,1089
14	287,15	0,016288	0,0010007	82,90	0,01206	14,03	603,6	589,6	0,0501	2,1033
15	288,15	0,017375	0,0010008	77,98	0,01282	15,03	604,1	589,0	0,0536	2,0977
16	289,15	0,018526	0,0010010	73,38	0,01363	16,03	604,5	588,5	0,0570	2,0921
17	290,15	0,019743	0,0010012	69,09	0,01447	17,03	604,9	587,9	0,0605	2,0866
18	291,15	0,02103	0,0010013	65,09	0,01536	18,03	605,4	587,3	0,0639	2,0812
19	292,15	0,02239	0,0010015	61,34	0,01630	19,03	605,8	586,8	0,0674	2,0758
20	293,15	0,02383	0,0010017	57,84	0,01729	20,03	606,2	586,2	0,0708	2,0704
21	294,15	0,02534	0,0010019	54,56	0,01833	21,03	606,7	585,6	0,0742	2,0651
22	295,15	0,02694	0,0010022	51,49	0,01942	22,03	607,1	585,1	0,0776	2,0598
23	296,15	0,02863	0,0010024	48,62	0,02057	23,03	607,5	584,5	0,0809	2,0546
24	297,15	0,03041	0,0010026	45,93	0,02177	24,02	608,0	583,9	0,0843	2,0494
25	298,15	0,03228	0,0010029	43,40	0,02304	25,02	608,4	583,4	0,0877	2,0443
26	299,15	0,03426	0,0010032	41,03	0,02437	26,02	608,8	582,8	0,0910	2,0392
27	300,15	0,03634	0,0010034	38,81	0,02576	27,02	609,3	582,3	0,0943	2,0342
28	301,15	0,03853	0,0010037	36,73	0,02723	28,02	609,7	581,7	0,0977	2,0292
29	302,15	0,04083	0,0010040	34,77	0,02876	29,02	610,1	581,1	0,1010	2,0242
30	303,15	0,04325	0,0010043	32,93	0,03037	30,01	610,6	580,6	0,1043	2,0193
31	304,15	0,04580	0,0010046	31,20	0,03205	31,01	611,0	580,0	0,1075	2,0145
32	305,15	0,04847	0,0010049	29,57	0,03382	32,01	611,4	579,4	0,1108	2,0096
33	306,15	0,05128	0,0010053	28,04	0,03566	33,01	611,9	578,9	0,1141	2,0049
34	307,15	0,05423	0,0010056	26,60	0,03759	34,01	612,3	578,3	0,1173	2,0001
35	308,15	0,05732	0,0010060	25,24	0,03961	35,00	612,7	577,7	0,1206	1,9954
36	309,15	0,06057	0,0010063	23,97	0,04172	36,00	613,2	577,2	0,1238	1,9907
37	310,15	0,06398	0,0010067	22,76	0,04393	37,00	613,6	576,6	0,1270	1,9861
38	311,15	0,06755	0,0010070	21,63	0,04624	38,00	614,0	576,0	0,1303	1,9815
39	312,15	0,07129	0,0010074	20,56	0,04865	39,00	614,4	575,5	0,1335	1,9770
40	313,15	0,07520	0,0010078	19,55	0,05116	40,00	614,9	574,9	0,1366	1,9725
41	314,15	0,07931	0,0010082	18,59	0,05379	40,99	615,3	574,3	0,1398	1,9680
42	315,15	0,08360	0,0010086	17,69	0,05652	41,99	615,7	573,7	0,1430	1,9635
43	316,15	0,08809	0,0010090	16,84	0,05938	42,99	616,2	573,2	0,1462	1,9591
44	317,15	0,09279	0,0010094	16,04	0,06236	43,99	616,6	572,6	0,1493	1,9548
45	318,15	0,09771	0,0010099	15,28	0,06546	44,99	617,0	572,0	0,1525	1,9504
46	319,15	0,10285	0,0010103	14,56	0,06869	45,99	617,4	571,4	0,1556	1,9461
47	320,15	0,10821	0,0010107	13,88	0,07206	46,98	617,9	570,9	0,1587	1,9419
48	321,15	0,11382	0,0010112	13,23	0,07557	47,98	618,3	570,3	0,1618	1,9376
49	322,15	0,11967	0,0010117	12,62	0,07922	48,98	618,7	569,7	0,1649	1,9335
50	323,15	0,12578	0,0010121	12,05	0,08302	49,98	619,1	569,1	0,1680	1,9293

Tafel 1. Sättigungszustand (Temperaturtafel) (Fortsetzung)
State of saturation (Temperature Table) (Continuation)

t	T	p	v'	v''	ϱ''	h'	h''	r	s'	s''
50	323,15	0,12578	0,0010121	12,05	0,08302	49,98	619,1	569,1	0,1680	1,9293
51	324,15	0,13216	0,0010126	11,50	0,08697	50,98	619,6	568,6	0,1711	1,9252
52	325,15	0,13881	0,0010131	10,98	0,09108	51,98	620,0	568,0	0,1742	1,9211
53	326,15	0,14575	0,0010136	10,49	0,09535	52,98	620,4	567,4	0,1773	1,9170
54	327,15	0,15298	0,0010140	10,02	0,09979	53,98	620,8	566,8	0,1803	1,9130
55	328,15	0,16051	0,0010145	9,579	0,1044	54,97	621,2	566,3	0,1834	1,9090
56	329,15	0,16836	0,0010150	9,159	0,1092	55,97	621,7	565,7	0,1864	1,9050
57	330,15	0,17654	0,0010156	8,760	0,1142	56,97	622,1	565,1	0,1894	1,9011
58	331,15	0,18505	0,0010161	8,381	0,1193	57,97	622,5	564,5	0,1925	1,8972
59	332,15	0,19391	0,0010166	8,021	0,1247	58,97	622,9	563,9	0,1955	1,8933
60	333,15	0,20313	0,0010171	7,679	0,1302	59,97	623,3	563,3	0,1985	1,8895
61	334,15	0,2127	0,0010177	7,353	0,1360	60,97	623,7	562,8	0,2015	1,8857
62	335,15	0,2227	0,0010182	7,044	0,1420	61,97	624,1	562,2	0,2045	1,8819
63	336,15	0,2331	0,0010188	6,749	0,1482	62,97	624,6	561,6	0,2074	1,8781
64	337,15	0,2438	0,0010193	6,469	0,1546	63,97	625,0	561,0	0,2104	1,8744
65	338,15	0,2550	0,0010199	6,202	0,1612	64,97	625,4	560,4	0,2134	1,8707
66	339,15	0,2667	0,0010205	5,948	0,1681	65,97	625,8	559,8	0,2163	1,8670
67	340,15	0,2787	0,0010211	5,706	0,1752	66,97	626,2	559,2	0,2193	1,8634
68	341,15	0,2913	0,0010217	5,476	0,1826	67,97	626,6	558,6	0,2222	1,8598
69	342,15	0,3043	0,0010223	5,256	0,1903	68,97	627,0	558,0	0,2251	1,8562
70	343,15	0,3178	0,0010228	5,046	0,1982	69,98	627,4	557,5	0,2281	1,8526
71	344,15	0,3318	0,0010235	4,846	0,2063	70,98	627,8	556,9	0,2310	1,8491
72	345,15	0,3463	0,0010241	4,656	0,2148	71,98	628,2	556,3	0,2339	1,8456
73	346,15	0,3613	0,0010247	4,474	0,2235	72,98	628,6	555,7	0,2368	1,8421
74	347,15	0,3769	0,0010253	4,300	0,2326	73,98	629,0	555,1	0,2397	1,8386
75	348,15	0,3931	0,0010259	4,134	0,2419	74,98	629,5	554,5	0,2425	1,8352
76	349,15	0,4098	0,0010266	3,976	0,2515	75,98	629,9	553,9	0,2454	1,8318
77	350,15	0,4272	0,0010272	3,824	0,2615	76,99	630,3	553,3	0,2483	1,8284
78	351,15	0,4451	0,0010279	3,680	0,2718	77,99	630,7	552,7	0,2511	1,8250
79	352,15	0,4637	0,0010285	3,541	0,2824	78,99	631,1	552,1	0,2540	1,8217
80	353,15	0,4829	0,0010292	3,409	0,2933	79,99	631,4	551,5	0,2568	1,8184
81	354,15	0,5028	0,0010299	3,283	0,3046	81,00	631,8	550,9	0,2597	1,8151
82	355,15	0,5234	0,0010305	3,162	0,3163	82,00	632,2	550,2	0,2625	1,8118
83	356,15	0,5447	0,0010312	3,046	0,3283	83,00	632,6	549,6	0,2653	1,8086
84	357,15	0,5667	0,0010319	2,935	0,3407	84,01	633,0	549,0	0,2681	1,8054
85	358,15	0,5894	0,0010326	2,829	0,3535	85,01	633,4	548,4	0,2709	1,8022
86	359,15	0,6129	0,0010333	2,727	0,3667	86,01	633,8	547,8	0,2737	1,7990
87	360,15	0,6372	0,0010340	2,630	0,3803	87,02	634,2	547,2	0,2765	1,7959
88	361,15	0,6623	0,0010347	2,536	0,3942	88,02	634,6	546,6	0,2793	1,7927
89	362,15	0,6882	0,0010354	2,447	0,4087	89,03	635,0	546,0	0,2821	1,7896
90	363,15	0,7149	0,0010361	2,361	0,4235	90,03	635,4	545,3	0,2848	1,7865
91	364,15	0,7425	0,0010369	2,279	0,4388	91,04	635,7	544,7	0,2876	1,7835
92	365,15	0,7710	0,0010376	2,200	0,4545	92,04	636,1	544,1	0,2903	1,7804
93	366,15	0,8004	0,0010384	2,125	0,4707	93,05	636,5	543,5	0,2931	1,7774
94	367,15	0,8307	0,0010391	2,052	0,4873	94,05	636,9	542,8	0,2958	1,7744
95	368,15	0,8619	0,0010399	1,982	0,5045	95,06	637,3	542,2	0,2986	1,7714
96	369,15	0,8941	0,0010406	1,915	0,5221	96,06	637,7	541,6	0,3013	1,7685
97	370,15	0,9274	0,0010414	1,851	0,5402	97,07	638,0	541,0	0,3040	1,7655
98	371,15	0,9616	0,0010421	1,789	0,5589	98,08	638,4	540,3	0,3067	1,7626
99	372,15	0,9969	0,0010429	1,730	0,5780	99,08	638,8	539,7	0,3094	1,7597
100	373,15	1,0332	0,0010437	1,673	0,5977	100,09	639,2	539,1	0,3121	1,7568
101	374,15	1,0707	0,0010445	1,618	0,6180	101,10	639,5	538,4	0,3148	1,7539
102	375,15	1,1092	0,0010453	1,566	0,6388	102,11	639,9	537,8	0,3175	1,7511
103	376,15	1,1489	0,0010461	1,515	0,6601	103,12	640,3	537,1	0,3202	1,7483
104	377,15	1,1898	0,0010469	1,466	0,6821	104,12	640,6	536,5	0,3229	1,7454
105	378,15	1,2318	0,0010477	1,419	0,7046	105,13	641,0	535,9	0,3255	1,7427

Tafel 1. Sättigungszustand (Temperaturtafel) (Fortsetzung)
State of saturation (Temperature Table) (Continuation)

t	T	p	v'	v''	ϱ''	h'	h''	r	s'	s''
105	378,15	1,2318	0,0010477	1,419	0,7046	105,13	641,0	535,9	0,3255	1,7427
106	379,15	1,2751	0,0010485	1,374	0,7277	106,14	641,4	535,2	0,3282	1,7399
107	380,15	1,3196	0,0010494	1,331	0,7515	107,15	641,7	534,6	0,3309	1,7371
108	381,15	1,3654	0,0010502	1,289	0,7758	108,16	642,1	533,9	0,3335	1,7344
109	382,15	1,4125	0,0010510	1,249	0,8008	109,17	642,4	533,3	0,3362	1,7317
110	383,15	1,4609	0,0010519	1,210	0,8265	110,18	642,8	532,6	0,3388	1,7290
111	384,15	1,5107	0,0010527	1,173	0,8528	111,19	643,2	532,0	0,3414	1,7263
112	385,15	1,5618	0,0010536	1,137	0,8798	112,21	643,5	531,3	0,3441	1,7236
113	386,15	1,6144	0,0010544	1,102	0,9075	113,22	643,9	530,7	0,3467	1,7209
114	387,15	1,6684	0,0010553	1,069	0,9359	114,23	644,2	530,0	0,3493	1,7183
115	388,15	1,7239	0,0010562	1,036	0,9650	115,24	644,6	529,3	0,3519	1,7157
116	389,15	1,7809	0,0010571	1,005	0,9948	116,26	644,9	528,7	0,3545	1,7131
117	390,15	1,8395	0,0010579	0,9753	1,025	117,27	645,3	528,0	0,3571	1,7105
118	391,15	1,8996	0,0010588	0,9463	1,057	118,28	645,6	527,3	0,3597	1,7079
119	392,15	1,9613	0,0010597	0,9184	1,089	119,30	646,0	526,7	0,3623	1,7053
120	393,15	2,0246	0,0010606	0,8915	1,122	120,31	646,3	526,0	0,3649	1,7028
121	394,15	2,0896	0,0010615	0,8655	1,155	121,33	646,6	525,3	0,3674	1,7003
122	395,15	2,1562	0,0010625	0,8405	1,190	122,34	647,0	524,6	0,3700	1,6978
123	396,15	2,2246	0,0010634	0,8162	1,225	123,36	647,3	524,0	0,3726	1,6953
124	397,15	2,2948	0,0010643	0,7928	1,261	124,37	647,7	523,3	0,3751	1,6928
125	398,15	2,3667	0,0010652	0,7702	1,298	125,39	648,0	522,6	0,3777	1,6903
126	399,15	2,4405	0,0010662	0,7484	1,336	126,41	648,3	521,9	0,3802	1,6878
127	400,15	2,5162	0,0010671	0,7273	1,375	127,43	648,7	521,2	0,3828	1,6854
128	401,15	2,5937	0,0010681	0,7069	1,415	128,44	649,0	520,5	0,3853	1,6830
129	402,15	2,6732	0,0010691	0,6872	1,455	129,46	649,3	519,8	0,3878	1,6805
130	403,15	2,7546	0,0010700	0,6681	1,497	130,48	649,6	519,2	0,3904	1,6781
131	404,15	2,8380	0,0010710	0,6497	1,539	131,50	650,0	518,5	0,3929	1,6758
132	405,15	2,9235	0,0010720	0,6319	1,583	132,52	650,3	517,8	0,3954	1,6734
133	406,15	3,0110	0,0010730	0,6146	1,627	133,54	650,6	517,1	0,3979	1,6710
134	407,15	3,101	0,0010740	0,5980	1,672	134,57	650,9	516,4	0,4004	1,6687
135	408,15	3,192	0,0010750	0,5818	1,719	135,59	651,2	515,6	0,4029	1,6663
136	409,15	3,286	0,0010760	0,5662	1,766	136,61	651,5	514,9	0,4054	1,6640
137	410,15	3,383	0,0010770	0,5511	1,815	137,63	651,9	514,2	0,4079	1,6617
138	411,15	3,481	0,0010780	0,5364	1,864	138,66	652,2	513,5	0,4104	1,6594
139	412,15	3,582	0,0010790	0,5222	1,915	139,68	652,5	512,8	0,4129	1,6571
140	413,15	3,685	0,0010801	0,5085	1,967	140,71	652,8	512,1	0,4154	1,6548
141	414,15	3,791	0,0010811	0,4952	2,019	141,73	653,1	511,4	0,4178	1,6526
142	415,15	3,898	0,0010821	0,4823	2,073	142,76	653,4	510,6	0,4203	1,6503
143	416,15	4,009	0,0010832	0,4698	2,129	143,78	653,7	509,9	0,4228	1,6481
144	417,15	4,122	0,0010843	0,4577	2,185	144,81	654,0	509,2	0,4252	1,6458
145	418,15	4,237	0,0010853	0,4460	2,242	145,84	654,3	508,4	0,4277	1,6436
146	419,15	4,355	0,0010864	0,4346	2,301	146,87	654,6	507,7	0,4301	1,6414
147	420,15	4,476	0,0010875	0,4236	2,361	147,90	654,9	507,0	0,4326	1,6392
148	421,15	4,599	0,0010886	0,4129	2,422	148,93	655,1	506,2	0,4350	1,6370
149	422,15	4,725	0,0010897	0,4025	2,484	149,96	655,4	505,5	0,4374	1,6349
150	423,15	4,854	0,0010908	0,3924	2,548	150,99	655,7	504,7	0,4399	1,6327
151	424,15	4,985	0,0010919	0,3827	2,613	152,02	656,0	504,0	0,4423	1,6305
152	425,15	5,120	0,0010930	0,3732	2,679	153,05	656,3	503,2	0,4447	1,6284
153	426,15	5,257	0,0010941	0,3640	2,747	154,08	656,6	502,5	0,4471	1,6263
154	427,15	5,397	0,0010953	0,3551	2,816	155,12	656,8	501,7	0,4496	1,6241
155	428,15	5,540	0,0010964	0,3464	2,886	156,15	657,1	501,0	0,4520	1,6220
156	429,15	5,687	0,0010976	0,3380	2,958	157,19	657,4	500,2	0,4544	1,6199
157	430,15	5,836	0,0010987	0,3299	3,032	158,22	657,6	499,4	0,4568	1,6178
158	431,15	5,988	0,0010999	0,3219	3,106	159,26	657,9	498,7	0,4592	1,6158
159	432,15	6,144	0,0011011	0,3142	3,182	160,30	658,2	497,9	0,4616	1,6137
160	433,15	6,303	0,0011022	0,3068	3,260	161,33	658,4	497,1	0,4640	1,6116

Tafel 1. Sättigungszustand (Temperaturtafel) (Fortsetzung)
State of saturation (Temperature Table) (Continuation)

t	T	p	v'	v''	Q''	h'	h''	r	s'	s''
160	433,15	6,303	0,0011022	0,3068	3,260	161,33	658,4	497,1	0,4640	1,6116
161	434,15	6,464	0,0011034	0,2995	3,339	162,37	658,7	496,3	0,4663	1,6096
162	435,15	6,630	0,0011046	0,2924	3,420	163,41	658,9	495,5	0,4687	1,6075
163	436,15	6,798	0,0011058	0,2856	3,502	164,45	659,2	494,7	0,4711	1,6055
164	437,15	6,970	9,0011070	0,2789	3,586	165,49	659,5	494,0	0,4735	1,6034
165	438,15	7,146	0,0011082	0,2724	3,671	166,54	659,7	493,2	0,4758	1,6014
166	439,15	7,325	0,0011095	0,2661	3,758	167,58	659,9	492,4	0,4782	1,5994
167	440,15	7,507	0,0011107	0,2600	3,847	168,62	660,2	491,6	0,4806	1,5974
168	441,15	7,693	0,0011119	0,2540	3,937	169,67	660,4	490,8	0,4829	1,5954
169	442,15	7,883	0,0011132	0,2482	4,029	170,71	660,7	490,0	0,4853	1,5934
170	443,15	8,076	0,0011145	0,2426	4,123	171,76	660,9	489,1	0,4876	1,5914
171	444,15	8,274	0,0011157	0,2371	4,218	172,81	661,1	488,3	0,4900	1,5895
172	445,15	8,474	0,0011170	0,2317	4,316	173,85	661,4	487,5	0,4923	1,5875
173	446,15	8,679	0,0011183	0,2265	4,415	174,90	661,6	486,7	0,4947	1,5855
174	447,15	8,888	0,0011196	0,2215	4,515	175,95	661,8	485,9	0,4970	1,5836
175	448,15	9,100	0,0011209	0,2165	4,618	177,00	662,0	485,0	0,4993	1,5817
176	449,15	9,317	0,0011222	0,2117	4,723	178,05	662,3	484,2	0,5017	1,5797
177	450,15	9,538	0,0011235	0,2071	4,829	179,10	662,5	483,4	0,5040	1,5778
178	451,15	9,762	0,0011248	0,2025	4,937	180,16	662,7	482,5	0,5063	1,5759
179	452,15	9,991	0,0011262	0,1981	5,048	181,21	662,9	481,7	0,5086	1,5740
180	453,15	10,224	0,0011275	0,1938	5,160	182,27	663,1	480,8	0,5110	1,5721
181	454,15	10,462	0,0011289	0,1896	5,274	183,32	663,3	480,0	0,5133	1,5702
182	455,15	10,703	0,0011302	0,1855	5,391	184,38	663,5	479,1	0,5156	1,5683
183	456,15	10,949	0,0011316	0,1815	5,509	185,44	663,7	478,3	0,5179	1,5664
184	457,15	11,200	0,0011330	0,1776	5,629	186,50	663,9	477,4	0,5202	1,5645
185	458,15	11,455	0,0011344	0,1739	5,752	187,56	664,1	476,5	0,5225	1,5626
186	459,15	11,714	0,0011358	0,1702	5,877	188,62	664,3	475,7	0,5248	1,5608
187	460,15	11,978	0,0011372	0,1666	6,003	189,68	664,5	474,8	0,5271	1,5589
188	461,15	12,247	0,0011386	0,1631	6,132	190,74	664,7	473,9	0,5294	1,5571
189	462,15	12,521	0,0011401	0,1596	6,264	191,81	664,8	473,0	0,5317	1,5552
190	463,15	12,799	0,0011415	0,1563	6,397	192,87	665,0	472,1	0,5340	1,5534
191	464,15	13,082	0,0011430	0,1531	6,533	193,94	665,2	471,2	0,5362	1,5515
192	465,15	13,370	0,0011444	0,1499	6,671	195,01	665,4	470,3	0,5385	1,5497
193	466,15	13,662	0,0011459	0,1468	6,812	196,07	665,5	469,4	0,5408	1,5479
194	467,15	13,960	0,0011474	0,1438	6,955	197,14	665,7	468,5	0,5431	1,5461
195	468,15	14,263	0,0011489	0,1408	7,100	198,21	665,8	467,6	0,5453	1,5442
196	469,15	14,571	0,0011504	0,1380	7,248	199,29	666,0	466,7	0,5476	1,5424
197	470,15	14,884	0,0011519	0,1352	7,398	200,36	666,2	465,8	0,5499	1,5406
198	471,15	15,203	0,0011534	0,1324	7,551	201,43	666,3	464,9	0,5521	1,5388
199	472,15	15,526	0,0011549	0,1298	7,706	202,51	666,5	464,0	0,5544	1,5370
200	473,15	15,855	0,0011565	0,1272	7,864	203,59	666,6	463,0	0,5567	1,5352
201	474,15	16,190	0,0011581	0,1246	8,025	204,66	666,7	462,1	0,5589	1,5335
202	475,15	16,530	0,0011596	0,1221	8,188	205,74	666,9	461,1	0,5612	1,5317
203	476,15	16,875	0,0011612	0,1197	8,354	206,82	667,0	460,2	0,5634	1,5299
204	477,15	17,226	0,0011628	0,1173	8,522	207,90	667,1	459,2	0,5657	1,5281
205	478,15	17,583	0,0011644	0,1150	8,694	208,99	667,3	458,3	0,5679	1,5264
206	479,15	17,945	0,0011660	0,1128	8,868	210,07	667,4	457,3	0,5702	1,5246
207	480,15	18,314	0,0011676	0,1106	9,045	211,16	667,5	456,4	0,5724	1,5229
208	481,15	18,688	0,0011693	0,1084	9,225	212,24	667,6	455,4	0,5747	1,5211
209	482,15	19,068	0,0011709	0,1063	9,408	213,33	667,8	454,3	0,5769	1,5194
210	483,15	19,454	0,0011726	0,1042	9,593	214,42	667,9	453,4	0,5791	1,5176
211	484,15	19,846	0,0011743	0,1022	9,782	215,51	668,0	452,5	0,5814	1,5159
212	485,15	20,244	0,0011760	0,1003	9,974	216,60	668,1	451,5	0,5836	1,5141
213	486,15	20,648	0,0011777	0,09834	10,17	217,70	668,2	450,5	0,5858	1,5124
214	487,15	21,058	0,0011794	0,09646	10,37	218,79	668,3	449,5	0,5880	1,5107
215	488,15	21,475	0,0011811	0,09463	10,57	219,89	668,4	448,5	0,5903	1,5089

Tafel 1. Sättigungszustand (Temperaturtafel) (Fortsetzung)
State of saturation (Temperature Table) (Continuation)

t	T	p	v'	v''	ϱ''	h'	h''	r	s'	s''
215	488,15	21,475	0,0011811	0,09463	10,57	219,89	668,4	448,5	0,5903	1,5089
216	489,15	21,898	0,0011829	0,09283	10,77	220,99	668,4	447,5	0,5925	1,5072
217	490,15	22,328	0,0011846	0,09107	10,98	222,09	668,5	446,4	0,5947	1,5055
218	491,15	22,764	0,0011864	0,08936	11,19	223,19	668,6	445,4	0,5969	1,5038
219	492,15	23,206	0,0011882	0,08768	11,41	224,29	668,7	444,4	0,5991	1,5021
220	493,15	23,656	0,0011900	0,08604	11,62	225,39	668,7	443,4	0,6014	1,5004
221	494,15	24,112	0,0011918	0,08443	11,84	226,50	668,8	442,3	0,6036	1,4987
222	495,15	24,574	0,0011936	0,08286	12,07	227,60	668,9	441,3	0,6058	1,4970
223	496,15	25,044	0,0011954	0,08132	12,30	228,71	668,9	440,2	0,6080	1,4953
224	497,15	25,520	0,0011973	0,07982	12,53	229,82	669,0	439,2	0,6102	1,4936
225	498,15	26,004	0,0011992	0,07835	12,76	230,94	669,0	438,1	0,6124	1,4919
226	499,15	26,494	0,0012010	0,07691	13,00	232,05	669,1	437,0	0,6146	1,4902
227	500,15	26,992	0,0012029	0,07550	13,24	233,16	669,1	436,0	0,6168	1,4885
228	501,15	27,496	0,0012048	0,07412	13,49	234,28	669,2	434,9	0,6190	1,4868
229	502,15	28,008	0,0012068	0,07277	13,74	235,40	669,2	433,8	0,6212	1,4851
230	503,15	28,528	0,0012087	0,07145	14,00	236,52	669,2	432,7	0,6234	1,4834
231	504,15	29,054	0,0012117	0,07016	14,25	237,64	669,3	431,6	0,6256	1,4817
232	505,15	29,588	0,0012127	0,06889	14,52	238,77	669,3	430,5	0,6278	1,4800
233	506,15	30,130	0,0012147	0,06765	14,78	239,9	669,3	429,4	0,6300	1,4784
234	507,15	30,679	0,0012167	0,06643	15,05	241,0	669,3	428,3	0,6322	1,4767
235	508,15	31,236	0,0012187	0,06525	15,33	242,1	669,3	427,2	0,6344	1,4750
236	509,15	31,801	0,0012207	0,06408	15,61	243,3	669,3	426,0	0,6366	1,4733
237	510,15	32,373	0,0012228	0,06294	15,89	244,4	669,3	424,9	0,6388	1,4717
238	511,15	32,954	0,0012249	0,06182	16,18	245,6	669,3	423,8	0,6410	1,4700
239	512,15	33,542	0,0012270	0,06073	16,47	246,7	669,3	422,6	0,6432	1,4683
240	513,15	34,138	0,0012291	0,05965	16,76	247,8	669,3	421,5	0,6454	1,4667
241	514,15	34,743	0,0012312	0,05860	17,06	249,0	669,3	420,3	0,6475	1,4650
242	515,15	35,355	0,0012334	0,05757	17,37	250,1	669,3	419,1	0,6497	1,4633
243	516,15	35,976	0,0012355	0,05656	17,68	251,3	669,2	418,0	0,6519	1,4617
244	517,15	36,606	0,0012377	0,05558	17,99	252,4	669,2	416,8	0,6541	1,4600
245	518,15	37,243	0,0012399	0,05461	18,31	253,6	669,1	415,6	0,6563	1,4583
246	519,15	37,889	0,0012422	0,05366	18,64	254,7	669,1	414,4	0,6585	1,4567
247	520,15	38,544	0,0012444	0,05272	18,97	255,9	669,1	413,2	0,6607	1,4550
248	521,15	39,207	0,0012467	0,05181	19,30	257,0	669,0	412,0	0,6628	1,4533
249	522,15	39,879	0,0012490	0,05092	19,64	258,2	668,9	410,8	0,6650	1,4517
250	523,15	40,560	0,0012513	0,05004	19,99	259,3	668,9	409,5	0,6672	1,4500
251	524,15	41,250	0,0012536	0,04918	20,33	260,5	668,8	408,3	0,6694	1,4483
252	525,15	41,949	0,0012560	0,04833	20,69	261,7	668,7	407,1	0,6716	1,4467
253	526,15	42,656	0,0012584	0,04750	21,05	262,8	668,6	405,8	0,6738	1,4450
254	527,15	43,373	0,0012608	0,04669	21,42	264,0	668,6	404,6	0,6759	1,4433
255	528,15	44,099	0,0012632	0,04590	21,79	265,2	668,5	403,3	0,6781	1,4417
256	529,15	44,834	0,0012656	0,04511	22,17	266,3	668,4	402,0	0,6803	1,4400
257	530,15	45,579	0,0012681	0,04435	22,55	267,5	668,3	400,7	0,6825	1,4383
258	531,15	46,332	0,0012706	0,04360	22,94	268,7	668,2	399,4	0,6847	1,4367
259	532,15	47,096	0,0012731	0,04286	23,33	269,9	668,0	398,1	0,6869	1,4350
260	533,15	47,869	0,0012756	0,04213	23,73	271,1	667,9	396,8	0,6890	1,4333
261	534,15	48,652	0,0012782	0,04142	24,14	272,3	667,8	395,5	0,6912	1,4316
262	535,15	49,444	0,0012808	0,04073	24,55	273,5	667,7	394,2	0,6934	1,4300
263	536,15	50,246	0,0012834	0,04004	24,97	274,6	667,5	392,9	0,6956	1,4283
264	537,15	51,058	0,0012861	0,03937	25,40	275,8	667,4	391,5	0,6978	1,4266
265	538,15	51,880	0,0012887	0,03871	25,83	277,0	667,2	390,2	0,7000	1,4249
266	539,15	52,713	0,0012914	0,03806	26,27	278,2	667,1	388,8	0,7021	1,4232
267	540,15	53,555	0,0012942	0,03743	26,72	279,5	666,9	387,4	0,7043	1,4215
268	541,15	54,407	0,0012969	0,03680	27,17	280,7	666,7	386,1	0,7065	1,4199
269	542,15	55,270	0,0012997	0,03619	27,63	281,9	666,5	384,7	0,7087	1,4182
270	543,15	56,144	0,0013025	0,03559	28,10	283,1	666,3	383,3	0,7109	1,4165

Tafel 1. Sättigungszustand (Temperaturtafel) (Fortsetzung)
State of saturation (Temperature Table) (Continuation)

t	T	p	v'	v''	Q''	h'	h''	r	s'	s''
270	543,15	56,144	0,0013025	0,03559	28,10	283,1	666,3	383,3	0,7109	1,4165
271	544,15	57,027	0,0013053	0,03500	28,57	284,3	666,2	381,8	0,7131	1,4148
272	545,15	57,922	0,0013082	0,03442	29,06	285,5	666,0	380,4	0,7153	1,4131
273	546,15	58,827	0,0013111	0,03385	29,55	286,7	665,7	379,0	0,7175	1,4114
274	547,15	59,742	0,0013141	0,03329	30,04	288,0	665,5	377,6	0,7197	1,4096
275	548,15	60,669	0,0013170	0,03274	30,55	289,2	665,3	376,1	0,7219	1,4079
276	549,15	61,607	0,0013200	0,03220	31,06	290,4	665,1	374,6	0,7241	1,4062
277	550,15	62,555	0,0013231	0,03166	31,58	291,7	664,8	373,2	0,7262	1,4045
278	551,15	63,515	0,0013261	0,03114	32,11	292,9	664,6	371,7	0,7284	1,4028
279	552,15	64,486	0,0013292	0,03063	32,65	294,2	664,4	370,2	0,7306	1,4010
280	553,15	65,468	0,0013324	0,03013	33,19	295,4	664,1	368,7	0,7329	1,3993
281	554,15	66,461	0,0013356	0,02963	33,75	296,7	663,8	367,2	0,7351	1,3976
282	555,15	67,466	0,0013388	0,02914	34,31	297,9	663,5	365,6	0,7373	1,3958
283	556,15	68,482	0,0013420	0,02867	34,88	299,2	663,3	364,1	0,7395	1,3941
284	557,15	69,511	0,0013453	0,02820	35,47	300,4	663,0	362,5	0,7417	1,3923
285	558,15	70,550	0,0013487	0,02773	36,06	301,7	662,7	361,0	0,7439	1,3906
286	559,15	71,602	0,0013520	0,02728	36,66	303,0	662,4	359,4	0,7461	1,3888
287	560,15	72,666	0,0013554	0,02683	37,27	304,3	662,0	357,8	0,7483	1,3870
288	561,15	73,741	0,0013589	0,02639	37,89	305,5	661,7	356,2	0,7506	1,3852
289	562,15	74,829	0,0013624	0,02596	38,52	306,8	661,4	354,6	0,7528	1,3835
290	563,15	75,929	0,0013659	0,02554	39,16	308,1	661,0	352,9	0,7550	1,3817
291	564,15	77,041	0,0013695	0,02512	39,81	309,4	660,7	351,3	0,7572	1,3799
292	565,15	78,166	0,0013732	0,02471	40,48	310,7	660,3	349,6	0,7595	1,3781
293	566,15	79,303	0,0013769	0,02430	41,15	312,0	660,0	347,9	0,7617	1,3763
294	567,15	80,452	0,0013806	0,02390	41,83	313,3	659,6	346,3	0,7640	1,3744
295	568,15	81,615	0,0013844	0,02351	42,53	314,6	659,2	344,6	0,7662	1,3726
296	569,15	82,790	0,0013882	0,02313	43,24	315,9	658,8	342,8	0,7684	1,3708
297	570,15	83,978	0,0013921	0,02275	43,96	317,3	658,4	341,1	0,7707	1,3689
298	571,15	85,179	0,0013960	0,02238	44,69	318,6	657,9	339,4	0,7730	1,3671
299	572,15	86,394	0,0014000	0,02201	45,43	319,9	657,5	337,6	0,7752	1,3652
300	573,15	87,621	0,0014041	0,02165	46,19	321,3	657,1	335,8	0,7775	1,3634
301	574,15	88,862	0,0014082	0,02129	46,96	322,6	656,6	334,0	0,7798	1,3615
302	575,15	90,116	0,0014123	0,02094	47,75	324,0	656,2	332,2	0,7820	1,3596
303	576,15	91,384	0,0014166	0,02060	48,54	325,3	655,7	330,4	0,7843	1,3577
304	577,15	92,665	0,0014208	0,02026	49,36	326,7	655,2	328,5	0,7866	1,3558
305	578,15	93,960	0,0014252	0,01993	50,18	328,0	654,7	326,7	0,7889	1,3539
306	579,15	95,269	0,0014296	0,01960	51,02	329,4	654,2	324,8	0,7912	1,3520
307	580,15	96,592	0,0014341	0,01928	51,88	330,8	653,7	322,9	0,7935	1,3500
308	581,15	97,929	0,0014387	0,01896	52,75	332,2	653,1	321,0	0,7958	1,3481
309	582,15	99,281	0,0014433	0,01864	53,64	333,6	652,6	319,1	0,7981	1,3461
310	583,15	100,646	0,0014480	0,01833	54,54	335,0	652,1	317,1	0,8004	1,3442
311	584,15	102,03	0,0014527	0,01803	55,46	336,4	651,5	315,1	0,8027	1,3422
312	585,15	103,42	0,0014576	0,01773	56,40	337,8	650,9	313,1	0,8051	1,3402
313	586,15	104,83	0,0014625	0,01743	57,36	339,2	650,3	311,1	0,8074	1,3382
314	587,15	106,25	0,0014675	0,01714	58,33	340,6	649,7	309,1	0,8098	1,3362
315	588,15	107,69	0,0014726	0,01686	59,33	342,1	649,1	307,0	0,8121	1,3341
316	589,15	109,15	0,0014778	0,01657	60,34	343,5	648,5	305,0	0,8145	1,3321
317	590,15	110,62	0,0014831	0,01629	61,37	344,9	647,8	302,9	0,8169	1,3300
318	591,15	112,10	0,0014885	0,01602	62,43	346,4	647,1	300,7	0,8192	1,3280
319	592,15	113,60	0,0014939	0,01575	63,50	347,9	646,5	298,6	0,8216	1,3259
320	593,15	115,12	0,0014995	0,01548	64,60	349,3	645,8	296,4	0,8240	1,3238
321	594,15	116,65	0,0015052	0,01522	65,72	350,8	645,0	294,2	0,8264	1,3216
322	595,15	118,20	0,0015109	0,01496	66,86	352,3	644,3	292,0	0,8288	1,3195
323	596,15	119,76	0,0015168	0,01470	68,03	353,8	643,6	289,8	0,8313	1,3173
324	597,15	121,34	0,0015228	0,01445	69,23	355,3	642,8	287,5	0,8337	1,3151
325	598,15	122,93	0,0015289	0,01419	70,45	356,8	642,0	285,2	0,8362	1,3129

Tafel 1. Sättigungszustand (Temperaturtafel) (Fortsetzung)
State of saturation (Temperature Table) (Continuation)

t	T	p	v'	v''	ϱ''	h'	h''	r	s'	s''
325	598,15	122,93	0,0015289	0,01419	70,45	356,8	642,0	285,2	0,8362	1,3129
326	599,15	124,55	0,0015352	0,01395	71,70	358,4	641,2	282,8	0,8386	1,3107
327	600,15	126,17	0,0015416	0,01370	72,97	359,9	640,4	280,5	0,8411	1,3084
328	601,15	127,82	0,0015481	0,01346	74,28	361,5	639,5	278,1	0,8436	1,3061
329	602,15	129,48	0,0015547	0,01322	75,62	363,0	638,7	275,6	0,8461	1,3038
330	603,15	131,16	0,0015615	0,01299	76,99	364,6	637,8	273,2	0,8486	1,3015
331	604,15	132,86	0,0015684	0,01276	78,39	366,2	636,8	270,6	0,8511	1,2991
332	605,15	134,57	0,0015755	0,01253	79,83	367,8	635,9	268,1	0,8536	1,2967
333	606,15	136,30	0,0015827	0,01230	81,30	369,4	634,9	265,5	0,8562	1,2943
334	607,15	138,05	0,0015902	0,01208	82,81	371,0	633,9	262,9	0,8588	1,2918
335	608,15	139,82	0,0015978	0,01185	84,36	372,7	632,9	260,2	0,8614	1,2893
336	609,15	141,61	0,0016055	0,01163	85,95	374,3	631,8	257,5	0,8640	1,2867
337	610,15	143,41	0,0016135	0,01142	87,58	376,0	630,7	254,7	0,8666	1,2841
338	611,15	145,23	0,0016217	0,01120	89,26	377,7	629,6	251,9	0,8692	1,2815
339	612,15	147,07	0,0016301	0,01099	90,99	379,4	628,4	249,1	0,8719	1,2788
340	613,15	148,93	0,0016387	0,01078	92,76	381,1	627,2	246,2	0,8746	12,761
341	614,15	150,81	0,0016476	0,01057	94,58	382,8	626,0	243,2	0,8773	1,2733
342	615,15	152,71	0,0016567	0,01037	96,46	384,6	624,8	240,2	0,8800	1,2705
343	616,15	154,63	0,0016661	0,01016	98,39	386,3	623,5	237,1	0,8827	1,2676
344	617,15	156,56	0,0016758	0,009962	100,4	388,1	622,1	234,0	0,8855	1,2647
345	618,15	158,52	0,0016858	0,009763	102,4	389,9	620,7	230,8	0,8883	1,2618
346	619,15	160,50	0,0016961	0,009566	104,5	391,8	619,3	227,6	0,8912	1,2588
347	620,15	162,49	0,0017067	0,009371	106,7	393,6	617,9	224,3	0,8940	1,2557
348	621,15	164,51	0,0017178	0,009178	109,0	395,5	616,4	220,9	0,8969	1,2526
349	622,15	166,55	0,0017292	0,008988	111,3	397,4	614,8	217,4	0,8999	1,2494
350	623,15	168,61	0,0017411	0,008799	113,6	399,3	613,3	213,9	0,9028	1,2462
351	624,15	170,69	0,0017532	0,008609	116,2	401,4	611,6	210,3	0,9060	1,2429
352	625,15	172,80	0,0017661	0,008420	118,8	403,5	609,9	206,4	0,9093	1,2394
353	626,15	174,92	0,0017796	0,008232	121,5	405,6	608,1	202,5	0,9126	1,2359
354	627,15	177,07	0,0017937	0,008045	124,3	407,8	606,3	198,5	0,9159	1,2323
355	628,15	179,24	0,0018085	0,007859	127,2	410,0	604,4	194,4	0,9193	1,2287
356	629,15	181,43	0,0018241	0,007674	130,3	412,2	602,4	190,2	0,9226	1,2249
357	630,15	183,65	0,0018406	0,007490	133,5	414,5	600,3	185,9	0,9260	1,2210
358	631,15	185,88	0,0018580	0,007306	136,9	416,7	598,2	181,5	0,9295	1,2170
359	632,15	188,15	0,0018764	0,007123	140,4	419,0	596,0	177,0	0,9330	1,2129
360	633,15	190,43	0,0018959	0,006940	144,1	421,4	593,6	172,3	0,9365	1,2086
361	634,15	192,74	0,0019167	0,006757	148,0	423,8	591,2	167,4	0,9401	1,2041
362	635,15	195,08	0,0019388	0,006573	152,1	426,2	588,6	162,4	0,9439	1,1995
363	636,15	197,44	0,0019626	0,006388	156,5	428,8	585,9	157,1	0,9477	1,1946
364	637,15	199,82	0,0019882	0,006201	161,3	431,4	583,0	151,6	0,9517	1,1896
365	638,15	202,24	0,0020160	0,006012	166,3	434,2	579,9	145,7	0,9559	1,1842
366	639,15	204,67	0,0020464	0,005819	171,9	437,1	576,6	139,5	0,9603	1,1784
367	640,15	207,14	0,0020802	0,005621	177,9	440,3	573,0	132,7	0,9650	1,1723
368	641,15	209,63	0,0021181	0,005416	184,6	443,6	569,0	125,4	0,9700	1,1656
369	642,15	212,15	0,0021618	0,005201	192,3	447,3	564,6	117,3	0,9756	1,1582
370	643,15	214,69	0,0022136	0,004973	201,1	451,5	559,6	108,1	0,9818	1,1499
371	644,15	217,27	0,0022778	0,004723	211,7	456,3	553,6	97,3	0,9892	1,1402
372	645,15	219,87	0,0023636	0,004439	225,3	462,3	546,2	83,9	0,9982	1,1283
373	646,15	222,50	0,0024963	0,004084	244,9	470,7	536,0	65,3	1,0109	1,1120
374	647,15	225,16	0,0028427	0,003466	288,5	488,9	515,0	26,2	1,0388	1,0792
374,15	647,30	225,56	0,003170		315,5	503,3		0,0		1,0612

Kritische Daten (Constants at critical point; constantes du point critique):

Temperatur (Température) . . . . 374,15 °C
Druck (Pressure; Pression) . . . . 225,56 kp/cm²
Spez. Volumen (Spec. Vol.; Volume spécifique)   0,00317 m³/kg

Enthalpie . . . . 503,3 kcal/kg
Entropie . . . . 1,0612 kcal/kg grd

Tafel 2. Sättigungszustand (Drucktafel)

Table 2. State of saturation (Pressure Table)

Table 2. Etat saturé (Table des pressions)   Tabla 2. Estado saturado (Tabla de presión)

p	t	v'	v''	ϱ''	h'	h''	r	s'	s''
at	°C	m³/kg	m³/kg	kg/m³	kcal/kg	kcal/kg	kcal/kg	kcal/kg °K	kcal/kg °K
0,010	6,699	0,0010001	131,6	0,007597	6,722	600,4	593,7	0,02431	2,1457
0,015	12,737	0,0010005	89,62	0,01116	12,77	603,1	590,3	0,04569	2,1104
0,020	17,204	0,0010012	68,26	0,01465	17,24	605,0	587,8	0,06119	2,0855
0,025	20,779	0,0010019	55,27	0,01809	20,81	606,6	585,8	0,07342	2,0663
0,030	23,775	0,0010026	46,52	0,02150	23,80	607,9	584,1	0,08355	2,0506
0,035	26,362	0,0010033	40,21	0,02487	26,38	609,0	582,6	0,09221	2,0374
0,040	28,645	0,0010039	35,45	0,02821	28,66	610,0	581,3	0,09979	2,0260
0,045	30,692	0,0010045	31,72	0,03153	30,71	610,9	580,2	0,10654	2,0160
0,050	32,550	0,0010051	28,72	0,03482	32,56	611,7	579,1	0,11262	2,0070
0,055	34,254	0,0010057	26,25	0,03810	34,26	612,4	578,1	0,11816	1,9989
0,060	35,828	0,0010062	24,18	0,04135	35,83	613,1	577,3	0,12326	1,9915
0,065	37,292	0,0010068	22,42	0,04459	37,29	613,7	576,4	0,12798	1,9848
0,070	38,661	0,0010073	20,91	0,04782	38,66	614,3	575,6	0,13237	1,9785
0,075	39,949	0,0010078	19,60	0,05103	39,94	614,9	574,9	0,13649	1,9727
0,080	41,164	0,0010083	18,44	0,05423	41,16	615,4	574,2	0,14035	1,9672
0,085	42,316	0,0010087	17,42	0,05741	42,31	615,9	573,6	0,14400	1,9621
0,090	43,411	0,0010092	16,50	0,06059	43,40	616,3	572,9	0,14746	1,9573
0,095	44,454	0,0010096	15,69	0,06375	44,44	616,8	572,3	0,15075	1,9528
0,10	45,451	0,0010101	14,95	0,06690	45,44	617,2	571,8	0,15388	1,9485
0,11	47,323	0,0010109	13,66	0,07318	47,31	618,0	570,7	0,15973	1,9405
0,12	49,054	0,0010117	12,59	0,07942	49,04	618,7	569,7	0,16511	1,9332
0,13	50,666	0,0010124	11,68	0,08563	50,64	619,4	568,8	0,17009	1,9265
0,14	52,174	0,0010131	10,89	0,09181	52,15	620,0	567,9	0,17473	1,9204
0,15	53,593	0,0010138	10,21	0,09796	53,57	620,6	567,1	0,17908	1,9146
0,16	54,933	0,0010145	9,608	0,1041	54,91	621,2	566,3	0,18316	1,9093
0,17	56,203	0,0010152	9,076	0,1102	56,18	621,7	565,6	0,18702	1,9042
0,18	57,411	0,0010158	8,601	0,1163	57,38	622,2	564,9	0,19068	1,8995
0,19	58,563	0,0010164	8,176	0,1223	58,54	622,7	564,2	0,19416	1,8950
0,20	59,665	0,0010170	7,791	0,1283	59,64	623,2	563,5	0,19747	1,8907
0,21	60,720	0,0010175	7,442	0,1344	60,69	623,6	562,9	0,20064	1,8867
0,22	61,734	0,0010181	7,124	0,1404	61,71	624,0	562,3	0,20367	1,8829
0,23	62,709	0,0010186	6,833	0,1463	62,68	624,4	561,8	0,20657	1,8792
0,24	63,649	0,0010192	6,566	0,1523	63,62	624,8	561,2	0,20937	1,8757
0,25	64,556	0,0010197	6,319	0,1582	64,53	625,2	560,7	0,21206	1,8723
0,26	65,433	0,0010202	6,091	0,1642	65,40	625,6	560,2	0,21465	1,8691
0,27	66,281	0,0010207	5,879	0,1701	66,25	625,9	559,7	0,21715	1,8660
0,28	67,103	0,0010211	5,682	0,1760	67,08	626,2	559,2	0,21957	1,8630
0,29	67,901	0,0010216	5,498	0,1819	67,87	626,6	558,7	0,22192	1,8601
0,30	68,676	0,0010221	5,326	0,1878	68,65	626,9	558,2	0,22419	1,8573
0,32	70,162	0,0010229	5,013	0,1995	70,14	627,5	557,4	0,22853	1,8520
0,34	71,572	0,0010238	4,736	0,2111	71,55	628,1	556,5	0,23263	1,8471
0,36	72,913	0,0010246	4,489	0,2228	72,89	628,6	555,7	0,23651	1,8424
0,38	74,193	0,0010254	4,267	0,2343	74,17	629,1	555,0	0,24021	1,8379
0,40	75,417	0,0010262	4,067	0,2459	75,40	629,6	554,2	0,24373	1,8338
0,45	78,266	0,0010280	3,642	0,2746	78,25	630,8	552,5	0,25189	1,8241
0,50	80,860	0,0010298	3,300	0,3030	80,86	631,8	550,9	0,25926	1,8156
0,55	83,244	0,0010314	3,018	0,3313	83,25	632,7	549,5	0,26599	1,8078
0,60	85,454	0,0010329	2,782	0,3594	85,46	633,6	548,1	0,27219	1,8007
0,65	87,514	0,0010344	2,581	0,3874	87,53	634,4	546,9	0,27794	1,7942
0,70	89,446	0,0010357	2,408	0,4152	89,47	635,1	545,7	0,28330	1,7882
0,75	91,266	0,0010371	2,258	0,4429	91,30	635,8	544,5	0,28833	1,7827
0,80	92,988	0,0010383	2,125	0,4705	93,03	636,5	543,5	0,29306	1,7774
0,85	94,622	0,0010396	2,008	0,4980	94,68	637,1	542,5	0,29754	1,7725
0,90	96,178	0,0010407	1,904	0,5253	96,24	637,7	541,5	0,30178	1,7679
0,95	97,664	0,0010419	1,810	0,5526	97,74	638,3	540,5	0,30582	1,7636

Tafel 2. Sättigungszustand (Drucktafel) (Fortsetzung)   State of Saturation (Pressure Table) (Continuation)

p	t	v'	v''	Q''	h'	h''	r	s'	s''
1,0	99,087	0,0010430	1,725	0,5797	99,17	638,8	539,6	0,30968	1,7594
1,1	101,764	0,0010451	1,578	0,6338	101,87	639,8	537,9	0,31689	1,7518
1,2	104,246	0,0010471	1,454	0,6875	104,37	640,7	536,3	0,32354	1,7448
1,3	106,563	0,0010490	1,350	0,7410	106,71	641,6	534,9	0,32971	1,7383
1,4	108,738	0,0010508	1,259	0,7942	108,91	642,4	533,4	0,33547	1,7324
1,5	110,788	0,0010525	1,180	0,8472	110,98	643,1	532,1	0,34088	1,7268
1,6	112,728	0,0010542	1,111	0,8999	112,94	643,8	530,8	0,34597	1,7217
1,7	114,572	0,0010558	1,050	0,9524	114,81	644,4	529,6	0,35079	1,7168
1,8	116,329	0,0010573	0,9952	1,005	116,59	645,0	528,5	0,35536	1,7122
1,9	118,007	0,0010588	0,9461	1,057	118,29	645,6	527,3	0,35971	1,7079
2,0	119,615	0,0010603	0,9018	1,109	119,92	646,2	526,3	0,36387	1,7038
2,1	121,158	0,0010617	0,8615	1,161	121,5	646,7	525,2	0,36784	1,6999
2,2	122,643	0,0010631	0,8248	1,212	123,0	647,2	524,2	0,37165	1,6961
2,3	124,073	0,0010644	0,7912	1,264	124,4	647,7	523,2	0,37531	1,6926
2,4	125,454	0,0010657	0,7602	1,315	125,9	648,1	522,3	0,37883	1,6892
2,5	126,788	0,0010669	0,7317	1,367	127,2	648,6	521,4	0,38223	1,6859
2,6	128,080	0,0010682	0,7053	1,418	128,5	649,0	520,5	0,38551	1,6828
2,7	129,332	0,0010694	0,6808	1,469	129,8	649,4	519,6	0,38867	1,6797
2,8	130,547	0,0010706	0,6580	1,520	131,0	649,8	518,8	0,39174	1,6768
2,9	131,728	0,0010717	0,6367	1,571	132,2	650,2	517,9	0,39471	1,6740
3,0	132,875	0,0010728	0,6168	1,621	133,4	650,6	517,1	0,39760	1,6713
3,1	133,993	0,0010740	0,5981	1,672	134,6	650,9	516,4	0,40040	1,6687
3,2	135,081	0,0010750	0,5805	1,723	135,7	651,3	515,6	0,40312	1,6661
3,3	136,142	0,0010761	0,5640	1,773	136,8	651,6	514,8	0,40577	1,6637
3,4	137,178	0,0010772	0,5484	1,823	137,8	651,9	514,1	0,40835	1,6613
3,5	138,189	0,0010782	0,5337	1,874	138,8	652,2	513,4	0,41086	1,6590
3,6	139,177	0,0010792	0,5198	1,924	139,9	652,5	512,7	0,41331	1,6567
3,7	140,143	0,0010802	0,5066	1,974	140,9	652,8	512,0	0,41570	1,6545
3,8	141,089	0,0010812	0,4940	2,024	141,8	653,1	511,3	0,41804	1,6524
3,9	142,014	0,0010822	0,4821	2,074	142,8	653,4	510,6	0,42032	1,6503
4,0	142,921	0,0010831	0,4708	2,124	143,7	653,7	510,0	0,42256	1,6482
4,1	143,809	0,0010841	0,4600	2,174	144,6	653,9	509,3	0,42474	1,6463
4,2	144,681	0,0010850	0,4497	2,224	145,5	654,2	508,7	0,42688	1,6443
4,3	145,536	0,0010859	0,4398	2,274	146,4	654,4	508,0	0,42898	1,6424
4,4	146,375	0,0010868	0,4304	2,323	147,3	654,7	507,4	0,43103	1,6406
4,5	147,198	0,0010877	0,4214	2,373	148,1	654,9	506,8	0,43305	1,6388
4,6	148,008	0,0010886	0,4128	2,422	148,9	655,2	506,2	0,43502	1,6370
4,7	148,803	0,0010895	0,4045	2,472	149,8	655,4	505,6	0,43696	1,6353
4,8	149,585	0,0010903	0,3966	2,522	150,6	655,6	505,0	0,43886	1,6336
4,9	150,354	0,0010912	0,3890	2,571	151,4	655,8	504,5	0,44073	1,6319
5,0	151,110	0,0010920	0,3816	2,620	152,1	656,0	503,9	0,44256	1,6303
5,2	152,587	0,0010937	0,3678	2,719	153,7	656,4	502,8	0,44614	1,6271
5,4	154,019	0,0010953	0,3549	2,817	155,1	656,8	501,7	0,44960	1,6241
5,6	155,410	0,0010969	0,3430	2,916	156,6	657,2	500,6	0,45295	1,6212
5,8	156,761	0,0010984	0,3318	3,014	158,0	657,6	499,6	0,45620	1,6183
6,0	158,076	0,0011000	0,3213	3,112	159,3	657,9	498,6	0,45935	1,6156
6,2	159,357	0,0011015	0,3115	3,210	160,7	658,3	497,6	0,46241	1,6129
6,4	160,604	0,0011029	0,3023	3,308	162,0	658,6	496,6	0,46539	1,6104
6,6	161,821	0,0011044	0,2937	3,405	163,2	658,9	495,7	0,46829	1,6079
6,8	163,010	0,0011058	0,2855	3,503	164,5	659,2	494,7	0,47112	1,6054
7,0	164,170	0,0011072	0,2778	3,600	165,7	659,5	493,8	0,47388	1,6031
7,2	165,305	0,0011086	0,2705	3,697	166,9	659,8	492,9	0,47657	1,6008
7,4	166,415	0,0011100	0,2635	3,795	168,0	660,0	492,0	0,47919	1,5986
7,6	167,501	0,0011113	0,2570	3,892	169,1	660,3	491,2	0,48175	1,5964
7,8	168,565	0,0011127	0,2507	3,989	170,3	660,6	490,3	0,48426	1,5943
8,0	169,607	0,0011140	0,2448	4,086	171,3	660,8	489,5	0,48672	1,5922
8,2	170,629	0,0011153	0,2391	4,183	172,4	661,0	488,6	0,48912	1,5902
8,4	171,632	0,0011165	0,2337	4,279	173,5	661,3	487,8	0,49146	1,5882
8,6	172,616	0,0011178	0,2285	4,376	174,5	661,5	487,0	0,49377	1,5863
8,8	173,581	0,0011190	0,2236	4,473	175,5	661,7	486,2	0,49603	1,5844

Tafel 2. Sättigungszustand (Drucktafel) (Fortsetzung)   **State of Saturation (Pressure Table)** (Continuation

p	t	v'	v''	ϱ''	h'	h''	r	s'	s''
9,0	174,530	0,0011203	0,2188	4,570	176,5	661,9	485,4	0,49825	1,5826
9,2	175,462	0,0011215	0,2143	4,666	177,5	662,1	484,6	0,50042	1,5808
9,4	176,378	0,0011227	0,2100	4,763	178,5	662,3	483,9	0,50255	1,5790
9,6	177,279	0,0011239	0,2058	4,859	179,4	662,5	483,1	0,50465	1,5773
9,8	178,166	0,0011251	0,2018	4,956	180,3	662,7	482,4	0,50671	1,5756
10,0	179,038	0,0011262	0,1979	5,052	181,3	662,9	481,6	0,50873	1,5739
10,5	181,160	0,0011291	0,1889	5,293	183,5	663,3	479,8	0,51364	1,5699
11,0	183,204	0,0011319	0,1807	5,533	185,7	663,7	478,1	0,51836	1,5660
11,5	185,175	0,0011346	0,1732	5,774	187,7	664,1	476,4	0,52290	1,5623
12,0	187,081	0,0011373	0,1663	6,014	189,8	664,5	474,7	0,52728	1,5588
12,5	188,926	0,0011400	0,1599	6,254	191,7	664,8	473,1	0,53150	1,5553
13,0	190,713	0,0011425	0,1540	6,494	193,6	665,1	471,5	0,53559	1,5521
13,5	192,447	0,0011451	0,1485	6,734	195,5	665,4	469,9	0,53954	1,5489
14,0	194,132	0,0011476	0,1434	6,974	197,3	665,7	468,4	0,54338	1,5458
14,5	195,771	0,0011500	0,1386	7,214	199,0	666,0	466,9	0,54710	1,5428
15,0	197,365	0,0011524	0,1342	7,454	200,8	666,2	465,5	0,55071	1,5400
15,5	198,919	0,0011548	0,1300	7,694	202,4	666,4	464,0	0,55423	1,5372
16,0	200,434	0,0011572	0,1260	7,934	204,1	666,7	462,6	0,55765	1,5345
16,5	201,913	0,0011595	0,1223	8,174	205,6	666,9	461,2	0,56099	1,5318
17,0	203,357	0,0011618	0,1189	8,414	207,2	667,1	459,9	0,56423	1,5293
17,5	204,769	0,0011640	0,1156	8,654	208,7	667,2	458,5	0,56741	1,5268
18,0	206,149	0,0011663	0,1124	8,894	210,2	667,4	457,2	0,57050	1,5243
18,5	207,500	0,0011685	0,1095	9,135	211,7	667,6	455,9	0,57353	1,5220
19,0	208,823	0,0011706	0,1067	9,375	213,1	667,7	454,6	0,57650	1,5197
19,5	210,119	0,0011728	0,1040	9,616	214,6	667,9	453,3	0,57939	1,5174
20,0	211,390	0,0011749	0,1015	9,857	215,9	668,0	452,1	0,58223	1,5152
20,5	212,636	0,0011771	0,09903	10,10	217,3	668,1	450,8	0,58501	1,5130
21,0	213,859	0,0011791	0,09672	10,34	218,6	668,2	449,6	0,58773	1,5109
21,5	215,059	0,0011812	0,09452	10,58	220,0	668,4	448,4	0,59040	1,5088
22,0	216,238	0,0011833	0,09241	10,82	221,2	668,5	447,2	0,59302	1,5068
22,5	217,397	0,0011853	0,09039	11,06	222,5	668,6	446,0	0,59560	1,5048
23,0	218,535	0,0011873	0,08845	11,31	223,8	668,6	444,9	0,59812	1,5029
23,5	219,655	0,0011893	0,08660	11,55	225,0	668,7	443,7	0,60061	1,5010
24,0	220,757	0,0011913	0,08482	11,79	226,2	668,8	442,6	0,60304	1,4991
24,5	221,840	0,0011933	0,08311	12,03	227,4	668,9	441,4	0,60544	1,4972
25,0	222,907	0,0011953	0,08147	12,28	228,6	668,9	440,3	0,60779	1,4954
25,5	223,958	0,0011972	0,07988	12,52	229,8	669,0	439,2	0,61011	1,4936
26,0	224,992	0,0011991	0,07836	12,76	230,9	669,0	438,1	0,61240	1,4919
26,5	226,012	0,0012011	0,07689	13,01	232,1	669,1	437,0	0,61465	1,4901
27,0	227,017	0,0012030	0,07548	13,25	233,2	669,1	436,0	0,61686	1,4884
27,5	228,007	0,0012049	0,07411	13,49	234,3	669,2	434,9	0,61904	1,4868
28,0	228,984	0,0012067	0,07279	13,74	235,4	669,2	433,8	0,62119	1,4851
28,5	229,947	0,0012086	0,07152	13,98	236,5	669,2	432,8	0,62331	1,4835
29,0	230,898	0,0012105	0,07029	14,23	237,5	669,3	431,7	0,62541	1,4819
29,5	231,835	0,0012123	0,06910	14,47	238,6	669,3	430,7	0,62747	1,4803
30	232,761	0,0012142	0,06794	14,72	239,6	669,3	429,7	0,62950	1,4788
31	234,578	0,0012178	0,06574	15,21	241,7	669,3	427,7	0,63348	1,4757
32	236,349	0,0012215	0,06368	15,70	243,7	669,3	425,7	0,63737	1,4728
33	238,079	0,0012250	0,06173	16,20	245,6	669,3	423,7	0,64116	1,4699
34	239,769	0,0012286	0,05990	16,69	247,6	669,3	421,7	0,64486	1,4670
35	241,421	0,0012321	0,05817	17,19	249,4	669,3	419,8	0,64848	1,4643
36	243,038	0,0012356	0,05653	17,69	251,3	669,2	417,9	0,65201	1,4616
37	244,620	0,0012391	0,05497	18,19	253,1	669,2	416,0	0,65547	1,4590
38	246,170	0,0012425	0,05350	18,69	254,9	669,1	414,2	0,65885	1,4564
39	247,689	0,0012460	0,05209	19,20	256,7	669,0	412,4	0,66217	1,4538
40	249,178	0,0012494	0,05076	19,70	258,4	668,9	410,5	0,66542	1,4514
41	250,639	0,0012528	0,04949	20,21	260,1	668,8	408,8	0,66861	1,4489
42	252,073	0,0012561	0,04827	20,72	261,7	668,7	407,0	0,67174	1,4465
43	253,481	0,0012595	0,04711	21,23	263,4	668,6	405,2	0,67481	1,4442
44	254,865	0,0012628	0,04600	21,74	265,0	668,5	403,5	0,67783	1,4419

Tafel 2. Sättigungszustand (Drucktafel) (Fortsetzung)   State of Saturation (Pressure Table) (Continuation)

p	t	v'	v''	ϱ''	h'	h''	r	s'	s''
45	256,224	0,0012662	0,04494	22,25	266,6	668,3	401,7	0,68079	1,4396
46	257,561	0,0012695	0,04392	22,77	268,2	668,2	400,0	0,68371	1,4374
47	258,875	0,0012728	0,04295	23,28	269,7	668,0	398,3	0,68658	1,4352
48	260,168	0,0012761	0,04201	23,80	271,3	667,9	396,6	0,68940	1,4330
49	261,441	0,0012793	0,04111	24,32	272,8	667,7	394,9	0,69218	1,4309
50	262,694	0,0012826	0,04025	24,85	274,3	667,6	393,3	0,69492	1,4288
51	263,929	0,0012859	0,03942	25,37	275,8	667,4	391,6	0,69761	1,4267
52	265,144	0,0012891	0,03862	25,90	277,2	667,2	390,0	0,70027	1,4247
53	266,343	0,0012924	0,03784	26,42	278,7	667,0	388,3	0,70289	1,4227
54	267,524	0,0012956	0,03710	26,96	280,1	666,8	386,7	0,70547	1,4207
55	268,688	0,0012988	0,03638	27,49	281,5	666,6	385,1	0,70802	1,4187
56	269,836	0,0013020	0,03569	28,02	282,9	666,4	383,5	0,71053	1,4167
57	270,969	0,0013053	0,03502	28,56	284,3	666,2	381,9	0,71301	1,4148
58	272,087	0,0013085	0,03437	29,10	285,6	665,9	380,3	0,71546	1,4129
59	273,190	0,0013117	0,03374	29,64	287,0	665,7	378,7	0,71789	1,4110
60	274,279	0,0013149	0,03313	30,18	288,3	665,5	377,2	0,72027	1,4092
61	275,354	0,0013181	0,03254	30,73	289,6	665,2	375,6	0,72263	1,4073
62	276,416	0,0013213	0,03197	31,28	291,0	665,0	374,0	0,72497	1,4055
63	277,465	0,0013245	0,03142	31,83	292,3	664,7	372,5	0,72727	1,4037
64	278,501	0,0013277	0,03088	32,38	293,5	664,5	370,9	0,72955	1,4019
65	279,525	0,0013309	0,03036	32,93	294,8	664,2	369,4	0,73180	1,4001
66	280,537	0,0013341	0,02986	33,49	296,1	663,9	367,9	0,73404	1,3984
67	281,538	0,0013373	0,02937	34,05	297,3	663,7	366,3	0,73624	1,3966
68	282,527	0,0013405	0,02889	34,61	298,6	663,4	364,8	0,73843	1,3949
69	283,505	0,0013437	0,02843	35,18	299,8	663,1	363,3	0,74059	1,3932
70	284,472	0,0013469	0,02798	35,74	301,0	662,8	361,8	0,74273	1,3915
71	285,429	0,0013501	0,02754	36,31	302,3	662,5	360,3	0,74486	1,3898
72	286,376	0,0013533	0,02711	36,89	303,5	662,2	358,8	0,74695	1,3881
73	287,312	0,0013565	0,02669	37,46	304,7	661,9	357,3	0,74903	1,3865
74	288,239	0,0013597	0,02629	38,04	305,8	661,6	355,8	0,75109	1,3848
75	289,156	0,0013630	0,02589	38,62	307,0	661,3	354,3	0,75313	1,3832
76	290,064	0,0013662	0,02551	39,20	308,2	661,0	352,8	0,75516	1,3816
77	290,963	0,0013694	0,02513	39,79	309,4	660,7	351,3	0,75716	1,3799
78	291,853	0,0013726	0,02477	40,38	310,5	660,4	349,9	0,75915	1,3783
79	292,735	0,0013759	0,02441	40,97	311,7	660,1	348,4	0,76112	1,3767
80	293,608	0,0013791	0,02406	41,56	312,8	659,7	346,9	0,76308	1,3752
81	294,472	0,0013824	0,02372	42,16	313,9	659,4	345,5	0,76501	1,3736
82	295,329	0,0013856	0,02339	42,76	315,1	659,0	344,0	0,76694	1,3720
83	296,177	0,0013889	0,02306	43,36	316,2	658,7	342,5	0,76885	1,3705
84	297,018	0,0013922	0,02274	43,97	317,3	658,4	341,1	0,77074	1,3689
85	297,851	0,0013954	0,02243	44,58	318,4	658,0	339,6	0,77262	1,3674
86	298,677	0,0013987	0,02213	45,19	319,5	657,7	338,2	0,77449	1,3658
87	299,495	0,0014020	0,02183	45,81	320,6	657,3	336,7	0,77634	1,3643
88	300,307	0,0014053	0,02154	46,43	321,7	656,9	335,3	0,77818	1,3628
89	301,111	0,0014086	0,02125	47,05	322,7	656,6	333,8	0,78000	1,3613
90	301,908	0,0014119	0,02098	47,67	323,8	656,2	332,4	0,78182	1,3598
91	302,698	0,0014153	0,02070	48,30	324,9	655,8	330,9	0,78362	1,3583
92	303,482	0,0014186	0,02044	48,93	326,0	655,5	329,5	0,78541	1,3568
93	304,260	0,0014220	0,02017	49,57	327,0	655,1	328,1	0,78719	1,3553
94	305,031	0,0014253	0,01992	50,21	328,1	654,7	326,6	0,78895	1,3538
95	305,795	0,0014287	0,01967	50,85	329,1	654,3	325,2	0,79071	1,3524
96	306,554	0,0014321	0,01942	51,50	330,2	653,9	323,7	0,79245	1,3509
97	307,306	0,0014355	0,01918	52,15	331,2	653,5	322,3	0,79419	1,3494
98	308,053	0,0014389	0,01894	52,80	332,2	653,1	320,9	0,79590	1,3480
99	308,793	0,0014423	0,01871	53,45	333,3	652,7	319,5	0,79762	1,3465
100	309,528	0,0014457	0,01848	54,12	334,3	652,3	318,0	0,79933	1,3451
102	310,981	0,0014527	0,01804	55,45	336,3	651,5	315,2	0,80270	1,3422
104	312,412	0,0014596	0,01761	56,80	338,4	650,7	312,3	0,80605	1,3394
106	313,822	0,0014666	0,01719	58,16	340,4	649,8	309,5	0,80935	1,3365
108	315,212	0,0014737	0,01680	59,54	342,4	649,0	306,6	0,81262	1,3337

Tafel 2. Sättigungszustand (Drucktafel) (Fortsetzung)   **State of Saturation (Pressure Table)** (Continuation)

p	t	v'	v''	ϱ''	h'	h''	r	s'	s''
110	316,582	0,0014809	0,01641	60,94	344,3	648,1	303,7	0,81586	1,3309
112	317,932	0,0014881	0,01604	62,36	346,3	647,2	300,9	0,81907	1,3281
114	319,264	0,0014954	0,01568	63,79	348,2	646,3	298,0	0,82225	1,3253
116	320,578	0,0015028	0,01533	65,25	350,2	645,4	295,2	0,82541	1,3225
118	321,874	0,0015102	0,01499	66,72	352,1	644,4	292,3	0,82854	1,3198
120	323,154	0,0015177	0,01466	68,22	354,0	643,5	289,4	0,83164	1,3170
122	324,416	0,0015254	0,01434	69,73	356,0	642,5	286,5	0,83473	1,3142
124	325,663	0,0015331	0,01403	71,27	357,9	641,5	283,6	0,83779	1,3114
126	326,894	0,0015409	0,01373	72,84	359,7	640,5	280,7	0,84083	1,3087
128	328,109	0,0015488	0,01344	74,42	361,6	639,4	277,8	0,84384	1,3059
130	329,310	0,0015568	0,01315	76,04	363,5	638,4	274,9	0,84685	1,3031
132	330,496	0,0015649	0,01287	77,68	365,4	637,3	271,9	0,84983	1,3003
134	331,668	0,0015731	0,01260	79,34	367,3	636,2	269,0	0,85279	1,2975
136	332,826	0,0015815	0,01234	81,04	369,1	635,1	266,0	0,85575	1,2947
138	333,970	0,0015899	0,01208	82,76	371,0	633,9	263,0	0,85869	1,2919
140	335,101	0,0015985	0,01183	84,52	372,8	632,8	259,9	0,86162	1,2890
142	336,220	0,0016073	0,01159	86,31	374,7	631,6	256,9	0,86453	1,2861
144	337,326	0,0016162	0,01135	88,13	376,5	630,4	253,8	0,86744	1,2833
146	338,419	0,0016252	0,01111	89,98	378,4	629,1	250,8	0,87034	1,2804
148	339,500	0,0016344	0,01089	91,87	380,2	627,8	247,6	0,87322	1,2775
150	340,570	0,0016437	0,01066	93,79	382,1	626,6	244,5	0,87610	1,2745
152	341,628	0,0016533	0,01044	95,76	383,9	625,2	241,3	0,87898	1,2716
154	342,675	0,0016630	0,01023	97,76	385,7	623,9	238,1	0,88185	1,2686
156	343,711	0,0016729	0,01002	99,80	387,6	622,5	234,9	0,88472	1,2656
158	344,736	0,0016831	0,009815	101,9	389,4	621,1	231,7	0,88759	1,2626
160	345,750	0,0016935	0,009615	104,0	391,3	619,7	228,4	0,89045	1,2595
162	346,754	0,0017041	0,009419	106,2	393,2	618,2	225,1	0,89332	1,2565
164	347,747	0,0017149	0,009227	108,4	395,0	616,8	221,7	0,89620	1,2534
166	348,731	0,0017261	0,009039	110,6	396,9	615,3	218,4	0,89908	1,2503
168	349,704	0,0017376	0,008855	112,9	398,8	613,7	215,0	0,90197	1,2472
170	350,668	0,0017491	0,008672	115,3	400,7	612,2	211,5	0,90496	1,2440
172	351,623	0,0017612	0,008492	117,8	402,7	610,6	207,9	0,90806	1,2407
174	352,568	0,0017737	0,008314	120,3	404,7	608,9	204,2	0,91118	1,2375
176	353,504	0,0017866	0,008138	122,9	406,7	607,2	200,5	0,91429	1,2341
178	354,431	0,0018000	0,007965	125,5	408,8	605,5	196,7	0,91738	1,2308
180	355,349	0,0018139	0,007794	128,3	410,8	603,7	192,9	0,92046	1,2274
182	356,258	0,0018283	0,007626	131,1	412,8	601,9	189,1	0,92352	1,2239
184	357,159	0,0018433	0,007460	134,0	414,8	600,0	185,2	0,92659	1,2204
186	358,052	0,0018589	0,007297	137,0	416,8	598,1	181,3	0,92966	1,2168
188	358,936	0,0018752	0,007135	140,2	418,9	596,1	177,3	0,93274	1,2131
190	359,812	0,0018921	0,006974	143,4	420,9	594,1	173,2	0,93584	1,2094
192	360,679	0,0019099	0,006815	146,7	423,0	592,0	169,0	0,93898	1,2056
194	361,539	0,0019284	0,006658	150,2	425,1	589,8	164,7	0,94215	1,2016
196	362,392	0,0019479	0,006500	153,8	427,2	587,6	160,3	0,94537	1,1976
198	363,236	0,0019685	0,006344	157,6	429,4	585,2	155,8	0,94865	1,1935
200	364,073	0,0019902	0,006187	161,6	431,6	582,8	151,1	0,95201	1,1892
202	364,903	0,0020132	0,006030	165,8	433,9	580,2	146,3	0,95546	1,1847
204	365,725	0,0020378	0,005872	170,3	436,3	577,5	141,2	0,95904	1,1801
206	366,540	0,0020642	0,005712	175,1	438,8	574,7	135,9	0,96276	1,1752
208	367,348	0,0020928	0,005550	180,2	441,4	571,7	130,3	0,96667	1,1700
210	368,149	0,0021242	0,005385	185,7	444,1	568,4	124,3	0,97081	1,1645
212	368,942	0,0021591	0,005214	191,8	447,1	564,9	117,8	0,97524	1,1587
214	369,729	0,0021986	0,005036	198,6	450,3	561,0	110,7	0,98007	1,1523
216	370,510	0,0022443	0,004849	206,2	453,8	556,7	102,8	0,98542	1,1452
218	371,283	0,0022993	0,004647	215,2	457,9	551,7	93,8	0,99151	1,1371
220	372,051	0,0023688	0,004423	226,1	462,7	545,8	83,1	0,99877	1,1276
222	372,811	0,0024650	0,004160	240,4	468,8	538,3	69,5	1,00806	1,1157
224	373,566	0,0026276	0,003807	262,6	478,0	527,1	49,1	1,02221	1,0981
225,56	374,15	0,00317		315,5	503,3		0	1,0612	

Tafel 3. Wasser und überhitzter Dampf

Table 3. Water and superheated Steam

Table 3. Eau et vapeur surchauffée   Tabla 3. Agua y vapor recalentado

1 at = 0,980665 bar   1 kcal = 4,1868 k J

t_s = Sättigungstemperatur, temperature of saturation, temperature de saturation, temperatura di saturación

v'', h'' s'' für gesättigten Dampf, for saturated steam, pour vapeur saturée, por vapor saturado

t	0,01 at $t_s = 6,699$ °C			0,02 at $t_s = 17,204$ °C			0,08 at $t_s = 23,775$ °C			0,04 at $t_s = 28,645$ °C		
	v'' 131,6	h'' 600,4	s'' 2,1457	v'' 68,26	h'' 605,0	s'' 2,0855	v'' 46,52	h'' 607,9	s'' 2,0506	v'' 35,45	h'' 610,0	s'' 2,0260
°C	v m³/kg	h kcal/kg	s kcal/kg °K	v m³/kg	h kcal/kg	s kcal/kg °K	v m³/kg	h kcal/kg	s kcal/kg °K	v m³/kg	h kcal/kg	s kcal/kg °K
0	0,0010002	0,0	0,0000	0,0010002	0,0	0,0000	0,0010002	0,0	0,0000	0,0010002	0,0	0,0000
10	133,2	601,9	2,1510	0,0010003	10,0	0,0361	0,0010003	10,0	0,0361	0,0010003	10,0	0,0361
20	137,9	606,3	2,1664	68,92	606,3	2,0898	0,0010017	20,0	0,0708	0,0010017	20,0	0,0708
30	142,6	610,8	2,1813	71,28	610,7	2,1047	47,50	610,7	2,0599	35,61	610,6	2,0280
40	147,3	615,2	2,1958	73,64	615,2	2,1192	49,07	615,1	2,0744	36,79	615,1	2,0425
50	152,0	619,7	2,2098	75,99	619,7	2,1333	50,65	619,6	2,0885	37,97	619,6	2,0566
60	156,7	624,2	2,2234	78,35	624,1	2,1469	52,22	624,1	2,1021	39,16	624,0	2,0703
70	161,5	628,7	2,2367	80,71	628,6	2,1602	53,79	628,6	2,1154	40,34	628,5	2,0836
80	166,2	633,2	2,2496	83,07	633,1	2,1731	55,37	633,1	2,1283	41,52	633,0	2,0966
90	170,9	637,7	2,2622	85,42	637,6	2,1857	56,94	637,6	2,1409	42,70	637,6	2,1092
100	175,6	642,2	2,2744	87,78	642,1	2,1980	58,51	642,1	2,1532	43,88	642,1	2,1214
110	180,3	646,7	2,2864	90,13	646,7	2,2099	60,08	646,6	2,1652	45,06	646,6	2,1334
120	185,0	651,2	2,2981	92,49	651,2	2,2216	61,65	651,2	2,1769	46,23	651,2	2,1451
130	189,7	655,8	2,3095	94,84	655,7	2,2330	63,22	655,7	2,1883	47,41	655,7	2,1565
140	194,4	660,3	2,3206	97,20	660,3	2,2442	64,79	660,3	2,1995	48,59	660,3	2,1677
150	199,1	664,9	2,3316	99,55	664,9	2,2551	66,36	664,9	2,2104	49,77	664,8	2,1786
160	203,8	669,5	2,3422	101,91	669,4	2,2658	67,93	669,4	2,2211	50,95	669,4	2,1893
170	208,5	674,1	2,3527	104,26	674,0	2,2763	69,50	674,0	2,2316	52,12	674,0	2,1998
180	213,2	678,7	2,3630	106,62	678,6	2,2866	71,07	678,6	2,2418	53,30	678,6	2,2101
190	218,0	683,3	2,3731	108,97	683,3	2,2966	72,64	683,2	2,2519	54,48	683,2	2,2202
200	222,7	687,9	2,3829	111,32	687,9	2,3065	74,21	687,9	2,2618	55,66	687,9	2,2301
210	227,4	692,5	2,3926	113,68	692,5	2,3162	75,78	692,5	2,2715	56,83	692,5	2,2398
220	232,1	697,2	2,4022	116,03	697,2	2,3257	77,35	697,2	2,2810	58,01	697,2	2,2493
230	236,8	701,8	2,4115	118,38	701,8	2,3351	78,92	701,8	2,2904	59,19	701,8	2,2587
240	241,5	706,5	2,4207	120,74	706,5	2,3443	80,49	706,5	2,2996	60,36	706,5	2,2679
250	246,2	711,2	2,4298	123,09	711,2	2,3534	82,06	711,2	2,3087	61,54	711,2	2,2770
260	250,9	715,9	2,4387	125,44	715,9	2,3623	83,63	715,9	2,3176	62,72	715,9	2,2859
270	255,6	720,6	2,4475	127,80	720,6	2,3711	85,20	720,6	2,3264	63,90	720,6	2,2946
280	260,3	725,4	2,4561	130,15	725,4	2,3797	86,77	725,4	2,3350	65,07	725,4	2,3033
290	265,0	730,1	2,4646	132,51	730,1	2,3882	88,33	730,1	2,3435	66,25	730,1	2,3118
300	269,7	734,9	2,4730	134,86	734,9	2,3966	89,90	734,9	2,3519	67,43	734,9	2,3202
310	274,4	739,7	2,4813	137,21	739,7	2,4049	91,47	739,7	2,3602	68,60	739,7	2,3284
320	279,1	744,5	2,4894	139,57	744,5	2,4130	93,04	744,4	2,3683	69,78	744,4	2,3366
330	283,8	749,3	2,4975	141,92	749,3	2,4210	94,61	749,3	2,3763	70,96	749,3	2,3446
340	288,5	754,1	2,5054	144,27	754,1	2,4290	96,18	754,1	2,3843	72,13	754,1	2,3526
350	293,3	758,9	2,5132	146,62	758,9	2,4368	97,75	758,9	2,3921	73,31	758,9	2,3604
360	298,0	763,8	2,5209	148,98	763,8	2,4445	99,32	763,8	2,3998	74,49	763,8	2,3681
370	302,7	768,6	2,5286	151,33	768,6	2,4522	100,89	768,6	2,4075	75,66	768,6	2,3757
380	307,4	773,5	2,5361	153,68	773,5	2,4597	102,45	773,5	2,4150	76,84	773,5	2,3833
390	312,1	778,4	2,5435	156,04	778,4	2,4671	104,02	778,4	2,4224	78,02	778,4	2,3907
400	316,8	783,3	2,5509	158,39	783,3	2,4745	105,59	783,3	2,4298	79,19	783,3	2,3981
410	321,5	788,3	2,5582	160,74	788,3	2,4818	107,16	788,3	2,4371	80,37	788,3	2,4054
420	326,2	793,2	2,5654	163,10	793,2	2,4890	108,73	793,2	2,4443	81,55	793,2	2,4125
430	330,9	798,2	2,5725	165,45	798,2	2,4961	110,30	798,2	2,4514	82,72	798,2	2,4197
440	335,6	803,2	2,5795	167,80	803,2	2,5031	111,87	803,2	2,4584	83,90	803,2	2,4267
450	340,3	808,2	2,5865	170,16	808,2	2,5101	113,44	808,2	2,4654	85,08	808,2	2,4336
460	345,0	813,2	2,5933	172,51	813,2	2,5169	115,01	813,2	2,4722	86,25	813,2	2,4405
470	349,7	818,2	2,6002	174,86	818,2	2,5237	116,57	818,2	2,4791	87,43	818,2	2,4473
480	354,4	823,2	2,6069	177,22	823,2	2,5305	118,14	823,2	2,4858	88,61	823,2	2,4541
490	359,1	828,3	2,6136	179,57	828,3	2,5372	119,71	828,3	2,4925	89,78	828,3	2,4608
500	363,8	833,4	2,6202	181,92	833,4	2,5438	121,28	833,4	2,4991	90,96	833,4	2,4674

Tafel 3. Wasser und überhitzter Dampf (Fortsetzung)   **Water and superheated Steam** (Continuation)

t	**0,01 at** $t_s = 6{,}699$ °C			**0,02 at** $t_s = 17{,}204$ °C			**0,03 at** $t_s = 23{,}775$ °C			**0,04 at** $t_s = 28{,}645$ °C		
	v''	h''	s''	v''	h''	s''	v''	h''	s''	v''	h''	s''
	131,6	600,4	2,1457	68,26	605,0	2,0855	46,52	607,9	2,0506	35,45	610,0	2,0260
°C	v	h	s	v	h	s	v	h	s	v	h	s
500	363,8	833,4	2,6202	181,92	833,4	2,5438	121,28	833,4	2,4991	90,96	833,4	2,4674
510	368,6	838,5	2,6267	184,28	838,5	2,5503	122,85	838,5	2,5056	92,14	838,5	2,4739
520	373,3	843,6	2,6332	186,63	843,6	2,5568	124,42	843,6	2,5121	93,31	843,6	2,4804
530	378,0	848,7	2,6396	188,98	848,7	2,5632	125,99	848,7	2,5185	94,49	848,7	2,4868
540	382,7	853,9	2,6460	191,34	853,9	2,5696	127,56	853,9	2,5249	95,67	853,9	2,4932
550	387,4	859,0	2,6523	193,69	859,0	2,5759	129,12	859,0	2,5312	96,84	859,0	2,4995
560	392,1	864,2	2,6586	196,04	864,2	2,5822	130,69	864,2	2,5375	98,02	864,2	2,5057
570	396,8	869,4	2,6648	198,39	869,4	2,5883	132,26	869,4	2,5437	99,20	869,4	2,5119
580	401,5	874,6	2,6709	200,75	874,6	2,5945	133,83	874,6	2,5498	100,37	874,6	2,5181
590	406,2	879,8	2,6770	203,10	879,8	2,6006	135,40	879,8	2,5559	101,55	879,8	2,5242
600	410,9	885,1	2,6830	205,45	885,1	2,6066	136,97	885,1	2,5619	102,73	885,1	2,5302
610	415,6	890,3	2,6890	207,81	890,3	2,6126	138,54	890,3	2,5679	103,90	890,3	2,5362
620	420,3	895,6	2,6950	210,16	895,6	2,6185	140,11	895,6	2,5739	105,08	895,6	2,5421
630	425,0	900,9	2,7008	212,51	900,9	2,6244	141,68	900,9	2,5797	106,26	900,9	2,5480
640	429,7	906,2	2,7067	214,87	906,2	2,6303	143,24	906,2	2,5856	107,43	906,2	2,5539
650	434,4	911,5	2 7125	217,22	911,5	2,6361	144,81	911,5	2,5914	108,61	911,5	2,5597
660	439,1	916,9	2,7182	219,57	916,9	2,6418	146,38	916,9	2,5971	109,79	916,9	2,5654
670	443,9	922,2	2,7240	221,93	922,2	2,6475	147,95	922,2	2,6029	110,96	922,2	2,5711
680	448,6	927,6	2,7296	224,28	927,6	2,6532	149,52	927,6	2,6085	112,14	927,6	2,5768
690	453,3	933,0	2,7352	226,63	933,0	2,6588	151,09	933,0	2,6141	113,32	933,0	2,5824
700	458,0	938,4	2,7408	228,99	938,4	2,6644	152,66	938,4	2,6197	114,49	938,4	2,5880
710	462,7	943,8	2,7464	231,34	943,8	2,6700	154,23	943,8	2,6253	115,67	943,8	2,5936
720	467,4	949,2	2,7519	233,69	949,2	2,6755	155,79	949,2	2,6308	116,85	949,2	2,5991
730	472,1	954,7	2,7573	236,04	954,7	2,6809	157,36	954,7	2,6362	118,02	954,7	2,6045
740	476,8	960,2	2,7628	238,40	960,2	2,6864	158,93	960,2	2,6417	119,20	960,2	2,6099
750	481,5	965,7	2,7681	240,75	965,7	2,6917	160,50	965,7	2,6470	120,37	965,6	2,6153
760	486,2	971,2	2,7735	243,10	971,2	2,6971	162,07	971,1	2,6524	121,55	971,1	2,6207
770	490,9	976,7	2,7788	245,46	976,7	2,7024	163,64	976,7	2,6577	122,73	976,7	2,6260
780	495,6	982,2	2,7841	247,81	982,2	2,7077	165,21	982,2	2,6630	123,90	982,2	2,6313
790	500,3	987,7	2,7893	250,16	987,7	2,7129	166,78	987,7	2,6682	125,08	987,7	2,6365
800	505,0	993,3	2,7945	252,52	993,3	2,7181	168,34	993,3	2,6734	126,26	993,3	2,6417

Tafel 3. Wasser und überhitzter Dampf (Fortsetzung) — Water and superheated Steam (Continuation)

t	0,05 at $t_s = 32{,}550\,°C$			0,06 at $t_s = 35{,}828\,°C$			0,07 at $t_s = 38{,}661\,°C$			0,08 at $t_s = 41{,}164\,°C$		
	v'' 28,72	h'' 611,7	s'' 2,0070	v'' 24,18	h'' 613,1	s'' 1,9915	v'' 20,91	h'' 614,3	s'' 1,9785	v'' 18,44	h'' 615,4	s'' 1,9672
°C	v	h	s	v	h	s	v	h	s	v	h	s
0	0,0010002	0,0	0,0000	0,0010002	0,0	0,0000	0,0010002	0,0	0,0000	0,0010002	0,0	0,0000
10	0,0010003	10,0	0,0361	0,0010003	10,0	0,0361	0,0010003	10,0	0,0361	0,0010003	10,0	0,0361
20	0,0010017	20,0	0,0708	0,0010017	20,0	0,0708	0,0010017	20,0	0,0708	0,0010017	20,0	0,0708
30	0,0010043	30,0	0,1043	0,0010043	30,0	0,1043	0,0010043	30,0	0,1043	0,0010043	30,0	0,1043
40	29,42	615,0	2,0178	24,51	615,0	1,9976	21,00	614,9	1,9804	0,0010078	40,0	0,1366
50	30,37	619,5	2,0319	25,30	619,5	2,0117	21,68	619,4	1,9946	18,97	619,4	1,9797
60	31,32	624,0	2,0456	26,09	624,0	2,0254	22,36	623,9	2,0083	19,56	623,9	1,9935
70	32,26	628,5	2,0589	26,88	628,5	2,0387	23,03	628,4	2,0217	20,15	628,4	2,0068
80	33,21	633,0	2,0719	27,67	633,0	2,0517	23,71	632,9	2,0346	20,74	632,9	2,0198
90	34,15	637,5	2,0845	28,46	637,5	2,0643	24,39	637,5	2,0473	21,33	637,4	2,0325
100	35,10	642,1	2,0968	29,24	642,0	2,0766	25,06	642,0	2,0596	21,93	642,0	2,0448
110	36,04	646,6	2,1088	30,03	646,6	2,0886	25,74	646,5	2,0716	22,52	646,5	2,0568
120	36,98	651,1	2,1205	30,82	651,1	2,1003	26,41	651,1	2,0833	23,11	651,1	2,0685
130	37,93	655,7	2,1319	31,60	655,7	2,1118	27,08	655,6	2,0947	23,70	655,6	2,0800
140	38,87	660,2	2,1431	32,39	660,2	2,1229	27,76	660,2	2,1059	24,29	660,2	2,0912
150	39,81	664,8	2,1540	33,17	664,8	2,1339	28,43	664,8	2,1169	24,88	664,8	2,1021
160	40,75	669,4	2,1647	33,96	669,4	2,1446	29,11	669,4	2,1276	25,47	669,4	2,1128
170	41,70	674,0	2,1752	34,74	674,0	2,1551	29,78	674,0	2,1381	26,05	674,0	2,1233
180	42,64	678,6	2,1855	35,53	678,6	2,1654	30,45	678,6	2,1484	26,64	678,6	2,1336
190	43,58	683,2	2,1956	36,32	683,2	2,1755	31,13	683,2	2,1584	27,23	683,2	2,1437
200	44,52	687,8	2,2055	37,10	687,8	2,1853	31,80	687,8	2,1683	27,82	687,8	2,1536
210	45,46	692,5	2,2152	37,89	692,5	2,1951	32,47	692,5	2,1780	28,41	692,5	2,1633
220	46,41	697,1	2,2247	38,67	697,1	2,2046	33,14	697,1	2,1876	29,00	697,1	2,1729
230	47,35	701,8	2,2341	39,46	701,8	2,2140	33,82	701,8	2,1970	29,59	701,8	2,1822
240	48,29	706,5	2,2433	40,24	706,5	2,2232	34,49	706,5	2,2062	30,18	706,5	2,1914
250	49,23	711,2	2,2523	41,02	711,2	2,2322	35,16	711,2	2,2152	30,77	711,2	2,2005
260	50,17	715,9	2,2613	41,81	715,9	2,2412	35,84	715,9	2,2242	31,36	715,9	2,2094
270	51,11	720,6	2,2700	42,59	720,6	2,2499	36,51	720,6	2,2329	31,94	720,6	2,2182
280	52,06	725,4	2,2787	43,38	725,3	2,2586	37,18	725,3	2,2416	32,53	725,3	2,2268
290	53,00	730,1	2,2872	44,16	730,1	2,2671	37,85	730,1	2,2501	33,12	730,1	2,2354
300	53,94	734,9	2,2956	44,95	734,9	2,2755	38,53	734,9	2,2585	33,71	734,9	2,2437
310	54,88	739,6	2,3038	45,73	739,6	2,2837	39,20	739,6	2,2667	34,30	739,6	2,2520
320	55,82	744,4	2,3120	46,52	744,4	2,2919	39,87	744,4	2,2749	34,89	744,4	2,2602
330	56,76	749,2	2,3200	47,30	749,2	2,2999	40,54	749,2	2,2829	35,48	749,2	2,2682
340	57,71	754,1	2,3280	48,09	754,1	2,3079	41,22	754,1	2,2909	36,06	754,1	2,2761
350	58,65	758,9	2,3358	48,87	758,9	2,3157	41,89	758,9	2,2987	36,65	758,9	2,2840
360	59,59	763,8	2,3435	49,66	763,8	2,3234	42,56	763,8	2,3064	37,24	763,8	2,2917
370	60,53	768,6	2,3511	50,44	768,6	2,3310	43,23	768,6	2,3140	37,83	768,6	2,2993
380	61,47	773,5	2,3587	51,23	773,5	2,3386	43,91	773,5	2,3216	38,42	773,5	2,3069
390	62,41	778,4	2,3661	52,01	778,4	2,3460	44,58	778,4	2,3290	39,01	778,4	2,3143
400	63,35	783,3	2,3735	52,79	783,3	2,3534	45,25	783,3	2,3364	39,59	783,3	2,3217
410	64,30	788,3	2,3808	53,58	788,3	2,3607	45,92	788,3	2,3437	40,18	788,3	2,3289
420	65,24	793,2	2,3879	54,36	793,2	2,3678	46,60	793,2	2,3508	40,77	793,2	2,3361
430	66,18	798,2	2,3951	55,15	798,2	2,3750	47,27	798,2	2,3580	41,36	798,2	2,3432
440	67,12	803,2	2,4021	55,93	803,2	2,3820	47,94	803,2	2,3650	41,95	803,1	2,3503
450	68,06	808,2	2,4090	56,72	808,1	2,3889	48,61	808,1	2,3719	42,54	808,1	2,3572
460	69,00	813,2	2,4159	57,50	813,2	2,3958	49,29	813,2	2,3788	43,13	813,2	2,3641
470	69,94	818,2	2,4227	58,29	818,2	2,4026	49,96	818,2	2,3856	43,71	818,2	2,3709
480	70,88	823,2	2,4295	59,07	823,2	2,4094	50,63	823,2	2,3924	44,30	823,2	2,3777
490	71,83	828,3	2,4362	59,85	828,3	2,4161	51,30	828,3	2,3991	44,89	828,3	2,3843
500	72,77	833,4	2,4428	60,64	833,4	2,4227	51,98	833,4	2,4057	45,48	833,4	2,3910
510	73,71	838,5	2,4493	61,42	838,5	2,4292	52,65	838,5	2,4122	46,07	838,5	2,3975
520	74,65	843,6	2,4558	62,21	843,6	2,4357	53,32	843,6	2,4187	46,66	843,6	2,4040
530	75,59	848,7	2,4622	62,99	848,7	2,4421	53,99	848,7	2,4251	47,24	848,7	2,4104
540	76,53	853,9	2,4686	63,78	853,8	2,4485	54,67	853,8	2,4315	47,83	853,8	2,4168
550	77,47	859,0	2,4749	64,56	859,0	2,4548	55,34	859,0	2,4378	48,42	859,0	2,4231

Tafel 3. Wasser und überhitzter Dampf (Fortsetzung) **Water and superheated Steam** (Continuation)

t	0,05 at $t_s = 32{,}550$ °C			0,06 at $t_s = 35{,}828$ °C			0,07 at $t_s = 38{,}661$ °C			0,08 at $t_s = 41{,}164$ °C		
	v'' 28,72	h'' 611,7	s'' 2,0070	v'' 24,18	h'' 613,1	s'' 1,9915	v'' 20,91	h'' 614,3	s'' 1,9785	v'' 18,44	h'' 615,4	s'' 1,9672
°C	v	h	s	v	h	s	v	h	s	v	h	s
550	77,47	859,0	2,4749	64,56	859,0	2,4548	55,34	859,0	2,4378	48,42	859,0	2,4231
560	78,42	864,2	2,4811	65,35	864,2	2,4610	56,01	864,2	2,4441	49,01	864,2	2,4293
570	79,36	869,4	2,4873	66,13	869,4	2,4672	56,68	869,4	2,4502	49,60	869,4	2,4355
580	80,30	874,6	2,4935	66,91	874,6	2,4734	57,36	874,6	2,4564	50,19	874,6	2,4417
590	81,24	879,8	2,4996	67,70	879,8	2,4795	58,03	879,8	2,4625	50,77	879,8	2,4478
600	82,18	885,1	2,5056	68,48	885,1	2,4855	58,70	885,1	2,4685	51,36	885,1	2,4538
610	83,12	890,3	2,5116	69,27	890,3	2,4915	59,37	890,3	2,4745	51,95	890,3	2,4598
620	84,06	895,6	2,5175	70,05	895,6	2,4974	60,04	895,6	2,4804	52,54	895,6	2,4657
630	85,00	900,9	2,5234	70,84	900,9	2,5033	60,72	900,9	2,4863	53,13	900,9	2,4716
640	85,95	906,2	2,5293	71,62	906,2	2,5092	61,39	906,2	2,4922	53,72	906,2	2,4775
650	86,89	911,5	2,5351	72,41	911,5	2,5150	62,06	911,5	2,4980	54,30	911,5	2,4833
660	87,83	916,9	2,5408	73,19	916,9	2,5207	62,73	916,9	2,5037	54,89	916,9	2,4890
670	88,77	922,2	2,5465	73,97	922,2	2,5264	63,41	922,2	2,5095	55,48	922,2	2,4947
680	89,71	927,6	2,5522	74,76	927,6	2,5321	64,08	927,6	2,5151	56,07	927,6	2,5004
690	90,65	933,0	2,5578	75,54	933,0	2,5377	64,75	933,0	2,5207	56,66	933,0	2,5060
700	91,59	938,4	2,5634	76,33	938,4	2,5433	65,42	938,4	2,5263	57,25	938,4	2,5116
710	92,53	943,8	2,5690	77,11	943,8	2,5489	66,10	943,8	2,5319	57,83	943,8	2,5171
720	93,48	949,2	2,5745	77,90	949,2	2,5544	66,77	949,2	2,5374	58,42	949,2	2,5226
730	94,42	954,7	2,5799	78,68	954,7	2,5598	67,44	954,7	2,5428	59,01	954,7	2,5281
740	95,36	960,2	2,5853	79,47	960,2	2,5652	68,11	960,2	2,5483	59,60	960,2	2,5335
750	96,30	965,6	2,5907	80,25	965,6	2,5706	68,79	965,6	2,5536	60,19	965,6	2,5389
760	97,24	971,1	2,5961	81,03	971,1	2,5760	69,46	971,1	2,5590	60,78	971,1	2,5443
770	98,18	976,7	2,6014	81,82	976,7	2,5813	70,13	976,7	2,5643	61,36	976,7	2,5496
780	99,12	982,2	2,6067	82,60	982,2	2,5866	70,80	982,2	2,5696	61,95	982,2	2,5549
790	100,06	987,7	2,6119	83,39	987,7	2,5918	71,47	987,7	2,5748	62,54	987,7	2,5601
800	101,01	993,3	2,6171	84,17	993,3	2,5970	72,15	993,3	2,5800	63,13	993,3	2,5653

1 at = 0,980665 bar   1 kcal = 4,1868 kJ

Tafel 3. Wasser und überhitzter Dampf (Fortsetzung) Water and superheated Steam (Continuation)

t	0,09 at $t_s = 43{,}411\,°C$			0,10 at $t_s = 45{,}451\,°C$			0,12 at $t_s = 49{,}054\,°C$			0,14 at $t_s = 52{,}174\,°C$		
	v'' 16,50	h'' 616,3	s'' 1,9573	v'' 14,95	h'' 617,2	s'' 1,9485	v'' 12,59	h'' 618,7	s'' 1,9332	v'' 10,89	h'' 620,0	s'' 1,9204
°C	v	h	s	v	h	s	v	h	s	v	h	s
0	0,0010002	0,0	0,0000	0,0010002	0,0	0,0000	0,0010002	0,0	0,0000	0,0010002	0,0	0,0000
10	0,0010002	10,0	0,0361	0,0010002	10,0	0,0361	0,0010002	10,0	0,0361	0,0010002	10,0	0,0361
20	0,0010017	20,0	0,0708	0,0010017	20,0	0,0708	0,0010017	20,0	0,0708	0,0010017	20,0	0,0708
30	0,0010043	30,0	0,1043	0,0010043	30,0	0,1043	0,0010043	30,0	0,1043	0,0010043	30,0	0,1043
40	0,0010078	40,0	0,1366	0,0010078	40,0	0,1366	0,0010078	40,0	0,1366	0,0010078	40,0	0,1366
50	16,85	619,3	1,9666	15,16	619,3	1,9549	12,63	619,2	1,9346	0,0010121	50,0	0,1680
60	17,38	623,8	1,9804	15,64	623,8	1,9687	13,03	623,7	1,9484	11,16	623,6	1,9312
70	17,91	628,3	1,9938	16,11	628,3	1,9821	13,42	628,2	1,9618	11,50	628,1	1,9446
80	18,43	632,9	2,0068	16,59	632,8	1,9951	13,82	632,8	1,9748	11,84	632,7	1,9577
90	18,96	637,4	2,0194	17,06	637,4	2,0077	14,21	637,3	1,9875	12,18	637,2	1,9704
100	19,49	641,9	2,0317	17,53	641,9	2,0201	14,61	641,9	1,9999	12,52	641,8	1,9827
110	20,01	646,5	2,0438	18,01	646,5	2,0321	15,00	646,4	2,0119	12,86	646,4	1,9948
120	20,54	651,0	2,0555	18,48	651,0	2,0438	15,40	651,0	2,0236	13,19	650,9	2,0066
130	21,06	655,6	2,0669	18,95	655,6	2,0553	15,79	655,5	2,0351	13,53	655,5	2,0180
140	21,59	660,2	2,0781	19,43	660,1	2,0665	16,18	660,1	2,0463	13,87	660,1	2,0293
150	22,11	664,7	2,0891	19,90	664,7	2,0775	16,58	664,7	2,0573	14,21	664,7	2,0402
160	22,63	669,3	2,0998	20,37	669,3	2,0882	16,97	669,3	2,0680	14,55	669,3	2,0510
170	23,16	673,9	2,1103	20,84	673,9	2,0987	17,37	673,9	2,0785	14,88	673,9	2,0615
180	23,68	678,5	2,1206	21,31	678,5	2,1090	17,76	678,5	2,0888	15,22	678,5	2,0718
190	24,21	683,2	2,1307	21,78	683,2	2,1191	18,15	683,1	2,0989	15,56	683,1	2,0819
200	24,73	687,8	2,1406	22,26	687,8	2,1290	18,54	687,8	2,1088	15,89	687,7	2,0918
210	25,25	692,4	2,1503	22,73	692,4	2,1387	18,94	692,4	2,1186	16,23	692,4	2,1015
220	25,78	697,1	2,1599	23,20	697,1	2,1482	19,33	697,1	2,1281	16,57	697,1	2,1111
230	26,30	701,8	2,1692	23,67	701,8	2,1576	19,72	701,8	2,1375	16,90	701,7	2,1205
240	26,82	706,5	2,1784	24,14	706,5	2,1668	20,12	706,4	2,1467	17,24	706,4	2,1297
250	27,35	711,2	2,1875	24,61	711,2	2,1759	20,51	711,1	2,1558	17,58	711,1	2,1388
260	27,87	715,9	2,1964	25,08	715,9	2,1848	20,90	715,8	2,1647	17,91	715,8	2,1477
270	28,39	720,6	2,2052	25,55	720,6	2,1936	21,29	720,6	2,1735	18,25	720,6	2,1565
280	28,92	725,3	2,2139	26,02	725,3	2,2022	21,69	725,3	2,1821	18,59	725,3	2,1651
290	29,44	730,1	2,2224	26,50	730,1	2,2107	22,08	730,1	2,1906	18,92	730,1	2,1736
300	29,96	734,8	2,2308	26,97	734,8	2,2191	22,47	734,8	2,1990	19,26	734,8	2,1820
310	30,49	739,6	2,2390	27,44	739,6	2,2274	22,86	739,6	2,2073	19,60	739,6	2,1903
320	31,01	744,4	2,2472	27,91	744,4	2,2356	23,26	744,4	2,2154	19,93	744,4	2,1984
330	31,53	749,2	2,2552	28,38	749,2	2,2436	23,65	749,2	2,2235	20,27	749,2	2,2065
340	32,06	754,1	2,2631	28,85	754,0	2,2515	24,04	754,0	2,2314	20,61	754,0	2,2144
350	32,58	758,9	2,2710	29,32	758,9	2,2594	24,43	758,9	2,2392	20,94	758,9	2,2222
360	33,10	763,7	2,2787	29,79	763,7	2,2671	24,83	763,7	2,2470	21,28	763,7	2,2300
370	33,63	768,6	2,2863	30,26	768,6	2,2747	25,22	768,6	2,2546	21,61	768,6	2,2376
380	34,15	773,5	2,2939	30,73	773,5	2,2823	25,61	773,5	2,2621	21,95	773,5	2,2451
390	34,67	778,4	2,3013	31,20	778,4	2,2897	26,00	778,4	2,2696	22,29	778,4	2,2526
400	35,19	783,3	2,3087	31,67	783,3	2,2971	26,40	783,3	2,2770	22,62	783,3	2,2600
410	35,72	788,3	2,3159	32,15	788,2	2,3043	26,79	788,2	2,2842	22,96	788,2	2,2672
420	36,24	793,2	2,3231	32,62	793,2	2,3115	27,18	793,2	2,2914	23,30	793,2	2,2744
430	36,76	798,2	2,3302	33,09	798,2	2,3186	27,57	798,2	2,2985	23,63	798,1	2,2815
440	37,29	803,1	2,3373	33,56	803,1	2,3257	27,96	803,1	2,3056	23,97	803,1	2,2886
450	37 81	808,1	2,3442	34,03	808,1	2,3326	28,36	808,1	2,3125	24,31	808,1	2,2955
460	38,33	813,2	2,3511	34,50	813,2	2,3395	28,75	813,1	2,3194	24,64	813,1	2,3024
470	38,86	818,2	2,3579	34,97	818,2	2,3463	29,14	818,2	2,3262	24,98	818,2	2,3092
480	39,38	823,2	2,3647	35,44	823,2	2,3531	29,53	823,2	2,3330	25,31	823,2	2,3160
490	39,90	828,3	2,3714	35,91	828,3	2,3597	29,93	828,3	2,3396	25,65	828,3	2,3226
500	40,43	833,4	2,3780	36,38	833,4	2,3664	30,32	833,4	2,3462	25,99	833,4	2,3293
510	40,95	838,5	2,3845	36,85	838,5	2,3729	30,71	838,5	2,3528	26,32	838,4	2,3358
520	41,47	843,6	2,3910	37,32	843,6	2,3794	31,10	843,6	2,3593	26,66	843,6	2,3423
530	41,99	848,7	2,3974	37,79	848,7	2,3858	31,49	848,7	2,3657	27,00	848,7	2,3487
540	42,52	853,8	2,4038	38,27	853,8	2,3922	31,89	853,8	2,3721	27,33	853,8	2,3551
550	43,04	859,0	2,4101	38,74	859,0	2,3985	32,28	859,0	2,3784	27,67	859,0	2,3614

Tafel 3. Wasser und überhitzter Dampf (Fortsetzung)   **Water and superheated Steam** (Continuation)

t	0,09 at $t_s = 43{,}411$ °C			0,10 at $t_s = 45{,}451$ °C			0,12 at $t_s = 49{,}054$ °C			0,14 at $t_s = 52{,}174$ °C		
	v''	h''	s''	v''	h''	s''	v''	h''	s''	v''	h''	s''
	16,50	616,3	1,9573	14,95	617,2	1,9485	12,59	618,7	1,9332	10,89	620,0	1,9204
°C	v	h	s	v	h	s	v	h	s	v	h	s
550	43,04	859,0	2,4101	38,74	859,0	2,3985	32,28	859,0	2,3784	27,67	859,0	2,3614
560	43,56	864,2	2,4163	39,21	864,2	2,4047	32,67	864,2	2,3846	28,00	864,2	2,3676
570	44,09	869,4	2,4225	39,68	869,4	2,4109	33,06	869,4	2,3908	28,34	869,4	2,3738
580	44,61	874,6	2,4287	40,15	874,6	2,4171	33,46	874,6	2,3970	28,68	874,6	2,3800
590	45,13	879,8	2,4348	40,62	879,8	2,4232	33,85	879,8	2,4031	29,01	879,8	2,3861
600	45,65	885,1	2,4408	41,09	885,1	2,4292	34,24	885,0	2,4091	29,35	885,0	2,3921
610	46,18	890,3	2,4468	41,56	890,3	2,4352	34,63	890,3	2,4151	29,69	890,3	2,3981
620	46,70	895,6	2,4527	42,03	895,6	2,4411	35,03	895,6	2,4210	30,02	895,6	2,4040
630	47,22	900,9	2,4586	42,50	900,9	2,4470	35,42	900,9	2,4269	30,36	900,9	2,4099
640	47,75	906,2	2,4645	42,97	906,2	2,4529	35,81	906,2	2,4328	30,69	906,2	2,4158
650	48,27	911,5	2,4703	43,44	911,5	2,4587	36,20	911,5	2,4386	31,03	911,5	2,4216
660	48,79	916,9	2,4760	43,91	916,9	2,4644	36,59	916,8	2,4443	31,37	916,8	2,4273
670	49,32	922,2	2,4817	44,38	922,2	2,4701	36,99	922,2	2,4500	31,70	922,2	2,4330
680	49,84	927,6	2,4874	44,85	927,6	2,4758	37,38	927,6	2,4557	32,04	927,6	2,4387
690	50,36	933,0	2,4930	45,33	933,0	2,4814	37,77	933,0	2,4613	32,37	933,0	2,4443
700	50,88	938,4	2,4986	45,80	938,4	2,4870	38,16	938,4	2,4669	32,71	938,4	2,4499
710	51,41	943,8	2,5042	46,27	943,8	2,4925	38,56	943,8	2,4724	33,05	943,8	2,4555
720	51,93	949,2	2,5097	46,74	949,2	2,4981	38,95	949,2	2,4780	33,38	949,2	2,4610
730	52,45	954,7	2,5151	47,21	954,7	2,5035	39,34	954,7	2,4834	33,72	954,7	2,4664
740	52,98	960,2	2,5206	47,68	960,2	2,5089	39,73	960,2	2,4888	34,06	960,2	2,4718
750	53,50	965,6	2,5259	48,15	965,6·	2,5143	40,12	965,6	2,4942	34,39	965,6	2,4772
760	54,02	971,1	2,5313	48,62	971,1	2,5197	40,52	971,1	2,4996	34,73	971,1	2,4826
770	54,55	976,7	2,5366	49,09	976,7	2,5250	40,91	976,7	2,5049	35,06	976,7	2,4879
780	55,07	982,2	2,5419	49,56	982,2	2,5303	41,30	982,2	2,5102	35,40	982,2	2,4932
790	55,59	987,7	2,5471	50,03	987,7	2,5355	41,69	987,7	2,5154	35,74	987,7	2,4984
800	56,11	993,3	2,5523	50,50	993,3	2,5407	42,09	993,3	2,5206	36,07	993,3	2,5036

1 at = 0,980665 bar   1 kcal = 4,1868 k J

Tafel 3. Wasser und überhitzter Dampf (Fortsetzung) **Water and superheated Steam** (Continuation)

t	0,16 at $t_s = 54{,}933\,°C$			0,18 at $t_s = 57{,}411\,°C$			0,20 at $t_s = 59{,}665\,°C$			0,22 at $t_s = 61{,}734\,°C$		
	v''	h''	s''	v''	h''	s''	v''	h''	s''	v''	h''	s''
	9,608	621,2	1,9093	8,601	622,2	1,8995	7,791	623,2	1,8907	7,124	624,0	1,8829
°C	v	h	s	v	h	s	v	h	s	v	h	s
0	0,0010002	0,0	0,0000	0,0010002	0,0	0,0000	0,0010002	0,0	0,0000	0,0010002	0,0	0,0000
10	0,0010002	10,0	0,0361	0,0010002	10,0	0,0361	0,0010002	10,0	0,0361	0,0010002	10,0	0,0361
20	0,0010017	20,0	0,0708	0,0010017	20,0	0,0708	0,0010017	20,0	0,0708	0,0010017	20,0	0,0708
30	0,0010043	30,0	0,1043	0,0010043	30,0	0,1043	0,0010043	30,0	0,1043	0,0010043	30,0	0,1043
40	0,0010078	40,0	0,1366	0,0010078	40,0	0,1366	0,0010078	40,0	0,1366	0,0010078	40,0	0,1366
50	0,0010121	50,0	0,1680	0,0010121	50,0	0,1680	0,0010121	50,0	0,1680	0,0010121	50,0	0,1680
60	9,759	623,5	1,9162	8,670	623,4	1,9030	7,799	623,3	1,8912	0,0010171	60,0	0,1985
70	10,058	628,1	1,9297	8,936	628,0	1,9165	8,039	627,9	1,9047	7,305	627,8	1,8940
80	10,355	632,6	1,9428	9,201	632,5	1,9296	8,278	632,5	1,9179	7,522	632,4	1,9072
90	10,653	637,2	1,9555	9,466	637,1	1,9424	8,516	637,0	1,9306	7,740	637,0	1,9200
100	10,950	641,7	1,9679	9,730	641,7	1,9548	8,754	641,6	1,9431	7,956	641,6	1,9324
110	11,246	646,3	1,9800	9,994	646,3	1,9669	8,992	646,2	1,9552	8,173	646,1	1,9445
120	11,542	650,9	1,9917	10,258	650,8	1,9787	9,230	650,8	1,9670	8,389	650,7	1,9564
130	11,838	655,4	2,0032	10,521	655,4	1,9902	9,467	655,4	1,9785	8,604	655,3	1,9679
140	12,134	660,0	2,0145	10,784	660,0	2,0014	9,704	660,0	1,9897	8,820	659,9	1,9792
150	12,430	664,6	2,0255	11,047	664,6	2,0124	9,941	664,6	2,0007	9,035	664,5	1,9902
160	12,725	669,2	2,0362	11,310	669,2	2,0232	10,177	669,2	2,0115	9,251	669,1	2,0009
170	13,020	673,8	2,0467	11,572	673,8	2,0337	10,414	673,8	2,0220	9,466	673,8	2,0115
180	13,316	678,5	2,0570	11,835	678,4	2,0440	10,650	678,4	2,0323	9,681	678,4	2,0218
190	13,611	683,1	2,0671	12,097	683,1	2,0541	10,886	683,0	2,0425	9,895	683,0	2,0319
200	13,906	687,7	2,0770	12,359	687,7	2,0640	11,122	687,7	2,0524	10,110	687,7	2,0418
210	14,200	692,4	2,0868	12,621	692,4	2,0738	11,358	692,3	2,0621	10,325	692,3	2,0516
220	14,495	697,0	2,0963	12,884	697,0	2,0833	11,594	697,0	2,0717	10,539	697,0	2,0611
230	14,790	701,7	2,1057	13,146	701,7	2,0927	11,830	701,7	2,0811	10,754	701,7	2,0705
240	15,085	706,4	2,1149	13,408	706,4	2,1019	12,066	706,4	2,0903	10,968	706,4	2,0798
250	15,379	711,1	2,1240	13,669	711,1	2,1110	12,302	711,1	2,0994	11,183	711,1	2,0888
260	15,674	715,8	2,1329	13,931	715,8	2,1199	12,537	715,8	2,1083	11,397	715,8	2,0978
270	15,968	720,5	2,1417	14,193	720,5	2,1287	12,773	720,5	2,1171	11,611	720,5	2,1066
280	16,263	725,3	2,1504	14,455	725,3	2,1374	13,009	725,3	2,1257	11,826	725,2	2,1152
290	16,557	730,0	2,1589	14,717	730,0	2,1459	13,244	730,0	2,1343	12,040	730,0	2,1237
300	16,852	734,8	2,1673	14,979	7348,	2,1543	13,480	734,8	2,1427	12,254	734,8	2,1321
310	17,146	739,6	2,1756	15,240	739,6	2,1626	13,716	739,6	2,1509	12,468	739,6	2,1404
320	17,441	744,4	2,1837	15,502	744,4	2,1707	13,951	744,4	2,1591	12,682	744,4	2,1486
330	17,735	749,2	2,1917	15,764	749,2	2,1788	14,187	749,2	2,1671	12,897	749,2	2,1566
340	18,029	754,0	2,1997	16,025	754,0	2,1867	14,422	754,0	2,1751	13,111	754,0	2,1645
350	18,324	758,9	2,2075	16,287	758,9	2,1945	14,658	758,8	2,1829	13,325	758,8	2,1724
360	18,618	763,7	2,2152	16,549	763,7	2,2023	14,893	763,7	2,1906	13,539	763,7	2,1801
370	18,912	768,6	2,2229	16,810	768,6	2,2099	15,129	768,6	2,1983	13,753	768,6	2,1877
380	19,207	773,5	2,2304	17,072	773,5	2,2174	15,364	773,5	2,2058	13,967	773,5	2,1953
390	19,501	778,4	2,2379	17,334	778,4	2,2249	15,600	778,4	2,2133	14,181	778,4	2,2027
400	19,795	783,3	2,2452	17,595	783,3	2,2322	15,835	783,3	2,2206	14,395	783,3	2,2101
410	20,090	788,2	2,2525	17,857	788,2	2,2395	16,071	788,2	2,2279	14,609	788,2	2,2174
420	20,384	793,2	2,2597	18,119	793,2	2,2467	16,306	793,2	2,2351	14,824	793,2	2,2246
430	20,678	798,1	2,2668	18,380	798,1	2,2538	16,542	798,1	2,2422	15,038	798,1	2,2317
440	20,972	803,1	2,2738	18,642	803,1	2,2608	16,777	803,1	2,2492	15,252	803,1	2,2387
450	21,267	808,1	2,2808	18,903	808,1	2,2678	17,013	808,1	2,2562	15,466	808,1	2,2457
460	21,561	813,1	2,2877	19,165	813,1	2,2747	17,248	813,1	2,2631	15,680	813,1	2,2526
470	21,855	818,2	2,2945	19,426	818,2	2,2815	17,483	818,2	2,2699	15,894	818,1	2,2594
480	22,149	823,2	2,3012	19,688	823,2	2,2883	17,719	823,2	2,2766	16,108	823,2	2,2661
490	22,444	828,3	2,3079	19,950	828,3	2,2949	17,954	828,3	2,2833	16,322	828,3	2,2728
500	22,738	833,3	2,3145	20,211	833,3	2,3015	18,190	833,3	2,2899	16,536	833,3	2,2794
510	23,032	838,4	2,3211	20,473	838,4	2,3081	18,425	838,4	2,2965	16,750	838,4	2,2860
520	23,326	843,6	2,3276	20,734	843,6	2,3146	18,661	843,5	2,3030	16,964	843,5	2,2924
530	23,621	848,7	2,3340	20,996	848,7	2,3210	18,896	848,7	2,3094	17,178	848,7	2,2989
540	23,915	853,8	2,3403	21,257	853,8	2,3274	19,131	853,8	2,3157	17,392	853,8	2,3052
550	24,209	859,0	2,3467	21,519	859,0	2,3337	19,367	859,0	2,3221	17,606	859,0	2,3115

Tafel 3. Wasser und überhitzter Dampf (Fortsetzung)   **Water and superheated Steam** (Continuation)

t	0,16 at $t_s = 54{,}933\ °C$			0,18 at $t_s = 57{,}411\ °C$			0,20 at $t_s = 59{,}665\ °C$			0,22 at $t_s = 61{,}734\ °C$		
	v'' 9,608	h'' 621,2	s'' 1,9093	v'' 8,601	h'' 622,2	s'' 1,8995	v'' 7,791	h'' 623,2	s'' 1,8907	v'' 7,124	h'' 624,0	s'' 1,8829
°C	v	h	s	v	h	s	v	h	s	v	h	s
550	24,209	859,0	2,3467	21,519	859,0	2,3337	19,367	859,0	2,3221	17,606	859,0	2,3115
560	24,503	864,2	2,3529	21,780	864,2	2,3399	19,602	864,2	2,3283	17,820	864,2	2,3178
570	24,797	869,4	2,3591	22,042	869,4	2,3461	19,837	869,4	2,3345	18,034	869,3	2,3240
580	25,092	874,6	2,3652	22,303	874,6	2,3523	20,073	874,6	2,3406	18,248	874,6	2,3301
590	25,386	879,8	2,3713	22,565	879,8	2,3584	20,308	879,8	2,3467	18,462	879,8	2,3362
600	25,680	885,0	2,3774	22,826	885,0	2,3644	20,544	885,0	2,3528	18,676	885,0	2,3423
610	25,974	890,3	2,3834	23,088	890,3	2,3704	20,779	890,3	2,3588	18,890	890,3	2,3483
620	26,268	895,6	2,3893	23,350	895,6	2,3763	21,014	895,6	2,3647	19,104	895,6	2,3542
630	26,563	900,9	2,3952	23,611	900,9	2,3822	21,250	900,9	2,3706	19,318	900,9	2,3601
640	26,857	906,2	2,4010	23,873	906,2	2,3881	21,485	906,2	2,3764	19,532	906,2	2,3659
650	27,151	911,5	2,4068	24,134	911,5	2,3939	21,720	911,5	2,3822	19,746	911,5	2,3717
660	27,445	916,8	2,4126	24,396	916,8	2,3996	21,956	916,8	2,3880	19,960	916,8	2,3775
670	27,739	922,2	2,4183	24,657	922,2	2,4053	22,191	922,2	2,3937	20,174	922,2	2,3832
680	28,034	927,6	2,4240	24,919	927,6	2,4110	22,427	927,6	2,3994	20,388	927,6	2,3889
690	28,328	933,0	2,4296	25,180	933,0	2,4166	22,662	933,0	2,4050	20,602	933,0	2,3945
700	28,622	938,4	2,4352	25,442	938,4	2,4222	22,897	938,4	2,4106	20,816	938,4	2,4001
710	28,916	943,8	2,4407	25,703	943,8	2,4277	23,133	943,8	2,4161	21,030	943,8	2,4056
720	29,210	949,2	2,4462	25,965	949,2	2,4333	23,368	949,2	2,4216	21,244	949,2	2,4111
730	29,504	954,7	2,4517	26,226	954,7	2,4387	23,603	954,7	2,4271	21,457	954,7	2,4166
740	29,799	960,1	2,4571	26,488	960,1	2,4441	23,839	960,1	2,4325	21,671	960,1	2,4220
750	30,093	965,6	2,4625	26,749	965,6	2,4495	24,074	965,6	2,4379	21,885	965,6	2,4274
760	30,387	971,1	2,4679	27,011	971,1	2,4549	24,309	971,1	2,4433	22,099	971,1	2,4327
770	30,681	976,6	2,4732	27,272	976,6	2,4602	24,545	976,6	2,4486	22,313	976,6	2,4381
780	30,975	982,2	2,4784	27,534	982,2	2,4655	24,780	982,2	2,4538	22,527	982,2	2,4433
790	31,270	987,7	2,4837	27,795	987,7	2,4707	25,015	987,7	2,4591	22,741	987,7	2,4486
800	31,564	993,3	2,4889	28,056	993,3	2,4759	25,251	993,3	2,4643	22,955	993,3	2,4538

1 at = 0,980665 bar   1 kcal = 4,1868 k J

Tafel 3. Wasser und überhitzter Dampf (Fortsetzung) Water and superheated Steam (Continuation)

t	0,24 at $t_s = 63,649\,°C$			0,26 at $t_s = 65,433\,°C$			0,28 at $t_s = 67,103\,°C$			0,80 at $t_s = 68,676\,°C$		
	v'' 6,566	h'' 624,8	s'' 1,8757	v'' 6,091	h'' 625,6	s'' 1,8691	v'' 5,682	h'' 626,2	s'' 1,8630	v'' 5,326	h'' 626,9	s'' 1,8573
°C	v	h	s	v	h	s	v	h	s	v	h	s
0	0,0010002	0,0	0,0000	0,0010002	0,0	0,0000	0,0010002	0,0	0,0000	0,0010002	0,0	0,0000
10	0,0010002	10,0	0,0361	0,0010002	10,0	0,0361	0,0010002	10,0	0,0361	0,0010002	10,0	0,0361
20	0,0010017	20,0	0,0708	0,0010017	20,0	0,0708	0,0010017	20,0	0,0708	0,0010017	20,0	0,0708
30	0,0010043	30,0	0,1043	0,0010043	30,0	0,1043	0,0010043	30,0	0,1043	0,0010043	30,0	0,1043
40	0,0010078	40,0	0,1366	0,0010078	40,0	0,1366	0,0010078	40,0	0,1366	0,0010078	40,0	0,1366
50	0,0010121	50,0	0,1680	0,0010121	50,0	0,1680	0,0010121	50,0	0,1680	0,0010121	50,0	0,1680
60	0,0010171	60,0	0,1985	0,0010171	60,0	0,1985	0,0010171	60,0	0,1985	0,0010171	60,0	0,1985
70	6,693	627,7	1,8843	6,175	627,7	1,8753	5,732	627,6	1,8669	5,347	627,5	1,8591
80	6,893	632,3	1,8974	6,360	632,3	1,8885	5,904	632,2	1,8801	5,508	632,1	1,8724
90	7,092	636,9	1,9103	6,544	636,9	1,9013	6,075	636,8	1,8930	5,668	636,7	1,8852
100	7,291	641,5	1,9227	6,728	641,4	1,9138	6,246	641,4	1,9055	5,828	641,3	1,8977
110	7,490	646,1	1,9348	6,912	646,0	1,9259	6,416	646,0	1,9176	5,987	645,9	1,9099
120	7,688	650,7	1,9467	7,095	650,6	1,9378	6,586	650,6	1,9295	6,146	650,5	1,9218
130	7,886	655,3	1,9582	7,278	655,2	1,9493	6,756	655,2	1,9411	6,305	655,2	1,9334
140	8,084	659,9	1,9695	7,460	659,8	1,9606	6,926	659,8	1,9524	6,463	659,8	1,9447
150	8,281	664,5	1,9805	7,643	664,5	1,9716	7,096	664,4	1,9634	6,622	664,4	1,9557
160	8,478	669,1	1,9913	7,825	669,1	1,9824	7,265	669,0	1,9742	6,780	669,0	1,9665
170	8,676	673,7	2,0018	8,007	673,7	1,9930	7,434	673,7	1,9847	6,938	673,6	1,9771
180	8,873	678,4	2,0122	8,189	678,3	2,0033	7,603	678,3	1,9951	7,096	678,3	1,9874
190	9,070	683,0	2,0223	8,371	683,0	2,0134	7,772	682,9	2,0052	7,253	682,9	1,9976
200	9,267	687,6	2,0322	8,553	687,6	2,0234	7,941	687,6	2,0151	7,411	687,6	2,0075
210	9,463	692,3	2,0420	8,735	692,3	2,0331	8,110	692,3	2,0249	7,569	692,2	2,0173
220	9,660	697,0	2,0515	8,916	696,9	2,0427	8,279	696,9	2,0345	7,726	696,9	2,0268
230	9,857	701,6	2,0609	9,098	701,6	2,0521	8,447	701,6	2,0439	7,884	701,6	2,0362
240	10,053	706,3	2,0702	9,279	706,3	2,0613	8,616	706,3	2,0531	8,041	706,3	2,0455
250	10,250	711,0	2,0792	9,461	711,0	2,0704	8,785	711,0	2,0622	8,198	711,0	2,0546
260	10,447	715,8	2,0882	9,642	715,7	2,0793	8,953	715,7	2,0711	8,356	715,7	2,0635
270	10,643	720,5	2,0970	9,824	720,5	2,0881	9,122	720,5	2,0799	8,513	720,5	2,0723
280	10,840	725,2	2,1056	10,005	725,2	2,0968	9,290	725,2	2,0886	8,670	725,2	2,0810
290	11,036	730,0	2,1141	10,187	730,0	2,1053	9,458	730,0	2,0971	8,827	730,0	2,0895
300	11,232	734,8	2,1225	10,368	734,8	2,1137	9,627	734,7	2,1055	8,985	734,7	2,0979
310	11,429	739,5	2,1308	10,549	739,5	2,1220	9,795	739,5	2,1138	9,142	739,5	2,1062
320	11,625	744,3	2,1390	10,730	744,3	2,1301	9,964	744,3	2,1219	9,299	744,3	2,1143
330	11,821	749,2	2,1470	10,912	749,1	2,1382	10,132	749,1	2,1300	9,456	749,1	2,1224
340	12,018	754,0	2,1549	11,093	754,0	2,1461	10,300	754,0	2,1379	9,613	754,0	2,1303
350	12,214	758,8	2,1628	11,274	758,8	2,1539	10,468	758,8	2,1458	9,770	758,8	2,1382
360	12,410	763,7	2,1705	11,455	763,7	2,1617	10,637	763,7	2,1535	9,927	763,7	2,1459
370	12,607	768,6	2,1781	11,637	768,5	2,1693	10,805	768,5	2,1611	10,084	768,5	2,1535
380	12,803	773,4	2,1857	11,818	773,4	2,1769	10,973	773,4	2,1687	10,241	773,4	2,1611
390	12,999	778,3	2,1931	12,999	778,3	2,1843	11,142	778,3	2,1761	10,398	778,3	2,1685
400	13,195	783,3	2,2005	12,180	783,3	2,1917	11,310	783,3	2,1835	10,556	783,2	2,1759
410	13,392	788,2	2,2078	12,361	788,2	2,1989	11,478	788,2	2,1908	10,713	788,2	2,1832
420	13,588	793,2	2,2150	12,542	793,1	2,2061	11,646	793,1	2,1980	10,870	793,1	2,1904
430	13,784	798,1	2,2221	12,724	798,1	2,2133	11,814	798,1	2,2051	11,027	798,1	2,1975
440	13,980	803,1	2,2291	12,905	803,1	2,2203	11,983	803,1	2,2121	11,184	803,1	2,2045
450	14,177	808,1	2,2361	13,086	808,1	2,2272	12,151	808,1	2,2191	11,341	808,1	2,2115
460	14,373	813,1	2,2430	13,267	813,1	2,2341	12,319	813,1	2,2260	11,498	813,1	2,2183
470	14,569	818,1	2,2498	13,448	818,1	2,2409	12,487	818,1	2,2328	11,655	818,1	2,2252
480	14,765	823,2	2,2565	13,629	823,2	2,2477	12,655	823,2	2,2395	11,812	823,2	2,2319
490	14,961	828,2	2,2632	13,810	828,2	2,2544	12,824	828,2	2,2462	11,969	828,2	2,2386
500	15,158	833,3	2,2698	13,991	833,3	2,2610	12,992	833,3	2,2528	12,126	833,3	2,2452
510	15,354	838,4	2,2764	14,173	838,4	2,2675	13,160	838,4	2,2594	12,283	838,4	2,2518
520	15,550	843,5	2,2828	14,354	843,5	2,2740	13,328	843,5	2,2658	12,439	843,5	2,2582
530	15,746	848,7	2,2893	14,535	848,7	2,2804	13,496	848,7	2,2723	12,596	848,6	2,2647
540	15,942	853,8	2,2956	14,716	853,8	2,2868	13,665	853,8	2,2786	12,753	853,8	2,2710
550	16,139	859,0	2,3019	14,897	859,0	2,2931	13,833	859,0	2,2849	12,910	859,0	2,2773

Tafel 3. Wasser und überhitzter Dampf (Fortsetzung)   **Water and superheated Steam** (Continuation)

t	0,24 at $t_s = 63{,}649$ °C			0,26 at $t_s = 65{,}433$ °C			0,28 at $t_s = 67{,}103$ °C			0,30 at $t_s = 68{,}676$ °C		
	v''	h''	s''	v''	h''	s''	v''	h''	s''	v''	h''	s''
	6,566	624,8	1,8757	6,091	625,6	1,8691	5,682	626,2	1,8630	5,326	626,9	1,8573
°C	v	h	s	v	h	s	v	h	s	v	h	s
550	16,139	859,0	2,3019	14,897	859,0	2,2931	13,833	859,0	2,2849	12,910	859,0	2,2773
560	16,335	864,1	2,3082	15,078	864,1	2,2994	14,001	864,1	2,2912	13,067	864,1	2,2836
570	16,531	869,3	2,3144	15,259	869,3	2,3056	14,169	869,3	2,2974	13,224	869,3	2,2898
580	16,727	874,6	2,3205	15,440	874,5	2,3117	14,337	874,5	2,3035	13,381	874,5	2,2959
590	16,923	879,8	2,3266	15,621	879,8	2,3178	14,505	879,8	2,3096	13,538	879,8	2,3020
600	17,119	885,0	2,3327	15,802	885,0	2,3238	14,673	885,0	2,3157	13,695	885,0	2,3081
610	17,316	890,3	2,3387	15,983	890,3	2,3298	14,842	890,3	2,3217	13,852	890,3	2,3141
620	17,512	895,6	2,3446	16,164	895,6	2,3358	15,010	895,6	2,3276	14,009	895,5	2,3200
630	17,708	900,9	2,3505	16,346	900,8	2,3417	15,178	900,8	2,3335	14,166	900,8	2,3259
640	17,904	906,2	2,3563	16,527	906,2	2,3475	15,346	906,2	2,3393	14,323	906,2	2,3317
650	18,100	911,5	2,3621	16,708	911,5	2,3533	15,514	911,5	2,3451	14,480	911,5	2,3375
660	18,296	916,8	2,3679	16,889	916,8	2,3591	15,682	916,8	2,3509	14,637	916,8	2,3433
670	18,492	922,2	2,3736	17,070	922,2	2,3648	15,850	922,2	2,3566	14,794	922,2	2,3490
680	18,689	927,6	2,3793	17,251	927,6	2,3705	16,019	927,6	2,3623	14,951	927,6	2,3547
690	18,885	933,0	2,3849	17,432	932,9	2,3761	16,187	932,9	2,3679	15,107	932,9	2,3603
700	19,081	938,4	2,3905	17,613	938,4	2,3817	16,355	938,4	2,3735	15,264	938,3	2,3659
710	19,277	943,8	2,3960	17,794	943,8	2,3872	16,523	943,8	2,3790	15,421	943,8	2,3714
720	19,473	949,2	2,4015	17,975	949,2	2,3927	16,691	949,2	2,3845	15,578	949,2	2,3769
730	19,669	954,7	2,4070	18,156	954,7	2,3982	16,859	954,7	2,3900	15,735	954,7	2,3824
740	19,865	960,1	2,4124	18,337	960,1	2,4036	17,027	960,1	2,3954	15,892	960,1	2,3878
750	20,061	965,6	2,4178	18,518	965,6	2,4090	17,195	965,6	2,4008	16,049	965,6	2,3932
760	20,258	971,1	2,4232	18,699	971,1	2,4143	17,364	971,1	2,4062	16,206	971,1	2,3986
770	20,454	976,6	2,4285	18,880	976,6	2,4196	17,532	976,6	2,4115	16,363	976,6	2,4039
780	20,650	982,2	2,4337	19,061	982,2	2,4249	17,700	982,2	2,4167	16,520	982,2	2,4091
790	20,846	987,7	2,4390	19,242	987,7	2,4302	17,868	987,7	2,4220	16,677	987,7	2,4144
800	21,042	993,3	2,4442	19,423	993,3	2,4354	18,036	993,3	2,4272	16,834	993,3	2,4196

1 at = 0,980665 bar   1 kcal = 4,1868 kJ

Tafel 3. Wasser und überhitzter Dampf (Fortsetzung) Water and superheated Steam (Continuation)

t	0,82 at $t_s = 70{,}162\,°\mathrm{C}$			0,84 at $t_s = 71{,}572\,°\mathrm{C}$			0,36 at $t_s = 72{,}913\,°\mathrm{C}$			0,88 at $t_s = 74{,}193\,°\mathrm{C}$		
	v''	h''	s''	v''	h''	s''	v''	h''	s''	v''	h''	s''
	5,013	627,5	1,8520	4,736	628,1	1,8471	4,489	628,6	1,8424	4,267	629,1	1,8379
°C	v	h	s	v	h	s	v	h	s	v	h	s
0	0,0010002	0,0	0,0000	0,0010002	0,0	0,0000	0,0010002	0,0	0,0000	0,0010002	0,0	0,0000
10	0,0010002	10,0	0,0361	0,0010002	10,0	0,0361	0,0010002	10,0	0,0361	0,0010002	10,0	0,0361
20	0,0010017	20,0	0,0708	0,0010017	20,0	0,0708	0,0010017	20,0	0,0708	0,0010017	20,0	0,0708
30	0,0010043	30,0	0,1043	0,0010043	30,0	0,1043	0,0010043	30,0	0,1043	0,0010043	30,0	0,1043
40	0,0010078	40,0	0,1366	0,0010078	40,0	0,1366	0,0010078	40,0	0,1366	0,0010078	40,0	0,1366
50	0,0010121	50,0	0,1680	0,0010121	50,0	0,1680	0,0010121	50,0	0,1680	0,0010121	50,0	0,1680
60	0,0010171	60,0	0,1985	0,0010171	60,0	0,1985	0,0010171	60,0	0,1985	0,0010171	60,0	0,1985
70	0,0010228	70,0	0,2281	0,0010228	70,0	0,2281	0,0010228	70,0	0,2281	0,0010228	70,0	0,2281
80	5,162	632,0	1,8651	4,856	632,0	1,8582	4,584	631,9	1,8518	4,341	631,8	1,8457
90	5,312	636,7	1,8780	4,998	636,6	1,8712	4,718	636,5	1,8647	4,469	636,5	1,8586
100	5,462	641,3	1,8905	5,139	641,2	1,8837	4,852	641,2	1,8773	4,595	641,1	1,8712
110	5,611	645,9	1,9027	5,280	645,8	1,8959	4,985	645,8	1,8895	4,722	645,7	1,8834
120	5,760	650,5	1,9146	5,420	650,5	1,9078	5,118	650,4	1,9014	4,848	650,4	1,8954
130	5,909	655,1	1,9262	5,561	655,1	1,9194	5,251	655,0	1,9130	4,973	655,0	1,9070
140	6,058	659,7	1,9375	5,701	659,7	1,9307	5,383	659,7	1,9244	5,099	659,6	1,9183
150	6,207	664,3	1,9485	5,841	664,3	1,9418	5,515	664,3	1,9354	5,224	664,2	1,9294
160	6,355	669,0	1,9593	5,980	668,9	1,9526	5,647	668,9	1,9462	5,349	668,9	1,9402
170	6,503	673,6	1,9699	6,120	673,6	1,9632	5,779	673,5	1,9568	5,474	673,5	1,9508
180	6,651	678,2	1,9803	6,259	678,2	1,9735	5,911	678,2	1,9672	5,599	678,2	1,9612
190	6,799	682,9	1,9904	6,399	682,9	1,9837	6,042	682,8	1,9773	5,724	682,8	1,9713
200	6,947	687,5	2,0004	6,538	687,5	1,9936	6,174	687,5	1,9873	5,848	687,5	1,9813
210	7,095	692,2	2,0101	6,677	692,2	2,0034	6,305	692,2	1,9971	5,973	692,2	1,9911
220	7,243	696,9	2,0197	6,816	696,9	2,0130	6,437	696,9	2,0067	6,098	696,8	2,0007
230	7,390	701,6	2,0291	6,955	701,6	2,0224	6,568	701,5	2,0161	6,222	701,5	2,0101
240	7,538	706,3	2,0383	7,094	706,3	2,0316	6,699	706,2	2,0253	6,346	706,2	2,0193
250	7,685	711,0	2,0474	7,233	711,0	2,0407	6,831	711,0	2,0344	6,471	710,9	2,0284
260	7,833	715,7	2,0564	7,372	715,7	2,0497	6,962	715,7	2,0434	6,595	715,7	2,0374
270	7,980	720,4	2,0652	7,511	720,4	2,0585	7,093	720,4	2,0522	6,719	720,4	2,0462
280	8,128	725,2	2,0738	7,649	725,2	2,0671	7,224	725,2	2,0608	6,843	725,1	2,0548
290	8,275	729,9	2,0824	7,788	729,9	2,0757	7,355	729,9	2,0693	6,968	729,9	2,0634
300	8,423	734,7	2,0908	7,927	734,7	2,0841	7,486	734,7	2,0777	7,092	734,7	2,0718
310	8,570	739,5	2,0990	8,066	739,5	2,0923	7,617	739,5	2,0860	7,216	739,5	2,0801
320	8,717	744,3	2,1072	8,204	744,3	2,1005	7,748	744,3	2,0942	7,340	744,3	2,0882
330	8,865	749,1	2,1153	8,343	749,1	2,1086	7,879	749,1	2,1022	7,464	749,1	2,0963
340	9,012	753,9	2,1232	8,482	753,9	2,1165	8,010	753,9	2,1102	7,588	753,9	2,1042
350	9,159	758,8	2,1310	8,620	758,8	2,1243	8,141	758,8	2,1180	7,712	758,8	2,1121
360	9,307	763,7	2,1388	8,759	763,6	2,1321	8,272	763,6	2,1258	7,836	763,6	2,1198
370	9,454	768,5	2,1464	8,897	768,5	2,1397	8,403	768,5	2,1334	7,960	768,5	2,1274
380	9,601	773,4	2,1539	9,036	773,4	2,1473	8,534	773,4	2,1409	8,084	773,4	2,1350
390	9,748	778,3	2,1614	9,175	778,3	2,1547	8,665	778,3	2,1484	8,208	778,3	2,1424
400	9,896	783,2	2,1688	9,313	783,2	2,1621	8,796	783,2	2,1558	8,332	783,2	2,1498
410	10,043	788,2	2,1760	9,452	788,2	2,1693	8,926	788,2	2,1630	8,456	788,2	2,1571
420	10,190	793,1	2,1832	9,590	793,1	2,1765	9,057	793,1	2,1702	8,580	793,1	2,1643
430	10,337	798,1	2,1903	9,729	798,1	2,1837	9,188	798,1	2,1773	8,704	798,1	2,1714
440	10,484	803,1	2,1974	9,867	803,1	2,1907	9,319	803,1	2,1844	8,828	803,1	2,1784
450	10,632	808,1	2,2043	10,006	808,1	2,1977	9,450	808,1	2,1913	8,952	808,1	2,1854
460	10,779	813,1	2,2112	10,145	813,1	2,2045	9,581	813,1	2,1982	9,076	813,1	2,1923
470	10,926	818,1	2,2180	10,283	818,1	2,2114	9,712	818,1	2,2051	9,200	818,1	2,1991
480	11,073	823,2	2,2248	10,422	823,2	2,2181	9,842	823,2	2,2118	9,324	823,1	2,2058
490	11,220	828,2	2,2315	10,560	828,2	2,2248	9,973	828,2	2,2185	9,448	828,2	2,2125
500	11,368	833,3	2,2381	10,699	833,3	2,2314	10,104	833,3	2,2251	9,572	833,3	2,2191
510	11,515	838,4	2,2446	10,837	838,4	2,2379	10,235	838,4	2,2316	9,696	838,4	2,2257
520	11,662	843,5	2,2511	10,976	843,5	2,2444	10,366	843,5	2,2381	9,820	843,5	2,2322
530	11,809	848,6	2,2575	11,114	848,6	2,2509	10,497	848,6	2,2446	9,944	848,6	2,2386
540	11,956	853,8	2,2639	11,253	853,8	2,2572	10,627	853,8	2,2509	10,068	853,8	2,2450
550	12,103	859,0	2,2702	11,391	858,9	2,2635	10,758	858,9	2,2572	10,192	858,9	2,2513

Tafel 3. Wasser und überhitzter Dampf (Fortsetzung) **Water and superheated Steam** (Continuation)

t	0,32 at $t_s = 70{,}162\ °C$			0,34 at $t_s = 71{,}572\ °C$			0,36 at $t_s = 72{,}913\ °C$			0,38 at $t_s = 74{,}193\ °C$		
	v''	h''	s''	v''	h''	s''	v''	h''	s''	v''	h''	s''
	5,013	627,5	1,8520	4,736	628,1	1,8471	4,489	628,6	1,8424	4,267	629,1	1,8379
°C	v	h	s	v	h	s	v	h	s	v	h	s
550	12,103	859,0	2,2702	11,391	858,9	2,2635	10,758	858,9	2,2572	10,192	858,9	2,2513
560	12,250	864,1	2,2765	11,530	864,1	2,2698	10,889	864,1	2,2635	10,316	864,1	2,2575
570	12,398	869,3	2,2827	11,668	869,3	2,2760	11,020	869,3	2,2697	10,440	869,3	2,2637
580	12,545	874,5	2,2888	11,807	874,5	2,2821	11,151	874,5	2,2758	10,564	874,5	2,2699
590	12,692	879,8	2,2949	11,945	879,8	2,2882	11,281	879,8	2,2819	10,688	879,8	2,2760
600	12,839	885,0	2,3009	12,084	885,0	2,2943	11,412	885,0	2,2880	10,811	885,0	2,2820
610	12,986	890,3	2,3069	12,222	890,3	2,3003	11,543	890,3	2,2939	10,935	890,3	2,2880
620	13,133	895,5	2,3129	12,361	895,5	2,3062	11,674	895,5	2,2999	11,059	895,5	2,2939
630	13,280	900,8	2,3188	12,499	900,8	2,3121	11,805	900,8	2,3058	11,183	900,8	2,2998
640	13,428	906,1	2,3246	12,638	906,1	2,3179	11,935	906,1	2,3116	11,307	906,1	2,3057
650	13,575	911,5	2,3304	12,776	911,5	2,3237	12,066	911,5	2,3174	11,431	911,5	2,3115
660	13,722	916,8	2,3362	12,915	916,8	2,3295	12,197	916,8	2,3232	11,555	916,8	2,3172
670	13,869	922,2	2,3419	13,053	922,2	2,3352	12,328	922,2	2,3289	11,679	922,2	2,3229
680	14,016	927,5	2,3476	13,191	927,5	2,3409	12,459	927,5	2,3346	11,803	927,5	2,3286
690	14,163	932,9	2,3532	13,330	932,9	2,3465	12,589	932,9	2,3402	11,927	932,9	2,3342
700	14,310	938,3	2,3588	13,468	938,3	2,3521	12,720	938,3	2,3458	12,051	938,3	2,3398
710	14,457	943,8	2,3643	13,607	943,8	2,3576	12,851	943,8	2,3513	12,174	943,8	2,3454
720	14,605	949,2	2,3698	13,745	949,2	2,3631	12,982	949,2	2,3568	12,298	949,2	2,3509
730	14,752	954,7	2,3753	13,884	954,7	2,3686	13,112	954,7	2,3623	12,422	954,7	2,3563
740	14,899	960,1	2,3807	14,022	960,1	2,3740	13,243	960,1	2,3677	12,546	960,1	2,3618
750	15,046	965,6	2,3861	14,161	965,6	2,3794	13,374	965,6	2,3731	12,670	965,6	2,3671
760	15,193	971,1	2,3914	14,299	971,1	2,3848	13,505	971,1	2,3785	12,794	971,1	2,3725
770	15,340	976,6	2,3968	14,438	976,6	2,3901	13,635	976,6	2,3838	12,918	976,6	2,3778
780	15,487	982,2	2,4020	14,576	982,2	2,3953	13,766	982,2	2,3890	13,042	982,2	2,3831
790	15,634	987,7	2,4073	14,715	987,7	2,4006	13,897	987,7	2,3943	13,166	987,7	2,3883
800	15,781	993,3	2,4125	14,853	993,3	2,4058	14,028	993,3	2,3995	13,289	993,3	2,3935

1 at = 0,980665 bar   1 kcal = 4,1868 kJ

Tafel 3. Wasser und überhitzter Dampf (Fortsetzung)   Water and superheated Steam (Continuation)

t	0,40 at $t_s = 75{,}417\,°C$			0,45 at $t_s = 78{,}266\,°C$			0,50 at $t_s = 80{,}860\,°C$			0,55 at $t_s = 83{,}244\,°C$		
	v''	h''	s''	v''	h''	s''	v''	h''	s''	v''	h''	s''
	4,067	629,6	1,8338	3,642	630,8	1,8241	3,300	631,8	1,8156	3,018	632,7	1,8078
°C	v	h	s	v	h	s	v	h	s	v	h	s
0	0,0010002	0,0	0,0000	0,0010002	0,0	0,0000	0,0010002	0,0	0,0000	0,0010002	0,0	0,0000
10	0,0010002	10,0	0,0361	0,0010002	10,0	0,0361	0,0010002	10,0	0,0361	0,0010002	10,0	0,0361
20	0,0010017	20,0	0,0708	0,0010017	20,0	0,0708	0,0010017	20,0	0,0708	0,0010017	20,0	0,0708
30	0,0010043	30,0	0,1043	0,0010043	30,0	0,1043	0,0010043	30,0	0,1043	0,0010043	30,0	0,1043
40	0,0010078	40,0	0,1366	0,0010078	40,0	0,1366	0,0010078	40,0	0,1366	0,0010078	40,0	0,1366
50	0,0010121	50,0	0,1680	0,0010121	50,0	0,1680	0,0010121	50,0	0,1680	0,0010121	50,0	0,1680
60	0,0010171	60,0	0,1985	0,0010171	60,0	0,1985	0,0010171	60,0	0,1985	0,0010171	60,0	0,1985
70	0,0010228	70,0	0,2281	0,0010228	70,0	0,2281	0,0010228	70,0	0,2281	0,0010228	70,0	0,2281
80	4,123	631,8	1,8398	3,661	631,6	1,8264	0,0010292	80,0	0,2568	0,0010292	80,0	0,2568
90	4,244	636,4	1,8528	3,769	636,2	1,8395	3,389	636,1	1,8275	3,078	635,9	1,8166
100	4,364	641,0	1,8654	3,876	640,9	1,8521	3,486	640,7	1,8402	3,167	640,6	1,8294
110	4,484	645,7	1,8777	3,983	645,5	1,8644	3,583	645,4	1,8525	3,255	645,3	1,8418
120	4,604	650,3	1,8896	4,090	650,2	1,8764	3,679	650,1	1,8645	3,342	650,0	1,8538
130	4,724	654,9	1,9012	4,197	654,8	1,8881	3,775	654,7	1,8762	3,430	654,6	1,8655
140	4,843	659,6	1,9126	4,303	659,5	1,8994	3,871	659,4	1,8876	3,517	659,3	1,8769
150	4,962	664,2	1,9237	4,409	664,1	1,9105	3,966	664,0	1,8988	3,604	663,9	1,8881
160	5,081	668,8	1,9345	4,515	668,8	1,9214	4,062	668,7	1,9096	3,691	668,6	1,8990
170	5,200	673,5	1,9451	4,620	673,4	1,9320	4,157	673,3	1,9203	3,778	673,3	1,9096
180	5,318	678,1	1,9555	4,726	678,1	1,9424	4,252	678,0	1,9307	3,864	677,9	1,9201
190	5,437	682,8	1,9657	4,832	682,7	1,9526	4,347	682,7	1,9409	3,951	682,6	1,9303
200	5,555	687,5	1,9756	4,937	687,4	1,9625	4,442	687,3	1,9508	4,037	687,3	1,9402
210	5,674	692,1	1,9854	5,042	692,1	1,9723	4,537	692,0	1,9606	4,124	692,0	1,9500
220	5,792	696,8	1,9950	5,147	696,8	1,9819	4,632	696,7	1,9702	4,210	696,7	1,9597
230	5,910	701,5	2,0044	5,253	701,5	1,9914	4,726	701,4	1,9797	4,296	701,4	1,9691
240	6,029	706,2	2,0137	5,358	706,2	2,0006	4,821	706,1	1,9889	4,382	706,1	1,9784
250	6,147	710,9	2,0228	5,463	710,9	2,0097	4,916	710,8	1,9980	4,468	710,8	1,9875
260	6,265	715,6	2,0317	5,568	715,6	2,0187	5,010	715,6	2,0070	4,554	715,5	1,9964
270	6,383	720,4	2,0405	5,673	720,4	2,0275	5,105	720,3	2,0158	4,640	720,3	2,0053
280	6,501	725,1	2,0492	5,778	725,1	2,0361	5,199	725,1	2,0245	4,726	725,0	2,0139
290	6,619	729,9	2,0577	5,883	729,9	2,0447	5,294	729,8	2,0330	4,812	729,8	2,0225
300	6,737	734,7	2,0661	5,988	734,6	2,0531	5,388	734,6	2,0414	4,898	734,6	2,0309
310	6,855	739,5	2,0744	6,092	739,4	2,0614	5,483	739,4	2,0497	4,984	739,4	2,0392
320	6,973	744,3	2,0826	6,197	744,2	2,0695	5,577	744,2	2,0579	5,069	744,2	2,0474
330	7,091	749,1	2,0906	6,302	749,1	2,0776	5,671	749,0	2,0660	5,155	749,0	2,0554
340	7,209	753,9	2,0986	6,407	753,9	2,0855	5,766	753,9	2,0739	5,241	753,8	2,0634
350	7,326	758,8	2,1064	6,512	758,7	2,0934	5,860	758,7	2,0817	5,327	758,7	2,0712
360	7,444	763,6	2,1141	6,617	763,6	2,1011	5,954	763,6	2,0895	5,413	763,6	2,0790
370	7,562	768,5	2,1218	6,721	768,5	2,1088	6,049	768,5	2,0971	5,498	768,4	2,0866
380	7,680	773,4	2,1293	6,826	773,4	2,1163	6,143	773,3	2,1047	5,584	773,3	2,0941
390	7,798	778,3	2,1368	6,931	778,3	2,1238	6,237	778,3	2,1121	5,670	778,2	2,1016
400	7,916	783,2	2,1441	7,036	783,2	2,1311	6,332	783,2	2,1195	5,756	783,2	2,1090
410	8,033	788,1	2,1514	7,140	788,1	2,1384	6,426	788,1	2,1268	5,841	788,1	2,1163
420	8,151	793,1	2,1586	7,245	793,1	2,1456	6,520	793,1	2,1340	5,927	793,0	2,1235
430	8,269	798,1	2,1657	7,350	798,0	2,1527	6,614	798,0	2,1411	6,013	798,0	2,1306
440	8,387	803,0	2,1728	7,455	803,0	2,1598	6,709	803,0	2,1481	6,099	803,0	2,1376
450	8,505	808,0	2,1797	7,559	808,0	2,1667	6,803	808,0	2,1551	6,184	808,0	2,1446
460	8,622	813,1	2,1866	7,664	813,0	2,1736	6,897	813,0	2,1620	6,270	813,0	2,1515
470	8,740	818,1	2,1934	7,769	818,1	2,1804	6,991	818,1	2,1688	6,356	818,1	2,1583
480	8,858	823,1	2,2002	7,873	823,1	2,1872	7,086	823,1	2,1755	6,441	823,1	2,1650
490	8,976	828,2	2,2069	7,978	828,2	2,1939	7,180	828,2	2,1822	6,527	828,2	2,1717
500	9,093	833,3	2,2135	8,083	833,3	2,2005	7,274	833,3	2,1888	6,613	833,2	2,1783
510	9,211	838,4	2,2200	8,187	838,4	2,2070	7,368	838,4	2,1954	6,698	838,3	2,1849
520	9,329	843,5	2,2265	8,292	843,5	2,2135	7,463	843,5	2,2019	6,784	843,5	2,1914
530	9,447	848,6	2,2329	8,397	848,6	2,2199	7,557	848,6	2,2083	6,870	848,6	2,1978
540	9,564	853,8	2,2393	8,501	853,8	2,2263	7,651	853,7	2,2147	6,955	853,7	2,2042
550	9,682	858,9	2,2456	8,606	858,9	2,2326	7,745	858,9	2,2210	7,041	858,9	2,2105

Tafel 3. Wasser und überhitzter Dampf (Fortsetzung)   **Water and superheated Steam** (Continuation)

t	0,40 at $t_s = 75{,}417$ °C			0,45 at $t_s = 78{,}266$ °C			0,50 at $t_s = 80{,}860$ °C			0,55 at $t_s = 83{,}244$ °C		
	v''	h''	s''	v''	h''	s''	v''	h''	s''	v''	h''	s''
	4,067	629,6	1,8338	3,642	630,8	1,8241	3,300	631,8	1,8156	3,018	632,7	1,8078
°C	v	h	s	v	h	s	v	h	s	v	h	s
550	9,682	858,9	2,2456	8,606	858,9	2,2326	7,745	858,9	2,2210	7,041	858,9	2,2105
560	9,800	864,1	2,2519	8,711	864,1	2,2389	7,839	864,1	2,2272	7,127	864,1	2,2167
570	9,918	869,3	2,2581	8,815	869,3	2,2451	7,934	869,3	2,2334	7,212	869,3	2,2229
580	10,035	874,5	2,2642	8,920	874,5	2,2512	8,028	874,5	2,2396	7,298	874,5	2,2291
590	10,153	879,7	2,2703	9,025	879,7	2,2573	8,122	879,7	2,2457	7,384	8797,	2,2352
600	10,271	885,0	2,2763	9,129	885,0	2,2633	8,216	885,0	2,2517	7,469	885,0	2,2412
610	10,389	890,3	2,2823	9,234	890,2	2,2693	8,310	890,2	2,2577	7,555	890,2	2,2472
620	10,506	895,5	2,2883	9,339	895,5	2,2753	8,405	895,5	2,2637	7,640	895,5	2,2531
630	10,624	900,8	2,2942	9,443	900,8	2,2812	8,499	900,8	2,2696	7,726	900,8	2,2590
640	10,742	906,1	2,3000	9,548	906,1	2,2870	8,593	906,1	2,2754	7,812	906,1	2,2649
650	10,859	911,5	2,3058	9,653	911,5	2,2928	8,687	911,4	2,2812	7,897	911,4	2,2707
660	10,977	916,8	2,3116	9,757	916,8	2,2986	8,781	916,8	2,2870	7,983	916,8	2,2764
670	11,095	922,2	2,3173	9,862	922,2	2,3043	8,876	922,1	2,2927	8,069	922,1	2,2822
680	11,213	927,5	2,3229	9,967	927,5	2,3100	8,970	927,5	2,2983	8,154	927,5	2,2878
690	11,330	932,9	2,3286	10,071	932,9	2,3156	9,064	932,9	2,3040	8,240	932,9	2,2935
700	11,448	938,3	2,3342	10,176	938,3	2,3212	9,158	938,3	2,3096	8,325	938,3	2,2990
710	11,566	943,8	2,3397	10,280	943,7	2,3267	9,252	943,7	2,3151	8,411	943,7	2,3046
720	11,683	949,2	2,3452	10,385	949,2	2,3322	9,346	949,2	2,3206	8,497	949,2	2,3101
730	11,801	954,6	2,3507	10,490	954,6	2,3377	9,441	954,6	2,3261	8,582	954,6	2,3156
740	11,919	960,1	2,3561	10,594	960,1	2,3431	9,535	960,1	2,3315	8,668	960,1	2,3210
750	12,036	965,6	2,3615	10,699	965,6	2,3485	9,629	965,6	2,3369	8,753	965,6	2,3264
760	12,154	971,1	2,3668	10,804	971,1	2,3538	9,723	971,1	2,3422	8,839	971,1	2,3317
770	12,272	976,6	2,3721	10,908	976,6	2,3592	9,817	976,6	2,3475	8,925	976,6	2,3370
780	12,390	982,1	2,3774	11,013	982,1	2,3644	9,911	982,1	2,3528	9,010	982,1	2,3423
790	12,507	987,7	2,3827	11,117	987,7	2,3697	10,006	987,7	2,3581	9,096	987,7	2,3475
800	12,625	993,3	2,3879	11,222	993,3	2,3749	10,100	993,2	2,3633	9,181	993,2	2,3528

1 at = 0,980665 bar   1 kcal = 4,1868 kJ

Tafel 3. Wasser und überhitzter Dampf (Fortsetzung)   Water and superheated Steam (Continuation)

t	0,60 at $t_s = 85{,}454\,°C$			0,65 at $t_s = 87{,}514\,°C$			0,70 at $t_s = 89{,}446\,°C$			0,75 at $t_s = 91{,}266\,°C$		
	v''	h''	s''	v''	h''	s''	v''	h''	s''	v''	h''	s''
	2,782	633,6	1,8007	2,581	634,4	1,7942	2,408	635,1	1,7882	2,258	635,8	1,7827
°C	v	h	s	v	h	s	v	h	s	v	h	s
0	0,0010002	0,0	0,0000	0,0010002	0,0	0,0000	0,0010002	0,0	0,0000	0,0010002	0,0	0,0000
10	0,0010002	10,0	0,0361	0,0010002	10,0	0,0361	0,0010002	10,0	0,0361	0,0010002	10,0	0,0361
20	0,0010017	20,0	0,0708	0,0010017	20,0	0,0708	0,0010017	20,0	0,0708	0,0010017	20,0	0,0708
30	0,0010043	30,0	0,1043	0,0010043	30,0	0,1043	0,0010043	30,0	0,1043	0,0010043	30,0	0,1043
40	0,0010078	40,0	0,1366	0,0010078	40,0	0,1366	0,0010078	40,0	0,1366	0,0010078	40,0	0,1366
50	0,0010121	50,0	0,1680	0,0010121	50,0	0,1680	0,0010121	50,0	0,1680	0,0010121	50,0	0,1680
60	0,0010171	60,0	0,1985	0,0010171	60,0	0,1985	0,0010171	60,0	0,1985	0,0010171	60,0	0,1985
70	0,0010228	70,0	0,2280	0,0010228	70,0	0,2280	0,0010228	70,0	0,2280	0,0010228	70,0	0,2280
80	0,0010292	80,0	0,2568	0,0010292	80,0	0,2568	0,0010292	80,0	0,2568	0,0010292	80,0	0,2568
90	2,819	635,7	1,8067	2,600	635,6	1,7975	2,412	635,4	1,7890	0,0010361	90,0	0,2848
100	2,901	640,5	1,8195	2,675	640,3	1,8103	2,482	640,2	1,8019	2,315	640,0	1,7939
110	2,981	645,1	1,8319	2,750	645,0	1,8228	2,552	644,9	1,8144	2,380	644,7	1,8065
120	3,062	649,8	1,8440	2,825	649,7	1,8349	2,622	649,6	1,8265	2,445	649,5	1,8186
130	3,142	654,5	1,8557	2,899	654,4	1,8467	2,691	654,3	1,8383	2,510	654,2	1,8305
140	3,223	659,2	1,8672	2,973	659,1	1,8582	2,760	659,0	1,8498	2,574	658,9	1,8420
150	3,303	663,9	1,8783	3,047	663,8	1,8694	2,828	663,7	1,8610	2,639	663,6	1,8533
160	3,382	668,5	1,8893	3,121	668,4	1,8803	2,897	668,4	1,8720	2,703	668,3	1,8642
170	3,462	673,2	1,8999	3,194	673,1	1,8910	2,965	673,1	1,8827	2,767	673,0	1,8749
180	3,541	677,9	1,9103	3,268	677,8	1,9014	3,034	677,7	1,8931	2,830	677,7	1,8854
190	3,621	682,6	1,9206	3,341	682,5	1,9116	3,102	682,4	1,9034	2,894	682,4	1,8957
200	3,700	687,2	1,9306	3,414	687,2	1,9217	3,170	687,1	1,9134	2,958	687,1	1,9057
210	3,779	691,9	1,9404	3,488	691,9	1,9315	3,238	691,8	1,9232	3,021	691,8	1,9155
220	3,858	696,6	1,9500	3,561	696,6	1,9411	3,306	696,5	1,9329	3,085	696,5	1,9252
230	3,937	701,3	1,9594	3,634	701,3	1,9506	3,373	701,2	1,9423	3,148	701,2	1,9347
240	4,016	706,0	1,9687	3,707	706,0	1,9598	3,441	706,0	1,9516	3,211	705,9	1,9439
250	4,095	710,8	1,9778	3,779	710,7	1,9690	3,509	710,7	1,9607	3,274	710,7	1,9531
260	4,174	715,5	1,9868	3,852	715,5	1,9779	3,577	715,4	1,9697	3,338	715,4	1,9621
270	4,253	720,3	1,9956	3,925	720,2	1,9868	3,644	720,2	1,9785	3,401	720,2	1,9709
280	4,332	725,0	2,0043	3,998	725,0	1,9954	3,712	724,9	1,9872	3,464	724,9	1,9796
290	4,410	729,8	2,0129	4,071	729,7	2,0040	3,779	729,7	1,9958	3,527	729,7	1,9881
300	4,489	734,6	2,0213	4,143	734,5	2,0124	3,847	734,5	2,0042	3,590	734,5	1,9966
310	4,568	739,4	2,0296	4,216	739,3	2,0207	3,914	739,3	2,0125	3,653	739,3	2,0049
320	4,647	744,2	2,0377	4,289	744,1	2,0289	3,982	744,1	2,0207	3,716	744,1	2,0130
330	4,725	749,0	2,0458	4,361	749,0	2,0369	4,049	748,9	2,0287	3,779	748,9	2,0211
340	4,804	753,8	2,0537	4,434	753,8	2,0449	4,117	753,8	2,0367	3,842	753,8	2,0291
350	4,883	758,7	2,0616	4,507	758,6	2,0527	4,184	758,6	2,0446	3,905	758,6	2,0369
360	4,961	763,5	2,0693	4,579	763,5	2,0605	4,252	763,5	2,0523	3,968	763,5	2,0447
370	5,040	768,4	2,0770	4,652	768,4	2,0681	4,319	768,4	2,0599	4,031	768,4	2,0523
380	5,118	773,3	2,0845	4,724	773,3	2,0757	4,387	773,3	2,0675	4,094	773,2	2,0599
390	5,197	778,2	2,0920	4,797	778,2	2,0831	4,454	778,2	2,0750	4,157	778,2	2,0673
400	5,276	783,1	2,0994	4,870	783,1	2,0905	4,521	783,1	2,0823	4,220	783,1	2,0747
410	5,354	788,1	2,1066	4,942	788,1	2,0978	4,589	788,0	2,0896	4,283	788,0	2,0820
420	5,433	793,0	2,1138	5,015	793,0	2,1050	4,656	793,0	2,0968	4,346	793,0	2,0892
430	5,511	798,0	2,1210	5,087	798,0	2,1121	4,724	798,0	2,1039	4,408	798,0	2,0963
440	5,590	803,0	2,1280	5,160	803,0	2,1192	4,791	803,0	2,1110	4,471	802,9	2,1034
450	5,669	808,0	2,1350	5,232	808,0	2,1261	4,858	808,0	2,1179	4,534	807,9	2,1103
460	5,747	813,0	2,1419	5,305	813,0	2,1330	4,926	813,0	2,1248	4,597	813,0	2,1172
470	5,826	818,0	2,1487	5,377	818,0	2,1398	4,993	818,0	2,1317	4,660	818,0	2,1240
480	5,904	823,1	2,1554	5,450	823,1	2,1466	5,060	823,1	2,1384	4,723	823,0	2,1308
490	5,983	828,2	2,1621	5,522	828,1	2,1533	5,128	828,1	2,1451	4,786	828,1	2,1375
500	6,061	833,2	2,1687	5,595	833,2	2,1599	5,195	833,2	2,1517	4,849	833,2	2,1441
510	6,140	838,3	2,1753	5,667	838,3	2,1664	5,262	838,3	2,1583	4,911	838,3	2,1506
520	6,218	843,4	2,1818	5,740	843,4	2,1729	5,330	843,4	2,1647	4,974	843,4	2,1571
530	6,297	848,6	2,1882	5,812	848,6	2,1794	5,397	848,6	2,1712	5,037	848,5	2,1636
540	6,375	853,7	2,1946	5,885	853,7	2,1857	5,464	853,7	2,1775	5,100	853,7	2,1699
550	6,454	858,9	2,2009	5,957	858,9	2,1920	5,532	858,9	2,1839	5,163	858,9	2,1762

Tafel 3. Wasser und überhitzter Dampf (Fortsetzung)   **Water and superheated Steam** (Continuation)

t	0,60 at $t_s = 85{,}454$ °C			0,65 at $t_s = 87{,}514$ °C			0,70 at $t_s = 89{,}446$ °C			0,75 at $t_s = 91{,}266$ °C		
	v'' 2,782	h'' 633,6	s'' 1,8007	v'' 2,581	h'' 634,4	s'' 1,7942	v'' 2,408	h'' 635,1	s'' 1,7882	v'' 2,258	h'' 635,8	s'' 1,7827
°C	v	h	s	v	h	s	v	h	s	v	h	s
550	6,454	858,9	2,2009	5,957	858,9	2,1920	5,532	858,9	2,1839	5,163	858,9	2,1762
560	6,533	864,1	2,2071	6,030	864,1	2,1983	5,599	864,0	2,1901	5,226	864,0	2,1825
570	6,611	869,3	2,2133	6,102	869,3	2,2045	5,666	869,2	2,1963	5,288	869,2	2,1887
580	6,690	874,5	2,2195	6,175	874,5	2,2106	5,734	874,5	2,2025	5,351	874,4	2,1948
590	6,768	879,7	2,2256	6,247	879,7	2,2167	5,801	879,7	2,2086	5,414	879,7	2,2009
600	6,847	885,0	2,2316	6,320	884,9	2,2228	5,868	884,9	2,2146	5,477	884,9	2,2070
610	6,925	890,2	2,2376	6,392	890,2	2,2288	5,935	890,2	2,2206	5,540	890,2	2,2130
620	7,004	895,5	2,2435	6,465	895,5	2,2347	6,003	895,5	2,2265	5,602	895,5	2,2189
630	7,082	900,8	2,2494	6,537	900,8	2,2406	6,070	900,8	2,2324	5,665	900,8	2,2248
640	7,161	906,1	2,2553	6,610	906,1	2,2465	6,137	906,1	2,2383	5,728	906,1	2,2307
650	7,239	911,4	2,2611	6,682	911,4	2,2523	6,205	911,4	2,2441	5,791	911,4	2,2365
660	7,318	916,8	2,2668	6,755	916,8	2,2580	6,272	916,8	2,2498	5,854	916,7	2,2422
670	7,396	922,1	2,2726	6,827	922,1	2,2637	6,339	922,1	2,2556	5,917	922,1	2,2479
680	7,475	927,5	2,2782	6,899	927,5	2,2694	6,407	927,5	2,2612	5,979	927,5	2,2536
690	7,553	932,9	2,2839	6,972	932,9	2,2750	6,474	932,9	2,2669	6,042	932,9	2,2592
700	7,631	938,3	2,2894	7,044	938,3	2,2806	6,541	938,3	2,2724	6,105	938,3	2,2648
710	7,710	943,7	2,2950	7,117	943,7	2,2862	6,608	943,7	2,2780	6,168	943,7	2,2704
720	7,788	949,2	2,3005	7,189	949,2	2,2917	6,676	949,2	2,2835	6,231	949,1	2,2759
730	7,867	954,6	2,3060	7,262	954,6	2,2971	6,743	954,6	2,2890	6,293	954,6	2,2813
740	7,945	960,1	2,3114	7,334	960,1	2,3026	6,810	960,1	2,2944	6,356	960,1	2,2868
750	8,024	965,6	2,3168	7,407	965,6	2,3079	6,877	965,6	2,2998	6,419	965,6	2,2922
760	8,102	971,1	2,3221	7,479	971,1	2,3133	6,945	971,1	2,3051	6,482	971,1	2,2975
770	8,181	976,6	2,3274	7,551	976,6	2,3186	7,012	976,6	2,3104	6,544	976,6	2,3028
780	8,259	982,1	2,3327	7,624	982,2	2,3239	7,079	982,1	2,3157	6,607	982,1	2,3081
790	8,338	987,7	2,3380	7,696	987,7	2,3291	7,147	987,7	2,3210	6,670	987,7	2,3133
800	8,416	993,2	2,3432	7,769	993,2	2,3343	7,214	993,2	2,3262	6,733	993,2	2,3185

1 at = 0,980665 bar   1 kcal = 4,1868 k J

Tafel 3. Wasser und überhitzter Dampf (Fortsetzung) **Water and superheated Steam** (Continuation)

t	0,80 at $t_s = 92{,}988\,°C$			0,85 at $t_s = 94{,}622\,°C$			0,90 at $t_s = 96{,}178\,°C$			0,95 at $t_s = 97{,}664\,°C$		
	v''	h''	s''	v''	h''	s''	v''	h''	s''	v''	h''	s''
	2,125	636,5	1,7774	2,008	637,1	1,7725	1,904	637,7	1,7679	1,810	638,3	1,7636
°C	v	h	s	v	h	s	v	h	s	v	h	s
0	0,0010002	0,0	0,0000	0,0010002	0,0	0,0000	0,0010002	0,0	0,0000	0,0010002	0,0	0,0000
10	0,0010002	10,0	0,0361	0,0010002	10,0	0,0361	0,0010002	10,1	0,0361	0,0010002	10,1	0,0361
20	0,0010017	20,0	0,0708	0,0010017	20,0	0,0708	0,0010017	20,0	0,0708	0,0010017	20,1	0,0708
30	0,0010043	30,0	0,1043	0,0010043	30,0	0,1043	0,0010043	30,0	0,1043	0,0010043	30,0	0,1043
40	0,0010078	40,0	0,1366	0,0010078	40,0	0,1366	0,0010078	40,0	0,1366	0,0010078	40,0	0,1366
50	0,0010121	50,0	0,1680	0,0010121	50,0	0,1680	0,0010121	50,0	0,1680	0,0010121	50,0	0,1680
60	0,0010171	60,0	0,1985	0,0010171	60,0	0,1985	0,0010171	60,0	0,1985	0,0010171	60,0	0,1985
70	0,0010228	70,0	0,2280	0,0010228	70,0	0,2280	0,0010228	70,0	0,2280	0,0010228	70,0	0,2280
80	0,0010292	80,0	0,2568	0,0010292	80,0	0,2568	0,0010292	80,0	0,2568	0,0010292	80,0	0,2568
90	0,0010361	90,0	0,2848	0,0010361	90,0	0,2848	0,0010361	90,0	0,2848	0,0010361	90,0	0,2848
100	2,169	639,9	1,7865	2,040	639,7	1,7795	1,925	639,6	1,7729	1,822	639,4	1,7666
110	2,230	644,6	1,7991	2,097	644,5	1,7921	1,980	644,3	1,7855	1,874	644,2	1,7793
120	2,291	649,4	1,8113	2,155	649,2	1,8044	2,034	649,1	1,7978	1,926	649,0	1,7916
130	2,352	654,1	1,8232	2,212	654,0	1,8163	2,088	653,9	1,8098	1,977	653,8	1,8036
140	2,412	658,8	1,8347	2,269	658,7	1,8278	2,142	658,6	1,8214	2,029	658,5	1,8152
150	2,473	663,5	1,8460	2,326	663,4	1,8391	2,196	663,3	1,8327	2,080	663,2	1,8265
160	2,533	668,2	1,8570	2,383	668,1	1,8501	2,250	668,0	1,8437	2,130	668,0	1,8376
170	2,593	672,9	1,8677	2,439	672,8	1,8609	2,303	672,8	1,8545	2,181	672,7	1,8484
180	2,653	677,6	1,8782	2,496	677,5	1,8714	2,356	677,5	1,8650	2,232	677,4	1,8589
190	2,712	682,3	1,8884	2,552	682,2	1,8817	2,410	682,2	1,8753	2,282	682,1	1,8692
200	2,772	687,0	1,8985	2,608	687,0	1,8917	2,463	686,9	1,8853	2,333	686,8	1,8793
210	2,832	691,7	1,9083	2,664	691,7	1,9016	2,516	691,6	1,8952	2,383	691,6	1,8892
220	2,891	696,4	1,9180	2,720	696,4	1,9112	2,569	696,3	1,9049	2,433	696,3	1,8988
230	2,951	701,2	1,9275	2,776	701,1	1,9207	2,622	701,1	1,9144	2,483	701,0	1,9083
240	3,010	705,9	1,9368	2,832	705,8	1,9300	2,674	705,8	1,9237	2,533	705,8	1,9177
250	3,069	710,6	1,9459	2,888	710,6	1,9392	2,727	710,5	1,9328	2,583	710,5	1,9268
260	3,128	715,4	1,9549	2,944	715,3	1,9482	2,780	715,3	1,9418	2,633	715,3	1,9358
270	3,188	720,1	1,9637	3,000	720,1	1,9570	2,833	720,1	1,9507	2,683	720,0	1,9447
280	3,247	724,9	1,9724	3,056	724,9	1,9657	2,885	724,8	1,9594	2,733	724,8	1,9534
290	3,306	729,7	1,9810	3,111	729,6	1,9743	2,938	729,6	1,9679	2,783	729,6	1,9619
300	3,365	734,4	1,9894	3,167	734,4	1,9827	2,991	734,4	1,9764	2,833	734,4	1,9704
310	3,424	739,2	1,9977	3,223	739,2	1,9910	3,043	739,2	1,9847	2,883	739,2	1,9787
320	3,483	744,1	2,0059	3,278	744,0	1,9992	3,096	744,0	1,9929	2,933	744,0	1,9869
330	3,543	748,9	2,0140	3,334	748,9	2,0073	3,148	748,8	2,0009	2,982	748,8	1,9949
340	3,602	753,7	2,0219	3,389	753,7	2,0152	3,201	753,7	2,0089	3,032	753,7	2,0029
350	3,661	758,6	2,0298	3,445	758,6	2,0231	3,253	758,5	2,0167	3,082	758,5	2,0108
360	3,720	763,5	2,0375	3,501	763,4	2,0308	3,306	763,4	2,0245	3,132	763,4	2,0185
370	3,779	768,3	2,0452	3,556	768,3	2,0385	3,358	768,3	2,0322	3,181	768,3	2,0262
380	3,838	773,2	2,0527	3,612	773,2	2,0460	3,411	773,2	2,0397	3,231	773,2	2,0337
390	3,897	778,1	2,0602	3,667	778,1	2,0535	3,463	778,1	2,0472	3,281	778,1	2,0412
400	3,956	783,1	2,0676	3,723	783,0	2,0609	3,516	783,0	2,0545	3,330	783,0	2,0486
410	4,015	788,0	2,0749	3,778	788,0	2,0682	3,568	788,0	2,0618	3,380	788,0	2,0559
420	4,074	793,0	2,0821	3,834	792,9	2,0754	3,621	792,9	2,0690	3,430	792,9	2,0631
430	4,133	797,9	2,0892	3,889	797,9	2,0825	3,673	797,9	2,0762	3,480	797,9	2,0702
440	4,192	802,9	2,0962	3,945	802,9	2,0895	3,725	802,9	2,0832	3,529	802,9	2,0772
450	4,251	807,9	2,1032	4,000	807,9	2,0965	3,778	807,9	2,0902	3,579	807,9	2,0842
460	4,310	812,9	2,1101	4,056	812,9	2,1034	3,830	812,9	2,0971	3,629	812,9	2,0911
470	4,368	818,0	2,1169	4,111	818,0	2,1102	3,883	818,0	2,1039	3,678	817,9	2,0979
480	4,427	823,0	2,1237	4,167	823,0	2,1170	3,935	823,0	2,1107	3,728	823,0	2,1047
490	4,486	828,1	2,1303	4,222	828,1	2,1236	3,988	828,1	2,1173	3,778	828,1	2,1114
500	4,545	833,2	2,1370	4,278	833,2	2,1303	4,040	833,2	2,1240	3,827	833,1	2,1180
510	4,604	838,3	2,1435	4,333	838,3	2,1368	4,092	838,3	2,1305	3,877	838,2	2,1245
520	4,663	843,4	2,1500	4,389	843,4	2,1433	4,145	843,4	2,1370	3,926	843,4	2,1310
530	4,722	848,5	2,1564	4,444	848,5	2,1497	4,197	848,5	2,1434	3,976	848,5	2,1375
540	4,781	853,7	2,1628	4,500	853,7	2,1561	4,249	853,7	2,1498	4,026	853,6	2,1438
550	4,840	858,8	2,1691	4,555	858,8	2,1624	4,302	858,8	2,1561	4,075	858,8	2,1501

Tafel 3. Wasser und überhitzter Dampf (Fortsetzung)   **Water and superheated Steam** (Continuation)

t	0,80 at $t_s = 92,988\ °C$			0,85 at $t_s = 94,622\ °C$			0,90 at $t_s = 96,178\ °C$			0,95 at $t_s = 97,664\ °C$		
	v''	h''	s''	v''	h''	s''	v''	h''	s''	v''	h''	s''
	2,125	636,5	1,7774	2,008	637,1	1,7725	1,904	637,7	1,7679	1,810	638,3	1,7636
°C	v	h	s	v	h	s	v	h	s	v	h	s
550	4,840	858,8	2,1691	4,555	858,8	2,1624	4,302	858,8	2,1561	4,075	858,8	2,1501
560	4,899	864,0	2,1754	4,611	864,0	2,1687	4,354	864,0	2,1624	4,125	864,0	2,1564
570	4,958	869,2	2,1816	4,666	869,2	2,1749	4,407	869,2	2,1686	4,175	869,2	2,1626
580	5,017	874,4	2,1877	4,721	874,4	2,1810	4,459	874,4	2,1747	4,224	874,4	2,1688
590	5,076	879,7	2,1938	4,777	879,7	2,1871	4,511	879,6	2,1808	4,274	879,6	2,1749
600	5,134	884,9	2,1999	4,832	884,9	2,1932	4,564	884,9	2,1869	4,323	884,9	2,1809
610	5,193	890,2	2,2059	4,888	890,2	2,1992	4,616	890,2	2,1929	4,373	890,2	2,1869
620	5,252	895,5	2,2118	4,943	895,4	2,2051	4,668	895,4	2,1988	4,423	895,4	2,1928
630	5,311	900,8	2,2177	4,999	900,7	2,2110	4,721	900,7	2,2047	4,472	900,7	2,1987
640	5,370	906,1	2,2235	5,054	906,1	2,2169	4,773	906,0	2,2106	4,522	906,0	2,2046
650	5,429	911,4	2,2294	5,109	911,4	2,2227	4,825	911,4	2,2164	4,571	911,4	2,2104
660	5,488	916,7	2,2351	5,165	916,7	2,2284	4,878	916,7	2,2221	4,621	916,7	2,2161
670	5,547	922,1	2,2408	5,220	922,1	2,2341	4,930	922,1	2,2278	4,671	922,1	2,2219
680	5,606	927,5	2,2465	5,276	927,5	2,2398	4,983	927,5	2,2335	4,720	927,5	2,2275
690	5,664	932,9	2,2521	5,331	932,9	2,2454	5,035	932,9	2,2391	4,770	932,8	2,2332
700	5,723	938,3	2,2577	5,387	938,3	2,2510	5,087	938,3	2,2447	4,819	938,3	2,2387
710	5,782	943,7	2,2633	5,442	943,7	2,2566	5,140	943,7	2,2503	4,869	943,7	2,2443
720	5,841	949,1	2,2688	5,497	949,1	2,2621	5,192	949,1	2,2558	4,919	949,1	2,2498
730	5,900	954,6	2,2742	5,553	954,6	2,2675	5,244	954,6	2,2612	4,968	954,6	2,2553
740	5,959	960,1	2,2797	5,608	960,1	2,2730	5,297	960,1	2,2667	5,018	960,0	2,2607
750	6,018	965,6	2,2850	5,664	965,5	2,2784	5,349	965,5	2,2720	5,067	965,5	2,2661
760	6,076	971,1	2,2904	5,719	971,0	2,2837	5,401	971,0	2,2774	5,117	971,0	2,2714
770	6,135	976,6	2,2957	5,774	976,6	2,2890	5,454	976,6	2,2827	5,166	976,6	2,2767
780	6,194	982,1	2,3010	5,830	982,1	2,2943	5,506	982,1	2,2880	5,216	982,1	2,2820
790	6,253	987,7	2,3062	5,885	987,6	2,2995	5,558	987,6	2,2932	5,266	987,6	2,2873
800	6,312	993,2	2,3114	5,941	993,2	2,3047	5,611	993,2	2,2984	5,315	993,2	2,2925

1 at = 0,980665 bar   1 kcal = 4,1868 kJ

Tafel 3. Wasser und überhitzter Dampf (Fortsetzung)   Water and superheated Steam (Continuation)

t	1,0 at t_s = 99,087 °C			1,1 at t_s = 101,764 °C			1,2 at t_s = 104,246 °C			1,3 at t_s = 106,563 °C		
	v''	h''	s''	v''	h''	s''	v''	h''	s''	v''	h''	s''
	1,725	638,8	1,7594	1,578	639,8	1,7518	1,454	640,7	1,7448	1,350	641,6	1,7383
°C	v	h	s	v	h	s	v	h	s	v	h	s
0	0,0010002	0,0	0,0000	0,0010002	0,0	0,0000	0,0010002	0,0	0,0000	0,0010002	0,0	0,0000
10	0,0010002	10,1	0,0361	0,0010002	10,1	0,0361	0,0010002	10,1	0,0361	0,0010002	10,1	0,0361
20	0,0010017	20,1	0,0708	0,0010017	20,1	0,0708	0,0010017	20,1	0,0708	0,0010017	20,1	0,0708
30	0,0010043	30,0	0,1043	0,0010043	30,0	0,1043	0,0010043	30,0	0,1042	0,0010043	30,0	0,1042
40	0,0010078	40,0	0,1366	0,0010078	40,0	0,1366	0,0010078	40,0	0,1366	0,0010078	40,0	0,1366
50	0,0010121	50,0	0,1680	0,0010121	50,0	0,1680	0,0010121	50,0	0,1680	0,0010121	50,0	0,1680
60	0,0010171	60,0	0,1985	0,0010171	60,0	0,1985	0,0010171	60,0	0,1985	0,0010171	60,0	0,1985
70	0,0010228	70,0	0,2280	0,0010228	70,0	0,2280	0,0010228	70,0	0,2280	0,0010228	70,0	0,2280
80	0,0010292	80,0	0,2568	0,0010292	80,0	0,2568	0,0010292	80,0	0,2568	0,0010292	80,0	0,2568
90	0,0010361	90,0	0,2848	0,0010361	90,0	0,2848	0,0010361	90,0	0,2848	0,0010361	90,0	0,2848
100	1,730	639,3	1,7606	0,0010437	100,1	0,3121	0,0010437	100,1	0,3121	0,0010437	100,1	0,3121
110	1,779	644,1	1,7734	1,615	643,8	1,7623	1,478	643,5	1,7521	1,363	643,3	1,7427
120	1,828	648,9	1,7857	1,660	648,6	1,7747	1,520	648,4	1,7646	1,401	648,1	1,7553
130	1,877	653,6	1,7977	1,705	653,4	1,7868	1,561	653,2	1,7768	1,439	653,0	1,7675
140	1,926	658,4	1,8094	1,749	658,2	1,7985	1,602	658,0	1,7885	1,477	657,8	1,7793
150	1,975	663,1	1,8207	1,794	663,0	1,8099	1,643	662,8	1,8000	1,515	662,6	1,7908
160	2,023	667,9	1,8318	1,838	667,7	1,8210	1,683	667,6	1,8111	1,553	667,4	1,8020
170	2,071	672,6	1,8426	1,882	672,5	1,8318	1,724	672,3	1,8220	1,590	672,2	1,8129
180	2,120	677,3	1,8531	1,926	677,2	1,8424	1,764	677,1	1,8326	1,627	676,9	1,8235
190	2,167	682,1	1,8634	1,969	681,9	1,8527	1,804	681,8	1,8429	1,664	681,7	1,8339
200	2,215	686,8	1,8735	2,013	686,7	1,8628	1,844	686,6	1,8531	1,702	686,5	1,8441
210	2,263	691,5	1,8834	2,056	691,4	1,8727	1,884	691,3	1,8630	1,738	691,2	1,8540
220	2,311	696,2	1,8931	2,100	696,1	1,8825	1,924	696,1	1,8727	1,775	696,0	1,8637
230	2,359	701,0	1,9026	2,143	700,9	1,8920	1,964	700,8	1,8822	1,812	700,7	1,8733
240	2,406	705,7	1,9119	2,187	705,6	1,9013	2,004	705,6	1,8916	1,849	705,5	1,8827
250	2,454	710,5	1,9211	2,230	710,4	1,9105	2,043	710,3	1,9008	1,886	710,2	1,8918
260	2,501	715,2	1,9301	2,273	715,1	1,9195	2,083	715,1	1,9098	1,922	715,0	1,9009
270	2,549	720,0	1,9390	2,316	719,9	1,9284	2,123	719,9	1,9187	1,959	719,8	1,9098
280	2,596	724,8	1,9477	2,359	724,7	1,9371	2,162	724,6	1,9274	1,995	724,6	1,9185
290	2,644	729,5	1,9562	2,403	729,5	1,9457	2,202	729,4	1,9360	2,032	729,4	1,9271
300	2,691	734,3	1,9647	2,446	734,3	1,9541	2,241	734,2	1,9444	2,068	734,2	1,9355
310	2,738	739,1	1,9730	2,489	739,1	1,9624	2,281	739,0	1,9528	2,105	739,0	1,9439
320	2,786	744,0	1,9812	2,532	743,9	1,9706	2,320	743,9	1,9610	2,141	743,8	1,9521
330	2,833	748,8	1,9893	2,575	748,7	1,9787	2,360	748,7	1,9690	2,178	748,6	1,9602
340	2,880	753,6	1,9972	2,618	753,6	1,9867	2,399	753,5	1,9770	2,214	753,5	1,9681
350	2,927	758,5	2,0051	2,661	758,5	1,9945	2,439	758,4	1,9849	2,251	758,4	1,9760
360	2,975	763,4	2,0128	2,704	763,3	2,0023	2,478	763,3	1,9926	2,287	763,2	1,9838
370	3,022	768,3	2,0205	2,747	768,2	2,0099	2,518	768,2	2,0003	2,324	768,1	1,9914
380	3,069	773,2	2,0281	2,790	773,1	2,0175	2,557	773,1	2,0079	2,360	773,0	1,9990
390	3,117	778,1	2,0355	2,833	778,0	2,0250	2,596	778,0	2,0153	2,396	778,0	2,0065
400	3,164	783,0	2,0429	2,876	783,0	2,0324	2,636	782,9	2,0227	2,433	782,9	2,0139
410	3,211	787,9	2,0502	2,919	787,9	2,0396	2,675	787,9	2,0300	2,469	787,8	2,0212
420	3,258	792,9	2,0574	2,962	792,9	2,0469	2,715	792,8	2,0372	2,505	792,8	2,0284
430	3,305	797,9	2,0645	3,005	797,8	2,0540	2,754	797,8	2,0444	2,542	797,8	2,0355
440	3,353	802,9	2,0716	3,047	802,8	2,0610	2,793	802,8	2,0514	2,578	802,8	2,0426
450	3,400	807,9	2,0785	3,090	807,8	2,0680	2,833	807,8	2,0584	2,614	807,8	2,0495
460	3,447	812,9	2,0854	3,133	812,9	2,0749	2,872	812,8	2,0653	2,651	812,8	2,0564
470	3,494	817,9	2,0923	3,176	817,9	2,0817	2,911	817,9	2,0721	2,687	817,8	2,0633
480	3,541	823,0	2,0990	3,219	823,0	2,0885	2,951	822,9	2,0789	2,723	822,9	2,0700
490	3,588	828,0	2,1057	3,262	828,0	2,0952	2,990	828,0	2,0855	2,760	828,0	2,0767
500	3,636	833,1	2,1123	3,305	833,1	2,1018	3,029	833,1	2,0922	2,796	833,1	2,0833
510	3,683	838,2	2,1189	3,348	838,2	2,1083	3,069	838,2	2,0987	2,832	838,2	2,0899
520	3,730	843,4	2,1254	3,391	843,3	2,1148	3,108	843,3	2,1052	2,869	843,3	2,0964
530	3,777	848,5	2,1318	3,434	848,5	2,1213	3,147	848,4	2,1117	2,905	848,4	2,1028
540	3,824	853,6	2,1382	3,476	853,6	2,1276	3,187	853,6	2,1180	2,941	853,6	2,1092
550	3,871	858,8	2,1445	3,519	858,8	2,1340	3,226	858,8	2,1243	2,977	858,7	2,1155

Tafel 3. Wasser und überhitzter Dampf (Fortsetzung) Water and superheated Steam (Continuation)

t	1,4 at $t_s = 108{,}738\,°C$			1,5 at $t_s = 110{,}788\,°C$			1,6 at $t_s = 112{,}728\,°C$			1,7 at $t_s = 114{,}572\,°C$		
	v''	h''	s''	v''	h''	s''	v''	h''	s''	v''	h''	s''
	1,259	642,4	1,7324	1,180	643,1	1,7268	1,111	643,8	1,7217	1,050	644,4	1,7168
°C	v	h	s	v	h	s	v	h	s	v	h	s
550	2,765	858,7	2,1073	2,580	858,7	2,0997	2,419	858,7	2,0926	2,276	858,6	2,0859
560	2,798	863,9	2,1136	2,612	863,9	2,1060	2,448	863,9	2,0988	2,304	863,8	2,0921
570	2,832	869,1	2,1198	2,643	869,1	2,1122	2,478	869,1	2,1050	2,332	869,0	2,0983
580	2,866	874,3	2,1259	2,675	874,3	2,1183	2,507	874,3	2,1112	2,360	874,3	2,1045
590	2,899	879,6	2,1320	2,706	879,5	2,1244	2,537	879,5	2,1173	2,387	879,5	2,1106
600	2,933	884,8	2,1381	2,737	884,8	2,1305	2,566	884,8	2,1233	2,415	884,7	2,1166
610	2,967	890,1	2,1441	2,769	890,0	2,1365	2,596	890,0	2,1293	2,443	890,0	2,1226
620	3,000	895,3	2,1500	2,800	895,3	2,1424	2,625	895,3	2,1353	2,471	895,3	2,1286
630	3,034	900,6	2,1559	2,832	900,6	2,1483	2,655	900,6	2,1412	2,498	900,6	2,1345
640	3,068	906,0	2,1618	2,863	905,9	2,1542	2,684	905,9	2,1470	2,526	905,9	2,1403
650	3,102	911,3	2,1676	2,895	911,3	2,1600	2,714	911,3	2,1528	2,554	911,2	2,1461
660	3,135	916,6	2,1733	2,926	916,6	2,1657	2,743	916,6	2,1586	2,582	916,6	2,1519
670	3,169	922,0	2,1791	2,957	922,0	2,1714	2,773	922,0	2,1643	2,609	922,0	2,1576
680	3,203	927,4	2,1847	2,989	927,4	2,1771	2,802	927,4	2,1700	2,637	927,3	2,1633
690	3,236	932,8	2,1904	3,020	932,8	2,1827	2,831	932,7	2,1756	2,665	932,7	2,1689
700	3,270	938,2	2,1960	3,052	938,2	2,1883	2,861	938,2	2,1812	2,693	938,1	2,1745
710	3,304	943,6	2,2015	3,083	943,6	2,1939	2,890	943,6	2,1868	2,720	943,6	2,1801
720	3,337	949,1	2,2070	3,115	949,0	2,1994	2,920	949,0	2,1923	2,748	949,0	2,1856
730	3,371	954,5	2,2125	3,146	954,5	2,2049	2,949	954,5	2,1977	2,776	954,5	2,1910
740	3,404	960,0	2,2179	3,177	960,0	2,2103	2,979	960,0	2,2032	2,803	959,9	2,1965
750	3,438	965,5	2,2233	3,209	965,5	2,2157	3,008	965,5	2,2086	2,831	965,4	2,2019
760	3,472	971,0	2,2286	3,240	971,0	2,2210	3,038	971,0	2,2139	2,859	970,9	2,2072
770	3,505	976,5	2,2340	3,272	976,5	2,2264	3,067	976,5	2,2192	2,887	976,5	2,2125
780	3,539	982,0	2,2392	3,303	982,0	2,2316	3,097	982,0	2,2245	2,914	982,0	2,2178
790	3,573	987,6	2,2445	3,335	987,6	2,2369	3,126	987,6	2,2298	2,942	987,5	2,2231
800	3,606	993,1	2,2497	3,366	993,1	2,2421	3,155	993,1	2,2350	2,970	993,1	2,2283

1 at = 0,980665 bar   1 kcal = 4,1868 kJ

Tafel 3. Wasser und überhitzter Dampf (Fortsetzung)   Water and superheated Steam (Continuation)

t	1,8 at $t_s = 116,329$ °C			1,9 at $t_s = 118,007$ °C			2,0 at $t_s = 119,615$ °C			2,1 at $t_s = 121,158$ °C		
	v'' 0,9952	h'' 645,0	s'' 1,7722	v'' 0,9461	h'' 645,6	s'' 1,7079	v'' 0,9018	h'' 646,2	s'' 1,7038	v'' 0,8615	h'' 646,7	s'' 1,6999
°C	v	h	s	v	h	s	v	h	s	v	h	s
0	0,0010001	0,0	0,0000	0,0010001	0,0	0,0000	0,0010001	0,0	0,0000	0,0010001	0,0	0,0000
10	0,0010002	10,1	0,0361	0,0010002	10,1	0,0361	0,0010002	10,1	0,0361	0,0010002	10,1	0,0361
20	0,0010016	20,1	0,0708	0,0010016	20,1	0,0708	0,0010016	20,1	0,0708	0,0010016	20,1	0,0708
30	0,0010042	30,1	0,1042	0,0010042	30,0	0,1042	0,0010042	30,1	0,1042	0,0010042	30,1	0,1042
40	0,0010077	40,0	0,1366	0,0010077	40,0	0,1366	0,0010077	40,0	0,1366	0,0010077	40,0	0,1366
50	0,0010120	50,0	0,1680	0,0010120	50,0	0,1680	0,0010120	50,0	0,1680	0,0010120	50,0	0,1680
60	0,0010171	60,0	0,1985	0,0010171	60,0	0,1985	0,0010171	60,0	0,1985	0,0010171	60,0	0,1985
70	0,0010228	70,0	0,2280	0,0010228	70,0	0,2280	0,0010228	70,0	0,2280	0,0010228	70,0	0,2280
80	0,0010291	80,0	0,2568	0,0010291	80,0	0,2568	0,0010291	80,0	0,2568	0,0010291	80,0	0,2568
90	0,0010361	90,1	0,2848	0,0010361	90,1	0,2848	0,0010361	90,1	0,2848	0,0010361	90,1	0,2848
100	0,0010437	100,1	0,3121	0,0010437	100,1	0,3121	0,0010437	100,1	0,3121	0,0010437	100,1	0,3121
110	0,0010518	110,2	0,3388	0,0010518	110,2	0,3388	0,0010518	110,2	0,3388	0,0010518	110,2	0,3388
120	1,006	646,9	1,7169	0,9515	646,6	1,7104	0,9028	646,4	1,7043	0,0010606	120,3	0,3649
130	1,034	651,9	1,7294	0,9783	651,6	1,7230	0,9284	651,4	1,7169	0,8831	651,2	1,7111
140	1,062	656,8	1,7415	1,0049	656,6	1,7352	0,9537	656,4	1,7291	0,9074	656,2	1,7233
150	1,089	661,7	1,7532	1,0312	661,5	1,7469	0,9788	661,3	1,7409	0,9314	661,1	1,7352
160	1,117	666,6	1,7646	1,0574	666,4	1,7584	1,0037	666,2	1,7524	0,9552	666,1	1,7467
170	1,144	671,4	1,7757	1,0834	671,3	1,7695	1,0285	671,1	1,7635	0,9788	671,0	1,7579
180	1,172	676,3	1,7865	1,1092	676,1	1,7803	1,0531	676,0	1,7744	1,0023	675,8	1,7688
190	1,199	681,1	1,7970	1,1349	680,9	1,7908	1,0776	680,8	1,7850	1,0256	680,7	1,7794
200	1,226	685,9	1,8073	1,1605	685,8	1,8011	1,1019	685,6	1,7953	1,0489	685,5	1,7897
210	1,253	690,7	1,8173	1,1861	690,6	1,8112	1,1262	690,5	1,8054	1,0721	690,4	1,7998
220	1,279	695,5	1,8271	1,2115	695,4	1,8210	1,1504	695,3	1,8152	1,0952	695,2	1,8097
230	1,306	700,3	1,8367	1,2369	700,2	1,8307	1,1746	700,1	1,8249	1,1182	700,0	1,8194
240	1,333	705,1	1,8462	1,2622	705,0	1,8401	1,1986	704,9	1,8343	1,1411	704,8	1,8288
250	1,359	709,8	1,8554	1,2875	709,8	1,8494	1,2227	709,7	1,8436	1,1641	709,6	1,8381
260	1,386	714,6	1,8645	1,3127	714,6	1,8584	1,2467	714,5	1,8527	1,1869	714,4	1,8472
270	1,413	719,4	1,8734	1,3379	719,4	1,8674	1,2706	719,3	1,8616	1,2097	719,2	1,8562
280	1,439	724,3	1,8822	1,3630	724,2	1,8762	1,2945	724,1	1,8704	1,2325	724,1	1,8649
290	1,466	729,1	1,8908	1,3881	729,0	1,8848	1,3184	728,9	1,8790	1,2553	728,9	1,8736
300	1,492	733,9	1,8993	1,4132	733,8	1,8933	1,3422	733,8	1,8875	1,2780	733,7	1,8821
310	1,519	738,7	1,9077	1,4383	738,7	1,9016	1,3661	738,6	1,8959	1,3007	738,6	1,8905
320	1,545	743,6	1,9159	1,4633	743,5	1,9099	1,3899	743,5	1,9042	1,3234	743,4	1,8987
330	1,571	748,4	1,9240	1,4884	748,4	1,9180	1,4137	748,3	1,9123	1,3461	748,3	1,9068
340	1,598	753,3	1,9320	1,5134	753,2	1,9260	1,4374	753,2	1,9203	1,3687	753,1	1,9148
350	1,624	758,1	1,9399	1,5384	758,1	1,9339	1,4612	758,1	1,9282	1,3914	758,0	1,9227
360	1,650	763,0	1,9477	1,5633	763,0	1,9417	1,4849	762,9	1,9360	1,4140	762,9	1,9305
370	1,677	767,9	1,9553	1,5883	767,9	1,9493	1,5087	767,9	1,9436	1,4366	767,8	1,9382
380	1,703	772,8	1,9629	1,6133	772,8	1,9569	1,5324	772,8	1,9512	1,4592	772,7	1,9458
390	1,729	777,8	1,9704	1,6382	777,7	1,9644	1,5561	777,7	1,9587	1,4818	777,7	1,9533
400	1,756	782,7	1,9778	1,6632	782,7	1,9718	1,5798	782,6	1,9661	1,5044	782,6	1,9607
410	1,782	787,7	1,9851	1,6881	787,6	1,9791	1,6035	787,6	1,9734	1,5269	787,6	1,9680
420	1,808	792,6	1,9923	1,7130	792,6	1,9863	1,6272	792,6	1,9806	1,5495	792,5	1,9752
430	1,835	797,6	1,9995	1,7379	797,6	1,9935	1,6508	797,6	1,9878	1,5721	797,5	1,9824
440	1,861	802,6	2,0065	1,7628	802,6	2,0005	1,6745	802,6	1,9948	1,5946	802,5	1,9894
450	1,887	807,6	2,0135	1,7877	807,6	2,0075	1,6982	807,6	2,0018	1,6171	807,5	1,9964
460	1,914	812,7	2,0204	1,8126	812,6	2,0144	1,7218	812,6	2,0087	1,6397	812,6	2,0033
470	1,940	817,7	2,0272	1,8375	817,7	2,0213	1,7455	817,6	2,0156	1,6622	817,6	2,0102
480	1,966	822,8	2,0340	1,8624	822,7	2,0280	1,7691	822,7	2,0223	1,6847	822,7	2,0169
490	1,992	827,8	2,0407	1,8873	827,8	2,0347	1,7928	827,8	2,0290	1,7073	827,8	2,0236
500	2,019	832,9	2,0473	1,9122	832,9	2,0413	1,8164	832,9	2,0357	1,7298	832,9	2,0303
510	2,045	838,0	2,0539	1,9370	838,0	2,0479	1,8400	838,0	2,0422	1,7523	838,0	2,0368
520	2,071	843,2	2,0604	1,9619	843,1	2,0544	1,8637	843,1	2,0487	1,7748	843,1	2,0433
530	2,097	848,3	2,0668	1,9868	848,3	2,0609	1,8873	848,3	2,0552	1,7973	848,2	2,0498
540	2,124	853,5	2,0732	2,0116	853,4	2,0672	1,9109	853,4	2,0616	1,8198	853,4	2,0562
550	2,150	858,6	2,0795	2,0365	858,6	2,0736	1,9345	858,6	2,0679	1,8423	858,6	2,0625

Tafel 3. Wasser und überhitzter Dampf (Fortsetzung)   **Water and superheated Steam** (Continuation)

t	1,8 at $t_s = 116{,}329\,°C$			1,9 at $t_s = 118{,}007\,°C$			2,0 at $t_s = 119{,}615\,°C$			2,1 at $t_s = 121{,}158\,°C$		
	v''	h''	s''	v''	h''	s''	v''	h''	s''	v''	h''	s''
	0,9952	645,0	1,1722	0,9461	645,6	1,7079	0,9018	646,2	1,7038	0,8615	646,7	1,6999
°C	v	h	s	v	h	s	v	h	s	v	h	s
550	2,150	858,6	2,0795	2,0365	858,6	2,0736	1,9345	858,6	2,0679	1,8423	858,6	2,0625
560	2,176	863,8	2,0858	2,0613	863,8	2,0798	1,9581	863,8	2,0741	1,8648	863,7	2,0687
570	2,202	869,0	2,0920	2,0862	869,0	2,0860	1,9818	869,0	2,0804	1,8873	869,0	2,0750
580	2,228	874,2	2,0982	2,1110	874,2	2,0922	2,0054	874,2	2,0865	1,9098	874,2	2,0811
590	2,255	879,5	2,1043	2,1359	879,5	2,0983	2,0290	879,4	2,0926	1,9323	879,4	2,0872
600	2,281	884,7	2,1103	2,1607	884,7	2,1043	2,0526	884,7	2,0987	1,9547	884,7	2,0933
610	2,307	890,0	2,1163	2,1855	890,0	2,1103	2,0762	890,0	2,1047	1,9772	889,9	2,0993
620	2,333	895,3	2,1223	2,2104	895,3	2,1163	2,0998	895,2	2,1106	2,9997	895,2	2,1052
630	2,359	900,6	2,1282	2,2352	900,6	2,1222	2,1234	900,5	2,1165	2,0222	900,5	2,1111
640	2,386	905,9	2,1340	2,2601	905,9	2,1280	2,1470	905,9	2,1224	2,0446	905,8	2,1170
650	2,412	911,2	2,1398	2,2849	911,2	2,1339	2,1706	911,2	2,1282	2,0671	911,2	2,1228
660	2,438	916,6	2,1456	2,3097	916,6	2,1396	2,1941	916,5	2,1339	2,0896	916,5	2,1286
670	2,464	921,9	2,1513	2,3345	921,9	2,1453	2,2177	921,9	2,1397	2,1120	921,9	2,1343
680	2,491	927,3	2,1570	2,3594	927,3	2,1510	2,2413	927,3	2,1453	2,1345	927,3	2,1400
690	2,517	932,7	2,1626	2,3842	932,7	2,1566	2,2649	932,7	2,1510	2,1570	932,7	2,1456
700	2,543	938,1	2,1682	2,4090	938,1	2,1622	2,2885	938,1	2,1566	2,1794	938,1	2,1512
710	2,569	943,6	2,1738	2,4338	943,5	2,1678	2,3121	943,5	2,1621	2,2019	943,5	2,1567
720	2,595	949,0	2,1793	2,4586	949,0	2,1733	2,3356	949,0	2,1676	2,2243	949,0	2,1622
730	2,621	954,5	2,1847	2,4834	954,4	2,1788	2,3592	954,4	2,1731	2,2468	954,4	2,1677
740	2,648	959,9	2,1902	2,5083	959,9	2,1842	2,3828	959,9	2,1785	2,2693	959,9	2,1731
750	2,674	965,4	2,1956	2,5331	965,4	2,1896	2,4064	965,4	2,1839	2,2917	965,4	2,1785
760	2,700	970,9	2,2009	2,5579	970,9	2,1949	2,4299	970,9	2,1893	2,3142	970,9	2,1839
770	2,726	976,5	2,2062	2,5827	976,4	2,2003	2,4535	976,4	2,1946	2,3366	976,4	2,1892
780	2,752	982,0	2,2115	2,6075	982,0	2,2055	2,4771	982,0	2,1999	2,3591	982,0	2,1945
790	2,779	987,5	2,2168	2,6323	987,5	2,2108	2,5006	987,5	2,2051	2,3815	987,5	2,1997
800	2,805	993,1	2,2220	2,6571	993,1	2,2160	2,5242	993,1	2,2103	2,4039	993,1	2,2049

1 at = 0,980665 bar   1 kcal = 4,1868 kJ

Tafel 3. Wasser und überhitzter Dampf (Fortsetzung) **Water and superheated Steam** (Continuation)

t	2,2 at $t_s = 122{,}643\,°C$			2,3 at $t_s = 124{,}073\,°C$			2,4 at $t_s = 125{,}454\,°C$			2,5 at $t_s = 126{,}788\,°C$		
	v''	h''	s''	v''	h''	s''	v''	h''	s''	v''	h''	s''
	0,8248	647,2	1,6961	0,7912	647,7	1,6926	0,7602	648,1	1,6892	0,7317	648,6	1,6859
°C	v	h	s	v	h	s	v	h	s	v	h	s
0	0,0010001	0,0	0,0000	0,0010001	0,0	0,0000	0,0010001	0,0	0,0000	0,0010001	0,0	0,0000
10	0,0010002	10,1	0,0361	0,0010001	10,1	0,0361	0,0010001	10,1	0,0361	0,0010001	10,1	0,0361
20	0,0010016	20,1	0,0708	0,0010016	20,1	0,0708	0,0010016	20,1	0,0708	0,0010016	20,1	0,0708
30	0,0010042	30,1	0,1042	0,0010042	30,1	0,1042	0,0010042	30,1	0,1042	0,0010042	30,1	0,1042
40	0,0010077	40,0	0,1366	0,0010077	40,0	0,1366	0,0010077	40,0	0,1366	0,0010077	40,0	0,1366
50	0,0010120	50,0	0,1680	0,0010120	50,0	0,1680	0,0010120	50,0	0,1680	0,0010120	50,0	0,1680
60	0,0010171	60,0	0,1985	0,0010171	60,0	0,1985	0,0010170	60,0	0,1985	0,0010170	60,0	0,1984
70	0,0010228	70,0	0,2280	0,0010228	70,0	0,2280	0,0010228	70,0	0,2280	0,0010227	70,0	0,2280
80	0,0010291	80,0	0,2568	0,0010291	80,0	0,2568	0,0010291	80,0	0,2568	0,0010291	80,0	0,2568
90	0,0010361	90,1	0,2848	0,0010361	90,1	0,2848	0,0010361	90,1	0,2848	0,0010361	90,1	0,2848
100	0,0010436	100,1	0,3121	0,0010436	100,1	0,3121	0,0010436	100,1	0,3121	0,0010436	100,1	0,3121
110	0,0010518	110,2	0,3388	0,0010518	110,2	0,3388	0,0010518	110,2	0,3388	0,0010518	110,2	0,3388
120	0,0010606	120,3	0,3649	0,0010606	120,3	0,3649	0,0010606	120,3	0,3649	0,0010606	120,3	0,3648
130	0,8420	650,9	1,7055	0,8045	650,7	1,7001	0,7701	650,5	1,6950	0,7384	650,2	1,6900
140	0,8652	656,0	1,7178	0,8268	655,8	1,7125	0,7915	655,6	1,7074	0,7591	655,3	1,7025
150	0,8882	661,0	1,7297	0,8488	660,8	1,7245	0,8127	660,6	1,7194	0,7795	660,4	1,7146
160	0,9110	665,9	1,7413	0,8707	665,7	1,7361	0,8337	665,6	1,7311	0,7997	665,4	1,7263
170	0,9336	670,8	1,7525	0,8924	670,7	1,7473	0,8546	670,5	1,7424	0,8198	670,4	1,7376
180	0,9561	675,7	1,7634	0,9139	675,6	1,7583	0,8753	675,4	1,7533	0,8397	675,3	1,7486
190	0,9785	680,6	1,7740	0,9354	680,4	1,7689	0,8959	680,3	1,7640	0,8595	680,2	1,7593
200	1,0007	685,4	1,7844	0,9567	685,3	1,7793	0,9163	685,2	1,7744	0,8792	685,1	1,7697
210	1,0229	690,3	1,7945	0,9779	690,1	1,7894	0,9367	690,0	1,7846	0,8988	689,9	1,7799
220	1,0449	695,1	1,8044	0,9991	695,0	1,7994	0,9570	694,9	1,7945	0,9183	694,8	1,7899
230	1,0669	699,9	1,8141	1,0201	699,8	1,8091	0,9772	699,7	1,8042	0,9378	699,6	1,7996
240	1,0889	704,7	1,8236	1,0411	704,6	1,8185	0,9974	704,6	1,8137	0,9571	704,5	1,8091
250	1,1108	709,5	1,8329	1,0621	709,5	1,8279	1,0175	709,4	1,8230	0,9765	709,3	1,8184
260	1,1326	714,4	1,8420	1,0830	714,3	1,8370	1,0376	714,2	1,8322	0,9957	714,1	1,8276
270	1,1544	719,2	1,8509	1,1039	719,1	1,8459	1,0576	719,0	1,8412	1,0150	719,0	1,8366
280	1,1762	724,0	1,8597	1,1247	723,9	1,8548	1,0776	723,9	1,8500	1,0342	723,8	1,8454
290	1,1979	728,8	1,8684	1,1455	728,8	1,8634	1,0975	728,7	1,8586	1,0534	728,6	1,8541
300	1,2196	733,7	1,8769	1,1663	733,6	1,8719	1,1175	733,5	1,8672	1,0725	733,5	1,8626
310	1,2413	738,5	1,8853	1,1871	738,5	1,8803	1,1374	738,4	1,8755	1,0916	738,3	1,8710
320	1,2630	743,4	1,8935	1,2078	743,3	1,8886	1,1573	743,3	1,8838	1,1107	743,2	1,8792
330	1,2846	748,2	1,9016	1,2285	748,2	1,8967	1,1771	748,1	1,8919	1,1298	748,1	1,8874
340	1,3063	753,1	1,9097	1,2492	753,0	1,9047	1,1970	753,0	1,9000	1,1489	752,9	1,8954
350	1,3279	758,0	1,9176	1,2699	757,9	1,9126	1,2168	757,9	1,9079	1,1679	757,8	1,9033
360	1,3495	762,9	1,9253	1,2906	762,8	1,9204	1,2366	762,8	1,9157	1,1870	762,7	1,9111
370	1,3711	767,8	1,9330	1,3113	767,7	1,9281	1,2564	767,7	1,9234	1,2060	767,6	1,9188
380	1,3927	772,7	1,9406	1,3319	772,7	1,9357	1,2762	772,6	1,9310	1,2250	772,6	1,9264
390	1,4142	777,6	1,9481	1,3526	777,6	1,9432	1,2960	777,5	1,9384	1,2440	777,5	1,9339
400	1,4358	782,6	1,9555	1,3732	782,5	1,9506	1,3158	782,5	1,9459	1,2630	782,5	1,9413
410	1,4573	787,5	1,9628	1,3938	787,5	1,9579	1,3356	787,5	1,9532	1,2820	787,4	1,9486
420	1,4789	792,5	1,9701	1,4144	792,5	1,9651	1,3553	792,4	1,9604	1,3010	792,4	1,9559
430	1,5004	797,5	1,9772	1,4350	797,5	1,9723	1,3751	797,4	1,9676	1,3199	797,4	1,9630
440	1,5220	802,5	1,9843	1,4556	802,5	1,9793	1,3948	802,4	1,9746	1,3389	802,4	1,9701
450	1,5435	807,5	1,9913	1,4762	807,5	1,9863	1,4146	807,4	1,9816	1,3579	807,4	1,9771
460	1,5650	812,5	1,9982	1,4968	812,5	1,9932	1,4343	812,5	1,9885	1,3768	812,5	1,9840
470	1,5865	817,6	2,0050	1,5174	817,6	2,0001	1,4540	817,5	1,9954	1,3957	817,5	1,9908
480	1,6080	822,7	2,0118	1,5380	822,6	2,0069	1,4738	822,6	2,0021	1,4147	822,6	1,9976
490	1,6295	827,7	2,0185	1,5585	827,7	2,0136	1,4935	827,7	2,0088	1,4336	827,7	2,0043
500	1,6510	832,8	2,0251	1,5791	832,8	2,0202	1,5132	832,8	2,0155	1,4526	832,7	2,0109
510	1,6725	837,9	2,0317	1,5997	837,9	2,0268	1,5329	837,9	2,0220	1,4715	837,9	2,0175
520	1,6940	843,1	2,0382	1,6202	843,0	2,0333	1,5526	843,0	2,0285	1,4904	843,0	2,0240
530	1,7155	848,2	2,0446	1,6408	848,2	2,0397	1,5723	848,2	2,0350	1,5093	848,1	2,0305
540	1,7370	853,4	2,0510	1,6613	853,3	2,0461	1,5920	853,3	2,0414	1,5282	853,3	2,0369
550	1,7584	858,5	2,0573	1,6819	858,5	2,0524	1,6117	858,5	2,0477	1,5472	858,5	2,0432

Tafel 3. Wasser und überhitzter Dampf (Fortsetzung)   **Water and superheated Steam** (Continuation)

t	2,2 at $t_s = 122{,}643\,^{\circ}C$			2,3 at $t_s = 124{,}073\,^{\circ}C$			2,4 at $t_s = 125{,}454\,^{\circ}C$			2,5 at $t_s = 126{,}788\,^{\circ}C$		
	v''	h''	s''	v''	h''	s''	v''	h''	s''	v''	h''	s''
	0,8248	647,2	1,6961	0,7912	647,7	1,6926	0,7602	648,1	1,6892	0,7317	648,6	1,6859
$^{\circ}C$	v	h	s	v	h	s	v	h	s	v	h	s
550	1,7584	858,5	2,0573	1,6819	858,5	2,0524	1,6117	858,5	2,0477	1,5472	858,5	2,0432
560	1,7799	863,7	2,0636	1,7024	863,7	2,0587	1,6314	863,7	2,0540	1,5661	863,7	2,0494
570	1,8014	868,9	2,0698	1,7230	868,9	2,0649	1,6511	868,9	2,0602	1,5850	868,9	2,0557
580	1,8229	874,2	2,0760	1,7435	874,1	2,0710	1,6708	874,1	2,0663	1,6039	874,1	2,0618
590	1,8443	879,4	2,0821	1,7641	879,4	2,0772	1,6905	879,4	2,0724	1,6228	879,3	2,0679
600	1,8658	884,6	2,0881	1,7846	884,6	2,0832	1,7101	884,6	2,0785	1,6417	884,6	2,0740
610	1,8873	889,9	2,0941	1,8051	889,9	2,0892	1,7298	889,9	2,0845	1,6606	889,9	2,0800
620	1,9087	895,2	2,1001	1,8256	895,2	2,0952	1,7495	895,2	2,0905	1,6794	895,5	2,0859
630	1,9302	900,5	2,1060	1,8462	900,5	2,1011	1,7692	900,5	2,0964	1,6983	900,5	2,0918
640	1,9516	905,8	2,1118	1,8667	905,8	2,1069	1,7888	905,8	2,1022	1,7172	905,8	2,0977
650	1,9731	911,2	2,1176	1,8872	911,1	2,1127	1,8085	911,1	2,1080	1,7361	911,1	2,1035
660	1,9945	916,5	2,1234	1,9077	916,5	2,1185	1,8282	916,5	2,1138	1,7550	916,5	2,1093
670	2,0160	921,9	2,1291	1,9283	921,9	2,1242	1,8478	921,8	2,1195	1,7739	921,8	2,1150
680	2,0374	927,3	2,1348	1,9488	927,2	2,1299	1,8675	927,2	2,1252	1,7928	927,2	2,1207
690	2,0589	932,7	2,1404	1,9693	932,6	2,1355	1,8872	932,6	2,1308	1,8116	932,6	2,1263
700	2,0803	938,1	2,1460	1,9898	938,1	2,1411	1,9068	938,0	2,1364	1,8305	938,0	2,1319
710	2,1017	943,5	2,1516	2,0103	943,5	2,1467	1,9265	943,5	2,1420	1,8494	943,5	2,1375
720	2,1232	948,9	2,1571	2,0308	948,9	2,1522	1,9461	948,9	2,1475	1,8682	948,9	2,1430
730	2,1446	954,4	2,1626	2,0513	954,4	2,1577	1,9658	954,4	2,1530	1,8871	954,4	2,1484
740	2,1661	959,9	2,1680	2,0718	959,9	2,1631	1,9855	959,9	2,1584	1,9060	959,8	2,1539
750	2,1875	965,4	2,1734	2,0923	965,4	2,1685	2,0051	965,4	2,1638	1,9249	965,3	2,1593
760	2,2089	970,9	2,1788	2,1128	970,9	2,1738	2,0248	970,9	2,1691	1,9437	970,8	2,1646
770	2,2304	976,4	2,1841	2,1333	976,4	2,1792	2,0444	976,4	2,1745	1,9626	976,4	2,1700
780	2,2518	981,9	2,1894	2,1538	981,9	2,1844	2,0640	981,9	2,1797	1,9814	981,9	2,1752
790	2,2732	987,5	2,1946	2,1743	987,5	2,1897	2,0837	987,5	2,1850	2,0003	987,5	2,1805
800	2,2946	993,1	2,1998	2,1948	993,0	2,1949	2,1033	993,0	2,1902	2,0192	993,0	2,1857

1 at $= 0{,}980665$ bar   1 kcal $= 4{,}1868$ kJ

Tafel 3. Wasser und überhitzter Dampf (Fortsetzung)   Water and superheated Steam (Continuation)

t	2,6 at $t_s = 128,080\,°C$			2,7 at $t_s = 129,332\,°C$			2,8 at $t_s = 130,547\,°C$			2,9 at $t_s = 131,728\,°C$		
	v''	h''	s''	v''	h''	s''	v''	h''	s''	v''	h''	s''
	0,7053	649,0	1,6828	0,6808	649,4	1,6797	0,6580	649,8	1,6768	0,6367	650,2	1,6740
°C	v	h	s	v	h	s	v	h	s	v	h	s
0	0,0010001	0,1	0,0000	0,0010001	0,1	0,0000	0,0010001	0,1	0,0000	0,0010001	0,1	0,0000
10	0,0010001	10,1	0,0361	0,0010001	10,1	0,0361	0,0010001	10,1	0,0361	0,0010001	10,1	0,0361
20	0,0010016	20,1	0,0708	0,0010016	20,1	0,0708	0,0010016	20,1	0,0708	0,0010016	20,1	0,0708
30	0,0010042	30,1	0,1042	0,0010042	30,1	0,1042	0,0010042	30,1	0,1042	0,0010042	30,1	0,1042
40	0,0010077	40,0	0,1366	0,0010077	40,0	0,1366	0,0010077	40,1	0,1366	0,0010077	40,1	0,1366
50	0,0010120	50,0	0,1680	0,0010120	50,0	0,1680	0,0010120	50,0	0,1680	0,0010120	50,0	0,1680
60	0,0010170	60,0	0,1984	0,0010170	60,0	0,1984	0,0010170	60,0	0,1984	0,0010170	60,0	0,1984
70	0,0010227	70,0	0,2280	0,0010227	70,0	0,2280	0,0010227	70,0	0,2280	0,0010227	70,0	0,2280
80	0,0010291	80,0	0,2568	0,0010291	80,0	0,2568	0,0010291	80,0	0,2568	0,0010291	80,0	0,2568
90	0,0010361	90,1	0,2848	0,0010361	90,1	0,2848	0,0010360	90,1	0,2848	0,0010360	90,1	0,2848
100	0,0010436	100,1	0,3121	0,0010436	100,1	0,3121	0,0010436	100,1	0,3121	0,0010436	100,1	0,3121
110	0,0010518	110,2	0,3388	0,0010518	110,2	0,3388	0,0010518	110,2	0,3388	0,0010518	110,2	0,3388
120	0,0010606	120,3	0,3648	0,0010606	120,3	0,3648	0,0010606	120,3	0,3648	0,0010606	120,3	0,3648
130	0,7092	650,0	1,6852	0,6821	649,8	1,6806	0,0010700	130,5	0,3904	0,0010700	130,5	0,3904
140	0,7291	655,1	1,6978	0,7014	654,9	1,6932	0,6756	654,7	1,6888	0,6516	654,5	1,6845
150	0,7488	660,2	1,7099	0,7204	660,0	1,7054	0,6941	659,8	1,7010	0,6695	659,6	1,6968
160	0,7684	665,2	1,7216	0,7393	665,0	1,7172	0,7123	664,9	1,7128	0,6872	664,7	1,7087
170	0,7877	670,2	1,7330	0,7580	670,0	1,7286	0,7304	669,9	1,7243	0,7047	669,7	1,7201
180	0,8069	675,1	1,7440	0,7765	675,0	1,7396	0,7483	674,9	1,7354	0,7220	674,7	1,7313
190	0,8260	680,1	1,7548	0,7949	679,9	1,7504	0,7661	679,8	1,7462	0,7392	679,7	1,7421
200	0,8449	685,0	1,7652	0,8132	684,8	1,7609	0,7837	684,7	1,7567	0,7563	684,6	1,7526
210	0,8638	689,8	1,7754	0,8314	689,7	1,7711	0,8013	689,6	1,7669	0,7733	689,5	1,7629
220	0,8826	694,7	1,7854	0,8495	694,6	1,7811	0,8188	694,5	1,7769	0,7902	694,4	1,7729
230	0,9013	699,5	1,7951	0,8676	699,5	1,7908	0,8363	699,4	1,7867	0,8071	699,3	1,7827
240	0,9200	704,4	1,8047	0,8856	704,3	1,8004	0,8536	704,2	1,7962	0,8239	704,1	1,7923
250	0,9386	709,2	1,8140	0,9035	709,1	1,8097	0,8709	709,1	1,8056	0,8406	709,0	1,8016
260	0,9571	714,1	1,8232	0,9214	714,0	1,8189	0,8882	713,9	1,8148	0,8573	713,8	1,8108
270	0,9757	718,9	1,8322	0,9392	718,8	1,8279	0,9054	718,8	1,8238	0,8739	718,7	1,8198
280	0,9941	723,7	1,8410	0,9570	723,7	1,8367	0,9226	723,6	1,8326	0,8906	723,6	1,8287
290	1,0126	728,6	1,8497	0,9748	728,5	1,8454	0,9398	728,5	1,8413	0,9071	728,4	1,8374
300	1,0310	733,4	1,8582	0,9926	733,4	1,8540	0,9569	733,3	1,8499	0,9237	733,3	1,8459
310	1,0494	738,3	1,8666	1,0103	738,2	1,8624	0,9740	738,2	1,8583	0,9402	738,1	1,8544
320	1,0678	743,2	1,8749	1,0280	743,1	1,8706	0,9911	743,1	1,8666	0,9567	743,0	1,8626
330	1,0861	748,0	1,8830	1,0457	748,0	1,8788	1,0082	747,9	1,8747	0,9732	747,9	1,8708
340	1,1045	752,9	1,8910	1,0634	752,9	1,8868	1,0252	752,8	1,8827	0,9897	752,8	1,8788
350	1,1228	757,8	1,8989	1,0810	757,8	1,8947	1,0422	757,7	1,8907	1,0061	757,7	1,8867
360	1,1411	762,7	1,9067	1,0987	762,7	1,9025	1,0593	762,6	1,8985	1,0226	762,6	1,8946
370	1,1594	767,6	1,9144	1,1163	767,6	1,9102	1,0763	767,5	1,9062	1,0390	767,5	1,9023
380	1,1777	772,5	1,9220	1,1339	772,5	1,9178	1,0933	772,5	1,9138	1,0554	772,4	1,9099
390	1,1960	777,5	1,9295	1,1515	777,4	1,9253	1,1103	777,4	1,9213	1,0718	777,4	1,9174
400	1,2143	782,4	1,9370	1,1691	782,4	1,9328	1,1272	782,4	1,9287	1,0882	782,3	1,9248
410	1,2325	787,4	1,9443	1,1867	787,4	1,9401	1,1442	787,3	1,9360	1,1046	787,3	1,9321
420	1,2508	792,4	1,9515	1,2043	792,3	1,9473	1,1612	792,3	1,9433	1,1210	792,3	1,9394
430	1,2690	797,4	1,9587	1,2219	797,3	1,9545	1,1781	797,3	1,9504	1,1374	797,3	1,9465
440	1,2873	802,4	1,9657	1,2395	802,3	1,9615	1,1951	802,3	1,9575	1,1537	802,3	1,9536
450	1,3055	807,4	1,9727	1,2570	807,4	1,9685	1,2120	807,3	1,9645	1,1701	807,3	1,9506
460	1,3237	812,4	1,9796	1,2746	812,4	1,9755	1,2289	812,4	1,9714	1,1864	812,3	1,9675
470	1,3419	817,5	1,9865	1,2921	817,4	1,9823	1,2459	817,4	1,9783	1,2028	817,4	1,9744
480	1,3602	822,5	1,9933	1,3097	822,5	1,9891	1,2628	822,5	1,9850	1,2191	822,5	1,9811
490	1,3784	827,6	2,0000	1,3272	827,6	1,9958	1,2797	827,6	1,9917	1,2355	827,5	1,9878
500	1,3966	832,7	2,0066	1,3447	832,7	2,0024	1,2966	832,7	1,9984	1,2518	832,6	1,9945
510	1,4148	837,8	2,0132	1,3623	837,8	2,0090	1,3135	837,8	2,0050	1,2681	837,8	2,0011
520	1,4330	843,0	2,0197	1,3798	842,9	2,0155	1,3304	842,9	2,0115	1,2845	842,9	2,0076
530	1,4512	848,1	2,0261	1,3973	848,1	2,0219	1,3473	848,1	2,0179	1,3008	848,0	2,0140
540	1,4694	853,3	2,0325	1,4149	853,2	2,0283	1,3642	853,2	2,0243	1,3171	853,2	2,0204
550	1,4876	858,4	2,0388	1,4324	858,4	2,0347	1,3811	858,4	2,0306	1,3334	858,4	2,0267

Tafel 3. Wasser und überhitzter Dampf (Fortsetzung)   **Water and superheated Steam** (Continuation)

t	2,6 at $t_s = 128,080\,°C$			2,7 at $t_s = 129,332\,°C$			2,8 at $t_s = 130,547\,°C$			2,9 at $t_s = 131,728\,°C$		
	v''	h''	s''	v''	h''	s''	v''	h''	s''	v''	h''	s''
	0,7053	649,0	1,6828	0,6808	649,4	1,6797	0,6580	649,8	1,6768	0,6367	650,2	1,6740
°C	v	h	s	v	h	s	v	h	s	v	h	s
550	1,4876	858,4	2,0388	1,4324	858,4	2,0347	1,3811	858,4	2,0306	1,3334	858,4	2,0267
560	1,5057	863,6	2,0451	1,4499	863,6	2,0409	1,3980	863,6	2,0369	1,3497	863,6	2,0330
570	1,5239	868,8	2,0513	1,4674	868,8	2,0471	1,4149	868,8	2,0431	1,3660	868,8	2,0392
580	1,5421	874,1	2,0575	1,4849	874,1	2,0533	1,4318	874,0	2,0493	1,3823	874,0	2,0454
590	1,5603	879,3	2,0636	1,5024	879,3	2,0594	1,4487	879,3	2,0554	1,3987	879,3	2,0515
600	1,5784	884,6	2,0696	1,5199	884,6	2,0655	1,4656	884,5	2,0614	1,4150	884,5	2,0576
610	1,5966	889,8	2,0756	1,5374	889,8	2,0715	1,4824	889,8	2,0674	1,4313	889,8	2,0636
620	1,6148	895,1	2,0816	1,5549	895,1	2,0774	1,4993	895,1	2,0734	1,4475	895,1	2,0695
630	1,6329	900,4	2,0875	1,5724	900,4	2,0833	1,5162	900,4	2,0793	1,4638	900,4	2,0754
640	1,6511	905,8	2,0934	1,5899	905,7	2,0892	1,5331	905,7	2,0852	1,4801	905,7	2,0813
650	1,6693	911,1	2,0992	1,6074	911,1	2,0950	1,5499	911,1	2,0910	1,4964	911,0	2,0871
660	1,6874	916,4	2,1049	1,6249	916,4	2,1008	1,5668	916,4	2,0968	1,5127	916,4	2,0929
670	1,7056	921,8	2,1107	1,6424	921,8	2,1065	1,5836	921,8	2,1025	1,5290	921,8	2,0986
680	1,7237	927,2	2,1163	1,6598	927,2	2,1122	1,6005	927,2	2,1082	1,5453	927,2	2,1043
690	1,7419	932,6	2,1220	1,6773	932,6	2,1178	1,6174	932,6	2,1138	1,5615	932,6	2,1099
700	1,7600	938,0	2,1276	1,6948	938,0	2,1234	1,6342	938,0	2,1194	1,5778	938,0	2,1155
710	1,7782	943,4	2,1331	1,7123	943,4	2,1290	1,6511	943,4	2,1249	1,5941	943,4	2,1211
720	1,7963	948,9	2,1386	1,7298	948,9	2,1345	1,6679	948,9	2,1305	1,6104	948,9	2,1266
730	1,8145	954,4	2,1441	1,7472	954,3	2,1399	1,6848	954,3	2,1359	1,6267	954,3	2,1320
740	1,8326	959,8	2,1495	1,7647	959,8	2,1454	1,7016	959,8	2,1414	1,6429	959,8	2,1375
750	1,8508	965,3	2,1549	1,7822	965,3	2,1508	1,7185	965,3	2,1468	1,6592	965,3	2,1429
760	1,8689	970,8	2,1603	1,7997	970,8	2,1561	1,7353	970,8	2,1521	1,6755	970,8	2,1482
770	1,8871	976,4	2,1656	1,8171	976,3	2,1615	1,7522	976,3	2,1574	1,6917	976,3	2,1536
780	1,9052	981,9	2,1709	1,8346	981,9	2,1667	1,7690	981,9	2,1627	1,7080	981,9	2,1588
790	1,9233	987,4	2,1762	1,8521	987,4	2,1720	1,7859	987,4	2,1680	1,7243	987,4	2,1641
800	1,9415	993,0	2,1814	1,8695	993,0	2,1772	1,8027	993,0	2,1732	1,7405	993,0	2,1693

1 at = 0,980665 bar   1 kcal = 4,1868 kJ

Tafel 3. Wasser und überhitzter Dampf (Fortsetzung)   **Water and superheated Steam** (Continuation)

t	8,0 at $t_s = 132{,}875\,°C$			8,2 at $t_s = 135{,}081\,°C$			8,4 at $t_s = 137{,}178\,°C$			8,6 at $t_s = 139{,}177\,°C$		
	v''	h''	s''	v''	h''	s''	v''	h''	s''	v''	h''	s''
	0,6168	650,6	1,6713	0,5805	651,3	1,6661	0,5484	651,9	1,6613	0,5198	652,5	1,6567
°C	v	h	s	v	h	s	v	h	s	v	h	s
0	0,0010001	0,1	0,0000	0,0010001	0,1	0,0000	0,0010001	0,1	0,0000	0,0010000	0,1	0,0000
10	0,0010001	10,1	0,0361	0,0010001	10,1	0,0361	0,0010001	10,1	0,0361	0,0010001	10,1	0,0361
20	0,0010016	20,1	0,0708	0,0010016	20,1	0,0708	0,0010016	20,1	0,0708	0,0010016	20,1	0,0708
30	0,0010042	30,1	0,1042	0,0010042	30,1	0,1042	0,0010042	30,1	0,1042	0,0010042	30,1	0,1042
40	0,0010077	40,1	0,1366	0,0010077	40,1	0,1366	0,0010077	40,1	0,1366	0,0010077	40,1	0,1366
50	0,0010120	50,0	0,1680	0,0010120	50,0	0,1680	0,0010120	50,0	0,1680	0,0010120	50,0	0,1680
60	0,0010170	60,0	0,1984	0,0010170	60,0	0,1984	0,0010170	60,0	0,1984	0,0010170	60,0	0,1984
70	0,0010227	70,0	0,2280	0,0010227	70,0	0,2280	0,0010227	70,0	0,2280	0,0010227	70,0	0,2280
80	0,0010291	80,0	0,2568	0,0010291	80,0	0,2568	0,0010291	80,0	0,2568	0,0010290	80,1	0,2568
90	0,0010360	90,1	0,2848	0,0010360	90,1	0,2848	0,0010360	90,1	0,2848	0,0010360	90,1	0,2848
100	0,0010436	100,1	0,3121	0,0010436	100,1	0,3121	0,0010436	100,1	0,3121	0,0010436	100,1	0,3121
110	0,0010518	110,2	0,3388	0,0010518	110,2	0,3388	0,0010518	110,2	0,3388	0,0010518	110,2	0,3388
120	0,0010606	120,3	0,3648	0,0010606	120,3	0,3648	0,0010606	120,3	0,3648	0,0010605	120,3	0,3648
130	0,0010700	130,5	0,3904	0,0010700	130,5	0,3904	0,0010700	130,5	0,3903	0,0010700	130,5	0,3903
140	0,6293	654,3	1,6804	0,5887	653,8	1,6724	0,5528	653,4	1,6649	0,5210	653,0	1,6578
150	0,6466	659,4	1,6927	0,6050	659,0	1,6849	0,5684	658,7	1,6775	0,5358	658,3	1,6704
160	0,6637	664,5	1,7046	0,6212	664,2	1,6969	0,5837	663,8	1,6895	0,5503	663,5	1,6826
170	0,6807	669,6	1,7161	0,6372	669,3	1,7085	0,5988	668,9	1,7012	0,5647	668,6	1,6943
180	0,6975	674,6	1,7273	0,6530	674,3	1,7197	0,6138	674,0	1,7125	0,5789	673,7	1,7057
190	0,7141	679,5	1,7381	0,6687	679,3	1,7306	0,6286	679,0	1,7235	0,5930	678,8	1,7167
200	0,7307	684,5	1,7487	0,6843	684,2	1,7412	0,6433	684,0	1,7341	0,6069	683,8	1,7274
210	0,7472	689,4	1,7590	0,6998	689,2	1,7515	0,6580	689,0	1,7445	0,6208	688,7	1,7378
220	0,7636	694,3	1,7690	0,7152	694,1	1,7616	0,6725	693,9	1,7546	0,6346	693,7	1,7480
230	0,7799	699,2	1,7788	0,7305	699,0	1,7714	0,6870	698,8	1,7644	0,6483	698,6	1,7579
240	0,7961	704,0	1,7884	0,7458	703,9	1,7810	0,7014	703,7	1,7741	0,6619	703,5	1,7675
250	0,8123	708,9	1,7978	0,7610	708,8	1,7904	0,7157	708,6	1,7835	0,6755	708,4	1,7770
260	0,8285	713,8	1,8070	0,7762	713,6	1,7997	0,7300	713,5	1,7928	0,6890	713,3	1,7863
270	0,8446	718,6	1,8160	0,7913	718,5	1,8087	0,7443	718,4	1,8018	0,7025	718,2	1,7953
280	0,8606	723,5	1,8249	0,8064	723,4	1,8176	0,7585	723,2	1,8107	0,7160	723,1	1,8042
290	0,8767	728,3	1,8336	0,8215	728,2	1,8263	0,7727	728,1	1,8195	0,7294	728,0	1,8130
300	0,8927	733,2	1,8421	0,8365	733,1	1,8349	0,7869	733,0	1,8280	0,7428	732,9	1,8216
310	0,9087	738,1	1,8505	0,8515	738,0	1,8433	0,8010	737,9	1,8365	0,7562	737,8	1,8300
320	0,9246	742,9	1,8588	0,8665	742,8	1,8516	0,8152	742,7	1,8448	0,7695	742,6	1,8384
330	0,9406	747,8	1,8670	0,8814	747,7	1,8598	0,8293	747,6	1,8530	0,7829	747,5	1,8465
340	0,9565	752,7	1,8750	0,8964	752,6	1,8678	0,8433	752,5	1,8610	0,7962	752,4	1,8546
350	0,9724	757,6	1,8830	0,9113	757,5	1,8757	0,8574	757,4	1,8690	0,8095	757,4	1,8626
360	0,9883	762,5	1,8908	0,9262	762,4	1,8836	0,8715	762,4	1,8768	0,8228	762,3	1,8704
370	1,0042	767,4	1,8985	0,9411	767,4	1,8913	0,8855	767,3	1,8845	0,8361	767,2	1,8781
380	1,0201	772,4	1,9061	0,9560	772,3	1,8989	0,8995	772,2	1,8921	0,8493	772,1	1,8857
390	1,0359	777,3	1,9136	0,9709	777,3	1,9064	0,9136	777,2	1,8996	0,8626	777,1	1,8933
400	1,0518	782,3	1,9210	0,9858	782,2	1,9138	0,9276	782,1	1,9071	0,8758	782,1	1,9007
410	1,0677	787,3	1,9284	1,0007	787,2	1,9212	0,9416	787,1	1,9144	0,8890	787,0	1,9080
420	1,0835	792,2	1,9356	1,0155	792,2	1,9284	0,9556	792,1	1,9217	0,9023	792,0	1,9153
430	1,0993	797,2	1,9428	1,0304	797,2	1,9356	0,9696	797,1	1,9288	0,9155	797,0	1,9225
440	1,1152	802,2	1,9498	1,0452	802,2	1,9427	0,9835	802,1	1,9359	0,9287	802,1	1,9295
450	1,1310	807,3	1,9568	1,0601	807,2	1,9497	0,9975	807,1	1,9429	0,9419	807,1	1,9366
460	1,1468	812,3	1,9638	1,0749	812,3	1,9566	1,0115	812,2	1,9498	0,9551	812,1	1,9435
470	1,1626	817,4	1,9706	1,0897	817,3	1,9634	1,0254	817,3	1,9567	0,9683	817,2	1,9503
480	1,1784	822,4	1,9774	1,1046	822,4	1,9702	1,0394	822,3	1,9635	0,9815	822,3	1,9571
490	1,1942	827,5	1,9841	1,1194	827,5	1,9769	1,0534	827,4	1,9702	0,9947	827,4	1,9638
500	1,2100	832,6	1,9907	1,1342	832,6	1,9836	1,0673	832,5	1,9768	1,0078	832,5	1,9705
510	1,2258	837,7	1,9973	1,1490	837,7	1,9901	1,0812	837,6	1,9834	1,0210	837,6	1,9771
520	1,2416	842,9	2,0038	1,1638	842,8	1,9967	1,0952	842,8	1,9899	1,0342	842,7	1,9836
530	1,2573	848,0	2,0103	1,1786	848,0	2,0031	1,1091	847,9	1,9964	1,0474	847,9	1,9900
540	1,2731	853,2	2,0167	1,1934	853,1	2,0095	1,1231	853,1	2,0028	1,0605	853,0	1,9964
550	1,2889	858,4	2,0230	1,2082	858,3	2,0158	1,1370	858,3	2,0091	1,0737	858,2	2,0028

Tafel 3. Wasser und überhitzter Dampf (Fortsetzung)   **Water and superheated Steam** (Continuation)

t	3,0 at $t_s = 132{,}875\,°C$			3,2 at $t_s = 135{,}081\,°C$			3,4 at $t_s = 137{,}178\,°C$			3,6 at $t_s = 139{,}177\,°C$		
	v''	h''	s''	v''	h''	s''	v''	h''	s''	v''	h''	s''
	0,6168	650,6	1,6713	0,5805	651,3	1,6661	0,5484	651,9	1,6613	0,5198	652,5	1,6567
°C	v	h	s	v	h	s	v	h	s	v	h	s
550	1,2889	858,4	2,0230	1,2082	858,3	2,0158	1,1370	858,3	2,0091	1,0737	858,2	2,0028
560	1,3047	863,6	2,0293	1,2230	863,5	2,0221	1,1509	863,5	2,0154	1,0868	863,4	2,0090
570	1,3204	868,8	2,0355	1,2378	868,7	2,0283	1,1648	868,7	2,0216	1,1000	868,6	2,0153
580	1,3362	874,0	2,0416	1,2526	874,0	2,0345	1,1787	873,9	2,0278	1,1131	873,9	2,0214
590	1,3520	879,2	2,0477	1,2673	879,2	2,0406	1,1927	879,2	2,0339	1,1263	879,1	2,0275
600	1,3677	884,5	2,0538	1,2821	884,5	2,0467	1,2066	884,4	2,0399	1,1394	884,4	2,0336
610	1,3835	889,8	2,0598	1,2969	889,7	2,0527	1,2205	889,7	2,0459	1,1526	889,7	2,0396
620	1,3992	895,1	2,0658	1,3117	895,0	2,0586	1,2344	895,0	2,0519	1,1657	895,0	2,0456
630	1,4150	900,4	2,0717	1,3264	900,3	2,0645	1,2483	900,3	2,0578	1,1789	900,3	2,0515
640	1,4307	905,7	2,0775	1,3412	905,7	2,0704	1,2622	905,6	2,0637	1,1920	905,6	2,0574
650	1,4465	911,0	2,0833	1,3560	911,0	2,0762	1,2761	911,0	2,0695	1,2051	910,9	2,0632
660	1,4622	916,4	2,0891	1,3707	916,3	2,0820	1,2900	916,3	2,0753	1,2183	916,3	2,0689
670	1,4780	921,8	2,0948	1,3855	921,7	2,0877	1,3039	921,7	2,0810	1,2314	921,7	2,0747
680	1,4937	927,1	2,1005	1,4003	927,1	2,0934	1,3178	927,1	2,0867	1,2445	927,0	2,0804
690	1,5094	932,5	2,1062	1,4150	932,5	2,0990	1,3317	932,5	2,0923	1,2576	932,4	2,0860
700	1,5252	938,0	2,1118	1,4298	937,9	2,1046	1,3456	937,9	2,0979	1,2708	937,9	2,0916
710	1,5409	943,4	2,1173	1,4445	943,4	2,1102	1,3595	943,3	2,1035	1,2839	943,3	2,0971
720	1,5567	948,8	2,1228	1,4593	948,8	2,1157	1,3734	948,8	2,1090	1,2970	948,8	2,1027
730	1,5724	954,3	2,1283	1,4740	954,3	2,1212	1,3873	954,2	2,1145	1,3101	954,2	2,1081
740	1,5881	959,8	2,1337	1,4888	959,8	2,1266	1,4011	959,7	2,1199	1,3232	959,7	2,1136
750	1,6038	965,3	2,1391	1,5035	965,2	2,1320	1,4150	965,2	2,1253	1,3363	965,2	2,1190
760	1,6196	970,8	2,1445	1,5183	970,8	2,1374	1,4289	970,7	2,1307	1,3495	970,7	2,1243
770	1,6353	976,3	2,1498	1,5330	976,3	2,1427	1,4428	976,3	2,1360	1,3626	976,2	2,1297
780	1,6510	981,8	2,1551	1,5478	981,8	2,1480	1,4567	981,8	2,1413	1,3757	981,8	2,1349
790	1,6668	987,4	2,1603	1,5625	987,4	2,1532	1,4705	987,4	2,1465	1,3888	987,3	2,1402
800	1,6825	993,0	2,1656	1,5773	992,9	2,1584	1,4844	992,9	2,1517	1,4019	992,9	2,1454

1 at = 0,980665 bar   1 kcal = 4,1868 kJ

Tafel 3. Wasser und überhitzter Dampf (Fortsetzung)   Water and superheated Steam (Continuation)

t	3,8 at $t_s = 141{,}089$ °C			4,0 at $t_s = 142{,}924$ °C			4,2 at $t_s = 144{,}681$ °C			4,4 at $t_s = 146{,}375$ °C		
	v'' 0,4940	h'' 653,1	s'' 1,6524	v'' 0,4708	h'' 653,7	s'' 1,6482	v'' 0,4497	h'' 654,2	s'' 1,6443	v'' 0,4304	h'' 654,7	s'' 1,6406
°C	v	h	s	v	h	s	v	h	s	v	h	s
0	0,0010000	0,1	0,0000	0,0010000	0,1	0,0000	0,0010000	0,1	0,0000	0,0010000	0,1	0,0000
10	0,0010001	10,1	0,0361	0,0010001	10,1	0,0361	0,0010001	10,1	0,0361	0,0010000	10,1	0,0361
20	0,0010016	20,1	0,0708	0,0010015	20,1	0,0708	0,0010015	20,1	0,0707	0,0010015	20,1	0,0707
30	0,0010041	30,1	0,1042	0,0010041	30,1	0,1042	0,0010041	30,1	0,1042	0,0010041	30,1	0,1042
40	0,0010076	40,1	0,1366	0,0010076	40,1	0,1366	0,0010076	40,1	0,1366	0,0010076	40,1	0,1366
50	0,0010120	50,1	0,1680	0,0010119	50,1	0,1680	0,0010119	50,1	0,1680	0,0010119	50,1	0,1680
60	0,0010170	60,0	0,1984	0,0010170	60,0	0,1984	0,0010170	60,1	0,1984	0,0010170	60,1	0,1984
70	0,0010227	70,0	0,2280	0,0010227	70,0	0,2280	0,0010227	70,0	0,2280	0,0010227	70,1	0,2280
80	0,0010290	80,1	0,2568	0,0010290	80,1	0,2568	0,0010290	80,1	0,2568	0,0010290	80,1	0,2568
90	0,0010360	90,1	0,2848	0,0010360	90,1	0,2848	0,0010360	90,1	0,2848	0,0010360	90,1	0,2848
100	0,0010436	100,1	0,3121	0,0010436	100,1	0,3121	0,0010435	100,1	0,3121	0,0010435	100,2	0,3121
110	0,0010517	110,2	0,3388	0,0010517	110,2	0,3388	0,0010517	110,2	0,3387	0,0010517	110,2	0,3387
120	0,0010605	120,3	0,3648	0,0010605	120,3	0,3648	0,0010605	120,3	0,3648	0,0010605	120,4	0,3648
130	0,0010700	130,5	0,3903	0,0010699	130,5	0,3903	0,0010699	130,5	0,3903	0,0010699	130,5	0,3903
140	0,0010801	140,7	0,4153	0,0010800	140,7	0,4153	0,0010800	140,7	0,4153	0,0010800	140,7	0,4153
150	0,5066	657,9	1,6637	0,4803	657,5	1,6573	0,4565	657,1	1,6512	0,4349	656,7	1,6453
160	0,5205	663,1	1,6760	0,4936	662,8	1,6697	0,4693	662,4	1,6636	0,4471	662,0	1,6578
170	0,5342	668,3	1,6878	0,5067	668,0	1,6816	0,4818	667,6	1,6756	0,4592	667,3	1,6699
180	0,5477	673,4	1,6992	0,5196	673,1	1,6931	0,4942	672,8	1,6872	0,4710	672,5	1,6816
190	0,5611	678,5	1,7103	0,5324	678,2	1,7042	0,5064	678,0	1,6984	0,4828	677,7	1,6928
200	0,5744	683,5	1,7211	0,5450	683,3	1,7150	0,5185	683,0	1,7092	0,4944	682,8	1,7037
210	0,5875	688,5	1,7315	0,5576	688,3	1,7255	0,5305	688,1	1,7198	0,5059	687,9	1,7143
220	0,6006	693,5	1,7417	0,5701	693,3	1,7357	0,5424	693,1	1,7300	0,5173	692,9	1,7246
230	0,6136	698,4	1,7516	0,5825	698,3	1,7457	0,5543	698,1	1,7400	0,5286	697,9	1,7346
240	0,6266	703,4	1,7613	0,5948	703,2	1,7554	0,5661	703,0	1,7498	0,5399	702,8	1,7444
250	0,6395	708,3	1,7708	0,6071	708,1	1,7649	0,5778	708,0	1,7593	0,5511	707,8	1,7540
260	0,6524	713,2	1,7801	0,6193	713,0	1,7742	0,5895	712,9	1,7686	0,5623	712,7	1,7633
270	0,6652	718,1	1,7892	0,6315	717,9	1,7833	0,6011	717,8	1,7778	0,5734	717,7	1,7725
280	0,6779	723,0	1,7981	0,6437	722,8	1,7923	0,6127	722,7	1,7867	0,5845	722,6	1,7814
290	0,6907	727,9	1,8069	0,6558	727,7	1,8011	0,6242	727,6	1,7955	0,5956	727,5	1,7902
300	0,7034	732,8	1,8155	0,6679	732,6	1,8097	0,6358	732,5	1,8042	0,6066	732,4	1,7989
310	0,7161	737,6	1,8239	0,6800	737,5	1,8182	0,6473	737,4	1,8126	0,6176	737,3	1,8074
320	0,7287	742,5	1,8323	0,6920	742,4	1,8265	0,6588	742,3	1,8210	0,6286	742,2	1,8157
330	0,7414	747,4	1,8405	0,7040	747,3	1,8347	0,6702	747,2	1,8292	0,6395	747,1	1,8240
340	0,7540	752,3	1,8485	0,7160	752,3	1,8428	0,6817	752,2	1,8373	0,6505	752,1	1,8320
350	0,7666	757,3	1,8565	0,7280	757,2	1,8507	0,6931	757,1	1,8453	0,6614	757,0	1,8400
360	0,7792	762,2	1,8643	0,7400	762,1	1,8586	0,7045	762,0	1,8531	0,6723	761,9	1,8479
370	0,7918	767,1	1,8721	0,7520	767,0	1,8663	0,7159	767,0	1,8608	0,6832	766,9	1,8556
380	0,8044	772,1	1,8797	0,7639	772,0	1,8740	0,7273	771,9	1,8685	0,6941	771,8	1,8633
390	0,8169	777,0	1,8872	0,7759	777,0	1,8815	0,7387	776,9	1,8760	0,7049	776,8	1,8708
400	0,8295	782,0	1,8947	0,7878	781,9	1,8889	0,7501	781,9	1,8835	0,7158	781,8	1,8783
410	0,8420	787,0	1,9020	0,7997	786,9	1,8963	0,7615	786,8	1,8908	0,7267	786,8	1,8856
420	0,8546	792,0	1,9093	0,8117	791,9	1,9035	0,7728	791,8	1,8981	0,7375	791,8	1,8929
430	0,8671	797,0	1,9164	0,8236	796,9	1,9107	0,7842	796,8	1,9053	0,7484	796,8	1,9001
440	0,8796	802,0	1,9235	0,8355	801,9	1,9178	0,7955	801,9	1,9124	0,7592	801,8	1,9072
450	0,8921	807,0	1,9305	0,8474	807,0	1,9248	0,8069	806,9	1,9194	0,7700	806,8	1,9142
460	0,9047	812,1	1,9375	0,8593	812,0	1,9318	0,8182	812,0	1,9263	0,7808	811,9	1,9211
470	0,9172	817,1	1,9443	0,8711	817,1	1,9386	0,8295	817,0	1,9332	0,7917	817,0	1,9280
480	0,9297	822,2	1,9511	0,8830	822,2	1,9454	0,8408	822,1	1,9400	0,8025	822,1	1,9348
490	0,9422	827,3	1,9578	0,8949	827,3	1,9521	0,8521	827,2	1,9467	0,8133	827,2	1,9415
500	0,9547	832,4	1,9645	0,9068	832,4	1,9588	0,8635	832,3	1,9533	0,8241	832,3	1,9482
510	0,9671	837,5	1,9711	0,9186	837,5	1,9654	0,8748	837,4	1,9599	0,8349	837,4	1,9548
520	0,9796	842,7	1,9776	0,9305	842,6	1,9719	0,8861	842,6	1,9665	0,8457	842,5	1,9613
530	0,9921	847,8	1,9840	0,9424	847,8	1,9783	0,8974	847,7	1,9729	0,8565	847,7	1,9677
540	1,0046	853,0	1,9904	0,9542	853,0	1,9847	0,9087	852,9	1,9793	0,8673	852,9	1,9741
550	1,0170	858,2	1,9968	0,9661	858,1	1,9911	0,9200	858,1	1,9857	0,8780	858,0	1,9805

Tafel 3. Wasser und überhitzter Dampf (Fortsetzung)   **Water and superheated Steam** (Continuation)

t	3,8 at $t_s = 141,089\,°C$			4,0 at $t_s = 142,924\,°C$			4,2 at $t_s = 144,681\,°C$			4,4 at $t_s = 146,375\,°C$		
	v''	h''	s''	v''	h''	s''	v''	h''	s''	v''	h''	s''
	0,4940	653,1	1,6524	0,4708	653,7	1,6482	0,4497	654,2	1,6443	0,4303	654,7	1,6406
°C	v	h	s	v	h	s	v	h	s	v	h	s
550	1,0170	858,2	1,9968	0,9661	858,1	1,9911	0,9200	858,1	1,9857	0,8780	858,0	1,9805
560	1,0295	863,4	2,0030	0,9779	863,3	1,9974	0,9313	863,3	1,9919	0,8888	863,3	1,9868
570	1,0420	868,6	2,0093	0,9898	868,6	2,0036	0,9425	868,5	1,9982	0,8996	868,5	1,9930
580	1,0544	873,8	2,0154	1,0016	873,8	2,0097	0,9538	873,7	2,0043	0,9104	873,7	1,9992
590	1,0669	879,1	2,0215	1,0135	879,0	2,0159	0,9651	879,0	2,0104	0,9211	879,0	2,0053
600	1,0794	884,3	2,0276	1,0253	884,3	2,0219	0,9764	884,3	2,0165	0,9319	884,2	2,0114
610	1,0918	889,6	2,0336	1,0371	889,6	2,0279	0,9877	889,5	2,0225	0,9427	889,5	2,0174
620	1,1043	894,9	2,0396	1,0490	894,9	2,0339	0,9989	894,8	2,0285	0,9534	894,8	2,0233
630	1,1167	900,2	2,0455	1,0608	900,2	2,0398	1,0102	900,2	2,0344	0,9642	900,1	2,0292
640	1,1292	905,6	2,0514	1,0726	905,5	2,0457	1,0215	905,5	2,0403	0,9750	905,4	2,0351
650	1,1416	910,9	2,0572	1,0844	910,9	2,0515	1,0327	910,8	2,0461	0,9857	910,8	2,0409
660	1,1541	916,3	2,0630	1,0963	916,2	2,0573	1,0440	916,2	2,0519	0,9965	916,2	2,0467
670	1,1665	921,6	2,0687	1,1081	921,6	2,0630	1,0553	921,6	2,0576	1,0072	921,5	2,0524
680	1,1789	927,0	2,0744	1,1199	927,0	2,0687	1,0665	927,0	2,0633	1,0180	926,9	2,0581
690	1,1914	932,4	2,0800	1,1317	932,4	2,0743	1,0778	932,4	2,0689	1,0287	932,3	2,0638
700	1,2038	937,8	2,0856	1,1435	937,8	2,0799	1,0890	937,8	2,0745	1,0395	937,8	2,0694
710	1,2162	943,3	2,0912	1,1554	943,2	2,0855	1,1003	943,2	2,0801	1,0502	943,2	2,0749
720	1,2287	948,7	2,0967	1,1672	948,7	2,0910	1,1115	948,7	2,0856	1,0609	948,6	2,0805
730	1,2411	954,2	2,1022	1,1790	954,2	2,0965	1,1228	954,1	2,0911	1,0717	954,1	2,0859
740	1,2535	959,7	2,1076	1,1908	959,7	2,1019	1,1340	959,6	2,0965	1,0824	959,6	2,0914
750	1,2660	965,2	2,1130	1,2026	965,1	2,1073	1,1453	965,1	2,1019	1,0932	965,1	2,0968
760	1,2784	970,7	2,1184	1,2144	970,7	2,1127	1,1565	970,6	2,1073	1,1039	970,6	2,1021
770	1,2908	976,2	2,1237	1,2262	976,2	2,1180	1,1678	976,2	2,1126	1,1146	976,1	2,1075
780	1,3032	981,8	2,1290	1,2380	981,7	2,1233	1,1790	981,7	2,1179	1,1254	981,7	2,1128
790	1,3156	987,3	2,1342	1,2498	987,3	2,1285	1,1902	987,3	2,1232	1,1361	987,2	2,1180
800	1,3281	992,9	2,1394	1,2616	992,9	2,1338	1,2015	992,8	2,1284	1,1468	992,8	2,1232

1 at $= 0,980665$ bar   1 kcal $= 4,1868$ kJ

Tafel 3. Wasser und überhitzter Dampf (Fortsetzung)   Water and superheated Steam (Continuation)

t	4,6 at $t_s = 148,008\,°C$			4,8 at $t_s = 149,585\,°C$			5,0 at $t_s = 151,11\,°C$			5,5 at $t_s = 154,71\,°C$		
	v'' 0,4128	h'' 655,2	s'' 1,6370	v'' 0,3966	h'' 655,6	s'' 1,6336	v'' 0,3816	h'' 656,0	s'' 1,6303	v'' 0,3490	h'' 657,0	s'' 1,6227
°C	v	h	s	v	h	s	v	h	s	v	h	s
0	0,0010000	0,1	0,0000	0,0010000	0,1	0,0000	0,0010000	0,1	0,0000	0,0010000	0,1	0,0000
10	0,0010000	10,1	0,0361	0,0010000	10,1	0,0361	0,0010000	10,1	0,0361	0,0010000	10,2	0,0361
20	0,0010015	20,1	0,0707	0,0010015	20,1	0,0707	0,0010015	20,1	0,0707	0,0010015	20,2	0,0707
30	0,0010041	30,1	0,1042	0,0010041	30,1	0,1042	0,0010041	30,1	0,1042	0,0010041	30,1	0,1042
40	0,0010076	40,1	0,1366	0,0010076	40,1	0,1366	0,0010076	40,1	0,1366	0,0010076	40,1	0,1366
50	0,0010119	50,1	0,1680	0,0010119	50,1	0,1680	0,0010119	50,1	0,1680	0,0010119	50,1	0,1680
60	0,0010169	60,1	0,1984	0,0010169	60,1	0,1984	0,0010169	60,1	0,1984	0,0010169	60,1	0,1984
70	0,0010227	70,1	0,2280	0,0010226	70,1	0,2280	0,0010226	70,1	0,2280	0,0010226	70,1	0,2280
80	0,0010290	80,1	0,2568	0,0010290	80,1	0,2568	0,0010290	80,1	0,2567	0,0010290	80,1	0,2567
90	0,0010360	90,1	0,2848	0,0010359	90,1	0,2848	0,0010359	90,1	0,2848	0,0010359	90,1	0,2848
100	0,0010435	100,2	0,3121	0,0010435	100,2	0,3121	0,0010435	100,2	0,3121	0,0010435	100,2	0,3121
110	0,0010517	110,2	0,3387	0,0010517	110,2	0,3387	0,0010517	110,2	0,3387	0,0010516	110,3	0,3387
120	0,0010605	120,4	0,3648	0,0010605	120,4	0,3648	0,0010605	120,4	0,3648	0,0010604	120,4	0,3648
130	0,0010699	130,5	0,3903	0,0010699	130,5	0,3903	0,0010699	130,5	0,3903	0,0010699	130,5	0,3903
140	0,0010800	140,7	0,4153	0,0010800	140,7	0,4153	0,0010800	140,7	0,4153	0,0010799	140,7	0,4153
150	0,4152	656,2	1,6396	0,3971	655,8	1,6341	0,0010908	151,0	0,4399	0,0010907	151,0	0,4398
160	0,4269	661,7	1,6523	0,4084	661,3	1,6469	0,3914	660,9	1,6417	0,3542	660,0	1,6295
170	0,4385	667,0	1,6644	0,4196	666,7	1,6591	0,4022	666,3	1,6540	0,3641	665,5	1,6420
180	0,4499	672,2	1,6761	0,4306	671,9	1,6709	0,4128	671,6	1,6659	0,3739	670,9	1,6541
190	0,4612	677,4	1,6875	0,4414	677,2	1,6823	0,4232	676,9	1,6773	0,3835	676,2	1,6657
200	0,4724	682,6	1,6984	0,4522	682,3	1,6933	0,4336	682,1	1,6884	0,3930	681,4	1,6769
210	0,4834	687,6	1,7090	0,4628	687,4	1,7040	0,4438	687,2	1,6991	0,4024	686,6	1,6877
220	0,4944	692,7	1,7194	0,4733	692,5	1,7144	0,4540	692,3	1,7095	0,4117	691,7	1,6982
230	0,5052	697,7	1,7294	0,4838	697,5	1,7245	0,4640	697,3	1,7197	0,4209	696,8	1,7084
240	0,5160	702,7	1,7392	0,4942	702,5	1,7343	0,4740	702,3	1,7295	0,4301	701,9	1,7184
250	0,5268	707,6	1,7488	0,5045	707,5	1,7439	0,4840	707,3	1,7392	0,4392	706,9	1,7281
260	0,5375	712,6	1,7582	0,5148	712,4	1,7533	0,4938	712,3	1,7486	0,4482	711,9	1,7375
270	0,5482	717,5	1,7674	0,5250	717,4	1,7625	0,5037	717,2	1,7578	0,4572	716,9	1,7468
280	0,5588	722,5	1,7764	0,5352	722,3	1,7715	0,5135	722,2	1,7668	0,4662	721,9	1,7559
290	0,5694	727,4	1,7852	0,5454	727,3	1,7803	0,5233	727,1	1,7757	0,4751	726,8	1,7648
300	0,5799	732,3	1,7938	0,5555	732,2	1,7890	0,5330	732,1	1,7843	0,4840	731,8	1,7735
310	0,5905	737,2	1,8023	0,5656	737,1	1,7975	0,5427	737,0	1,7929	0,4928	736,7	1,7820
320	0,6010	742,1	1,8107	0,5757	742,0	1,8059	0,5524	741,9	1,8013	0,5017	741,7	1,7904
330	0,6115	747,1	1,8189	0,5858	747,0	1,8141	0,5621	746,9	1,8095	0,5105	746,6	1,7987
340	0,6219	752,0	1,8270	0,5958	751,9	1,8222	0,5718	751,8	1,8176	0,5193	751,6	1,8068
350	0,6324	756,9	1,8350	0,6058	756,8	1,8302	0,5814	756,7	1,8256	0,5281	756,5	1,8149
360	0,6428	761,9	1,8429	0,6159	761,8	1,8381	0,5910	761,7	1,8335	0,5368	761,5	1,8227
370	0,6533	766,8	1,8506	0,6259	766,7	1,8459	0,6006	766,6	1,8413	0,5456	766,4	1,8305
380	0,6637	771,8	1,8583	0,6359	771,7	1,8535	0,6102	771,6	1,8489	0,5544	771,4	1,8382
390	0,6741	776,7	1,8658	0,6458	776,7	1,8611	0,6198	776,6	1,8565	0,5631	776,4	1,8458
400	0,6845	781,7	1,8733	0,6558	781,6	1,8685	0,6294	781,6	1,8639	0,5718	781,4	1,8532
410	0,6949	786,7	1,8806	0,6658	786,6	1,8759	0,6390	786,6	1,8713	0,5805	786,4	1,8606
420	0,7053	791,7	1,8879	0,6757	791,6	1,8832	0,6486	791,6	1,8786	0,5892	791,4	1,8679
430	0,7157	796,7	1,8951	0,6857	796,7	1,8903	0,6581	796,6	1,8858	0,5979	796,4	1,8751
440	0,7260	801,7	1,9022	0,6956	801,7	1,8975	0,6677	801,6	1,8929	0,6066	801,5	1,8822
450	0,7364	806,8	1,9092	0,7056	806,7	1,9045	0,6772	806,7	1,8999	0,6153	806,5	1,8893
460	0,7468	811,8	1,9162	0,7155	811,8	1,9114	0,6867	811,7	1,9069	0,6240	811,6	1,8962
470	0,7571	816,9	1,9230	0,7254	816,9	1,9183	0,6963	816,8	1,9137	0,6327	816,7	1,9031
480	0,7675	822,0	1,9298	0,7353	821,9	1,9251	0,7058	821,9	1,9205	0,6414	821,8	1,9099
490	0,7778	827,1	1,9366	0,7453	827,0	1,9318	0,7153	827,0	1,9273	0,6500	826,9	1,9166
500	0,7881	832,2	1,9432	0,7552	832,2	1,9385	0,7249	832,1	1,9339	0,6587	832,0	1,9233
510	0,7985	837,3	1,9498	0,7651	837,3	1,9451	0,7344	837,2	1,9405	0,6674	837,1	1,9299
520	0,8088	842,5	1,9563	0,7750	842,4	1,9516	0,7439	842,4	1,9471	0,6760	842,3	1,9364
530	0,8191	847,6	1,9628	0,7849	847,6	1,9581	0,7534	847,5	1,9535	0,6847	847,4	1,9429
540	0,8294	852,8	1,9692	0,7948	852,8	1,9645	0,7629	852,7	1,9599	0,6933	852,6	1,9493
550	0,8398	858,0	1,9755	0,8047	858,0	1,9708	0,7724	857,9	1,9663	0,7020	857,8	1,9557

Tafel 3. Wasser und überhitzter Dampf (Fortsetzung)   **Water and superheated Steam** (Continuation)

t	4,6 at $t_s = 148,008\,°C$			4,8 at $t_s = 149,585\,°C$			5,0 at $t_s = 151,11\,°C$			5,5 at $t_s = 154,71\,°C$		
	v'' 0,4128	h'' 655,2	s'' 1,6370	v'' 0,3966	h'' 655,6	s'' 1,6336	v'' 0,3816	h'' 656,0	s'' 1,6303	v'' 0,3490	h'' 657,0	s'' 1,6227
°C	v	h	s	v	h	s	v	h	s	v	h	s
550	0,8398	858,0	1,9755	0,8047	858,0	1,9708	0,7724	857,9	1,9663	0,7020	857,8	1,9557
560	0,8501	863,2	1,9818	0,8146	863,2	1,9771	0,7819	863,1	1,9726	0,7106	863,0	1,9620
570	0,8604	868,4	1,9881	0,8244	868,4	1,9833	0,7914	868,3	1,9788	0,7192	868,2	1,9682
580	0,8707	873,7	1,9942	0,8343	873,6	1,9895	0,8009	873,6	1,9850	0,7279	873,5	1,9744
590	0,8810	878,9	2,0004	0,8442	878,9	1,9956	0,8104	878,8	1,9911	0,7365	878,7	1,9805
600	0,8913	884,2	2,0064	0,8541	884,1	2,0017	0,8198	884,1	1,9972	0,7451	884,0	1,9866
610	0,9016	889,5	2,0124	0,8640	889,4	2,0077	0,8293	889,4	2,0032	0,7538	889,3	1,9926
620	0,9119	894,8	2,0184	0,8738	894,7	2,0137	0,8388	894,7	2,0091	0,7624	894,6	1,9986
630	0,9222	900,1	2,0243	0,8837	900,0	2,0196	0,8483	900,0	2,0151	0,7710	899,9	2,0045
640	0,9325	905,4	2,0302	0,8936	905,4	2,0255	0,8578	905,3	2,0209	0,7796	905,3	2,0104
650	0,9428	910,8	2,0360	0,9034	910,7	2,0313	0,8672	910,7	2,0268	0,7882	910,6	2,0162
660	0,9531	916,1	2,0418	0,9133	916,1	2,0371	0,8767	916,1	2,0325	0,7969	916,0	2,0220
670	0,9634	921,5	2,0475	0,9232	921,5	2,0428	0,8862	921,4	2,0383	0,8055	921,4	2,0277
680	0,9736	926,9	2,0532	0,9330	926,9	2,0485	0,8956	926,8	2,0440	0,8141	926,8	2,0334
690	0,9839	932,3	2,0589	0,9429	932,3	2,0541	0,9051	932,2	2,0496	0,8227	932,2	2,0390
700	0,9942	937,7	2,0645	0,9527	937,7	2,0597	0,9146	937,7	2,0552	0,8313	937,6	2,0447
710	1,0045	943,2	2,0700	0,9626	943,1	2,0653	0,9240	943,1	2,0608	0,8399	943,0	2,0502
720	1,0148	948,6	2,0755	0,9724	948,6	2,0708	0,9335	948,6	2,0663	0,8485	948,5	2,0557
730	1,0250	954,1	2,0810	0,9823	954,1	2,0763	0,9429	954,0	2,0718	0,8571	954,0	2,0612
740	1,0353	959,6	2,0865	0,9921	959,5	2,0817	0,9524	959,5	2,0772	0,8657	959,5	2,0667
750	1,0456	965,1	2,0919	1,0020	965,0	2,0871	0,9618	965,0	2,0826	0,8743	965,0	2,0721
760	1,0559	970,6	2,0972	1,0118	970,6	2,0925	0,9713	970,5	2,0880	0,8829	970,5	2,0774
770	1,0661	976,1	2,1025	1,0217	976,1	2,0978	0,9807	976,1	2,0933	0,8915	976,0	2,0828
780	1,0764	981,7	2,1078	1,0315	981,6	2,1031	0,9902	981,6	2,0986	0,9001	981,6	2,0881
790	1,0867	987,2	2,1131	1,0413	987,2	2,1084	0,9996	987,2	2,1039	0,9087	987,1	2,0933
800	1,0969	992,8	2,1183	1,0512	992,8	2,1136	1,0091	992,8	2,1091	0,9173	992,7	2,0985

1 at = 0,980665 bar   1 kcal = 4,1868 kJ

Tafel 3. Wasser und überhitzter Dampf (Fortsetzung)   **Water and superheated Steam** (Continuation)

t	6,0 at $t_s = 158{,}08\,°C$			6,5 at $t_s = 161{,}21\,°C$			7,0 at $t_s = 164{,}17\,°C$			7,5 at $t_s = 166{,}96\,°C$		
	v''	h''	s''	v''	h''	s''	v''	h''	s''	v''	h''	s''
	0,3213	657,9	1,6156	0,2980	658,8	1,6092	0,2778	659,5	1,6031	0,2603	660,2	1,5975
°C	v	h	s	v	h	s	v	h	s	v	h	s
0	0,0009999	0,1	0,0000	0,0009999	0,1	0,0000	0,0009999	0,2	0,0000	0,0009999	0,2	0,0000
10	0,0010000	10,2	0,0361	0,0010000	10,2	0,0361	0,0009999	10,2	0,0360	0,0009999	10,2	0,0360
20	0,0010015	20,2	0,0707	0,0010014	20,2	0,0707	0,0010014	20,2	0,0707	0,0010014	20,2	0,0707
30	0,0010040	30,1	0,1042	0,0010040	30,2	0,1042	0,0010040	30,2	0,1042	0,0010040	30,2	0,1042
40	0,0010076	40,1	0,1366	0,0010075	40,1	0,1366	0,0010075	40,1	0,1366	0,0010075	40,1	0,1366
50	0,0010119	50,1	0,1680	0,0010118	50,1	0,1680	0,0010118	50,1	0,1680	0,0010118	50,1	0,1679
60	0,0010169	60,1	0,1984	0,0010169	60,1	0,1984	0,0010168	60,1	0,1984	0,0010168	60,1	0,1984
70	0,0010226	70,1	0,2280	0,0010226	70,1	0,2280	0,0010225	70,1	0,2280	0,0010225	70,1	0,2280
80	0,0010289	80,1	0,2567	0,0010289	80,1	0,2567	0,0010289	80,1	0,2567	0,0010289	80,1	0,2567
90	0,0010359	90,1	0,2847	0,0010359	90,1	0,2847	0,0010358	90,1	0,2847	0,0010358	90,2	0,2847
100	0,0010435	100,2	0,3120	0,0010434	100,2	0,3120	0,0010434	100,2	0,3120	0,0010434	100,2	0,3120
110	0,0010516	110,3	0,3387	0,0010516	110,3	0,3387	0,0010516	110,3	0,3387	0,0010515	110,3	0,3387
120	0,0010604	120,4	0,3648	0,0010604	120,4	0,3648	0,0010603	120,4	0,3648	0,0010603	120,4	0,3647
130	0,0010698	130,5	0,3903	0,0010698	130,5	0,3903	0,0010698	130,6	0,3903	0,0010697	130,6	0,3903
140	0,0010799	140,7	0,4153	0,0010799	140,7	0,4153	0,0010798	140,8	0,4153	0,0010798	140,8	0,4153
150	0,0010907	151,0	0,4398	0,0010907	151,0	0,4398	0,0010906	151,0	0,4398	0,0010906	151,0	0,4398
160	0,3232	659,0	1,6181	0,0011022	161,3	0,4639	0,0011022	161,3	0,4639	0,0011021	161,4	0,4639
170	0,3324	664,6	1,6309	0,3056	663,7	1,6205	0,2825	662,9	1,6107	0,2625	662,0	1,6015
180	0,3415	670,1	1,6431	0,3141	669,3	1,6329	0,2905	668,5	1,6234	0,2701	667,7	1,6144
190	0,3504	675,5	1,6549	0,3224	674,8	1,6449	0,2984	674,1	1,6355	0,2775	673,3	1,6266
200	0,3592	680,8	1,6662	0,3306	680,2	1,6564	0,3061	679,5	1,6471	0,2848	678,9	1,6384
210	0,3679	686,0	1,6772	0,3387	685,5	1,6674	0,3137	684,9	1,6583	0,2920	684,3	1,6497
220	0,3765	691,2	1,6878	0,3467	690,7	1,6782	0,3212	690,2	1,6691	0,2990	689,6	1,6607
230	0,3850	696,4	1,6981	0,3546	695,9	1,6885	0,3286	695,4	1,6796	0,3060	694,9	1,6713
240	0,3935	701,4	1,7081	0,3625	701,0	1,6986	0,3359	700,5	1,6898	0,3129	700,1	1,6815
250	0,4018	706,5	1,7179	0,3703	706,1	1,7085	0,3432	705,7	1,6997	0,3197	705,3	1,6915
260	0,4102	711,5	1,7274	0,3780	711,1	1,7181	0,3504	710,8	1,7093	0,3265	710,4	1,7012
270	0,4185	716,5	1,7367	0,3857	716,2	1,7274	0,3576	715,8	1,7187	0,3332	715,5	1,7106
280	0,4267	721,5	1,7458	0,3933	721,2	1,7366	0,3647	720,9	1,7279	0,3399	720,5	1,7199
290	0,4349	726,5	1,7548	0,4009	726,2	1,7455	0,3718	725,9	1,7369	0,3465	725,6	1,7289
300	0,4431	731,5	1,7635	0,4085	731,2	1,7543	0,3788	730,9	1,7458	0,3531	730,6	1,7378
310	0,4512	736,4	1,7721	0,4160	736,2	1,7629	0,3859	735,9	1,7544	0,3597	735,6	1,7464
320	0,4594	741,4	1,7805	0,4236	741,1	1,7714	0,3929	740,9	1,7629	0,3663	740,6	1,7550
330	0,4675	746,4	1,7888	0,4311	746,1	1,7797	0,3999	745,9	1,7712	0,3728	745,6	1,7633
340	0,4756	751,3	1,7970	0,4386	751,1	1,7879	0,4069	750,9	1,7794	0,3794	750,6	1,7715
350	0,4836	756,3	1,8050	0,4460	756,1	1,7959	0,4138	755,8	1,7875	0,3859	755,6	1,7796
360	0,4917	761,3	1,8129	0,4535	761,0	1,8038	0,4207	760,8	1,7954	0,3924	760,6	1,7876
370	0,4997	766,2	1,8207	0,4609	766,0	1,8117	0,4277	765,8	1,8033	0,3988	765,6	1,7954
380	0,5078	771,2	1,8284	0,4684	771,0	1,8194	0,4346	770,8	1,8110	0,4053	770,6	1,8031
390	0,5158	776,2	1,8360	0,4758	776,0	1,8269	0,4415	775,8	1,8186	0,4118	775,6	1,8108
400	0,5238	781,2	1,8435	0,4832	781,0	1,8344	0,4484	780,8	1,8261	0,4182	780,7	1,8183
410	0,5318	786,2	1,8508	0,4906	786,0	1,8418	0,4553	785,9	1,8335	0,4247	785,7	1,8257
420	0,5398	791,2	1,8581	0,4980	791,1	1,8491	0,4621	790,9	1,8408	0,4311	790,7	1,8330
430	0,5478	796,3	1,8653	0,5054	796,1	1,8564	0,4690	795,9	1,8480	0,4375	795,8	1,8402
440	0,5558	801,3	1,8725	0,5128	801,2	1,8635	0,4759	801,0	1,8552	0,4439	800,8	1,8474
450	0,5638	806,4	1,8795	0,5201	806,2	1,8705	0,4827	806,1	1,8622	0,4503	805,9	1,8545
460	0,5717	811,4	1,8865	0,5275	811,3	1,8775	0,4896	811,1	1,8692	0,4567	811,0	1,8614
470	0,5797	816,5	1,8934	0,5349	816,4	1,8844	0,4964	816,2	1,8761	0,4631	816,1	1,8683
480	0,5877	821,6	1,9002	0,5422	821,5	1,8912	0,5033	821,3	1,8829	0,4695	821,2	1,8752
490	0,5956	826,7	1,9069	0,5496	826,6	1,8980	0,5101	826,5	1,8897	0,4759	826,3	1,8819
500	0,6036	831,9	1,9136	0,5569	831,7	1,9046	0,5169	831,6	1,8963	0,4823	831,5	1,8886
510	0,6115	837,0	1,9202	0,5643	836,9	1,9112	0,5238	836,7	1,9030	0,4887	836,6	1,8952
520	0,6195	842,1	1,9267	0,5716	842,0	1,9178	0,5306	841,9	1,9095	0,4950	841,8	1,9018
530	0,6274	847,3	1,9332	0,5789	847,2	1,9243	0,5374	847,1	1,9160	0,5014	847,0	1,9083
540	0,6353	852,5	1,9396	0,5863	852,4	1,9307	0,5442	852,3	1,9224	0,5078	852,2	1,9147
550	0,6433	857,7	1,9460	0,5936	857,6	1,9370	0,5510	857,5	1,9288	0,5141	857,4	1,9211

Tafel 3. Wasser und überhitzter Dampf (Fortsetzung) **Water and superheated Steam** (Continuation)

t	6,0 at $t_s = 158,08\,°C$			6,5 at $t_s = 161,21\,°C$			7,0 at $t_s = 164,17\,°C$			7,5 at $t_s = 166,96\,°C$		
	v''	h''	s''	v''	h''	s''	v''	h''	s''	v''	h''	s''
	0,3213	657,9	1,6156	0,2980	658,8	1,6092	0,2778	659,5	1,6031	0,2603	660,2	1,5975
°C	v	h	s	v	h	s	v	h	s	v	h	s
550	0,6433	857,7	1,9460	0,5936	857,6	1,9370	0,5510	857,5	1,9288	0,5141	857,4	1,9211
560	0,6512	862,9	1,9523	0,6009	862,8	1,9433	0,5578	862,7	1,9351	0,5205	862,6	1,9274
570	0,6591	868,1	1,9585	0,6082	868,0	1,9496	0,5646	867,9	1,9413	0,5268	867,8	1,9336
580	0,6670	873,4	1,9647	0,6156	873,3	1,9558	0,5714	873,2	1,9475	0,5332	873,1	1,9398
590	0,6750	878,6	1,9708	0,6229	878,5	1,9619	0,5782	878,4	1,9537	0,5396	878,3	1,9460
600	0,6829	883,9	1,9769	0,6302	883,8	1,9680	0,5850	883,7	1,9597	0,5459	883,6	1,9521
610	0,6908	889,2	1,9829	0,6375	889,1	1,9740	0,5918	889,0	1,9658	0,5522	888,9	1,9581
620	0,6987	894,5	1,9889	0,6448	894,4	1,9800	0,5986	894,3	1,9717	0,5586	894,2	1,9641
630	0,7066	899,8	1,9948	0,6521	899,7	1,9859	0,6054	899,7	1,9777	0,5649	899,6	1,9700
640	0,7145	905,2	2,0007	0,6594	905,1	1,9918	0,6122	905,0	1,9836	0,5713	904,9	1,9759
650	0,7224	910,5	2,0065	0,6667	910,4	1,9976	0,6190	910,4	1,9894	0,5776	910,3	1,9817
660	0,7303	915,9	2,0123	0,6740	915,8	2,0034	0,6258	915,7	1,9952	0,5839	915,7	1,9875
670	0,7382	921,3	2,0181	0,6813	921,2	2,0092	0,6325	921,1	2,0009	0,5903	921,0	1,9933
680	0,7461	926,7	2,0237	0,6886	926,6	2,0149	0,6393	926,5	2,0066	0,5966	926,4	1,9990
690	0,7540	932,1	2,0294	0,6959	932,0	2,0205	0,6461	931,9	2,0123	0,6029	931,9	2,0046
700	0,7619	937,5	2,0350	0,7032	937,4	2,0261	0,6529	937,4	2,0179	0,6092	937,3	2,0102
710	0,7698	943,0	2,0406	0,7105	942,9	2,0317	0,6596	942,8	2,0235	0,6156	942,8	2,0158
720	0,7777	948,4	2,0461	0,7178	948,4	2,0372	0,6664	948,3	2,0290	0,6219	948,2	2,0213
730	0,7856	953,9	2,0516	0,7250	953,8	2,0427	0,6732	953,8	2,0345	0,6282	953,7	2,0268
740	0,7935	959,4	2,0570	0,7323	959,3	2,0482	0,6799	959,3	2,0399	0,6345	959,2	2,0323
750	0,8013	964,9	2,0624	0,7396	964,8	2,0536	0,6867	964,8	2,0453	0,6408	964,7	2,0377
760	0,8092	970,4	2,0678	0,7469	970,4	2,0589	0,6935	970,3	2,0507	0,6472	970,2	2,0431
770	0,8171	976,0	2,0731	0,7542	975,9	2,0643	0,7002	975,8	2,0561	0,6535	975,8	2,0484
780	0,8250	981,5	2,0784	0,7614	981,4	2,0696	0,7070	981,4	2,0613	0,6598	981,3	2,0537
790	0,8329	987,1	2,0837	0,7687	987,0	2,0748	0,7137	987,0	2,0666	0,6661	986,9	2,0590
800	0,8407	992,6	2,0889	0,7760	992,6	2,0800	0,7205	992,5	2,0718	0,6724	992,5	2,0642

1 at = 0,980665 bar   1 kcal = 4,1868 kJ

Tafel 3. Wasser und überhitzter Dampf (Fortsetzung) Water and superheated Steam (Continuation)

t	8,0 at $t_s = 169{,}61\,°C$			8,5 at $t_s = 172{,}12\,°C$			9,0 at $t_s = 174{,}53\,°C$			9,5 at $t_s = 176{,}83\,°C$		
	v''	h''	s''	v''	h''	s''	v''	h''	s''	v''	h''	s''
	0,2448	660,8	1,5922	0,2311	661,4	1,5873	0,2188	661,9	1,5826	0,2079	662,4	1,5782
°C	v	h	s	v	h	s	v	h	s	v	h	s
0	0,0009998	0,2	0,0000	0,0009998	0,2	0,0000	0,0009998	0,2	0,0000	0,0009998	0,2	0,0000
10	0,0009999	10,2	0,0360	0,0009999	10,2	0,0360	0,0009998	10,2	0,0360	0,0009998	10,2	0,0360
20	0,0010014	20,2	0,0707	0,0010013	20,2	0,0707	0,0010013	20,2	0,0707	0,0010013	20,2	0,0707
30	0,0010040	30,2	0,1042	0,0010039	30,2	0,1042	0,0010039	30,2	0,1042	0,0010039	30,2	0,1042
40	0,0010075	40,2	0,1366	0,0010074	40,2	0,1366	0,0010074	40,2	0,1366	0,0010074	40,2	0,1366
50	0,0010118	50,1	0,1679	0,0010117	50,1	0,1679	0,0010117	50,2	0,1679	0,0010117	50,2	0,1679
60	0,0010168	60,1	0,1984	0,0010168	60,1	0,1984	0,0010168	60,1	0,1984	0,0010167	60,2	0,1984
70	0,0010225	70,1	0,2279	0,0010225	70,1	0,2279	0,0010225	70,1	0,2279	0,0010224	70,2	0,2279
80	0,0010288	80,1	0,2567	0,0010288	80,1	0,2567	0,0010288	80,2	0,2567	0,0010288	80,2	0,2567
90	0,0010358	90,2	0,2847	0,0010358	90,2	0,2847	0,0010357	90,2	0,2847	0,0010357	90,2	0,2847
100	0,0010433	100,2	0,3120	0,0010433	100,2	0,3120	0,0010433	100,2	0,3120	0,0010433	100,2	0,3120
110	0,0010515	110,3	0,3387	0,0010515	110,3	0,3387	0,0010515	110,3	0,3387	0,0010514	110,3	0,3386
120	0,0010603	120,4	0,3647	0,0010603	120,4	0,3647	0,0010602	120,4	0,3647	0,0010602	120,4	0,3647
130	0,0010697	130,6	0,3902	0,0010697	130,6	0,3902	0,0010696	130,6	0,3902	0,0010696	130,6	0,3902
140	0,0010798	140,8	0,4152	0,0010798	140,8	0,4152	0,0010797	140,8	0,4152	0,0010797	140,8	0,4152
150	0,0010906	151,0	0,4398	0,0010905	151,0	0,4398	0,0010905	151,0	0,4398	0,0010905	151,1	0,4397
160	0,0011021	161,4	0,4639	0,0011021	161,4	0,4639	0,0011020	161,4	0,4639	0,0011020	161,4	0,4639
170	0,2450	661,0	1,5927	0,0011144	171,8	0,4876	0,0011144	171,8	0,4876	0,0011143	171,8	0,4876
180	0,2523	666,9	1,6058	0,2365	666,1	1,5977	0,2224	665,2	1,5899	0,2099	664,4	1,5824
190	0,2593	672,6	1,6183	0,2432	671,9	1,6103	0,2289	671,1	1,6027	0,2160	670,3	1,5954
200	0,2662	678,2	1,6302	0,2498	677,5	1,6224	0,2351	676,8	1,6150	0,2220	676,1	1,6078
210	0,2730	683,7	1,6417	0,2562	683,1	1,6340	0,2413	682,4	1,6267	0,2279	681,8	1,6197
220	0,2796	689,1	1,6527	0,2625	688,5	1,6451	0,2473	687,9	1,6380	0,2337	687,4	1,6311
230	0,2862	694,4	1,6634	0,2688	693,9	1,6559	0,2533	693,4	1,6488	0,2394	692,8	1,6421
240	0,2927	699,6	1,6737	0,2749	699,2	1,6663	0,2591	698,7	1,6593	0,2450	698,2	1,6527
250	0,2992	704,8	1,6838	0,2810	704,4	1,6764	0,2649	704,0	1,6695	0,2505	703,5	1,6629
260	0,3056	710,0	1,6935	0,2871	709,6	1,6863	0,2707	709,2	1,6794	0,2560	708,8	1,6729
270	0,3119	715,1	1,7030	0,2931	714,7	1,6958	0,2764	714,4	1,6890	0,2614	714,0	1,6826
280	0,3182	720,2	1,7123	0,2990	719,9	1,7052	0,2820	719,5	1,6984	0,2668	719,2	1,6920
290	0,3244	725,3	1,7214	0,3049	724,9	1,7143	0,2876	724,6	1,7076	0,2721	724,3	1,7012
300	0,3307	730,3	1,7303	0,3108	730,0	1,7232	0,2932	729,7	1,7165	0,2774	729,4	1,7102
310	0,3369	735,3	1,7390	0,3167	735,1	1,7319	0,2987	734,8	1,7253	0,2827	734,5	1,7190
320	0,3430	740,4	1,7475	0,3225	740,1	1,7405	0,3043	739,8	1,7339	0,2879	739,6	1,7276
330	0,3492	745,4	1,7559	0,3283	745,1	1,7489	0,3098	744,9	1,7423	0,2931	744,6	1,7360
340	0,3553	750,4	1,7641	0,3341	750,2	1,7572	0,3152	749,9	1,7506	0,2984	749,7	1,7443
350	0,3614	755,4	1,7722	0,3399	755,2	1,7653	0,3207	754,9	1,7587	0,3035	754,7	1,7525
360	0,3675	760,4	1,7802	0,3456	760,2	1,7733	0,3261	760,0	1,7667	0,3087	759,8	1,7605
370	0,3736	765,4	1,7881	0,3514	765,2	1,7812	0,3316	765,0	1,7746	0,3139	764,8	1,7684
380	0,3797	770,4	1,7958	0,3571	770,2	1,7889	0,3370	770,0	1,7824	0,3190	769,8	1,7762
390	0,3858	775,5	1,8034	0,3628	775,3	1,7966	0,3424	775,1	1,7900	0,3242	774,9	1,7839
400	0,3918	780,5	1,8110	0,3685	780,3	1,8041	0,3478	780,1	1,7976	0,3293	779,9	1,7914
410	0,3979	785,5	1,8184	0,3742	785,3	1,8115	0,3532	785,2	1,8050	0,3344	785,0	1,7989
420	0,4039	790,6	1,8257	0,3799	790,4	1,8189	0,3586	790,2	1,8124	0,3395	790,1	1,8063
430	0,4099	795,6	1,8330	0,3856	795,5	1,8261	0,3640	795,3	1,8196	0,3446	795,1	1,8135
440	0,4159	800,7	1,8401	0,3913	800,5	1,8333	0,3693	800,4	1,8268	0,3497	800,2	1,8207
450	0,4220	805,8	1,8472	0,3969	805,6	1,8404	0,3747	805,5	1,8339	0,3548	805,3	1,8278
460	0,4280	810,9	1,8542	0,4026	810,7	1,8474	0,3801	810,6	1,8409	0,3599	810,4	1,8348
470	0,4340	816,0	1,8611	0,4083	815,8	1,8543	0,3854	815,7	1,8478	0,3650	815,5	1,8417
480	0,4400	821,1	1,8679	0,4139	820,9	1,8611	0,3908	820,8	1,8547	0,3700	820,7	1,8486
490	0,4460	826,2	1,8747	0,4196	826,1	1,8679	0,3961	825,9	1,8615	0,3751	825,8	1,8554
500	0,4520	831,3	1,8814	0,4252	831,2	1,8746	0,4014	831,1	1,8682	0,3802	831,0	1,8621
510	0,4579	836,5	1,8880	9,4308	836,4	1,8812	0,4068	836,2	1,8748	0,3852	836,1	1,8687
520	0,4639	841,7	1,8946	0,4365	841,5	1,8878	0,4121	841,4	1,8814	0,3903	841,3	1,8753
530	0,4699	846,8	1,9011	0,4421	846,7	1,8943	0,4174	846,6	1,8879	0,3953	846,5	1,8818
540	0,4759	852,0	1,9075	0,4477	851,9	1,9007	0,4227	851,8	1,8943	0,4004	851,7	1,8882
550	0,4819	857,3	1,9139	0,4534	857,1	1,9071	0,4280	857,0	1,9007	0,4054	856,9	1,8946

Tafel 3. Wasser und überhitzter Dampf (Fortsetzung)   **Water and superheated Steam** (Continuation)

t	8,0 at $t_s = 169,61\,°C$			8,5 at $t_s = 172,12\,°C$			9,0 at $t_s = 174,53\,°C$			9,5 at $t_s = 176,83\,°C$		
	v''	h''	s''	v''	h''	s''	v''	h''	s''	v''	h''	s''
	0,2448	660,8	1,5922	0,2311	661,4	1,5873	0,2188	661,9	1,5826	0,2079	662,4	1,5782
°C	v	h	s	v	h	s	v	h	s	v	h	s
550	0,4819	857,3	1,9139	0,4534	857,1	1,9071	0,4280	857,0	1,9007	0,4054	856,9	1,8946
560	0,4878	862,5	1,9202	0,4590	862,4	1,9134	0,4334	862,3	1,9070	0,4104	862,2	1,9009
570	0,4938	867,7	1,9264	0,4646	867,6	1,9196	0,4387	867,5	1,9133	0,4155	867,4	1,9072
580	0,4997	873,0	1,9326	0,4702	872,9	1,9258	0,4440	872,8	1,9195	0,4205	872,7	1,9134
590	0,5057	878,2	1,9388	0,4758	878,1	1,9320	0,4493	878,1	1,9256	0,4255	878,0	1,9196
600	0,5117	883,5	1,9449	0,4814	883,4	1,9381	0,4546	883,3	1,9317	0,4306	883,2	1,9257
610	0,5176	888,8	1,9509	0,4870	888,7	1,9441	0,4599	888,6	1,9377	0,4356	888,6	1,9317
620	0,5236	894,2	1,9569	0,4927	894,1	1,9501	0,4652	894,0	1,9437	0,4406	893,9	1,9377
630	0,5295	899,5	1,9628	0,4983	899,4	1,9561	0,4705	899,3	1,9497	0,4456	899,2	1,9436
640	0,5355	904,8	1,9687	0,5039	904,7	1,9619	0,4758	904,7	1,9556	0,4506	904,6	1,9495
650	0,5414	910,2	1,9745	0,5094	910,1	1,9678	0,4811	910,0	1,9614	0,4556	909,9	1,9554
660	0,5473	915,6	1,9803	0,5150	915,5	1,9736	0,4863	915,4	1,9672	0,4607	915,3	1,9612
670	0,5533	921,0	1,9861	0,5206	920,9	1,9793	0,4916	920,8	1,9730	0,4657	920,7	1,9669
680	0,5592	926,4	1,9918	0,5262	926,3	1,9850	0,4969	926,2	1,9787	0,4707	926,1	1,9727
690	0,5651	931,8	1,9974	0,5318	931,7	1,9907	0,5022	931,6	1,9843	0,4757	931,6	1,9783
700	0,5711	937,2	2,0031	0,5374	937,2	1,9963	0,5075	937,1	1,9900	0,4807	937,0	1,9839
710	0,5770	942,7	2,0086	0,5430	942,6	2,0019	0,5127	942,5	1,9955	0,4857	942,5	1,9895
720	0,5829	948,2	2,0142	0,5486	948,1	2,0074	0,5180	948,0	2,0011	0,4907	947,9	1,9951
730	0,5889	953,6	2,0197	0,5542	953,6	2,0129	0,5233	953,5	2,0066	0,4957	953,4	2,0006
740	0,5948	959,1	2,0251	0,5597	959,1	2,0184	0,5286	959,0	2,0120	0,5007	958,9	2,0060
750	0,6007	964,6	2,0305	0,5653	964,6	2,0238	0,5338	964,5	2,0174	0,5057	964,5	2,0114
760	0,6066	970,2	2,0359	0,5709	970,1	2,0292	0,5391	970,0	2,0228	0,5107	970,0	2,0168
770	0,6126	975,7	2,0412	0,5765	975,7	2,0345	0,5444	975,6	2,0282	0,5157	975,5	2,0222
780	0,6185	981,3	2,0465	0,5820	981,2	2,0398	0,5496	981,2	2,0335	0,5207	981,1	2,0275
790	0,6244	986,8	2,0518	0,5876	986,8	2,0451	0,5549	986,7	2,0387	0,5257	986,7	2,0327
800	0,6303	992,4	2,0570	0,5932	992,4	2,0503	0,5602	992,3	2,0440	0,5306	992,3	2,0380

1 at = 0,980665 bar   1 kcal = 4,1868 kJ

Tafel 3. Wasser und überhitzter Dampf (Fortsetzung)   **Water and superheated Steam** (Continuation)

t	10,0 at $t_s = 179,04$ °C			10,5 at $t_s = 181,16$ °C			11,0 at $t_s = 183,20$ °C			11,5 at $t_s = 185,18$ °C		
	v''	h''	s''	v''	h''	s''	v''	h''	s''	v''	h''	s''
	0,1979	662,9	1,5739	0,1889	663,3	1,5699	0,1807	663,7	1,5660	0,1732	664,1	1,5623
°C	v	h	s	v	h	s	v	h	s	v	h	s
0	0,0009997	0,2	0,0000	0,0009997	0,2	0,0000	0,0009997	0,3	0,0000	0,0009997	0,3	0,0000
10	0,0009998	10,3	0,0360	0,0009998	10,3	0,0360	0,0009997	10,3	0,0360	0,0009997	10,3	0,0360
20	0,0010013	20,2	0,0707	0,0010013	20,3	0,0707	0,0010012	20,3	0,0707	0,0010012	20,3	0,0707
30	0,0010039	30,2	0,1042	0,0010039	30,2	0,1042	0,0010038	30,2	0,1042	0,0010038	30,3	0,1042
40	0,0010074	40,2	0,1366	0,0010074	40,2	0,1366	0,0010073	40,2	0,1365	0,0010073	40,2	0,1365
50	0,0010117	50,2	0,1679	0,0010117	50,2	0,1679	0,0010116	50,2	0,1679	0,0010116	50,2	0,1679
60	0,0010167	60,2	0,1984	0,0010167	60,2	0,1983	0,0010167	60,2	0,1983	0,0010166	60,2	0,1983
70	0,0010224	70,2	0,2279	0,0010224	70,2	0,2279	0,0010224	70,2	0,2279	0,0010223	70,2	0,2279
80	0,0010287	80,2	0,2567	0,0010287	80,2	0,2567	0,0010287	80,2	0,2567	0,0010287	80,2	0,2566
90	0,0010357	90,2	0,2847	0,0010357	90,2	0,2847	0,0010356	90,2	0,2847	0,0010356	90,2	0,2846
100	0,0010432	100,2	0,3120	0,0010432	100,3	0,3120	0,0010432	100,3	0,3120	0,0010432	100,3	0,3119
110	0,0010514	110,3	0,3386	0,0010514	110,3	0,3386	0,0010514	110,3	0,3386	0,0010513	110,4	0,3386
120	0,0010602	120,4	0,3647	0,0010601	120,5	0,3647	0,0010601	120,5	0,3647	0,0010601	120,5	0,3647
130	0,0010696	130,6	0,3902	0,0010696	130,6	0,3902	0,0010695	130,6	0,3902	0,0010695	130,6	0,3902
140	0,0010797	140,8	0,4152	0,0010796	140,8	0,4152	0,0010796	140,8	0,4152	0,0010796	140,8	0,4152
150	0,0010904	151,1	0,4397	0,0010904	151,1	0,4397	0,0010904	151,1	0,4397	0,0010903	151,1	0,4397
160	0,0011020	161,4	0,4638	0,0011019	161,4	0,4638	0,0011019	161,4	0,4638	0,0011019	161,4	0,4638
170	0,0011143	171,8	0,4876	0,0011143	171,8	0,4876	0,0011142	171,8	0,4875	0,0011142	171,8	0,4875
180	0,1985	663,5	1,5752	0,0011275	182,3	0,5110	0,0011275	182,3	0,5109	0,0011274	182,3	0,5109
190	0,2045	669,6	1,5884	0,1940	668,8	1,5817	0,1845	668,0	1,5752	0,1758	667,2	1,5689
200	0,2103	675,4	1,6010	0,1996	674,7	1,5944	0,1899	674,0	1,5881	0,1810	673,3	1,5820
210	0,2159	681,2	1,6130	0,2050	680,6	1,6066	0,1951	679,9	1,6004	0,1861	679,3	1,5945
220	0,2214	686,8	1,6245	0,2103	686,2	1,6183	0,2002	685,6	1,6122	0,1910	685,1	1,6064
230	0,2269	692,3	1,6356	0,2156	691,8	1,6294	0,2053	691,3	1,6235	0,1959	690,7	1,6178
240	0,2322	697,8	1,6463	0,2207	697,3	1,6402	0,2102	696,8	1,6343	0,2006	696,3	1,6287
250	0,2375	703,1	1,6566	0,2258	702,7	1,6506	0,2151	702,2	1,6448	0,2053	701,8	1,6393
260	0,2427	708,4	1,6666	0,2308	708,0	1,6607	0,2199	707,6	1,6550	0,2100	707,2	1,6495
270	0,2479	713,6	1,6764	0,2357	713,3	1,6705	0,2246	712,9	1,6648	0,2145	712,5	1,6594
280	0,2530	718,8	1,6859	0,2406	718,5	1,6800	0,2294	718,1	1,6744	0,2191	717,8	1,6690
290	0,2581	724,0	1,6951	0,2455	723,7	1,6893	0,2340	723,3	1,6837	0,2235	723,0	1,6784
300	0,2632	729,1	1,7041	0,2503	728,8	1,6983	0,2387	728,5	1,6928	0,2280	728,2	1,6875
310	0,2682	734,2	1,7129	0,2551	733,9	1,7072	0,2433	733,6	1,7017	0,2324	733,4	1,6965
320	0,2732	739,3	1,7216	0,2599	739,0	1,7159	0,2478	738,8	1,7104	0,2368	738,5	1,7052
330	0,2782	744,4	1,7301	0,2647	744,1	1,7244	0,2524	743,9	1,7190	0,2412	743,6	1,7137
340	0,2832	749,4	1,7384	0,2694	749,2	1,7327	0,2569	749,0	1,7273	0,2455	748,7	1,7221
350	0,2881	754,5	1,7466	0,2741	754,3	1,7409	0,2614	754,0	1,7355	0,2498	753,8	1,7304
360	0,2930	759,5	1,7546	0,2788	759,3	1,7490	0,2659	759,1	1,7436	0,2542	758,9	1,7385
370	0,2979	764,6	1,7625	0,2835	764,4	1,7569	0,2704	764,2	1,7516	0,2585	764,0	1,7464
380	0,3028	769,6	1,7703	0,2882	769,5	1,7647	0,2749	769,3	1,7594	0,2627	769,1	1,7543
390	0,3077	774,7	1,7780	0,2929	774,5	1,7724	0,2794	774,3	1,7671	0,2670	774,1	1,7620
400	0,3126	779,8	1,7856	0,2975	779,6	1,7800	0,2838	779,4	1,7747	0,2713	779,2	1,7696
410	0,3175	784,8	1,7931	0,3022	784,7	1,7875	0,2883	784,5	1,7822	0,2755	784,3	1,7771
420	0,3223	789,9	1,8004	0,3068	789,7	1,7949	0,2927	789,6	1,7896	0,2798	789,4	1,7845
430	0,3272	795,0	1,8077	0,3114	794,8	1,8022	0,2971	794,7	1,7969	0,2840	794,5	1,7918
440	0,3320	800,1	1,8149	0,3161	799,9	1,8093	0,3015	799,8	1,8041	0,2883	799,6	1,7990
450	0,3369	805,2	1,8220	0,3207	805,0	1,8165	0,3059	804,9	1,8112	0,2925	804,7	1,8061
460	0,3417	810,3	1,8290	0,3253	810,1	1,8235	0,3104	810,0	1,8182	0,2967	809,8	1,8132
470	0,3465	815,4	1,8359	0,3299	815,3	1,8304	0,3148	815,1	1,8252	0,3009	815,0	1,8201
480	0,3514	820,5	1,8428	0,3345	820,4	1,8373	0,3191	820,3	1,8320	0,3051	820,1	1,8270
490	0,3562	825,7	1,8496	0,3391	825,5	1,8441	0,3235	825,4	1,8388	0,3093	825,3	1,8338
500	0,3610	830,8	1,8563	0,3437	830,7	1,8508	0,3279	830,6	1,8455	0,3135	830,4	1,8405
510	0,3658	836,0	1,8629	0,3483	835,9	1,8574	0,3323	835,7	1,8522	0,3177	835,6	1,8472
520	0,3706	841,2	1,8695	0,3528	841,1	1,8640	0,3367	840,9	1,8588	0,3219	840,8	1,8538
530	0,3754	846,4	1,8760	0,3574	846,3	1,8705	0,3411	846,1	1,8653	0,3261	846,0	1,8603
540	0,3802	851,6	1,8825	0,3620	851,5	1,8770	0,3454	851,4	1,8718	0,3303	851,2	1,8668
550	0,3850	856,8	1,8889	0,3666	856,7	1,8834	0,3498	856,6	1,8782	0,3345	856,5	1,8732

Tafel 3. Wasser und überhitzter Dampf (Fortsetzung)   **Water and superheated Steam** (Continuation)

t	10,0 at $t_s = 179{,}04\,°C$			10,5 at $t_s = 181{,}16\,°C$			11,0 at $t_s = 183{,}20\,°C$			11,5 at $t_s = 185{,}18\,°C$		
	v''	h''	s''	v''	h''	s''	v''	h''	s''	v''	h''	s''
	0,1979	662,9	1,5739	0,1889	663,3	1,5699	0,1807	663,7	1,5660	0,1732	664,1	1,5623
°C	v	h	s	v	h	s	v	h	s	v	h	s
550	0,3850	856,8	1,8889	0,3666	856,7	1,8834	0,3498	856,6	1,8782	0,3345	856,5	1,8732
560	0,3898	862,0	1,8952	0,3711	861,9	1,8897	0,3542	861,8	1,8845	0,3387	861,7	1,8795
570	0,3946	867,3	1,9015	0,3757	867,2	1,8960	0,3585	867,1	1,8908	0,3428	867,0	1,8858
580	0,3994	872,6	1,9077	0,3802	872,5	1,9022	0,3629	872,4	1,8970	0,3470	872,3	1,8920
590	0,4041	877,9	1,9138	0,3848	877,8	1,9084	0,3672	877,7	1,9031	0,3512	877,6	1,8982
600	0,4089	883,2	1,9199	0,3894	883,1	1,9145	0,3716	883,0	1,9092	0,3553	882,9	1,9043
610	0,4137	888,5	1,9260	0,3939	888,4	1,9205	0,3759	888,3	1,9153	0,3595	888,2	1,9103
620	0,4185	893,8	1,9320	0,3985	893,7	1,9265	0,3803	893,6	1,9213	0,3637	893,5	1,9163
630	0,4232	899,1	1,9379	0,4030	899,0	1,9325	0,3846	899,0	1,9273	0,3678	898,9	1,9223
640	0,4280	904,5	1,9438	0,4076	904,4	1,9384	0,3890	904,3	1,9332	0,3720	904,2	1,9282
650	0,4328	909,9	1,9497	0,4121	909,8	1,9442	0,3933	909,7	1,9390	0,3761	909,6	1,9341
660	0,4375	915,2	1,9555	0,4166	915,2	1,9500	0,3976	915,1	1,9448	0,3803	915,0	1,9399
670	0,4423	920,6	1,9612	0,4212	920,6	1,9558	0,4020	920,5	1,9506	0,3844	920,4	1,9456
680	0,4471	926,1	1,9669	0,4257	926,0	1,9615	0,4063	925,9	1,9563	0,3886	925,8	1,9513
690	0,4518	931,5	1,9726	0,4302	931,4	1,9672	0,4106	931,3	1,9620	0,3927	931,3	1,9570
700	0,4566	936,9	1,9782	0,4348	936,9	1,9728	0,4150	936,8	1,9676	0,3968	936,7	1,9627
710	0,4613	942,4	1,9838	0,4393	942,3	1,9784	0,4193	942,3	1,9732	0,4010	942,2	1,9682
720	0,4661	947,9	1,9894	0,4438	947,8	1,9839	0,4236	947,7	1,9787	0,4051	947,7	1,9738
730	0,4708	953,4	1,9949	0,4484	953,3	1,9894	0,4279	953,2	1,9842	0,4093	953,2	1,9793
740	0,4756	958,9	2,0003	0,4529	958,8	1,9949	0,4322	958,7	1,9897	0,4134	958,7	1,9848
750	0,4803	964,4	2,0057	0,4574	964,3	2,0003	0,4366	964,3	1,9951	0,4175	964,2	1,9902
760	0,4851	969,9	2,0111	0,4619	969,9	2,0057	0,4409	969,8	2,0005	0,4217	969,7	1,9956
770	0,4898	975,5	2,0165	0,4665	975,4	2,0110	0,4452	975,4	2,0059	0,4258	975,3	2,0009
780	0,4946	981,0	2,0218	0,4710	981,0	2,0164	0,4495	980,9	2,0112	0,4299	980,9	2,0062
790	0,4993	986,6	2,0270	0,4755	986,6	2,0216	0,4538	986,5	2,0165	0,4341	986,4	2,0115
800	0,5041	992,2	2,0323	0,4800	992,1	2,0269	0,4581	992,1	2,0217	0,4382	992,0	2,0167

1 at = 0,980665 bar   1 kcal = 4,1868 kJ

Tafel 3. Wasser und überhitzter Dampf (Fortsezung)   Water and superheated Steam (Continuation)

t	12,0 at $t_s = 187{,}08\,°C$			12,5 at $t_s = 188{,}93\,°C$			13,0 at $t_s = 190{,}71\,°C$			13,5 at $t_s = 192{,}45\,°C$		
	v'' 0,1663	h'' 664,5	s'' 1,5588	v'' 0,1599	h'' 664,8	s'' 1,5553	v'' 0,1540	h'' 665,1	s'' 1,5521	v'' 0,1485	h'' 665,4	s'' 1,5489
°C	v	h	s	v	h	s	v	h	s	v	h	s
0	0,0009996	0,3	0,0000	0,0009996	0,3	0,0000	0,0009996	0,3	0,0000	0,0009996	0,3	0,0000
10	0,0009997	10,3	0,0360	0,0009997	10,3	0,0360	0,0009997	10,3	0,0360	0,0009996	10,3	0,0360
20	0,0010012	20,3	0,0707	0,0010012	20,3	0,0707	0,0010011	20,3	0,0707	0,0010011	20,3	0,0707
30	0,0010038	30,3	0,1042	0,0010038	30,3	0,1042	0,0010037	30,3	0,1042	0,0010037	30,3	0,1042
40	0,0010073	40,2	0,1365	0,0010073	40,3	0,1365	0,0010072	40,3	0,1365	0,0010072	40,3	0,1365
50	0,0010116	50,2	0,1679	0,0010116	50,2	0,1679	0,0010115	50,2	0,1679	0,0010115	50,2	0,1679
60	0,0010166	60,2	0,1983	0,0010166	60,2	0,1983	0,0010166	60,2	0,1983	0,0010165	60,2	0,1983
70	0,0010223	70,2	0,2279	0,0010223	70,2	0,2279	0,0010223	70,2	0,2279	0,0010222	70,2	0,2279
80	0,0010286	80,2	0,2566	0,0010286	80,2	0,2566	0,0010286	80,2	0,2566	0,0010286	80,2	0,2566
90	0,0010356	90,2	0,2846	0,0010356	90,2	0,2846	0,0010355	90,3	0,2846	0,0010355	90,3	0,2846
100	0,0010431	100,3	0,3119	0,0010431	100,3	0,3119	0,0010431	100,3	0,3119	0,0010431	100,3	0,3119
110	0,0010513	110,4	0,3386	0,0010513	110,4	0,3386	0,0010512	110,4	0,3386	0,0010512	110,4	0,3386
120	0,0010601	120,5	0,3646	0,0010600	120,5	0,3646	0,0010600	120,5	0,3646	0,0010600	120,5	0,3646
130	0,0010695	130,6	0,3902	0,0010694	130,6	0,3901	0,0010694	130,6	0,3901	0,0010694	130,7	0,3901
140	0,0010795	140,8	0,4151	0,0010795	140,8	0,4151	0,0010795	140,8	0,4151	0,0010794	140,9	0,4151
150	0,0010903	151,1	0,4397	0,0010903	151,1	0,4397	0,0010902	151,1	0,4397	0,0010902	151,1	0,4396
160	0,0011018	161,4	0,4638	0,0011018	161,4	0,4638	0,0011017	161,4	0,4638	0,0011017	161,4	0,4638
170	0,0011141	171,8	0,4875	0,0011141	171,8	0,4875	0,0011141	171,8	0,4875	0,0011140	171,8	0,4875
180	0,0011274	182,3	0,5109	0,0011273	182,3	0,5109	0,0011273	182,3	0,5109	0,0011272	182,3	0,5109
190	0,1678	666,3	1,5628	0,1604	665,5	1,5568	0,0011415	192,9	0,5340	0,0011414	192,9	0,5339
200	0,1729	672,6	1,5761	0,1654	671,8	1,5703	0,1584	671,1	1,5647	0,1520	670,3	1,5593
210	0,1778	678,6	1,5887	0,1701	677,9	1,5831	0,1631	677,3	1,5777	0,1565	676,6	1,5724
220	0,1826	684,5	1,6007	0,1748	683,9	1,5952	0,1676	683,3	1,5900	0,1609	682,6	1,5848
230	0,1873	690,2	1,6122	0,1793	689,7	1,6069	0,1720	689,1	1,6017	0,1652	688,5	1,5967
240	0,1919	695,8	1,6233	0,1838	695,3	1,6180	0,1763	694,8	1,6129	0,1694	694,3	1,6080
250	0,1964	701,3	1,6339	0,1881	700,9	1,6287	0,1805	700,4	1,6237	0,1735	700,0	1,6189
260	0,2008	706,8	1,6442	0,1925	706,3	1,6391	0,1847	705,9	1,6342	0,1775	705,5	1,6294
270	0,2052	712,1	1,6542	0,1967	711,7	1,6491	0,1888	711,4	1,6443	0,1815	711,0	1,6396
280	0,2096	717,4	1,6638	0,2009	717,1	1,6589	0,1929	716,7	1,6540	0,1855	716,4	1,6494
290	0,2139	722,7	1,6733	0,2051	722,3	1,6683	0,1969	722,0	1,6635	0,1893	721,7	1,6589
300	0,2182	727,9	1,6824	0,2092	727,6	1,6775	0,2009	727,3	1,6728	0,1932	727,0	1,6682
310	0,2225	733,1	1,6914	0,2133	732,8	1,6865	0,2048	732,5	1,6818	0,1970	732,2	1,6773
320	0,2267	738,2	1,7002	0,2174	738,0	1,6953	0,2088	737,7	1,6907	0,2008	737,4	1,6861
330	0,2309	743,4	1,7087	0,2214	743,1	1,7039	0,2127	742,8	1,6993	0,2046	742,6	1,6948
340	0,2351	748,5	1,7172	0,2254	748,2	1,7124	0,2165	748,0	1,7077	0,2083	747,8	1,7033
350	0,2392	753,6	1,7254	0,2294	753,4	1,7206	0,2204	753,1	1,7160	0,2121	752,9	1,7116
360	0,2434	758,7	1,7335	0,2334	758,5	1,7288	0,2243	758,2	1,7242	0,2158	758,0	1,7198
370	0,2475	763,8	1,7415	0,2374	763,6	1,7368	0,2281	763,4	1,7322	0,2195	763,1	1,7278
380	0,2516	768,9	1,7494	0,2414	768,7	1,7446	0,2319	768,5	1,7401	0,2231	768,3	1,7357
390	0,2557	773,9	1,7571	0,2453	773,8	1,7524	0,2357	773,6	1,7478	0,2268	773,4	1,7435
400	0,2598	779,0	1,7647	0,2492	778,9	1,7600	0,2395	778,7	1,7555	0,2305	778,5	1,7511
410	0,2639	784,1	1,7722	0,2532	784,0	1,7675	0,2433	783,8	1,7630	0,2341	783,6	1,7587
420	0,2680	789,2	1,7796	0,2571	789,1	1,7749	0,2471	788,9	1,7704	0,2378	788,7	1,7661
430	0,2720	794,3	1,7869	0,2610	794,2	1,7823	0,2508	794,0	1,7778	0,2414	793,8	1,7734
440	0,2761	799,4	1,7941	0,2649	799,3	1,7895	0,2546	799,1	1,7850	0,2450	799,0	1,7807
450	0,2802	804,6	1,8013	0,2688	804,4	1,7966	0,2583	804,3	1,7921	0,2486	804,1	1,7878
460	0,2842	809,7	1,8083	0,2727	809,5	1,8037	0,2621	809,4	1,7992	0,2523	809,2	1,7949
470	0,2883	814,8	1,8153	0,2766	814,7	1,8106	0,2658	814,5	1,8062	0,2559	814,4	1,8019
480	0,2923	820,0	1,8222	0,2805	819,8	1,8175	0,2696	819,7	1,8131	0,2595	819,6	1,8088
490	0,2963	825,1	1,8290	0,2844	825,0	1,8243	0,2733	824,9	1,8199	0,2631	824,7	1,8156
500	0,3004	830,3	1,8357	0,2882	830,2	1,8311	0,2770	830,1	1,8266	0,2667	829,9	1,8224
510	0,3044	835,5	1,8424	0,2921	835,4	1,8378	0,2808	835,2	1,8333	0,2703	835,1	1,8290
520	0,3084	840,7	1,8490	0,2960	840,6	1,8444	0,2845	840,5	1,8399	0,2738	840,3	1,8356
530	0,3124	845,9	1,8555	0,2998	845,8	1,8509	0,2882	845,7	1,8465	0,2774	845,6	1,8422
540	0,3164	851,1	1,8620	0,3037	851,0	1,8574	0,2919	850,9	1,8529	0,2810	850,8	1,8487
550	0,3204	856,4	1,8684	0,3075	856,3	1,8638	0,2956	856,1	1,8593	0,2846	856,0	1,8551

Tafel 3. Wasser und überhitzter Dampf (Fortsetzung)   **Water and superheated Steam** (Continuation)

t	12,0 at $t_s = 187,08\,°C$			12,5 at $t_s = 188,93\,°C$			13,0 at $t_s = 190,71\,°C$			13,5 at $t_s = 192,45\,°C$		
	v''	h''	s''	v''	h''	s''	v''	h''	s''	v''	h''	s''
	0,1663	664,5	1,5588	0,1599	664,8	1,5553	0,1540	665,1	1,5521	0,1485	665,4	1,5489
°C	v	h	s	v	h	s	v	h	s	v	h	s
550	0,3204	856,4	1,8684	0,3075	856,3	1,8638	0,2956	856,1	1,8593	0,2846	856,0	1,8551
560	0,3244	861,6	1,8747	0,3114	861,5	1,8701	0,2993	861,4	1,8657	0,2881	861,3	1,8614
570	0,3285	866,9	1,8810	0,3152	866,8	1,8764	0,3030	866,7	1,8720	0,2917	866,6	1,8677
580	0,3325	872,2	1,8872	0,3191	872,1	1,8826	0,3067	872,0	1,8782	0,2953	871,9	1,8740
590	0,3364	877,5	1,8934	0,3229	877,4	1,8888	0,3104	877,3	1,8844	0,2988	877,2	1,8801
600	0,3404	882,8	1,8995	0,3267	882,7	1,8949	0,3141	882,6	1,8905	0,3024	882,5	1,8863
610	0,3444	888,1	1,9056	0,3306	888,0	1,9010	0,3178	887,9	1,8966	0,3060	887,8	1,8923
620	0,3484	893,4	1,9116	0,3344	893,3	1,9070	0,3215	893,2	1,9026	0,3095	893,2	1,8983
630	0,3524	898,8	1,9175	0,3382	898,7	1,9129	0,3252	898,6	1,9085	0,3131	898,5	1,9043
640	0,3564	904,1	1,9234	0,3421	904,1	1,9189	0,3288	904,0	1,9145	0,3166	903,9	1,9102
650	0,3604	909,5	1,9293	0,3459	909,4	1,9247	0,3325	909,4	1,9203	0,3202	909,3	1,9161
660	0,3644	914,9	1,9351	0,3497	914,8	1,9305	0,3362	914,8	1,9261	0,3237	914,7	1,9219
670	0,3683	920,3	1,9409	0,3535	920,3	1,9363	0,3399	920,2	1,9319	0,3272	920,1	1,9277
680	0,3723	925,8	1,9466	0,3574	925,7	1,9420	0,3436	925,6	1,9376	0,3308	925,5	1,9334
690	0,3763	931,2	1,9523	0,3612	931,1	1,9477	0,3472	931,0	1,9433	0,3343	931,0	1,9391
700	0,3803	936,7	1,9579	0,3650	936,6	1,9533	0,3509	936,5	1,9490	0,3379	936,4	1,9447
710	0,3842	942,1	1,9635	0,3688	942,0	1,9589	0,3546	942,0	1,9546	0,3414	941,9	1,9503
720	0,3882	947,6	1,9690	0,3726	947,5	1,9645	0,3582	947,5	1,9601	0,3449	947,4	1,9559
730	0,3922	953,1	1,9746	0,3764	953,0	1,9700	0,3619	953,0	1,9656	0,3485	952,9	1,9614
740	0,3961	958,6	1,9800	0,3802	958,5	1,9755	0,3656	958,5	1,9711	0,3520	958,4	1,9669
750	0,4001	964,1	1,9854	0,3840	964,1	1,9809	0,3692	964,0	1,9765	0,3555	963,9	1,9723
760	0,4041	969,7	1,9908	0,3878	969,6	1,9863	0,3729	969,6	1,9819	0,3590	969,5	1,9777
770	0,4080	975,2	1,9962	0,3917	975,2	1,9916	0,3765	975,1	1,9873	0,3626	975,1	1,9831
780	0,4120	980,8	2,0015	0,3955	980,7	1,9970	0,3802	980,7	1,9926	0,3661	980,6	1,9884
790	0,4159	986,4	2,0068	0,3993	986,3	2,0022	0,3839	986,3	1,9979	0,3696	986,2	1,9937
800	0,4199	992,0	2,0120	0,4031	991,9	2,0075	0,3875	991,9	2,0031	0,3731	991,8	1,9989

1 at = 0,980665 bar   1 kcal = 4,1868 kJ

Tafel 3. Wasser und überhitzter Dampf (Fortsetzung)   Water and superheated Steam (Continuation)

t	14,0 at $t_s = 194,13\,°C$			14,5 at $t_s = 195,77\,°C$			15,0 at $t_s = 197,37\,°C$			15,5 at $t_s = 198,92\,°C$		
	v''	h''	s''	v''	h''	s''	v''	h''	s''	v''	h''	s''
	0,1434	665,7	1,5458	0,1386	666,0	1,5428	0,1342	666,2	1,5400	0,1300	666,4	1,5372
°C	v	h	s	v	h	s	v	h	s	v	h	s
0	0,0009995	0,3	0,0000	0,0009995	0,3	0,0000	0,0009995	0,3	0,0000	0,0009995	0,4	0,0000
10	0,0009996	10,4	0,0360	0,0009996	10,4	0,0360	0,0009996	10,4	0,0360	0,0009995	10,4	0,0360
20	0,0010011	20,3	0,0707	0,0010011	20,3	0,0707	0,0010011	20,4	0,0707	0,0010010	20,4	0,0707
30	0,0010037	30,3	0,1042	0,0010037	30,3	0,1042	0,0010037	30,3	0,1042	0,0010036	30,3	0,1041
40	0,0010072	40,3	0,1365	0,0010072	40,3	0,1365	0,0010072	40,3	0,1365	0,0010071	40,3	0,1365
50	0,0010115	50,3	0,1679	0,0010115	50,3	0,1679	0,0010115	50,3	0,1679	0,0010114	50,3	0,1679
60	0,0010165	60,2	0,1983	0,0010165	60,3	0,1983	0,0010165	60,3	0,1983	0,0010165	60,3	0,1983
70	0,0010222	70,2	0,2279	0,0010222	70,2	0,2279	0,0010222	70,3	0,2278	0,0010222	70,3	0,2278
80	0,0010286	80,2	0,2566	0,0010285	80,3	0,2566	0,0010285	80,3	0,2566	0,0010285	80,3	0,2566
90	0,0010355	90,3	0,2846	0,0010355	90,3	0,2846	0,0010354	90,3	0,2846	0,0010354	90,3	0,2846
100	0,0010430	100,3	0,3119	0,0010430	100,3	0,3119	0,0010430	100,3	0,3119	0,0010430	100,3	0,3119
110	0,0010512	110,4	0,3386	0,0010512	110,4	0,3385	0,0010511	110,4	0,3385	0,0010511	110,4	0,3385
120	0,0010600	120,5	0,3646	0,0010599	120,5	0,3646	0,0010599	120,5	0,3646	0,0010599	120,5	0,3646
130	0,0010693	130,7	0,3901	0,0010693	130,7	0,3901	0,0010693	130,7	0,3901	0,0010693	130,7	0,3901
140	0,0010794	140,9	0,4151	0,0010794	140,9	0,4151	0,0010793	140,9	0,4151	0,0010793	140,9	0,4151
150	0,0010902	151,1	0,4396	0,0010901	151,1	0,4396	0,0010901	151,1	0,4396	0,0010901	151,1	0,4396
160	0,0011017	161,4	0,4637	0,0011016	161,4	0,4637	0,0011016	161,5	0,4637	0,0011016	161,5	0,4637
170	0,0011140	171,8	0,4875	0,0011139	171,8	0,4874	0,0011139	171,8	0,4874	0,0011139	171,9	0,4874
180	0,0011272	182,3	0,5108	0,0011272	182,3	0,5108	0,0011271	182,3	0,5108	0,0011271	182,3	0,5108
190	0,0011414	192,9	0,5339	0,0011413	192,9	0,5339	0,0011413	192,9	0,5339	0,0011413	192,9	0,5339
200	0,1461	669,5	1,5540	0,1405	668,8	1,5488	0,1353	668,0	1,5437	0,1304	667,2	1,5387
210	0,1505	675,9	1,5672	0,1448	675,2	1,5622	0,1395	674,5	1,5573	0,1346	673,8	1,5525
220	0,1547	682,0	1,5798	0,1490	681,4	1,5749	0,1436	680,8	1,5702	0,1385	680,1	1,5655
230	0,1589	688,0	1,5918	0,1530	687,4	1,5870	0,1475	686,8	1,5824	0,1424	686,3	1,5779
240	0,1630	693,8	1,6032	0,1570	693,3	1,5986	0,1514	692,8	1,5940	0,1462	692,2	1,5896
250	0,1670	699,5	1,6142	0,1609	699,0	1,6096	0,1552	698,6	1,6052	0,1499	698,1	1,6009
260	0,1709	705,1	1,6248	0,1647	704,6	1,6203	0,1589	704,2	1,6159	0,1535	703,8	1,6117
270	0,1747	710,6	1,6350	0,1684	710,2	1,6306	0,1625	709,8	1,6263	0,1570	709,4	1,6221
280	0,1786	716,0	1,6449	0,1721	715,6	1,6405	0,1661	715,3	1,6363	0,1605	714,9	1,6321
290	0,1823	721,3	1,6545	0,1758	721,0	1,6502	0,1697	720,7	1,6460	0,1640	720,3	1,6419
300	0,1861	726,7	1,6638	0,1794	726,3	1,6595	0,1732	726,0	1,6554	0,1674	725,7	1,6513
310	0,1897	731,9	1,6729	0,1830	731,6	1,6687	0,1767	731,3	1,6646	0,1708	731,0	1,6606
320	0,1934	737,1	1,6818	0,1865	736,9	1,6776	0,1801	736,6	1,6735	0,1741	736,3	1,6695
330	0,1971	742,3	1,6905	0,1901	742,1	1,6863	0,1835	741,8	1,6822	0,1774	741,6	1,6783
340	0,2007	747,5	1,6990	0,1936	747,3	1,6948	0,1869	747,0	1,6908	0,1807	746,8	1,6869
350	0,2043	752,7	1,7073	0,1971	752,4	1,7032	0,1903	752,2	1,6992	0,1840	752,0	1,6953
360	0,2079	757,8	1,7155	0,2005	757,6	1,7114	0,1937	757,4	1,7074	0,1873	757,1	1,7035
370	0,2114	762,9	1,7236	0,2040	762,7	1,7194	0,1970	762,5	1,7155	0,1905	762,3	1,7116
380	0,2150	768,1	1,7315	0,2074	767,9	1,7274	0,2004	767,7	1,7234	0,1938	767,5	1,7196
390	0,2186	773,2	1,7392	0,2109	773,0	1,7352	0,2037	772,8	1,7312	0,1970	772,6	1,7274
400	0,2221	778,3	1,7469	0,2143	778,1	1,7428	0,2070	777,9	1,7389	0,2002	777,8	1,7351
410	0,2256	783,4	1,7545	0,2177	783,2	1,7504	0,2103	783,1	1,7465	0,2034	782,9	1,7427
420	0,2291	788,5	1,7619	0,2211	788,4	1,7579	0,2136	788,2	1,7539	0,2066	788,0	1,7502
430	0,2326	793,7	1,7693	0,2245	793,5	1,7652	0,2169	793,4	1,7613	0,2098	793,2	1,7575
440	0,2361	798,8	1,7765	0,2279	798,7	1,7725	0,2202	798,5	1,7686	0,2129	798,3	1,7648
450	0,2396	804,0	1,7837	0,2313	803,8	1,7796	0,2234	803,6	1,7758	0,2161	803,5	1,7720
460	0,2431	809,1	1,7907	0,2346	809,0	1,7867	0,2267	808,8	1,7828	0,2193	808,7	1,7791
470	0,2466	814,3	1,7977	0,2380	814,1	1,7937	0,2300	814,0	1,7898	0,2224	813,8	1,7861
480	0,2501	819,4	1,8046	0,2414	819,3	1,8006	0,2332	819,2	1,7968	0,2256	819,0	1,7930
490	0,2536	824,6	1,8115	0,2447	824,5	1,8075	0,2365	824,3	1,8036	0,2287	824,2	1,7999
500	0,2570	829,8	1,8182	0,2481	829,7	1,8142	0,2397	829,5	1,8104	0,2319	829,4	1,8066
510	0,2605	835,0	1,8249	0,2514	834,9	1,8209	0,2430	834,7	1,8171	0,2350	834,6	1,8133
520	0,2640	840,2	1,8315	0,2548	840,1	1,8275	0,2462	840,0	1,8237	0,2382	839,8	1,8200
530	0,2674	845,4	1,8381	0,2581	845,3	1,8341	0,2494	845,2	1,8302	0,2413	845,1	1,8265
540	0,2709	850,7	1,8445	0,2615	850,6	1,8406	0,2527	850,4	1,8367	0,2444	850,3	1,8330
550	0,2743	855,9	1,8510	0,2648	855,8	1,8470	0,2559	855,7	1,8432	0,2475	855,6	1,8394

Tafel 3. Wasser und überhitzter Dampf (Fortsetzung)   **Water and superheated Steam** (Continuation)

t	14,0 at $t_s = 194{,}13\ °C$			14,5 at $t_s = 195{,}77\ °C$			15,0 at $t_s = 197{,}37\ °C$			15,5 at $t_s = 198{,}92\ °C$		
	v''	h''	s''	v''	h''	s''	v''	h''	s''	v''	h''	s''
	0,1434	665,7	1,5458	0,1386	666,0	1,5428	0,1342	666,2	1,5400	0,1300	666,4	1,5372
°C	v	h	s	v	h	s	v	h	s	v	h	s
550	0,2743	855,9	1,8510	0,2648	855,8	1,8470	0,2559	855,7	1,8432	0,2475	855,6	1,8394
560	0,2778	861,2	1,8573	0,2681	861,1	1,8534	0,2591	861,0	1,8495	0,2507	860,9	1,8458
570	0,2812	866,5	1,8636	0,2714	866,4	1,8597	0,2623	866,3	1,8558	0,2538	866,2	1,8521
580	0,2847	871,8	1,8699	0,2748	871,7	1,8659	0,2655	871,6	1,8621	0,2569	871,5	1,8584
590	0,2881	877,1	1,8760	0,2781	877,0	1,8721	0,2687	876,9	1,8683	0,2600	876,8	1,8646
600	0,2915	882,4	1,8822	0,2814	882,3	1,8782	0,2720	882,2	1,8744	0,2631	882,1	1,8707
610	0,2950	887,7	1,8882	0,2847	887,6	1,8843	0,2752	887,5	1,8805	0,2662	887,4	1,8768
620	0,2984	893,1	1,8943	0,2880	893,0	1,8903	0,2784	892,9	1,8865	0,2693	892,8	1,8828
630	0,3018	898,4	1,9002	0,2913	898,3	1,8963	0,2816	898,2	1,8925	0,2724	898,2	1,8888
640	0,3052	903,8	1,9062	0,2947	903,7	1,9022	0,2848	903,6	1,8984	0,2755	903,5	1,8947
650	0,3087	909,2	1,9120	0,2980	909,1	1,9081	0,2880	909,0	1,9043	0,2786	908,9	1,9006
660	0,3121	914,6	1,9178	0,3013	914,5	1,9139	0,2912	914,4	1,9101	0,2817	914,4	1,9064
670	0,3155	920,0	1,9236	0,3046	919,9	1,9197	0,2944	919,9	1,9159	0,2848	919,8	1,9122
680	0,3189	925,4	1,9294	0,3079	925,4	1,9254	0,2976	925,3	1,9216	0,2879	925,2	1,9179
690	0,3223	930,9	1,9350	0,3112	930,8	1,9311	0,3007	930,7	1,9273	0,2910	930,7	1,9236
700	0,3257	936,4	1,9407	0,3145	936,3	1,9368	0,3039	936,2	1,9330	0,2941	936,1	1,9293
710	0,3291	941,8	1,9463	0,3178	941,8	1,9424	0,3071	941,7	1,9386	0,2972	941,6	1,9349
720	0,3326	947,3	1,9518	0,3210	947,3	1,9479	0,3103	947,2	1,9441	0,3002	947,1	1,9405
730	0,3360	952,8	1,9574	0,3243	952,8	1,9534	0,3135	952,7	1,9496	0,3033	952,6	1,9460
740	0,3394	958,4	1,9628	0,3276	958,3	1,9589	0,3167	958,2	1,9551	0,3064	958,2	1,9515
750	0,3428	963,9	1,9683	0,3309	963,8	1,9643	0,3198	963,8	1,9606	0,3095	963,7	1,9569
760	0,3462	969,4	1,9737	0,3342	969,4	1,9697	0,3230	969,3	1,9660	0,3126	969,2	1,9623
770	0,3496	975,0	1,9790	0,3375	974,9	1,9751	0,3262	974,9	1,9713	0,3156	974,8	1,9677
780	0,3530	980,6	1,9843	0,3408	980,5	1,9804	0,3294	980,5	1,9766	0,3187	980,4	1,9730
790	0,3564	986,2	1,9896	0,3440	986,1	1,9857	0,3325	986,0	1,9819	0,3218	986,0	1,9783
800	0,3598	991,8	1,9949	0,3473	991,7	1,9910	0,3357	991,7	1,9872	0,3249	991,6	1,9835

1 at = 0,980665 bar   1 kcal = 4,1868 kJ

Tafel 3. Wasser und überhitzter Dampf (Fortsetzung)   Water and superheated Steam (Continuation)

t	16,0 at $t_s = 200{,}43\ °C$			16,5 at $t_s = 201{,}91\ °C$			17,0 at $t_s = 203{,}36\ °C$			17,5 at $t_s = 204{,}77\ °C$		
	v''	h''	s''	v''	h''	s''	v''	h''	s''	v''	h''	s''
	0,1260	666,7	1,5345	0,1223	666,9	1,5318	0,1189	667,1	1,5293	0,1156	667,2	1,5268
°C	v	h	s	v	h	s	v	h	s	v	h	s
0	0,0009994	0,4	0,0000	0,0009994	0,4	0,0000	0,0009994	0,4	0,0000	0,0009994	0,4	0,0000
10	0,0009995	10,4	0,0360	0,0009995	10,4	0,0360	0,0009995	10,4	0,0360	0,0009994	10,4	0,0360
20	0,0010010	20,4	0,0707	0,0010010	20,4	0,0707	0,0010010	20,4	0,0707	0,0010009	20,4	0,0707
30	0,0010036	30,4	0,1041	0,0010036	30,4	0,1041	0,0010036	30,4	0,1041	0,0010035	30,4	0,1041
40	0,0010071	40,3	0,1365	0,0010071	40,3	0,1365	0,0010071	40,3	0,1365	0,0010071	40,4	0,1365
50	0,0010114	50,3	0,1679	0,0010114	50,3	0,1679	0,0010114	50,3	0,1678	0,0010114	50,3	0,1678
60	0,0010164	60,3	0,1983	0,0010164	60,3	0,1983	0,0010164	60,3	0,1983	0,0010164	60,3	0,1983
70	0,0010221	70,3	0,2278	0,0010221	70,3	0,2278	0,0010221	70,3	0,2278	0,0010221	70,3	0,2278
80	0,0010285	80,3	0,2566	0,0010284	80,3	0,2566	0,0010284	80,3	0,2566	0,0010284	80,3	0,2566
90	0,0010354	90,3	0,2846	0,0010354	90,3	0,2846	0,0010353	90,3	0,2846	0,0010353	90,3	0,2845
100	0,0010429	100,4	0,3119	0,0010429	100,4	0,3119	0,0010429	100,4	0,3118	0,0010429	100,4	0,3118
110	0,0010511	110,4	0,3385	0,0010511	110,4	0,3385	0,0010510	110,4	0,3385	0,0010510	110,5	0,3385
120	0,0010598	120,5	0,3646	0,0010598	120,5	0,3646	0,0010598	120,6	0,3645	0,0010598	120,6	0,3645
130	0,0010692	130,7	0,3901	0,0010692	130,7	0,3900	0,0010692	130,7	0,3900	0,0010691	130,7	0,3900
140	0,0010793	140,9	0,4151	0,0010792	140,9	0,4150	0,0010792	140,9	0,4150	0,0010792	140,9	0,4150
150	0,0010900	151,1	0,4396	0,0010900	151,2	0,4396	0,0010900	151,2	0,4395	0,0010899	151,2	0,4395
160	0,0011015	161,5	0,4637	0,0011015	161,5	0,4637	0,0011014	161,5	0,4637	0,0011014	161,5	0,4636
170	0,0011138	171,9	0,4874	0,0011138	171,9	0,4874	0,0011138	171,9	0,4874	0,0011137	171,9	0,4874
180	0,0011270	182,3	0,5108	0,0011270	182,3	0,5108	0,0011269	182,3	0,5107	0,0011269	182,4	0,5107
190	0,0011412	192,9	0,5338	0,0011412	192,9	0,5338	0,0011411	192,9	0,5338	0,0011411	192,9	0,5338
200	0,0011565	203,6	0,5567	0,0011564	203,6	0,5567	0,0011564	203,6	0,5566	0,0011563	203,6	0,5566
210	0,1299	673,0	1,5478	0,1255	672,3	1,5432	0,1214	671,6	1,5387	0,1175	670,8	1,5343
220	0,1338	679,5	1,5610	0,1294	678,8	1,5565	0,1252	678,2	1,5522	0,1212	677,5	1,5479
230	0,1376	685,7	1,5735	0,1331	685,1	1,5691	0,1288	684,5	1,5649	0,1248	683,9	1,5608
240	0,1413	691,7	1,5853	0,1367	691,2	1,5811	0,1323	690,7	1,5770	0,1282	690,1	1,5730
250	0,1449	697,6	1,5967	0,1402	697,1	1,5926	0,1358	696,6	1,5885	0,1316	696,1	1,5846
260	0,1484	703,3	1,6075	0,1436	702,9	1,6035	0,1391	702,5	1,5996	0,1349	702,0	1,5957
270	0,1518	709,0	1,6180	0,1470	708,6	1,6141	0,1424	708,2	1,6102	0,1381	707,8	1,6064
280	0,1552	714,5	1,6281	0,1503	714,2	1,6242	0,1456	713,8	1,6204	0,1413	713,4	1,6167
290	0,1586	720,0	1,6379	0,1536	719,6	1,6341	0,1488	719,3	1,6303	0,1444	718,9	1,6266
300	0,1619	725,4	1,6474	0,1568	725,1	1,6436	0,1520	724,7	1,6399	0,1474	724,4	1,6363
310	0,1652	730,7	1,6567	0,1600	730,4	1,6529	0,1551	730,1	1,6492	0,1505	729,8	1,6456
320	0,1685	736,0	1,6657	0,1632	735,8	1,6619	0,1582	735,5	1,6583	0,1535	735,2	1,6547
330	0,1717	741,3	1,6745	0,1663	741,0	1,6708	0,1612	740,8	1,6671	0,1565	740,5	1,6636
340	0,1749	746,5	1,6831	0,1694	746,3	1,6794	0,1643	746,0	1,6758	0,1594	745,8	1,6723
350	0,1781	751,7	1,6915	0,1725	751,5	1,6878	0,1673	751,3	1,6843	0,1624	751,0	1,6808
360	0,1813	756,9	1,6998	0,1756	756,7	1,6961	0,1703	756,5	1,6926	0,1653	756,3	1,6891
370	0,1844	762,1	1,7079	0,1787	761,9	1,7042	0,1733	761,7	1,7007	0,1682	761,5	1,6973
380	0,1876	767,3	1,7158	0,1817	767,1	1,7122	0,1762	766,9	1,7087	0,1711	766,7	1,7053
390	0,1907	772,4	1,7237	0,1848	772,2	1,7201	0,1792	772,0	1,7166	0,1740	771,8	1,7132
400	0,1938	777,6	1,7314	0,1878	777,4	1,7278	0,1822	777,2	1,7243	0,1768	777,0	1,7209
410	0,1969	782,7	1,7390	0,1908	782,5	1,7354	0,1851	782,4	1,7319	0,1797	782,2	1,7285
420	0,2000	787,9	1,7465	0,1938	787,7	1,7429	0,1880	787,5	1,7394	0,1825	787,4	1,7361
430	0,2031	793,0	1,7539	0,1968	792,9	1,7503	0,1909	792,7	1,7468	0,1854	792,5	1,7435
440	0,2062	798,2	1,7611	0,1998	798,0	1,7576	0,1938	797,9	1,7541	0,1882	797,7	1,7508
450	0,2093	803,3	1,7683	0,2028	803,2	1,7648	0,1967	803,0	1,7613	0,1910	802,9	1,7580
460	0,2123	808,5	1,7754	0,2058	808,4	1,7719	0,1996	808,2	1,7685	0,1938	808,1	1,7651
470	0,2154	813,7	1,7824	0,2088	813,6	1,7789	0,2025	813,4	1,7755	0,1967	813,3	1,7721
480	0,2185	818,9	1,7894	0,2117	818,7	1,7858	0,2054	818,6	1,7824	0,1995	818,5	1,7791
490	0,2215	824,1	1,7962	0,2147	823,9	1,7927	0,2083	823,8	1,7893	0,2023	823,7	1,7860
500	0,2246	829,3	1,8030	0,2177	829,2	1,7995	0,2112	829,0	1,7961	0,2051	828,9	1,7928
510	0,2276	834,5	1,8097	0,2206	834,4	1,8062	0,2140	834,2	1,8028	0,2079	834,1	1,7995
520	0,2306	839,7	1,8163	0,2236	839,6	1,8128	0,2169	839,5	1,8094	0,2106	839,4	1,8061
530	0,2337	845,0	1,8229	0,2265	844,8	1,8194	0,2198	844,7	1,8160	0,2134	844,6	1,8127
540	0,2367	850,2	1,8294	0,2295	850,1	1,8259	0,2226	850,0	1,8225	0,2162	849,9	1,8192
550	0,2397	855,5	1,8358	0,2324	855,4	1,8323	0,2255	855 3	1,8290	0,2190	855,1	1,8257

Tafel 3. Wasser und überhitzter Dampf (Fortsetzung)   **Water and superheated Steam** (Continuation)

t	16,0 at $t_s = 200{,}43\,°C$			16,5 at $t_s = 201{,}91\,°C$			17,0 at $t_s = 203{,}36\,°C$			17,5 at $t_s = 204{,}77\,°C$		
	v'' 0,1260	h'' 666,7	s'' 1,5345	v'' 0,1223	h'' 666,9	s'' 1,5318	v'' 0,1189	h'' 667,1	s'' 1,5293	v'' 0,1156	h'' 667,2	s'' 1,5268
°C	v	h	s	v	h	s	v	h	s	v	h	s
550	0,2397	855,5	1,8358	0,2324	855,4	1,8323	0,2255	855,3	1,8290	0,2190	855,1	1,8257
560	0,2428	860,8	1,8422	0,2353	860,6	1,8387	0,2283	860,5	1,8353	0,2218	860,4	1,8320
570	0,2458	866,0	1,8485	0,2383	865,9	1,8450	0,2312	865,8	1,8417	0,2245	865,7	1,8384
580	0,2488	871,4	1,8548	0,2412	871,2	1,8513	0,2340	871,1	1,8479	0,2273	871,0	1,8446
590	0,2518	876,7	1,8610	0,2441	876,6	1,8575	0,2369	876,5	1,8541	0,2301	876,4	1,8508
600	0,2548	882,0	1,8671	0,2471	881,9	1,8636	0,2397	881,8	1,8603	0,2328	881,7	1,8570
610	0,2578	887,3	1,8732	0,2500	887,2	1,8697	0,2426	887,2	1,8664	0,2356	887,1	1,8631
620	0,2609	892,7	1,8792	0,2529	892,6	1,8758	0,2454	892,5	1,8724	0,2383	892,4	1,8691
630	0,2639	898,1	1,8852	0,2558	898,0	1,8817	0,2482	897,9	1,8784	0,2411	897,8	1,8751
640	0,2669	903,5	1,8911	0,2587	903,4	1,8877	0,2511	903,3	1,8843	0,2438	903,2	1,8810
650	0,2699	908,9	1,8970	0,2616	908,8	1,8936	0,2539	908,7	1,8902	0,2466	908,6	1,8869
660	0,2729	914,3	1,9029	0,2646	914,2	1,8994	0,2567	914,1	1,8960	0,2493	914,0	1,8928
670	0,2759	919,7	1,9086	0,2675	919,6	1,9052	0,2595	919,5	1,9018	0,2521	919,5	1,8986
680	0,2789	925,1	1,9144	0,2704	925,1	1,9109	0,2624	925,0	1,9076	0,2548	924,9	1,9043
690	0,2819	930,6	1,9201	0,2733	930,5	1,9166	0,2652	930,4	1,9133	0,2576	930,4	1,9100
700	0,2848	936,1	1,9257	0,2762	936,0	1,9223	0,2680	935,9	1,9189	0,2603	935,9	1,9157
710	0,2878	941,6	1,9313	0,2791	941,5	1,9279	0,2708	941,4	1,9245	0,2631	941,3	1,9213
720	0,2908	947,1	1,9369	0,2820	947,0	1,9335	0,2736	946,9	1,9301	0,2658	946,8	1,9269
730	0,2938	952,6	1,9424	0,2849	952,5	1,9390	0,2765	952,4	1,9356	0,2685	952,4	1,9324
740	0,2968	958,1	1,9479	0,2878	958,0	1,9445	0,2793	958,0	1,9411	0,2713	957,9	1,9379
750	0,2998	963,6	1,9533	0,2907	963,6	1,9499	0,2821	963,5	1,9466	0,2740	963,4	1,9433
760	0,3028	969,2	1,9588	0,2936	969,1	1,9553	0,2849	969,1	1,9520	0,2767	969,0	1,9487
770	0,3057	974,8	1,9641	0,2964	974,7	1,9607	0,2877	974,6	1,9573	0,2794	974,6	1,9541
780	0,3087	980,3	1,9694	0,2993	980,3	1,9660	0,2905	980,2	1,9627	0,2822	980,2	1,9594
790	0,3117	985,9	1,9747	0,3022	985,9	1,9713	0,2933	985,8	1,9680	0,2849	985,8	1,9647
800	0,3147	991,5	1,9800	0,3051	991,5	1,9765	0,2961	991,4	1,9732	0,2876	991,4	1,9700

1 at $= 0{,}980665$ bar   1 kcal $= 4{,}1868$ kJ

Tafel 3. Wasser und überhitzter Dampf (Fortsetzung)   **Water and superheated Steam** (Continuation)

t	18,0 at $t_s = 206{,}15\,°C$			18,5 at $t_s = 207{,}50°C$			19,0 at $t_s = 208{,}82\,°C$			19,5 at $t_s = 210{,}12\,°C$		
	v''	h''	s''	v''	h''	s''	v''	h''	s''	v''	h''	s''
	0,1124	667,4	1,5243	0,1095	667,6	1,5220	0,1067	667,7	1,5197	0,1040	667,9	1,5174
°C	v	h	s	v	h	s	v	h	s	v	h	s
0	0,0009993	0,4	0,0000	0,0009993	0,4	0,0000	0,0009993	0,4	0,0000	0,0009993	0,5	0,0000
10	0,0009994	10,4	0,0360	0,0009994	10,5	0,0360	0,0009994	10,5	0,0360	0,0009994	10,5	0,0360
20	0,0010009	20,4	0,0707	0,0010009	20,4	0,0707	0,0010009	20,4	0,0707	0,0010009	20,5	0,0707
30	0,0010035	30,4	0,1041	0,0010035	30,4	0,1041	0,0010035	30,4	0,1041	0,0010035	30,4	0,1041
40	0,0010070	40,4	0,1365	0,0010070	40,4	0,1365	0,0010070	40,4	0,1365	0,0010070	40,4	0,1365
50	0,0010113	50,3	0,1678	0,0010113	50,4	0,1678	0,0010113	50,4	0,1678	0,0010113	50,4	0,1678
60	0,0010163	60,3	0,1983	0,0010163	60,3	0,1982	0,0010163	60,3	0,1982	0,0010163	60,4	0,1982
70	0,0010220	70,3	0,2278	0,0010220	70,3	0,2278	0,0010220	70,3	0,2278	0,0010220	70,3	0,2278
80	0,0010284	80,3	0,2565	0,0010283	80,3	0,2565	0,0010283	80,3	0,2565	0,0010283	80,3	0,2565
90	0,0010353	90,3	0,2845	0,0010353	90,4	0,2845	0,0010352	90,4	0,2845	0,0010352	90,4	0,2845
100	0,0010428	100,4	0,3118	0,0010428	100,4	0,3118	0,0010428	100,4	0,3118	0,0010428	100,4	0,3118
110	0,0010510	110,5	0,3385	0,0010509	110,5	0,3385	0,0010509	110,5	0,3385	0,0010509	110,5	0,3384
120	0,0010597	120,6	0,3645	0,0010597	120,6	0,3645	0,0010597	120,6	0,3645	0,0010596	120,6	0,3645
130	0,0010691	130,7	0,3900	0,0010691	130,7	0,3900	0,0010690	130,7	0,3900	0,0010690	130,7	0,3900
140	0,0010791	140,9	0,4150	0,0010791	140,9	0,4150	0,0010791	140,9	0,4150	0,0010791	140,9	0,4150
150	0,0010899	151,2	0,4395	0,0010899	151,2	0,4395	0,0010898	151,2	0,4395	0,0010898	151,2	0,4395
160	0,0011014	161,5	0,4636	0,0011013	161,5	0,4636	0,0011013	161,5	0,4636	0,0011013	161,5	0,4636
170	0,0011137	171,9	0,4873	0,0011136	171,9	0,4873	0,0011136	171,9	0,4873	0,0011136	171,9	0,4873
180	0,0011269	182,4	0,5107	0,0011268	182,4	0,5107	0,0011268	182,4	0,5107	0,0011267	182,4	0,5107
190	0,0011410	192,9	0,5338	0,0011410	192,9	0,5338	0,0011409	192,9	0,5337	0,0011409	192,9	0,5337
200	0,0011563	203,6	0,5566	0,0011562	203,6	0,5566	0,0011562	203,6	0,5566	0,0011561	203,6	0,5565
210	0,1139	670,1	1,5299	0,1104	669,3	1,5256	0,1071	668,6	1,5214	0,0011726	214,4	0,5791
220	0,1175	676,8	1,5437	0,1139	676,1	1,5396	0,1106	675,5	1,5355	0,1074	674,8	1,5315
230	0,1210	683,3	1,5567	0,1174	682,7	1,5527	0,1140	682,1	1,5488	0,1107	681,5	1,5450
240	0,1244	689,6	1,5690	0,1207	689,0	1,5652	0,1172	688,5	1,5614	0,1139	687,9	1,5576
250	0,1277	695,6	1,5808	0,1239	695,1	1,5770	0,1204	694,6	1,5733	0,1170	694,1	1,5697
260	0,1309	701,6	1,5920	0,1271	701,1	1,5883	0,1235	700,6	1,5847	0,1201	700,2	1,5811
270	0,1340	707,3	1,6027	0,1302	706,9	1,5991	0,1265	706,5	1,5956	0,1230	706,1	1,5921
280	0,1371	713,0	1,6131	0,1332	712,6	1,6095	0,1295	712,3	1,6060	0,1259	711,9	1,6026
290	0,1401	718,6	1,6231	0,1362	718,2	1,6196	0,1324	717,9	1,6161	0,1288	717,5	1,6128
300	0,1431	724,1	1,6327	0,1391	723,8	1,6293	0,1352	723,4	1,6259	0,1316	723,1	1,6226
310	0,1461	729,5	1,6421	0,1420	729,2	1,6387	0,1381	728,9	1,6354	0,1344	728,6	1,6321
320	0,1490	734,9	1,6513	0,1449	734,6	1,6479	0,1409	734,3	1,6446	0,1371	734,0	1,6414
330	0,1520	740,2	1,6602	0,1477	740,0	1,6568	0,1436	739,7	1,6536	0,1398	739,4	1,6504
340	0,1548	745,5	1,6689	0,1505	745,3	1,6656	0,1464	745,0	1,6623	0,1425	744,8	1,6592
350	0,1577	750,8	1,6774	0,1533	750,6	1,6741	0,1491	750,3	1,6709	0,1452	750,1	1,6677
360	0,1606	756,0	1,6857	0,1561	755,8	1,6825	0,1518	755,6	1,6793	0,1478	755,4	1,6761
370	0,1634	761,2	1,6939	0,1588	761,0	1,6907	0,1545	760,8	1,6875	0,1504	760,6	1,6844
380	0,1662	766,5	1,7020	0,1616	766,2	1,6987	0,1572	766,0	1,6955	0,1531	765,8	1,6924
390	0,1690	771,6	1,7098	0,1643	771,4	1,7066	0,1599	771,3	1,7035	0,1557	771,1	1,7004
400	0,1718	776,8	1,7176	0,1670	776,6	1,7144	0,1625	776,5	1,7112	0,1583	776,3	1,7082
410	0,1746	782,0	1,7252	0,1697	781,8	1,7220	0,1652	781,7	1,7189	0,1608	781,5	1,7158
420	0,1774	787,2	1,7328	0,1725	787,0	1,7296	0,1678	786,8	1,7264	0,1634	786,7	1,7234
430	0,1801	792,4	1,7402	0,1751	792,2	1,7370	0,1704	792,0	1,7339	0,1660	791,9	1,7309
440	0,1829	797,5	1,7475	0,1778	797,4	1,7443	0,1731	797,2	1,7412	0,1685	797,1	1,7382
450	0,1856	802,7	1,7547	0,1805	802,6	1,7516	0,1757	802,4	1,7485	0,1711	802,3	1,7454
460	0,1884	807,9	1,7619	0,1832	807,8	1,7587	0,1783	807,6	1,7556	0,1736	807,5	1,7526
470	0,1911	813,1	1,7689	0,1859	813,0	1,7657	0,1809	812,8	1,7627	0,1762	812,7	1,7596
480	0,1938	818,3	1,7759	0,1885	818,2	1,7727	0,1835	818,1	1,7696	0,1787	817,9	1,7666
490	0,1966	823,5	1,7827	0,1912	823,4	1,7796	0,1861	823,3	1,7765	0,1812	823,1	1,7735
500	0,1993	828,8	1,7895	0,1938	828,6	1,7864	0,1886	828,5	1,7833	0,1837	828,4	1,7803
510	0,2020	834,0	1,7963	0,1965	833,9	1,7931	0,1912	833,7	1,7901	0,1863	833,6	1,7871
520	0,2047	839,2	1,8029	0,1991	839,1	1,7998	0,1938	839,0	1,7967	0,1888	838,9	1,7937
530	0,2074	844,5	1,8095	0,2018	844,4	1,8064	0,1964	844,3	1,8033	0,1913	844,1	1,8003
540	0,2101	849,8	1,8160	0,2044	849,6	1,8129	0,1989	849,5	1,8098	0,1938	849,4	1,8069
550	0,2128	855,0	1,8225	0,2070	854,9	1,8193	0,2015	854,8	1,8163	0,1963	854,7	1,8133

Tafel 3. Wasser und überhitzter Dampf (Fortsetzung) Water and superheated Steam (Continuation)

t	18,0 at $t_s = 206{,}15\,°C$			18,5 at $t_s = 207{,}50\,°C$			19,0 at $t_s = 208{,}82\,°C$			19,5 at $t_s = 210{,}12\,°C$		
	v''	h''	s''	v''	h''	s''	v''	h''	s''	v''	h''	s''
	0,1124	667,4	1,5243	0,1095	667,6	1,5220	0,1067	667,7	1,5197	0,1040	667,9	1,5174
°C	v	h	s	v	h	s	v	h	s	v	h	s
550	0,2128	855,0	1,8225	0,2070	854,9	1,8193	0,2015	854,8	1,8163	0,1963	854,7	1,8133
560	0,2155	860,3	1,8288	0,2096	860,2	1,8257	0,2041	860,1	1,8227	0,1988	860,0	1,8197
570	0,2182	865,6	1,8352	0,2123	865,5	1,8321	0,2066	865,4	1,8290	0,2013	865,3	1,8261
580	0,2209	870,9	1,8414	0,2149	870,8	1,8383	0,2092	870,7	1,8353	0,2038	870,6	1,8323
590	0,2236	876,3	1,8476	0,2175	876,2	1,8445	0,2117	876,1	1,8415	0,2063	876,0	1,8386
600	0,2263	881,6	1,8538	0,2201	881,5	1,8507	0,2143	881,4	1,8477	0,2087	881,3	1,8447
610	0,2290	887,0	1,8599	0,2227	886,9	1,8568	0,2168	886,8	1,8538	0,2112	886,7	1,8508
620	0,2317	892,3	1,8659	0,2254	892,2	1,8628	0,2194	892,2	1,8598	0,2137	892,1	1,8569
630	0,2343	897,7	1,8719	0,2280	897,6	1,8688	0,2219	897,5	1,8658	0,2162	897,5	1,8629
640	0,2370	903,1	1,8779	0,2306	903,0	1,8748	0,2245	902,9	1,8718	0,2187	902,9	1,8688
650	0,2397	908,5	1,8838	0,2332	908,4	1,8807	0,2270	908,4	1,8777	0,2211	908,3	1,8747
660	0,2424	913,9	1,8896	0,2358	913,9	1,8865	0,2295	913,8	1,8835	0,2236	913,7	1,8806
670	0,2450	919,4	1,8954	0,2384	919,3	1,8923	0,2321	919,2	1,8893	0,2261	919,1	1,8864
680	0,2477	924,8	1,9012	0,2410	924,8	1,8981	0,2346	924,7	1,8951	0,2285	924,6	1,8921
690	0,2504	930,3	1,9069	0,2436	930,2	1,9038	0,2371	930,2	1,9008	0,2310	930,1	1,8979
700	0,2530	935,8	1,9125	0,2462	935,7	1,9094	0,2397	935,6	1,9064	0,2335	935,6	1,9035
710	0,2557	941,3	1,9181	0,2488	941,2	1,9151	0,2422	941,1	1,9121	0,2359	941,1	1,9091
720	0,2584	946,8	1,9237	0,2513	946,7	1,9206	0,2447	946,6	1,9176	0,2384	946,6	1,9147
730	0,2610	952,3	1,9292	0,2539	952,2	1,9262	0,2472	952,2	1,9232	0,2409	952,1	1,9203
740	0,2637	957,8	1,9347	0,2565	957,8	1,9317	0,2497	957,7	1,9287	0,2433	957,6	1,9258
750	0,2663	963,4	1,9402	0,2591	963,3	1,9371	0,2523	963,3	1,9341	0,2458	963,2	1,9312
760	0,2690	968,9	1,9456	0,2617	968,9	1,9425	0,2548	968,8	1,9395	0,2482	968,8	1,9366
770	0,2717	974,5	1,9510	0,2643	974,5	1,9479	0,2573	974,4	1,9449	0,2507	974,3	1,9420
780	0,2743	980,1	1,9563	0,2669	980,0	1,9532	0,2598	980,0	1,9502	0,2531	979,9	1,9473
790	0,2770	985,7	1,9616	0,2694	985,7	1,9585	0,2623	985,6	1,9555	0,2556	985,5	1,9526
800	0,2796	991,3	1,9668	0,2720	991,3	1,9638	0,2648	991,2	1,9608	0,2580	991,2	1,9579

1 at $=$ 0,980665 bar   1 kcal $=$ 4,1868 kJ

Tafel 3. Wasser und überhitzter Dampf (Fortsetzung)   Water and superheated Steam (Continuation)

t	20 at $t_s = 211{,}39\ °C$			21 at $t_s = 213{,}86\ °C$			22 at $t_s = 216{,}24\ °C$			23 at $t_s = 218{,}54\ °C$		
	v''	h''	s''	v''	h''	s''	v''	h''	s''	v''	h''	s''
	0,1015	668,0	1,5152	0,09672	668,2	1,5109	0,09241	668,5	1,5068	0,08845	668,6	1,5029
°C	v	h	s	v	h	s	v	h	s	v	h	s
0	0,0009992	0,5	0,0000	0,0009992	0,5	0,0000	0,0009991	0,5	0,0000	0,0009991	0,5	0,0000
10	0,0009993	10,5	0,0360	0,0009993	10,5	0,0360	0,0009992	10,5	0,0360	0,0009992	10,6	0,0360
20	0,0010008	20,5	0,0707	0,0010008	20,5	0,0707	0,0010007	20,5	0,0707	0,0010007	20,5	0,0707
30	0,0010034	30,4	0,1041	0,0010034	30,5	0,1041	0,0010033	30,5	0,1041	0,0010033	30,5	0,1041
40	0,0010069	40,4	0,1365	0,0010069	40,4	0,1365	0,0010069	40,4	0,1364	0,0010068	40,5	0,1364
50	0,0010112	50,4	0,1678	0,0010112	50,4	0,1678	0,0010112	50,4	0,1678	0,0010111	50,4	0,1678
60	0,0010163	60,4	0,1982	0,0010162	60,4	0,1982	0,0010162	60,4	0,1982	0,0010161	60,4	0,1982
70	0,0010219	70,4	0,2278	0,0010219	70,4	0,2278	0,0010219	70,4	0,2277	0,0010218	70,4	0,2277
80	0,0010283	80,4	0,2565	0,0010282	80,4	0,2565	0,0010282	80,4	0,2565	0,0010281	80,4	0,2565
90	0,0010352	90,4	0,2845	0,0010352	90,4	0,2845	0,0010351	90,4	0,2845	0,0010351	90,4	0,2845
100	0,0010427	100,4	0,3118	0,0010427	100,4	0,3118	0,0010426	100,5	0,3118	0,0010426	100,5	0,3117
110	0,0010509	110,5	0,3384	0,0010508	110,5	0,3384	0,0010508	110,5	0,3384	0,0010507	110,6	0,3384
120	0,0010596	120,6	0,3645	0,0010596	120,6	0,3645	0,0010595	120,6	0,3644	0,0010594	120,7	0,3644
130	0,0010690	130,8	0,3900	0,0010689	130,8	0,3899	0,0010689	130,8	0,3899	0,0010688	130,8	0,3899
140	0,0010790	141,0	0,4150	0,0010790	141,0	0,4149	0,0010789	141,0	0,4149	0,0010788	141,0	0,4149
150	0,0010898	151,2	0,4395	0,0010897	151,2	0,4394	0,0010896	151,2	0,4394	0,0010895	151,2	0,4394
160	0,0011012	161,5	0,4636	0,0011012	161,5	0,4635	0,0011011	161,5	0,4635	0,0011010	161,6	0,4635
170	0,0011135	171,9	0,4873	0,0011134	171,9	0,4872	0,0011134	171,9	0,4872	0,0011133	172,0	0,4872
180	0,0011267	182,4	0,5106	0,0011266	182,4	0,5106	0,0011265	182,4	0,5106	0,0011264	182,4	0,5106
190	0,0011408	192,9	0,5337	0,0011407	193,0	0,5337	0,0011406	193,0	0,5336	0,0011406	193,0	0,5336
200	0,0011561	203,6	0,5565	0,0011560	203,6	0,5565	0,0011559	203,6	0,5564	0,0011558	203,7	0,5564
210	0,0011725	214,4	0,5791	0,0011724	214,4	0,5791	0,0011723	214,4	0,5790	0,0011722	214,4	0,5790
220	0,1044	674,1	1,5276	0,09874	672,7	1,5199	0,09361	671,2	1,5124	0,08891	669,7	1,5051
230	0,1076	680,8	1,5412	0,10192	679,6	1,5338	0,09670	678,3	1,5266	0,09193	677,0	1,5196
240	0,1108	687,3	1,5540	0,10497	686,2	1,5468	0,09967	685,0	1,5399	0,09482	683,9	1,5332
250	0,1139	693,6	1,5661	0,10793	692,6	1,5592	0,10254	691,5	1,5525	0,09761	690,5	1,5459
260	0,1168	699,7	1,5777	0,11080	698,8	1,5709	0,10532	697,8	1,5644	0,10031	696,9	1,5581
270	0,1197	705,7	1,5887	0,11360	704,8	1,5821	0,10803	703,9	1,5757	0,10293	703,1	1,5696
280	0,1226	711,5	1,5993	0,11634	710,7	1,5928	0,11067	709,9	1,5866	0,10549	709,1	1,5806
290	0,1254	717,2	1,6095	0,11903	716,5	1,6032	0,11326	715,7	1,5970	0,10800	715,0	1,5911
300	0,1281	722,8	1,6194	0,12167	722,1	1,6131	0,11581	721,4	1,6071	0,11045	720,8	1,6013
310	0,1308	728,3	1,6289	0,12428	727,7	1,6228	0,11832	727,1	1,6168	0,11287	726,4	1,6111
320	0,1335	733,8	1,6382	0,12685	733,2	1,6321	0,12079	732,6	1,6262	0,11526	732,0	1,6206
330	0,1362	739,2	1,6472	0,12939	738,6	1,6412	0,12323	738,1	1,6354	0,11761	737,5	1,6298
340	0,1388	744,5	1,6561	0,13191	744,0	1,6501	0,12565	743,5	1,6443	0,11994	743,0	1,6388
350	0,1414	749,8	1,6647	0,13441	749,4	1,6587	0,12805	748,9	1,6530	0,12224	748,4	1,6475
360	0,1440	755,1	1,6731	0,13688	754,7	1,6672	0,13043	754,2	1,6615	0,12453	753,8	1,6561
370	0,1466	760,4	1,6813	0,13934	760,0	1,6755	0,13279	759,5	1,6698	0,12680	759,1	1,6644
380	0,1491	765,6	1,6894	0,14179	765,2	1,6836	0,13513	764,8	1,6780	0,12905	764,4	1,6726
390	0,1517	770,9	1,6974	0,14422	770,5	1,6916	0,13746	770,1	1,6860	0,13129	769,7	1,6807
400	0,1542	776,1	1,7052	0,14664	775,7	1,6994	0,13978	775,3	1,6939	0,13352	775,0	1,6885
410	0,1567	781,3	1,7129	0,14905	780,9	1,7071	0,14209	780,6	1,7016	0,13574	780,2	1,6963
420	0,1592	786,5	1,7204	0,15146	786,2	1,7147	0,14439	785,8	1,7092	0,13794	785,5	1,7039
430	0,1617	791,7	1,7279	0,15385	791,4	1,7222	0,14668	791,0	1,7167	0,14014	790,7	1,7114
440	0,1642	796,9	1,7352	0,15623	796,6	1,7295	0,14897	796,3	1,7241	0,14233	796,0	1,7188
450	0,1667	802,1	1,7425	0,15861	801,8	1,7368	0,15124	801,5	1,7314	0,14452	801,2	1,7261
460	0,1692	807,3	1,7496	0,16098	807,0	1,7440	0,15351	806,7	1,7385	0,14669	806,4	1,7333
470	0,1717	812,6	1,7567	0,16335	812,3	1,7511	0,15578	812,0	1,7456	0,14886	811,7	1,7405
480	0,1741	817,8	1,7637	0,16571	817,5	1,7580	0,15803	817,2	1,7527	0,15103	816,9	1,7475
490	0,1766	823,0	1,7706	0,16806	822,7	1,7650	0,16029	822,5	1,7596	0,15319	822,2	1,7544
500	0,1791	828,2	1,7774	0,17041	828,0	1,7718	0,16253	827,7	1,7664	0,15534	827,5	1,7613
510	0,1815	833,5	1,7842	0,17275	833,2	1,7785	0,16478	833,0	1,7732	0,15749	832,7	1,7680
520	0,1840	838,8	1,7908	0,17509	838,5	1,7852	0,16701	838,3	1,7799	0,15964	838,0	1,7747
530	0,1864	844,0	1,7974	0,17743	843,8	1,7918	0,16925	843,5	1,7865	0,16178	843,3	1,7814
540	0,1889	849,3	1,8040	0,17976	849,1	1,7984	0,17148	848,8	1,7930	0,16392	848,6	1,7879
550	0,1913	854,6	1,8104	0,18209	854,4	1,8049	0,17371	854,1	1,7995	0,16605	853,9	1,7944

Tafel 3. Wasser und überhitzter Dampf (Fortsetzung)   **Water and superheated Steam** (Continuation)

t	20 at $t_s = 211,39\,°C$			21 at $t_s = 213,86\,°C$			22 at $t_s = 216,24\,°C$			23 at $t_s = 218,54\,°C$		
	v''	h''	s''	v''	h''	s''	v''	h''	s''	v''	h''	s''
	0,1015	668,0	1,5152	0,09672	668,2	1,5109	0,09241	668,5	1,5068	0,08845	668,6	1,5029
°C	v	h	s	v	h	s	v	h	s	v	h	s
550	0,1913	854,6	1,8104	0,18209	854,4	1,8049	0,17371	854,1	1,7995	0,16605	853,9	1,7944
560	0,1938	859,9	1,8168	0,18442	859,7	1,8113	0,17593	859,5	1,8059	0,16818	859,2	1,8008
570	0,1962	865,2	1,8232	0,18674	865,0	1,8176	0,17815	864,8	1,8123	0,17031	864,6	1,8072
580	0,1986	870,5	1,8295	0,18906	870,3	1,8239	0,18037	870,1	1,8186	0,17244	869,9	1,8135
590	0,2010	875,9	1,8357	0,19138	875,7	1,8301	0,18258	875,5	1,8248	0,17456	875,3	1,8198
600	0,2035	881,2	1,8418	0,19369	881,0	1,8363	0,18480	880,8	1,8310	0,17668	880,7	1,8259
610	0,2059	886,6	1,8480	0,19600	886,4	1,8424	0,18701	886,2	1,8371	0,17879	886,0	1,8321
620	0,2083	892,0	1,8540	0,19831	891,8	1,8485	0,18921	891,6	1,8432	0,18091	891,4	1,8381
630	0,2107	897,4	1,8600	0,20062	897,2	1,8545	0,19142	897,0	1,8492	0,18302	896,8	1,8442
640	0,2132	902,8	1,8660	0,20292	902,6	1,8604	0,19362	902,4	1,8552	0,18513	902,3	1,8501
650	0,2156	908,2	1,8719	0,20522	908,0	1,8664	0,19582	907,9	1,8611	0,18723	907,7	1,8561
660	0,2180	913,6	1,8777	0,20752	913,5	1,8722	0,19802	913,3	1,8670	0,18934	913,1	1,8619
670	0,2204	919,1	1,8835	0,20982	918,9	1,8780	0,20021	918,8	1,8728	0,19144	918,6	1,8677
680	0,2228	924,5	1,8893	0,21211	924,4	1,8838	0,20240	924,2	1,8785	0,19354	924,1	1,8735
690	0,2252	930,0	1,8950	0,21441	929,9	1,8895	0,20459	929,7	1,8843	0,19564	929,6	1,8792
700	0,2276	935,5	1,9007	0,21670	935,3	1,8952	0,20678	935,2	1,8899	0,19773	935,1	1,8849
710	0,2300	941,0	1,9063	0,21899	940,8	1,9008	0,20897	940,7	1,8956	0,19983	940,6	1,8906
720	0,2324	946,5	1,9119	0,22127	946,4	1,9064	0,21116	946,2	1,9012	0,20192	946,1	1,8961
730	0,2348	952,0	1,9174	0,22356	951,9	1,9119	0,21334	951,8	1,9067	0,20401	951,6	1,9017
740	0,2372	957,6	1,9229	0,22585	957,4	1,9174	0,21553	957,3	1,9122	0,20610	957,2	1,9072
750	0,2396	963,1	1,9284	0,22813	963,0	1,9229	0,21771	962,9	1,9177	0,20819	962,8	1,9127
760	0,2420	968,7	1,9338	0,23041	968,6	1,9283	0,21989	968,5	1,9231	0,21028	968,3	1,9181
770	0,2444	974,3	1,9392	0,23269	974,2	1,9337	0,22206	974,0	1,9285	0,21236	973,9	1,9235
780	0,2468	979,9	1,9445	0,23497	979,8	1,9390	0,22424	979,6	1,9338	0,21445	979,5	1,9288
790	0,2492	985,5	1,9498	0,23725	985,4	1,9443	0,22642	985,3	1,9391	0,21653	985,1	1,9341
800	0,2515	991,1	1,9551	0,23952	991,0	1,9496	0,22859	990,9	1,9444	0,21861	990,8	1,9394

1 at = 0,980665 bar   1 kcal = 4,1868 kJ

Tafel 3. Wasser und überhitzter Dampf (Fortsetzung)   **Water and superheated Steam** (Continuation)

t	24 at $t_s = 220,76$ °C			25 at $t_s = 222,91$ °C			26 at $t_s = 224,99$ °C			27 at $t_s = 227,02$ °C		
	v''	h''	s''	v''	h''	s''	v''	h''	s''	v''	h''	s''
	0,08482	668,8	1,4991	0,08147	668,9	1,4954	0,07836	669,0	1,4919	0,07548	669,1	1,4884
°C	v	h	s	v	h	s	v	h	s	v	h	s
0	0,0009990	0,6	0,0000	0,0009990	0,6	0,0000	0,0009989	0,6	0,0000	0,0009989	0,6	0,0000
10	0,0009991	10,6	0,0360	0,0009991	10,6	0,0360	0,0009991	10,6	0,0360	0,0009990	10,6	0,0360
20	0,0010007	20,6	0,0707	0,0010006	20,6	0,0706	0,0010006	20,6	0,0706	0,0010005	20,6	0,0706
30	0,0010033	30,5	0,1041	0,0010032	30,5	0,1041	0,0010032	30,6	0,1041	0,0010031	30,6	0,1041
40	0,0010068	40,5	0,1364	0,0010067	40,5	0,1364	0,0010067	40,5	0,1364	0,0010066	40,6	0,1364
50	0,0010111	50,5	0,1678	0,0010110	50,5	0,1678	0,0010110	50,5	0,1677	0,0010109	50,5	0,1677
60	0,0010161	60,4	0,1982	0,0010160	60,5	0,1982	0,0010160	60,5	0,1982	0,0010159	60,5	0,1981
70	0,0010218	70,4	0,2277	0,0010217	70,4	0,2277	0,0010217	70,5	0,2277	0,0010216	70,5	0,2277
80	0,0010281	80,4	0,2565	0,0010280	80,4	0,2564	0,0010280	80,5	0,2564	0,0010279	80,5	0,2564
90	0,0010350	90,5	0,2844	0,0010350	90,5	0,2844	0,0010349	90,5	0,2844	0,0010349	90,5	0,2844
100	0,0010425	100,5	0,3117	0,0010425	100,5	0,3117	0,0010424	100,5	0,3117	0,0010424	100,5	0,3117
110	0,0010507	110,6	0,3384	0,0010506	110,6	0,3383	0,0010505	110,6	0,3383	0,0010505	110,6	0,3383
120	0,0010594	120,7	0,3644	0,0010593	120,7	0,3644	0,0010593	120,7	0,3643	0,0010592	120,7	0,3643
130	0,0010687	130,8	0,3899	0,0010687	130,8	0,3899	0,0010686	130,9	0,3898	0,0010686	130,9	0,3898
140	0,0010788	141,0	0,4149	0,0010787	141,0	0,4148	0,0010786	141,0	0,4148	0,0010786	141,1	0,4148
150	0,0010895	151,3	0,4394	0,0010894	151,3	0,4393	0,0010893	151,3	0,4393	0,0010893	151,3	0,4393
160	0,0011009	161,6	0,4635	0,0011009	161,6	0,4634	0,0011008	161,6	0,4634	0,0011007	161,6	0,4634
170	0,0011132	172,0	0,4872	0,0011131	172,0	0,4871	0,0011130	172,0	0,4871	0,0011130	172,0	0,4871
180	0,0011263	182,4	0,5105	0,0011263	182,4	0,5105	0,0011262	182,5	0,5105	0,0011261	182,5	0,5104
190	0,0011405	193,0	0,5336	0,0011404	193,0	0,5335	0,0011403	193,0	0,5335	0,0011402	193,0	0,5335
200	0,0011557	203,7	0,5564	0,0011556	203,7	0,5563	0,0011555	203,7	0,5563	0,0011554	203,7	0,5563
210	0,0011721	214,5	0,5789	0,0011720	214,5	0,5789	0,0011719	214,5	0,5789	0,0011718	214,5	0,5788
220	0,0011899	225,4	0,6014	0,0011898	225,4	0,6013	0,0011897	225,4	0,6013	0,0011895	225,4	0,6012
230	0,08755	675,6	1,5127	0,08351	674,3	1,5061	0,07977	672,9	1,4995	0,07630	671,5	1,4931
240	0,09037	682,7	1,5266	0,08627	681,4	1,5202	0,08248	680,2	1,5139	0,07896	678,9	1,5078
250	0,09309	689,4	1,5396	0,08892	688,3	1,5334	0,08507	687,2	1,5274	0,08150	686,1	1,5215
260	0,09571	695,9	1,5519	0,09148	694,9	1,5459	0,08756	693,9	1,5401	0,08394	692,9	1,5345
270	0,09826	702,2	1,5636	0,09396	701,3	1,5578	0,08998	700,4	1,5522	0,08629	699,4	1,5467
280	0,10074	708,3	1,5747	0,09637	707,5	1,5691	0,09232	706,6	1,5636	0,08858	705,8	1,5582
290	0,10317	714,2	1,5854	0,09872	713,5	1,5799	0,09461	712,7	1,5745	0,09081	712,0	1,5693
300	0,10554	720,1	1,5957	0,10102	719,4	1,5902	0,09685	718,7	1,5850	0,09298	718,0	1,5799
310	0,10788	725,8	1,6056	0,10329	725,1	1,6002	0,09904	724,5	1,5950	0,09511	723,8	1,5900
320	0,11018	731,4	1,6151	0,10551	730,8	1,6099	0,10120	730,2	1,6048	0,09721	729,6	1,5998
330	0,11245	737,0	1,6244	0,10771	736,4	1,6192	0,10333	735,9	1,6142	0,09927	735,3	1,6093
340	0,11470	742,5	1,6334	0,10988	741,9	1,6283	0,10543	741,4	1,6233	0,10130	740,9	1,6185
350	0,11692	747,9	1,6422	0,11202	747,4	1,6372	0,10750	746,9	1,6322	0,10332	746,4	1,6275
360	0,11912	753,3	1,6508	0,11415	752,8	1,6458	0,10956	752,4	1,6409	0,10530	751,9	1,6362
370	0,12131	758,7	1,6592	0,11626	758,2	1,6542	0,11159	757,8	1,6494	0,10728	757,3	1,6447
380	0,12348	764,0	1,6675	0,11835	763,6	1,6625	0,11361	763,2	1,6577	0,10923	762,7	1,6530
390	0,12563	769,3	1,6755	0,12043	768,9	1,6706	0,11562	768,5	1,6658	0,11117	768,1	1,6612
400	0,12778	774,6	1,6834	0,12249	774,2	1,6785	0,11762	773,8	1,6738	0,11310	773,4	1,6692
410	0,12991	779,9	1,6912	0,12455	779,5	1,6863	0,11960	779,1	1,6816	0,11502	778,8	1,6771
420	0,13203	785,1	1,6989	0,12659	784,8	1,6940	0,12157	784,4	1,6893	0,11692	784,1	1,6848
430	0,13415	790,4	1,7064	0,12863	790,1	1,7016	0,12353	789,7	1,6969	0,11882	789,4	1,6924
440	0,13625	795,6	1,7138	0,13066	795,3	1,7090	0,12549	795,0	1,7043	0,12071	794,7	1,6998
450	0,13835	800,9	1,7211	0,13268	800,6	1,7163	0,12744	800,3	1,7117	0,12259	800,0	1,7072
460	0,14044	806,2	1,7284	0,13469	805,9	1,7236	0,12938	805,6	1,7189	0,12446	805,3	1,7145
470	0,14253	811,4	1,7355	0,13670	811,1	1,7307	0,13132	810,8	1,7261	0,12633	810,5	1,7216
480	0,14461	816,7	1,7425	0,13870	816,4	1,7377	0,13324	816,1	1,7331	0,12819	815,8	1,7287
490	0,14668	821,9	1,7495	0,14069	821,7	1,7447	0,13517	821,4	1,7401	0,13005	821,1	1,7357
500	0,14875	827,2	1,7563	0,14269	827,0	1,7516	0,13709	826,7	1,7470	0,13190	826,4	1,7426
510	0,15082	832,5	1,7631	0,14467	832,2	1,7584	0,13900	832,0	1,7538	0,13375	831,7	1,7494
520	0,15288	837,8	1,7698	0,14665	837,5	1,7651	0,14091	837,3	1,7605	0,13559	837,0	1,7562
530	0,15493	843,1	1,7765	0,14863	842,8	1,7717	0,14282	842,6	1,7672	0,13743	842,4	1,7628
540	0,15699	848,4	1,7830	0,15061	848,2	1,7783	0,14472	847,9	1,7738	0,13927	847,7	1,7694
550	0,15903	853,7	1,7895	0,15258	853,5	1,7848	0,14662	853,3	1,7803	0,14110	853,0	1,7759

Tafel 3. Wasser und überhitzter Dampf (Fortsetzung)　　　**Water and superheated Steam** (Continuation)

t	24 at $t_s = 220{,}76\ °C$			25 at $t_s = 222{,}91\ °C$			26 at $t_s = 224{,}99\ °C$			27 at $t_s = 227{,}02\ °C$		
	v'' 0,08482	h'' 668,8	s'' 1,4991	v'' 0,08147	h'' 668,9	s'' 1,4954	v'' 0,07836	h'' 669,0	s'' 1,4919	v'' 0,07548	h'' 669,1	s'' 1,4884
°C	v	h	s	v	h	s	v	h	s	v	h	s
550	0,15903	853,7	1,7895	0,15258	853,5	1,7848	0,14662	853,3	1,7803	0,14110	853,0	1,7759
560	0,16108	859,0	1,7960	0,15455	858,8	1,7913	0,14851	858,6	1,7867	0,14293	858,4	1,7824
570	0,16312	864,4	1,8023	0,15651	864,2	1,7976	0,15040	864,0	1,7931	0,14475	863,7	1,7888
580	0,16516	869,7	1,8086	0,15847	869,5	1,8040	0,15229	869,3	1,7995	0,14657	869,1	1,7951
590	0,16720	875,1	1,8149	0,16043	874,9	1,8102	0,15418	874,7	1,8057	0,14839	874,5	1,8014
600	0,16923	880,5	1,8211	0,16238	880,3	1,8164	0,15606	880,1	1,8119	0,15021	879,9	1,8076
610	0,17126	885,8	1,8272	0,16434	885,7	1,8226	0,15794	885,5	1,8181	0,15202	885,3	1,8138
620	0,17329	891,2	1,8333	0,16629	891,1	1,8286	0,15982	890,9	1,8242	0,15383	890,7	1,8198
630	0,17532	896,7	1,8393	0,16823	896,5	1,8347	0,16169	896,3	1,8302	0,15564	896,1	1,8259
640	0,17734	902,1	1,8453	0,17018	901,9	1,8407	0,16357	901,7	1,8362	0,15745	901,6	1,8319
650	0,17936	907,5	1,8512	0,17212	907,4	1,8466	0,16544	907,2	1,8421	0,15925	907,0	1,8378
660	0,18138	913,0	1,8571	0,17406	912,8	1,8525	0,16731	912,6	1,8480	0,16105	912,5	1,8437
670	0,18340	918,4	1,8629	0,17600	918,3	1,8583	0,16917	918,1	1,8538	0,16285	918,0	1,8495
680	0,18541	923,9	1,8687	0,17794	923,8	1,8641	0,17104	923,6	1,8596	0,16465	923,5	1,8553
690	0,18743	929,4	1,8744	0,17987	929,3	1,8698	0,17290	929,1	1,8654	0,16644	929,0	1,8611
700	0,18944	934,9	1,8801	0,18180	934,8	1,8755	0,17476	934,6	1,8711	0,16824	934,5	1,8668
710	0,19145	940,4	1,8857	0,18374	940,3	1,8811	0,17662	940,1	1,8767	0,17003	940,0	1,8724
720	0,19345	946,0	1,8913	0,18567	945,8	1,8867	0,17847	945,7	1,8823	0,17182	945,5	1,8780
730	0,19546	951,5	1,8969	0,18759	951,4	1,8923	0,18033	951,2	1,8879	0,17361	951,1	1,8836
740	0,19747	957,1	1,9024	0,18952	956,9	1,8978	0,18218	956,8	1,8934	0,17539	956,7	1,8891
750	0,19947	962,6	1,9079	0,19144	962,5	1,9033	0,18404	962,4	1,8989	0,17718	962,2	1,8946
760	0,20147	968,2	1,9133	0,19337	968,1	1,9087	0,18589	968,0	1,9043	0,17896	967,8	1,9000
770	0,20347	973,8	1,9187	0,19529	973,7	1,9141	0,18774	973,6	1,9097	0,18074	973,4	1,9054
780	0,20547	979,4	1,9241	0,19721	979,3	1,9195	0,18958	979,2	1,9151	0,18252	979,1	1,9108
790	0,20747	985,0	1,9294	0,19913	984,9	1,9248	0,19143	984,8	1,9204	0,18430	984,7	1,9161
800	0,20946	990,7	1,9346	0,20104	990,6	1,9301	0,19328	990,4	1,9257	0,18608	990,3	1,9214

1 at = 0,980665 bar　　1 kcal = 4,1868 kJ

Tafel 3. Wasser und überhitzter Dampf (Fortsetzung) Water and superheated Steam (Continuation)

t	28 at $t_s = 228{,}98\,°C$			29 at $t_s = 230{,}90\,°C$			30 at $t_s = 232{,}76\,°C$			31 at $t_s = 234{,}58\,°C$		
	v''	h''	s''	v''	h''	s''	v''	h''	s''	v''	h''	s''
	0,07279	669,2	1,4851	0,07029	669,3	1,4819	0,06794	669,3	1,4788	0,06574	669,3	1,4757
°C	v	h	s	v	h	s	v	h	s	v	h	s
0	0,0009989	0,7	0,0000	0,0009988	0,7	0,0000	0,0009988	0,7	0,0000	0,0009987	0,7	0,0000
10	0,0009990	10,7	0,0360	0,0009989	10,7	0,0360	0,0009989	10,7	0,0360	0,0009988	10,7	0,0360
20	0,0010005	20,6	0,0706	0,0010004	20,7	0,0706	0,0010004	20,7	0,0706	0,0010003	20,7	0,0706
30	0,0010031	30,6	0,1041	0,0010030	30,6	0,1040	0,0010030	30,7	0,1040	0,0010030	30,7	0,1040
40	0,0010066	40,6	0,1364	0,0010066	40,6	0,1364	0,0010065	40,6	0,1364	0,0010065	40,6	0,1364
50	0,0010109	50,5	0,1677	0,0010108	50,6	0,1677	0,0010108	50,6	0,1677	0,0010108	50,6	0,1677
60	0,0010159	60,5	0,1981	0,0010159	60,5	0,1981	0,0010158	60,6	0,1981	0,0010158	60,6	0,1981
70	0,0010216	70,5	0,2277	0,0010215	70,5	0,2276	0,0010215	70,5	0,2276	0,0010214	70,6	0,2276
80	0,0010279	80,5	0,2564	0,0010278	80,5	0,2564	0,0010278	80,5	0,2564	0,0010277	80,6	0,2563
90	0,0010348	90,5	0,2844	0,0010348	90,5	0,2844	0,0010347	90,6	0,2843	0,0010347	90,6	0,2843
100	0,0010423	100,6	0,3116	0,0010423	100,6	0,3116	0,0010422	100,6	0,3116	0,0010422	100,6	0,3116
110	0,0010504	110,6	0,3383	0,0010504	110,7	0,3383	0,0010503	110,7	0,3382	0,0010503	110,7	0,3382
120	0,0010592	120,7	0,3643	0,0010591	120,8	0,3643	0,0010590	120,8	0,3643	0,0010590	120,8	0,3642
130	0,0010685	130,9	0,3898	0,0010684	130,9	0,3898	0,0010684	130,9	0,3897	0,0010683	130,9	0,3897
140	0,0010785	141,1	0,4148	0,0010784	141,1	0,4147	0,0010784	141,1	0,4147	0,0010783	141,1	0,4147
150	0,0010892	151,3	0,4393	0,0010891	151,3	0,4392	0,0010891	151,4	0,4392	0,0010890	151,4	0,4392
160	0,0011006	161,6	0,4633	0,0011006	161,6	0,4633	0,0011005	161,7	0,4633	0,0011004	161,7	0,4633
170	0,0011129	172,0	0,4870	0,0011128	172,0	0,4870	0,0011127	172,0	0,4870	0,0011127	172,1	0,4870
180	0,0011260	182,5	0,5104	0,0011259	182,5	0,5104	0,0011258	182,5	0,5103	0,0011258	182,5	0,5103
190	0,0011401	193,0	0,5334	0,0011400	193,0	0,5334	0,0011399	193,1	0,5334	0,0011398	193,1	0,5333
200	0,0011553	203,7	0,5562	0,0011552	203,7	0,5562	0,0011551	203,7	0,5562	0,0011550	203,7	0,5561
210	0,0011716	214,5	0,5788	0,0011715	214,5	0,5787	0,0011714	214,5	0,5787	0,0011713	214,5	0,5787
220	0,0011894	225,4	0,6012	0,0011893	225,4	0,6011	0,0011892	225,4	0,6011	0,0011890	225,4	0,6010
230	0,07307	670,0	1,4867	0,0012087	236,5	0,6234	0,0012085	236,5	0,6234	0,0012084	236,5	0,6233
240	0,07568	677,7	1,5018	0,07263	676,4	1,4958	0,06977	675,0	1,4900	0,06709	673,7	1,4843
250	0,07817	684,9	1,5158	0,07508	683,7	1,5101	0,07218	682,6	1,5046	0,06946	681,4	1,4991
260	0,08056	691,8	1,5289	0,07742	690,8	1,5235	0,07448	689,7	1,5181	0,07172	688,7	1,5129
270	0,08287	698,5	1,5413	0,07967	697,6	1,5360	0,07669	696,6	1,5309	0,07389	695,6	1,5259
280	0,08510	704,9	1,5530	0,08185	704,1	1,5479	0,07882	703,2	1,5429	0,07599	702,3	1,5381
290	0,08727	711,2	1,5642	0,08397	710,4	1,5592	0,08090	709,6	1,5544	0,07801	708,8	1,5497
300	0,08939	717,3	1,5749	0,08604	716,5	1,5700	0,08291	715,8	1,5653	0,07999	715,1	1,5607
310	0,09146	723,2	1,5851	0,08806	722,5	1,5804	0,08488	721,8	1,5758	0,08191	721,2	1,5713
320	0,09350	729,0	1,5950	0,09004	728,4	1,5904	0,08681	727,8	1,5858	0,08379	727,1	1,5814
330	0,09550	734,7	1,6046	0,09199	734,1	1,6000	0,08871	733,6	1,5955	0,08564	733,0	1,5912
340	0,09748	740,4	1,6139	0,09391	739,8	1,6093	0,09058	739,3	1,6049	0,08746	738,7	1,6006
350	0,09943	745,9	1,6229	0,09580	745,4	1,6184	0,09242	744,9	1,6140	0,08926	744,4	1,6098
360	0,10135	751,4	1,6316	0,09768	751,0	1,6272	0,09424	750,5	1,6229	0,09103	750,0	1,6187
370	0,10327	756,9	1,6402	0,09953	756,4	1,6358	0,09604	756,0	1,6315	0,09278	755,5	1,6274
380	0,10516	762,3	1,6486	0,10137	761,9	1,6442	0,09783	761,5	1,6400	0,09452	761,0	1,6359
390	0,10704	767,7	1,6567	0,10319	767,3	1,6524	0,09960	766,9	1,6482	0,09624	766,5	1,6442
400	0,10890	773,1	1,6648	0,10500	772,7	1,6605	0,10135	772,3	1,6563	0,09794	771,9	1,6523
410	0,11076	778,4	1,6727	0,10680	778,0	1,6684	0,10310	777,7	1,6643	0,09964	777,3	1,6602
420	0,11260	783,7	1,6804	0,10858	783,4	1,6762	0,10483	783,0	1,6720	0,10132	782,7	1,6681
430	0,11444	789,1	1,6880	0,11036	788,7	1,6838	0,10656	788,4	1,6797	0,10300	788,0	1,6757
440	0,11627	794,4	1,6955	0,11213	794,0	1,6913	0,10827	793,7	1,6872	0,10466	793,4	1,6833
450	0,11809	799,7	1,7029	0,11389	799,4	1,6987	0,10998	799,0	1,6946	0,10632	798,7	1,6907
460	0,11990	805,0	1,7102	0,11565	804,7	1,7060	0,11168	804,4	1,7020	0,10797	804,1	1,6980
470	0,12171	810,3	1,7173	0,11740	810,0	1,7132	0,11338	809,7	1,7092	0,10962	809,4	1,7053
480	0,12351	815,6	1,7244	0,11914	815,3	1,7203	0,11507	815,0	1,7163	0,11125	814,7	1,7124
490	0,12530	820,9	1,7314	0,12088	820,6	1,7273	0,11675	820,3	1,7233	0,11289	820,1	1,7194
500	0,12709	826,2	1,7383	0,12261	825,9	1,7342	0,11843	825,6	1,7302	0,11451	825,4	1,7264
510	0,12888	831,5	1,7452	0,12434	831,2	1,7411	0,12010	831,0	1,7371	0,11614	830,7	1,7332
520	0,13066	836,8	1,7519	0,12606	836,6	1,7478	0,12177	836,3	1,7438	0,11776	836,1	1,7400
530	0,13243	842,1	1,7586	0,12778	841,9	1,7545	0,12343	841,7	1,7505	0,11937	841,4	1,7467
540	0,13421	847,5	1,7652	0,12949	847,2	1,7611	0,12510	847,0	1,7572	0,12098	846,8	1,7533
550	0,13598	852,8	1,7717	0,13121	852,6	1,7677	0,12675	852,4	1,7637	0,12259	852,1	1,7599

Tafel 3. Wasser und überhitzter Dampf (Fortsetzung)   **Water and superheated Steam** (Continuation)

t	28 at $t_s = 228,98\ °C$			29 at $t_s = 230,90\ °C$			30 at $t_s = 232,76\ °C$			31 at $t_s = 234,58\ °C$		
	v''	h''	s''	v''	h''	s''	v''	h''	s''	v''	h''	s''
	0,07279	669,2	1,4851	0,07029	669,3	1,4819	0,06794	669,3	1,4788	0,06574	669,3	1,4757
°C	v	h	s	v	h	s	v	h	s	v	h	s
550	0,13598	852,8	1,7717	0,13121	852,6	1,7677	0,12675	852,4	1,7637	0,12259	852,1	1,7599
560	0,13774	858,2	1,7782	0,13291	858,0	1,7741	0,12841	857,7	1,7702	0,12419	857,5	1,7664
570	0,13950	863,5	1,7846	0,13462	863,3	1,7805	0,13006	863,1	1,7766	0,12579	862,9	1,7728
580	0,14126	868,9	1,7909	0,13632	868,7	1,7869	0,13170	868,5	1,7830	0,12739	868,3	1,7792
590	0,14302	874,3	1,7972	0,13802	874,1	1,7932	0,13335	873,9	1,7893	0,12898	873,7	1,7855
600	0,14477	879,7	1,8034	0,13971	879,5	1,7994	0,13499	879,3	1,7955	0,13057	879,1	1,7917
610	0,14652	885,1	1,8096	0,14141	884,9	1,8056	0,13663	884,7	1,8017	0,13216	884,5	1,7979
620	0,14827	890,5	1,8157	0,14310	890,3	1,8117	0,13827	890,2	1,8078	0,13375	890,0	1,8040
630	0,15002	896,0	1,8217	0,14478	895,8	1,8177	0,13990	895,6	1,8138	0,13533	895,4	1,8101
640	0,15176	901,4	1,8277	0,14647	901,2	1,8237	0,14153	901,1	1,8198	0,13691	900,9	1,8161
650	0,15350	906,9	1,8337	0,14815	906,7	1,8297	0,14316	906,5	1,8258	0,13849	906,4	1,8220
660	0,15524	912,3	1,8396	0,14983	912,2	1,8356	0,14479	912,0	1,8317	0,14007	911,8	1,8279
670	0,15698	917,8	1,8454	0,15151	917,6	1,8414	0,14641	917,5	1,8375	0,14164	917,3	1,8338
680	0,15871	923,3	1,8512	0,15319	923,1	1,8472	0,14803	923,0	1,8433	0,14321	922,8	1,8396
690	0,16045	928,8	1,8570	0,15487	928,7	1,8530	0,14966	928,5	1,8491	0,14478	928,4	1,8454
700	0,16218	934,3	1,8627	0,15654	934,2	1,8587	0,15127	934,0	1,8548	0,14635	933,9	1,8511
710	0,16391	939,9	1,8683	0,15821	939,7	1,8643	0,15289	939,6	1,8605	0,14792	939,4	1,8568
720	0,16564	945,4	1,8739	0,15988	945,3	1,8699	0,15451	945,1	1,8661	0,14948	945,0	1,8624
730	0,16736	951,0	1,8795	0,16155	950,8	1,8755	0,15612	950,7	1,8717	0,15105	950,6	1,8680
740	0,16909	956,5	1,8850	0,16321	956,4	1,8810	0,15773	956,3	1,8772	0,15261	956,1	1,8735
750	0,17081	962,1	1,8905	0,16488	962,0	1,8865	0,15934	961,9	1,8827	0,15417	961,7	1,8790
760	0,17253	967,7	1,8959	0,16654	967,6	1,8920	0,16095	967,5	1,8882	0,15573	967,3	1,8844
770	0,17425	973,3	1,9013	0,16820	973,2	1,8974	0,16256	973,1	1,8936	0,15728	973,0	1,8899
780	0,17597	978,9	1,9067	0,16986	978,8	1,9028	0,16417	978,7	1,8989	0,15884	978,6	1,8952
790	0,17769	984,6	1,9120	0,17152	984,5	1,9081	0,16577	984,4	1,9043	0,16039	984,2	1,9006
800	0,17940	990,2	1,9173	0,17318	990,1	1,9134	0,16738	990,0	1,9096	0,16195	989,9	1,9059

1 at $= 0,980665$ bar   1 kcal $= 4,1868$ kJ

Tafel 3. Wasser und überhitzter Dampf (Fortsetzung) **Water and superheated Steam** (Continuation)

t	32 at $t_s = 236{,}35\,°\mathrm{C}$			33 at $t_s = 238{,}08\,°\mathrm{C}$			34 at $t_s = 239{,}77\,°\mathrm{C}$			35 at $t_s = 241{,}42\,°\mathrm{C}$		
	v''	h''	s''	v''	h''	s''	v''	h''	s''	v''	h''	s''
	0,06368	669,3	1,4728	0,06173	669,3	1,4699	0,05990	669,3	1,4670	0,05817	669,3	1,4643
°C	v	h	s	v	h	s	v	h	s	v	h	s
0	0,0009987	0,8	0,0000	0,0009986	0,8	0,0000	0,0009986	0,8	0,0000	0,0009985	0,8	0,0000
10	0,0009988	10,8	0,0360	0,0009987	10,8	0,0360	0,0009987	10,8	0,0360	0,0009986	10,8	0,0360
20	0,0010003	20,7	0,0706	0,0010003	20,8	0,0706	0,0010002	20,8	0,0706	0,0010002	20,8	0,0706
30	0,0010029	30,7	0,1040	0,0010029	30,7	0,1040	0,0010028	30,7	0,1040	0,0010028	30,8	0,1040
40	0,0010064	40,7	0,1364	0,0010064	40,7	0,1363	0,0010063	40,7	0,1363	0,0010063	40,7	0,1363
50	0,0010107	50,6	0,1677	0,0010107	50,6	0,1677	0,0010106	50,7	0,1677	0,0010106	50,7	0,1676
60	0,0010157	60,6	0,1981	0,0010157	60,6	0,1981	0,0010156	60,6	0,1981	0,0010156	60,7	0,1980
70	0,0010214	70,6	0,2276	0,0010214	70,6	0,2276	0,0010213	70,6	0,2276	0,0010213	70,6	0,2276
80	0,0010277	80,6	0,2563	0,0010277	80,6	0,2563	0,0010276	80,6	0,2563	0,0010276	80,6	0,2563
90	0,0010346	90,6	0,2843	0,0010346	90,6	0,2843	0,0010345	90,6	0,2843	0,0010345	90,7	0,2843
100	0,0010421	100,6	0,3116	0,0010421	100,7	0,3116	0,0010420	100,7	0,3115	0,0010420	100,7	0,3115
110	0,0010502	110,7	0,3382	0,0010502	110,7	0,3382	0,0010501	110,7	0,3382	0,0010501	110,8	0,3381
120	0,0010589	120,8	0,3642	0,0010589	120,8	0,3642	0,0010588	120,8	0,3642	0,0010588	120,9	0,3642
130	0,0010683	130,9	0,3897	0,0010682	131,0	0,3897	0,0010682	131,0	0,3897	0,0010681	131,0	0,3896
140	0,0010783	141,1	0,4147	0,0010782	141,2	0,4146	0,0010781	141,2	0,4146	0,0010781	141,2	0,4146
150	0,0010889	151,4	0,4392	0,0010889	151,4	0,4391	0,0010888	151,4	0,4391	0,0010887	151,4	0,4391
160	0,0011004	161,7	0,4632	0,0011003	161,7	0,4632	0,0011002	161,7	0,4632	0,0011001	161,7	0,4632
170	0,0011126	172,1	0,4869	0,0011125	172,1	0,4869	0,0011124	172,1	0,4869	0,0011123	172,1	0,4868
180	0,0011257	182,5	0,5103	0,0011256	182,5	0,5102	0,0011255	182,6	0,5102	0,0011254	182,6	0,5102
190	0,0011397	193,1	0,5333	0,0011396	193,1	0,5333	0,0011395	193,1	0,5332	0,0011395	193,1	0,5332
200	0,0011549	203,7	0,5561	0,0011548	203,7	0,5560	0,0011547	203,8	0,5560	0,0011546	203,8	0,5560
210	0,0011712	214,5	0,5786	0,0011711	214,5	0,5786	0,0011710	214,5	0,5785	0,0011709	214,5	0,5785
220	0,0011889	225,4	0,6010	0,0011888	225,5	0,6010	0,0011887	225,5	0,6009	0,0011885	225,5	0,6009
230	0,0012082	236,5	0,6233	0,0012081	236,5	0,6232	0,0012080	236,5	0,6232	0,0012078	236,5	0,6231
240	0,06457	672,3	1,4786	0,06219	670,9	1,4730	0,05995	669,5	1,4674	0,0012289	247,8	0,6453
250	0,06691	680,1	1,4937	0,06451	678,9	1,4884	0,06224	677,7	1,4832	0,06010	676,4	1,4780
260	0,06914	687,6	1,5078	0,06671	686,5	1,5027	0,06441	685,3	1,4977	0,06224	684,2	1,4928
270	0,07127	694,6	1,5209	0,06880	693,7	1,5161	0,06648	692,6	1,5113	0,06428	691,6	1,5066
280	0,07332	701,4	1,5333	0,07082	700,5	1,5286	0,06846	699,6	1,5240	0,06623	698,7	1,5195
290	0,07531	708,0	1,5450	0,07277	707,2	1,5405	0,07037	706,3	1,5360	0,06811	705,5	1,5317
300	0,07724	714,3	1,5562	0,07466	713,6	1,5518	0,07223	712,8	1,5475	0,06993	712,0	1,5432
310	0,07912	720,5	1,5669	0,07650	719,8	1,5625	0,07403	719,1	1,5583	0,07170	718,4	1,5542
320	0,08096	726,5	1,5771	0,07830	725,9	1,5729	0,07579	725,2	1,5687	0,07343	724,6	1,5647
330	0,08277	732,4	1,5869	0,08006	731,8	1,5828	0,07752	731,2	1,5788	0,07512	730,6	1,5748
340	0,08454	738,2	1,5965	0,08180	737,6	1,5924	0,07921	737,1	1,5884	0,07677	736,5	1,5845
350	0,08629	743,9	1,6057	0,08350	743,4	1,6017	0,08088	742,9	1,5978	0,07840	742,3	1,5939
360	0,08802	749,5	1,6147	0,08519	749,0	1,6107	0,08252	748,5	1,6068	0,08001	748,1	1,6030
370	0,08972	755,1	1,6234	0,08685	754,6	1,6195	0,08415	754,2	1,6156	0,08159	753,7	1,6119
380	0,09141	760,6	1,6319	0,08850	760,2	1,6280	0,08575	759,7	1,6242	0,08316	759,3	1,6205
390	0,09309	766,1	1,6402	0,09013	765,7	1,6364	0,08734	765,3	1,6326	0,08471	764,9	1,6289
400	0,09475	771,5	1,6484	0,09174	771,1	1,6445	0,08891	770,7	1,6408	0,08625	770,4	1,6372
410	0,09639	776,9	1,6563	0,09335	776,6	1,6525	0,09048	776,2	1,6489	0,08777	775,8	1,6452
420	0,09803	782,3	1,6642	0,09494	782,0	1,6604	0,09203	781,6	1,6567	0,08928	781,3	1,6532
430	0,09966	787,7	1,6719	0,09652	787,4	1,6681	0,09357	787,0	1,6645	0,09079	786,7	1,6609
440	0,10128	793,1	1,6794	0,09810	792,7	1,6757	0,09510	792,4	1,6721	0,09228	792,1	1,6686
450	0,10289	798,4	1,6869	0,09966	798,1	1,6832	0,09663	797,8	1,6796	0,09377	797,5	1,6761
460	0,10449	803,8	1,6942	0,10122	803,5	1,6905	0,09815	803,2	1,6869	0,09525	802,9	1,6834
470	0,10609	809,1	1,7015	0,10278	808,8	1,6978	0,09966	808,5	1,6942	0,09672	808,2	1,6907
480	0,10768	814,4	1,7086	0,10432	814,2	1,7049	0,10116	813,9	1,7014	0,09818	813,6	1,6979
490	0,10927	819,8	1,7157	0,10586	819,5	1,7120	0,10266	819,2	1,7084	0,09964	819,0	1,7050
500	0,11085	825,1	1,7226	0,10740	824,9	1,7190	0,10416	824,6	1,7154	0,10110	824,3	1,7120
510	0,11242	830,5	1,7295	0,10893	830,2	1,7259	0,10565	830,0	1,7223	0,10255	829,7	1,7189
520	0,11399	835,8	1,7363	0,11046	835,6	1,7327	0,10713	835,3	1,7291	0,10399	835,1	1,7257
530	0,11556	841,2	1,7430	0,11198	840,9	1,7394	0,10861	840,7	1,7359	0,10543	840,5	1,7324
540	0,11712	846,5	1,7496	0,11350	846,3	1,7460	0,11009	846,1	1,7425	0,10687	845,9	1,7391
550	0,11868	851,9	1,7562	0,11501	851,7	1,7526	0,11156	851,5	1,7491	0,10831	851,2	1,7457

Tafel 3. Wasser und überhitzter Dampf (Fortsetzung)   **Water and superheated Steam** (Continuation)

t	32 at $t_s = 236,35\,°C$			33 at $t_s = 238,08\,°C$			34 at $t_s = 239,77\,°C$			35 at $t_s = 241,42\,°C$		
	v'' 0,06368	h'' 669,3	s'' 1,4728	v'' 0,06173	h'' 669,3	s'' 1,4699	v'' 0,05990	h'' 669,3	s'' 1,4670	v'' 0,05817	h'' 669,3	s'' 1,4643
°C	v	h	s	v	h	s	v	h	s	v	h	s
550	0,11868	851,9	1,7562	0,11501	851,7	1,7526	0,11156	851,5	1,7491	0,10831	851,2	1,7457
560	0,12024	857,3	1,7627	0,11652	857,1	1,7591	0,11303	856,9	1,7556	0,10974	856,7	1,7522
570	0,12179	862,7	1,7691	0,11803	862,5	1,7655	0,11450	862,3	1,7621	0,11116	862,1	1,7587
580	0,12334	868,1	1,7755	0,11954	867,9	1,7719	0,11596	867,7	1,7684	0,11259	867,5	1,7651
590	0,12489	873,5	1,7818	0,12104	873,3	1,7782	0,11742	873,1	1,7748	0,11401	872,9	1,7714
600	0,12643	878,9	1,7880	0,12254	878,7	1,7845	0,11888	878,5	1,7810	0,11542	878,3	1,7777
610	0,12797	884,3	1,7942	0,12404	884,2	1,7907	0,12033	884,0	1,7872	0,11684	883,8	1,7839
620	0,12951	889,8	1,8003	0,12553	889,6	1,7968	0,12178	889,4	1,7933	0,11825	889,2	1,7900
630	0,13104	895,2	1,8064	0,12702	895,1	1,8029	0,12323	894,9	1,7994	0,11966	894,7	1,7961
640	0,13258	900,7	1,8124	0,12851	900,5	1,8089	0,12468	900,4	1,8055	0,12107	900,2	1,8021
650	0,13411	906,2	1,8184	0,13000	906,0	1,8149	0,12612	905,9	1,8114	0,12247	905,7	1,8081
660	0,13564	911,7	1,8243	0,13148	911,5	1,8208	0,12757	911,3	1,8174	0,12388	911,2	1,8140
670	0,13717	917,2	1,8302	0,13296	917,0	1,8267	0,12901	916,9	1,8232	0,12528	916,7	1,8199
680	0,13869	922,7	1,8360	0,13444	922,5	1,8325	0,13045	922,4	1,8291	0,12668	922,2	1,8257
690	0,14021	928,2	1,8418	0,13592	928,1	1,8382	0,13188	927,9	1,8348	0,12807	927,8	1,8315
700	0,14173	933,7	1,8475	0,13740	933,6	1,8440	0,13332	933,5	1,8406	0,12947	933,3	1,8372
710	0,14325	939,3	1,8531	0,13887	939,2	1,8496	0,13475	939,0	1,8462	0,13086	938,9	1,8429
720	0,14477	944,9	1,8588	0,14035	944,7	1,8553	0,13618	944,6	1,8519	0,13225	944,4	1,8486
730	0,14629	950,4	1,8644	0,14182	950,3	1,8609	0,13761	950,2	1,8575	0,13364	950,0	1,8542
740	0,14780	956,0	1,8699	0,14329	955,9	1,8664	0,13904	955,8	1,8630	0,13503	955,6	1,8597
750	0,14931	961,6	1,8754	0,14475	961,5	1,8719	0,14046	961,4	1,8685	0,13642	961,2	1,8652
760	0,15083	967,2	1,8809	0,14622	967,1	1,8774	0,14189	967,0	1,8740	0,13780	966,9	1,8707
770	0,15234	972,8	1,8863	0,14769	972,7	1,8828	0,14331	972,6	1,8794	0,13919	972,5	1,8761
780	0,15384	978,5	1,8916	0,14915	978,4	1,8882	0,14473	978,3	1,8848	0,14057	978,1	1,8815
790	0,15535	984,1	1,8970	0,15061	984,0	1,8935	0,14615	983,9	1,8901	0,14195	983,8	1,8869
800	0,15686	989,8	1,9023	0,15207	989,7	1,8988	0,14757	989,6	1,8954	0,14333	989,5	1,8922

1 at = 0,980665 bar   1 kcal = 4,1868 kJ

Tafel 3. Wasser und überhitzter Dampf (Fortsetzung) **Water and superheated Steam** (Continuation)

t	36 at $t_s = 243{,}04$ °C			37 at $t_s = 244{,}62$ °C			38 at $t_s = 246{,}17$ °C			39 at $t_s = 247{,}69$ °C		
	v''	h''	s''	v''	h''	s''	v''	h''	s''	v''	h''	s''
	0,05653	669,2	1,4616	0,05497	669,2	1,4590	0,05350	669,1	1,4564	0,05209	669,0	1,4538
°C	v	h	s	v	h	s	v	h	s	v	h	s
0	0,0009985	0,9	0,0000	0,0009984	0,9	0,0000	0,0009984	0,9	0,0000	0,0009983	0,9	0,0000
10	0,0009986	10,9	0,0360	0,0009985	10,9	0,0360	0,0009985	10,9	0,0360	0,0009985	10,9	0,0360
20	0,0010001	20,8	0,0706	0,0010001	20,8	0,0706	0,0010000	20,9	0,0706	0,0010000	20,9	0,0706
30	0,0010027	30,8	0,1040	0,0010027	30,8	0,1040	0,0010027	30,8	0,1040	0,0010026	30,8	0,1040
40	0,0010062	40,7	0,1363	0,0010062	40,8	0,1363	0,0010062	40,8	0,1363	0,0010061	40,8	0,1363
50	0,0010105	50,7	0,1676	0,0010105	50,7	0,1676	0,0010105	50,7	0,1676	0,0010104	50,8	0,1676
60	0,0010155	60,7	0,1980	0,0010155	60,7	0,1980	0,0010155	60,7	0,1980	0,0010154	60,7	0,1980
70	0,0010212	70,7	0,2276	0,0010212	70,7	0,2275	0,0010211	70,7	0,2275	0,0010211	70,7	0,2275
80	0,0010275	80,7	0,2563	0,0010275	80,7	0,2563	0,0010274	80,7	0,2562	0,0010274	80,7	0,2562
90	0,0010344	90,7	0,2842	0,0010344	90,7	0,2842	0,0010343	90,7	0,2842	0,0010343	90,7	0,2842
100	0,0010419	100,7	0,3115	0,0010419	100,7	0,3115	0,0010418	100,7	0,3115	0,0010418	100,8	0,3114
110	0,0010500	110,8	0,3381	0,0010500	110,8	0,3381	0,0010499	110,8	0,3381	0,0010499	110,8	0,3381
120	0,0010587	120,9	0,3641	0,0010587	120,9	0,3641	0,0010586	120,9	0,3641	0,0010585	120,9	0,3641
130	0,0010680	131,0	0,3896	0,0010680	131,0	0,3896	0,0010679	131,0	0,3896	0,0010679	131,1	0,3895
140	0,0010780	141,2	0,4146	0,0010779	141,2	0,4145	0,0010779	141,2	0,4145	0,0010778	141,2	0,4145
150	0,0010887	151,4	0,4391	0,0010886	151,5	0,4390	0,0010885	151,5	0,4390	0,0010885	151,5	0,4390
160	0,0011001	161,7	0,4631	0,0011000	161,8	0,4631	0,0010999	161,8	0,4631	0,0010999	161,8	0,4630
170	0,0011123	172,1	0,4868	0,0011122	172,1	0,4868	0,0011121	172,1	0,4867	0,0011120	172,2	0,4867
180	0,0011253	182,6	0,5101	0,0011253	182,6	0,5101	0,0011252	182,6	0,5101	0,0011251	182,6	0,5100
190	0,0011394	193,1	0,5332	0,0011393	193,1	0,5331	0,0011392	193,1	0,5331	0,0011391	193,2	0,5331
200	0,0011545	203,8	0,5559	0,0011544	203,8	0,5559	0,0011543	203,8	0,5559	0,0011542	203,8	0,5558
210	0,0011708	214,6	0,5785	0,0011706	214,6	0,5784	0,0011705	214,6	0,5784	0,0011704	214,6	0,5783
220	0,0011884	225,5	0,6008	0,0011883	225,5	0,6008	0,0011882	225,5	0,6007	0,0011880	225,5	0,6007
230	0,0012077	236,6	0,6231	0,0012075	236,6	0,6230	0,0012074	236,6	0,6230	0,0012073	236,6	0,6229
240	0,0012288	247,8	0,6453	0,0012286	247,8	0,6452	0,0012285	247,8	0,6452	0,0012283	247,8	0,6451
250	0,05808	675,1	1,4729	0,05615	673,8	1,4678	0,05433	672,4	1,4627	0,05259	671,0	1,4577
260	0,06019	683,0	1,4880	0,05825	681,9	1,4832	0,05640	680,7	1,4784	0,05465	679,5	1,4737
270	0,06220	690,6	1,5020	0,06024	689,5	1,4974	0,05837	688,5	1,4929	0,05659	687,4	1,4884
280	0,06413	697,8	1,5151	0,06213	696,8	1,5107	0,06024	695,9	1,5064	0,05844	694,9	1,5021
290	0,06598	704,6	1,5274	0,06395	703,8	1,5232	0,06203	702,9	1,5190	0,06021	702,0	1,5149
300	0,06777	711,3	1,5390	0,06571	710,5	1,5350	0,06377	709,7	1,5309	0,06192	708,9	1,5270
310	0,06950	717,7	1,5501	0,06742	717,0	1,5462	0,06544	716,2	1,5423	0,06357	715,5	1,5384
320	0,07119	723,9	1,5607	0,06908	723,3	1,5569	0,06707	722,6	1,5531	0,06517	721,9	1,5493
330	0,07285	730,0	1,5709	0,07070	729,4	1,5671	0,06867	728,8	1,5634	0,06673	728,2	1,5597
340	0,07447	736,0	1,5807	0,07229	735,4	1,5770	0,07022	734,8	1,5733	0,06826	734,2	1,5698
350	0,07606	741,8	1,5902	0,07385	741,3	1,5865	0,07175	740,7	1,5829	0,06976	740,2	1,5794
360	0,07764	747,6	1,5993	0,07539	747,1	1,5957	0,07326	746,6	1,5922	0,07124	746,1	1,5887
370	0,07918	753,3	1,6082	0,07690	752,8	1,6047	0,07474	752,3	1,6012	0,07269	751,8	1,5978
380	0,08071	758,9	1,6169	0,07840	758,4	1,6134	0,07621	758,0	1,6099	0,07413	757,5	1,6066
390	0,08223	764,4	1,6254	0,07988	764,0	1,6219	0,07766	763,6	1,6185	0,07554	763,2	1,6151
400	0,08373	770,0	1,6336	0,08135	769,6	1,6302	0,07909	769,2	1,6268	0,07695	768,8	1,6235
410	0,08522	775,4	1,6417	0,08280	775,1	1,6383	0,08051	774,7	1,6350	0,07834	774,3	1,6317
420	0,08669	780,9	1,6497	0,08424	780,5	1,6463	0,08192	780,2	1,6429	0,07971	779,8	1,6397
430	0,08816	786,3	1,6575	0,08567	786,0	1,6541	0,08332	785,7	1,6508	0,08108	785,3	1,6475
440	0,08962	791,8	1,6651	0,08709	791,4	1,6617	0,08470	791,1	1,6585	0,08244	790,8	1,6553
450	0,09106	797,2	1,6726	0,08851	796,8	1,6693	0,08609	796,5	1,6660	0,08379	796,2	1,6628
460	0,09251	802,6	1,6800	0,08991	802,3	1,6767	0,08746	801,9	1,6735	0,08513	801,6	1,6703
470	0,09394	807,9	1,6873	0,09131	807,6	1,6840	0,08883	807,4	1,6808	0,08646	807,1	1,6776
480	0,09537	813,3	1,6945	0,09271	813,0	1,6912	0,09019	812,8	1,6880	0,08779	812,5	1,6849
490	0,09679	818,7	1,7016	0,09410	818,4	1,6983	0,09154	818,2	1,6951	0,08912	817,9	1,6920
500	0,09821	824,1	1,7086	0,09548	823,8	1,7053	0,09289	823,6	1,7022	0,09043	823,3	1,6990
510	0,09962	829,5	1,7155	0,09686	829,2	1,7123	0,09423	829,0	1,7091	0,09175	828,7	1,7060
520	0,10103	834,8	1,7224	0,09823	834,6	1,7191	0,09557	834,4	1,7159	0,09305	834,1	1,7128
530	0,10243	840,2	1,7291	0,09960	840,0	1,7259	0,09691	839,8	1,7227	0,09436	839,5	1,7196
540	0,10383	845,6	1,7358	0,10096	845,4	1,7326	0,09824	845,2	1,7294	0,09566	844,9	1,7263
550	0,10523	851,0	1,7424	0,10232	850,8	1,7392	0,09957	850,6	1,7360	0,09695	850,4	1,7330

Tafel 3. Wasser und überhitzter Dampf (Fortsetzung)   **Water and superheated Steam** (Continuation)

t	36 at $t_s = 243,04\ °C$			37 at $t_s = 244,62\ °C$			38 at $t_s = 246,17\ °C$			39 at $t_s = 247,69\ °C$		
	v''	h''	s''	v''	h''	s''	v''	h''	s''	v''	h''	s''
	0,05653	669,2	1,4616	0,05497	669,2	1,4590	0,05350	669,1	1,4564	0,05209	669,0	1,4538
°C	v	h	s	v	h	s	v	h	s	v	h	s
550	0,10523	851,0	1,7424	0,10232	850,8	1,7392	0,09957	850,6	1,7360	0,09695	850,4	1,7330
560	0,10662	856,4	1,7489	0,10368	856,2	1,7457	0,10089	856,0	1,7426	0,09825	855,8	1,7395
570	0,10801	861,8	1,7554	0,10503	861,6	1,7522	0,10221	861,4	1,7490	0,09953	861,2	1,7460
580	0,10940	867,3	1,7618	0,10639	867,1	1,7586	0,10353	866,9	1,7555	0,10082	866,7	1,7524
590	0,11078	872,7	1,7681	0,10773	872,5	1,7649	0,10484	872,3	1,7618	0,10210	872,1	1,7588
600	0,11216	878,0	1,7744	0,10908	878,0	1,7712	0,10616	877,8	1,7681	0,10338	877,6	1,7651
610	0,11354	883,6	1,7806	0,11042	883,4	1,7774	0,10746	883,2	1,7743	0,10466	883,0	1,7713
620	0,11492	889,1	1,7867	0,11176	888,9	1,7836	0,10877	888,7	1,7805	0,10593	888,5	1,7774
630	0,11629	894,5	1,7928	0,11310	894,4	1,7897	0,11007	894,2	1,7866	0,10721	894,0	1,7836
640	0,11766	900,0	1,7989	0,11443	899,8	1,7957	0,11138	899,7	1,7926	0,10848	899,5	1,7896
650	0,11903	905,5	1,8049	0,11576	905,3	1,8017	0,11267	905,2	1,7986	0,10974	905,0	1,7956
660	0,12039	911,0	1,8108	0,11709	910,9	1,8076	0,11397	910,7	1,8046	0,11101	910,5	1,8016
670	0,12175	916,5	1,8167	0,11842	916,4	1,8135	0,11527	916,2	1,8105	0,11227	916,1	1,8075
680	0,12312	922,1	1,8225	0,11975	921,9	1,8194	0,11656	921,8	1,8163	0,11353	921,6	1,8133
690	0,12448	927,6	1,8283	0,12107	927,5	1,8251	0,11785	927,3	1,8221	0,11479	927,2	1,8191
700	0,12583	933,2	1,8340	0,12240	933,0	1,8309	0,11914	932,9	1,8278	0,11605	932,7	1,8249
710	0,12719	938,7	1,8397	0,12372	938,6	1,8366	0,12043	938,4	1,8335	0,11730	938,3	1,8306
720	0,12854	944,3	1,8454	0,12503	944,2	1,8422	0,12171	944,0	1,8392	0,11856	943,9	1,8362
730	0,12990	949,9	1,8510	0,12635	949,8	1,8478	0,12299	949,6	1,8448	0,11981	949,5	1,8418
740	0,13125	955,5	1,8565	0,12767	955,4	1,8534	0,12428	955,2	1,8504	0,12106	955,1	1,8474
750	0,13260	961,1	1,8620	0,12898	961,0	1,8589	0,12556	960,9	1,8559	0,12231	960,7	1,8529
760	0,13394	966,7	1,8675	0,13029	966,6	1,8644	0,12684	966,5	1,8613	0,12356	966,4	1,8584
770	0,13529	972,4	1,8729	0,13161	972,3	1,8698	0,12811	972,1	1,8668	0,12480	972,0	1,8638
780	0,13664	978,0	1,8783	0,13291	977,9	1,8752	0,12939	977,8	1,8722	0,12605	977,7	1,8692
790	0,13798	983,7	1,8837	0,13422	983,6	1,8806	0,13067	983,5	1,8775	0,12729	983,3	1,8746
800	0,13932	989,4	1,8890	0,13553	989,2	1,8859	0,13194	989,1	1,8829	0,12853	989,0	1,8799

1 at = 0,980665 bar   1 kcal = 4,1868 kJ

Tafel 3. Wasser und überhitzter Dampf (Fortsetzung)   **Water and superheated Steam** (Continuation)

t	40 at $t_s = 249{,}18$ °C			41 at $t_s = 250{,}64$ °C			42 at $t_s = 252{,}07$ °C			43 at $t_s = 253{,}48$ °C		
	v''	h''	s''	v''	h''	s''	v''	h''	s''	v''	h''	s''
	0,05076	668,9	1,4514	0,04949	668,8	1,4489	0,04827	668,7	1,4465	0,04711	668,6	1,4442
°C	v	h	s	v	h	s	v	h	s	v	h	s
0	0,0009983	0,9	0,0000	0,0009982	1,0	0,0000	0,0009982	1,0	0,0000	0,0009981	1,0	0,0000
10	0,0009984	10,9	0,0360	0,0009984	11,0	0,0360	0,0009983	11,0	0,0360	0,0009983	11,0	0,0360
20	0,0009999	20,9	0,0706	0,0009999	20,9	0,0706	0,0009999	21,0	0,0706	0,0009998	21,0	0,0706
30	0,0010026	30,9	0,1040	0,0010025	30,9	0,1040	0,0010025	30,9	0,1040	0,0010024	30,9	0,1039
40	0,0010061	40,8	0,1363	0,0010060	40,8	0,1363	0,0010060	40,9	0,1363	0,0010059	40,9	0,1363
50	0,0010104	50,8	0,1676	0,0010103	50,8	0,1676	0,0010103	50,8	0,1676	0,0010102	50,8	0,1676
60	0,0010154	60,8	0,1980	0,0010153	60,8	0,1980	0,0010153	60,8	0,1980	0,0010152	60,8	0,1979
70	0,0010210	70,7	0,2275	0,0010210	70,8	0,2275	0,0010209	70,8	0,2275	0,0010209	70,8	0,2275
80	0,0010273	80,7	0,2562	0,0010273	80,7	0,2562	0,0010272	80,8	0,2562	0,0010272	80,8	0,2562
90	0,0010342	90,7	0,2842	0,0010342	90,8	0,2841	0,0010341	90,8	0,2841	0,0010341	90,8	0,2841
100	0,0010417	100,8	0,3114	0,0010417	100,8	0,3114	0,0010416	100,8	0,3114	0,0010416	100,8	0,3114
110	0,0010498	110,8	0,3380	0,0010497	110,9	0,3380	0,0010497	110,9	0,3380	0,0010496	110,9	0,3380
120	0,0010585	120,9	0,3641	0,0010584	121,0	0,3640	0,0010584	121,0	0,3640	0,0010583	121,0	0,3640
130	0,0010678	131,1	0,3895	0,0010677	131,1	0,3895	0,0010677	131,1	0,3895	0,0010676	131,1	0,3894
140	0,0010778	141,3	0,4145	0,0010777	141,3	0,4144	0,0010776	141,3	0,4144	0,0010776	141,3	0,4144
150	0,0010884	151,5	0,4390	0,0010883	151,5	0,4389	0,0010883	151,5	0,4389	0,0010882	151,5	0,4389
160	0,0010998	161,8	0,4630	0,0010997	161,8	0,4630	0,0010996	161,8	0,4630	0,0010996	161,8	0,4629
170	0,0011120	172,2	0,4867	0,0011119	172,2	0,4867	0,0011118	172,2	0,4866	0,0011117	172,2	0,4866
180	0,0011250	182,6	0,5100	0,0011249	182,6	0,5100	0,0011248	182,6	0,5099	0,0011247	182,7	0,5099
190	0,0011390	193,2	0,5330	0,0011389	193,2	0,5330	0,0011388	193,2	0,5330	0,0011387	193,2	0,5329
200	0,0011541	203,8	0,5558	0,0011540	203,8	0,5557	0,0011539	203,8	0,5557	0,0011538	203,8	0,5557
210	0,0011703	214,6	0,5783	0,0011702	214,6	0,5783	0,0011701	214,6	0,5782	0,0011700	214,6	0,5782
220	0,0011879	225,5	0,6007	0,0011878	225,5	0,6006	0,0011877	225,5	0,6006	0,0011876	225,5	0,6005
230	0,0012071	236,6	0,6229	0,0012070	236,6	0,6228	0,0012068	236,6	0,6228	0,0012067	236,6	0,6227
240	0,0012282	247,8	0,6451	0,0012280	247,8	0,6450	0,0012278	247,8	0,6450	0,0012277	247,8	0,6449
250	0,05093	669,7	1,4528	0,0012512	259,3	0,6672	0,0012510	259,3	0,6671	0,0012508	259,3	0,6671
260	0,05298	678,3	1,4690	0,05139	677,0	1,4644	0,04986	675,8	1,4598	0,04841	674,5	1,4553
270	0,05490	686,3	1,4840	0,05329	685,2	1,4796	0,05176	684,1	1,4753	0,05029	683,0	1,4710
280	0,05673	693,9	1,4979	0,05510	692,9	1,4937	0,05355	691,9	1,4896	0,05206	690,9	1,4856
290	0,05848	701,2	1,5109	0,05683	700,3	1,5069	0,05525	699,4	1,5030	0,05375	698,5	1,4991
300	0,06016	708,1	1,5231	0,05849	707,3	1,5192	0,05689	706,5	1,5155	0,05537	705,6	1,5117
310	0,06178	714,8	1,5346	0,06009	714,0	1,5309	0,05847	713,3	1,5273	0,05692	712,5	1,5237
320	0,06336	721,3	1,5456	0,06164	720,6	1,5420	0,06000	719,9	1,5385	0,05843	719,2	1,5350
330	0,06490	727,5	1,5562	0,06315	726,9	1,5526	0,06149	726,3	1,5492	0,05990	725,6	1,5457
340	0,06640	733,7	1,5662	0,06463	733,1	1,5628	0,06294	732,5	1,5594	0,06132	731,9	1,5561
350	0,06787	739,7	1,5760	0,06607	739,1	1,5726	0,06436	738,6	1,5692	0,06272	738,0	1,5660
360	0,06932	745,6	1,5853	0,06749	745,1	1,5820	0,06575	744,6	1,5787	0,06409	744,0	1,5755
370	0,07074	751,4	1,5944	0,06889	750,9	1,5912	0,06712	750,4	1,5879	0,06544	749,9	1,5848
380	0,07215	757,1	1,6033	0,07027	756,7	1,6000	0,06848	756,2	1,5969	0,06677	755,8	1,5937
390	0,07354	762,8	1,6119	0,07163	762,3	1,6087	0,06981	761,9	1,6055	0,06808	761,5	1,6025
400	0,07491	768,4	1,6203	0,07297	768,0	1,6171	0,07113	767,6	1,6140	0,06937	767,2	1,6110
410	0,07627	773,9	1,6285	0,07431	773,6	1,6253	0,07244	773,2	1,6223	0,07065	772,8	1,6193
420	0,07762	779,5	1,6365	0,07563	779,1	1,6334	0,07373	778,7	1,6304	0,07192	778,4	1,6274
430	0,07896	785,0	1,6444	0,07694	784,6	1,6413	0,07501	784,3	1,6383	0,07318	783,9	1,6353
440	0,08028	790,4	1,6521	0,07824	790,1	1,6491	0,07628	789,8	1,6460	0,07442	789,4	1,6431
450	0,08160	795,9	1,6597	0,07953	795,6	1,6567	0,07755	795,3	1,6537	0,07566	794,9	1,6508
460	0,08292	801,3	1,6672	0,08081	801,0	1,6642	0,07881	800,7	1,6612	0,07689	800,4	1,6583
470	0,08422	806,8	1,6745	0,08209	806,5	1,6715	0,08006	806,2	1,6686	0,07812	805,9	1,6657
480	0,08552	812,2	1,6818	0,08336	811,9	1,6788	0,08130	811,6	1,6759	0,07934	811,3	1,6730
490	0,08681	817,6	1,6889	0,08462	817,3	1,6860	0,08254	817,1	1,6830	0,08055	816,8	1,6802
500	0,08810	823,0	1,6960	0,08588	822,8	1,6930	0,08377	822,5	1,6901	0,08175	822,2	1,6873
510	0,08938	828,4	1,7030	0,08714	828,2	1,7000	0,08499	827,9	1,6971	0,08295	827,7	1,6943
520	0,09066	833,9	1,7098	0,08838	833,6	1,7069	0,08622	833,4	1,7040	0,08415	833,1	1,7012
530	0,09193	839,3	1,7166	0,08963	839,0	1,7137	0,08743	838,8	1,7108	0,08534	838,6	1,7080
540	0,09320	844,7	1,7233	0,09087	844,5	1,7204	0,08865	844,2	1,7175	0,08653	844,0	1,7147
550	0,09447	850,1	1,7300	0,09211	849,9	1,7270	0,08986	849,7	1,7242	0,08771	849,5	1,7214

Tafel 3. Wasser und überhitzter Dampf (Fortsetzung)   **Water and superheated Steam** (Continuation)

t	40 at $t_s = 249{,}18\ °C$			41 at $t_s = 250{,}64\ °C$			42 at $t_s = 252{,}07\ °C$			43 at $t_s = 253{,}48\ °C$		
	v''	h''	s''	v''	h''	s''	v''	h''	s''	v''	h''	s''
	0,05076	668,9	1,4514	0,04949	668,8	1,4489	0,04827	668,7	1,4465	0,04711	668,6	1,4442
°C	v	h	s	v	h	s	v	h	s	v	h	s
550	0,09447	850,1	1,7300	0,09211	849,9	1,7270	0,08986	849,7	1,7242	0,08771	849,5	1,7214
560	0,09573	855,6	1,7365	0,09334	855,3	1,7336	0,09106	855,1	1,7308	0,08889	854,9	1,7280
570	0,09699	861,0	1,7430	0,09457	860,8	1,7401	0,09227	860,6	1,7373	0,09007	860,4	1,7345
580	0,09825	866,5	1,7494	0,09580	866,2	1,7465	0,09347	866,0	1,7437	0,09124	865,8	1,7409
590	0,09950	871,9	1,7558	0,09702	871,7	1,7529	0,09466	871,5	1,7501	0,09241	871,3	1,7473
600	0,10075	877,4	1,7621	0,09824	877,2	1,7592	0,09586	877,0	1,7564	0,09358	876,8	1,7536
610	0,10200	882,8	1,7683	0,09946	882,7	1,7654	0,09705	882,5	1,7626	0,09475	882,3	1,7599
620	0,10324	888,3	1,7745	0,10068	888,2	1,7716	0,09824	888,0	1,7688	0,09591	887,8	1,7661
630	0,10448	893,8	1,7806	0,10189	893,7	1,7777	0,09942	893,5	1,7749	0,09707	893,3	1,7722
640	0,10572	899,3	1,7867	0,10310	899,2	1,7838	0,10061	899,0	1,7810	0,09823	898,8	1,7783
650	0,10696	904,8	1,7927	0,10431	904,7	1,7898	0,10179	904,5	1,7870	0,09938	904,3	1,7843
660	0,10819	910,4	1,7986	0,10552	910,2	1,7958	0,10297	910,0	1,7930	0,10053	909,9	1,7903
670	0,10943	915,9	1,8045	0,10672	915,8	1,8017	0,10414	915,6	1,7989	0,10169	915,4	1,7962
680	0,11066	921,5	1,8104	0,10792	921,3	1,8075	0,10532	921,1	1,8048	0,10283	921,0	1,8020
690	0,11189	927,0	1,8162	0,10912	926,9	1,8134	0,10649	926,7	1,8106	0,10398	926,6	1,8079
700	0,11311	932,6	1,8219	0,11032	932,4	1,8191	0,10766	932,3	1,8163	0,10513	932,1	1,8136
710	0,11434	938,2	1,8277	0,11152	938,0	1,8248	0,10883	937,9	1,8220	0,10627	937,7	1,8193
720	0,11556	943,8	1,8333	0,11271	943,6	1,8305	0,11000	943,5	1,8277	0,10741	943,3	1,8250
730	0,11678	949,4	1,8389	0,11391	949,2	1,8361	0,11116	949,1	1,8333	0,10855	949,0	1,8306
740	0,11800	955,0	1,8445	0,11510	954,8	1,8417	0,11233	954,7	1,8389	0,10969	954,6	1,8362
750	0,11922	960,6	1,8500	0,11629	960,5	1,8472	0,11349	960,4	1,8445	0,11082	960,2	1,8418
760	0,12044	966,2	1,8555	0,11747	966,1	1,8527	0,11465	966,0	1,8499	0,11196	965,9	1,8473
770	0,12166	971,9	1,8610	0,11866	971,8	1,8581	0,11581	971,7	1,8554	0,11309	971,5	1,8527
780	0,12287	977,6	1,8664	0,11985	977,4	1,8635	0,11697	977,3	1,8608	0,11423	977,2	1,8581
790	0,12408	983,2	1,8717	0,12103	983,1	1,8689	0,11813	983,0	1,8662	0,11536	982,9	1,8635
800	0,12529	988,9	1,8770	0,12222	988,8	1,8742	0,11928	988,7	1,8715	0,11649	988,6	1,8688

1 at = 0,980665 bar   1 kcal$_{IT}$ = 4,1868 kJ

Tafel 3. Wasser und überhitzter Dampf (Fortsetzung)   Water and superheated Steam (Continuation)

t	44 at $t_s = 254{,}87$ °C			45 at $t_s = 256{,}22$ °C			46 at $t_s = 257{,}56$ °C			47 at $t_s = 258{,}88$ °C		
	v''	h''	s''	v''	h''	s''	v''	h''	s''	v''	h''	s''
	0,04600	668,5	1,4419	0,04494	668,3	1,4396	0,04392	668,2	1,4374	0,04295	668,0	1,4352
°C	v	h	s	v	h	s	v	h	s	v	h	s
0	0,0009981	1,0	0,0000	0,0009980	1,1	0,0000	0,0009980	1,1	0,0000	0,0009979	1,1	0,0000
10	0,0009982	11,0	0,0360	0,0009982	11,1	0,0360	0,0009981	11,1	0,0360	0,0009981	11,1	0,0360
20	0,0009998	21,0	0,0706	0,0009997	21,0	0,0705	0,0009997	21,0	0,0705	0,0009996	21,1	0,0705
30	0,0010024	31,0	0,1039	0,0010023	31,0	0,1039	0,0010023	31,0	0,1039	0,0010023	31,0	0,1039
40	0,0010059	40,9	0,1362	0,0010059	40,9	0,1362	0,0010058	40,9	0,1362	0,0010058	41,0	0,1362
50	0,0010102	50,9	0,1676	0,0010101	50,9	0,1675	0,0010101	50,9	0,1675	0,0010101	50,9	0,1675
60	0,0010152	60,8	0,1979	0,0010151	60,9	0,1979	0,0010151	60,9	0,1979	0,0010151	60,9	0,1979
70	0,0010209	70,8	0,2274	0,0010208	70,8	0,2274	0,0010208	70,8	0,2274	0,0010207	70,9	0,2274
80	0,0010271	80,8	0,2561	0,0010271	80,8	0,2561	0,0010270	80,8	0,2561	0,0010270	80,9	0,2561
90	0,0010340	90,8	0,2841	0,0010340	90,8	0,2841	0,0010339	90,9	0,2841	0,0010339	90,9	0,2840
100	0,0010415	100,8	0,3114	0,0010415	100,9	0,3113	0,0010414	100,9	0,3113	0,0010414	100,9	0,3113
110	0,0010496	110,9	0,3380	0,0010495	110,9	0,3379	0,0010495	110,9	0,3379	0,0010494	111,0	0,3379
120	0,0010583	121,0	0,3640	0,0010582	121,0	0,3639	0,0010582	121,0	0,3639	0,0010581	121,1	0,3639
130	0,0010676	131,1	0,3894	0,0010675	131,2	0,3894	0,0010674	131,2	0,3894	0,0010674	131,2	0,3894
140	0,0010775	141,3	0,4144	0,0010774	141,3	0,4143	0,0010774	141,4	0,4143	0,0010773	141,4	0,4143
150	0,0010881	151,6	0,4388	0,0010881	151,6	0,4388	0,0010880	151,6	0,4388	0,0010879	151,6	0,4388
160	0,0010995	161,9	0,4629	0,0010994	161,9	0,4629	0,0010994	161,9	0,4629	0,0010993	161,9	0,4628
170	0,0011116	172,2	0,4866	0,0011116	172,2	0,4865	0,0011115	172,2	0,4865	0,0011114	172,3	0,4865
180	0,0011247	182,7	0,5099	0,0011246	182,7	0,5099	0,0011245	182,7	0,5098	0,0011244	182,7	0,5098
190	0,0011386	193,2	0,5329	0,0011385	193,2	0,5329	0,0011384	193,2	0,5328	0,0011384	193,2	0,5328
200	0,0011537	203,9	0,5556	0,0011536	203,9	0,5556	0,0011535	203,9	0,5556	0,0011534	203,9	0,5555
210	0,0011699	214,6	0,5781	0,0011698	214,6	0,5781	0,0011696	214,6	0,5781	0,0011695	214,6	0,5780
220	0,0011874	225,5	0,6005	0,0011873	225,5	0,6004	0,0011872	225,5	0,6004	0,0011871	225,5	0,6004
230	0,0012066	236,6	0,6227	0,0012064	236,6	0,6227	0,0012063	236,6	0,6226	0,0012062	236,6	0,6226
240	0,0012275	247,8	0,6449	0,0012274	247,9	0,6448	0,0012272	247,9	0,6447	0,0012271	247,9	0,6447
250	0,0012507	259,3	0,6670	0,0012505	259,3	0,6670	0,0012503	259,3	0,6669	0,0012501	259,3	0,6668
260	0,04701	673,2	1,4507	0,04568	671,8	1,4462	0,04440	670,5	1,4417	0,04317	669,1	1,4372
270	0,04888	681,8	1,4668	0,04754	680,6	1,4625	0,04625	679,4	1,4583	0,04501	678,2	1,4542
280	0,05064	689,9	1,4815	0,04929	688,9	1,4775	0,04798	687,8	1,4736	0,04673	686,7	1,4696
290	0,05232	697,5	1,4952	0,05094	696,6	1,4914	0,04962	695,7	1,4877	0,04836	694,7	1,4839
300	0,05391	704,8	1,5080	0,05252	704,0	1,5044	0,05119	703,1	1,5008	0,04991	702,3	1,4972
310	0,05545	711,8	1,5201	0,05404	711,0	1,5166	0,05269	710,2	1,5131	0,05139	709,5	1,5097
320	0,05694	718,5	1,5315	0,05551	717,8	1,5281	0,05414	717,1	1,5248	0,05282	716,4	1,5214
330	0,05838	725,0	1,5424	0,05693	724,4	1,5391	0,05554	723,7	1,5358	0,05421	723,0	1,5326
340	0,05979	731,3	1,5528	0,05831	730,7	1,5495	0,05690	730,1	1,5464	0,05556	729,5	1,5432
350	0,06116	737,5	1,5628	0,05967	736,9	1,5596	0,05824	736,4	1,5565	0,05687	735,8	1,5534
360	0,06251	743,5	1,5724	0,06099	743,0	1,5693	0,05954	742,5	1,5662	0,05815	742,0	1,5632
370	0,06383	749,5	1,5817	0,06229	749,0	1,5786	0,06082	748,5	1,5756	0,05942	748,0	1,5727
380	0,06514	755,3	1,5907	0,06358	754,8	1,5877	0,06208	754,4	1,5847	0,06065	753,9	1,5818
390	0,06642	761,1	1,5994	0,06484	760,6	1,5965	0,06333	760,2	1,5936	0,06188	759,8	1,5907
400	0,06769	766,8	1,6080	0,06609	766,4	1,6050	0,06455	765,9	1,6022	0,06308	765,5	1,5993
410	0,06895	772,4	1,6163	0,06732	772,0	1,6134	0,06576	771,6	1,6105	0,06427	771,2	1,6078
420	0,07019	778,0	1,6244	0,06854	777,6	1,6216	0,06696	777,3	1,6187	0,06545	776,9	1,6160
430	0,07142	783,6	1,6324	0,06975	783,2	1,6296	0,06815	782,9	1,6268	0,06662	782,5	1,6240
440	0,07265	789,1	1,6402	0,07095	788,8	1,6374	0,06933	788,4	1,6346	0,06777	788,1	1,6319
450	0,07386	794,6	1,6479	0,07214	794,3	1,6451	0,07050	794,0	1,6423	0,06892	793,7	1,6396
460	0,07507	800,1	1,6554	0,07332	799,8	1,6527	0,07166	799,5	1,6499	0,07006	799,2	1,6472
470	0,07627	805,6	1,6629	0,07450	805,3	1,6601	0,07281	805,0	1,6574	0,07119	804,7	1,6547
480	0,07746	811,1	1,6702	0,07567	810,8	1,6674	0,07396	810,5	1,6647	0,07232	810,2	1,6621
490	0,07865	816,5	1,6774	0,07683	816,2	1,6746	0,07510	816,0	1,6719	0,07343	815,7	1,6693
500	0,07983	822,0	1,6845	0,07799	821,7	1,6817	0,07623	821,4	1,6791	0,07455	821,2	1,6764
510	0,08100	827,4	1,6915	0,07914	827,2	1,6888	0,07736	826,9	1,6861	0,07566	826,7	1,6835
520	0,08218	832,9	1,6984	0,08029	832,6	1,6957	0,07849	832,4	1,6930	0,07676	832,1	1,6904
530	0,08334	838,3	1,7052	0,08143	838,1	1,7025	0,07961	837,8	1,6999	0,07786	837,6	1,6973
540	0,08451	843,8	1,7120	0,08257	843,5	1,7093	0,08072	843,3	1,7066	0,07895	843,1	1,7041
550	0,08567	849,2	1,7186	0,08371	849,0	1,7160	0,08184	848,8	1,7133	0,08005	848,6	1,7107

Tafel 3. Wasser und überhitzter Dampf (Fortsetzung)　　　　**Water and superheated Steam** (Continuation)

t	44 at　$t_s = 254{,}87\,°C$			45 at　$t_s = 256{,}22\,°C$			46 at　$t_s = 257{,}56\,°C$			47 at　$t_s = 258{,}88\,°C$		
	v''	h''	s''	v''	h''	s''	v''	h''	s''	v''	h''	s''
	0,04600	668,5	1,4419	0,04494	668,3	1,4396	0,04392	668,2	1,4374	0,04295	668,0	1,4352
°C	v	h	s	v	h	s	v	h	s	v	h	s
550	0,08567	849,2	1,7186	0,08371	849,0	1,7160	0,08184	848,8	1,7133	0,08005	848,6	1,7107
560	0,08682	854,7	1,7252	0,08484	854,5	1,7226	0,08295	854,3	1,7199	0,08113	854,0	1,7174
570	0,08797	860,2	1,7318	0,08597	859,9	1,7291	0,08405	859,7	1,7265	0,08222	859,5	1,7239
580	0,08912	865,6	1,7382	0,08709	865,4	1,7355	0,08515	865,2	1,7329	0,08330	865,0	1,7304
590	0,09027	871,1	1,7446	0,08822	870,9	1,7419	0,08625	870,7	1,7393	0,08438	870,5	1,7368
600	0,09141	876,6	1,7509	0,08934	876,4	1,7483	0,08735	876,2	1,7457	0,08545	876,0	1,7431
610	0,09255	882,1	1,7572	0,09045	881,9	1,7545	0,08844	881,7	1,7519	0,08652	881,5	1,7494
620	0,09369	887,6	1,7634	0,09157	887,4	1,7607	0,08954	887,2	1,7582	0,08759	887,1	1,7556
630	0,09482	893,1	1,7695	0,09268	892,9	1,7669	0,09062	892,8	1,7643	0,08866	892,6	1,7618
640	0,09596	898,6	1,7756	0,09379	898,5	1,7730	0,09171	898,3	1,7704	0,08972	898,1	1,7679
650	0,09709	904,2	1,7816	0,09489	904,0	1,7790	0,09279	903,8	1,7764	0,09078	903,7	1,7739
660	0,09821	909,7	1,7876	0,09600	909,6	1,7850	0,09387	909,4	1,7824	0,09184	909,2	1,7799
670	0,09934	915,3	1,7935	0,09710	915,1	1,7909	0,09495	915,0	1,7884	0,09290	914,8	1,7859
680	0,10046	920,8	1,7994	0,09820	920,7	1,7968	0,09603	920,5	1,7942	0,09396	920,4	1,7917
690	0,10159	926,4	1,8052	0,09930	926,3	1,8026	0,09711	926,1	1,8001	0,09501	926,0	1,7976
700	0,10271	932,0	1,8110	0,10039	931,9	1,8084	0,09818	931,7	1,8058	0,09606	931,6	1,8034
710	0,10382	937,6	1,8167	0,10149	937,5	1,8141	0,09925	937,3	1,8116	0,09711	937,2	1,8091
720	0,10494	943,2	1,8224	0,10258	943,1	1,8198	0,10032	942,9	1,8173	0,09816	942,8	1,8148
730	0,10606	948,8	1,8280	0,10367	948,7	1,8254	0,10139	948,6	1,8229	0,09921	948,4	1,8204
740	0,10717	954,5	1,8336	0,10476	954,3	1,8310	0,10246	954,2	1,8285	0,10025	954,1	1,8260
750	0,10828	960,1	1,8391	0,10585	960,0	1,8366	0,10352	959,8	1,8340	0,10130	959,7	1,8316
760	0,10939	965,8	1,8446	0,10693	965,6	1,8421	0,10459	965,5	1,8395	0,10234	965,4	1,8371
770	0,11050	971,4	1,8501	0,10802	971,3	1,8475	0,10565	971,2	1,8450	0,10338	971,1	1,8425
780	0,11161	977,1	1,8555	0,10910	977,0	1,8529	0,10671	976,9	1,8504	0,10442	976,7	1,8480
790	0,11271	982,8	1,8609	0,11019	982,7	1,8583	0,10777	982,6	1,8558	0,10546	982,4	1,8533
800	0,11382	988,5	1,8662	0,11127	988,4	1,8636	0,10883	988,3	1,8611	0,10649	988,1	1,8587

1 at = 0,980665 bar　　1 kcal = 4,1868 kJ

Tafel 3. Wasser und überhitzter Dampf (Fortsetzung) **Water and superheated Steam** (Continuation)

t	48 at $t_s = 260{,}17\,°C$			49 at $t_s = 261{,}44\,°C$			50 at $t_s = 262{,}69\,°C$			52 at $t_s = 265{,}14\,°C$		
	v'' 0,04201	h'' 667,9	s'' 1,4330	v'' 0,04111	h'' 667,7	s'' 1,4309	v'' 0,04025	h'' 667,6	s'' 1,4288	v'' 0,03862	h'' 667,2	s'' 1,4247
°C	v	h	s	v	h	s	v	h	s	v	h	s
0	0,0009979	1,1	0,0000	0,0009978	1,2	0,0001	0,0009978	1,2	0,0001	0,0009977	1,2	0,0001
10	0,0009980	11,1	0,0360	0,0009980	11,1	0,0360	0,0009979	11,2	0,0360	0,0009979	11,2	0,0360
20	0,0009996	21,1	0,0705	0,0009995	21,1	0,0705	0,0009995	21,1	0,0705	0,0009994	21,2	0,0705
30	0,0010022	31,0	0,1039	0,0010022	31,1	0,1039	0,0010021	31,1	0,1039	0,0010020	31,1	0,1039
40	0,0010057	41,0	0,1362	0,0010057	41,0	0,1362	0,0010056	41,0	0,1362	0,0010056	41,1	0,1362
50	0,0010100	50,9	0,1675	0,0010100	51,0	0,1675	0,0010099	51,0	0,1675	0,0010098	51,0	0,1675
60	0,0010150	60,9	0,1979	0,0010150	60,9	0,1979	0,0010149	60,9	0,1979	0,0010148	61,0	0,1978
70	0,0010207	70,9	0,2274	0,0010206	70,9	0,2274	0,0010206	70,9	0,2274	0,0010205	71,0	0,2273
80	0,0010270	80,9	0,2561	0,0010269	80,9	0,2561	0,0010269	80,9	0,2561	0,0010268	81,0	0,2560
90	0,0010338	90,9	0,2840	0,0010338	90,9	0,2840	0,0010337	90,9	0,2840	0,0010336	91,0	0,2840
100	0,0010413	100,9	0,3113	0,0010413	100,9	0,3113	0,0010412	101,0	0,3112	0,0010411	101,0	0,3112
110	0,0010494	111,0	0,3379	0,0010493	111,0	0,3379	0,0010493	111,0	0,3378	0,0010492	111,0	0,3378
120	0,0010580	121,1	0,3639	0,0010580	121,1	0,3639	0,0010579	121,1	0,3638	0,0010578	121,1	0,3638
130	0,0010673	131,2	0,3893	0,0010673	131,2	0,3893	0,0010672	131,2	0,3893	0,0010671	131,3	0,3892
140	0,0010773	141,4	0,4143	0,0010772	141,4	0,4143	0,0010771	141,4	0,4142	0,0010770	141,4	0,4142
150	0,0010879	151,6	0,4387	0,0010878	151,6	0,4387	0,0010877	151,6	0,4387	0,0010876	151,7	0,4386
160	0,0010992	161,9	0,4628	0,0010991	161,9	0,4628	0,0010991	161,9	0,4627	0,0010989	162,0	0,4627
170	0,0011113	172,3	0,4865	0,0011113	172,3	0,4864	0,0011112	172,3	0,4864	0,0011110	172,3	0,4863
180	0,0011243	182,7	0,5098	0,0011242	182,7	0,5097	0,0011242	182,7	0,5097	0,0011240	182,8	0,5096
190	0,0011383	193,3	0,5328	0,0011382	193,3	0,5327	0,0011381	193,3	0,5327	0,0011379	193,3	0,5326
200	0,0011533	203,9	0,5555	0,0011532	203,9	0,5555	0,0011531	203,9	0,5554	0,0011529	203,9	0,5553
210	0,0011694	214,7	0,5780	0,0011693	214,7	0,5780	0,0011692	214,7	0,5779	0,0011690	214,7	0,5778
220	0,0011869	225,6	0,6003	0,0011868	225,6	0,6003	0,0011867	225,6	0,6002	0,0011865	225,6	0,6001
230	0,0012060	236,6	0,6225	0,0012059	236,6	0,6225	0,0012057	236,6	0,6224	0,0012055	236,6	0,6223
240	0,0012269	247,9	0,6446	0,0012267	247,9	0,6446	0,0012266	247,9	0,6445	0,0012263	247,9	0,6444
250	0,0012499	259,3	0,6668	0,0012498	259,3	0,6667	0,0012496	259,3	0,6667	0,0012492	259,3	0,6666
260	0,0012756	271,1	0,6890	0,0012754	271,1	0,6890	0,0012752	271,1	0,6889	0,0012748	271,0	0,6888
270	0,04382	677,0	1,4500	0,04268	675,8	1,4459	0,04157	674,5	1,4417	0,03949	672,0	1,4335
280	0,04554	685,7	1,4657	0,04438	684,6	1,4619	0,04327	683,5	1,4580	0,04117	681,2	1,4504
290	0,04715	693,7	1,4802	0,04599	692,8	1,4766	0,04487	691,8	1,4729	0,04275	689,8	1,4657
300	0,04868	701,4	1,4937	0,04751	700,5	1,4902	0,04637	699,6	1,4867	0,04424	697,8	1,4799
310	0,05015	708,7	1,5063	0,04896	707,9	1,5029	0,04781	707,1	1,4996	0,04565	705,5	1,4931
320	0,05157	715,7	1,5182	0,05036	714,9	1,5149	0,04920	714,2	1,5117	0,04701	712,7	1,5054
330	0,05293	722,4	1,5294	0,05171	721,7	1,5263	0,05053	721,1	1,5232	0,04831	719,7	1,5171
340	0,05426	728,9	1,5401	0,05302	728,3	1,5371	0,05183	727,7	1,5341	0,04958	726,4	1,5282
350	0,05556	735,2	1,5504	0,05430	734,7	1,5474	0,05309	734,1	1,5445	0,05081	733,0	1,5387
360	0,05682	741,4	1,5603	0,05555	740,9	1,5573	0,05432	740,4	1,5545	0,05201	739,3	1,5488
370	0,05806	747,5	1,5698	0,05677	747,0	1,5669	0,05552	746,5	1,5641	0,05318	745,5	1,5586
380	0,05929	753,5	1,5790	0,05797	753,0	1,5761	0,05671	752,5	1,5734	0,05433	751,6	1,5680
390	0,06049	759,3	1,5879	0,05915	758,9	1,5851	0,05787	758,5	1,5824	0,05546	757,6	1,5770
400	0,06167	765,1	1,5966	0,06032	764,7	1,5938	0,05902	764,3	1,5911	0,05657	763,5	1,5859
410	0,06284	770,9	1,6050	0,06147	770,5	1,6023	0,06015	770,1	1,5996	0,05767	769,3	1,5944
420	0,06400	776,5	1,6133	0,06261	776,2	1,6106	0,06127	775,8	1,6079	0,05876	775,0	1,6028
430	0,06515	782,2	1,6213	0,06374	781,8	1,6187	0,06238	781,5	1,6161	0,05983	780,8	1,6110
440	0,06628	787,8	1,6292	0,06485	787,4	1,6266	0,06348	787,1	1,6240	0,06089	786,4	1,6190
450	0,06741	793,3	1,6370	0,06596	793,0	1,6344	0,06457	792,7	1,6318	0,06195	792,0	1,6268
460	0,06853	798,9	1,6446	0,06706	798,6	1,6420	0,06565	798,3	1,6395	0,06299	797,6	1,6345
470	0,06964	804,4	1,6521	0,06815	804,1	1,6495	0,06672	803,8	1,6470	0,06403	803,2	1,6421
480	0,07074	809,9	1,6594	0,06924	809,6	1,6569	0,06779	809,3	1,6544	0,06506	808,8	1,6495
490	0,07184	815,4	1,6667	0,07031	815,1	1,6642	0,06885	814,9	1,6617	0,06608	814,3	1,6568
500	0,07293	820,9	1,6739	0,07139	820,6	1,6713	0,06990	820,4	1,6688	0,06710	819,8	1,6640
510	0,07402	826,4	1,6809	0,07246	826,1	1,6784	0,07095	825,9	1,6759	0,06811	825,4	1,6711
520	0,07511	831,9	1,6879	0,07352	831,6	1,6854	0,07199	831,4	1,6829	0,06912	830,9	1,6781
530	0,07618	837,4	1,6947	0,07458	837,1	1,6922	0,07303	836,9	1,6898	0,07013	836,4	1,6850
540	0,07726	842,8	1,7015	0,07563	842,6	1,6990	0,07407	842,4	1,6966	0,07112	841,9	1,6918
550	0,07833	848,3	1,7082	0,07668	848,1	1,7057	0,07510	847,9	1,7033	0,07212	847,4	1,6986

Tafel 3. Wasser und überhitzter Dampf (Fortsetzung)   **Water and superheated Steam** (Continuation)

t	48 at $t_s = 260{,}17\,°C$			49 at $t_s = 261{,}44\,°C$			50 at $t_s = 262{,}69\,°C$			52 at $t_s = 265{,}14\,°C$		
	v''	h''	s''	v''	h''	s''	v''	h''	s''	v''	h''	s''
	0,04201	667,9	1,4330	0,04111	667,7	1,4309	0,04025	667,6	1,4288	0,03862	667,2	1,4247
°C	v	h	s	v	h	s	v	h	s	v	h	s
550	0,07833	848,3	1,7082	0,07668	848,1	1,7057	0,07510	847,9	1,7033	0,07212	847,4	1,6986
560	0,07939	853,8	1,7148	0,07773	853,6	1,7124	0,07613	853,4	1,7100	0,07311	852,9	1,7052
570	0,08046	859,3	1,7214	0,07877	859,1	1,7189	0,07715	858,9	1,7165	0,07410	858,5	1,7118
580	0,08152	864,8	1,7279	0,07981	864,6	1,7254	0,07817	864,4	1,7230	0,07508	864,0	1,7183
590	0,08257	870,3	1,7343	0,08085	870,1	1,7319	0,07919	869,9	1,7294	0,07607	869,5	1,7248
600	0,08363	875,8	1,7406	0,08188	875,6	1,7382	0,08020	875,4	1,7358	0,07704	875,1	1,7311
610	0,08468	881,3	1,7469	0,08291	881,2	1,7445	0,08122	881,0	1,7421	0,07802	880,6	1,7375
620	0,08573	886,9	1,7532	0,08394	886,7	1,7507	0,08223	886,5	1,7483	0,07899	886,1	1,7437
630	0,08677	892,4	1,7593	0,08497	892,2	1,7569	0,08323	892,1	1,7545	0,07996	891,7	1,7499
640	0,08782	898,0	1,7654	0,08599	897,8	1,7630	0,08424	897,6	1,7606	0,08093	897,3	1,7560
650	0,08886	903,5	1,7715	0,08701	903,3	1,7691	0,08524	903,2	1,7667	0,08190	902,8	1,7621
660	0,08990	909,1	1,7775	0,08803	908,9	1,7751	0,08624	908,7	1,7727	0,08286	908,4	1,7681
670	0,09093	914,6	1,7834	0,08905	914,5	1,7810	0,08724	914,3	1,7786	0,08382	914,0	1,7741
680	0,09197	920,2	1,7893	0,09006	920,1	1,7869	0,08823	919,9	1,7845	0,08478	919,6	1,7800
690	0,09300	925,8	1,7951	0,09107	925,7	1,7927	0,08923	925,5	1,7904	0,08574	925,2	1,7858
700	0,09403	931,4	1,8009	0,09209	931,3	1,7985	0,09022	931,1	1,7962	0,08669	930,8	1,7916
710	0,09506	937,0	1,8067	0,09310	936,9	1,8043	0,09121	936,8	1,8019	0,08765	936,5	1,7974
720	0,09609	942,7	1,8124	0,09410	942,5	1,8100	0,09220	942,4	1,8076	0,08860	942,1	1,8031
730	0,09712	948,3	1,8180	0,09511	948,2	1,8156	0,09318	948,0	1,8133	0,08955	947,8	1,8088
740	0,09814	953,9	1,8236	0,09611	953,8	1,8212	0,09417	953,7	1,8189	0,09050	953,4	1,8144
750	0,09916	959,6	1,8292	0,09711	959,5	1,8268	0,09515	959,3	1,8245	0,09145	959,1	1,8199
760	0,10018	965,3	1,8347	0,09812	965,1	1,8323	0,09613	965,0	1,8300	0,09239	964,8	1,8255
770	0,10120	970,9	1,8401	0,09912	970,8	1,8378	0,09711	970,7	1,8355	0,09334	970,5	1,8309
780	0,10222	976,6	1,8456	0,10011	976,5	1,8432	0,09809	976,4	1,8409	0,09428	976,2	1,8364
790	0,10324	982,3	1,8509	0,10111	982,2	1,8486	0,09907	982,1	1,8463	0,09522	981,9	1,8418
800	0,10425	988,0	1,8563	0,10211	987,9	1,8539	0,10005	987,8	1,8516	0,09616	987,6	1,8471

1 at = 0,980665 bar   1 kcal = 4,1868 kJ

Tafel 3. Wasser und überhitzter Dampf (Fortsetzung)   Water and superheated Steam (Continuation)

t	54 at $t_s = 267{,}52$ °C			56 at $t_s = 269{,}84$ °C			58 at $t_s = 272{,}09$ °C			60 at $t_s = 274{,}28$ °C		
	v''	h''	s''	v''	h''	s''	v''	h''	s''	v''	h''	s''
	0,03710	666,8	1,4207	0,03569	666,4	1,4167	0,03437	665,9	1,4129	0,03313	665,5	1,4092
°C	v	h	s	v	h	s	v	h	s	v	h	s
0	0,0009976	1,3	0,0001	0,0009975	1,3	0,0001	0,0009974	1,4	0,0001	0,0009973	1,4	0,0001
10	0,0009978	11,3	0,0360	0,0009977	11,3	0,0359	0,0009976	11,4	0,0359	0,0009975	11,4	0,0359
20	0,0009993	21,2	0,0705	0,0009992	21,3	0,0705	0,0009992	21,3	0,0705	0,0009991	21,3	0,0705
30	0,0010020	31,2	0,1039	0,0010019	31,2	0,1039	0,0010018	31,2	0,1038	0,0010017	31,3	0,1038
40	0,0010055	41,1	0,1362	0,0010054	41,2	0,1361	0,0010053	41,2	0,1361	0,0010052	41,2	0,1361
50	0,0010098	51,1	0,1674	0,0010097	51,1	0,1674	0,0010096	51,1	0,1674	0,0010095	51,2	0,1674
60	0,0010148	61,0	0,1978	0,0010147	61,1	0,1978	0,0010146	61,1	0,1978	0,0010145	61,1	0,1977
70	0,0010204	71,0	0,2273	0,0010203	71,0	0,2273	0,0010202	71,1	0,2272	0,0010201	71,1	0,2272
80	0,0010267	81,0	0,2560	0,0010266	81,0	0,2560	0,0010265	81,1	0,2559	0,0010264	81,1	0,2559
90	0,0010335	91,0	0,2839	0,0010334	91,0	0,2839	0,0010334	91,1	0,2839	0,0010333	91,1	0,2838
100	0,0010410	101,0	0,3112	0,0010409	101,1	0,3111	0,0010408	101,1	0,3111	0,0010407	101,1	0,3111
110	0,0010491	111,1	0,3378	0,0010490	111,1	0,3377	0,0010488	111,1	0,3377	0,0010487	111,2	0,3376
120	0,0010577	121,2	0,3638	0,0010576	121,2	0,3637	0,0010575	121,2	0,3637	0,0010574	121,3	0,3636
130	0,0010670	131,3	0,3892	0,0010669	131,3	0,3892	0,0010667	131,4	0,3891	0,0010666	131,4	0,3891
140	0,0010769	141,5	0,4141	0,0010768	141,5	0,4141	0,0010766	141,5	0,4140	0,0010765	141,6	0,4140
150	0,0010875	151,7	0,4386	0,0010873	151,7	0,4385	0,0010872	151,8	0,4385	0,0010871	151,8	0,4384
160	0,0010988	162,0	0,4626	0,0010986	162,0	0,4626	0,0010985	162,0	0,4625	0,0010984	162,1	0,4625
170	0,0011109	172,4	0,4863	0,0011107	172,4	0,4862	0,0011106	172,4	0,4862	0,0011104	172,4	0,4861
180	0,0011238	182,8	0,5096	0,0011237	182,8	0,5095	0,0011235	182,8	0,5094	0,0011233	182,9	0,5094
190	0,0011377	193,3	0,5326	0,0011375	193,3	0,5325	0,0011374	193,4	0,5324	0,0011372	193,4	0,5324
200	0,0011527	204,0	0,5553	0,0011525	204,0	0,5552	0,0011523	204,0	0,5551	0,0011521	204,0	0,5551
210	0,0011688	214,7	0,5778	0,0011685	214,7	0,5777	0,0011683	214,7	0,5776	0,0011681	214,8	0,5775
220	0,0011862	225,6	0,6001	0,0011860	225,6	0,6000	0,0011857	225,6	0,5999	0,0011855	225,6	0,5998
230	0,0012052	236,6	0,6222	0,0012049	236,6	0,6221	0,0012046	236,7	0,6220	0,0012044	236,7	0,6220
240	0,0012260	247,9	0,6443	0,0012257	247,9	0,6442	0,0012253	247,9	0,6441	0,0012250	247,9	0,6440
250	0,0012489	259,3	0,6665	0,0012485	259,3	0,6663	0,0012482	259,3	0,6662	0,0012478	259,3	0,6661
260	0,0012744	271,1	0,6886	0,0012739	271,0	0,6885	0,0012735	271,0	0,6884	0,0012731	271,0	0,6883
270	0,03754	669,3	1,4253	0,03571	666,5	1,4171	0,0013020	283,1	0,7108	0,0013016	283,1	0,7106
280	0,03922	678,9	1,4428	0,03740	676,5	1,4352	0,03569	674,0	1,4276	0,03408	671,5	1,4201
290	0,04078	687,7	1,4586	0,03895	685,6	1,4516	0,03723	683,5	1,4446	0,03562	681,3	1,4376
300	0,04225	696,0	1,4732	0,04040	694,1	1,4665	0,03867	692,2	1,4599	0,03706	690,3	1,4534
310	0,04364	703,8	1,4867	0,04178	702,1	1,4803	0,04003	700,4	1,4741	0,03840	698,6	1,4680
320	0,04498	711,2	1,4993	0,04308	709,7	1,4932	0,04132	708,1	1,4873	0,03967	706,6	1,4814
330	0,04625	718,3	1,5112	0,04434	716,9	1,5053	0,04256	715,5	1,4996	0,04089	714,1	1,4940
340	0,04749	725,2	1,5224	0,04555	723,9	1,5168	0,04374	722,6	1,5112	0,04205	721,3	1,5058
350	0,04869	731,8	1,5331	0,04673	730,6	1,5276	0,04489	729,4	1,5223	0,04318	728,2	1,5170
360	0,04986	738,2	1,5434	0,04787	737,1	1,5380	0,04601	736,0	1,5328	0,04428	734,9	1,5277
370	0,05100	744,5	1,5532	0,04898	743,5	1,5480	0,04710	742,4	1,5429	0,04534	741,4	1,5379
380	0,05212	750,6	1,5627	0,05008	749,7	1,5576	0,04817	748,7	1,5526	0,04639	747,8	1,5477
390	0,05322	756,7	1,5719	0,05115	755,8	1,5668	0,04921	754,9	1,5619	0,04741	754,0	1,5571
400	0,05431	762,6	1,5808	0,05220	761,8	1,5758	0,05024	760,9	1,5710	0,04841	760,1	1,5663
410	0,05537	768,5	1,5894	0,05324	767,7	1,5845	0,05125	766,9	1,5798	0,04939	766,1	1,5751
420	0,05643	774,3	1,5978	0,05426	773,5	1,5930	0,05224	772,8	1,5883	0,05036	772,0	1,5837
430	0,05747	780,0	1,6061	0,05527	779,3	1,6013	0,05323	778,6	1,5966	0,05132	777,9	1,5921
440	0,05850	785,7	1,6141	0,05627	785,0	1,6094	0,05420	784,4	1,6048	0,05227	783,7	1,6003
450	0,05952	791,4	1,6220	0,05726	790,7	1,6173	0,05516	790,1	1,6127	0,05320	789,4	1,6083
460	0,06053	797,0	1,6297	0,05824	796,4	1,6251	0,05612	795,8	1,6205	0,05413	795,1	1,6162
470	0,06153	802,6	1,6373	0,05922	802,0	1,6327	0,05706	801,4	1,6282	0,05505	800,8	1,6239
480	0,06253	808,2	1,6448	0,06019	807,6	1,6402	0,05800	807,0	1,6357	0,05596	806,5	1,6314
490	0,06352	813,8	1,6521	0,06115	813,2	1,6475	0,05893	812,6	1,6431	0,05687	812,1	1,6388
500	0,06451	819,3	1,6593	0,06210	818,8	1,6548	0,05986	818,2	1,6504	0,05777	817,7	1,6461
510	0,06549	824,9	1,6664	0,06305	824,3	1,6619	0,06078	823,8	1,6576	0,05866	823,3	1,6533
520	0,06646	830,4	1,6735	0,06399	829,9	1,6690	0,06169	829,4	1,6646	0,05955	828,9	1,6604
530	0,06743	835,9	1,6804	0,06493	835,4	1,6759	0,06260	835,0	1,6716	0,06043	834,5	1,6674
540	0,06840	841,4	1,6872	0,06587	841,0	1,6828	0,06351	840,5	1,6785	0,06131	840,0	1,6743
550	0,06936	847,0	1,6940	0,06680	846,5	1,6896	0,06441	846,1	1,6853	0,06219	845,6	1,6811

Tafel 3. Wasser und überhitzter Dampf (Fortsetzung)   **Water and superheated Steam** (Continuation)

t	54 at $t_s = 267{,}52\ °C$			56 at $t_s = 269{,}84\ °C$			58 at $t_s = 272{,}09\ °C$			60 at $t_s = 274{,}28\ °C$		
	v''	h''	s''	v''	h''	s''	v''	h''	s''	v''	h''	s''
	0,03710	666,8	1,4207	0,03569	666,4	1,4167	0,03437	665,9	1,4129	0,03313	665,5	1,4092
°C	v	h	s	v	h	s	v	h	s	v	h	s
550	0,06936	847,0	1,6940	0,06680	846,5	1,6896	0,06441	846,1	1,6853	0,06219	845,6	1,6811
560	0,07032	852,5	1,7007	0,06772	852,1	1,6963	0,06531	851,6	1,6920	0,06306	851,2	1,6879
570	0,07127	858,0	1,7073	0,06865	857,6	1,7029	0,06620	857,2	1,6986	0,06392	856,8	1,6945
580	0,07222	863,6	1,7138	0,06957	863,2	1,7094	0,06710	862,8	1,7052	0,06479	862,3	1,7011
590	0,07317	869,1	1,7203	0,07049	868,7	1,7159	0,06798	868,3	1,7117	0,06565	867,9	1,7076
600	0,07412	874,7	1,7267	0,07140	874,3	1,7223	0,06887	873,9	1,7181	0,06651	873,5	1,7140
610	0,07506	880,2	1,7330	0,07231	879,8	1,7286	0,06975	879,5	1,7244	0,06736	879,1	1,7204
620	0,07600	885,8	1,7392	0,07322	885,4	1,7349	0,07063	885,0	1,7307	0,06822	884,7	1,7267
630	0,07694	891,3	1,7454	0,07413	891,0	1,7411	0,07151	890,6	1,7370	0,06907	890,3	1,7329
640	0,07787	896,9	1,7516	0,07503	896,6	1,7473	0,07238	896,2	1,7431	0,06991	895,9	1,7391
650	0,07880	902,5	1,7577	0,07593	902,2	1,7534	0,07326	901,8	1,7492	0,07076	901,5	1,7452
660	0,07973	908,1	1,7637	0,07683	907,8	1,7594	0,07413	907,4	1,7553	0,07160	907,1	1,7513
670	0,08066	913,7	1,7696	0,07773	913,4	1,7654	0,07499	913,1	1,7612	0,07244	912,7	1,7573
680	0,08159	919,3	1,7756	0,07862	919,0	1,7713	0,07586	918,7	1,7672	0,07328	918,4	1,7632
690	0,08251	924,9	1,7814	0,07951	924,6	1,7772	0,07672	924,3	1,7731	0,07412	924,0	1,7691
700	0,08343	930,6	1,7872	0,08040	930,3	1,7830	0,07759	930,0	1,7789	0,07495	929,7	1,7749
710	0,08435	936,2	1,7930	0,08129	935,9	1,7888	0,07845	935,6	1,7847	0,07579	935,3	1,7807
720	0,08527	941,8	1,7987	0,08218	941,6	1,7945	0,07930	941,3	1,7904	0,07662	941,0	1,7865
730	0,08619	947,5	1,8044	0,08307	947,2	1,8002	0,08016	947,0	1,7961	0,07745	946,7	1,7921
740	0,08710	953,2	1,8100	0,08395	952,9	1,8058	0,08102	952,6	1,8017	0,07828	952,4	1,7978
750	0,08802	958,8	1,8156	0,08483	958,6	1,8114	0,08187	958,3	1,8073	0,07910	958,1	1,8034
760	0,08893	964,5	1,8211	0,08571	964,3	1,8169	0,08272	964,0	1,8129	0,07993	963,8	1,8089
770	0,08984	970,2	1,8266	0,08659	970,0	1,8224	0,08357	969,7	1,8184	0,08075	969,5	1,8145
780	0,09075	975,9	1,8321	0,08747	975,7	1,8279	0,08442	975,5	1,8238	0,08157	975,2	1,8199
790	0,09166	981,7	1,8375	0,08835	981,4	1,8333	0,08527	981,2	1,8292	0,08239	981,0	1,8253
800	0,09256	987,4	1,8428	0,08922	987,2	1,8386	0,08612	986,9	1,8346	0,08321	986,7	1,8307

1 at = 0,980665 bar   1 kcal = 4,1868 kJ

Tafel 3. Wasser und überhitzter Dampf (Fortsetzung)   **Water and superheated Steam** (Continuation)

t	62 at $t_s = 276{,}42$ °C			64 at $t_s = 278{,}50$ °C			66 at $t_s = 280{,}54$ °C			68 at $t_s = 282{,}53$ °C		
	v''	h''	s''	v''	h''	s''	v''	h''	s''	v''	h''	s''
	0,03197	665,0	1,4055	0,03088	664,5	1,4019	0,02986	663,9	1,3984	0,02889	663,4	1,3949
°C	v	h	s	v	h	s	v	h	s	v	h	s
0	0,0009972	1,5	0,0001	0,0009971	1,5	0,0001	0,0009970	1,6	0,0001	0,0009969	1,6	0,0001
10	0,0009974	11,4	0,0359	0,0009973	11,5	0,0359	0,0009972	11,5	0,0359	0,0009971	11,6	0,0359
20	0,0009990	21,4	0,0705	0,0009989	21,4	0,0705	0,0009988	21,5	0,0704	0,0009987	21,5	0,0704
30	0,0010016	31,3	0,1038	0,0010015	31,4	0,1038	0,0010014	31,4	0,1038	0,0010014	31,5	0,1038
40	0,0010051	41,3	0,1361	0,0010050	41,3	0,1361	0,0010050	41,4	0,1360	0,0010049	41,4	0,1360
50	0,0010094	51,2	0,1674	0,0010093	51,3	0,1673	0,0010092	51,3	0,1673	0,0010092	51,3	0,1673
60	0,0010144	61,2	0,1977	0,0010143	61,2	0,1977	0,0010142	61,3	0,1977	0,0010141	61,3	0,1976
70	0,0010200	71,2	0,2272	0,0010199	71,2	0,2272	0,0010199	71,2	0,2271	0,0010198	71,3	0,2271
80	0,0010263	81,1	0,2559	0,0010262	81,2	0,2558	0,0010261	81,2	0,2558	0,0010260	81,2	0,2558
90	0,0010332	91,1	0,2838	0,0010331	91,2	0,2838	0,0010330	91,2	0,2837	0,0010329	91,2	0,2837
100	0,0010406	101,2	0,3110	0,0010405	101,2	0,3110	0,0010404	101,2	0,3110	0,0010403	101,3	0,3109
110	0,0010486	111,2	0,3376	0,0010485	111,3	0,3376	0,0010484	111,3	0,3375	0,0010483	111,3	0,3375
120	0,0010573	121,3	0,3636	0,0010572	121,3	0,3636	0,0010570	121,4	0,3635	0,0010569	121,4	0,3635
130	0,0010665	131,4	0,3890	0,0010664	131,5	0,3890	0,0010663	131,5	0,3889	0,0010662	131,5	0,3889
140	0,0010764	141,6	0,4139	0,0010763	141,6	0,4139	0,0010761	141,7	0,4138	0,0010760	141,7	0,4138
150	0,0010869	151,8	0,4384	0,0010868	151,8	0,4383	0,0010867	151,9	0,4383	0,0010865	151,9	0,4382
160	0,0010982	162,1	0,4624	0,0010981	162,1	0,4624	0,0010979	162,2	0,4623	0,0010978	162,2	0,4622
170	0,0011103	172,5	0,4860	0,0011101	172,5	0,4860	0,0011100	172,5	0,4859	0,0011098	172,5	0,4859
180	0,0011232	182,9	0,5093	0,0011230	182,9	0,5093	0,0011228	182,9	0,5092	0,0011227	183,0	0,5091
190	0,0011370	193,4	0,5323	0,0011368	193,4	0,5322	0,0011366	193,5	0,5322	0,0011365	193,5	0,5321
200	0,0011519	204,0	0,5550	0,0011517	204,1	0,5549	0,0011515	204,1	0,5548	0,0011513	204,1	0,5548
210	0,0011679	214,8	0,5774	0,0011677	214,8	0,5774	0,0011675	214,8	0,5773	0,0011672	214,8	0,5772
220	0,0011852	225,6	0,5997	0,0011850	225,7	0,5996	0,0011848	225,7	0,5995	0,0011845	225,7	0,5995
230	0,0012041	236,7	0,6219	0,0012038	236,7	0,6218	0,0012036	236,7	0,6217	0,0012033	236,7	0,6216
240	0,0012247	247,9	0,6439	0,0012244	247,9	0,6438	0,0012241	247,9	0,6437	0,0012238	247,9	0,6436
250	0,0012475	259,3	0,6660	0,0012471	259,3	0,6659	0,0012467	259,3	0,6658	0,0012464	259,3	0,6657
260	0,0012727	271,0	0,6881	0,0012723	271,0	0,6880	0,0012719	271,0	0,6879	0,0012715	271,0	0,6878
270	0,0013011	283,0	0,7105	0,0013006	283,0	0,7103	0,0013001	283,0	0,7102	0,0012996	283,0	0,7101
280	0,03256	668,9	1,4125	0,03113	666,1	1,4049	0,0013322	295,4	0,7328	0,0013316	295,4	0,7327
290	0,03411	679,0	1,4307	0,03268	676,6	1,4237	0,03133	674,2	1,4168	0,03005	671,7	1,4098
300	0,03553	688,2	1,4470	0,03410	686,2	1,4406	0,03275	684,1	1,4342	0,03147	681,9	1,4278
310	0,03687	696,9	1,4619	0,03542	695,0	1,4559	0,03407	693,2	1,4499	0,03278	691,3	1,4439
320	0,03812	704,9	1,4756	0,03667	703,3	1,4699	0,03530	701,7	1,4643	0,03401	700,0	1,4587
330	0,03932	712,6	1,4884	0,03785	711,1	1,4830	0,03647	709,6	1,4776	0,03516	708,1	1,4723
340	0,04047	719,9	1,5005	0,03898	718,6	1,4952	0,03758	717,2	1,4901	0,03627	715,8	1,4850
350	0,04158	727,0	1,5119	0,04007	725,7	1,5068	0,03866	724,5	1,5018	0,03732	723,2	1,4969
360	0,04265	733,8	1,5227	0,04113	732,6	1,5178	0,03969	731,4	1,5129	0,03834	730,3	1,5082
370	0,04370	740,3	1,5330	0,04215	739,3	1,5282	0,04070	738,2	1,5235	0,03933	737,1	1,5189
380	0,04472	746,8	1,5429	0,04315	745,8	1,5382	0,04168	744,8	1,5337	0,04029	743,8	1,5292
390	0,04571	753,0	1,5524	0,04413	752,1	1,5479	0,04264	751,2	1,5434	0,04123	750,2	1,5390
400	0,04669	759,2	1,5617	0,04508	758,3	1,5572	0,04357	757,5	1,5528	0,04215	756,6	1,5485
410	0,04765	765,3	1,5706	0,04602	764,4	1,5662	0,04449	763,6	1,5619	0,04305	762,8	1,5576
420	0,04860	771,2	1,5793	0,04695	770,5	1,5749	0,04539	769,7	1,5707	0,04393	768,9	1,5665
430	0,04953	777,1	1,5877	0,04786	776,4	1,5834	0,04629	775,6	1,5792	0,04480	774,9	1,5751
440	0,05046	783,0	1,5960	0,04876	782,3	1,5917	0,04716	781,6	1,5876	0,04566	780,8	1,5835
450	0,05137	788,7	1,6040	0,04965	788,1	1,5998	0,04803	787,4	1,5957	0,04651	786,7	1,5917
460	0,05227	794,5	1,6119	0,05053	793,8	1,6077	0,04889	793,2	1,6037	0,04735	792,6	1,5997
470	0,05317	800,2	1,6196	0,05140	799,6	1,6155	0,04974	799,0	1,6115	0,04818	798,3	1,6076
480	0,05405	805,9	1,6272	0,05226	805,3	1,6231	0,05058	804,7	1,6191	0,04900	804,1	1,6153
490	0,05493	811,5	1,6347	0,05312	811,0	1,6306	0,05142	810,4	1,6267	0,04981	809,8	1,6228
500	0,05581	817,2	1,6420	0,05397	816,6	1,6380	0,05225	816,1	1,6341	0,05062	815,5	1,6302
510	0,05668	822,8	1,6492	0,05482	822,3	1,6452	0,05307	821,7	1,6413	0,05143	821,2	1,6375
520	0,05754	828,4	1,6563	0,05566	827,9	1,6524	0,05389	827,4	1,6485	0,05222	826,9	1,6447
530	0,05840	834,0	1,6634	0,05649	833,5	1,6594	0,05470	833,0	1,6555	0,05302	832,5	1,6518
540	0,05925	839,6	1,6703	0,05732	839,1	1,6663	0,05551	838,6	1,6625	0,05380	838,2	1,6588
550	0,06010	845,2	1,6771	0,05815	844,7	1,6732	0,05631	844,3	1,6694	0,05459	843,8	1,6657

Tafel 3. Wasser und überhitzter Dampf (Fortsetzung)   **Water and superheated Steam** (Continuation)

t	62 at $t_s = 276{,}42\,°C$			64 at $t_s = 278{,}50\,°C$			66 at $t_s = 280{,}54\,°C$			68 at $t_s = 282{,}53\,°C$		
	v''	h''	s''	v''	h''	s''	v''	h''	s''	v''	h''	s''
	0,03197	665,0	1,4055	0,03088	664,5	1,4019	0,02986	663,9	1,3984	0,02889	663,4	1,3949
°C	v	h	s	v	h	s	v	h	s	v	h	s
550	0,06010	845,2	1,6771	0,05815	844,7	1,6732	0,05631	844,3	1,6694	0,05459	843,8	1,6657
560	0,06095	850,8	1,6839	0,05897	850,3	1,6800	0,05711	849,9	1,6762	0,05537	849,4	1,6725
570	0,06179	856,3	1,6905	0,05979	855,9	1,6866	0,05791	855,5	1,6829	0,05614	855,1	1,6792
580	0,06263	861,9	1,6971	0,06061	861,5	1,6932	0,05871	861,1	1,6895	0,05692	860,7	1,6858
590	0,06347	867,5	1,7036	0,06142	867,1	1,6998	0,05950	866,7	1,6960	0,05769	866,3	1,6924
600	0,06430	873,1	1,7101	0,06223	872,7	1,7062	0,06028	872,3	1,7025	0,05845	871,9	1,6989
610	0,06513	878,7	1,7164	0,06303	878,3	1,7126	0,06107	878,0	1,7089	0,05921	877,6	1,7053
620	0,06596	884,3	1,7228	0,06384	883,9	1,7189	0,06185	883,6	1,7152	0,05998	883,2	1,7116
630	0,06678	889,9	1,7290	0,06464	889,6	1,7252	0,06263	889,2	1,7215	0,06073	888,9	1,7179
640	0,06760	895,5	1,7352	0,06544	895,2	1,7314	0,06340	894,8	1,7277	0,06149	894,5	1,7241
650	0,06842	901,2	1,7413	0,06623	900,8	1,7375	0,06418	900,5	1,7339	0,06224	900,2	1,7303
660	0,06924	906,8	1,7474	0,06703	906,5	1,7436	0,06495	906,1	1,7399	0,06299	905,8	1,7364
670	0,07006	912,4	1,7534	0,06782	912,1	1,7496	0,06572	911,8	1,7460	0,06374	911,5	1,7424
680	0,07087	918,1	1,7593	0,06861	917,8	1,7556	0,06649	917,5	1,7519	0,06449	917,1	1,7484
690	0,07168	923,7	1,7652	0,06940	923,4	1,7615	0,06725	923,1	1,7579	0,06523	922,8	1,7543
700	0,07249	929,4	1,7711	0,07018	929,1	1,7673	0,06802	928,8	1,7637	0,06598	928,5	1,7602
710	0,07330	935,1	1,7769	0,07097	934,8	1,7732	0,06878	934,5	1,7695	0,06672	934,2	1,7660
720	0,07411	940,7	1,7826	0,07175	940,5	1,7789	0,06954	940,2	1,7753	0,06746	939,9	1,7718
730	0,07491	946,4	1,7883	0,07253	946,2	1,7846	0,07030	945,9	1,7810	0,06819	945,6	1,7775
740	0,07571	952,1	1,7940	0,07331	951,9	1,7903	0,07105	951,6	1,7867	0,06893	951,3	1,7832
750	0,07651	957,8	1,7996	0,07409	957,6	1,7959	0,07181	957,3	1,7923	0,06966	957,1	1,7888
760	0,07731	963,5	1,8051	0,07486	963,3	1,8015	0,07256	963,1	1,7979	0,07040	962,8	1,7944
770	0,07811	969,3	1,8107	0,07564	969,0	1,8070	0,07331	968,8	1,8034	0,07113	968,6	1,7999
780	0,07891	975,0	1,8161	0,07641	974,7	1,8125	0,07407	974,5	1,8089	0,07186	974,3	1,8054
790	0,07970	980,8	1,8216	0,07718	980,5	1,8179	0,07482	980,3	1,8143	0,07259	980,1	1,8109
800	0,08050	986,5	1,8269	0,07795	986,3	1,8233	0,07556	986,1	1,8197	0,07331	985,8	1,8163

1 at = 0,980665 bar   1 kcal = 4,1868 kJ

Tafel 3. Wasser und überhitzter Dampf (Fortsetzung) Water and superheated Steam (Continuation)

t	70 at $t_s = 284{,}47\,°C$			72 at $t_s = 286{,}38\,°C$			74 at $t_s = 288{,}24\,°C$			76 at $t_s = 290{,}06\,°C$		
	v''	h''	s''	v''	h''	s''	v''	h''	s''	v''	h''	s''
	0,02798	662,8	1,3915	0,02711	662,2	1,3881	0,02629	661,6	1,3848	0,02551	661,0	1,3816
°C	v	h	s	v	h	s	v	h	s	v	h	s
0	0,0009968	1,7	0,0001	0,0009967	1,7	0,0001	0,0009966	1,8	0,0001	0,0009965	1,8	0,0001
10	0,0009970	11,6	0,0359	0,0009969	11,7	0,0359	0,0009969	11,7	0,0359	0,0009968	11,8	0,0359
20	0,0009986	21,6	0,0704	0,0009985	21,6	0,0704	0,0009985	21,7	0,0704	0,0009984	21,7	0,0704
30	0,0010013	31,5	0,1038	0,0010012	31,5	0,1037	0,0010011	31,6	0,1037	0,0010010	31,6	0,1037
40	0,0010048	41,4	0,1360	0,0010047	41,5	0,1360	0,0010046	41,5	0,1360	0,0010045	41,6	0,1360
50	0,0010091	51,4	0,1673	0,0010090	51,4	0,1672	0,0010089	51,5	0,1672	0,0010088	51,5	0,1672
60	0,0010140	61,3	0,1976	0,0010140	61,4	0,1976	0,0010139	61,4	0,1976	0,0010138	61,5	0,1975
70	0,0010197	71,3	0,2271	0,0010196	71,3	0,2270	0,0010195	71,4	0,2270	0,0010194	71,4	0,2270
80	0,0010259	81,3	0,2557	0,0010258	81,3	0,2557	0,0010257	81,4	0,2557	0,0010257	81,4	0,2557
90	0,0010328	91,3	0,2837	0,0010327	91,3	0,2836	0,0010326	91,4	0,2836	0,0010325	91,4	0,2836
100	0,0010402	101,3	0,3109	0,0010401	101,3	0,3108	0,0010400	101,4	0,3108	0,0010399	101,4	0,3108
110	0,0010482	111,4	0,3375	0,0010481	111,4	0,3374	0,0010480	111,4	0,3374	0,0010479	111,5	0,3373
120	0,0010568	121,4	0,3634	0,0010567	121,5	0,3634	0,0010566	121,5	0,3633	0,0010565	121,5	0,3633
130	0,0010660	131,6	0,3888	0,0010659	131,6	0,3888	0,0010658	131,6	0,3888	0,0010657	131,6	0,3887
140	0,0010759	141,7	0,4138	0,0010758	141,7	0,4137	0,0010756	141,8	0,4137	0,0010755	141,8	0,4136
150	0,0010864	151,9	0,4382	0,0010863	152,0	0,4381	0,0010861	152,0	0,4381	0,0010860	152,0	0,4380
160	0,0010976	162,2	0,4622	0,0010975	162,2	0,4621	0,0010974	162,3	0,4621	0,0010972	162,3	0,4620
170	0,0011097	172,6	0,4858	0,0011095	172,6	0,4857	0,0011094	172,6	0,4857	0,0011092	172,6	0,4856
180	0,0011225	183,0	0,5091	0,0011223	183,0	0,5090	0,0011222	183,0	0,5089	0,0011220	183,1	0,5089
190	0,0011363	193,5	0,5320	0,0011361	193,5	0,5320	0,0011359	193,5	0,5319	0,0011358	193,6	0,5318
200	0,0011511	204,1	0,5547	0,0011509	204,1	0,5546	0,0011507	204,2	0,5546	0,0011505	204,2	0,5545
210	0,0011670	214,8	0,5771	0,0011668	214,9	0,5771	0,0011666	214,9	0,5770	0,0011664	214,9	0,5769
220	0,0011843	225,7	0,5994	0,0011840	225,7	0,5993	0,0011838	225,7	0,5992	0,0011836	225,7	0,5991
230	0,0012030	236,7	0,6215	0,0012028	236,7	0,6214	0,0012025	236,7	0,6213	0,0012022	236,7	0,6212
240	0,0012235	247,9	0,6435	0,0012232	247,9	0,6434	0,0012229	247,9	0,6433	0,0012226	247,9	0,6432
250	0,0012461	259,3	0,6656	0,0012457	259,3	0,6654	0,0012454	259,3	0,6653	0,0012450	259,3	0,6652
260	0,0012711	271,0	0,6876	0,0012707	271,0	0,6875	0,0012703	271,0	0,6874	0,0012699	271,0	0,6873
270	0,0012991	283,0	0,7099	0,0012987	283,0	0,7098	0,0012982	282,9	0,7096	0,0012977	282,9	0,7095
280	0,0013311	295,4	0,7325	0,0013305	295,3	0,7323	0,0013299	295,3	0,7322	0,0013293	295,3	0,7320
290	0,02883	669,2	1,4028	0,02767	666,5	1,3958	0,02656	663,8	1,3886	0,0013659	308,1	0,7550
300	0,03026	679,7	1,4214	0,02911	677,5	1,4150	0,02801	675,1	1,4086	0,02696	672,7	1,4022
310	0,03157	689,3	1,4380	0,03041	687,4	1,4321	0,02932	685,3	1,4263	0,02827	683,3	1,4204
320	0,03278	698,2	1,4531	0,03163	696,5	1,4476	0,03053	694,7	1,4422	0,02948	692,9	1,4367
330	0,03393	706,6	1,4670	0,03276	705,0	1,4618	0,03165	703,4	1,4567	0,03060	701,7	1,4516
340	0,03502	714,4	1,4800	0,03384	713,0	1,4750	0,03272	711,5	1,4701	0,03166	710,1	1,4653
350	0,03606	721,9	1,4921	0,03487	720,6	1,4873	0,03374	719,3	1,4826	0,03267	717,9	1,4780
360	0,03707	729,1	1,5035	0,03586	727,9	1,4989	0,03472	726,7	1,4944	0,03363	725,5	1,4900
370	0,03804	736,0	1,5144	0,03682	734,9	1,5099	0,03566	733,8	1,5056	0,03457	732,7	1,5013
380	0,03898	742,7	1,5248	0,03775	741,7	1,5204	0,03658	740,7	1,5162	0,03547	739,6	1,5120
390	0,03990	749,3	1,5347	0,03865	748,3	1,5305	0,03747	747,4	1,5263	0,03634	746,4	1,5223
400	0,04080	755,7	1,5443	0,03954	754,8	1,5401	0,03833	753,9	1,5361	0,03720	752,9	1,5321
410	0,04169	761,9	1,5535	0,04040	761,1	1,5494	0,03918	760,2	1,5455	0,03803	759,4	1,5416
420	0,04255	768,1	1,5624	0,04125	767,3	1,5585	0,04002	766,5	1,5546	0,03885	765,7	1,5507
430	0,04341	774,1	1,5711	0,04209	773,4	1,5672	0,04084	772,6	1,5634	0,03965	771,9	1,5596
440	0,04425	780,1	1,5796	0,04291	779,4	1,5757	0,04164	778,7	1,5719	0,04044	778,0	1,5682
450	0,04508	786,0	1,5878	0,04372	785,4	1,5840	0,04244	784,7	1,5803	0,04122	784,0	1,5766
460	0,04589	791,9	1,5959	0,04452	791,3	1,5921	0,04322	790,6	1,5884	0,04199	790,0	1,5848
470	0,04671	797,7	1,6038	0,04531	797,1	1,6000	0,04400	796,5	1,5964	0,04275	795,9	1,5928
480	0,04751	803,5	1,6115	0,04610	802,9	1,6078	0,04476	802,3	1,6042	0,04350	801,7	1,6006
490	0,04830	809,3	1,6191	0,04688	808,7	1,6154	0,04553	808,1	1,6118	0,04425	807,5	1,6083
500	0,04909	815,0	1,6265	0,04765	814,4	1,6229	0,04628	813,9	1,6193	0,04498	813,3	1,6158
510	0,04988	820,7	1,6338	0,04841	820,1	1,6302	0,04703	819,6	1,6267	0,04571	819,1	1,6232
520	0,05065	826,4	1,6410	0,04917	825,9	1,6375	0,04777	825,3	1,6339	0,04644	824,8	1,6305
530	0,05143	832,0	1,6481	0,04993	831,5	1,6446	0,04851	831,0	1,6411	0,04716	830,6	1,6377
540	0,05220	837,7	1,6551	0,05068	837,2	1,6516	0,04924	836,7	1,6481	0,04788	836,3	1,6448
550	0,05296	843,3	1,6621	0,05142	842,9	1,6585	0,04997	842,4	1,6551	0,04859	842,0	1,6517

Tafel 3. Wasser und überhitzter Dampf (Fortsetzung)   **Water and superheated Steam** (Continuation)

t	70 at $t_s = 284{,}47\,°\mathrm{C}$			72 at $t_s = 286{,}38\,°\mathrm{C}$			74 at $t_s = 288{,}24\,°\mathrm{C}$			76 at $t_s = 290{,}06\,°\mathrm{C}$		
	v''	h''	s''	v''	h''	s''	v''	h''	s''	v''	h''	s''
	0,02798	662,8	1,3915	0,02711	662,2	1,3881	0,02629	661,6	1,3848	0,02551	661,0	1,3816
°C	v	h	s	v	h	s	v	h	s	v	h	s
550	0,05296	843,3	1,6621	0,05142	842,9	1,6585	0,04997	842,4	1,6551	0,04859	842,0	1,6517
560	0,05372	849,0	1,6689	0,05216	848,5	1,6654	0,05069	848,1	1,6619	0,04930	847,7	1,6586
570	0,05448	854,6	1,6756	0,05290	854,2	1,6721	0,05141	853,8	1,6687	0,05000	853,3	1,6654
580	0,05523	860,3	1,6823	0,05364	859,9	1,6788	0,05213	859,4	1,6754	0,05070	859,0	1,6721
590	0,05598	865,9	1,6888	0,05437	865,5	1,6854	0,05284	865,1	1,6820	0,05140	864,7	1,6787
600	0,05673	871,6	1,6953	0,05509	871,2	1,6919	0,05355	870,8	1,6885	0,05209	870,4	1,6852
610	0,05747	877,2	1,7018	0,05582	876,8	1,6983	0,05426	876,4	1,6950	0,05278	876,1	1,6917
620	0,05821	882,8	1,7081	0,05654	882,5	1,7047	0,05496	882,1	1,7014	0,05347	881,7	1,6981
630	0,05895	888,5	1,7144	0,05726	888,1	1,7110	0,05567	887,8	1,7077	0,05416	887,4	1,7044
640	0,05968	894,2	1,7206	0,05798	893,8	1,7172	0,05637	893,5	1,7139	0,05484	893,1	1,7107
650	0,06042	899,8	1,7268	0,05869	899,5	1,7234	0,05706	899,1	1,7201	0,05552	898,8	1,7169
660	0,06115	905,5	1,7329	0,05941	905,2	1,7295	0,05776	904,8	1,7262	0,05620	904,5	1,7230
670	0,06188	911,2	1,7390	0,06012	910,8	1,7356	0,05845	910,5	1,7323	0,05687	910,2	1,7291
680	0,06260	916,8	1,7450	0,06082	916,5	1,7416	0,05914	916,2	1,7383	0,05755	915,9	1,7351
690	0,06333	922,5	1,7509	0,06153	922,2	1,7475	0,05983	921,9	1,7443	0,05822	921,6	1,7411
700	0,06405	928,2	1,7568	0,06224	927,9	1,7534	0,06052	927,6	1,7502	0,05889	927,3	1,7470
710	0,06477	933,9	1,7626	0,06294	933,6	1,7593	0,06120	933,4	1,7560	0,05956	933,1	1,7529
720	0,06549	939,6	1,7684	0,06364	939,4	1,7651	0,06188	939,1	1,7618	0,06022	938,8	1,7587
730	0,06621	945,4	1,7741	0,06434	945,1	1,7708	0,06257	944,8	1,7676	0,06089	944,6	1,7644
740	0,06693	951,1	1,7798	0,06503	950,8	1,7765	0,06325	950,6	1,7733	0,06155	950,3	1,7701
750	0,06764	956,8	1,7854	0,06573	956,6	1,7821	0,06392	956,3	1,7789	0,06221	956,1	1,7758
760	0,06835	962,6	1,7910	0,06643	962,3	1,7877	0,06460	962,1	1,7845	0,06287	961,8	1,7814
770	0,06907	968,3	1,7966	0,06712	968,1	1,7933	0,06528	967,8	1,7901	0,06353	967,6	1,7869
780	0,06978	974,1	1,8021	0,06781	973,8	1,7988	0,06595	973,6	1,7956	0,06419	973,4	1,7925
790	0,07048	979,9	1,8075	0,06850	979,6	1,8042	0,06662	979,4	1,8010	0,06484	979,2	1,7979
800	0,07119	985,6	1,8129	0,06919	985,4	1,8096	0,06729	985,2	1,8065	0,06550	985,0	1,8034

1 at = 0,980665 bar   1 kcal = 4,1868 kJ

Tafel 3. Wasser und überhitzter Dampf (Fortsetzung)　　　**Water and superheated Steam** (Continuation)

t	78 at $t_s = 291{,}85\,°C$			80 at $t_s = 293{,}61\,°C$			82 at $t_s = 295{,}33\,°C$			84 at $t_s = 297{,}02\,°C$		
	v''	h''	s''	v''	h''	s''	v''	h''	s''	v''	h''	s''
	0,02477	660,4	1,3783	0,02406	659,7	1,3752	0,02339	659,0	1,3720	0,02274	658,4	1,3689
°C	v	h	s	v	h	s	v	h	s	v	h	s
0	0,0009964	1,8	0,0001	0,0009963	1,9	0,0001	0,0009962	1,9	0,0001	0,0009961	2,0	0,0001
10	0,0009967	11,8	0,0359	0,0009966	11,9	0,0359	0,0009965	11,9	0,0359	0,0009964	11,9	0,0359
20	0,0009983	21,7	0,0704	0,0009982	21,8	0,0704	0,0009981	21,8	0,0704	0,0009980	21,9	0,0704
30	0,0010009	31,7	0,1037	0,0010008	31,7	0,1037	0,0010008	31,8	0,1037	0,0010007	31,8	0,1037
40	0,0010044	41,6	0,1359	0,0010044	41,6	0,1359	0,0010043	41,7	0,1359	0,0010042	41,7	0,1359
50	0,0010087	51,5	0,1672	0,0010086	51,6	0,1672	0,0010086	51,6	0,1671	0,0010085	51,7	0,1671
60	0,0010137	61,5	0,1975	0,0010136	61,5	0,1975	0,0010135	61,6	0,1975	0,0010134	61,6	0,1974
70	0,0010193	71,5	0,2270	0,0010192	71,5	0,2269	0,0010191	71,5	0,2269	0,0010191	71,6	0,2269
80	0,0010256	81,4	0,2556	0,0010255	81,5	0,2556	0,0010254	81,5	0,2556	0,0010253	81,5	0,2555
90	0,0010324	91,4	0,2835	0,0010323	91,5	0,2835	0,0010322	91,5	0,2835	0,0010321	91,5	0,2834
100	0,0010398	101,4	0,3107	0,0010397	101,5	0,3107	0,0010396	101,5	0,3107	0,0010395	101,6	0,3106
110	0,0010478	111,5	0,3373	0,0010477	111,5	0,3373	0,0010476	111,6	0,3372	0,0010475	111,6	0,3372
120	0,0010564	121,6	0,3633	0,0010563	121,6	0,3632	0,0010562	121,6	0,3632	0,0010560	121,7	0,3631
130	0,0010656	131,7	0,3887	0,0010655	131,7	0,3886	0,0010653	131,7	0,3886	0,0010652	131,8	0,3885
140	0,0010754	141,8	0,4136	0,0010753	141,9	0,4135	0,0010751	141,9	0,4135	0,0010750	141,9	0,4134
150	0,0010859	152,1	0,4380	0,0010858	152,1	0,4379	0,0010856	152,1	0,4379	0,0010855	152,1	0,4378
160	0,0010971	162,3	0,4620	0,0010969	162,4	0,4619	0,0010968	162,4	0,4619	0,0010967	162,4	0,4618
170	0,0011091	172,7	0,4856	0,0011089	172,7	0,4855	0,0011088	172,7	0,4855	0,0011086	172,7	0,4854
180	0,0011219	183,1	0,5088	0,0011217	183,1	0,5088	0,0011215	183,1	0,5087	0,0011214	183,2	0,5086
190	0,0011356	193,6	0,5318	0,0011354	193,6	0,5317	0,0011352	193,6	0,5316	0,0011350	193,7	0,5316
200	0,0011503	204,2	0,5544	0,0011501	204,2	0,5543	0,0011499	204,2	0,5543	0,0011497	204,3	0,5542
210	0,0011662	214,9	0,5768	0,0011660	214,9	0,5767	0,0011657	214,9	0,5767	0,0011655	215,0	0,5766
220	0,0011833	225,8	0,5990	0,0011831	225,8	0,5990	0,0011829	225,8	0,5989	0,0011826	225,8	0,5988
230	0,0012020	236,8	0,6211	0,0012017	236,8	0,6210	0,0012014	236,8	0,6209	0,0012012	236,8	0,6209
240	0,0012223	247,9	0,6431	0,0012220	247,9	0,6430	0,0012217	248,0	0,6429	0,0012214	248,0	0,6428
250	0,0012447	259,3	0,6651	0,0012443	259,3	0,6650	0,0012440	259,3	0,6649	0,0012436	259,3	0,6648
260	0,0012695	271,0	0,6872	0,0012691	271,0	0,6870	0,0012687	271,0	0,6869	0,0012683	271,0	0,6868
270	0,0012972	282,9	0,7094	0,0012968	282,9	0,7092	0,0012963	282,9	0,7091	0,0012958	282,9	0,7089
280	0,0013288	295,3	0,7319	0,0013282	295,2	0,7317	0,0013276	295,2	0,7315	0,0013271	295,2	0,7314
290	0,0013652	308,1	0,7548	0,0013645	308,0	0,7546	0,0013638	308,0	0,7544	0,0013631	308,0	0,7543
300	0,02596	670,2	1,3957	0,02500	667,7	1,3891	0,02407	665,0	1,3825	0,02318	662,3	1,3758
310	0,02728	681,1	1,4145	0,02632	678,9	1,4086	0,02541	676,7	1,4027	0,02454	674,4	1,3967
320	0,02848	691,0	1,4313	0,02753	689,1	1,4259	0,02662	687,1	1,4204	0,02575	685,2	1,4150
330	0,02960	700,1	1,4465	0,02865	698,4	1,4414	0,02773	696,7	1,4364	0,02686	694,9	1,4314
340	0,03065	708,6	1,4604	0,02969	707,1	1,4557	0,02877	705,5	1,4509	0,02790	704,0	1,4462
350	0,03165	716,6	1,4734	0,03068	715,2	1,4689	0,02976	713,8	1,4644	0,02887	712,4	1,4599
360	0,03260	724,2	1,4855	0,03162	723,0	1,4812	0,03069	721,7	1,4769	0,02980	720,4	1,4726
370	0,03352	731,5	1,4970	0,03253	730,4	1,4928	0,03159	729,2	1,4886	0,03069	728,0	1,4845
380	0,03441	738,6	1,5079	0,03341	737,5	1,5038	0,03245	736,4	1,4998	0,03154	735,3	1,4958
390	0,03527	745,4	1,5182	0,03426	744,4	1,5143	0,03329	743,4	1,5104	0,03237	742,4	1,5065
400	0,03611	752,0	1,5282	0,03509	751,1	1,5243	0,03411	750,2	1,5205	0,03317	749,2	1,5168
410	0,03693	758,5	1,5377	0,03589	757,6	1,5340	0,03490	756,8	1,5302	0,03396	755,9	1,5266
420	0,03774	764,9	1,5470	0,03668	764,0	1,5433	0,03568	763,2	1,5396	0,03472	762,4	1,5361
430	0,03853	771,1	1,5559	0,03746	770,3	1,5523	0,03644	769,5	1,5487	0,03547	768,8	1,5452
440	0,03930	777,2	1,5646	0,03822	776,5	1,5610	0,03719	775,8	1,5575	0,03621	775,0	1,5540
450	0,04007	783,3	1,5730	0,03897	782,6	1,5695	0,03793	781,9	1,5660	0,03693	781,2	1,5626
460	0,04082	789,3	1,5812	0,03971	788,6	1,5778	0,03865	788,0	1,5744	0,03765	787,3	1,5710
470	0,04157	795,2	1,5893	0,04044	794,6	1,5858	0,03937	794,0	1,5825	0,03835	793,3	1,5792
480	0,04230	801,1	1,5972	0,04116	800,5	1,5938	0,04008	799,9	1,5904	0,03905	799,3	1,5872
490	0,04303	807,0	1,6049	0,04188	806,4	1,6015	0,04078	805,8	1,5982	0,03973	805,2	1,5950
500	0,04375	812,8	1,6124	0,04259	812,2	1,6091	0,04147	811,7	1,6058	0,04042	811,1	1,6026
510	0,04447	818,6	1,6199	0,04329	818,0	1,6166	0,04216	817,5	1,6133	0,04109	817,0	1,6101
520	0,04518	824,3	1,6272	0,04398	823,8	1,6239	0,04284	823,3	1,6207	0,04176	822,8	1,6175
530	0,04588	830,1	1,6344	0,04467	829,6	1,6311	0,04352	829,1	1,6279	0,04242	828,6	1,6248
540	0,04659	835,8	1,6415	0,04536	835,3	1,6382	0,04419	834,8	1,6350	0,04308	834,4	1,6319
550	0,04728	841,5	1,6484	0,04604	841,0	1,6452	0,04486	840,6	1,6421	0,04373	840,1	1,6390

Tafel 3. Wasser und überhitzter Dampf (Fortsetzung) Water and superheated Steam (Continuation)

t	78 at $t_s = 291{,}85\ °C$			80 at $t_s = 293{,}61\ °C$			82 at $t_s = 295{,}33\ °C$			84 at $t_s = 297{,}02\ °C$		
	v''	h''	s''	v''	h''	s''	v''	h''	s''	v''	h''	s''
	0,02477	660,4	1,3783	0,02406	659,7	1,3752	0,02339	659,0	1,3720	0,02274	658,4	1,3689
°C	v	h	s	v	h	s	v	h	s	v	h	s
550	0,04728	841,5	1,6484	0,04604	841,0	1,6452	0,04486	840,6	1,6421	0,04373	840,1	1,6390
560	0,04797	847,2	1,6553	0,04672	846,8	1,6521	0,04552	846,3	1,6490	0,04438	845,9	1,6459
570	0,04866	852,9	1,6621	0,04739	852,5	1,6589	0,04618	852,0	1,6558	0,04503	851,6	1,6528
580	0,04935	858,6	1,6688	0,04806	858,2	1,6657	0,04683	857,8	1,6626	0,04567	857,4	1,6596
590	0,05003	864,3	1,6755	0,04872	863,9	1,6723	0,04749	863,5	1,6692	0,04631	863,1	1,6662
600	0,05070	870,0	1,6820	0,04939	869,6	1,6789	0,04813	869,2	1,6758	0,04694	868,8	1,6728
610	0,05138	875,7	1,6885	0,05005	875,3	1,6854	0,04878	874,9	1,6823	0,04757	874,5	1,6794
620	0,05205	881,4	1,6949	0,05070	881,0	1,6918	0,04942	880,6	1,6888	0,04820	880,3	1,6858
630	0,05272	887,1	1,7013	0,05136	886,7	1,6982	0,05006	886,4	1,6951	0,04883	886,0	1,6922
640	0,05339	892,8	1,7075	0,05201	892,4	1,7045	0,05070	892,1	1,7014	0,04945	891,7	1,6985
650	0,05405	898,5	1,7138	0,05266	898,1	1,7107	0,05134	897,8	1,7077	0,05008	897,5	1,7047
660	0,05472	904,2	1,7199	0,05331	903,8	1,7168	0,05197	903,5	1,7138	0,05069	903,2	1,7109
670	0,05538	909,9	1,7260	0,05395	909,6	1,7229	0,05260	909,3	1,7200	0,05131	908,9	1,7170
680	0,05603	915,6	1,7320	0,05460	915,3	1,7290	0,05323	915,0	1,7260	0,05193	914,7	1,7231
690	0,05669	921,3	1,7380	0,05524	921,0	1,7350	0,05386	920,7	1,7320	0,05254	920,4	1,7291
700	0,05734	927,1	1,7439	0,05588	926,8	1,7409	0,05448	926,5	1,7379	0,05315	926,2	1,7350
710	0,05800	932,8	1,7498	0,05651	932,5	1,7468	0,05510	932,2	1,7438	0,05376	931,9	1,7409
720	0,05865	938,5	1,7556	0,05715	938,3	1,7526	0,05572	938,0	1,7496	0,05437	937,7	1,7468
730	0,05930	944,3	1,7613	0,05778	944,0	1,7583	0,05634	943,8	1,7554	0,05497	943,5	1,7526
740	0,05994	950,0	1,7671	0,05841	949,8	1,7641	0,05696	949,5	1,7611	0,05558	949,3	1,7583
750	0,06059	955,8	1,7727	0,05905	955,6	1,7697	0,05758	955,3	1,7668	0,05618	955,1	1,7640
760	0,06123	961,6	1,7783	0,05967	961,3	1,7754	0,05819	961,1	1,7724	0,05678	960,8	1,7696
770	0,06187	967,4	1,7839	0,06030	967,1	1,7809	0,05881	966,9	1,7780	0,05738	966,6	1,7752
780	0,06252	973,2	1,7894	0,06093	972,9	1,7865	0,05942	972,7	1,7836	0,05798	972,5	1,7807
790	0,06316	978,9	1,7949	0,06155	978,7	1,7919	0,06003	978,5	1,7891	0,05858	978,3	1,7862
800	0,06379	984,8	1,8003	0,06218	984,5	1,7974	0,06064	984,3	1,7945	0,05917	984,1	1,7917

$$1 \text{ at} = 0{,}980665 \text{ bar} \qquad 1 \text{ kcal} = 4{,}1868 \text{ kJ}$$

Tafel 3. Wasser und überhitzter Dampf (Fortsetzung)   **Water and superheated Steam** (Continuation)

t	86 at $t_s = 298{,}68$ °C			88 at $t_s = 300{,}31$ °C			90 at $t_s = 301{,}91$ °C			92 at $t_s = 303{,}48$ °C		
	v''	h''	s''	v''	h''	s''	v''	h''	s''	v''	h''	s''
	0,02213	657,7	1,3658	0,02154	656,9	1,3628	0,02098	656,2	1,3598	0,02044	655,5	1,3568
°C	v	h	s	v	h	s	v	h	s	v	h	s
0	0,0009960	2,0	0,0001	0,0009959	2,1	0,0001	0,0009958	2,1	0,0001	0,0009957	2,2	0,0001
10	0,0009963	12,0	0,0359	0,0009962	12,0	0,0359	0,0009961	12,1	0,0359	0,0009960	12,1	0,0359
20	0,0009979	21,9	0,0703	0,0009978	22,0	0,0703	0,0009978	22,0	0,0703	0,0009977	22,0	0,0703
30	0,0010006	31,8	0,1036	0,0010005	31,9	0,1036	0,0010004	31,9	0,1036	0,0010003	32,0	0,1036
40	0,0010041	41,8	0,1359	0,0010040	41,8	0,1358	0,0010039	41,9	0,1358	0,0010038	41,9	0,1358
50	0,0010084	51,7	0,1671	0,0010083	51,7	0,1671	0,0010082	51,8	0,1671	0,0010081	51,8	0,1670
60	0,0010133	61,7	0,1974	0,0010133	61,7	0,1974	0,0010132	61,7	0,1974	0,0010131	61,8	0,1973
70	0,0010190	71,6	0,2269	0,0010189	71,7	0,2268	0,0010188	71,7	0,2268	0,0010187	71,7	0,2268
80	0,0010252	81,6	0,2555	0,0010251	81,6	0,2555	0,0010250	81,7	0,2554	0,0010249	81,7	0,2554
90	0,0010320	91,6	0,2834	0,0010319	91,6	0,2834	0,0010318	91,6	0,2833	0,0010317	91,7	0,2833
100	0,0010394	101,6	0,3106	0,0010393	101,6	0,3106	0,0010392	101,7	0,3105	0,0010391	101,7	0,3105
110	0,0010474	111,6	0,3371	0,0010473	111,7	0,3371	0,0010472	111,7	0,3371	0,0010471	111,7	0,3370
120	0,0010559	121,7	0,3631	0,0010558	121,7	0,3631	0,0010557	121,8	0,3630	0,0010556	121,8	0,3630
130	0,0010651	131,8	0,3885	0,0010650	131,8	0,3884	0,0010649	131,9	0,3884	0,0010648	131,9	0,3884
140	0,0010749	142,0	0,4134	0,0010748	142,0	0,4133	0,0010747	142,0	0,4133	0,0010745	142,1	0,4132
150	0,0010854	152,2	0,4378	0,0010852	152,2	0,4377	0,0010851	152,2	0,4377	0,0010850	152,3	0,4376
160	0,0010965	162,4	0,4618	0,0010964	162,5	0,4617	0,0010962	162,5	0,4617	0,0010961	162,5	0,4616
170	0,0011085	172,8	0,4853	0,0011083	172,8	0,4853	0,0011082	172,8	0,4852	0,0011080	172,9	0,4852
180	0,0011212	183,2	0,5086	0,0011210	183,2	0,5085	0,0011209	183,2	0,5085	0,0011207	183,3	0,5084
190	0,0011349	193,7	0,5315	0,0011347	193,7	0,5314	0,0011345	193,7	0,5314	0,0011343	193,7	0,5313
200	0,0011495	204,3	0,5541	0,0011493	204,3	0,5541	0,0011491	204,3	0,5540	0,0011490	204,3	0,5539
210	0,0011653	215,0	0,5765	0,0011651	215,0	0,5764	0,0011649	215,0	0,5764	0,0011647	215,0	0,5763
220	0,0011824	225,8	0,5987	0,0011822	225,8	0,5986	0,0011819	225,8	0,5985	0,0011817	225,9	0,5985
230	0,0012009	236,8	0,6208	0,0012006	236,8	0,6207	0,0012004	236,8	0,6206	0,0012001	236,8	0,6205
240	0,0012211	248,0	0,6427	0,0012208	248,0	0,6426	0,0012205	248,0	0,6425	0,0012202	248,0	0,6424
250	0,0012433	259,3	0,6647	0,0012430	259,3	0,6646	0,0012426	259,3	0,6645	0,0012423	259,3	0,6643
260	0,0012679	270,9	0,6867	0,0012675	270,9	0,6865	0,0012671	270,9	0,6864	0,0012667	270,9	0,6863
270	0,0012954	282,9	0,7088	0,0012949	282,9	0,7087	0,0012944	282,8	0,7085	0,0012940	282,8	0,7084
280	0,0013265	295,2	0,7312	0,0013259	295,1	0,7311	0,0013254	295,1	0,7309	0,0013248	295,1	0,7308
290	0,0013624	307,9	0,7541	0,0013617	307,9	0,7539	0,0013610	307,8	0,7537	0,0013603	307,8	0,7535
300	0,02232	659,5	1,3690	0,0014039	321,2	0,7774	0,0014030	321,2	0,7772	0,0014021	321,1	0,7770
310	0,02370	672,0	1,3907	0,02289	669,6	1,3847	0,02210	667,1	1,3785	0,02135	664,5	1,3723
320	0,02492	683,1	1,4096	0,02412	681,0	1,4041	0,02335	678,9	1,3987	0,02260	676,7	1,3932
330	0,02603	693,2	1,4264	0,02523	691,3	1,4214	0,02446	689,5	1,4164	0,02373	687,6	1,4113
340	0,02706	702,4	1,4415	0,02626	700,8	1,4369	0,02549	699,1	1,4322	0,02475	697,5	1,4276
350	0,02803	711,0	1,4555	0,02722	709,5	1,4511	0,02645	708,1	1,4467	0,02571	706,6	1,4423
360	0,02895	719,1	1,4684	0,02814	717,8	1,4642	0,02736	716,5	1,4600	0,02661	715,1	1,4559
370	0,02983	726,8	1,4805	0,02901	725,6	1,4765	0,02822	724,4	1,4725	0,02747	723,2	1,4686
380	0,03067	734,2	1,4919	0,02984	733,1	1,4880	0,02905	732,0	1,4842	0,02829	730,9	1,4804
390	0,03149	741,4	1,5027	0,03065	740,3	1,4990	0,02985	739,3	1,4953	0,02908	738,2	1,4916
400	0,03228	748,3	1,5131	0,03143	747,3	1,5094	0,03062	746,3	1,5059	0,02984	745,4	1,5023
410	0,03306	755,0	1,5230	0,03220	754,1	1,5194	0,03137	753,2	1,5159	0,03059	752,3	1,5125
420	0,03381	761,5	1,5325	0,03294	760,7	1,5291	0,03211	759,9	1,5256	0,03131	759,0	1,5223
430	0,03455	768,0	1,5417	0,03367	767,2	1,5383	0,03282	766,4	1,5350	0,03202	765,6	1,5317
440	0,03527	774,3	1,5506	0,03438	773,5	1,5473	0,03353	772,8	1,5440	0,03271	772,0	1,5408
450	0,03599	780,5	1,5593	0,03508	779,8	1,5560	0,03422	779,1	1,5528	0,03339	778,4	1,5496
460	0,03669	786,6	1,5677	0,03577	786,0	1,5645	0,03490	785,3	1,5613	0,03406	784,6	1,5582
470	0,03738	792,7	1,5759	0,03645	792,0	1,5727	0,03556	791,4	1,5696	0,03472	790,8	1,5665
480	0,03806	798,7	1,5839	0,03712	798,1	1,5808	0,03622	797,5	1,5777	0,03536	796,8	1,5747
490	0,03874	804,6	1,5918	0,03779	804,1	1,5887	0,03688	803,5	1,5856	0,03601	802,9	1,5826
500	0,03941	810,5	1,5995	0,03844	810,0	1,5964	0,03752	809,4	1,5934	0,03664	808,9	1,5904
510	0,04007	816,4	1,6070	0,03909	815,9	1,6040	0,03816	815,3	1,6010	0,03727	814,8	1,5980
520	0,04072	822,3	1,6144	0,03973	821,7	1,6114	0,03879	821,2	1,6084	0,03789	820,7	1,6055
530	0,04137	828,1	1,6217	0,04037	827,6	1,6187	0,03942	827,1	1,6158	0,03850	826,6	1,6129
540	0,04202	833,9	1,6289	0,04101	833,4	1,6259	0,04004	832,9	1,6230	0,03911	832,4	1,6201
550	0,04266	839,7	1,6360	0,04163	839,2	1,6330	0,04066	838,7	1,6301	0,03972	838,3	1,6273

Tafel 3. Wasser und überhitzter Dampf (Fortsetzung)   Water and superheated Steam (Continuation)

t	86 at $t_s = 298{,}68\ °C$			88 at $t_s = 300{,}31\ °C$			90 at $t_s = 301{,}91\ °C$			92 at $t_s = 303{,}48\ °C$		
	v''	h''	s''	v''	h''	s''	v''	h''	s''	v''	h''	s''
	0,02213	657,7	1,3658	0,02154	656,9	1,3628	0,02098	656,2	1,3598	0,02044	655,5	1,3568
°C	v	h	s	v	h	s	v	h	s	v	h	s
550	0,04266	839,7	1,6360	0,04163	839,2	1,6330	0,04066	838,7	1,6301	0,03972	838,3	1,6273
560	0,04329	845,4	1,6429	0,04226	845,0	1,6400	0,04127	844,5	1,6371	0,04032	844,1	1,6343
570	0,04393	851,2	1,6498	0,04288	850,7	1,6469	0,04188	850,3	1,6440	0,04092	849,9	1,6412
580	0,04456	856,9	1,6566	0,04350	856,5	1,6537	0,04248	856,1	1,6508	0,04151	855,7	1,6480
590	0,04518	862,7	1,6633	0,04411	862,3	1,6604	0,04308	861,9	1,6576	0,04210	861,5	1,6548
600	0,04580	868,4	1,6699	0,04472	868,0	1,6670	0,04368	867,6	1,6642	0,04269	867,2	1,6614
610	0,04642	874,2	1,6764	0,04532	873,8	1,6736	0,04428	873,4	1,6708	0,04327	873,0	1,6680
620	0,04704	879,9	1,6829	0,04593	879,5	1,6800	0,04487	879,2	1,6772	0,04385	878,8	1,6745
630	0,04765	885,6	1,6893	0,04653	885,3	1,6864	0,04546	884,9	1,6837	0,04443	884,6	1,6809
640	0,04826	891,4	1,6956	0,04713	891,0	1,6928	0,04604	890,7	1,6900	0,04501	890,3	1,6873
650	0,04887	897,1	1,7019	0,04773	896,8	1,6990	0,04663	896,4	1,6963	0,04558	896,1	1,6936
660	0,04948	902,9	1,7081	0,04832	902,5	1,7052	0,04721	902,2	1,7025	0,04615	901,9	1,6998
670	0,05008	908,6	1,7142	0,04891	908,3	1,7114	0,04779	908,0	1,7086	0,04672	907,7	1,7060
680	0,05069	914,4	1,7202	0,04950	914,1	1,7175	0,04837	913,7	1,7147	0,04729	913,4	1,7121
690	0,05129	920,1	1,7263	0,05009	919,8	1,7235	0,04894	919,5	1,7208	0,04785	919,2	1,7181
700	0,05188	925,9	1,7322	0,05067	925,6	1,7294	0,04952	925,3	1,7267	0,04841	925,0	1,7241
710	0,05248	931,7	1,7381	0,05126	931,4	1,7354	0,05009	931,1	1,7326	0,04897	930,8	1 7300
720	0,05307	937,4	1,7440	0,05184	937,2	1,7412	0,05066	936,9	1,7385	0,04953	936,6	1,7359
730	0,05367	943,2	1,7497	0,05242	942,9	1,7470	0,05123	942,7	1,7443	0,05009	942,4	1 7417
740	0,05426	949,0	1,7555	0,05300	948,7	1,7528	0,05180	948,5	1,7501	0,05064	948,2	1,7474
750	0,05485	954,8	1,7612	0,05358	954,5	1,7585	0,05236	954,3	1,7558	0,05120	954,0	1,7532
760	0,05544	960,6	1,7668	0,05415	960,4	1,7641	0,05292	960,1	1,7614	0,05175	959,9	1,7588
770	0,05602	966,4	1,7724	0,05473	966,2	1,7697	0,05349	965,9	1,7670	0,05230	965,7	1,7644
780	0,05661	972,2	1,7780	0,05530	972,0	1,7753	0,05405	971,8	1,7726	0,05285	971,5	1,7700
790	0,05719	978,0	1,7835	0,05587	977,8	1,7808	0,05461	977,6	1,7781	0,05340	977,4	1,7755
800	0,05777	983,9	1,7889	0,05644	983,7	1,7862	0,05516	983,4	1,7836	0,05395	983,2	1,7810

1 at $= 0{,}980665$ bar   1 kcal $= 4{,}1868$ kJ

Tafel 3. Wasser und überhitzter Dampf (Fortsetzung)　　Water and superheated Steam (Continuation)

t	94 at $t_s = 305,03\ °C$			96 at $t_s = 306,55\ °C$			98 at $t_s = 308,05\ °C$			100 at $t_s = 309,53\ °C$		
	v''	h''	s''	v''	h''	s''	v''	h''	s''	v''	h''	s''
	0,01992	654,7	1,3538	0,01942	653,9	1,3509	0,01894	653,1	1,3480	0,01848	652,3	1,3451
°C	v	h	s	v	h	s	v	h	s	v	h	s
0	0,0009956	2,2	0,0001	0,0009956	2,3	0,0001	0,0009955	2,3	0,0001	0,0009954	2,4	0,0001
10	0,0009959	12,2	0,0359	0,0009959	12,2	0,0359	0,0009958	12,3	0,0358	0,0009957	12,3	0,0358
20	0,0009976	22,1	0,0703	0,0009975	22,1	0,0703	0,0009974	22,2	0,0703	0,0009973	22,2	0,0703
30	0,0010002	32,0	0,1036	0,0010002	32,1	0,1036	0,0010001	32,1	0,1035	0,0010000	32,1	0,1035
40	0,0010038	41,9	0,1358	0,0010037	42,0	0,1358	0,0010036	42,0	0,1358	0,0010035	42,1	0,1357
50	0,0010080	51,9	0,1670	0,0010080	51,9	0,1670	0,0010079	52,0	0,1670	0,0010078	52,0	0,1669
60	0,0010130	61,8	0,1973	0,0010129	61,9	0,1973	0,0010128	61,9	0,1973	0,0010127	61,9	0,1972
70	0,0010186	71,8	0,2267	0,0010185	71,8	0,2267	0,0010184	71,8	0,2267	0,0010183	71,9	0,2267
80	0,0010248	81,7	0,2554	0,0010247	81,8	0,2553	0,0010246	81,8	0,2553	0,0010245	81,8	0,2553
90	0,0010316	91,7	0,2833	0,0010315	91,8	0,2832	0,0010314	91,8	0,2832	0,0010313	91,8	0,2832
100	0,0010390	101,7	0,3104	0,0010389	101,8	0,3104	0,0010388	101,8	0,3104	0,0010387	101,8	0,3103
110	0,0010470	111,8	0,3370	0,0010469	111,8	0,3369	0,0010468	111,8	0,3369	0,0010467	111,9	0,3369
120	0,0010555	121,8	0,3629	0,0010554	121,9	0,3629	0,0010553	121,9	0,3628	0,0010552	121,9	0,3628
130	0,0010646	131,9	0,3883	0,0010645	132,0	0,3883	0,0010644	132,0	0,3882	0,0010643	132,0	0,3882
140	0,0010744	142,1	0,4132	0,0010743	142,1	0,4131	0,0010742	142,1	0,4131	0,0010740	142,2	0,4130
150	0,0010848	152,3	0,4376	0,0010847	152,3	0,4375	0,0010846	152,3	0,4375	0,0010844	152,4	0,4374
160	0,0010960	162,5	0,4615	0,0010958	162,6	0,4615	0,0010957	162,6	0,4614	0,0010956	162,6	0,4614
170	0,0011079	172,9	0,4851	0,0011077	172,9	0,4851	0,0011076	172,9	0,4850	0,0011074	173,0	0,4849
180	0,0011206	183,3	0,5083	0,0011204	183,3	0,5083	0,0011202	183,3	0,5082	0,0011201	183,4	0,5081
190	0,0011342	193,8	0,5312	0,0011340	193,8	0,5312	0,0011338	193,8	0,5311	0,0011336	193,8	0,5310
200	0,0011488	204,4	0,5538	0,0011486	204,4	0,5538	0,0011484	204,4	0,5537	0,0011482	204,4	0,5536
210	0,0011645	215,0	0,5762	0,0011643	215,1	0,5761	0,0011641	215,1	0,5761	0,0011638	215,1	0,5760
220	0,0011814	225,9	0,5984	0,0011812	225,9	0,5983	0,0011810	225,9	0,5982	0,0011808	225,9	0,5981
230	0,0011999	236,8	0,6204	0,0011996	236,9	0,6203	0,0011993	236,9	0,6202	0,0011991	236,9	0,6201
240	0,0012199	248,0	0,6423	0,0012196	248,0	0,6422	0,0012193	248,0	0,6421	0,0012190	248,0	0,6420
250	0,0012419	259,3	0,6642	0,0012416	259,3	0,6641	0,0012413	259,3	0,6640	0,0012409	259,3	0,6639
260	0,0012663	270,9	0,6862	0,0012659	270,9	0,6861	0,0012655	270,9	0,6859	0,0012651	270,9	0,6858
270	0,0012935	282,8	0,7083	0,0012930	282,8	0,7081	0,0012926	282,8	0,7080	0,0012921	282,8	0,7079
280	0,0013243	295,1	0,7306	0,0013237	295,0	0,7305	0,0013232	295,0	0,7303	0,0013226	295,0	0,7301
290	0,0013597	307,8	0,7534	0,0013590	307,7	0,7532	0,0013583	307,7	0,7530	0,0013576	307,7	0,7528
300	0,0014013	321,1	0,7768	0,0014004	321,0	0,7766	0,0013995	321,0	0,7764	0,0013987	320,9	0,7762
310	0,02062	661,8	1,3660	0,01991	659,0	1,3596	0,01922	656,1	1,3531	0,01855	653,1	1,3464
320	0,02189	674,5	1,3876	0,02120	672,1	1,3820	0,02053	669,8	1,3763	0,01988	667,3	1,3706
330	0,02302	685,7	1,4063	0,02233	683,7	1,4013	0,02167	681,6	1,3962	0,02103	679,6	1,3911
340	0,02404	695,8	1,4230	0,02336	694,0	1,4183	0,02271	692,3	1,4137	0,02207	690,5	1,4091
350	0,02500	705,1	1,4380	0,02432	703,5	1,4337	0,02366	702,0	1,4294	0,02302	700,4	1,4251
360	0,02590	713,7	1,4518	0,02521	712,4	1,4478	0,02455	711,0	1,4437	0,02391	709,6	1,4397
370	0,02675	721,9	1,4647	0,02605	720,7	1,4608	0,02539	719,4	1,4569	0,02474	718,1	1,4531
380	0,02756	729,7	1,4767	0,02686	728,6	1,4730	0,02619	727,4	1,4693	0,02554	726,2	1,4656
390	0,02834	737,2	1,4880	0,02763	736,1	1,4844	0,02695	735,1	1,4809	0,02630	734,0	1,4774
400	0,02910	744,4	1,4988	0,02838	743,4	1,4953	0,02769	742,4	1,4919	0,02703	741,4	1,4885
410	0,02983	751,4	1,5091	0,02911	750,4	1,5057	0,02841	749,5	1,5024	0,02774	748,6	1,4991
420	0,03055	758,1	1,5189	0,02981	757,3	1,5157	0,02911	756,4	1,5124	0,02843	755,5	1,5092
430	0,03124	764,8	1,5284	0,03050	764,0	1,5252	0,02979	763,1	1,5221	0,02911	762,3	1,5189
440	0,03193	771,3	1,5376	0,03118	770,5	1,5344	0,03045	769,7	1,5313	0,02976	769,0	1,5283
450	0,03260	777,6	1,5465	0,03184	776,9	1,5434	0,03111	776,2	1,5403	0,03041	775,5	1,5373
460	0,03325	783,9	1,5551	0,03248	783,2	1,5521	0,03175	782,5	1,5491	0,03104	781,8	1,5461
470	0,03390	790,1	1,5635	0,03312	789,5	1,5605	0,03238	788,8	1,5575	0,03166	788,1	1,5546
480	0,03454	796,2	1,5717	0,03375	795,6	1,5687	0,03300	795,0	1,5658	0,03227	794,3	1,5629
490	0,03517	802,3	1,5796	0,03437	801,7	1,5767	0,03361	801,1	1,5739	0,03287	800,5	1,5710
500	0,03580	808,3	1,5875	0,03499	807,7	1,5846	0,03421	807,1	1,5818	0,03347	806,6	1,5790
510	0,03641	814,2	1,5951	0,03559	813,7	1,5923	0,03481	813,2	1,5895	0,03405	812,6	1,5867
520	0,03702	820,2	1,6026	0,03619	819,7	1,5998	0,03540	819,1	1,5970	0,03463	818,6	1,5943
530	0,03763	826,1	1,6100	0,03679	825,6	1,6072	0,03598	825,1	1,6045	0,03521	824,6	1,6018
540	0,03823	831,9	1,6173	0,03738	831,5	1,6145	0,03656	831,0	1,6118	0,03578	830,5	1,6091
550	0,03882	837,8	1,6244	0,03796	837,3	1,6217	0,03714	836,9	1,6190	0,03635	836,4	1,6163

Tafel 3. Wasser und überhitzter Dampf (Fortsetzung)   **Water and superheated Steam** (Continuation)

t	94 at $t_s = 305{,}03\ °C$			96 at $t_s = 306{,}55\ °C$			98 at $t_s = 308{,}05\ °C$			100 at $t_s = 309{,}53\ °C$		
	v'' 0,01992	h'' 654,7	s'' 1,3538	v'' 0,01942	h'' 653,9	s'' 1,3509	v'' 0,01894	h'' 653,1	s'' 1,3480	v'' 0,01848	h'' 652,3	s'' 1,3451
°C	v	h	s	v	h	s	v	h	s	v	h	s
550	0,03882	837,8	1,6244	0,03796	837,3	1,6217	0,03714	836,9	1,6190	0,03635	836,4	1,6163
560	0,03941	843,6	1,6315	0,03854	843,2	1,6288	0,03771	842,7	1,6261	0,03691	842,3	1,6234
570	0,04000	849,4	1,6384	0,03912	849,0	1,6357	0,03828	848,6	1,6331	0,03747	848,1	1,6304
580	0,04058	855,3	1,6453	0,03969	854,8	1,6426	0,03884	854,4	1,6399	0,03802	854,0	1,6373
590	0,04116	861,0	1,6520	0,04026	860,6	1,6494	0,03940	860,2	1,6467	0,03857	859,8	1,6441
600	0,04174	866,8	1,6587	0,04083	866,4	1,6560	0,03995	866,1	1,6534	0,03911	865,7	1,6509
610	0,04231	872,6	1,6653	0,04139	872,2	1,6626	0,04051	871,9	1,6600	0,03966	871,5	1,6575
620	0,04288	878,4	1,6718	0,04195	878,0	1,6692	0,04106	877,7	1,6666	0,04020	877,3	1,6640
630	0,04345	884,2	1,6783	0,04251	883,8	1,6756	0,04160	883,5	1,6730	0,04074	883,1	1,6705
640	0,04401	890,0	1,6846	0,04306	889,6	1,6820	0,04215	889,3	1,6794	0,04127	888,9	1,6769
650	0,04458	895,8	1,6909	0,04361	895,4	1,6883	0,04269	895,1	1,6858	0,04180	894,8	1,6833
660	0,04513	901,6	1,6972	0,04416	901,2	1,6946	0,04323	900,9	1,6920	0,04233	900,6	1,6895
670	0,04569	907,3	1,7033	0,04471	907,0	1,7007	0,04377	906,7	1,6982	0,04286	906,4	1,6957
680	0,04625	913,1	1,7094	0,04525	912,8	1,7069	0,04430	912,5	1,7043	0,04339	912,2	1,7019
690	0,04680	918,9	1,7155	0,04580	918,6	1,7129	0,04483	918,3	1,7104	0,04391	918,0	1,7079
700	0,04735	924,7	1,7215	0,04634	924,4	1,7189	0,04537	924,1	1,7164	0,04443	923,8	1,7139
710	0,04790	930,5	1,7274	0,04688	930,2	1,7249	0,04590	930,0	1,7224	0,04495	929,7	1,7199
720	0,04845	936,3	1,7333	0,04742	936,1	1,7307	0,04642	935,8	1,7283	0,04547	935,5	1,7258
730	0,04900	942,1	1,7391	0,04795	941,9	1,7366	0,04695	941,6	1,7341	0,04599	941,3	1,7317
740	0,04954	948,0	1,7449	0,04849	947,7	1,7424	0,04747	947,4	1,7399	0,04650	947,2	1,7374
750	0,05008	953,8	1,7506	0,04902	953,5	1,7481	0,04800	953,3	1,7456	0,04701	953,0	1,7432
760	0,05063	959,6	1,7563	0,04955	959,4	1,7538	0,04852	959,1	1,7513	0,04752	958,9	1,7489
770	0,05117	965,5	1,7619	0,05008	965,2	1,7594	0,04904	965,0	1,7569	0,04803	964,7	1,7545
780	0,05171	971,3	1,7675	0,05061	971,1	1,7650	0,04955	970,8	1,7625	0,04854	970,6	1,7601
790	0,05224	977,1	1,7730	0,05113	976,9	1,7705	0,05007	976,7	1,7681	0,04905	976,5	1,7657
800	0,05278	983,0	1,7785	0,05166	982,8	1,7760	0,05059	982,6	1,7736	0,04956	982,3	1,7712

1 at = 0,980665 bar   1 kcal = 4,1868 kJ

106

Tafel 3. Wasser und überhitzter Dampf (Fortsetzung)   Water and superheated Steam (Continuation)

t	105 at $t_s = 313{,}12$ °C			110 at $t_s = 316{,}58$ °C			115 at $t_s = 319{,}92$ °C			120 at $t_s = 323{,}15$ °C		
	v'' 0,01740	h'' 650,2	s'' 1,3380	v'' 0,01641	h'' 648,1	s'' 1,3309	v'' 0,01550	h'' 645,8	s'' 1,3239	v'' 0,01466	h'' 643,5	s'' 1,3170
°C	v	h	s	v	h	s	v	h	s	v	h	s
0	0,0009951	2,5	0,0001	0,0009949	2,6	0,0001	0,0009946	2,7	0,0001	0,0009944	2,8	0,0001
10	0,0009954	12,4	0,0358	0,0009952	12,5	0,0358	0,0009950	12,6	0,0358	0,0009948	12,8	0,0358
20	0,0009971	22,3	0,0702	0,0009969	22,4	0,0702	0,0009967	22,6	0,0702	0,0009964	22,7	0,0702
30	0,0009998	32,2	0,1035	0,0009996	32,4	0,1035	0,0009993	32,5	0,1034	0,0009991	32,6	0,1034
40	0,0010033	42,2	0,1357	0,0010031	42,3	0,1356	0,0010029	42,4	0,1356	0,0010027	42,5	0,1355
50	0,0010076	52,1	0,1669	0,0010074	52,2	0,1668	0,0010071	52,3	0,1668	0,0010069	52,4	0,1667
60	0,0010125	62,0	0,1972	0,0010123	62,1	0,1971	0,0010121	62,2	0,1970	0,0010119	62,3	0,1970
70	0,0010181	72,0	0,2266	0,0010179	72,1	0,2265	0,0010177	72,2	0,2265	0,0010175	72,3	0,2264
80	0,0010243	81,9	0,2552	0,0010241	82,0	0,2551	0,0010239	82,1	0,2551	0,0010236	82,2	0,2550
90	0,0010311	91,9	0,2831	0,0010309	92,0	0,2830	0,0010306	92,1	0,2829	0,0010304	92,2	0,2828
100	0,0010385	101,9	0,3103	0,0010382	102,0	0,3102	0,0010380	102,1	0,3101	0,0010377	102,2	0,3100
110	0,0010464	112,0	0,3368	0,0010461	112,0	0,3367	0,0010459	112,1	0,3366	0,0010456	112,2	0,3365
120	0,0010549	122,0	0,3627	0,0010546	122,1	0,3626	0,0010544	122,2	0,3625	0,0010541	122,3	0,3624
130	0,0010640	132,1	0,3881	0,0010637	132,2	0,3880	0,0010634	132,3	0,3878	0,0010632	132,4	0,3877
140	0,0010737	142,3	0,4129	0,0010734	142,3	0,4128	0,0010731	142,4	0,4127	0,0010728	142,5	0,4126
150	0,0010841	152,5	0,4373	0,0010838	152,5	0,4372	0,0010835	152,6	0,4370	0,0010832	152,7	0,4369
160	0,0010952	162,7	0,4613	0,0010949	162,8	0,4611	0,0010945	162,8	0,4610	0,0010942	162,9	0,4608
170	0,0011070	173,0	0,4848	0,0011067	173,1	0,4847	0,0011063	173,2	0,4845	0,0011059	173,2	0,4844
180	0,0011197	183,4	0,5080	0,0011193	183,5	0,5078	0,0011189	183,5	0,5077	0,0011185	183,6	0,5075
190	0,0011332	193,9	0,5309	0,0011328	193,9	0,5307	0,0011323	194,0	0,5305	0,0011319	194,1	0,5304
200	0,0011477	204,5	0,5534	0,0011472	204,5	0,5533	0,0011468	204,6	0,5531	0,0011463	204,6	0,5529
210	0,0011633	215,1	0,5758	0,0011628	215,2	0,5756	0,0011623	215,2	0,5754	0,0011618	215,3	0,5752
220	0,0011802	226,0	0,5979	0,0011796	226,0	0,5977	0,0011790	226,0	0,5975	0,0011785	226,1	0,5973
230	0,0011984	236,9	0,6199	0,0011978	236,9	0,6197	0,0011971	237,0	0,6195	0,0011965	237,0	0,6192
240	0,0012183	248,0	0,6418	0,0012176	248,0	0,6416	0,0012169	248,1	0,6413	0,0012162	248,1	0,6411
250	0,0012401	259,3	0,6636	0,0012393	259,4	0,6634	0,0012385	259,4	0,6631	0,0012376	259,4	0,6629
260	0,0012642	270,9	0,6855	0,0012632	270,9	0,6852	0,0012623	270,9	0,6849	0,0012613	270,9	0,6846
270	0,0012910	282,7	0,7075	0,0012899	282,7	0,7072	0,0012888	282,7	0,7069	0,0012877	282,7	0,7065
280	0,0013213	294,9	0,7298	0,0013199	294,9	0,7294	0,0013186	294,8	0,7290	0,0013173	294,8	0,7286
290	0,0013560	307,6	0,7524	0,0013543	307,5	0,7520	0,0013527	307,4	0,7515	0,0013511	307,3	0,7511
300	0,0013966	320,8	0,7756	0,0013945	320,6	0,7751	0,0013925	320,5	0,7746	0,0013904	320,4	0,7741
310	0,0014455	334,8	0,7999	0,0014428	334,6	0,7992	0,0014401	334,4	0,7986	0,0014374	334,2	0,7980
320	0,01834	660,8	1,3559	0,01689	653,8	1,3406	0,01551	646,0	1,3242	0,0014959	349,1	0,8233
330	0,01953	674,2	1,3782	0,01813	668,4	1,3650	0,01682	662,2	1,3513	0,01558	655,5	1,3371
340	0,02058	685,8	1,3974	0,01920	680,9	1,3856	0,01793	675,8	1,3736	0,01673	670,2	1,3613
350	0,02154	696,3	1,4144	0,02017	692,1	1,4036	0,01891	687,6	1,3928	0,01773	682,9	1,3819
360	0,02242	705,9	1,4297	0,02105	702,2	1,4197	0,01979	698,3	1,4098	0,01863	694,2	1,3998
370	0,02324	714,8	1,4436	0,02187	711,5	1,4343	0,02061	708,0	1,4250	0,01945	704,4	1,4158
380	0,02403	723,2	1,4566	0,02265	720,2	1,4477	0,02138	717,0	1,4390	0,02021	713,8	1,4303
390	0,02477	731,2	1,4687	0,02338	728,4	1,4602	0,02210	725,5	1,4519	0,02093	722,6	1,4437
400	0,02549	738,9	1,4802	0,02408	736,3	1,4720	0,02280	733,6	1,4640	0,02161	730,9	1,4561
410	0,02618	746,2	1,4910	0,02476	743,8	1,4831	0,02346	741,3	1,4754	0,02227	738,9	1,4678
420	0,02686	753,3	1,5013	0,02542	751,1	1,4937	0,02410	748,8	1,4862	0,02290	746,5	1,4789
430	0,02751	760,2	1,5113	0,02606	758,1	1,5038	0,02473	756,0	1,4965	0,02350	753,8	1,4894
440	0,02815	767,0	1,5208	0,02668	765,0	1,5135	0,02533	763,0	1,5064	0,02410	761,0	1,4995
450	0,02877	773,6	1,5300	0,02728	771,7	1,5229	0,02592	769,8	1,5160	0,02467	767,9	1,5092
460	0,02938	780,1	1,5389	0,02787	778,3	1,5319	0,02650	776,5	1,5251	0,02523	774,7	1,5185
470	0,02998	786,5	1,5475	0,02846	784,8	1,5407	0,02706	783,1	1,5340	0,02578	781,4	1,5276
480	0,03057	792,8	1,5560	0,02903	791,2	1,5492	0,02762	789,6	1,5427	0,02632	787,9	1,5363
490	0,03115	799,0	1,5642	0,02959	797,5	1,5575	0,02816	795,9	1,5511	0,02685	794,4	1,5448
500	0,03173	805,1	1,5722	0,03015	803,7	1,5656	0,02870	802,2	1,5593	0,02738	800,7	1,5531
510	0,03229	811,2	1,5800	0,03069	809,8	1,5735	0,02923	808,4	1,5673	0,02789	807,0	1,5612
520	0,03285	817,3	1,5877	0,03123	815,9	1,5813	0,02975	814,6	1,5751	0,02840	813,3	1,5691
530	0,03341	823,3	1,5952	0,03177	822,0	1,5889	0,03027	820,7	1,5827	0,02890	819,4	1,5768
540	0,03396	829,3	1,6026	0,03230	828,0	1,5963	0,03078	826,8	1,5903	0,02939	825,6	1,5844
550	0,03450	835,2	1,6099	0,03282	834,0	1,6036	0,03129	832,8	1,5976	0,02988	831,6	1,5918

Tafel 3. Wasser und überhitzter Dampf (Fortsetzung)   **Water and superheated Steam** (Continuation)

t	105 at $t_s = 313,12\ °C$			110 at $t_s = 316,58\ °C$			115 at $t_s = 319,92\ °C$			120 at $t_s = 323,15\ °C$		
	v''	h''	s''	v''	h''	s''	v''	h''	s''	v''	h''	s''
	0,01740	650,2	1,3380	0,01641	648,1	1,3309	0,01550	645,8	1,3239	0,01466	643,5	1,3170
$°C$	v	h	s	v	h	s	v	h	s	v	h	s
550	0,03450	835,2	1,6099	0,03282	834,0	1,6036	0,03129	832,8	1,5976	0,02988	831,6	1,5918
560	0,03504	841,1	1,6170	0,03334	840,0	1,6108	0,03179	838,8	1,6049	0,03037	837,7	1,5991
570	0,03557	847,0	1,6241	0,03386	845,9	1,6179	0,03229	844,8	1,6120	0,03085	843,7	1,6063
580	0,03611	852,9	1,6310	0,03437	851,9	1,6249	0,03278	850,8	1,6191	0,03132	849,7	1,6134
590	0,03663	858,8	1,6378	0,03487	857,8	1,6318	0,03327	856,7	1,6260	0,03180	855,7	1,6204
600	0,03716	864,7	1,6446	0,03538	863,7	1,6386	0,03375	862,7	1,6328	0,03226	861,7	1,6273
610	0,03768	870,5	1,6513	0,03588	869,6	1,6453	0,03424	868,6	1,6396	0,03273	867,6	1,6340
620	0,03820	876,4	1,6579	0,03638	875,4	1,6519	0,03472	874,5	1,6462	0,03319	873,6	1,6407
630	0,03871	882,2	1,6644	0,03687	881,3	1,6585	0,03519	880,4	1,6528	0,03365	879,5	1,6473
640	0,03922	888,1	1,6708	0,03736	887,2	1,6649	0,03567	886,3	1,6593	0,03411	885,4	1,6539
650	0,03973	893,9	1,6772	0,03785	893,1	1,6713	0,03614	892,2	1,6657	0,03456	891,4	1,6603
660	0,04024	899,7	1,6835	0,03834	898,9	1,6776	0,03661	898,1	1,6721	0,03502	897,3	1,6667
670	0,04075	905,6	1,6897	0,03883	904,8	1,6839	0,03707	904,0	1,6783	0,03547	903,2	1,6730
680	0,04125	911,4	1,6958	0,03931	910,7	1,6901	0,03754	909,9	1,6845	0,03591	909,1	1,6792
690	0,04175	917,3	1,7019	0,03979	916,5	1,6962	0,03800	915,8	1,6907	0,03636	915,0	1,6854
700	0,04225	923,1	1,7080	0,04027	922,4	1,7023	0,03846	921,7	1,6968	0,03680	920,9	1,6915
710	0,04275	929,0	1,7140	0,04075	928,3	1,7083	0,03892	927,5	1,7028	0,03724	926,8	1,6975
720	0,04324	934,8	1,7199	0,04122	934,1	1,7142	0,03938	933,4	1,7088	0,03768	932,7	1,7035
730	0,04374	940,7	1,7258	0,04170	940,0	1,7201	0,03983	939,3	1,7147	0,03812	938,7	1,7095
740	0,04423	946,5	1,7316	0,04217	945,9	1,7259	0,04028	945,2	1,7205	0,03856	944,6	1,7153
750	0,04472	952,4	1,7373	0,04264	951,8	1,7317	0,04074	951,1	1,7263	0,03899	950,5	1,7211
760	0,04521	958,3	1,7430	0,04311	957,7	1,7374	0,04119	957,0	1,7321	0,03943	956,4	1,7269
770	0,04570	964,1	1,7487	0,04357	963,5	1,7431	0,04164	963,0	1,7378	0,03986	962,4	1,7326
780	0,04618	970,0	1,7543	0,04404	969,4	1,7487	0,04208	968,9	1,7434	0,04029	968,3	1,7383
790	0,04667	975,9	1,7599	0,04450	975,3	1,7543	0,04253	974,8	1,7490	0,04072	974,2	1,7439
800	0,04715	981,8	1,7654	0,04497	981,3	1,7598	0,04297	980,7	1,7545	0,04114	980,2	1,7494

1 at = 0,980665 bar   1 kcal = 4,1868 kJ

Tafel 3. Wasser und überhitzter Dampf (Fortsetzung) **Water and superheated Steam** (Continuation)

t	125 at $t_s = 326,28\,°C$			130 at $t_s = 329,31\,°C$			135 at $t_s = 332,25\,°C$			140 at $t_s = 335,10\,°C$		
	v'' 0,01388	h'' 641,0	s'' 1,3201	v'' 0,01315	h'' 638,4	s'' 1,3031	v'' 0,01247	h'' 635,7	s'' 1,2961	v'' 0,01183	h'' 632,8	s'' 1,2890
°C	v	h	s	v	h	s	v	h	s	v	h	s
0	0,0009942	3,0	0,0001	0,0009939	3,1	0,0002	0,0009937	3,2	0,0002	0,0009934	3,3	0,0002
10	0,0009945	12,9	0,0358	0,0009943	13,0	0,0358	0,0009941	13,1	0,0358	0,0009939	13,2	0,0357
20	0,0009962	22,8	0,0701	0,0009960	22,9	0,0701	0,0009958	23,0	0,0701	0,0009956	23,1	0,0701
30	0,0009989	32,7	0,1034	0,0009987	32,8	0,1033	0,0009985	32,9	0,1033	0,0009983	33,0	0,1032
40	0,0010025	42,6	0,1355	0,0010022	42,7	0,1355	0,0010020	42,8	0,1354	0,0010018	42,9	0,1354
50	0,0010067	52,5	0,1667	0,0010065	52,6	0,1666	0,0010063	52,7	0,1666	0,0010061	52,8	0,1665
60	0,0010117	62,4	0,1969	0,0010114	62,5	0,1969	0,0010112	62,6	0,1968	0,0010110	62,7	0,1967
70	0,0010172	72,4	0,2263	0,0010170	72,5	0,2262	0,0010168	72,5	0,2262	0,0010166	72,6	0,2261
80	0,0010234	82,3	0,2549	0,0010232	82,4	0,2548	0,0010230	82,5	0,2548	0,0010227	82,6	0,2547
90	0,0010302	92,3	0,2827	0,0010299	92,4	0,2827	0,0010297	92,5	0,2826	0,0010295	92,6	0,2825
100	0,0010375	102,3	0,3099	0,0010372	102,4	0,3098	0,0010370	102,5	0,3097	0,0010367	102,5	0,3096
110	0,0010454	112,3	0,3364	0,0010451	112,4	0,3363	0,0010449	112,5	0,3362	0,0010446	112,6	0,3361
120	0,0010538	122,3	0,3623	0,0010536	122,4	0,3622	0,0010533	122,5	0,3621	0,0010530	122,6	0,3620
130	0,0010629	132,4	0,3876	0,0010626	132,5	0,3875	0,0010623	132,6	0,3874	0,0010620	132,7	0,3873
140	0,0010725	142,6	0,4125	0,0010722	142,6	0,4123	0,0010719	142,7	0,4122	0,0010716	142,8	0,4121
150	0,0010828	152,7	0,4368	0,0010825	152,8	0,4367	0,0010822	152,9	0,4365	0,0010819	153,0	0,4364
160	0,0010938	163,0	0,4607	0,0010935	163,1	0,4606	0,0010932	163,1	0,4605	0,0010928	163,2	0,4603
170	0,0011056	173,3	0,4842	0,0011052	173,4	0,4841	0,0011048	173,4	0,4839	0,0011045	173,5	0,4838
180	0,0011181	183,7	0,5074	0,0011177	183,7	0,5072	0,0011173	183,8	0,5071	0,0011169	183,9	0,5069
190	0,0011315	194,1	0,5302	0,0011311	194,2	0,5300	0,0011306	194,2	0,5299	0,0011302	194,3	0,5297
200	0,0011458	204,7	0,5527	0,0011454	204,7	0,5526	0,0011449	204,8	0,5524	0,0011444	204,8	0,5522
210	0,0011613	215,3	0,5750	0,0011608	215,4	0,5748	0,0011602	215,4	0,5747	0,0011597	215,5	0,5745
220	0,0011779	226,1	0,5971	0,0011773	226,1	0,5969	0,0011768	226,2	0,5967	0,0011762	226,2	0,5965
230	0,0011959	237,0	0,6190	0,0011953	237,1	0,6188	0,0011946	237,1	0,6186	0,0011940	237,1	0,6184
240	0,0012154	248,1	0,6408	0,0012147	248,1	0,6406	0,0012140	248,1	0,6404	0,0012133	248,2	0,6401
250	0,0012368	259,4	0,6626	0,0012360	259,4	0,6623	0,0012352	259,4	0,6621	0,0012344	259,4	0,6618
260	0,0012604	270,9	0,6843	0,0012595	270,9	0,6841	0,0012586	270,9	0,6838	0,0012577	270,8	0,6835
270	0,0012866	282,6	0,7062	0,0012855	282,6	0,7059	0,0012844	282,6	0,7056	0,0012834	282,6	0,7052
280	0,0013160	294,7	0,7283	0,0013147	294,7	0,7279	0,0013135	294,6	0,7275	0,0013122	294,6	0,7272
290	0,0013495	307,2	0,7507	0,0013480	307,2	0,7503	0,0013464	307,1	0,7498	0,0013449	307,0	0,7494
300	0,0013885	320,3	0,7736	0,0013865	320,1	0,7731	0,0013846	320,0	0,7726	0,0013827	319,9	0,7722
310	0,0014348	334,0	0,7974	0,0014323	333,8	0,7968	0,0014298	333,7	0,7962	0,0014274	333,5	0,7956
320	0,0014923	348,8	0,8225	0,0014887	348,5	0,8217	0,0014853	348,2	0,8210	0,0014820	348,0	0,8203
330	0,01440	648,1	1,3220	0,01326	639,9	1,3056	0,0015575	364,3	0,8478	0,0015524	363,9	0,8468
340	0,01561	664,3	1,3486	0,01454	658,0	1,3354	0,01352	651,2	1,3216	0,01253	643,6	1,3068
350	0,01664	678,0	1,3707	0,01561	672,8	1,3593	0,01463	667,2	1,3475	0,01371	661,3	1,3354
360	0,01755	689,9	1,3897	0,01654	685,5	1,3796	0,01559	680,8	1,3692	0,01469	675,9	1,3587
370	0,01837	700,7	1,4065	0,01737	696,8	1,3973	0,01643	692,8	1,3879	0,01555	688,6	1,3785
380	0,01913	710,5	1,4217	0,01813	707,0	1,4131	0,01719	703,5	1,4045	0,01632	699,8	1,3959
390	0,01984	719,6	1,4355	0,01884	716,5	1,4274	0,01790	713,3	1,4194	0,01703	710,1	1,4114
400	0,02052	728,2	1,4484	0,01951	725,3	1,4407	0,01856	722,5	1,4331	0,01769	719,9	1,4256
410	0,02116	736,3	1,4604	0,02014	733,7	1,4530	0,01919	731,1	1,4458	0,01831	728,4	1,4386
420	0,02178	744,1	1,4717	0,02075	741,7	1,4647	0,01979	739,3	1,4577	0,01890	736,8	1,4509
430	0,02238	751,6	1,4825	0,02134	749,4	1,4757	0,02037	747,1	1,4690	0,01947	744,8	1,4624
440	0,02296	758,9	1,4928	0,02191	756,8	1,4861	0,02093	754,7	1,4797	0,02002	752,6	1,4733
450	0,02352	766,0	1,5026	0,02246	764,0	1,4962	0,02147	762,0	1,4899	0,02055	760,0	1,4837
460	0,02407	772,9	1,5121	0,02299	771,1	1,5058	0,02200	769,2	1,4997	0,02107	767,3	1,4937
470	0,02461	779,7	1,5213	0,02352	777,9	1,5151	0,02251	776,1	1,5091	0,02157	774,4	1,5032
480	0,02513	786,3	1,5301	0,02403	784,6	1,5241	0,02301	783,0	1,5182	0,02206	781,3	1,5125
490	0,02565	792,8	1,5388	0,02454	791,3	1,5328	0,02350	789,7	1,5271	0,02254	788,1	1,5214
500	0,02616	799,3	1,5471	0,02503	797,8	1,5413	0,02399	796,3	1,5356	0,02302	794,7	1,5301
510	0,02666	805,6	1,5553	0,02552	804,2	1,5496	0,02446	802,7	1,5440	0,02348	801,3	1,5386
520	0,02715	811,9	1,5633	0,02599	810,5	1,5576	0,02493	809,2	1,5521	0,02393	807,8	1,5468
530	0,02763	818,1	1,5711	0,02647	816,8	1,5655	0,02539	815,5	1,5601	0,02438	814,2	1,5548
540	0,02811	824,3	1,5787	0,02693	823,1	1,5732	0,02584	821,8	1,5679	0,02482	820,5	1,5627
550	0,02859	830,4	1,5862	0,02739	829,2	1,5808	0,02629	828,0	1,5755	0,02526	826,8	1,5703

Tafel 3. Wasser und überhitzter Dampf (Fortsetzung) Water and superheated Steam (Continuation)

t	125 at $t_s = 326{,}28\ °C$			130 at $t_s = 329{,}31\ °C$			135 at $t_s = 332{,}25\ °C$			140 at $t_s = 335{,}10\ °C$		
	v''	h''	s''	v''	h''	s''	v''	h''	s''	v''	h''	s''
	0,01388	641,0	1,3201	0,01315	638,4	1,3031	0,01247	635,7	1,2961	0,01183	632,8	1,2890
°C	v	h	s	v	h	s	v	h	s	v	h	s
550	0,02859	830,4	1,5862	0,02739	829,2	1,5808	0,02629	828,0	1,5755	0,02526	826,8	1,5703
560	0,02906	836,5	1,5936	0,02785	835,4	1,5882	0,02673	834,2	1,5830	0,02569	833,0	1,5779
570	0,02952	842,6	1,6008	0,02830	841,5	1,5955	0,02717	840,4	1,5903	0,02612	839,2	1,5853
580	0,02998	848,7	1,6079	0,02875	847,6	1,6027	0,02760	846,5	1,5975	0,02654	845,4	1,5925
590	0,03044	854,7	1,6150	0,02919	853,6	1,6097	0,02803	852,6	1,6046	0,02696	851,5	1,5997
600	0,03089	860,7	1,6219	0,02963	859,7	1,6167	0,02846	858,7	1,6116	0,02737	857,6	1,6067
610	0,03135	866,7	1,6287	0,03007	865,7	1,6235	0,02888	864,7	1,6185	0,02778	863,7	1,6136
620	0,03179	872,6	1,6354	0,03050	871,7	1,6303	0,02930	870,8	1,6253	0,02819	869,8	1,6205
630	0,03224	878,6	1,6421	0,03093	877,7	1,6370	0,02972	876,8	1,6320	0,02859	875,9	1,6272
640	0,03268	884,6	1,6486	0,03136	883,7	1,6435	0,03013	882,8	1,6386	0,02900	881,9	1,6339
650	0,03312	890,5	1,6551	0,03178	889,6	1,6500	0,03054	888,8	1,6452	0,02940	887,9	1,6404
660	0,03355	896,4	1,6615	0,03220	895,6	1,6565	0,03095	894,8	1,6516	0,02979	894,0	1,6469
670	0,03399	902,4	1,6678	0,03262	901,6	1,6628	0,03136	900,8	1,6580	0,03019	900,0	1,6533
680	0,03442	908,3	1,6741	0,03304	907,5	1,6691	0,03176	906,8	1,6643	0,03058	906,0	1,6597
690	0,03485	914,3	1,6803	0,03346	913,5	1,6753	0,03217	912,7	1,6706	0,03097	912,0	1,6659
700	0,03528	920,2	1,6864	0,03387	919,5	1,6815	0,03257	918,7	1,6767	0,03136	918,0	1,6721
710	0,03570	926,1	1,6925	0,03428	925,4	1,6876	0,03296	924,7	1,6829	0,03174	924,0	1,6783
720	0,03613	932,1	1,6985	0,03469	931,4	1,6936	0,03336	930,7	1,6889	0,03212	930,0	1,6843
730	0,03655	938,0	1,7044	0,03510	937,3	1,6996	0,03375	936,6	1,6949	0,03251	936,0	1,6904
740	0,03697	943,9	1,7103	0,03550	943,3	1,7055	0,03415	942,6	1,7008	0,03289	942,0	1,6963
750	0,03739	949,9	1,7162	0,03591	949,2	1,7113	0,03454	948,6	1,7067	0,03327	948,0	1,7022
760	0,03781	955,8	1,7219	0,03631	955,2	1,7171	0,03493	954,6	1,7125	0,03364	954,0	1,7080
770	0,03822	961,8	1,7277	0,03671	961,2	1,7229	0,03532	960,6	1,7183	0,03402	960,0	1,7138
780	0,03864	967,7	1,7333	0,03711	967,1	1,7286	0,03570	966,5	1,7240	0,03439	966,0	1,7195
790	0,03905	973,7	1,7390	0,03751	973,1	1,7342	0,03609	972,5	1,7296	0,03477	972,0	1,7252
800	0,03946	979,6	1,7445	0,03791	979,1	1,7398	0,03647	978,5	1,7352	0,03514	978,0	1,7308

1 at = 0,980665 bar   1 kcal = 4,1868 kJ

Tafel 3. Wasser und überhitzter Dampf (Fortsetzung) Water and superheated Steam (Continuation)

t	145 at $t_s = 337{,}87\,°C$			150 at $t_s = 340{,}57\,°C$			155 at $t_s = 343{,}19\,°C$			160 at $t_s = 345{,}75\,°C$		
	v''	h''	s''	v''	h''	s''	v''	h''	s''	v''	h''	s''
	0,01123	629,7	1,2819	0,01066	626,6	1,2745	0,01013	623,2	1,2671	0,009615	619,7	1,2595
°C	v	h	s	v	h	s	v	h	s	v	h	s
0	0,0009932	3,4	0,0002	0,0009930	3,5	0,0002	0,0009927	3,7	0,0002	0,0009925	3,8	0,0002
10	0,0009937	13,3	0,0357	0,0009934	13,4	0,0357	0,0009932	13,5	0,0357	0,0009930	13,7	0,0357
20	0,0009954	23,2	0,0700	0,0009952	23,3	0,0700	0,0009949	23,4	0,0700	0,0009947	23,5	0,0700
30	0,0009981	33,1	0,1032	0,0009979	33,2	0,1032	0,0009977	33,3	0,1031	0,0009975	33,4	0,1031
40	0,0010016	43,0	0,1353	0,0010014	43,1	0,1353	0,0010012	43,2	0,1352	0,0010010	43,3	0,1352
50	0,0010059	52,9	0,1665	0,0010057	53,0	0,1664	0,0010055	53,1	0,1663	0,0010052	53,2	0,1663
60	0,0010108	62,8	0,1967	0,0010106	62,9	0,1966	0,0010104	63,0	0,1966	0,0010102	63,1	0,1965
70	0,0010164	72,7	0,2260	0,0010161	72,8	0,2260	0,0010159	72,9	0,2259	0,0010157	73,0	0,2258
80	0,0010225	82,7	0,2546	0,0010223	82,8	0,2545	0,0010221	82,9	0,2545	0,0010218	83,0	0,2544
90	0,0010292	92,6	0,2824	0,0010290	92,7	0,2823	0,0010288	92,8	0,2823	0,0010285	92,9	0,2822
100	0,0010365	102,6	0,3095	0,0010363	102,7	0,3095	0,0010360	102,8	0,3094	0,0010358	102,9	0,3093
110	0,0010443	112,6	0,3360	0,0010441	112,7	0,3359	0,0010438	112,8	0,3358	0,0010436	112,9	0,3357
120	0,0010528	122,7	0,3619	0,0010525	122,8	0,3618	0,0010522	122,8	0,3617	0,0010520	122,9	0,3616
130	0,0010617	132,8	0,3872	0,0010615	132,8	0,3871	0,0010612	132,9	0,3870	0,0010609	133,0	0,3869
140	0,0010713	142,9	0,4120	0,0010710	143,0	0,4119	0,0010707	143,0	0,4118	0,0010705	143,1	0,4116
150	0,0010816	153,0	0,4363	0,0010813	153,1	0,4362	0,0010809	153,2	0,4361	0,0010806	153,3	0,4359
160	0,0010925	163,3	0,4602	0,0010921	163,3	0,4601	0,0010918	163,4	0,4599	0,0010915	163,5	0,4598
170	0,0011041	173,6	0,4837	0,0011037	173,6	0,4835	0,0011034	173,7	0,4834	0,0011030	173,8	0,4832
180	0,0011165	183,9	0,5068	0,0011161	184,0	0,5066	0,0011157	184,0	0,5065	0,0011154	184,1	0,5063
190	0,0011298	194,4	0,5296	0,0011294	194,4	0,5294	0,0011289	194,5	0,5292	0,0011285	194,5	0,5291
200	0,0011440	204,9	0,5521	0,0011435	204,9	0,5519	0,0011431	205,0	0,5517	0,0011426	205,0	0,5515
210	0,0011592	215,5	0,5743	0,0011587	215,6	0,5741	0,0011582	215,6	0,5739	0,0011577	215,7	0,5737
220	0,0011756	226,3	0,5963	0,0011751	226,3	0,5961	0,0011745	226,3	0,5959	0,0011740	226,4	0,5957
230	0,0011934	237,1	0,6182	0,0011928	237,2	0,6179	0,0011922	237,2	0,6177	0,0011915	237,2	0,6175
240	0,0012126	248,2	0,6399	0,0012119	248,2	0,6396	0,0012113	248,2	0,6394	0,0012106	248,3	0,6392
250	0,0012337	259,4	0,6615	0,0012329	259,4	0,6613	0,0012321	259,4	0,6610	0,0012313	259,4	0,6608
260	0,0012568	270,8	0,6832	0,0012559	270,8	0,6829	0,0012550	270,8	0,6826	0,0012541	270,8	0,6824
270	0,0012823	282,5	0,7049	0,0012813	282,5	0,7046	0,0012803	282,5	0,7043	0,0012792	282,5	0,7040
280	0,0013110	294,5	0,7268	0,0013097	294,5	0,7265	0,0013085	294,5	0,7261	0,0013073	294,4	0,7258
290	0,0013434	306,9	0,7490	0,0013419	306,9	0,7486	0,0013405	306,8	0,7482	0,0013390	306,7	0,7478
300	0,0013808	319,8	0,7717	0,0013790	319,7	0,7712	0,0013772	319,6	0,7707	0,0013754	319,5	0,7703
310	0,0014249	333,3	0,7951	0,0014226	333,2	0,7945	0,0014203	333,0	0,7939	0,0014180	332,9	0,7934
320	0,0014787	347,7	0,8196	0,0014755	347,5	0,8189	0,0014724	347,3	0,8182	0,0014693	347,0	0,8175
330	0,0015476	363,5	0,8459	0,0015429	363,1	0,8450	0,0015384	362,8	0,8441	0,0015340	362,4	0,8432
340	0,01156	635,1	1,2906	0,0016370	380,9	0,8743	0,0016293	380,3	0,8729	0,0016220	379,7	0,8717
350	0,01282	654,9	1,3226	0,01196	648,0	1,3092	0,01112	640,5	1,2949	0,01029	632,0	1,2794
360	0,01384	670,7	1,3478	0,01303	665,2	1,3366	0,01225	659,3	1,3250	0,01150	653,0	1,3129
370	0,01472	684,2	1,3690	0,01393	679,6	1,3592	0,01318	674,8	1,3493	0,01247	669,7	1,3390
380	0,01550	696,1	1,3872	0,01472	692,1	1,3785	0,01399	688,0	1,3697	0,01329	683,8	1,3607
390	0,01621	706,7	1,4034	0,01544	703,3	1,3954	0,01471	699,7	1,3874	0,01402	696,0	1,3793
400	0,01687	716,5	1,4181	0,01609	713,4	1,4106	0,01537	710,2	1,4032	0,01469	707,0	1,3957
410	0,01748	725,6	1,4316	0,01671	722,8	1,4245	0,01598	720,0	1,4175	0,01530	717,1	1,4106
420	0,01807	734,3	1,4441	0,01729	731,7	1,4374	0,01656	729,1	1,4308	0,01588	726,4	1,4242
430	0,01864	742,5	1,4559	0,01785	740,1	1,4495	0,01712	737,7	1,4431	0,01642	735,2	1,4368
440	0,01918	750,4	1,4670	0,01838	748,2	1,4608	0,01764	745,9	1,4547	0,01695	743,7	1,4487
450	0,01970	758,0	1,4776	0,01890	755,9	1,4716	0,01815	753,8	1,4657	0,01745	751,7	1,4599
460	0,02021	765,4	1,4877	0,01940	763,4	1,4819	0,01864	761,5	1,4762	0,01793	759,5	1,4706
470	0,02070	772,6	1,4975	0,01988	770,7	1,4918	0,01912	768,9	1,4863	0,01840	767,0	1,4808
480	0,02118	779,6	1,5069	0,02036	777,8	1,5013	0,01958	776,1	1,4959	0,01886	774,4	1,4906
490	0,02165	786,4	1,5159	0,02082	784,8	1,5105	0,02004	783,2	1,5052	0,01930	781,5	1,5000
500	0,02211	793,2	1,5247	0,02127	791,6	1,5194	0,02048	790,1	1,5142	0,01974	788,5	1,5092
510	0,02256	799,8	1,5332	0,02171	798,4	1,5281	0,02091	796,9	1,5230	0,02016	795,4	1,5180
520	0,02301	806,4	1,5416	0,02215	805,0	1,5365	0,02134	803,6	1,5315	0,02058	802,1	1,5266
530	0,02345	812,8	1,5497	0,02257	811,5	1,5446	0,02176	810,2	1,5397	0,02099	808,8	1,5349
540	0,02388	819,2	1,5576	0,02299	818,0	1,5526	0,02217	816,7	1,5478	0,02139	815,4	1,5430
550	0,02430	825,6	1,5653	0,02341	824,4	1,5604	0,02257	823,1	1,5557	0,02179	821,9	1,5510

Tafel 3. Wasser und überhitzter Dampf (Fortsetzung)   **Water and superheated Steam** (Continuation)

t	145 at $t_s = 337{,}87$ °C			150 at $t_s = 340{,}57$ °C			155 at $t_s = 343{,}19$ °C			160 at $t_s = 345{,}75$ °C		
	v''	h''	s''	v''	h''	s''	v''	h''	s''	v''	h''	s''
	0,01123	629,7	1,2819	0,01066	626,6	1,2745	0,01013	623,2	1,2671	0,009615	619,7	1,2595
°C	v	h	s	v	h	s	v	h	s	v	h	s
550	0,02430	825,6	1,5653	0,02341	824,4	1,5604	0,02257	823,1	1,5557	0,02179	821,9	1,5510
560	0,02472	831,9	1,5729	0,02382	830,7	1,5681	0,02297	829,5	1,5634	0,02218	828,3	1,5588
570	0,02514	838,1	1,5804	0,02422	837,0	1,5756	0,02337	835,8	1,5709	0,02257	834,7	1,5664
580	0,02555	844,3	1,5877	0,02462	843,2	1,5830	0,02376	842,1	1,5783	0,02295	841,0	1,5738
590	0,02596	850,5	1,5949	0,02502	849,4	1,5902	0,02415	848,4	1,5856	0,02333	847,3	1,5812
600	0,02636	856,6	1,6019	0,02541	855,6	1,5973	0,02453	854,6	1,5928	0,02370	853,6	1,5884
610	0,02676	862,8	1,6089	0,02580	861,8	1,6043	0,02491	860,8	1,5998	0,02407	859,8	1,5955
620	0,02715	868,9	1,6158	0,02619	867,9	1,6112	0,02528	867,0	1,6068	0,02444	866,0	1,6025
630	0,02755	874,9	1,6226	0,02657	874,0	1,6180	0,02566	873,1	1,6136	0,02480	872,2	1,6093
640	0,02794	881,0	1,6293	0,02695	880,1	1,6248	0,02603	879,2	1,6204	0,02516	878,3	1,6161
650	0,02833	887,1	1,6358	0,02733	886,2	1,6314	0,02639	885,4	1,6270	0,02552	884,5	1,6228
660	0,02871	893,1	1,6424	0,02770	892,3	1,6379	0,02676	891,5	1,6336	0,02587	890,6	1,6294
670	0,02909	899,2	1,6488	0,02807	898,4	1,6444	0,02712	897,5	1,6401	0,02623	896,7	1,6359
680	0,02947	905,2	1,6552	0,02844	904,4	1,6508	0,02748	903,6	1,6465	0,02658	902,8	1,6424
690	0,02985	911,2	1,6615	0,02881	910,5	1,6571	0,02784	909,7	1,6529	0,02692	908,9	1,6488
700	0,03023	917,2	1,6677	0,02918	916,5	1,6634	0,02819	915,8	1,6591	0,02727	915,0	1,6551
710	0,03060	923,3	1,6738	0,02954	922,6	1,6695	0,02855	921,8	1,6653	0,02761	921,1	1,6613
720	0,03097	929,3	1,6799	0,02990	928,6	1,6756	0,02890	927,9	1,6715	0,02796	927,2	1,6674
730	0,03135	935,3	1,6860	0,03026	934,6	1,6817	0,02925	934,0	1,6775	0,02830	933,3	1,6735
740	0,03171	941,3	1,6919	0,03062	940,7	1,6877	0,02960	940,0	1,6836	0,02864	939,4	1,6795
750	0,03208	947,3	1,6978	0,03098	946,7	1,6936	0,02994	946,1	1,6895	0,02897	945,4	1,6855
760	0,03245	953,4	1,7037	0,03133	952,7	1,6995	0,03029	952,1	1,6954	0,02931	951,5	1,6914
770	0,03281	959,4	1,7095.	0,03168	958,8	1,7053	0,03063	958,2	1,7012	0,02964	957,6	1,6973
780	0,03317	965,4	1,7152	0,03204	964,8	1,7110	0,03097	964,2	1,7070	0,02997	963,6	1,7031
790	0,03354	971,4	1,7209	0,03239	970,8	1,7167	0,03131	970,3	1,7127	0,03030	969,7	1,7088
800	0,03390	977,4	1,7265	0,03274	976,9	1,7224	0,03165	976,3	1,7184	0,03063	975,8	1,7145

1 at = 0,980665 bar   1 kcal = 4,1868 kJ

Tafel 3. Wasser und überhitzter Dampf (Fortsetzung)   Water and superheated Steam Continuation)

t	165 at $t_s = 348,24\,°C$			170 at $t_s = 350,67\,°C$			175 at $t_s = 353,04\,°C$			180 at $t_s = 355,35\,°C$		
	v''	h''	s''	v''	h''	s''	v''	h''	s''	v''	h''	s''
	0,009133	616,0	1,2519	0,008672	612,2	1,2440	0,008226	608,1	1,2358	0,007794	603,7	1,2274
°C	v	h	s	v	h	s	v	h	s	v	h	s
0	0,0009923	3,9	0,0002	0,0009920	4,0	0,0002	0,0009918	4,1	0,0002	0,0009916	4,3	0,0002
10	0,0009928	13,8	0,0357	0,0009925	13,9	0,0357	0,0009923	14,0	0,0356	0,0009921	14,1	0,0356
20	0,0009945	23,6	0,0699	0,0009943	23,7	0,0699	0,0009941	23,9	0,0699	0,0009939	24,0	0,0699
30	0,0009972	33,5	0,1031	0,0009970	33,6	0,1030	0,0009968	33,7	0,1030	0,0009966	33,8	0,1029
40	0,0010008	43,4	0,1351	0,0010006	43,5	0,1351	0,0010004	43,6	0,1350	0,0010002	43,7	0,1350
50	0,0010050	53,3	0,1662	0,0010048	53,4	0,1662	0,0010046	53,5	0,1661	0,0010044	53,6	0,1661
60	0,0010100	63,2	0,1964	0,0010097	63,3	0,1964	0,0010095	63,4	0,1963	0,0010093	63,5	0,1962
70	0,0010155	73,1	0,2258	0,0010153	73,2	0,2257	0,0010151	73,3	0,2256	0,0010148	73,4	0,2256
80	0,0010216	83,1	0,2543	0,0010214	83,1	0,2542	0,0010212	83,2	0,2542	0,0010209	83,3	0,2541
90	0,0010283	93,0	0,2821	0,0010281	93,1	0,2820	0,0010278	93,2	0,2819	0,0010276	93,3	0,2818
100	0,0010355	103,0	0,3092	0,0010353	103,1	0,3091	0,0010351	103,2	0,3090	0,0010348	103,2	0,3089
110	0,0010433	113,0	0,3356	0,0010431	113,1	0,3355	0,0010428	113,2	0,3354	0,0010426	113,2	0,3353
120	0,0010517	123,0	0,3615	0,0010514	123,1	0,3614	0,0010512	123,2	0,3613	0,0010509	123,3	0,3612
130	0,0010606	133,1	0,3868	0,0010603	133,2	0,3866	0,0010601	133,2	0,3865	0,0010598	133,3	0,3864
140	0,0010702	143,2	0,4115	0,0010699	143,3	0,4114	0,0010696	143,3	0,4113	0,0010693	143,4	0,4112
150	0,0010803	153,3	0,4358	0,0010800	153,4	0,4357	0,0010797	153,5	0,4356	0,0010794	153,6	0,4354
160	0,0010911	163,6	0,4597	0,0010908	163,6	0,4595	0,0010905	163,7	0,4594	0,0010901	163,8	0,4593
170	0,0011027	173,8	0,4831	0,0011023	173,9	0,4830	0,0011020	174,0	0,4828	0,0011016	174,0	0,4827
180	0,0011150	184,2	0,5062	0,0011146	184,2	0,5060	0,0011142	184,3	0,5059	0,0011138	184,4	0,5057
190	0,0011281	194,6	0,5289	0,0011277	194,6	0,5288	0,0011273	194,7	0,5286	0,0011269	194,8	0,5284
200	0,0011422	205,1	0,5514	0,0011417	205,1	0,5512	0,0011413	205,2	0,5510	0,0011408	205,3	0,5509
210	0,0011572	215,7	0,5736	0,0011567	215,7	0,5734	0,0011562	215,8	0,5732	0,0011558	215,8	0,5730
220	0,0011734	226,4	0,5955	0,0011729	226,5	0,5953	0,0011724	226,5	0,5951	0,0011718	226,5	0,5949
230	0,0011909	237,3	0,6173	0,0011903	237,3	0,6171	0,0011897	237,3	0,6169	0,0011891	237,4	0,6167
240	0,0012099	248,3	0,6390	0,0012092	248,3	0,6387	0,0012086	248,3	0,6385	0,0012079	248,3	0,6383
250	0,0012306	259,5	0,6605	0,0012298	259,5	0,6603	0,0012290	259,5	0,6600	0,0012283	259,5	0,6598
260	0,0012532	270,8	0,6821	0,0012523	270,8	0,6818	0,0012515	270,8	0,6815	0,0012506	270,8	0,6812
270	0,0012782	282,5	0,7037	0,0012772	282,4	0,7034	0,0012762	282,4	0,7031	0,0012752	282,4	0,7028
280	0,0013061	294,4	0,7254	0,0013049	294,3	0,7251	0,0013037	294,3	0,7247	0,0013026	294,3	0,7244
290	0,0013376	306,7	0,7474	0,0013361	306,6	0,7470	0,0013347	306,5	0,7466	0,0013334	306,5	0,7463
300	0,0013736	319,4	0,7698	0,0013719	319,3	0,7694	0,0013702	319,2	0,7689	0,0013685	319,1	0,7685
310	0,0014157	332,7	0,7929	0,0014135	332,6	0,7923	0,0014114	332,4	0,7918	0,0014092	332,3	0,7913
320	0,0014663	346,8	0,8169	0,0014634	346,6	0,8162	0,0014606	346,4	0,8156	0,0014578	346,2	0,8149
330	0,0015297	362,1	0,8423	0,0015256	361,7	0,8415	0,0015216	361,4	0,8407	0,0015177	361,1	0,8399
340	0,0016151	379,2	0,8704	0,0016085	378,6	0,8693	0,0016022	378,1	0,8681	0,0015962	377,6	0,8670
350	0,00945	622,1	1,2616	0,0017372	399,0	0,9023	0,0017241	398,0	0,9003	0,0017122	397,1	0,8985
360	0,01077	646,3	1,3001	0,01006	638,9	1,2805	0,009352	630,7	1,2719	0,008643	621,5	1,2557
370	0,01178	664,3	1,3284	0,01112	658,6	1,3175	0,010483	652,5	1,3061	0,009862	646,0	1,2941
380	0,01263	679,3	1,3516	0,01200	674,7	1,3422	0,011390	669,8	1,3326	0,010807	664,6	1,3227
390	0,01337	692,2	1,3711	0,01275	688,3	1,3629	0,012163	684,2	1,3545	0,011599	679,9	1,3460
400	0,01404	703,7	1,3883	0,01343	700,2	1,3808	0,012845	696,7	1,3732	0,012291	693,0	1,3656
410	0,01465	714,1	1,4036	0,01404	711,0	1,3967	0,013465	707,9	1,3897	0,012914	704,6	1,3828
420	0,01523	723,7	1,4176	0,01462	720,9	1,4111	0,014038	718,1	1,4046	0,013488	715,2	1,3981
430	0,01577	732,8	1,4306	0,01516	730,2	1,4244	0,014575	727,6	1,4183	0,014024	725,0	1,4122
440	0,01629	741,3	1,4427	0,01567	739,0	1,4368	0,015085	736,6	1,4310	0,014531	734,2	1,4252
450	0,01679	749,6	1,4542	0,01616	747,4	1,4485	0,015572	745,2	1,4429	0,015014	743,0	1,4374
460	0,01726	757,5	1,4651	0,01663	755,5	1,4596	0,016039	753,4	1,4542	0,015477	751,3	1,4488
470	0,01773	765,1	1,4754	0,01709	763,2	1,4701	0,016491	761,3	1,4649	0,015923	759,4	1,4597
480	0,01818	772,6	1,4854	0,01753	770,8	1,4802	0,016928	769,0	1,4752	0,016355	767,2	1,4701
490	0,01861	779,8	1,4949	0,01797	778,1	1,4899	0,017352	776,4	1,4850	0,016773	774,7	1,4801
500	0,01904	786,9	1,5042	0,01839	785,3	1,4993	0,017766	783,7	1,4945	0,017181	782,1	1,4897
510	0,01946	793,9	1,5131	0,01880	792,4	1,5083	0,018170	790,8	1,5036	0,017579	789,3	1,4990
520	0,01987	800,7	1,5218	0,01920	799,3	1,5171	0,018565	797,8	1,5125	0,017967	796,3	1,5079
530	0,02027	807,4	1,5302	0,01959	806,1	1,5256	0,018952	804,7	1,5211	0,018348	803,3	1,5166
540	0,02066	814,1	1,5384	0,01998	812,7	1,5339	0,019332	811,4	1,5294	0,018721	810,1	1,5250
550	0,02105	820,6	1,5464	0,02036	819,4	1,5420	0,019706	818,1	1,5376	0,019088	816,8	1,5333

Tafel 3. Wasser und überhitzter Dampf (Fortsetzung)   Water and superheated Steam (Continuation)

t	165 at $t_s = 348{,}24\,°C$			170 at $t_s = 350{,}67\,°C$			175 at $t_s = 353{,}04\,°C$			180 at $t_s = 355{,}35\,°C$		
	v''	h''	s''	v''	h''	s''	v''	h''	s''	v''	h''	s''
	0,009133	616,0	1,2519	0,008672	612,2	1,2440	0,008226	608,1	1,2358	0,007794	603,7	1,2274
°C	v	h	s	v	h	s	v	h	s	v	h	s
550	0,02105	820,6	1,5464	0,02036	819,4	1,5420	0,019706	818,1	1,5376	0,019088	816,8	1,5333
560	0,02144	827,1	1,5543	0,02074	825,9	1,5499	0,020074	824,7	1,5455	0,019450	823,5	1,5413
570	0,02181	833,5	1,5619	0,02111	832,4	1,5576	0,020437	831,2	1,5533	0,019805	830,1	1,5491
580	0,02219	839,9	1,5695	0,02147	838,8	1,5652	0,020795	837,7	1,5609	0,020156	836,6	1,5568
590	0,02256	846,3	1,5768	0,02183	845,2	1,5726	0,021148	844,1	1,5684	0,020502	843,0	1,5644
600	0,02292	852,5	1,5841	0,02219	851,5	1,5799	0,021497	850,5	1,5758	0,020844	849,4	1,5717
610	0,02328	858,8	1,5912	0,02254	857,8	1,5871	0,021843	856,8	1,5830	0,021183	855,8	1,5790
620	0,02364	865,0	1,5982	0,02289	864,1	1,5941	0,022185	863,1	1,5901	0,021518	862,2	1,5861
630	0,02400	871,3	1,6052	0,02324	870,3	1,6011	0,022524	869,4	1,5971	0,021849	868,5	1,5932
640	0,02435	877,5	1,6120	0,02358	876,6	1,6079	0,022859	875,7	1,6040	0,022178	874,8	1,6001
650	0,02470	883,6	1,6187	0,02392	882,8	1,6147	0,023192	881,9	1,6108	0,022503	881,0	1,6069
660	0,02504	889,8	1,6253	0,02426	888,9	1,6213	0,023523	888,1	1,6174	0,022826	887,3	1,6136
670	0,02539	895,9	1,6319	0,02460	895,1	1,6279	0,023850	894,3	1,6241	0,023146	893,5	1,6203
680	0,02573	902,1	1,6384	0,02493	901,3	1,6344	0,024176	900,5	1,6306	0,023464	899,7	1,6268
690	0,02607	908,2	1,6447	0,02526	907,4	1,6408	0,024499	906,7	1,6370	0,023780	905,9	1,6333
700	0,02640	914,3	1,6511	0,02559	913,6	1,6472	0,024820	912,8	1,6434	0,024094	912,1	1,6397
710	0,02674	920,4	1,6573	0,02592	919,7	1,6534	0,025139	919,0	1,6497	0,024405	918,3	1,6460
720	0,02707	926,5	1,6635	0,02624	925,8	1,6596	0,025456	925,1	1,6559	0,024715	924,4	1,6522
730	0,02740	932,6	1,6696	0,02656	931,9	1,6658	0,025771	931,3	1,6620	0,025023	930,6	1,6584
740	0,02773	938,7	1,6756	0,02688	938,1	1,6718	0,026085	937,4	1,6681	0,025329	936,7	1,6645
750	0,02806	944,8	1,6816	0,02720	944,2	1,6778	0,026396	943,5	1,6742	0,025633	942,9	1,6706
760	0,02839	950,9	1,6875	0,02752	950,3	1,6838	0,026707	949,7	1,6801	0,025936	949,0	1,6765
770	0,02871	957,0	1,6934	0,02784	956,4	1,6897	0,027015	955,8	1,6860	0,026237	955,2	1,6825
780	0,02904	963,1	1,6992	0,02815	962,5	1,6955	0,027323	961,9	1,6919	0,026537	961,3	1,6883
790	0,02936	969,2	1,7050	0,02847	968,6	1,7013	0,027628	968,0	1,6976	0,026836	967,5	1,6941
800	0,02968	975,2	1,7107	0,02878	974,7	1,7070	0,027933	974,1	1,7034	0,027133	973,6	1,6999

1 at = 0,980665 bar   1 kcal = 4,1868 kJ

Tafel 3. Wasser und überhitzter Dampf (Fortsetzung) — Water and superheated Steam (Continuation)

t	185 at $t_s = 357{,}61$ °C			190 at $t_s = 359{,}81$ °C			195 at $t_s = 361{,}97$ °C			200 at $t_s = 364{,}07$ °C		
	v''	h''	s''	v''	h''	s''	v''	h''	s''	v''	h''	s''
	0,007379	599,1	1,2186	0,006974	594,1	1,2094	0,006579	588,7	1,1996	0,006187	582,8	1,1892
°C	v	h	s	v	h	s	v	h	s	v	h	s
0	0,0009913	4,4	0,0002	0,0009911	4,5	0,0002	0,0009908	4,6	0,0002	0,0009906	4,7	0,0002
10	0,0009919	14,2	0,0356	0,0009917	14,3	0,0356	0,0009914	14,6	0,0356	0,0009912	14,6	0,0356
20	0,0009937	24,1	0,0698	0,0009935	24,2	0,0698	0,0009932	24,3	0,0698	0,0009930	24,4	0,0697
30	0,0009964	33,9	0,1029	0,0009962	34,0	0,1029	0,0009960	34,1	0,1028	0,0009958	34,3	0,1028
40	0,0010000	43,8	0,1350	0,0009997	43,9	0,1349	0,0009995	44,0	0,1349	0,0009993	44,1	0,1348
50	0,0010042	53,7	0,1660	0,0010040	53,8	0,1660	0,0010038	53,9	0,1659	0,0010036	54,0	0,1659
60	0,0010091	63,6	0,1962	0,0010089	63,7	0,1961	0,0010087	63,8	0,1961	0,0010085	63,9	0,1960
70	0,0010146	73,5	0,2255	0,0010144	73,6	0,2254	0,0010142	73,7	0,2254	0,0010140	73,8	0,2253
80	0,0010207	83,4	0,2540	0,0010205	83,5	0,2539	0,0010203	83,6	0,2539	0,0010201	83,7	0,2538
90	0,0010274	93,4	0,2818	0,0010271	93,5	0,2817	0,0010269	93,6	0,2816	0,0010267	93,6	0,2815
100	0,0010346	103,3	0,3088	0,0010343	103,4	0,3087	0,0010341	103,5	0,3087	0,0010339	103,6	0,3086
110	0,0010423	113,3	0,3353	0,0010421	113,4	0,3352	0,0010418	113,5	0,3351	0,0010416	113,6	0,3350
120	0,0010506	123,3	0,3611	0,0010504	123,4	0,3610	0,0010501	123,5	0,3609	0,0010499	123,6	0,3608
130	0,0010595	133,4	0,3863	0,0010592	133,5	0,3862	0,0010590	133,6	0,3861	0,0010587	133,6	0,3860
140	0,0010690	143,5	0,4111	0,0010687	143,6	0,4109	0,0010684	143,7	0,4108	0,0010681	143,7	0,4107
150	0,0010791	153,6	0,4353	0,0010788	153,7	0,4352	0,0010785	153,8	0,4351	0,0010781	153,9	0,4350
160	0,0010898	163,8	0,4591	0,0010895	163,9	0,4590	0,0010892	164,0	0,4589	0,0010888	164,1	0,4588
170	0,0011012	174,1	0,4825	0,0011009	174,2	0,4824	0,0011005	174,2	0,4823	0,0011002	174,3	0,4821
180	0,0011134	184,4	0,5056	0,0011131	184,5	0,5054	0,0011127	184,5	0,5053	0,0011123	184,6	0,5051
190	0,0011265	194,8	0,5283	0,0011260	194,9	0,5281	0,0011256	194,9	0,5280	0,0011252	195,0	0,5278
200	0,0011404	205,3	0,5507	0,0011399	205,4	0,5505	0,0011395	205,4	0,5504	0,0011390	205,5	0,5502
210	0,0011553	215,9	0,5728	0,0011548	215,9	0,5726	0,0011543	216,0	0,5725	0,0011538	216,0	0,5723
220	0,0011713	226,6	0,5947	0,0011707	226,6	0,5945	0,0011702	226,7	0,5943	0,0011697	226,7	0,5942
230	0,0011885	237,4	0,6165	0,0011880	237,4	0,6162	0,0011874	237,5	0,6160	0,0011868	237,5	0,6158
240	0,0012072	248,4	0,6380	0,0012066	248,4	0,6378	0,0012059	248,4	0,6376	0,0012053	248,4	0,6374
250	0,0012275	259,5	0,6595	0,0012268	259,5	0,6593	0,0012260	259,5	0,6590	0,0012253	259,5	0,6588
260	0,0012498	270,8	0,6810	0,0012489	270,8	0,6807	0,0012481	270,8	0,6804	0,0012472	270,8	0,6802
270	0,0012742	282,4	0,7025	0,0012732	282,4	0,7022	0,0012723	282,4	0,7019	0,0012713	282,4	0,7016
280	0,0013014	294,2	0,7241	0,0013003	294,2	0,7237	0,0012991	294,2	0,7234	0,0012980	294,1	0,7231
290	0,0013320	306,4	0,7459	0,0013306	306,4	0,7455	0,0013293	306,3	0,7451	0,0013279	306,2	0,7447
300	0,0013668	319,0	0,7680	0,0013651	318,9	0,7676	0,0013635	318,8	0,7672	0,0013619	318,7	0,7668
310	0,0014071	332,1	0,7908	0,0014050	332,0	0,7903	0,0014030	331,9	0,7898	0,0014010	331,8	0,7893
320	0,0014550	346,0	0,8143	0,0014523	345,8	0,8137	0,0014497	345,6	0,8131	0,0014471	345,4	0,8125
330	0,0015139	360,8	0,8391	0,0015102	360,5	0,8383	0,0015066	360,3	0,8376	0,0015031	360,0	0,8369
340	0,0015904	377,2	0,8660	0,0015848	376,7	0,8649	0,0015795	376,3	0,8639	0,0015744	375,9	0,8630
350	0,0017012	396,2	0,8968	0,0016911	395,4	0,8951	0,0016816	394,6	0,8936	0,0016728	393,9	0,8922
360	0,007875	610,0	1,2359	0,007022	595,2	1,2111	0,001868	419,4	0,9330	0,001844	417,5	0,9288
370	0,009255	639,0	1,2814	0,008656	631,4	1,2680	0,008055	623,0	1,2533	0,007427	612,9	1,2363
380	0,010243	659,2	1,3125	0,009697	653,4	1,3019	0,009166	647,3	1,2909	0,008648	640,8	1,2794
390	0,011058	675,4	1,3373	0,010538	670,8	1,3284	0,010036	665,9	1,3192	0,009552	660,9	1,3098
400	0,011762	689,2	1,3579	0,011255	685,3	1,3501	0,010769	681,3	1,3422	0,010303	677,1	1,3341
410	0,012390	701,3	1,3758	0,011891	698,0	1,3687	0,011413	694,5	1,3616	0,010955	690,9	1,3545
420	0,012966	712,3	1,3917	0,012468	709,3	1,3852	0,011994	706,2	1,3787	0,011541	703,1	1,3721
430	0,013501	722,4	1,4061	0,013004	719,6	1,4000	0,012530	716,9	1,3940	0,012078	714,1	1,3879
440	0,014005	731,8	1,4194	0,013506	729,3	1,4137	0,013031	726,8	1,4080	0,012578	724,2	1,4023
450	0,014485	740,7	1,4318	0,013983	738,4	1,4264	0,013505	736,1	1,4210	0,013050	733,8	1,4156
460	0,014944	749,2	1,4435	0,014438	747,1	1,4383	0,013957	745,0	1,4331	0,013499	742,8	1,4279
470	0,015385	757,4	1,4546	0,014875	755,4	1,4496	0,014390	753,4	1,4446	0,013929	751,4	1,4396
480	0,015812	765,3	1,4652	0,015297	763,5	1,4603	0,014808	761,6	1,4555	0,014342	759,4	1,4507
490	0,016225	773,0	1,4753	0,015705	771,2	1,4706	0,015211	769,5	1,4659	0,014742	767,7	1,4613
500	0,016627	780,4	1,4850	0,016102	778,8	1,4804	0,015603	777,1	1,4759	0,015129	775,5	1,4714
510	0,017019	787,7	1,4944	0,016488	786,2	1,4899	0,015984	784,6	1,4855	0,015506	783,0	1,4811
520	0,017402	794,9	1,5034	0,016865	793,4	1,4990	0,016356	791,9	1,4947	0,015872	790,4	1,4904
530	0,017776	801,9	1,5122	0,017234	800,5	1,5079	0,016720	799,0	1,5037	0,016231	797,6	1,4995
540	0,018143	808,8	1,5207	0,017595	807,4	1,5165	0,017075	806,1	1,5124	0,016581	804,7	1,5083
550	0,018504	815,6	1,5290	0,017950	814,3	1,5249	0,017424	813,0	1,5208	0,016925	811,7	1,5168

Tafel 3. Wasser und überhitzter Dampf (Fortsetzung)   **Water and superheated Steam** (Continuation)

t	185 at $t_s = 357{,}61\ °C$			190 at $t_s = 359{,}81\ °C$			195 at $t_s = 361{,}97\ °C$			200 at $t_s = 364{,}07\ °C$		
	v''	h''	s''	v''	h''	s''	v''	h''	s''	v''	h''	s''
	0,007379	599,1	1,2186	0,006974	594,1	1,2094	0,006579	588,7	1,1996	0,006187	582,8	1,1892
°C	v	h	s	v	h	s	v	h	s	v	h	s
550	0,018504	815,6	1,5290	0,017950	814,3	1,5249	0,017424	813,0	1,5208	0,016925	811,7	1,5168
560	0,018859	822,3	1,5371	0,018298	821,0	1,5331	0,017767	819,8	1,5290	0,017262	818,6	1,5251
570	0,019208	828,9	1,5450	0,018641	827,7	1,5410	0,018104	826,5	1,5371	0,017594	825,3	1,5332
580	0,019552	835,4	1,5528	0,018979	834,3	1,5488	0,018436	833,2	1,5449	0,017920	832,1	1,5411
590	0,019891	842,0	1,5604	0,019313	840,9	1,5565	0,018763	839,8	1,5526	0,018242	838,7	1,5488
600	0,020227	848,4	1,5678	0,019642	847,4	1,5639	0,019087	846,3	1,5601	0,018559	845,3	1,5564
610	0,020558	854,8	1,5751	0,019967	853,8	1,5713	0,019406	852,8	1,5675	0,018872	851,8	1,5639
620	0,020886	861,2	1,5823	0,020288	860,2	1,5785	0,019721	859,3	1,5748	0,019182	858,3	1,5712
630	0,021211	867,5	1,5893	0,020607	866,6	1,5856	0,020033	865,7	1,5819	0,019488	864,7	1,5783
640	0,021533	873,9	1,5963	0,020922	873,0	1,5926	0,020342	872,1	1,5890	0,019791	871,1	1,5854
650	0,021851	880,2	1,6032	0,021234	879,3	1,5995	0,020648	878,4	1,5959	0,020091	877,5	1,5923
660	0,022167	886,4	1,6099	0,021543	885,6	1,6063	0,020951	884,7	1,6027	0,020389	883,9	1,5992
670	0,022481	892,7	1,6166	0,021850	891,9	1,6130	0,021252	891,0	1,6094	0,020683	890,2	1,6059
680	0,022792	898,9	1,6232	0,022155	898,1	1,6196	0,021550	897,3	1,6160	0,020976	896,5	1,6126
690	0,023101	905,1	1,6296	0,022457	904,4	1,6261	0,021846	903,6	1,6226	0,021266	902,8	1,6192
700	0,023407	911,3	1,6361	0,022757	910,6	1,6325	0,022140	909,9	1,6291	0,021553	909,1	1,6257
710	0,023712	917,5	1,6424	0,023055	916,8	1,6389	0,022431	916,1	1,6354	0,021839	915,4	1,6321
720	0,024014	923,7	1,6487	0,023351	923,0	1,6452	0,022721	922,3	1,6417	0,022123	921,6	1,6384
730	0,024315	929,9	1,6549	0,023645	929,2	1,6514	0,023009	928,6	1,6480	0,022405	927,9	1,6447
740	0,024614	936,1	1,6610	0,023937	935,4	1,6575	0,023295	934,8	1,6542	0,022685	934,1	1,6508
750	0,024912	942,3	1,6670	0,024228	941,6	1,6636	0,023579	941,0	1,6603	0,022963	940,3	1,6570
760	0,025207	948,4	1,6730	0,024517	947,8	1,6696	0,023862	947,2	1,6663	0,023240	946,6	1,6630
770	0,025502	954,6	1,6790	0,024805	954,0	1,6756	0,024143	953,4	1,6723	0,023515	952,8	1,6690
780	0,025794	960,7	1,6848	0,025091	960,2	1,6815	0,024423	959,6	1,6782	0,023789	959,0	1,6749
790	0,026086	966,9	1,6907	0,025375	966,3	1,6873	0,024701	965,8	1,6840	0,024061	965,2	1,6808
800	0,026376	973,0	1,6964	0,025659	972,5	1,6931	0,024978	972,0	1,6898	0,024332	971,4	1,6866

1 at = 0,980665 bar   1 kcal = 4,1868 kJ

Tafel 3. Wasser und überhitzter Dampf (Fortsetzung) Water and superheated Steam (Continuation)

t	210 at $t_s = 368{,}15\,°C$			220 at $t_s = 372{,}05\,°C$			230 at			240 at		
	v'' 0,005385	h'' 568,4	s'' 1,1645	v'' 0,004423	h'' 545,8	s'' 1,1276						
°C	v	h	s	v	h	s	v	h	s	v	h	s
0	0,0009901	5,0	0,0002	0,0009897	5,2	0,0002	0,0009892	5,4	0,0002	0,0009887	5,6	0,0002
10	0,0009908	14,8	0,0355	0,0009903	15,0	0,0355	0,0009899	15,2	0,0355	0,0009895	15,4	0,0355
20	0,0009926	24,6	0,0697	0,0009922	24,8	0,0696	0,0009918	25,0	0,0696	0,0009913	25,3	0,0695
30	0,0009954	34,5	0,1027	0,0009950	34,7	0,1026	0,0009946	34,9	0,1026	0,0009941	35,1	0,1025
40	0,0009989	44,3	0,1347	0,0009985	44,5	0,1346	0,0009981	44,7	0,1345	0,0009977	44,9	0,1345
50	0,0010032	54,2	0,1658	0,0010028	54,4	0,1657	0,0010024	54,6	0,1655	0,0010019	54,8	0,1654
60	0,0010081	64,1	0,1959	0,0010076	64,3	0,1958	0,0010072	64,5	0,1956	0,0010068	64,7	0,1955
70	0,0010136	74,0	0,2252	0,0010131	74,2	0,2250	0,0010127	74,4	0,2249	0,0010123	74,6	0,2247
80	0,0010196	83,9	0,2536	0,0010192	84,1	0,2535	0,0010187	84,3	0,2533	0,0010183	84,5	0,2532
90	0,0010262	93,8	0,2814	0,0010258	94,0	0,2812	0,0010253	94,2	0,2810	0,0010249	94,4	0,2809
100	0,0010334	103,8	0,3084	0,0010329	104,0	0,3082	0,0010324	104,1	0,3081	0,0010320	104,3	0,3079
110	0,0010411	113,8	0,3348	0,0010406	113,9	0,3346	0,0010401	114,1	0,3344	0,0010396	114,3	0,3342
120	0,0010493	123,8	0,3606	0,0010488	123,9	0,3604	0,0010483	124,1	0,3602	0,0010478	124,3	0,3600
130	0,0010581	133,8	0,3858	0,0010576	134,0	0,3856	0,0010571	134,1	0,3854	0,0010565	134,3	0,3852
140	0,0010675	143,9	0,4105	0,0010670	144,0	0,4103	0,0010664	144,2	0,4100	0,0010658	144,4	0,4098
150	0,0010775	154,0	0,4347	0,0010769	154,2	0,4345	0,0010763	154,3	0,4342	0,0010757	154,5	0,4340
160	0,0010882	164,2	0,4585	0,0010875	164,3	0,4582	0,0010869	164,5	0,4580	0,0010862	164,6	0,4577
170	0,0010995	174,4	0,4819	0,0010988	174,6	0,4816	0,0010981	174,7	0,4813	0,0010974	174,8	0,4810
180	0,0011116	184,7	0,5049	0,0011108	184,9	0,5046	0,0011101	185,0	0,5043	0,0011093	185,1	0,5040
190	0,0011244	195,1	0,5275	0,0011236	195,2	0,5272	0,0011228	195,4	0,5269	0,0011220	195,5	0,5266
200	0,0011382	205,6	0,5499	0,0011373	205,7	0,5495	0,0011364	205,8	0,5492	0,0011356	205,9	0,5489
210	0,0011529	216,1	0,5719	0,0011519	216,2	0,5716	0,0011510	216,3	0,5712	0,0011500	216,4	0,5709
220	0,0011686	226,8	0,5938	0,0011676	226,9	0,5934	0,0011666	227,0	0,5930	0,0011655	227,0	0,5926
230	0,0011856	237,6	0,6154	0,0011845	237,6	0,6150	0,0011833	237,7	0,6146	0,0011822	237,8	0,6142
240	0,0012040	248,5	0,6369	0,0012027	248,5	0,6365	0,0012014	248,6	0,6360	0,0012001	248,7	0,6356
250	0,0012239	259,6	0,6583	0,0012224	259,6	0,6578	0,0012210	259,6	0,6573	0,0012196	259,7	0,6569
260	0,0012456	270,8	0,6796	0,0012439	270,9	0,6791	0,0012423	270,9	0,6786	0,0012407	270,9	0,6781
270	0,0012694	282,3	0,7010	0,0012675	282,3	0,7004	0,0012657	282,3	0,6998	0,0012639	282,3	0,6992
280	0,0012958	291,1	0,7224	0,0012936	294,0	0,7218	0,0012915	294,0	0,7211	0,0012894	293,9	0,7205
290	0,0013253	306,1	0,7440	0,0013227	306,0	0,7433	0,0013202	305,9	0,7426	0,0013177	305,9	0,7419
300	0,0013587	318,6	0,7659	0,0013556	318,4	0,7651	0,0013526	318,3	0,7643	0,0013496	318,1	0,7635
310	0,0013971	331,5	0,7883	0,0013932	331,3	0,7873	0,0013895	331,1	0,7864	0,0013859	330,8	0,7855
320	0,0014421	345,1	0,8113	0,0014372	344,7	0,8102	0,0014325	344,4	0,8091	0,0014280	344,1	0,8080
330	0,0014964	359,5	0,8354	0,0014899	359,0	0,8340	0,0014837	358,5	0,8327	0,0014778	358,1	0,8314
340	0,0015646	375,1	0,8611	0,0015554	374,4	0,8593	0,0015468	373,7	0,8576	0,0015387	373,1	0,8560
350	0,0016566	392,7	0,8895	0,0016420	391,5	0,8870	0,0016287	390,4	0,8847	0,0016165	389,5	0,8825
360	0,001804	414,6	0,9245	0,001773	412,2	0,9200	0,001748	410,2	0,9162	0,001726	408,5	0,9129
370	0,006004	585,2	1,1907	0,002089	443,7	0,9694	0,001981	436,5	0,9574	0,001917	432,0	0,9497
380	0,007633	626,3	1,2542	0,006591	608,0	1,2236	0,005418	582,2	1,1819	0,003568	525,6	1,0936
390	0,008626	649,9	1,2901	0,007747	637,7	1,2688	0,006895	623,8	1,2452	0,006029	606,8	1,2173
400	0,009420	668,2	1,3175	0,008594	658,6	1,3000	0,007816	648,1	1,2816	0,007077	636,6	1,2620
410	0,010095	683,4	1,3399	0,009298	675,4	1,3249	0,008554	666,9	1,3093	0,007856	657,7	1,2931
420	0,010692	696,5	1,3590	0,009909	689,7	1,3456	0,009184	682,4	1,3319	0,008509	674,8	1,3179
430	0,011233	708,3	1,3758	0,010458	702,2	1,3636	0,009742	695,9	1,3513	0,009079	689,3	1,3388
440	0,011734	719,0	1,3909	0,010960	713,6	1,3796	0,010249	708,0	1,3683	0,009591	702,1	1,3569
450	0,012203	729,0	1,4048	0,011428	724,0	1,3942	0,010717	719,0	1,3836	0,010061	713,7	1,3730
460	0,012647	738,4	1,4177	0,011869	733,8	1,4076	0,011156	729,2	1,3976	0,010499	724,4	1,3877
470	0,013071	747,3	1,4298	0,012288	743,1	1,4202	0,011571	738,8	1,4107	0,010911	734,4	1,4012
480	0,013477	755,8	1,4413	0,012688	751,9	1,4320	0,011966	747,9	1,4229	0,011303	743,9	1,4139
490	0,013869	764,1	1,4521	0,013073	760,4	1,4432	0,012346	756,7	1,4344	0,011678	752,9	1,4258
500	0,014248	772,2	1,4625	0,013445	768,6	1,4539	0,012711	765,1	1,4454	0,012037	761,6	1,4371
510	0,014615	779,8	1,4725	0,013805	776,6	1,4641	0,013064	773,3	1,4559	0,012384	769,9	1,4478
520	0,014973	787,4	1,4821	0,014155	784,3	1,4739	0,013407	781,2	1,4659	0,012721	778,0	1,4581
530	0,015322	794,7	1,4913	0,014495	791,8	1,4833	0,013740	788,9	1,4755	0,013047	785,9	1,4679
540	0,015663	802,0	1,5003	0,014828	799,2	1,4925	0,014064	796,4	1,4849	0,013364	793,6	1,4774
550	0,015997	809,1	1,5089	0,015152	806,4	1,5013	0,014381	803,8	1,4939	0,013674	801,1	1,4866

Tafel 3. Wasser und überhitzter Dampf (Fortsetzung)   **Water and superheated Steam** (Continuation)

t	210 at $t_s = 368,15\ °C$			220 at $t_s = 372,05\ °C$			230 at			240 at		
	v''	h''	s''	v''	h''	s''						
	0,005385	568,4	1,1645	0,004423	545,8	1,1276						
°C	v	h	s	v	h	s	v	h	s	v	h	s
550	0,015997	809,1	1,5089	0,015152	806,4	1,5013	0,014381	803,8	1,4939	0,013674	801,1	1,4866
560	0,016324	816,1	1,5174	0,015471	813,6	1,5099	0,014691	811,0	1,5026	0,013977	808,5	1,4955
570	0,016645	823,0	1,5256	0,015783	820,6	1,5183	0,014995	818,1	1,5111	0,014273	815,7	1,5041
580	0,016961	829,8	1,5336	0,016090	827,5	1,5264	0,015294	825,1	1,5194	0,014564	822,8	1,5125
590	0,017273	836,5	1,5415	0,016392	834,3	1,5344	0,015587	832,1	1,5274	0,014849	829,8	1,5207
600	0,017579	843,2	1,5492	0,016689	841,0	1,5421	0,015876	838,9	1,5353	0,015130	836,8	1,5287
610	0,017882	849,8	1,5567	0,016982	847,7	1,5498	0,016160	845,7	1,5430	0,015406	843,6	1,5365
620	0,018181	856,3	1,5641	0,017271	854,4	1,5572	0,016440	852,4	1,55c6	0,015679	850,4	1,5442
630	0,018477	862,9	1,5713	0,017557	861,0	1,5646	0,016717	859,1	1,5580	0,015947	857,2	1,5517
640	0,018769	869,3	1,5785	0,017839	867,5	1,5718	0,016991	865,7	1,5653	0,016213	863,8	1,5590
650	0,019058	875,8	1,5855	0,018118	874,0	1,5789	0,017261	872,2	1,5725	0,016475	870,5	1,5663
660	0,019344	882,2	1,5924	0,018395	880,5	1,5858	0,017528	878,8	1,5795	0,016734	877,1	1,5734
670	0,019628	888,6	1,5992	0,018669	886,9	1,5927	0,017793	885,3	1,5864	0,016990	883,6	1,5804
680	0,019909	894,9	1,6059	0,018940	893,4	1,5995	0,018055	891,8	1,5933	0,017244	890,2	1,5872
690	0,020188	901,3	1,6125	0,019209	899,8	1,6062	0,018315	898,2	1,6000	0,017496	896,7	1,5940
700	0,020465	907,6	1,6191	0,019476	906,1	1,6127	0,018573	904,6	1,6066	0,017745	903,1	1,6007
710	0,020740	913,9	1,6255	0,019740	912,5	1,6192	0,018828	911,0	1,6132	0,017992	909,6	1,6073
720	0,021012	920,2	1,6319	0,020003	918,8	1,6257	0,019081	917,4	1,6196	0,018237	916,0	1,6138
730	0,021283	926,5	1,6382	0,020264	925,2	1,6320	0,019333	923,8	1,6260	0,018480	922,5	1,6203
740	0,021552	932,8	1,6444	0,020522	931,5	1,6383	0,019583	930,2	1,6323	0,018721	928,9	1,6266
750	0,021819	939,1	1,6506	0,020780	937,8	1,6445	0,019830	936,5	1,6386	0,018961	935,2	1,6329
760	0,022085	945,3	1,6567	0,021035	944,1	1,6506	0,020077	942,9	1,6447	0,019198	941,6	1,6391
770	0,022349	951,6	1,6627	0,021289	950,4	1,6567	0,020321	949,2	1,6508	0,019435	948,0	1,6452
780	0,022612	957,8	1,6687	0,021541	956,7	1,6627	0,020565	955,5	1,6569	0,019669	954,3	1,6513
790	0,022873	964,1	1,6746	0,021792	962,9	1,6686	0,020806	961,8	1,6628	0,019903	960,7	1,6573
800	0,023133	970,3	1,6804	0,022042	969,2	1,6745	0,021047	968,1	1,6687	0,020135	967,0	1,6632

1 at $= 0,980665$ bar   1 kcal $= 4,1868$ kJ

Tafel 3. Wasser und überhitzter Dampf (Fortsetzung)   Water and superheated Steam (Continuation)

t °C	250 at			260 at			270 at			280 at		
	v	h	s	v	h	s	v	h	s	v	h	s
0	0,0009883	5,9	0,0002	0,0009878	6,1	0,0002	0,0009874	6,3	0,0002	0,0009869	6,6	0,0002
10	0,0009890	15,7	0,0354	0,0009886	15,9	0,0354	0,0009882	16,1	0,0354	0,0009877	16,3	0,0353
20	0,0009909	25,5	0,0695	0,0009905	25,7	0,0694	0,0009901	25,9	0,0694	0,0009897	26,1	0,0693
30	0,0009937	35,3	0,1024	0,0009933	35,5	0,1023	0,0009929	35,7	0,1023	0,0009925	35,9	0,1022
40	0,0009973	45,1	0,1344	0,0009969	45,4	0,1343	0,0009965	45,6	0,1342	0,0009961	45,8	0,1341
50	0,0010015	55,0	0,1653	0,0010011	55,2	0,1652	0,0010007	55,4	0,1651	0,0010003	55,6	0,1650
60	0,0010064	64,9	0,1954	0,0010060	65,1	0,1953	0,0010056	65,3	0,1952	0,0010052	65,5	0,1950
70	0,0010119	74,7	0,2246	0,0010114	74,9	0,2245	0,0010110	75,1	0,2243	0,0010106	75,3	0,2242
80	0,0010179	84,6	0,2530	0,0010174	84,8	0,2529	0,0010170	85,0	0,2527	0,0010166	85,2	0,2526
90	0,0010244	94,6	0,2807	0,0010240	94,7	0,2806	0,0010235	94,9	0,2804	0,0010231	95,1	0,2802
100	0,0010315	104,5	0,3077	0,0010310	104,7	0,3075	0,0010306	104,8	0,3074	0,0010301	105,0	0,3072
110	0,0010391	114,4	0,3340	0,0010386	114,6	0,3339	0,0010382	114,8	0,3337	0,0010377	115,0	0,3335
120	0,0010473	124,4	0,3598	0,0010468	124,6	0,3596	0,0010463	124,8	0,3594	0,0010458	124,9	0,3592
130	0,0010560	134,5	0,3849	0,0010555	134,6	0,3847	0,0010549	134,8	0,3845	0,0010544	134,9	0,3843
140	0,0010653	144,5	0,4096	0,0010647	144,7	0,4094	0,0010641	144,8	0,4091	0,0010636	145,0	0,4089
150	0,0010751	154,6	0,4338	0,0010745	154,8	0,4335	0,0010739	154,9	0,4333	0,0010733	155,1	0,4330
160	0,0010856	164,8	0,4575	0,0010850	164,9	0,4572	0,0010843	165,1	0,4570	0,0010837	165,2	0,4567
170	0,0010967	175,0	0,4808	0,0010961	175,1	0,4805	0,0010954	175,3	0,4802	0,0010947	175,4	0,4800
180	0,0011086	185,3	0,5037	0,0011079	185,4	0,5034	0,0011072	185,5	0,5031	0,0011064	185,6	0,5028
190	0,0011212	195,6	0,5263	0,0011205	195,7	0,5260	0,0011197	195,8	0,5257	0,0011189	196,0	0,5254
200	0,0011347	206,0	0,5485	0,0011339	206,1	0,5482	0,0011330	206,2	0,5479	0,0011322	206,4	0,5476
210	0,0011491	216,5	0,5705	0,0011482	216,6	0,5702	0,0011473	216,7	0,5698	0,0011464	216,8	0,5695
220	0,0011645	227,1	0,5923	0,0011635	227,2	0,5919	0,0011625	227,3	0,5915	0,0011615	227,4	0,5911
230	0,0011811	237,9	0,6138	0,0011800	237,9	0,6134	0,0011789	238,0	0,6130	0,0011778	238,1	0,6126
240	0,0011989	248,7	0,6351	0,0011977	248,8	0,6347	0,0011965	248,8	0,6343	0,0011952	248,9	0,6339
250	0,0012182	259,7	0,6564	0,0012168	259,8	0,6559	0,0012155	259,8	0,6554	0,0012141	259,8	0,6550
260	0,0012392	270,9	0,6775	0,0012376	270,9	0,6770	0,0012361	270,9	0,6765	0,0012346	271,0	0,6760
270	0,0012621	282,3	0,6987	0,0012603	282,3	0,6981	0,0012586	282,3	0,6976	0,0012568	282,3	0,6970
280	0,0012873	293,9	0,7199	0,0012853	293,8	0,7192	0,0012833	293,8	0,7186	0,0012813	293,8	0,7180
290	0,0013153	305,8	0,7412	0,0013129	305,7	0,7405	0,0013106	305,6	0,7398	0,0013083	305,5	0,7391
300	0,0013467	318,0	0,7627	0,0013439	317,9	0,7619	0,0013411	317,7	0,7611	0,0013384	317,6	0,7604
310	0,0013824	330,6	0,7846	0,0013789	330,5	0,7837	0,0013756	330,3	0,7828	0,0013723	330,1	0,7819
320	0,0014236	343,8	0,8070	0,0014193	343,5	0,8059	0,0014151	343,3	0,8049	0,0014111	343,0	0,8039
330	0,0014721	357,7	0,8301	0,0014666	357,3	0,8289	0,0014613	356,9	0,8277	0,0014563	356,6	0,8265
340	0,0015309	372,5	0,8544	0,0015236	371,9	0,8529	0,0015166	371,4	0,8515	0,0015099	370,9	0,8501
350	0,0016052	388,6	0,8805	0,0015948	387,7	0,8786	0,0015849	387,0	0,8767	0,0015757	386,2	0,8750
360	0,001707	407,0	0,9099	0,001690	405,6	0,9071	0,001674	404,4	0,9045	0,001660	403,3	0,9022
370	0,001871	428,6	0,9438	0,001835	426,0	0,9390	0,001805	423,7	0,9348	0,001780	421,8	0,9311
380	0,002372	471,3	1,0096	0,002157	458,4	0,9890	0,002053	451,6	0,9778	0,001984	446,9	0,9699
390	0,005106	584,9	1,1823	0,004068	554,3	1,1345	0,003117	518,5	1,0794	0,002596	494,1	1,0414
400	0,006367	623,9	1,2407	0,005651	608,7	1,2161	0,004927	590,7	1,1875	0,004202	569,4	1,1543
410	0,007198	647,9	1,2762	0,006574	637,4	1,2584	0,005982	626,0	1,2396	0,005390	612,8	1,2183
420	0,007877	666,7	1,3035	0,007283	658,2	1,2886	0,006723	649,1	1,2732	0,006193	639,5	1,2572
430	0,008461	682,4	1,3260	0,007884	675,2	1,3131	0,007342	667,7	1,2998	0,006833	659,7	1,2861
440	0,008981	696,1	1,3453	0,008413	689,8	1,3337	0,007881	683,3	1,3219	0,007384	676,6	1,3099
450	0,009454	708,3	1,3624	0,008890	702,8	1,3517	0,008364	697,0	1,3410	0,007873	691,1	1,3302
460	0,009892	719,5	1,3778	0,009329	714,5	1,3678	0,008805	709,4	1,3579	0,008316	704,1	1,3480
470	0,010303	729,9	1,3919	0,009739	725,4	1,3825	0,009215	720,7	1,3733	0,008726	715,9	1,3640
480	0,010691	739,7	1,4050	0,010125	735,5	1,3961	0,009599	731,2	1,3873	0,009109	726,8	1,3786
490	0,011061	749,1	1,4172	0,010492	745,1	1,4088	0,009963	741,2	1,4004	0,009471	737,1	1,3922
500	0,011416	758,0	1,4288	0,010842	754,3	1,4207	0,010310	750,6	1,4127	0,009815	746,8	1,4048
510	0,011758	766,5	1,4399	0,011179	763,1	1,4321	0,010643	759,6	1,4244	0,010144	756,1	1,4168
520	0,012089	774,8	1,4504	0,011505	771,6	1,4428	0,010964	768,3	1,4354	0,010461	765,0	1,4281
530	0,012409	782,9	1,4605	0,011819	779,8	1,4531	0,011273	776,8	1,4460	0,010766	773,7	1,4389
540	0,012720	790,7	1,4702	0,012125	787,8	1,4631	0,011574	784,9	1,4561	0,011062	782,0	1,4492
550	0,013023	798,4	1,4795	0,012422	795,6	1,4726	0,011865	792,9	1,4658	0,011348	790,1	1,4591

Tafel 3. Wasser und überhitzter Dampf (Fortsetzung)   **Water and superheated Steam** (Continuation)

t	250 at			260 at			270 at			280 at		
°C	v	h	s	v	h	s	v	h	s	v	h	s
550	0,013023	798,4	1,4795	0,012422	795,6	1,4726	0,011865	792,9	1,4658	0,011348	790,1	1,4591
560	0,013319	805,9	1,4886	0,012712	803,3	1,4818	0,012150	800,7	1,4752	0,011627	798,0	1,4686
570	0,013609	813,2	1,4974	0,012995	810,8	1,4907	0,012427	808,3	1,4842	0,011900	805,7	1,4779
580	0,013892	820,5	1,5059	0,013272	818,1	1,4994	0,012698	815,7	1,4930	0,012165	813,3	1,4868
590	0,014171	827,6	1,5142	0,013544	825,3	1,5078	0,012964	823,0	1,5016	0,012426	820,8	1,4955
600	0,014444	834,6	1,5223	0,013811	832,4	1,5160	0,013225	830,3	1,5099	0,012681	828,1	1,5039
610	0,014713	841,6	1,5302	0,014073	839,5	1,5240	0,013481	837,4	1,5180	0,012931	835,3	1,5121
620	0,014978	848,4	1,5379	0,014332	846,4	1,5318	0,013733	844,4	1,5259	0,013177	842,4	1,5201
630	0,015239	855,2	1,5455	0,014586	853,3	1,5395	0,013981	851,4	1,5337	0,013419	849,4	1,5280
640	0,015497	862,0	1,5529	0,014837	860,1	1,5470	0,014225	858,3	1,5413	0,013658	856,4	1,5356
650	0,015752	868,7	1,5602	0,015084	866,9	1,5544	0,014467	865,1	1,5487	0,013893	863,3	1,5432
660	0,016003	875,4	1,5674	0,015329	873,6	1,5616	0,014705	871,9	1,5560	0,014125	870,2	1,5505
670	0,016252	882,0	1,5745	0,015571	880,3	1,5688	0,014940	878,6	1,5632	0,014355	877,0	1,5578
680	0,016498	888,6	1,5814	0,015810	887,0	1,5758	0,015173	885,3	1,5703	0,014581	883,7	1,5649
690	0,016742	895,1	1,5883	0,016047	893,6	1,5827	0,015403	892,0	1,5772	0,014805	890,4	1,5719
700	0,016984	901,6	1,5950	0,016281	900,1	1,5895	0,015631	898,6	1,5841	0,015027	897,1	1,5788
710	0,017223	908,1	1,6017	0,016513	906,7	1,5962	0,015856	905,2	1,5908	0,015246	903,8	1,5856
720	0,017460	914,6	1,6082	0,016743	913,2	1,6028	0,016080	911,8	1,5975	0,015464	910,4	1,5923
730	0,017695	921,1	1,6147	0,016971	919,7	1,6093	0,016301	918,4	1,6040	0,015679	917,0	1,5989
740	0,017929	927,5	1,6211	0,017198	926,2	1,6157	0,016521	924,9	1,6105	0,015893	923,6	1,6055
750	0,018161	934,0	1,6274	0,017422	932,7	1,6221	0,016739	931,4	1,6169	0,016105	930,1	1,6119
760	0,018391	940,4	1,6336	0,017645	939,1	1,6284	0,016955	937,9	1,6232	0,016315	936,7	1,6183
770	0,018619	946,8	1,6398	0,017866	945,6	1,6346	0,017170	944,4	1,6295	0,016523	943,2	1,6245
780	0,018846	953,2	1,6459	0,018086	952,0	1,6407	0,017383	950,8	1,6356	0,016730	949,7	1,6307
790	0,019072	959,6	1,6519	0,018304	958,4	1,6468	0,017594	957,3	1,6417	0,016935	956,2	1,6369
800	0,019296	965,9	1,6579	0,018521	964,8	1,6527	0,017805	963,7	1,6478	0,017139	962,6	1,6429

1 at = 0,980665 bar   1 kcal = 4,1868 kJ

Tafel 3. Wasser und überhitzter Dampf (Fortsetzung) Water and superheated Steam (Continuation)

t	290 at			300 at			310 at			320 at		
°C	v	h	s	v	h	s	v	h	s	v	h	s
0	0,0009864	6,8	0,0002	0,0009860	7,0	0,0002	0,0009855	7,3	0,0002	0,0009851	7,5	0,0002
10	0,0009873	16,6	0,0353	0,0009869	16,8	0,0353	0,0009864	17,0	0,0352	0,0009860	17,2	0,0352
20	0,0009893	26,3	0,0692	0,0009889	26,6	0,0692	0,0009884	26,8	0,0691	0,0009880	27,0	0,0691
30	0,0009921	36,1	0,1021	0,0009917	36,4	0,1020	0,0009913	36,6	0,1020	0,0009909	36,8	0,1019
40	0,0009957	46,0	0,1340	0,0009953	46,2	0,1339	0,0009949	46,4	0,1338	0,0009945	46,6	0,1337
50	0,0019999	55,8	0,1649	0,0009995	56,0	0,1648	0,0009991	56,2	0,1647	0,0009987	56,4	0,1646
60	0,0010048	65,6	0,1949	0,0010044	65,8	0,1948	0,0010040	66,0	0,1947	0,0010035	66,2	0,1946
70	0,0010102	75,5	0,2241	0,0010098	75,7	0,2239	0,0010094	75,9	0,2238	0,0010089	76,1	0,2237
80	0,0010161	85,4	0,2525	0,0010157	85,6	0,2523	0,0010153	85,8	0,2522	0,0010149	85,9	0,2520
90	0,0010226	95,3	0,2801	0,0010222	95,5	0,2799	0,0010218	95,6	0,2798	0,0010213	95,8	0,2796
100	0,0010297	105,2	0,3070	0,0010292	105,4	0,3068	0,0010288	105,6	0,3067	0,0010283	105,7	0,3065
110	0,0010372	115,1	0,3333	0,0010367	115,3	0,3331	0,0010363	115,5	0,3329	0,0010358	115,6	0,3328
120	0,0010453	125,1	0,3590	0,0010448	125,3	0,3588	0,0010443	125,4	0,3586	0,0010438	125,6	0,3584
130	0,0010539	135,1	0,3841	0,0010533	135,3	0,3839	0,0010528	135,4	0,3837	0,0010523	135,6	0,3835
140	0,0010630	145,1	0,4087	0,0010625	145,3	0,4085	0,0010619	145,5	0,4083	0,0010614	145,6	0,4080
150	0,0010727	155,2	0,4328	0,0010722	155,4	0,4326	0,0010716	155,5	0,4323	0,0010710	155,7	0,4321
160	0,0010831	165,4	0,4565	0,0010825	165,5	0,4562	0,0010818	165,6	0,4560	0,0010812	165,8	0,4557
170	0,0010941	175,5	0,4797	0,0010934	175,7	0,4794	0,0010927	175,8	0,4792	0,0010921	176,0	0,4789
180	0,0011057	185,8	0,5026	0,0011050	185,9	0,5023	0,0011043	186,0	0,5020	0,0011036	186,2	0,5017
190	0,0011181	196,1	0,5251	0,0011174	196,2	0,5248	0,0011166	196,3	0,5245	0,0011159	196,5	0,5242
200	0,0011314	206,5	0,5472	0,0011305	206,6	0,5469	0,0011297	206,7	0,5466	0,0011289	206,8	0,5463
210	0,0011455	216,9	0,5691	0,0011446	217,0	0,5688	0,0011437	217,1	0,5685	0,0011428	217,2	0,5681
220	0,0011605	227,5	0,5908	0,0011596	227,6	0,5904	0,0011586	227,7	0,5900	0,0011576	227,8	0,5897
230	0,0011767	238,2	0,6122	0,0011756	238,2	0,6118	0,0011746	238,3	0,6114	0,0011735	238,4	0,6110
240	0,0011941	249,0	0,6334	0,0011929	249,0	0,6330	0,0011917	249,1	0,6326	0,0011905	249,2	0,6322
250	0,0012128	259,9	0,6545	0,0012115	259,9	0,6541	0,0012102	260,0	0,6536	0,0012089	260,0	0,6532
260	0,0012331	271,0	0,6755	0,0012316	271,0	0,6750	0,0012301	271,0	0,6745	0,0012287	271,1	0,6741
270	0,0012551	282,3	0,6965	0,0012535	282,3	0,6959	0,0012518	282,3	0,6954	0,0012502	282,3	0,6949
280	0,0012793	293,7	0,7174	0,0012774	293,7	0,7168	0,0012755	293,7	0,7163	0,0012737	293,7	0,7157
290	0,0013060	305,5	0,7385	0,0013038	305,4	0,7378	0,0013016	305,4	0,7372	0,0012994	305,3	0,7365
300	0,0013357	317,5	0,7596	0,0013331	317,4	0,7589	0,0013305	317,3	0,7582	0,0013280	317,2	0,7575
310	0,0013691	329,9	0,7811	0,0013660	329,8	0,7803	0,0013629	329,6	0,7795	0,0013599	329,5	0,7787
320	0,0014072	342,8	0,8030	0,0014034	342,5	0,8020	0,0013997	342,3	0,8011	0,0013961	342,1	0,8002
330	0,0014513	356,2	0,8254	0,0014466	355,9	0,8243	0,0014420	355,6	0,8232	0,0014375	355,3	0,8222
340	0,0015035	370,4	0,8487	0,0014974	369,9	0,8474	0,0014915	369,5	0,8461	0,0014858	369,1	0,8449
350	0,0015670	385,6	0,8733	0,0015587	384,9	0,8716	0,0015509	384,3	0,8701	0,0015434	383,7	0,8686
360	0,001647	402,3	0,8999	0,001635	401,3	0,8978	0,001624	400,4	0,8959	0,001614	399,6	0,8940
370	0,001758	420,1	0,9279	0,001738	418,6	0,9249	0,001721	417,2	0,9221	0,001705	415,9	0,9195
380	0,001934	443,3	0,9637	0,001894	440,4	0,9586	0,001861	438,0	0,9542	0,001833	435,9	0,9503
390	0,002343	480,2	1,0197	0,002202	471,7	1,0060	0,002110	465,7	0,9963	0,002043	461,2	0,9888
400	0,003542	546,5	1,1188	0,003045	526,1	1,0875	0,002711	510,5	1,0633	0,002491	499,0	1,0453
410	0,004813	598,0	1,1949	0,004260	581,8	1,1697	0,003761	565,1	1,1438	0,003345	549,4	1,1195
420	0,005691	629,4	1,2405	0,005204	618,1	1,2225	0,004732	605,8	1,2030	0,004289	592,9	1,1829
430	0,006352	651,4	1,2721	0,005899	642,8	1,2578	0,005471	633,7	1,2430	0,005065	624,2	1,2277
440	0,006916	669,5	1,2977	0,006475	662,2	1,2853	0,006060	654,7	1,2726	0,005669	646,8	1,2597
450	0,007412	685,0	1,3192	0,006979	678,7	1,3082	0,006572	672,2	1,2970	0,006189	665,5	1,2857
460	0,007859	698,7	1,3380	0,007430	693,1	1,3280	0,007028	687,4	1,3179	0,006649	681,5	1,3077
470	0,008270	711,0	1,3547	0,007843	706,0	1,3455	0,007442	700,9	1,3362	0,007065	695,7	1,3269
480	0,008652	722,4	1,3699	0,008225	717,8	1,3613	0,007824	713,2	1,3526	0,007448	708,5	1,3440
490	0,009012	733,0	1,3839	0,008584	728,8	1,3758	0,008182	724,6	1,3676	0,007805	720,2	1,3595
500	0,009354	743,0	1,3970	0,008923	739,1	1,3892	0,008519	735,2	1,3815	0,008140	731,2	1,3738
510	0,009680	752,6	1,4092	0,009246	749,0	1,4018	0,008839	745,3	1,3945	0,008458	741,6	1,3871
520	0,009992	761,7	1,4209	0,009555	758,3	1,4137	0,009146	754,9	1,4066	0,008762	751,5	1,3997
530	0,010294	770,5	1,4319	0,009853	767,3	1,4250	0,009440	764,1	1,4182	0,009053	760,9	1,4115
540	0,010585	779,0	1,4424	0,010140	776,0	1,4358	0,009723	773,0	1,4292	0,009333	770,0	1,4227
550	0,010867	787,3	1,4525	0,010418	784,5	1,4461	0,009997	781,6	1,4397	0,009603	778,8	1,4334

Tafel 3. Wasser und überhitzter Dampf (Fortsetzung) **Water and superheated Steam** (Continuation)

t	290 at			300 at			310 at			320 at		
°C	v	h	s	v	h	s	v	h	s	v	h	s
550	0,010867	787,3	1,4525	0,010418	784,5	1,4461	0,009997	781,6	1,4397	0,009603	778,8	1,4334
560	0,011141	795,3	1,4623	0,010687	792,7	1,4560	0,010263	790,0	1,4498	0,009865	787,3	1,4437
570	0,011408	803,2	1,4716	0,010950	800,7	1,4655	0,010521	798,1	1,4595	0,010120	795,5	1,4536
580	0,011669	810,9	1,4807	0,011206	808,5	1,4747	0,010773	806,0	1,4688	0,010367	803,6	1,4631
590	0,011924	818,4	1,4895	0,011456	816,1	1,4836	0,011019	813,8	1,4779	0,010609	811,5	1,4723
600	0,012174	825,9	1,4980	0,011701	823,7	1,4923	0,011259	821,4	1,4867	0,010845	819,2	1,4812
610	0,012419	833,2	1,5064	0,011941	831,1	1,5007	0,011495	828,9	1,4952	0,011076	826,8	1,4898
620	0,012660	840,4	1,5145	0,012177	838,4	1,5089	0,011726	836,3	1,5035	0,011303	834,3	1,4982
630	0,012897	847,5	1,5224	0,012409	845,6	1,5170	0,011953	843,6	1,5116	0,011525	841,6	1,5064
640	0,013130	854,5	1,5302	0,012637	852,7	1,5248	0,012176	850,8	1,5196	0,011744	848,9	1,5144
650	0,013359	861,5	1,5378	0,012861	859,7	1,5325	0,012396	857,9	1,5273	0,011959	856,1	1,5223
660	0,013586	868,4	1,5452	0,013083	866,7	1,5400	0,012612	865,0	1,5349	0,012171	863,2	1,5299
670	0,013810	875,3	1,5525	0,013301	873,6	1,5474	0,012826	871,9	1,5424	0,012380	870,3	1,5374
680	0,014031	882,1	1,5597	0,013517	880,5	1,5546	0,013037	878,9	1,5497	0,012586	877,2	1,5448
690	0,014249	888,9	1,5668	0,013730	887,3	1,5618	0,013245	885,8	1,5568	0,012790	884,2	1,5521
700	0,014465	895,6	1,5737	0,013941	894,1	1,5688	0,013451	892,6	1,5639	0,012991	891,1	1,5592
710	0,014679	902,3	1,5806	0,014149	900,9	1,5757	0,013654	899,4	1,5709	0,013190	897,9	1,5662
720	0,014891	909,0	1,5873	0,014356	907,6	1,5825	0,013856	906,2	1,5777	0,013387	904,7	1,5731
730	0,015100	915,6	1,5940	0,014560	914,3	1,5892	0,014055	912,9	1,5845	0,013582	911,5	1,5799
740	0,015308	922,2	1,6006	0,014763	920,9	1,5958	0,014252	919,6	1,5911	0,013774	918,3	1,5866
750	0,015514	928,8	1,6070	0,014963	927,6	1,6023	0,014448	926,3	1,5977	0,013965	925,0	1,5932
760	0,015718	935,4	1,6134	0,015162	934,2	1,6087	0,014642	932,9	1,6041	0,014155	931,7	1,5997
770	0,015921	942,0	1,6197	0,015360	940,8	1,6151	0,014834	939,6	1,6105	0,014342	938,4	1,6061
780	0,016122	948,5	1,6260	0,015555	947,3	1,6213	0,015025	946,2	1,6168	0,014528	945,0	1,6124
790	0,016322	955,0	1,6321	0,015750	953,9	1,6275	0,015214	952,8	1,6231	0,014713	951,6	1,6187
800	0,016520	961,5	1,6382	0,015942	960,4	1,6337	0,015402	959,4	1,6292	0,014896	958,3	1,6249

1 at = 0,980665 bar   1 kcal = 4,1868 kJ

Tafel 3. Wasser und überhitzter Dampf (Fortsetzung)　　　**Water and superheated Steam** (Continuation)

t °C	330 at			340 at			350 at			360 at		
	v	h	s	v	h	s	v	h	s	v	h	s
0	0,0009846	7,7	0,0002	0,0009842	7,9	0,0002	0,0009837	8,2	0,0002	0,0009833	8,4	0,0002
10	0,0009856	17,4	0,0351	0,0009852	17,7	0,0351	0,0009847	17,9	0,0351	0,0009843	18,1	0,0350
20	0,0009876	27,2	0,0690	0,0009872	27,4	0,0690	0,0009868	27,6	0,0689	0,0009864	27,8	0,0688
30	0,0009905	37,0	0,1018	0,0009901	37,2	0,1017	0,0009897	37,4	0,1017	0,0009893	37,6	0,1016
40	0,0009941	46,8	0,1336	0,0009937	47,0	0,1335	0,0009933	47,2	0,1334	0,0009929	47,4	0,1333
50	0,0009983	56,6	0,1645	0,0009979	56,8	0,1644	0,0009975	57,0	0,1643	0,0009971	57,2	0,1642
60	0,0010031	66,4	0,1944	0,0010027	66,6	0,1943	0,0010023	66,8	0,1942	0,0010019	67,0	0,1941
70	0,0010085	76,3	0,2235	0,0010081	76,5	0,2234	0,0010077	76,7	0,2233	0,0010073	76,8	0,2232
80	0,0010145	86,1	0,2519	0,0010140	86,3	0,2517	0,0010136	86,5	0,2516	0,0010132	86,7	0,2514
90	0,0010209	96,0	0,2795	0,0010205	96,2	0,2793	0,0010200	96,4	0,2791	0,0010196	96,6	0,2790
100	0,0010278	105,9	0,3063	0,0010274	106,1	0,3062	0,0010269	106,3	0,3060	0,0010265	106,4	0,3058
110	0,0010353	115,8	0,3326	0,0010348	116,0	0,3324	0,0010344	116,2	0,3322	0,0010339	116,3	0,3320
120	0,0010433	125,8	0,3582	0,0010428	125,9	0,3580	0,0010423	126,1	0,3578	0,0010418	126,3	0,3576
130	0,0010518	135,8	0,3833	0,0010513	135,9	0,3831	0,0010508	136,1	0,3829	0,0010502	136,3	0,3827
140	0,0010608	145,8	0,4078	0,0010603	145,9	0,4076	0,0010597	146,1	0,4074	0,0010592	146,3	0,4072
150	0,0010704	155,8	0,4319	0,0010699	156,0	0,4316	0,0010693	156,1	0,4314	0,0010687	156,3	0,4312
160	0,0010806	165,9	0,4555	0,0010800	166,1	0,4552	0,0010794	166,2	0,4550	0,0010788	166,4	0,4547
170	0,0010914	176,1	0,4787	0,0010908	176,2	0,4784	0,0010901	176,4	0,4781	0,0010895	176,5	0,4779
180	0,0011029	186,3	0,5014	0,0011022	186,4	0,5012	0,0011015	186,6	0,5009	0,0011009	186,7	0,5006
190	0,0011151	196,6	0,5239	0,0011144	196,7	0,5236	0,0011136	196,8	0,5233	0,0011129	197,0	0,5230
200	0,0011281	206,9	0,5460	0,0011273	207,0	0,5457	0,0011265	207,2	0,5454	0,0011257	207,3	0,5450
210	0,0011419	217,4	0,5678	0,0011411	217,5	0,5675	0,0011402	217,6	0,5671	0,0011393	217,7	0,5668
220	0,0011567	227,9	0,5893	0,0011557	228,0	0,5890	0,0011548	228,1	0,5886	0,0011539	228,2	0,5883
230	0,0011725	238,5	0,6106	0,0011714	238,6	0,6103	0,0011704	238,7	0,6099	0,0011694	238,7	0,6095
240	0,0011894	249,2	0,6318	0,0011882	249,3	0,6314	0,0011871	249,4	0,6309	0,0011860	249,4	0,6305
250	0,0012076	260,1	0,6527	0,0012063	260,1	0,6523	0,0012051	260,2	0,6519	0,0012038	260,2	0,6514
260	0,0012272	271,1	0,6736	0,0012258	271,1	0,6731	0,0012244	271,2	0,6726	0,0012231	271,2	0,6722
270	0,0012486	282,3	0,6943	0,0012470	282,3	0,6938	0,0012454	282,3	0,6933	0,0012439	282,3	0,6928
280	0,0012718	293,7	0,7151	0,0012700	293,6	0,7145	0,0012682	293,6	0,7140	0,0012665	293,6	0,7134
290	0,0012973	305,3	0,7359	0,0012952	305,2	0,7353	0,0012932	305,2	0,7346	0,0012912	305,1	0,7340
300	0,0013255	317,1	0,7568	0,0013231	317,0	0,7561	0,0013207	317,0	0,7554	0,0013184	316,9	0,7547
310	0,0013570	329,3	0,7779	0,0013542	329,2	0,7771	0,0013514	329,1	0,7763	0,0013486	328,9	0,7756
320	0,0013925	341,9	0,7993	0,0013891	341,7	0,7984	0,0013857	341,5	0,7975	0,0013825	341,3	0,7967
330	0,0014332	355,0	0,8211	0,0014290	354,7	0,8201	0,0014249	354,5	0,8191	0,0014209	354,2	0,8182
340	0,0014804	368,7	0,8437	0,0014751	368,3	0,8425	0,0014700	367,9	0,8413	0,0014650	367,6	0,8402
350	0,0015363	383,2	0,8671	0,0015295	382,7	0,8657	0,0015229	382,2	0,8643	0,0015166	381,7	0,8630
360	0,001604	398,9	0,8922	0,001594	398,1	0,8904	0,001586	397,5	0,8888	0,001577	396,8	0,8872
370	0,001690	414,8	0,9171	0,001676	413,7	0,9149	0,001664	412,8	0,9128	0,001652	411,9	0,9107
380	0,001808	434,0	0,9468	0,001786	432,4	0,9436	0,001767	430,9	0,9407	0,001749	429,5	0,9380
390	0,001991	457,6	0,9827	0,001949	454,7	0,9775	0,001914	452,1	0,9729	0,001884	449,9	0,9689
400	0,002341	490,5	1,0318	0,002235	484,2	1,0214	0,002155	479,0	1,0131	0,002093	474,8	1,0063
410	0,003022	535,7	1,0984	0,002778	524,2	1,0807	0,002594	514,9	1,0661	0,002455	507,3	1,0541
420	0,003888	579,9	1,1627	0,003541	567,3	1,1433	0,003250	555,8	1,1255	0,003014	545,5	1,1097
430	0,004671	613,8	1,2113	0,004304	603,2	1,1947	0,003970	592,5	1,1781	0,003674	582,2	1,1621
440	0,005300	638,7	1,2465	0,004953	630,4	1,2332	0,004622	621,8	1,2195	0,004310	612,8	1,2054
450	0,005827	658,6	1,2742	0,005487	651,5	1,2626	0,005166	644,3	1,2509	0,004864	636,9	1,2391
460	0,006292	675,5	1,2974	0,005955	669,4	1,2871	0,005638	663,1	1,2767	0,005340	656,7	1,2663
470	0,006710	690,3	1,3175	0,006376	684,9	1,3081	0,006061	679,4	1,2987	0,005764	673,8	1,2893
480	0,007094	703,7	1,3353	0,006760	698,8	1,3267	0,006446	693,8	1,3180	0,006149	688,8	1,3094
490	0,007450	715,9	1,3514	0,007116	711,4	1,3434	0,006801	706,9	1,3353	0,006504	702,4	1,3273
500	0,007784	727,2	1,3662	0,007449	723,1	1,3586	0,007133	719,0	1,3511	0,006835	714,8	1,3435
510	0,008100	737,9	1,3799	0,007763	734,1	1,3727	0,007446	730,3	1,3656	0,007146	726,4	1,3585
520	0,008401	748,0	1,3927	0,008062	744,5	1,3859	0,007742	740,9	1,3791	0,007441	737,3	1,3723
530	0,008690	757,6	1,4048	0,008348	754,4	1,3983	0,008025	751,0	1,3917	0,007721	747,7	1,3853
540	0,008966	766,9	1,4163	0,008622	763,8	1,4100	0,008297	760,7	1,4037	0,007990	757,6	1,3975
550	0,009234	775,9	1,4272	0,008886	773,0	1,4211	0,008558	770,0	1,4151	0,008248	767,1	1,4091

Tafel 3. Wasser und überhitzter Dampf (Fortsetzung)   **Water and superheated Steam** (Continuation)

| t | 330 at | | | 340 at | | | 350 at | | | 360 at | | |
°C	v	h	s	v	h	s	v	h	s	v	h	s
550	0,009234	775,9	1,4272	0,008886	773,0	1,4211	0,008558	770,0	1,4151	0,008248	767,1	1,4091
560	0,009492	784,5	1,4377	0,009141	781,8	1,4318	0,008810	779,0	1,4259	0,008497	776,2	1,4202
570	0,009743	792,9	1,4477	0,009388	790,3	1,4420	0,009054	787,7	1,4363	0,008738	785,1	1,4307
580	0,009986	801,1	1,4574	0,009628	798,8	1,4518	0,009291	796,2	1,4463	0,008972	793,7	1,4408
590	0,010224	809,1	1,4667	0,009862	806,8	1,4613	0,009521	804,4	1,4559	0,009199	802,0	1,4506
600	0,010456	817,0	1,4757	0,010090	814,7	1,4704	0,009746	812,5	1,4652	0,009421	810,2	1,4600
610	0,010683	824,7	1,4845	0,010314	822,5	1,4793	0,009965	820,3	1,4742	0,009637	818,2	1,4691
620	0,010906	832,2	1,4930	0,010532	830,2	1,4879	0,010180	828,1	1,4829	0,009848	826,0	1,4779
630	0,011124	839,7	1,5013	0,010747	837,7	1,4963	0,010391	835,7	1,4914	0,010055	833,7	1,4865
640	0,011339	847,0	1,5094	0,010957	845,1	1,5045	0,010598	843,2	1,4996	0,010258	841,3	1,4949
650	0,011549	854,3	1,5173	0,011164	852,5	1,5125	0,010801	850,6	1,5077	0,010458	848,8	1,5030
660	0,011757	861,5	1,5250	0,011368	859,7	1,5203	0,011001	857,9	1,5156	0,010654	856,2	1,5110
670	0,011962	868,6	1,5326	0,011568	866,9	1,5279	0,011197	865,2	1,5233	0,010847	863,5	1,5188
680	0,012164	875,6	1,5401	0,011766	874,0	1,5354	0,011391	872,4	1,5309	0,011038	870,7	1,5264
690	0,012363	882,6	1,5474	0,011961	881,0	1,5428	0,011583	879,5	1,5383	0,011225	877,9	1,5339
700	0,012560	889,6	1,5545	0,012154	888,0	1,5500	0,011772	886,5	1,5456	0,011411	885,0	1,5412
710	0,012754	896,5	1,5616	0,012344	895,0	1,5571	0,011958	893,5	1,5527	0,011593	892,1	1,5484
720	0,012947	903,3	1,5685	0,012533	901,9	1,5641	0,012142	900,5	1,5598	0,011774	899,1	1,5555
730	0,013137	910,2	1,5754	0,012719	908,8	1,5710	0,012325	907,4	1,5667	0,011953	906,0	1,5625
740	0,013325	916,9	1,5821	0,012903	915,6	1,5778	0,012505	914,3	1,5735	0,012129	913,0	1,5694
750	0,013512	923,7	1,5888	0,013086	922,4	1,5845	0,012684	921,1	1,5803	0,012304	919,9	1,5761
760	0,013697	930,4	1,5953	0,013266	929,2	1,5911	0,012860	928,0	1,5869	0,012477	926,7	1,5828
770	0,013880	937,2	1,6018	0,013445	936,0	1,5976	0,013035	934,7	1,5934	0,012649	933,5	1,5894
780	0,014062	943,8	1,6082	0,013623	942,7	1,6040	0,013209	941,5	1,5999	0,012818	940,3	1,5959
790	0,014242	950,5	1,6145	0,013799	949,4	1,6103	0,013381	948,2	1,6062	0,012987	947,1	1,6023
800	0,014420	957,2	1,6207	0,013973	956,1	1,6166	0,013552	955,0	1,6125	0,013154	953,9	1,6086

1 at = 0,980665 bar   1 kcal = 4,1868 kJ

Tafel 3. Wasser und überhitzter Dampf (Fortsetzung)　　　Water and superheated Steam (Continuation)

t	370 at			380 at			390 at			400 at		
°C	v	h	s	v	h	s	v	h	s	v	h	s
0	0,0009828	8,6	0,0001	0,0009824	8,9	0,0001	0,0009819	9,1	0,0001	0,0009815	9,3	0,0001
10	0,0009839	18,3	0,0350	0,0009835	18,5	0,0350	0,0009830	18,8	0,0349	0,0009826	19,0	0,0349
20	0,0009860	28,1	0,0688	0,0009856	28,3	0,0687	0,0009852	28,5	0,0687	0,0009848	28,7	0,0686
30	0,0009889	37,8	0,1015	0,0009885	38,0	0,1014	0,0009881	38,2	0,1014	0,0009877	38,4	0,1013
40	0,0009925	47,6	0,1333	0,0009921	47,8	0,1332	0,0009917	48,0	0,1331	0,0009914	48,2	0,1330
50	0,0009967	57,4	0,1641	0,0009964	57,6	0,1639	0,0009960	57,8	0,1638	0,0009956	58,0	0,1637
60	0,0010015	67,2	0,1940	0,0010012	67,4	0,1938	0,0010008	67,6	0,1937	0,0010004	67,8	0,1936
70	0,0010069	77,0	0,2230	0,0010065	77,2	0,2229	0,0010061	77,4	0,2228	0,0010057	77,6	0,2226
80	0,0010128	86,9	0,2513	0,0010124	87,1	0,2512	0,0010119	87,3	0,2510	0,0010115	87,4	0,2509
90	0,0010192	96,7	0,2788	0,0010187	96,9	0,2787	0,0010183	97,1	0,2785	0,0010179	97,3	0,2784
100	0,0010261	106,6	0,3057	0,0010256	106,8	0,3055	0,0010252	107,0	0,3053	0,0010247	107,2	0,3052
110	0,0010334	116,5	0,3319	0,0010330	116,7	0,3317	0,0010325	116,9	0,3315	0,0010321	117,0	0,3313
120	0,0010413	126,5	0,3574	0,0010408	126,6	0,3573	0,0010404	126,8	0,3571	0,0010399	127,0	0,3569
130	0,0010497	136,4	0,3825	0,0010492	136,6	0,3823	0,0010487	136,7	0,3821	0,0010482	136,9	0,3819
140	0,0010587	146,4	0,4070	0,0010581	146,6	0,4067	0,0010576	146,7	0,4065	0,0010571	146,9	0,4063
150	0,0010681	156,4	0,4310	0,0010676	156,6	0,4307	0,0010670	156,8	0,4305	0,0010665	156,9	0,4303
160	0,0010782	166,5	0,4545	0,0010776	166,7	0,4543	0,0010770	166,8	0,4540	0,0010764	167,0	0,4538
170	0,0010889	176,7	0,4776	0,0010882	176,8	0,4774	0,0010876	176,9	0,4771	0,0010870	177,1	0,4768
180	0,0011002	186,8	0,5003	0,0010995	187,0	0,5001	0,0010988	187,1	0,4998	0,0010982	187,2	0,4995
190	0,0011122	197,1	0,5227	0,0011114	197,2	0,5224	0,0011107	197,3	0,5221	0,0011100	197,5	0,5218
200	0,0011249	207,4	0,5447	0,0011241	207,5	0,5444	0,0011234	207,6	0,5441	0,0011226	207,7	0,5438
210	0,0011385	217,8	0,5665	0,0011376	217,9	0,5661	0,0011368	218,0	0,5658	0,0011360	218,1	0,5655
220	0,0011529	228,3	0,5879	0,0011520	228,4	0,5876	0,0011511	228,5	0,5872	0,0011502	228,6	0,5869
230	0,0011684	238,8	0,6091	0,0011674	238,9	0,6088	0,0011664	239,0	0,6084	0,0011654	239,1	0,6080
240	0,0011849	249,5	0,6301	0,0011838	249,6	0,6297	0,0011827	249,6	0,6293	0,0011816	249,7	0,6290
250	0,0012026	260,3	0,6510	0,0012014	260,4	0,6506	0,0012002	260,4	0,6501	0,0011990	260,5	0,6497
260	0,0012217	271,2	0,6717	0,0012203	271,3	0,6712	0,0012190	271,3	0,6708	0,0012177	271,4	0,6703
270	0,0012423	282,3	0,6923	0,0012408	282,3	0,6918	0,0012393	282,4	0,6913	0,0012378	282,4	0,6908
280	0,0012647	293,6	0,7129	0,0012630	293,6	0,7123	0,0012613	293,6	0,7118	0,0012596	293,6	0,7113
290	0,0012892	305,1	0,7334	0,0012872	305,0	0,7328	0,0012853	305,0	0,7322	0,0012834	305,0	0,7317
300	0,0013161	316,8	0,7541	0,0013138	316,7	0,7534	0,0013116	316,7	0,7528	0,0013094	316,6	0,7521
310	0,0013459	328,8	0,7748	0,0013433	328,7	0,7741	0,0013407	328,6	0,7734	0,0013381	328,5	0,7727
320	0,0013793	341,2	0,7959	0,0013761	341,0	0,7950	0,0013731	340,8	0,7942	0,0013701	340,7	0,7934
330	0,0014170	354,0	0,8172	0,0014132	353,7	0,8163	0,0014095	353,5	0,8154	0,0014059	353,3	0,8145
340	0,0014603	367,3	0,8391	0,0014556	366,9	0,8380	0,0014511	366,6	0,8370	0,0014467	366,3	0,8359
350	0,0015106	381,2	0,8617	0,0015048	380,8	0,8604	0,0014992	380,4	0,8592	0,0014937	380,0	0,8580
360	0,001569	396,2	0,8857	0,001562	395,7	0,8842	0,001555	395,1	0,8827	0,001548	394,6	0,8814
370	0,001641	411,0	0,9088	0,001631	410,2	0,9070	0,001621	409,4	0,9052	0,001612	408,7	0,9035
380	0,001733	428,2	0,9354	0,001718	427,1	0,9330	0,001704	426,0	0,9308	0,001691	425,0	0,9287
390	0,001857	447,9	0,9653	0,001833	446,1	0,9620	0,001812	444,6	0,9589	0,001793	443,1	0,9561
400	0,002042	471,4	1,0004	0,001999	468,4	0,9953	0,001963	465,9	0,9908	0,001931	463,6	0,9867
410	0,002347	501,0	1,0441	0,002261	495,8	1,0357	0,002192	491,5	1,0286	0,002134	487,7	1,0224
420	0,002823	536,6	1,0958	0,002668	528,9	1,0837	0,002543	522,2	1,0733	0,002440	516,5	1,0641
430	0,003417	572,4	1,1471	0,003197	563,5	1,1333	0,003012	555,3	1,1207	0,002855	548,0	1,1093
440	0,004025	603,8	1,1914	0,003768	595,1	1,1779	0,003540	586,7	1,1650	0,003340	578,9	1,1529
450	0,004580	629,4	1,2272	0,004312	621,8	1,2151	0,004064	614,1	1,2031	0,003838	606,6	1,1914
460	0,005058	650,3	1,2558	0,004793	643,7	1,2452	0,004544	637,1	1,2347	0,004310	630,4	1,2242
470	0,005483	668,1	1,2799	0,005219	662,3	1,2704	0,004970	656,5	1,2610	0,004735	650,6	1,2515
480	0,005869	683,7	1,3008	0,005604	678,5	1,2921	0,005354	673,3	1,2835	0,005118	668,1	1,2749
490	0,006223	697,7	1,3193	0,005958	693,1	1,3113	0,005707	688,4	1,3034	0,005469	683,6	1,2954
500	0,006553	710,6	1,3360	0,006286	706,3	1,3286	0,006034	702,0	1,3212	0,005795	697,7	1,3138
510	0,006862	722,5	1,3514	0,006594	718,6	1,3444	0,006341	714,6	1,3374	0,006100	710,7	1,3304
520	0,007155	733,7	1,3656	0,006885	730,1	1,3589	0,006630	726,4	1,3523	0,006388	722,7	1,3457
530	0,007434	744,3	1,3789	0,007162	740,9	1,3725	0,006904	737,5	1,3662	0,006660	734,1	1,3600
540	0,007700	754,4	1,3914	0,007426	751,3	1,3853	0,007166	748,1	1,3793	0,006920	744,9	1,3733
550	0,007956	764,1	1,4032	0,007679	761,1	1,3974	0,007417	758,1	1,3916	0,007169	755,1	1,3859

Tafel 3. Wasser und überhitzter Dampf (Fortsetzung)　　　**Water and superheated Steam** (Continuation)

t °C	370 at v	h	s	380 at v	h	s	390 at v	h	s	400 at v	h	s
550	0,007956	764,1	1,4032	0,007679	761,1	1,3974	0,007417	758,1	1,3916	0,007169	755,1	1,3859
560	0,008202	773,4	1,4145	0,007923	770,6	1,4088	0,007658	767,8	1,4033	0,007407	765,0	1,3977
570	0,008440	782,4	1,4252	0,008158	779,8	1,4197	0,007891	777,1	1,4144	0,007638	774,4	1,4090
580	0,008671	791,2	1,4355	0,008386	788,6	1,4302	0,008116	786,1	1,4250	0,007860	783,6	1,4198
590	0,008895	799,6	1,4454	0,008607	797,3	1,4402	0,008334	794,9	1,4352	0,008076	792,5	1,4302
600	0,009113	807,1	1,4549	0,008822	805,6	1,4499	0,008547	803,4	1,4450	0,008285	801,1	1,4401
610	0,009326	816,0	1,4641	0,009032	813,8	1,4592	0,008754	811,7	1,4544	0,008489	809,5	1,4497
620	0,009534	824,0	1,4731	0,009237	821,9	1,4683	0,008956	819,8	1,4636	0,008689	817,7	1,4589
630	0,009738	831,7	1,4817	0,009438	829,8	1,4771	0,009153	827,8	1,4724	0,008883	825,8	1,4679
640	0,009938	839,4	1,4902	0,009634	837,5	1,4856	0,009347	835,6	1,4811	0,009074	833,7	1,4766
650	0,010134	847,0	1,4984	0,009827	845,1	1,4939	0,009537	843,3	1,4895	0,009261	841,5	1,4851
660	0,010327	854,4	1,5065	0,010017	852,7	1,5020	0,009723	850,9	1,4976	0,009444	849,1	1,4934
670	0,010517	861,8	1,5143	0,010203	860,1	1,5099	0,009907	858,4	1,5056	0,009625	856,7	1,5014
680	0,010703	869,1	1,5220	0,010387	867,5	1,5177	0,010087	865,8	1,5135	0,009802	864,2	1,5093
690	0,010888	876,3	1,5295	0,010568	874,7	1,5253	0,010265	873,2	1,5211	0,009977	871,6	1,5170
700	0,011069	883,5	1,5369	0,010746	882,0	1,5328	0,010440	880,4	1,5286	0,010149	878,9	1,5246
710	0,011249	890,6	1,5442	0,010922	889,1	1,5401	0,010613	887,6	1,5360	0,010319	886,2	1,5320
720	0,011426	897,6	1,5514	0,011096	896,2	1,5473	0,010784	894,8	1,5433	0,010487	893,4	1,5393
730	0,011601	904,7	1,5584	0,011268	903,3	1,5543	0,010952	901,9	1,5504	0,010653	900,5	1,5465
740	0,011774	911,6	1,5653	0,011438	910,3	1,5613	0,011119	909,0	1,5574	0,010816	907,6	1,5535
750	0,011945	918,6	1,5721	0,011606	917,3	1,5682	0,011284	916,0	1,5643	0,010978	914,7	1,5605
760	0,012115	925,5	1,5788	0,011772	924,2	1,5749	0,011447	923,0	1,5711	0,011138	921,7	1,5673
770	0,012283	932,3	1,5854	0,011937	931,1	1,5816	0,011608	929,9	1,5778	0,011296	928,7	1,5740
780	0,012449	939,2	1,5920	0,012100	938,0	1,5881	0,011768	936,8	1,5844	0,011453	935,7	1,5807
790	0,012614	946,0	1,5984	0,012261	944,9	1,5946	0,011926	943,7	1,5909	0,011609	942,6	1,5872
800	0,012777	952,8	1,6048	0,012421	951,7	1,6010	0,012083	950,6	1,5973	0,011762	949,5	1,5937

1 at = 0,980665 bar　　1 kcal = 4,1868 kJ

Tafel 3. Wasser und überhitzter Dampf (Fortsetzung)   **Water and superheated Steam** (Continuation)

t °C	410 at			420 at			430 at			440 at		
	v	h	s	v	h	s	v	h	s	v	h	s
0	0,0009810	9,5	0,0001	0,0009806	9,8	0,0001	0,0009802	10,0	0,0001	0,0009797	10,2	0,0001
10	0,0009822	19,2	0,0348	0,0009818	19,4	0,0348	0,0009814	19,6	0,0348	0,0009810	19,9	0,0347
20	0,0009844	28,9	0,0685	0,0009840	29,1	0,0685	0,0009836	29,3	0,0684	0,0009832	29,5	0,0683
30	0,0009873	38,6	0,1012	0,0009870	38,9	0,1011	0,0009866	39,1	0,1010	0,0009862	39,3	0,1010
40	0,0009910	48,4	0,1329	0,0009906	48,6	0,1328	0,0009902	48,8	0,1327	0,0009898	49,0	0,1326
50	0,0009952	58,2	0,1636	0,0009948	58,4	0,1635	0,0009944	58,6	0,1634	0,0009940	58,8	0,1633
60	0,0010000	68,0	0,1935	0,0009996	68,2	0,1934	0,0009992	68,4	0,1932	0,0009998	68,6	0,1931
70	0,0010053	77,8	0,2225	0,0010049	78,0	0,2224	0,0010045	78,2	0,2222	0,0010041	78,4	0,2221
80	0,0010111	87,6	0,2507	0,0010107	87,8	0,2506	0,0010103	88,0	0,2504	0,0010099	88,2	0,2503
90	0,0010175	97,5	0,2782	0,0010170	97,6	0,2781	0,0010166	97,8	0,2779	0,0010162	98,0	0,2777
100	0,0010243	107,3	0,3050	0,0010238	107,5	0,3048	0,0010234	107,7	0,3047	0,0010230	107,9	0,3045
110	0,0010316	117,2	0,3311	0,0010311	117,4	0,3310	0,0010307	117,6	0,3308	0,0010302	117,7	0,3306
120	0,0010394	127,1	0,3567	0,0010389	127,3	0,3565	0,0010385	127,5	0,3563	0,0010380	127,6	0,3561
130	0,0010477	137,1	0,3817	0,0010472	137,2	0,3815	0,0010467	137,4	0,3813	0,0010462	137,6	0,3811
140	0,0010565	147,0	0,4061	0,0010560	147,2	0,4059	0,0010555	147,4	0,4057	0,0010550	147,5	0,4055
150	0,0010659	157,1	0,4300	0,0010654	157,2	0,4298	0,0010648	157,4	0,4296	0,0010643	157,5	0,4294
160	0,0010758	167,1	0,4535	0,0010752	167,3	0,4533	0,0010747	167,4	0,4531	0,0010741	167,6	0,4528
170	0,0010863	177,2	0,4766	0,0010857	177,4	0,4763	0,0010851	177,5	0,4761	0,0010845	177,6	0,4758
180	0,0010975	187,4	0,4993	0,0010968	187,5	0,4990	0,0010962	187,6	0,4987	0,0010955	187,8	0,4985
190	0,0011093	197,6	0,5216	0,0011086	197,7	0,5213	0,0011079	197,8	0,5210	0,0011072	198,0	0,5207
200	0,0011218	207,9	0,5435	0,0011211	208,0	0,5432	0,0011203	208,1	0,5429	0,0011196	208,2	0,5426
210	0,0011352	218,2	0,5652	0,0011343	218,3	0,5648	0,0011335	218,4	0,5645	0,0011327	218,6	0,5642
220	0,0011493	228,7	0,5865	0,0011484	228,8	0,5862	0,0011475	228,9	0,5859	0,0011467	229,0	0,5855
230	0,0011644	239,2	0,6077	0,0011635	239,3	0,6073	0,0011625	239,4	0,6069	0,0011615	239,4	0,6066
240	0,0011806	249,8	0,6286	0,0011795	249,9	0,6282	0,0011784	250,0	0,6278	0,0011774	250,0	0,6274
250	0,0011978	260,5	0,6493	0,0011967	260,6	0,6489	0,0011955	260,7	0,6485	0,0011943	260,7	0,6480
260	0,0012164	271,4	0,6699	0,0012151	271,4	0,6694	0,0012138	271,5	0,6690	0,0012125	271,5	0,6685
270	0,0012364	282,4	0,6903	0,0012349	282,4	0,6898	0,0012335	282,5	0,6894	0,0012321	282,5	0,6889
280	0,0012580	293,4	0,7107	0,0012564	293,6	0,7102	0,0012548	293,6	0,7097	0,0012532	293,6	0,7092
290	0,0012815	305,0	0,7311	0,0012797	304,9	0,7305	0,0012778	304,9	0,7299	0,0012760	304,9	0,7294
300	0,0013073	316,6	0,7515	0,0013051	316,5	0,7509	0,0013031	316,4	0,7502	0,0013010	316,4	0,7496
310	0,0013356	328,4	0,7720	0,0013332	328,3	0,7713	0,0013307	328,2	0,7706	0,0013284	328,1	0,7699
320	0,0013671	340,5	0,7926	0,0013642	340,4	0,7919	0,0013614	340,3	0,7911	0,0013586	340,1	0,7904
330	0,0014024	353,1	0,8136	0,0013990	352,9	0,8127	0,0013957	352,7	0,8118	0,0013924	352,5	0,8110
340	0,0014425	366,1	0,8349	0,0014384	365,8	0,8339	0,0014343	365,5	0,8330	0,0014304	365,3	0,8320
350	0,0014885	379,6	0,8568	0,0014834	379,2	0,8557	0,0014785	378,9	0,8546	0,0014737	378,6	0,8535
360	0,001541	394,1	0,8800	0,001535	393,6	0,8787	0,001529	393,2	0,8774	0,001523	392,8	0,8762
370	0,001603	408,1	0,9019	0,001595	407,4	0,9003	0,001587	406,8	0,8988	0,001579	406,2	0,8973
380	0,001679	424,1	0,9266	0,001668	423,2	0,9247	0,001657	422,4	0,9228	0,001647	421,6	0,9211
390	0,001775	441,8	0,9534	0,001759	440,5	0,9510	0,001744	439,4	0,9486	0,001730	438,3	0,9464
400	0,001903	461,5	0,9831	0,001879	459,7	0,9797	0,001856	458,0	0,9765	0,001836	456,5	0,9736
410	0,002086	484,5	1,0169	0,002044	481,7	1,0120	0,002008	479,1	1,0076	0,001976	476,9	1,0036
420	0,002354	511,5	1,0561	0,002282	507,2	1,0491	0,002222	503,3	1,0428	0,002169	500,0	1,0372
430	0,002723	541,5	1,0991	0,002611	535,7	1,0900	0,002515	530,5	1,0817	0,002433	525,9	1,0743
440	0,003165	571,6	1,1416	0,003013	564,9	1,1312	0,002881	558,8	1,1216	0,002766	553,1	1,1128
450	0,003634	599,3	1,1802	0,003451	592,4	1,1695	0,003288	585,9	1,1595	0,003143	579,8	1,1500
460	0,004091	623,7	1,2137	0,003890	617,1	1,2034	0,003706	610,7	1,1935	0,003539	604,6	1,1840
470	0,004514	644,7	1,2422	0,004307	638,8	1,2328	0,004112	632,9	1,2235	0,003930	627,0	1,2143
480	0,004895	662,8	1,2664	0,004686	657,5	1,2579	0,004488	652,3	1,2495	0,004302	647,0	1,2411
490	0,005245	678,9	1,2876	0,005033	674,1	1,2797	0,004832	669,3	1,2719	0,004643	664,5	1,2642
500	0,005569	693,4	1,3064	0,005355	689,0	1,2991	0,005152	684,6	1,2919	0,004960	680,2	1,2847
510	0,005872	706,7	1,3235	0,005656	702,6	1,3167	0,005451	698,6	1,3098	0,005256	694,6	1,3031
520	0,006158	719,0	1,3392	0,005939	715,3	1,3327	0,005732	711,6	1,3263	0,005535	707,8	1,3199
530	0,006428	730,6	1,3538	0,006208	727,2	1,3476	0,005999	723,7	1,3415	0,005800	720,2	1,3354
540	0,006686	741,6	1,3674	0,006464	738,4	1,3615	0,006253	735,2	1,3557	0,006052	731,9	1,3499
550	0,006933	752,1	1,3802	0,006708	749,1	1,3746	0,006495	746,0	1,3690	0,006292	743,0	1,3634

Tafel 3. Wasser und überhitzter Dampf (Fortsetzung)   **Water and superheated Steam** (Continuation)

t	410 at			420 at			430 at			440 at		
°C	v	h	s	v	h	s	v	h	s	v	h	s
550	0,006933	752,1	1,3802	0,006708	749,1	1,3746	0,006495	746,0	1,3690	0,006292	743,9	1,3634
560	0,007169	762,1	1,3923	0,006943	759,3	1,3869	0,006727	756,4	1,3815	0,006522	753,5	1,3762
570	0,007397	771,8	1,4038	0,007168	769,1	1,3986	0,006950	766,4	1,3934	0,006743	763,7	1,3883
580	0,007617	781,1	1,4147	0,007386	778,5	1,4097	0,007166	776,0	1,4047	0,006956	773,4	1,3998
590	0,007830	790,1	1,4252	0,007596	787,6	1,4203	0,007374	785,2	1,4155	0,007162	782,8	1,4107
600	0,008037	798,8	1,4353	0,007801	796,5	1,4305	0,007576	794,2	1,4258	0,007362	791,9	1,4212
610	0,008238	807,3	1,4450	0,008000	805,1	1,4404	0,007772	802,9	1,4358	0,007556	800,8	1,4313
620	0,008435	815,6	1,4543	0,008193	813,5	1,4498	0,007964	811,5	1,4454	0,007745	809,4	1,4410
630	0,008627	823,8	1,4634	0,008383	821,8	1,4590	0,008150	819,8	1,4547	0,007929	817,8	1,4504
640	0,008815	831,8	1,4722	0,008568	829,9	1,4679	0,008333	828,0	1,4636	0,008109	826,0	1,4594
650	0,008999	839,6	1,4808	0,008749	837,8	1,4765	0,008512	836,0	1,4724	0,008286	834,1	1,4682
660	0,009179	847,4	1,4891	0,008927	845,6	1,4850	0,008687	843,8	1,4809	0,008458	842,1	1,4768
670	0,009357	855,0	1,4973	0,009102	853,3	1,4932	0,008860	851,6	1,4891	0,008628	849,9	1,4852
680	0,009532	862,6	1,5052	0,009274	860,9	1,5012	0,009029	859,3	1,4972	0,008795	857,6	1,4933
690	0,009704	870,0	1,5130	0,009443	868,4	1,5090	0,009195	866,9	1,5051	0,008959	865,3	1,5013
700	0,009873	877,4	1,5206	0,009610	875,9	1,5167	0,009359	874,4	1,5129	0,009121	872,8	1,5091
710	0,010040	884,7	1,5281	0,009774	883,2	1,5243	0,009521	881,8	1,5205	0,009280	880,3	1,5167
720	0,010205	892,0	1,5354	0,009936	890,5	1,5316	0,009681	889,1	1,5279	0,009437	887,7	1,5242
730	0,010368	899,2	1,5427	0,010096	897,8	1,5389	0,009838	896,4	1,5352	0,009592	895,1	1,5316
740	0,010528	906,3	1,5498	0,010255	905,0	1,5460	0,009994	903,7	1,5424	0,009745	902,3	1,5388
750	0,010687	913,4	1,5567	0,010411	912,1	1.5531	0,010147	910,9	1,5495	0,009896	909,6	1,5459
760	0,010845	920,5	1,5636	0,010565	919,2	1,5600	0,010299	918,0	1,5564	0,010045	916,8	1,5529
770	0,011000	927,5	1,5704	0,010718	926,3	1,5668	0,010449	925,1	1,5633	0,010193	923,9	1,5598
780	0,011154	934,5	1,5771	0,010869	933,3	1,5735	0,010598	932,2	1,5700	0,010339	931,0	1,5666
790	0,011306	941,5	1,5836	0,011019	940,3	1,5801	0,010745	939,2	1,5767	0,010483	938,1	1,5733
800	0,011457	948,4	1,5901	0,011167	947,3	1,5866	0,010890	946,2	1,5832	0,010627	945,1	1,5798

1 at = 0,980665 bar   1 kcal = 4,1868 kJ

Tafel 3. Wasser und überhitzter Dampf (Fortsetzung) Water and superheated Steam (Continuation)

t	450 at			460 at			470 at			480 at		
°C	v	h	s	v	h	s	v	h	s	v	h	s
0	0,0009793	10,4	0,0000	0,0009788	10,7	0,0000	0,0009784	10,9	0,0000	0,0009780	11,1	0,0000
10	0,0009805	20,1	0,0347	0,0009801	20,3	0,0346	0,0009797	20,5	0,0346	0,0009793	20,7	0,0345
20	0,0009828	29,8	0,0683	0,0009824	30,0	0,0682	0,0009820	30,2	0,0682	0,0009816	30,4	0,0681
30	0,0009858	39,5	0,1009	0,0009854	39,7	0,1008	0,0009850	39,9	0,1007	0,0009846	40,1	0,1007
40	0,0009894	49,2	0,1325	0,0009890	49,4	0,1324	0,0009887	49,6	0,1323	0,0009883	49,8	0,1322
50	0,0009936	59,0	0,1632	0,0009933	59,2	0,1631	0,0009929	59,4	0,1630	0,0009925	59,6	0,1629
60	0,0009984	68,8	0,1930	0,0009980	69,0	0,1929	0,0009976	69,2	0,1928	0,0009973	69,3	0,1927
70	0,0010037	78,6	0,2220	0,0010033	78,7	0,2218	0,0010029	78,9	0,2217	0,0010025	79,1	0,2216
80	0,0010095	88,4	0,2502	0,0010091	88,6	0,2500	0,0010087	88,7	0,2499	0,0010083	88,9	0,2497
90	0,0010158	98,2	0,2776	0,0010154	98,4	0,2774	0,0010149	98,6	0,2773	0,0010145	98,7	0,2771
100	0,0010225	108,0	0,3043	0,0010221	108,2	0,3042	0,0010217	108,4	0,3040	0,0010213	108,6	0,3039
110	0,0010298	117,9	0,3304	0,0010293	118,1	0,3303	0,0010289	118,3	0,3301	0,0010284	118,4	0,3299
120	0,0010375	127,8	0,3559	0,0010370	128,0	0,3557	0,0010366	128,1	0,3556	0,0010361	128,3	0,3554
130	0,0010457	137,7	0,3809	0,0010452	137,9	0,3807	0,0010448	138,1	0,3805	0,0010443	138,2	0,3803
140	0,0010545	147,7	0,4053	0,0010539	147,8	0,4050	0,0010534	148,0	0,4048	0,0010529	148,2	0,4046
150	0,0010637	157,7	0,4291	0,0010632	157,8	0,4289	0,0010626	158,0	0,4287	0,0010621	158,1	0,4285
160	0,0010735	167,7	0,4526	0,0010729	167,9	0,4524	0,0010724	168,0	0,4521	0,0010718	168,2	0,4519
170	0,0010839	177,8	0,4756	0,0010833	177,9	0,4753	0,0010827	178,1	0,4751	0,0010821	178,2	0,4748
180	0,0010949	187,9	0,4982	0,0010942	188,1	0,4979	0,0010936	188,2	0,4977	0,0010929	188,3	0,4974
190	0,0011065	198,1	0,5204	0,0011058	198,2	0,5201	0,0011051	198,4	0,5199	0,0011044	198,5	0,5196
200	0,0011188	208,4	0,5423	0,0011181	208,5	0,5420	0,0011173	208,6	0,5417	0,0011166	208,7	0,5414
210	0,0011319	218,7	0,5639	0,0011311	218,8	0,5636	0,0011303	218,9	0,5633	0,0011295	219,0	0,5629
220	0,0011458	229,1	0,5852	0,0011449	229,2	0,5848	0,0011441	229,3	0,5845	0,0011432	229,4	0,5842
230	0,0011606	239,5	0,6062	0,0011596	239,6	0,6059	0,0011587	239,7	0,6055	0,0011578	239,8	0,6051
240	0,0011764	250,1	0,6270	0,0011753	250,2	0,6266	0,0011743	250,3	0,6263	0,0011733	250,4	0,6259
250	0,0011932	260,8	0,6476	0,0011921	260,9	0,6472	0,0011910	260,9	0,6468	0,0011899	261,0	0,6464
260	0,0012113	271,6	0,6681	0,0012100	271,6	0,6676	0,0012088	271,7	0,6672	0,0012076	271,7	0,6668
270	0,0012307	282,5	0,6884	0,0012293	282,6	0,6879	0,0012279	282,6	0,6875	0,0012266	282,6	0,6870
280	0,0012516	293,6	0,7086	0,0012500	293,6	0,7081	0,0012485	293,6	0,7076	0,0012470	293,7	0,7071
290	0,0012743	304,9	0,7288	0,0012725	304,9	0,7283	0,0012708	304,9	0,7277	0,0012691	304,9	0,7272
300	0,0012990	316,4	0,7490	0,0012970	316,3	0,7484	0,0012950	316,3	0,7478	0,0012931	316,2	0,7472
310	0,0013260	328,1	0,7692	0,0013237	328,0	0,7686	0,0013215	327,9	0,7679	0,0013193	327,8	0,7673
320	0,0013559	340,0	0,7896	0,0013532	339,9	0,7889	0,0013506	339,8	0,7882	0,0013481	339,7	0,7874
330	0,0013892	352,3	0,8102	0,0013860	352,2	0,8094	0,0013830	352,0	0,8086	0,0013800	351,8	0,8078
340	0,0014266	365,0	0,8311	0,0014228	364,8	0,8301	0,0014192	364,6	0,8292	0,0014156	364,4	0,8283
350	0,0014691	378,2	0,8524	0,0014646	377,9	0,8514	0,0014602	377,6	0,8503	0,0014559	377,3	0,8493
360	0,001517	392,4	0,8750	0,001511	392,0	0,8738	0,001506	391,6	0,8727	0,001501	391,2	0,8715
370	0,001572	405,7	0,8959	0,001565	405,2	0,8945	0,001558	404,7	0,8931	0,001552	404,2	0,8918
380	0,001638	420,9	0,9193	0,001629	420,2	0,9177	0,001620	419,6	0,9161	0,001612	418,9	0,9146
390	0,001717	437,3	0,9443	0,001705	436,4	0,9422	0,001693	435,5	0,9403	0,001682	434,7	0,9385
400	0,001817	455,1	0,9709	0,001799	453,8	0,9683	0,001783	452,6	0,9659	0,001768	451,5	0,9636
410	0,001947	474,8	1,0000	0,001921	472,9	0,9966	0,001898	471,2	0,9934	0,001877	469,7	0,9905
420	0,002124	497,0	1,0322	0,002084	494,3	1,0276	0,002048	491,8	1,0233	0,002016	489,6	1,0195
430	0,002363	521,7	1,0676	0,002301	518,0	1,0615	0,002247	514,6	1,0560	0,002199	511,6	1,0509
440	0,002665	548,0	1,1047	0,002578	543,3	1,0973	0,002500	539,1	1,0905	0,002432	535,2	1,0842
450	0,003015	574,2	1,1411	0,002901	568,9	1,1329	0,002800	564,0	1,1252	0,002710	559,4	1,1180
460	0,003388	598,8	1,1750	0,003252	593,3	1,1664	0,003129	588,1	1,1582	0,003018	583,1	1,1506
470	0,003763	621,3	1,2054	0,003610	615,8	1,1969	0,003470	610,6	1,1887	0,003342	605,5	1,1809
480	0,004128	641,7	1,2328	0,003964	636,5	1,2246	0,003810	631,4	1,2166	0,003666	626,2	1,2086
490	0,004465	659,8	1,2566	0,004297	655,0	1,2493	0,004138	650,3	1,2416	0,003989	645,7	1,2342
500	0,004778	675,9	1,2775	0,004606	671,5	1,2705	0,004444	667,2	1,2635	0,004290	662,9	1,2567
510	0,005071	690,5	1,2964	0,004896	686,5	1,2897	0,004730	682,5	1,2832	0,004573	678,5	1,2767
520	0,005348	704,1	1,3136	0,005170	700,3	1,3073	0,005001	696,6	1,3011	0,004841	692,8	1,2949
530	0,005611	716,7	1,3294	0,005430	713,2	1,3235	0,005259	709,7	1,3175	0,005096	706,2	1,3117
540	0,005860	728,6	1,3442	0,005678	725,4	1,3385	0,005504	722,1	1,3328	0,005338	718,8	1,3273
550	0,006098	739,9	1,3580	0,005914	736,9	1,3525	0,005738	733,8	1,3472	0,005570	730,7	1,3418

Tafel 3. Wasser und überhitzter Dampf (Fortsetzung)　　　**Water and superheated Steam** (Continuation)

t	450 at			460 at			470 at			480 at		
°C	v	h	s	v	h	s	v	h	s	v	h	s
550	0,006098	739,9	1,3580	0,005914	736,9	1,3525	0,005738	733,8	1,3472	0,005570	730,7	1,3418
560	0,006327	750,7	1,3710	0,006140	747,8	1,3657	0,005962	744,9	1,3606	0,005792	742,0	1,3555
570	0,006546	761,0	1,3832	0,006357	758,3	1,3782	0,006177	755,5	1,3733	0,006005	752,8	1,3684
580	0,006756	770,9	1,3949	0,006566	768,3	1,3901	0,006384	765,7	1,3853	0,006210	763,2	1,3805
590	0,006960	780,4	1,4060	0,006767	778,0	1,4013	0,006583	775,5	1,3967	0,006407	773,1	1,3921
600	0,007158	789,6	1,4166	0,006963	787,3	1,4121	0,006777	785,0	1,4076	0,006599	782,7	1,4032
610	0,007349	798,6	1,4268	0,007152	796,4	1,4224	0,006964	794,2	1,4181	0,006784	792,0	1,4138
620	0,007536	807,3	1,4366	0,007336	805,2	1,4324	0,007146	803,1	1,4281	0,006964	801,0	1,4239
630	0,007718	815,8	1,4461	0,007516	813,8	1,4419	0,007323	811,8	1,4378	0,007139	809,8	1,4337
640	0,007896	824,1	1,4553	0,007692	822,2	1,4512	0,007497	820,3	1,4472	0,007310	818,4	1,4432
650	0,008070	832,3	1,4642	0,007863	830,5	1,4602	0,007666	828,6	1,4562	0,007478	826,8	1,4523
660	0,008240	840,3	1,4728	0,008031	838,6	1,4689	0,007832	836,6	1,4650	0,007641	835,0	1,4612
670	0,008407	848,2	1,4813	0,008196	846,5	1,4774	0,007995	844,8	1,4736	0,007802	843,2	1,4698
680	0,008572	856,0	1,4895	0,008359	854,4	1,4857	0,008155	852,8	1,4820	0,007960	851,1	1,4783
690	0,008733	863,7	1,4975	0,008518	862,1	1,4938	0,008312	860,6	1,4901	0,008115	859,0	1,4865
700	0,008893	871,3	1,5054	0,008675	869,8	1,5017	0,008466	868,3	1,4981	0,008267	866,8	1,4945
710	0,009049	878,8	1,5131	0,008829	877,4	1,5094	0,008619	875,9	1,5059	0,008417	874,5	1,5024
720	0,009204	886,3	1,5206	0,008982	884,9	1,5170	0,008769	883,5	1,5135	0,008565	882,1	1,5100
730	0,009357	893,7	1,5280	0,009132	892,3	1,5245	0,008917	890,9	1,5210	0,008711	889,6	1,5176
740	0,009507	901,0	1,5353	0,009280	899,7	1,5318	0,009063	898,4	1,5284	0,008855	897,1	1,5250
750	0,009656	908,3	1,5424	0,009426	907,0	1,5390	0,009207	905,7	1,5356	0,008997	904,5	1,5323
760	0,009803	915,5	1,5495	0,009571	914,3	1,5461	0,009349	913,0	1,5427	0,009137	911,8	1,5394
770	0,009948	922,7	1,5564	0,009714	921,5	1,5530	0,009490	920,3	1,5497	0,009276	919,1	1,5465
780	0,010092	929,9	1,5632	0,009855	928,7	1,5599	0,009629	927,5	1,5566	0,009413	926,4	1,5534
790	0,010234	937,0	1,5699	0,009995	935,8	1,5666	0,009767	934,7	1,5634	0,009548	933,6	1,5602
800	0,010375	944,0	1,5765	0,010134	942,9	1,5733	0,009903	941,9	1,5701	0,009682	940,8	1,5669

1 at = 0,980665 bar　　1 kcal = 4,1868 kJ

Tafel 3. Wasser und überhitzter Dampf (Fortsetzung)   **Water and superheated Steam** (Continuation)

t °C	490 at v	490 at h	490 at s	500 at v	500 at h	500 at s	520 at v	520 at h	520 at s	540 at v	540 at h	540 at s
0	0,0009775	11,3	0,0000	0,0009771	11,6	0,0000	0,0009762	12,0	0,0001	0,0009754	12,5	0,0001
10	0,0009789	20,9	0,0345	0,0009785	21,2	0,0345	0,0009777	21,6	0,0344	0,0009769	22,0	0,0343
20	0,0009812	30,6	0,0680	0,0009808	30,8	0,0680	0,0009800	31,2	0,0678	0,0009793	31,7	0,0677
30	0,0009842	40,3	0,1006	0,0009839	40,5	0,1005	0,0009831	40,9	0,1003	0,0009823	41,3	0,1002
40	0,0009879	50,0	0,1322	0,0009875	50,2	0,1321	0,0009868	50,6	0,1319	0,0009860	51,0	0,1317
50	0,0009921	59,8	0,1628	0,0009917	60,0	0,1627	0,0009910	60,4	0,1625	0,0009902	60,8	0,1623
60	0,0009969	69,5	0,1925	0,0009965	69,7	0,1924	0,0009957	70,1	0,1922	0,0009950	70,5	0,1920
70	0,0010021	79,3	0,2215	0,0010017	79,5	0,2213	0,0010010	79,9	0,2211	0,0010002	80,3	0,2208
80	0,0010079	89,1	0,2496	0,0010075	89,3	0,2494	0,0010067	89,7	0,2492	0,0010059	90,0	0,2489
90	0,0010141	98,9	0,2770	0,0010137	99,1	0,2768	0,0010129	99,5	0,2765	0,0010121	99,8	0,2762
100	0,0010208	108,8	0,3037	0,0010204	108,9	0,3035	0,0010195	109,3	0,3032	0,0010187	109,6	0,3029
110	0,0010280	118,6	0,3297	0,0010276	118,8	0,3296	0,0010267	119,1	0,3292	0,0010258	119,5	0,3289
120	0,0010357	128,5	0,3552	0,0010352	128,7	0,3550	0,0010343	129,0	0,3546	0,0010334	129,3	0,3543
130	0,0010438	138,4	0,3801	0,0010433	138,6	0,3799	0,0010423	138,9	0,3795	0,0010414	139,2	0,3791
140	0,0010524	148,3	0,4044	0,0010519	148,5	0,4042	0,0010509	148,8	0,4038	0,0010499	149,1	0,4034
150	0,0010616	158,3	0,4283	0,0010610	158,5	0,4280	0,0010600	158,8	0,4276	0,0010589	159,1	0,4272
160	0,0010712	168,3	0,4516	0,0010707	168,5	0,4514	0,0010695	168,8	0,4510	0,0010684	169,1	0,4505
170	0,0010815	178,4	0,4746	0,0010809	178,5	0,4743	0,0010797	178,8	0,4739	0,0010785	179,1	0,4734
180	0,0010923	188,5	0,4971	0,0010916	188,6	0,4969	0,0010904	188,9	0,4964	0,0010891	189,2	0,4958
190	0,0011037	198,6	0,5193	0,0011031	198,8	0,5190	0,0011017	199,0	0,5185	0,0011004	199,3	0,5179
200	0,0011159	208,8	0,5411	0,0011151	209,0	0,5408	0,0011137	209,2	0,5403	0,0011123	209,5	0,5397
210	0,0011287	219,1	0,5626	0,0011279	219,2	0,5623	0,0011264	219,5	0,5617	0,0011249	219,7	0,5611
220	0,0011424	229,5	0,5838	0,0011415	229,6	0,5835	0,0011399	229,8	0,5829	0,0011382	230,0	0,5822
230	0,0011569	239,9	0,6048	0,0011560	240,0	0,6044	0,0011541	240,2	0,6037	0,0011524	240,4	0,6031
240	0,0011723	250,4	0,6255	0,0011713	250,5	0,6251	0,0011693	250,7	0,6244	0,0011674	250,9	0,6237
250	0,0011888	261,1	0,6460	0,0011877	261,1	0,6456	0,0011855	261,3	0,6448	0,0011834	261,4	0,6441
260	0,0012063	271,8	0,6664	0,0012051	271,9	0,6659	0,0012028	272,0	0,6651	0,0012005	272,1	0,6643
270	0,0012252	282,7	0,6865	0,0012239	282,7	0,6861	0,0012213	282,8	0,6852	0,0012187	282,9	0,6843
280	0,0012455	293,7	0,7066	0,0012440	293,7	0,7062	0,0012411	293,7	0,7052	0,0012382	293,8	0,7042
290	0,0012674	304,9	0,7267	0,0012657	304,9	0,7261	0,0012625	304,9	0,7251	0,0012593	304,9	0,7240
300	0,0012912	316,2	0,7466	0,0012893	316,2	0,7461	0,0012856	316,1	0,7449	0,0012820	316,1	0,7438
310	0,0013171	327,8	0,7667	0,0013149	327,7	0,7660	0,0013107	327,6	0,7648	0,0013066	327,5	0,7636
320	0,0013455	339,6	0,7867	0,0013430	339,5	0,7860	0,0013382	339,3	0,7847	0,0013335	339,1	0,7833
330	0,0013770	351,7	0,8070	0,0013741	351,6	0,8062	0,0013685	351,3	0,8047	0,0013631	351,0	0,8032
340	0,0014122	364,2	0,8275	0,0014088	364,0	0,8266	0,0014022	363,6	0,8249	0,0013959	363,2	0,8233
350	0,0014518	377,0	0,8483	0,0014477	376,8	0,8473	0,0014399	376,3	0,8454	0,0014325	375,8	0,8436
360	0,001496	390,9	0,8704	0,001491	390,6	0,8694	0,001482	389,9	0,8673	0,001473	389,4	0,8653
370	0,001546	403,7	0,8906	0,001540	403,3	0,8893	0,001528	402,5	0,8869	0,001517	401,7	0,8846
380	0,001604	418,3	0,9131	0,001596	417,8	0,9116	0,001582	416,7	0,9089	0,001569	415,7	0,9062
390	0,001672	433,9	0,9367	0,001662	433,1	0,9350	0,001644	431,7	0,9317	0,001627	430,5	0,9287
400	0,001754	450,4	0,9614	0,001741	449,4	0,9593	0,001717	447,6	0,9554	0,001696	445,9	0,9518
410	0,001857	468,2	0,9877	0,001839	466,8	0,9851	0,001806	464,4	0,9802	0,001777	462,2	0,9758
420	0,001987	487,6	1,0159	0,001961	485,7	1,0125	0,001915	482,4	1,0064	0,001876	479,6	1,0010
430	0,002156	508,8	1,0462	0,002118	506,3	1,0419	0,002053	501,8	1,0342	0,001998	498,0	1,0274
440	0,002371	531,6	1,0784	0,002317	528,3	1,0731	0,002225	522,6	1,0635	0,002149	517,7	1,0552
450	0,002629	555,2	1,1113	0,002556	551,3	1,1051	0,002432	544,3	1,0938	0,002331	538,3	1,0839
460	0,002918	578,5	1,1433	0,002828	574,2	1,1365	0,002672	566,3	1,1240	0,002542	559,4	1,1128
470	0,003225	600,8	1,1735	0,003119	596,2	1,1663	0,002932	587,8	1,1531	0,002776	580,3	1,1412
480	0,003537	621,5	1,2012	0,003417	617,0	1,1941	0,003205	608,4	1,1806	0,003024	600,5	1,1682
490	0,003849	641,1	1,2270	0,003718	636,5	1,2199	0,003481	627,7	1,2061	0,003279	619,8	1,1937
500	0,004145	658,7	1,2499	0,004009	654,5	1,2432	0,003759	646,3	1,2303	0,003538	638,3	1,2178
510	0,004424	674,5	1,2703	0,004283	670,6	1,2640	0,004024	662,9	1,2517	0,003792	655,5	1,2399
520	0,004688	689,1	1,2888	0,004544	685,5	1,2828	0,004276	678,2	1,2711	0,004035	671,2	1,2598
530	0,004940	702,8	1,3059	0,004792	699,3	1,3002	0,004517	692,5	1,2889	0,004268	685,8	1,2780
540	0,005180	715,6	1,3217	0,005030	712,3	1,3163	0,004749	705,8	1,3055	0,004493	399,5	1,2950
550	0,05410	727,7	1,3365	0,005257	724,6	1,3313	0,004971	718,5	1,3210	0,004710	712,5	1,3109

Tafel 3. Wasser und überhitzter Dampf (Fortsetzung)   **Water and superheated Steam** (Continuation)

t °C	490 at			500 at			520 at			540 at		
	v	h	s	v	h	s	v	h	s	v	h	s
550	0,005410	727,7	1,3365	0,005257	724,6	1,3313	0,004971	718,5	1,3210	0,004710	712,5	1,3109
560	0,005630	739,1	1,3504	0,005475	736,3	1,3454	0,005184	730,5	1,3355	0,004919	724,8	1,3258
570	0,005841	750,1	1,3635	0,005684	747,4	1,3587	0,005389	742,0	1,3492	0,005119	736,6	1,3398
580	0,006044	760,6	1,3759	0,005885	758,0	1,3712	0,005586	752,9	1,3621	0,005312	747,8	1,3531
590	0,006239	770,7	1,3876	0,006078	768,3	1,3831	0,005776	763,4	1,3743	0,005499	758,6	1,3657
600	0,006428	780,4	1,3988	0,006265	778,1	1,3945	0,005959	773,5	1,3859	0,005678	768,9	1,3776
610	0,006611	789,8	1,4095	0,006447	787,6	1,4053	0,006137	783,3	1,3970	0,005852	778,9	1,3889
620	0,006789	798,9	1,4198	0,006623	796,9	1,4157	0,006309	792,7	1,4077	0,006021	788,6	1,3998
630	0,006963	807,8	1,4297	0,006794	805,8	1,4257	0,006477	801,9	1,4179	0,006184	797,9	1,4102
640	0,007132	816,5	1,4392	0,006961	814,6	1,4353	0,006640	810,8	1,4277	0,006344	807,0	1,4202
650	0,007297	825,0	1,4485	0,007124	823,2	1,4447	0,006799	819,5	1,4372	0,006499	815,9	1,4299
660	0,007459	833,3	1,4574	0,007284	831,5	1,4537	0,006955	828,1	1,4464	0,006652	824,6	1,4393
670	0,007617	841,5	1,4661	0,007440	839,8	1,4625	0,007107	836,4	1,4553	0,006801	833,1	1,4483
680	0,007773	849,5	1,4746	0,007594	847,9	1,4710	0,007257	844,7	1,4640	0,006947	841,4	1,4571
690	0,007926	857,4	1,4829	0,007745	855,9	1,4794	0,007404	852,8	1,4725	0,007090	849,7	1,4657
700	0,008076	865,3	1,4910	0,007893	863,8	1,4875	0,007549	860,7	1,4807	0,007231	857,8	1,4741
710	0,008224	873,0	1,4989	0,008039	871,5	1,4955	0,007691	868,6	1,4888	0,007369	865,8	1,4823
720	0,008370	880,6	1,5066	0,008183	879,2	1,5033	0,007831	876,4	1,4967	0,007506	873,6	1,4902
730	0,008514	888,2	1,5142	0,008325	886,9	1,5109	0,007969	884,2	1,5044	0,007640	881,5	1,4981
740	0,008655	895,7	1,5217	0,008464	894,4	1,5184	0,008105	891,8	1,5120	0,007773	889,2	1,5057
750	0,008795	903,2	1,5290	0,008602	901,9	1,5258	0,008239	899,4	1,5194	0,007903	896,8	1,5133
760	0,008934	910,6	1,5362	0,008739	909,3	1,5330	0,008372	906,9	1,5267	0,008032	904,4	1,5207
770	0,009070	917,9	1,5433	0,008873	916,7	1,5401	0,008502	914,4	1,5339	0,008160	912,0	1,5279
780	0,009205	925,2	1,5502	0,009006	924,1	1,5471	0,008632	921,8	1,5410	0,008286	919,5	1,5351
790	0,009339	932,5	1,5571	0,009138	931,4	1,5540	0,008760	929,1	1,5479	0,008410	926,9	1,5421
800	0,009471	939,7	1,5638	0,009268	938,6	1,5608	0,008886	936,4	1,5548	0,008533	934,3	1,5490

1 at = 0,980665 bar   1 kcal = 4,1868 kJ

Tafel 3. Wasser und überhitzter Dampf (Fortsetzung)   **Water and superheated Steam** (Continuation)

t	560 at			580 at			600 at			620 at		
°C	v	h	s	v	h	s	v	h	s	v	h	s
0	0,0009745	12,9	0,0002	0,0009737	13,3	0,0002	0,0009728	13,8	0,0003	0,0009720	14,2	0,0003
10	0,0009761	22,5	0,0342	0,0009753	22,9	0,0341	0,0009745	23,3	0,0340	0,0009737	23,7	0,0339
20	0,0009785	32,1	0,0676	0,0009777	32,5	0,0675	0,0009769	32,9	0,0673	0,0009762	33,3	0,0672
30	0,0009816	41,8	0,1000	0,0009808	42,2	0,0999	0,0009801	42,6	0,0997	0,0009793	43,0	0,0995
40	0,0009853	51,5	0,1315	0,0009845	51,9	0,1313	0,0009838	52,3	0,1311	0,0009831	52,7	0,1309
50	0,0009895	61,2	0,1621	0,0009887	61,6	0,1618	0,0009880	62,0	0,1616	0,0009873	62,4	0,1614
60	0,0009942	70,9	0,1917	0,0009935	71,3	0,1915	0,0009927	71,7	0,1913	0,0009920	72,1	0,1910
70	0,0009994	80,7	0,2206	0,0009987	81,0	0,2203	0,0009979	81,4	0,2200	0,0009971	81,8	0,2198
80	0,0010051	90,4	0,2486	0,0010043	90,8	0,2483	0,0010035	91,2	0,2481	0,0010028	91,5	0,2478
90	0,0010113	100,2	0,2759	0,0010105	100,6	0,2756	0,0010097	100,9	0,2753	0,0010089	101,3	0,2750
100	0,0010179	110,0	0,3026	0,0010170	110,4	0,3022	0,0010162	110,7	0,3019	0,0010154	111,1	0,3016
110	0,0010249	119,8	0,3285	0,0010241	120,2	0,3282	0,0010232	120,5	0,3279	0,0010224	120,9	0,3275
120	0,0010325	129,7	0,3539	0,0010316	130,0	0,3535	0,0010307	130,4	0,3532	0,0010298	130,7	0,3528
130	0,0010404	139,6	0,3787	0,0010395	139,9	0,3783	0,0010386	140,2	0,3779	0,0010376	140,5	0,3776
140	0,0010489	149,5	0,4030	0,0010479	149,8	0,4026	0,0010469	150,1	0,4022	0,0010460	150,4	0,4018
150	0,0010579	159,4	0,4267	0,0010568	159,7	0,4263	0,0010558	160,0	0,4259	0,0010548	160,3	0,4255
160	0,0010673	169,4	0,4500	0,0010662	169,7	0,4496	0,0010652	170,0	0,4491	0,0010641	170,3	0,4487
170	0,0010773	179,4	0,4729	0,0010762	179,7	0,4724	0,0010750	180,0	0,4719	0,0010739	180,3	0,4715
180	0,0010879	189,4	0,4953	0,0010867	189,7	0,4948	0,0010855	190,0	0,4943	0,0010843	190,3	0,4938
190	0,0010991	199,5	0,5174	0,0010978	199,8	0,5169	0,0010965	200,1	0,5163	0,0010952	200,3	0,5158
200	0,0011109	209,7	0,5391	0,0011095	210,0	0,5386	0,0011081	210,2	0,5380	0,0011067	210,5	0,5374
210	0,0011234	219,9	0,5605	0,0011219	220,2	0,5599	0,0011204	220,4	0,5593	0,0011189	220,6	0,5587
220	0,0011366	230,2	0,5816	0,0011350	230,4	0,5809	0,0011334	230,7	0,5803	0,0011318	230,9	0,5797
230	0,0011506	240,6	0,6024	0,0011489	240,8	0,6017	0,0011472	241,0	0,6010	0,0011455	241,2	0,6004
240	0,0011655	251,0	0,6229	0,0011636	251,2	0,6222	0,0011618	251,4	0,6215	0,0011599	251,6	0,6208
250	0,0011813	261,6	0,6433	0,0011793	261,7	0,6425	0,0011773	261,9	0,6418	0,0011753	262,1	0,6410
260	0,0011982	272,2	0,6634	0,0011959	272,3	0,6626	0,0011937	272,5	0,6618	0,0011916	272,6	0,6610
270	0,0012162	283,0	0,6834	0,0012137	283,1	0,6826	0,0012113	283,2	0,6817	0,0012089	283,3	0,6809
280	0,0012355	293,9	0,7033	0,0012327	293,9	0,7024	0,0012300	294,0	0,7014	0,0012274	294,1	0,7005
290	0,0012562	304,9	0,7230	0,0012531	304,9	0,7220	0,0012501	304,9	0,7210	0,0012472	305,0	0,7201
300	0,0012785	316,1	0,7427	0,0012751	316,0	0,7416	0,0012717	316,0	0,7406	0,0012685	316,0	0,7395
310	0,0013026	327,4	0,7624	0,0012988	327,4	0,7612	0,0012950	327,3	0,7601	0,0012914	327,2	0,7589
320	0,0013290	339,0	0,7820	0,0013246	338,9	0,7808	0,0013203	338,7	0,7795	0,0013162	338,6	0,7783
330	0,0013579	350,8	0,8018	0,0013528	350,6	0,8004	0,0013479	350,4	0,7990	0,0013432	350,2	0,7977
340	0,0013898	362,9	0,8217	0,0013840	362,6	0,8201	0,0013783	362,3	0,8186	0,0013729	362,0	0,8171
350	0,0014254	375,3	0,8418	0,0014186	374,9	0,8400	0,0014120	374,5	0,8383	0,0014058	374,2	0,8367
360	0,001464	388,8	0,8633	0,001456	388,3	0,8615	0,001449	387,9	0,8597	0,001441	387,4	0,8579
370	0,001507	401,0	0,8824	0,001498	400,4	0,8803	0,001489	399,8	0,8783	0,001480	399,2	0,8764
380	0,001556	414,8	0,9038	0,001545	414,0	0,9014	0,001534	413,2	0,8991	0,001523	412,5	0,8969
390	0,001612	429,3	0,9258	0,001597	428,3	0,9231	0,001584	427,3	0,9205	0,001572	426,4	0,9181
400	0,001676	444,5	0,9484	0,001658	443,1	0,9453	0,001642	441,9	0,9423	0,001626	440,8	0,9395
410	0,001752	460,3	0,9718	0,001729	458,6	0,9681	0,001708	457,0	0,9646	0,001689	455,6	0,9614
420	0,001842	477,0	0,9961	0,001812	474,8	0,9917	0,001785	472,8	0,9876	0,001761	471,0	0,9838
430	0,001952	494,7	1,0214	0,001912	491,8	1,0161	0,001877	489,3	1,0112	0,001846	487,0	1,0067
440	0,002086	513,4	1,0479	0,002032	509,8	1,0414	0,001986	506,5	1,0355	0,001946	503,7	1,0302
450	0,002247	533,1	1,0752	0,002176	528,5	1,0675	0,002115	524,5	1,0606	0,002063	521,0	1,0543
460	0,002434	553,3	1,1029	0,002344	547,9	1,0941	0,002266	543,1	1,0861	0,002200	538,9	1,0789
470	0,002645	573,5	1,1304	0,002533	567,5	1,1206	0,002437	562,0	1,1117	0,002355	557,2	1,1037
480	0,002870	593,4	1,1569	0,002738	586,9	1,1465	0,002625	581,0	1,1370	0,002526	575,6	1,1283
490	0,003105	612,5	1,1821	0,002955	605,7	1,1714	0,002824	599,5	1,1615	0,002709	593,8	1,1523
500	0,003342	630,7	1,2058	0,003176	623,9	1,1950	0,003030	617,5	1,1849	0,002901	611,6	1,1755
510	0,003586	648,3	1,2285	0,003403	641,4	1,2176	0,003239	634,8	1,2072	0,003097	628,8	1,1976
520	0,003819	664,3	1,2488	0,003626	657,8	1,2384	0,003452	651,5	1,2283	0,003297	645,5	1,2188
530	0,004044	679,2	1,2675	0,003841	672,9	1,2573	0,003658	666,8	1,2476	0,003494	661,0	1,2383
540	0,004261	693,2	1,2848	0,004051	687,2	1,2750	0,003860	681,3	1,2655	0,003687	675,6	1,2563
550	0,004472	706,5	1,3011	0,004254	700,7	1,2915	0,004056	695,0	1,2823	0,003876	689,5	1,2733

Tafel 3. Wasser und überhitzter Dampf (Fortsetzung)　　　**Water and superheated Steam** (Continuation)

t	560 at			580 at			600 at			620 at		
°C	v	h	s	v	h	s	v	h	s	v	h	s
550	0,004472	706,5	1,3011	0,004254	700,7	1,2915	0,004056	695,0	1,2823	0,003876	689,5	1,2733
560	0,004675	719,2	1,3163	0,004452	713,6	1,3071	0,004248	708,2	1,2981	0,004061	702,8	1,2894
570	0,004871	731,2	1,3307	0,004644	725,9	1,3218	0,004434	720,7	1,3131	0,004242	715,6	1,3046
580	0,005061	742,8	1,3443	0,004829	737,7	1,3357	0,004615	732,8	1,3273	0,004417	727,9	1,3191
590	0,005243	753,8	1,3572	0,005007	749,0	1,3489	0,004789	744,3	1,3407	0,004588	739,6	1,3328
600	0,005419	764,4	1,3694	0,005180	759,9	1,3614	0,004958	755,4	1,3535	0,004753	750,9	1,3458
610	0,005589	774,6	1,3810	0,005346	770,3	1,3732	0,005122	766,0	1,3656	0,004913	761,8	1,3582
620	0,005754	784,5	1,3921	0,005508	780,4	1,3846	0,005280	776,3	1,3772	0,005068	772,3	1,3700
630	0,005915	794,0	1,4027	0,005665	790,1	1,3954	0,005434	786,2	1,3882	0,005219	782,4	1,3812
640	0,006071	803,3	1,4129	0,005818	799,5	1,4058	0,005583	795,8	1,3988	0,005365	792,2	1,3920
650	0,006223	812,3	1,4228	0,005966	808,7	1,4158	0,005729	805,2	1,4090	0,005508	801,7	1,4023
660	0,006371	821,1	1,4323	0,006112	817,7	1,4255	0,005871	814,3	1,4188	0,005647	810,9	1,4123
670	0,006517	829,8	1,4415	0,006254	826,5	1,4348	0,006010	823,2	1,4283	0,005783	820,0	1,4219
680	0,006659	838,2	1,4504	0,006393	835,1	1,4439	0,006146	831,9	1,4375	0,005916	828,8	1,4313
690	0,006799	846,6	1,4591	0,006530	843,5	1,4527	0,006280	840,5	1,4465	0,006046	837,5	1,4403
700	0,006937	854,8	1,4676	0,006664	851,8	1,4613	0,006411	848,9	1,4552	0,006175	846,0	1,4491
710	0,007072	862,9	1,4759	0,006796	860,0	1,4697	0,006540	857,2	1,4636	0,006301	854,4	1,4577
720	0,007205	870,9	1,4840	0,006926	868,1	1,4779	0,006666	865,4	1,4719	0,006424	862,7	1,4661
730	0,007336	878,8	1,4919	0,007054	876,1	1,4859	0,006791	873,5	1,4800	0,006546	870,8	1,4743
740	0,007465	886,6	1,4997	0,007180	884,0	1,4937	0,006914	881,4	1,4879	0,006667	878,9	1,4823
750	0,007593	894,3	1,5073	0,007304	891,8	1,5014	0,007035	889,3	1,4957	0,006785	886,9	1,4901
760	0,007718	902,0	1,5147	0,007427	899,6	1,5089	0,007155	897,2	1,5033	0,006902	894,8	1,4978
770	0,007842	909,6	1,5221	0,007548	907,3	1,5164	0,007273	904,9	1,5108	0,007017	902,6	1,5054
780	0,007965	917,2	1,5293	0,007667	914,9	1,5236	0,007390	912,6	1,5181	0,007131	910,4	1,5128
790	0,008086	924,7	1,5364	0,007785	922,5	1,5308	0,007505	920,3	1,5254	0,007243	918,1	1,5201
800	0,008206	932,1	1,5433	0,007902	930,0	1,5378	0,007619	927,9	1,5325	0,007355	925,8	1,5272

1 at = 0,980665 bar　　1 kcal = 4,1868 kJ

Tafel 3. Wasser und überhitzter Dampf (Fortsetzung) Water and superhaeted Steam (Continuation)

t	640 at			660 at			680 at			700 at		
°C	v	h	s	v	h	s	v	h	s	v	h	s
0	0,0009712	14,7	0,0004	0,0009703	15,1	0,0004	0,0009695	15,6	0,0005	0,0009687	16,0	0,0005
10	0,0009729	24,2	0,0338	0,0009721	24,6	0,0337	0,0009713	25,0	0,0336	0,0009705	25,4	0,0335
20	0,0009754	33,8	0,0671	0,0009747	34,2	0,0669	0,0009739	34,6	0,0668	0,0009732	35,0	0,0666
30	0,0009786	43,4	0,0994	0,0009779	43,8	0,0992	0,0009771	44,2	0,0991	0,0009764	44,6	0,0989
40	0,0009823	53,1	0,1308	0,0009816	53,5	0,1306	0,0009809	53,9	0,1304	0,0009801	54,3	0,1302
50	0,0009865	62,8	0,1612	0,0009858	63,1	0,1610	0,0009851	63,5	0,1608	0,0009844	63,9	0,1606
60	0,0009912	72,5	0,1908	0,0009905	72,8	0,1906	0,0009898	73,2	0,1903	0,0009890	73,6	0,1901
70	0,0009964	82,2	0,2195	0,0009956	82,6	0,2193	0,0009949	82,9	0,2190	0,0009942	83,3	0,2188
80	0,0010020	91,9	0,2475	0,0010012	92,3	0,2472	0,0010005	92,7	0,2470	0,0009997	93,0	0,2467
90	0,0010081	101,7	0,2747	0,0010073	102,0	0,2745	0,0010065	102,4	0,2742	0,0010057	102,8	0,2739
100	0,0010146	111,4	0,3013	0,0010138	111,8	0,3010	0,0010130	112,2	0,3007	0,0010122	112,5	0,3004
110	0,0010215	121,2	0,3272	0,0010207	121,6	0,3269	0,0010198	121,9	0,3265	0,0010190	122,3	0,3262
120	0,0010289	131,0	0,3525	0,0010280	131,4	0,3521	0,0010272	131,7	0,3518	0,0010263	132,1	0,3514
130	0,0010367	140,9	0,3772	0,0010358	141,2	0,3768	0,0010349	141,6	0,3764	0,0010340	141,9	0,3761
140	0,0010450	150,7	0,4014	0,0010441	151,1	0,4010	0,0010431	151,4	0,4006	0,0010422	151,7	0,4002
150	0,0010538	160,6	0,4250	0,0010528	161,0	0,4246	0,0010518	161,3	0,4242	0,0010508	161,6	0,4238
160	0,0010630	170,6	0,4482	0,0010620	170,9	0,4478	0,0010609	171,2	0,4474	0,0010599	171,5	0,4469
170	0,0010728	180,6	0,4710	0,0010717	180,8	0,4705	0,0010706	181,1	0,4701	0,0010695	181,4	0,4696
180	0,0010831	190,6	0,4933	0,0010819	190,8	0,4928	0,0010807	191,1	0,4923	0,0010796	191,4	0,4919
190	0,0010939	200,6	0,5153	0,0010927	200,9	0,5148	0,0010914	201,2	0,5142	0,0010902	201,4	0,5137
200	0,0011054	210,7	0,5369	0,0011041	211,0	0,5363	0,0011027	211,2	0,5358	0,0011014	211,5	0,5352
210	0,0011175	220,9	0,5581	0,0011161	221,1	0,5575	0,0011147	221,4	0,5570	0,0011133	221,6	0,5564
220	0,0011303	231,1	0,5791	0,0011288	231,3	0,5785	0,0011272	231,6	0,5779	0,0011258	231,8	0,5772
230	0,0011438	241,4	0,5997	0,0011422	241,6	0,5991	0,0011405	241,8	0,5984	0,0011389	242,0	0,5978
240	0,0011581	251,8	0,6201	0,0011564	252,0	0,6194	0,0011546	252,2	0,6188	0,0011529	252,3	0,6181
250	0,0011733	262,2	0,6403	0,0011714	262,4	0,6396	0,0011695	262,6	0,6388	0,0011676	262,7	0,6381
260	0,0011894	272,8	0,6603	0,0011873	272,9	0,6595	0,0011853	273,0	0,6587	0,0011832	273,2	0,6580
270	0,0012066	283,4	0,6800	0,0012043	283,5	0,6792	0,0012020	283,6	0,6784	0,0011998	283,8	0,6776
280	0,0012248	294,2	0,6996	0,0012223	294,2	0,6988	0,0012198	294,3	0,6979	0,0012174	294,4	0,6970
290	0,0012444	305,0	0,7191	0,0012416	305,1	0,7182	0,0012388	305,1	0,7173	0,0012361	305,2	0,7163
300	0,0012653	316,0	0,7385	0,0012622	316,1	0,7375	0,0012591	316,1	0,7365	0,0012561	316,1	0,7355
310	0,0012878	327,2	0,7578	0,0012843	327,2	0,7567	0,0012809	327,1	0,7557	0,0012776	327,1	0,7546
320	0,0013122	338,5	0,7771	0,0013082	338,4	0,7759	0,0013044	338,4	0,7748	0,0013007	338,3	0,7736
330	0,0013387	350,1	0,7964	0,0013342	349,9	0,7951	0,0013299	349,8	0,7938	0,0013257	349,7	0,7926
340	0,0013677	361,8	0,8157	0,0013626	361,6	0,8143	0,0013577	361,4	0,8129	0,0013530	361,2	0,8115
350	0,0013997	373,8	0,8351	0,0013939	373,5	0,8335	0,0013883	373,2	0,8320	0,0013829	372,9	0,8305
360	0,001434	387,0	0,8562	0,001428	386,6	0,8546	0,001421	386,3	0,8529	0,001415	386,0	0,8514
370	0,001472	398,7	0,8745	0,001464	398,2	0,8727	0,001457	397,7	0,8709	0,001450	397,3	0,8692
380	0,001514	411,9	0,8948	0,001504	411,3	0,8928	0,001496	410,7	0,8909	0,001487	410,2	0,8890
390	0,001560	425,6	0,9157	0,001549	424,8	0,9135	0,001539	424,1	0,9113	0,001529	423,5	0,9092
400	0,001612	439,7	0,9368	0,001599	438,8	0,9343	0,001586	437,9	0,9319	0,001575	437,1	0,9296
410	0,001671	454,3	0,9583	0,001655	453,1	0,9555	0,001640	452,0	0,9527	0,001626	451,0	0,9501
420	0,001739	469,4	0,9802	0,001719	467,9	0,9769	0,001701	466,5	0,9738	0,001684	465,2	0,9708
430	0,001818	485,0	1,0025	0,001793	483,1	0,9987	0,001770	481,4	0,9951	0,001750	479,8	0,9917
440	0,001910	501,1	1,0253	0,001879	498,8	1,0209	0,001850	496,7	1,0167	0,001824	494,8	1,0129
450	0,002018	517,8	1,0486	0,001978	515,0	1,0435	0,001942	512,5	1,0387	0,001910	510,2	1,0343
460	0,002142	535,1	1,0724	0,002091	531,8	1,0664	0,002047	528,7	1,0610	0,002007	526,0	1,0559
470	0,002283	552,8	1,0964	0,002221	548,9	1,0897	0,002166	545,4	1,0835	0,002117	542,2	1,0779
480	0,002440	570,7	1,1203	0,002365	566,3	1,1130	0,002298	562,3	1,1062	0,002239	558,7	1,0999
490	0,002609	588,6	1,1439	0,002521	583,8	1,1360	0,002443	579,4	1,1287	0,002373	575,4	1,1219
500	0,002787	606,1	1,1667	0,002687	601,1	1,1585	0,002597	596,4	1,1508	0,002517	592,1	1,1437
510	0,002971	623,2	1,1887	0,002858	618,0	1,1802	0,002758	613,1	1,1723	0,002668	608,6	1,1649
520	0,003158	639,7	1,2096	0,003034	634,4	1,2010	0,002923	629,4	1,1930	0,002824	624,7	1,1854
530	0,003346	655,5	1,2294	0,003213	650,2	1,2209	0,003092	645,2	1,2128	0,002982	640,4	1,2051
540	0,003530	670,2	1,2476	0,003388	665,0	1,2392	0,003260	660,1	1,2312	0,003143	655,4	1,2236
550	0,003711	684,2	1,2647	0,003562	679,1	1,2565	0,003425	674,3	1,2486	0,003301	669,6	1,2410

Tafel 3. Wasser und überhitzter Dampf (Fortsetzung)   **Water and superheated Steam** (Continuation)

t	640 at			660 at			680 at			700 at		
°C	v	h	s	v	h	s	v	h	s	v	h	s
550	0,003711	684,2	1,2647	0,003562	679,1	1,2565	0,003425	674,3	1,2486	0,003301	669,6	1,2410
560	0,003890	697,7	1,2810	0,003733	692,7	1,2728	0,003590	687,9	1,2650	0,003458	683,3	1,2575
570	0,004064	710,6	1,2964	0,003902	705,8	1,2884	0,003752	701,1	1,2807	0,003615	696,5	1,2733
580	0,004235	723,1	1,3111	0,004067	718,4	1,3033	0,003912	713,8	1,2957	0,003769	709,4	1,2884
590	0,004402	735,0	1,3250	0,004229	730,5	1,3174	0,004069	726,1	1,3101	0,003921	721,8	1,3029
600	0,004563	746,5	1,3383	0,004387	742,2	1,3309	0,004223	738,0	1,3237	0,004071	733,8	1,3167
610	0,004719	757,6	1,3509	0,004540	753,5	1,3437	0,004372	749,4	1,3368	0,004216	745,4	1,3299
620	0,004871	768,3	1,3629	0,004688	764,3	1,3560	0,004517	760,4	1,3492	0,004358	756,6	1,3425
630	0,005019	778,6	1,3743	0,004832	774,8	1,3676	0,004659	771,0	1,3610	0,004496	767,4	1,3545
640	0,005162	788,5	1,3853	0,004973	784,9	1,3787	0,004796	781,3	1,3723	0,004631	777,8	1,3660
650	0,005302	798,2	1,3958	0,005110	794,7	1,3894	0,004930	791,3	1,3832	0,004762	787,9	1,3770
660	0,005438	807,6	1,4059	0,005243	804,2	1,3997	0,005061	801,0	1,3936	0,004890	797,7	1,3876
670	0,005571	816,7	1,4157	0,005373	813,5	1,4096	0,005188	810,4	1,4036	0,005015	807,2	1,3978
680	0,005701	825,7	1,4252	0,005501	822,6	1,4192	0,005313	819,6	1,4133	0,005137	816,6	1,4076
690	0,005829	834,5	1,4343	0,005626	831,5	1,4285	0,005436	828,6	1,4227	0,005257	825,7	1,4171
700	0,005954	843,1	1,4432	0,005748	840,2	1,4375	0,005556	837,4	1,4319	0,005375	834,6	1,4263
710	0,006077	851,6	1,4519	0,005869	848,8	1,4463	0,005674	846,1	1,4407	0,005490	843,4	1,4353
720	0,006199	860,0	1,4604	0,005987	857,3	1,4548	0,005790	854,6	1,4494	0,005604	852,0	1,4440
730	0,006318	868,2	1,4687	0,006104	865,6	1,4632	0,005904	863,1	1,4578	0,005716	860,5	1,4526
740	0,006435	876,4	1,4767	0,006219	873,9	1,4713	0,006016	871,4	1,4661	0,005826	868,9	1,4609
750	0,006551	884,4	1,4847	0,006332	882,0	1,4793	0,006127	879,6	1,4741	0,005934	877,2	1,4690
760	0,006665	892,4	1,4924	0,006444	890,1	1,4872	0,006236	887,7	1,4820	0,006041	885,4	1,4770
770	0,006778	900,3	1,5001	0,006554	898,0	1,4949	0,006344	895,8	1,4898	0,006146	893,5	1,4848
780	0,006889	908,2	1,5075	0,006663	905,9	1,5024	0,006450	903,7	1,4974	0,006250	901,6	1,4925
790	0,006999	915,9	1,5149	0,006770	913,8	1,5098	0,006555	911,7	1,5049	0,006353	909,5	1,5000
800	0,007107	923,7	1,5221	0,006876	921,6	1,5171	0,006659	919,5	1,5122	0,006455	917,4	1,5075

1 at = 0,980665 bar   1 kcal = 4,1868 kJ

Tafel 3. Wasser und überhitzter Dampf (Fortsetzung) **Water and superheated Steam** (Continuation)

t	720 at			740 at			760 at			800 at		
°C	v	h	s	v	h	s	v	h	s	v	h	s
0	0,0009679	16,4	0,0006	0,0009671	16,9	0,0006	0,0009663	17,3	0,0007	0,0009647	18,2	0,0008
10	0,0009697	25,9	0,0334	0,0009690	26,3	0,0333	0,0009682	26,7	0,0331	0,0009667	27,6	0,0329
20	0,0009724	35,4	0,0665	0,0009717	35,8	0,0664	0,0009709	36,2	0,0662	0,0009695	37,1	0,0659
30	0,0009757	45,0	0,0987	0,0009750	45,4	0,0986	0,0009742	45,8	0,0984	0,0009728	46,6	0,0981
40	0,0009794	54,7	0,1300	0,0009787	55,1	0,1298	0,0009780	55,5	0,1296	0,0009766	56,3	0,1293
50	0,0009836	64,3	0,1604	0,0009829	64,7	0,1602	0,0009822	65,1	0,1600	0,0009808	65,9	0,1596
60	0,0009883	74,0	0,1899	0,0009876	74,4	0,1896	0,0009869	74,8	0,1894	0,0009855	75,5	0,1890
70	0,0009934	83,7	0,2185	0,0009927	84,1	0,2183	0,0009920	84,5	0,2180	0,0009905	85,2	0,2175
80	0,0009990	93,4	0,2464	0,0009982	93,8	0,2462	0,0009975	94,1	0,2459	0,0009960	94,9	0,2454
90	0,0010050	103,1	0,2736	0,0010042	103,5	0,2733	0,0010034	103,9	0,2730	0,0010019	104,6	0,2724
100	0,0010114	112,9	0,3000	0,0010106	113,2	0,2997	0,0010098	113,6	0,2994	0,0010082	114,3	0,2988
110	0,0010182	122,6	0,3259	0,0010174	123,0	0,3255	0,0010165	123,3	0,3252	0,0010149	124,0	0,3246
120	0,0010254	132,4	0,3511	0,0010246	132,8	0,3507	0,0010237	133,1	0,3504	0,0010221	133,8	0,3497
130	0,0010331	142,2	0,3757	0,0010322	142,6	0,3753	0,0010313	142,9	0,3750	0,0010296	143,6	0,3742
140	0,0010412	152,1	0,3998	0,0010403	152,4	0,3994	0,0010394	152,7	0,3990	0,0010376	153,4	0,3982
150	0,0010498	161,9	0,4234	0,0010488	162,2	0,4230	0,0010479	162,5	0,4225	0,0010460	163,2	0,4217
160	0,0010588	171,8	0,4465	0,0010578	172,1	0,4460	0,0010568	172,4	0,4456	0,0010548	173,0	0,4448
170	0,0010684	181,7	0,4691	0,0010673	182,0	0,4687	0,0010662	182,3	0,4682	0,0010641	182,9	0,4673
180	0,0010784	191,7	0,4914	0,0010773	192,0	0,4909	0,0010761	192,3	0,4904	0,0010739	192,9	0,4895
190	0,0010890	201,7	0,5132	0,0010878	202,0	0,5127	0,0010866	202,3	0,5122	0,0010842	202,8	0,5112
200	0,0011001	211,8	0,5347	0,0010989	212,0	0,5342	0,0010976	212,3	0,5336	0,0010951	212,8	0,5326
210	0,0011119	221,9	0,5558	0,0011105	222,1	0,5553	0,0011092	222,4	0,5547	0,0011065	222,9	0,5536
220	0,0011243	232,0	0,5766	0,0011228	232,3	0,5761	0,0011214	232,5	0,5755	0,0011185	233,0	0,5743
230	0,0011374	242,2	0,5972	0,0011358	242,5	0,5965	0,0011342	242,7	0,5959	0,0011312	243,1	0,5947
240	0,0011512	252,5	0,6174	0,0011495	252,7	0,6168	0,0011478	252,9	0,6161	0,0011445	253,4	0,6148
250	0,0011658	262,9	0,6374	0,0011639	263,1	0,6367	0,0011621	263,3	0,6360	0,0011586	263,6	0,6347
260	0,0011812	273,4	0,6572	0,0011792	273,5	0,6565	0,0011773	273,7	0,6557	0,0011735	274,0	0,6543
270	0,0011976	283,9	0,6768	0,0011954	284,0	0,6760	0,0011933	284,2	0,6752	0,0011892	284,5	0,6737
280	0,0012150	294,5	0,6962	0,0012126	294,6	0,6954	0,0012103	294,8	0,6945	0,0012058	295,0	0,6929
290	0,0012335	305,3	0,7154	0,0012309	305,4	0,7146	0,0012284	305,4	0,7137	0,0012234	305,6	0,7120
300	0,0012532	316,1	0,7346	0,0012504	316,2	0,7336	0,0012476	316,2	0,7327	0,0012421	316,3	0,7308
310	0,0012744	327,1	0,7536	0,0012712	327,1	0,7526	0,0012681	327,1	0,7516	0,0012621	327,2	0,7496
320	0,0012971	338,3	0,7725	0,0012935	338,2	0,7714	0,0012901	338,2	0,7703	0,0012834	338,1	0,7682
330	0,0013216	349,5	0,7914	0,0013177	349,4	0,7902	0,0013138	349,4	0,7890	0,0013064	349,2	0,7867
340	0,0013484	361,0	0,8102	0,0013439	360,8	0,8089	0,0013395	360,7	0,8076	0,0013312	360,4	0,8052
350	0,0013777	372,7	0,8291	0,0013726	372,4	0,8276	0,0013677	372,2	0,8262	0,0013583	371,8	0,8235
360	0,001409	385,7	0,8499	0,001403	385,4	0,8484	0,001398	385,1	0,8469	0,001387	384,6	0,8441
370	0,001443	396,9	0,8675	0,001436	396,6	0,8659	0,001430	396,2	0,8643	0,001418	395,6	0,8613
380	0,001479	409,7	0,8872	0,001472	409,2	0,8854	0,001464	408,8	0,8837	0,001451	408,0	0,8804
390	0,001519	422,9	0,9072	0,001511	422,3	0,9053	0,001502	421,7	0,9034	0,001486	420,8	0,8998
400	0,001564	436,3	0,9274	0,001553	435,6	0,9252	0,001543	434,9	0,9232	0,001525	433,7	0,9192
410	0,001613	450,1	0,9476	0,001600	449,2	0,9452	0,001589	448,4	0,9429	0,001567	446,9	0,9386
420	0,001668	464,1	0,9680	0,001653	463,0	0,9653	0,001639	462,0	0,9628	0,001614	460,2	0,9580
430	0,001730	478,4	0,9885	0,001712	477,1	0,9855	0,001696	475,9	0,9826	0,001666	473,7	0,9773
440	0,001801	493,1	1,0092	0,001779	491,5	1,0058	0,001759	490,0	1,0026	0,001723	487,4	0,9966
450	0,001881	508,1	1,0301	0,001854	506,2	1,0263	0,001830	504,4	1,0226	0,001787	501,3	1,0160
460	0,001971	523,5	1,0513	0,001939	521,2	1,0469	0,001910	519,1	1,0428	0,001859	515,4	1,0354
470	0,002073	539,2	1,0726	0,002034	536,6	1,0677	0,001999	534,2	1,0632	0,001937	529,9	1,0550
480	0,002187	555,3	1,0941	0,002140	552,3	1,0887	0,002098	549,5	1,0837	0,002024	544,6	1,0746
490	0,002311	571,7	1,1157	0,002256	568,2	1,1098	0,002206	565,1	1,1043	0,002120	559,6	1,0944
500	0,002445	588,0	1,1370	0,002381	584,3	1,1307	0,002323	580,9	1,1249	0,002223	574,8	1,1142
510	0,002587	604,3	1,1579	0,002514	600,4	1,1514	0,002448	596,7	1,1452	0,002333	590,1	1,1339
520	0,002734	620,4	1,1783	0,002653	616,2	1,1715	0,002579	612,4	1,1651	0,002450	605,4	1,1532
530	0,002884	636,0	1,1978	0,002795	631,7	1,1909	0,002714	627,8	1,1843	0,002571	620,5	1,1722
540	0,003037	650,9	1,2164	0,002940	646,7	1,2094	0,002851	642,7	1,2028	0,002696	635,2	1,1904
550	0,003188	665,2	1,2338	0,003084	661,0	1,2269	0,002989	657,0	1,2203	0,002823	649,6	1,2080

Tafel 3. Wasser und überhitzter Dampf (Fortsetzung)   Water and superheated Steam (Continuation)

t °C	720 at			740 at			760 at			800 at		
	v	h	s	v	h	s	v	h	s	v	h	s
550	0,003188	665,2	1,2338	0,003084	661,0	1,2269	0,002989	657,0	1,2203	0,002823	649,6	1,2080
560	0,003338	678,9	1,2503	0,003228	674,7	1,2434	0,003127	670,7	1,2368	0,002949	663,2	1,2244
570	0,003488	692,2	1,2662	0,003372	688,0	1,2593	0,003265	684,0	1,2527	0,003076	676,4	1,2402
380	0,003637	705,1	1,2814	0,003516	700,9	1,2745	0,003403	696,9	1,2680	0,003203	689,4	1,2556
590	0,003785	717,6	1,2960	0,003658	713,5	1,2892	0,003540	709,6	1,2827	0,003331	702,2	1,2704
600	0,003929	729,7	1,3099	0,003798	725,7	1,3033	0,003676	721,9	1,2969	0,003457	714,6	1,2847
610	0,004071	741,4	1,3233	0,003936	737,6	1,3168	0,003810	733,8	1,3105	0,003582	726,7	1,2984
620	0,004210	752,8	1,3360	0,004071	749,1	1,3297	0,003941	745,4	1,3235	9,003706	738,4	1,3117
630	0,004345	763,7	1,3482	0,004203	760,1	1,3421	0,004070	756,6	1,3360	0,003828	749,8	1,3244
640	0,004476	774,3	1,3599	0,004331	770,9	1,3538	0,004196	767,5	1,3480	0,003948	760,9	1,3366
650	0,004605	784,5	1,3710	0,004457	781,2	1,3652	0,004319	778,0	1,3594	0,004066	771,6	1,3482
660	0,004730	794,5	1,3817	0,004580	791,3	1,3760	0,004439	788,2	1,3704	0,004181	782,0	1,3595
670	0,004853	804,1	1,3920	0,004700	801,1	1,3864	0,004557	798,1	1,3809	0,004294	792,1	1,3702
680	0,004973	813,6	1,4020	0,004818	810,6	1,3965	0,004672	807,7	1,3911	0,004405	802,0	1,3806
690	0,005090	822,8	1,4116	0,004933	819,9	1,4062	0,004785	817,1	1,4009	0,004513	811,6	1,3907
700	0,005205	831,8	1,4209	0,005046	829,1	1,4157	0,004895	826,4	1,4105	0,004620	821,0	1,4004
710	0,005318	840,7	1,4300	0,005156	838,0	1,4248	0,005004	835,4	1,4197	0,004724	830,2	1,4098
720	0,005429	849,4	1,4388	0,005265	846,8	1,4337	0,005111	844,3	1,4287	0,004827	839,3	1,4190
730	0,005539	858,0	1,4474	0,005372	855,5	1,4424	0,005216	853,0	1,4375	0,004928	848,2	1,4279
740	0,005647	866,5	1,4558	0,005478	864,0	1,4509	0,005319	861,7	1,4460	0,005027	856,9	1,4366
750	0,005753	874,8	1,4641	0,005582	872,5	1,4592	0,005421	870,2	1,4544	0,005125	865,6	1,4451
760	0,005857	883,1	1,4721	0,005684	880,8	1,4673	0,005521	878,6	1,4626	0,005222	874,1	1,4534
770	0,005961	891,3	1,4800	0,005786	889,1	1,4752	0,005620	886,9	1,4706	0,005317	882,6	1,4615
780	0,006062	899,4	1,4877	0,005885	897,3	1,4830	0,005718	895,1	1,4784	0,005411	890,9	1,4695
790	0,006163	907,4	1,4953	0,005984	905,4	1,4907	0,005815	903,3	1,4861	0,005504	899,2	1,4773
800	0,006262	915,4	1,5028	0,006081	913,4	1,4982	0,005910	911,4	1,4937	0,005595	907,4	1,4850

1 at = 0,980665 bar   1 kcal = 4,1868 kJ

Tafel 3. Wasser und überhitzter Dampf (Fortsetzung)　　　**Water and superheated Steam** (Continuation)

t	850 at			900 at			950 at			1000 at		
°C	v	h	s	v	h	s	v	h	s	v	h	s
0	0,0009628	19,3	0,0010	0,0009609	20,3	0,0012	0,0009590	21,4	0,0014	0,0009572	22,5	0,0015
10	0,0009648	28,6	0,0326	0,0009630	29,6	0,0323	0,0009611	30,7	0,0320	0,0009593	31,7	0,0317
20	0,0009677	38,1	0,0656	0,0009659	39,1	0,0652	0,0009641	40,1	0,0648	0,0009623	41,2	0,0644
30	0,0009710	47,7	0,0976	0,0009693	48,7	0,0972	0,0009675	49,7	0,0968	0,0009658	50,7	0,0964
40	0,0009748	57,3	0,1288	0,0009731	58,3	0,1283	0,0009714	59,2	0,1279	0,0009697	60,2	0,1274
50	0,0009791	66,9	0,1590	0,0009773	67,9	0,1585	0,0009756	68,8	0,1580	0,0009739	69,8	0,1575
60	0,0009837	76,5	0,1884	0,0009820	77,5	0,1878	0,0009802	78,4	0,1873	0,0009785	79,4	0,1867
70	0,0009887	86,2	0,2169	0,0009870	87,1	0,2163	0,0009852	88,1	0,2157	0,0009835	89,0	0,2151
80	0,0009942	95,8	0,2447	0,0009924	96,8	0,2440	0,0009906	97,7	0,2434	0,0009889	98,6	0,2427
90	0,0010000	105,5	0,2717	0,0009982	106,4	0,2710	0,0009964	107,3	0,2703	0,0009946	108,2	0,2696
100	0,0010063	115,2	0,2981	0,0010044	116,1	0,2973	0,0010025	117,0	0,2966	0,0010007	117,9	0,2958
110	0,0010129	124,9	0,3237	0,0010110	125,8	0,3229	0,0010090	126,7	0,3222	0,0010071	127,6	0,3214
120	0,0010200	134,6	0,3488	0,0010179	135,5	0,3480	0,0010159	136,4	0,3471	0,0010140	137,2	0,3463
130	0,0010274	144,4	0,3733	0,0010253	145,2	0,3724	0,0010232	146,1	0,3715	0,0010212	146,9	0,3707
140	0,0010353	154,2	0,3973	0,0010331	155,0	0,3963	0,0010309	155,8	0,3954	0,0010288	156,7	0,3945
150	0,0010436	164,0	0,4207	0,0010413	164,8	0,4197	0,0010390	165,6	0,4188	0,0010368	166,4	0,4178
160	0,0010523	173,8	0,4437	0,0010499	174,6	0,4427	0,0010475	175,4	0,4416	0,0010452	176,2	0,4406
170	0,0010615	183,7	0,4662	0,0010590	184,4	0,4651	0,0010565	185,2	0,4640	0,0010540	186,0	0,4630
180	0,0010712	193,6	0,4883	0,0010685	194,3	0,4871	0,0010659	195,0	0,4860	0,0010633	195,8	0,4849
190	0,0010813	203,5	0,5100	0,0010785	204,2	0,5088	0,0010757	204,9	0,5076	0,0010730	205,6	0,5064
200	0,0010920	213,5	0,5313	0,0010890	214,2	0,5300	0,0010861	214,8	0,5288	0,0010832	215,5	0,5275
210	0,0011033	223,5	0,5522	0,0011001	224,2	0,5509	0,0010970	224,8	0,5496	0,0010939	225,5	0,5483
220	0,0011151	233,6	0,5729	0,0011117	234,2	0,5715	0,0011084	234,8	0,5701	0,0011052	235,4	0,5687
230	0,0011275	243,7	0,5932	0,0011239	244,3	0,5917	0,0011204	244,9	0,5903	0,0011169	245,4	0,5888
240	0,0011406	253,9	0,6132	0,0011367	254,4	0,6117	0,0011330	255,0	0,6101	0,0011293	255,5	0,6086
250	0,0011543	264,1	0,6330	0,0011502	264,6	0,6314	0,0011462	265,1	0,6297	0,0011423	265,6	0,6282
260	0,0011689	274,4	0,6525	0,0011644	274,9	0,6508	0,0011601	275,3	0,6491	0,0011559	275,8	0,6475
270	0,0011842	284,8	0,6718	0,0011794	285,2	0,6700	0,0011747	285,6	0,6682	0,0011702	286,1	0,6665
280	0,0012004	295,3	0,6909	0,0011951	295,6	0,6890	0,0011901	296,0	0,6871	0,0011852	296,4	0,6853
290	0,0012175	305,9	0,7099	0,0012118	306,1	0,7078	0,0012063	306,4	0,7059	0,0012010	306,8	0,7039
300	0,0012356	316,5	0,7286	0,0012294	316,7	0,7265	0,0012234	317,0	0,7244	0,0012177	317,2	0,7223
310	0,0012549	327,3	0,7472	0,0012481	327,4	0,7449	0,0012416	327,6	0,7427	0,0012353	327,8	0,7406
320	0,0012755	338,1	0,7657	0,0012680	338,2	0,7632	0,0012608	338,2	0,7609	0,0012540	338,4	0,7586
330	0,0012976	349,1	0,7840	0,0012892	349,0	0,7814	0,0012814	349,0	0,7788	0,0012739	349,0	0,7764
340	0,0013214	360,2	0,8022	0,0013121	360,0	0,7994	0,0013034	359,8	0,7966	0,0012952	359,7	0,7940
350	0,0013473	371,3	0,8203	0,0013370	371,0	0,8172	0,0013273	370,7	0,8142	0,0013182	370,4	0,8113
360	0,001375	384,1	0,8407	0,001363	383,7	0,8375	0,001353	383,4	0,8345	0,001343	383,1	0,8315
370	0,001404	394,9	0,8577	0,001391	394,4	0,8543	0,001379	393,9	0,8511	0,001368	393,6	0,8480
380	0,001435	407,1	0,8765	0,001420	406,4	0,8729	0,001407	405,8	0,8694	0,001394	405,3	0,8661
390	0,001468	419,7	0,8956	0,001451	418,8	0,8917	0,001436	418,1	0,8880	0,001422	417,5	0,8845
400	0,001504	432,5	0,9147	0,001485	431,4	0,9105	0,001468	430,4	0,9065	0,001452	429,6	0,9028
410	0,001543	445,3	0,9336	0,001521	444,0	0,9290	0,001502	442,8	0,9248	0,001484	441,8	0,9208
420	0,001586	458,3	0,9525	0,001561	456,6	0,9474	0,001539	455,2	0,9428	0,001519	454,0	0,9385
430	0,001633	471,4	0,9712	0,001604	469,4	0,9657	0,001579	467,7	0,9606	0,001556	466,2	0,9559
440	0,001685	484,6	0,9899	0,001651	482,2	0,9838	0,001622	480,2	0,9783	0,001596	478,4	0,9731
450	0,001742	498,0	1,0085	0,001703	495,1	1,0018	0,001669	492,7	0,9958	0,001640	490,7	0,9902
460	0,001805	511,5	1,0272	0,001760	508,3	1,0199	0,001721	505,5	1,0133	0,001687	503,1	1,0073
470	0,001874	525,4	1,0459	0,001821	521,6	1,0379	0,001777	518,4	1,0308	0,001738	515,6	1,0243
480	0,001950	539,4	1,0647	0,001888	535,2	1,0560	0,001837	531,5	1,0483	0,001793	528,4	1,0414
490	0,002032	553,8	1,0836	0,001961	548,9	1,0742	0,001901	544,9	1,0659	0,001851	541,4	1,0585
500	0,002121	568,3	1,1026	0,002038	563,0	1,0925	0,001971	558,4	1,0836	0,001913	554,6	1,0756
510	0,002216	583,0	1,1215	0,002122	577,1	1,1107	0,002044	572,1	1,1012	0,001980	567,9	1,0928
520	0,002318	597,8	1,1402	0,002211	591,4	1,1288	0,002123	586,0	1,1187	0,002049	581,3	1,1098
530	0,002424	612,5	1,1586	0,002304	605,7	1,1466	0,002205	599,8	1,1361	0,002123	594,8	1,1267
540	0,002534	627,0	1,1765	0,002402	619,8	1,1641	0,002292	613,6	1,1531	0,002200	608,2	1,1433
550	0,002648	641,1	1,1938	0,002503	633,7	1,1811	0,002382	627,2	1,1698	0,002281	621,5	1,1596

Tafel 3. Wasser und überhitzter Dampf (Fortsetzung)　　　**Water and superheated Steam** (Continuation)

t	850 at			900 at			950 at			1000 at		
°C	v	h	s	v	h	s	v	h	s	v	h	s
550	0,002648	641,1	1,1938	0,002503	633,7	1,1811	0,002382	627,2	1,1698	0,002281	621,5	1,1596
560	0,002763	654,9	1,2104	0,002607	647,3	1,1975	0,002476	640,5	1,1859	0,002365	634,6	1,1754
570	0,002876	668,0	1,2261	0,002711	660,5	1,2133	0,002571	653,6	1,2015	0,002451	647,5	1,1908
580	0,002992	680,9	1,2413	0,002816	673,2	1,2283	0,002667	666,4	1,2165	0,002539	660,2	1,2057
590	0,003108	693,6	1,2562	0,002922	685,9	1,2431	0,002764	678,9	1,2311	0,002628	672,5	1,2201
600	0,003224	706,1	1,2705	0,003029	698,4	1,2575	0,002862	691,4	1,2455	0,002719	684,9	1,2344
610	0,003340	718,3	1,2844	0,003135	710,7	1,2715	0,002961	703,8	1,2596	0,002811	697,3	1,2485
620	0,003454	730,2	1,2978	0,003240	722,7	1,2850	0,003058	715,8	1,2732	0,002902	709,5	1,2622
630	0,003567	741,8	1,3107	0,003345	734,3	1,2980	0,003155	727,5	1,2862	0,002992	721,3	1,2754
640	0,003679	753,0	1,3231	0,003449	745,7	1,3105	0,003251	738,9	1,2988	0,003081	732,8	1,2880
650	0,003790	764,0	1,3350	0,003552	756,8	1,3225	0,003347	750,1	1,3109	0,003169	743,9	1,3001
660	0,003899	774,6	1,3465	0,003655	767,6	1,3342	0,003442	760,9	1,3226	0,003258	754,8	1,3119
670	0,004006	784,9	1,3575	0,003756	778,1	1,3454	0,003537	771,6	1,3340	0,003346	765,5	1,3232
680	0,004111	795,0	1,3681	0,003855	788,3	1,3562	0,003631	782,0	1,3449	0,003435	775,9	1,3342
690	0,004214	804,9	1,3784	0,003954	798,4	1,3667	0,003725	792,1	1,3555	0,003523	786,2	1,3449
700	0,004316	814,5	1,3883	0,004051	808,2	1,3768	0,003817	802,1	1,3658	0,003610	796,2	1,3554
710	0,004416	823,9	1,3980	0,004146	817,8	1,3866	0,003908	811,9	1,3758	0,003697	806,1	1,3655
720	0,004514	833,2	1,4073	0,004240	827,2	1,3962	0,003998	821,5	1,3855	0,003783	815,9	1,3753
730	0,004610	842,3	1,4164	0,004332	836,5	1,4055	0,004086	830,9	1,3950	0,003868	825,5	1,3849
740	0,004705	851,2	1,4253	0,004423	845,6	1,4145	0,004173	840,2	1,4042	0,003952	834,9	1,3943
750	0,004799	860,0	1,4340	0,004512	854,6	1,4233	0,004259	849,3	1,4132	0,004034	844,2	1,4034
760	0,004891	868,7	1,4424	0,004600	863,5	1,4320	0,004343	858,3	1,4219	0,004115	853,3	1,4123
770	0,004982	877,3	1,4507	0,004687	872,2	1,4404	0,004427	867,2	1,4305	0,004195	862,4	1,4210
780	0,005071	885,8	1,4588	0,004773	880,9	1,4486	0,004509	876,0	1,4389	0,004274	871,3	1,4295
790	0,005160	894,2	1,4668	0,004857	889,4	1,4567	0,004590	884,7	1,4471	0,004352	880,1	1,4379
800	0,005247	902,6	1,4746	0,004941	897,9	1,4647	0,004670	893,3	1,4551	0,004429	888,9	1,4460

1 at = 0,980665 bar　　1 kcal = 4,1868 kJ

Tafel 3a. Wasser und überhitzter Dampf mit 1 °C Stufung
Water and Superheated Steam with 1 °C Steps
Eau et vapeur surchauffée avec échelonnement plus
Agua y vapor recalentado con un escalonamiento

t	205 at $t_s = 366,13$ °C			210 at $t_s = 368,15$ °C			215 at $t_s = 370,12$ °C		
	v''	h''	s''	v''	h''	s''	v''	h''	s''
	0,005793	576,1	1,1776	0,005385	568,4	1,1645	0,004944	558,9	1,1488
°C	v	h	s	v	h	s	v	h	s
350	0,0016644	393,3	0,8908	0,0016566	392,7	0,8895	0,0016491	392,1	0,8882
351	0,0016764	395,3	0,8941	0,0016681	394,6	0,8927	0,0016601	394,0	0,8914
352	0,0016888	397,4	0,8975	0,0016799	396,7	0,8960	0,0016714	396,0	0,8946
353	0,0017019	399,6	0,9009	0,0016923	398,8	0,8994	0,0016833	398,1	0,8979
354	0,0017158	401,7	0,9044	0,0017054	400,9	0,9028	0,0016958	400,2	0,9013
355	0,0017305	403,9	0,9079	0,0017193	403,1	0,9062	0,0017089	402,2	0,9046
356	0,0017462	406,2	0,9115	0,0017340	405,3	0,9097	0,0017228	404,4	0,9080
357	0,0017630	408,5	0,9152	0,0017497	407,5	0,9132	0,0017375	406,5	0,9114
358	0,0017812	410,9	0,9190	0,0017666	409,8	0,9169	0,0017533	408,7	0,9149
359	0,0018010	413,4	0,9229	0,0017847	412,1	0,9206	0,0017701	411,0	0,9185
360	0,0018227	416,0	0,9270	0,0018044	414,6	0,9245	0,0017881	413,3	0,9222
361	0,0018467	418,7	0,9313	0,0018259	417,1	0,9285	0,0018077	415,7	0,9260
362	0,0018736	421,6	0,9358	0,0018496	419,8	0,9327	0,0018290	418,3	0,9299
363	0,0019044	424,7	0,9408	0,0018761	422,7	0,9372	0,0018525	420,9	0,9341
364	0,0019405	428,2	0,9462	0,0019062	425,7	0,9420	0,0018786	423,7	0,9385
365	0,0019844	432,1	0,9524	0,0019411	429,1	0,9473	0,0019080	426,8	0,9433
366	0,0020415	436,8	0,9598	0,0019830	432,9	0,9533	0,0019419	430,1	0,9485
367	0,0060755	583,5	1,1892	0,0020360	437,4	0,9603	0,0019820	433,8	0,9543
368	0,0063390	590,3	1,1998	0,0021100	443,1	0,9692	0,0020317	438,1	0,9609
369	0,0065635	596,0	1,2086	0,0057125	577,4	1,1786	0,0020979	443,3	0,9692
370	0,0067622	600,9	1,2164	0,0060038	585,2	1,1907	0,0022022	450,8	0,9808
371	0,0069424	605,4	1,2233	0,0062439	591,5	1,2005	0,0053636	571,0	1,1677
372	0,0071082	609,4	1,2295	0,0064526	596,9	1,2089	0,0056876	580,1	1,1817
373	0,0072627	613,2	1,2353	0,0066395	601,7	1,2163	0,0059444	587,1	1,1926
374	0,0074078	616,7	1,2407	0,0068103	606,0	1,2230	0,0061633	593,0	1,2017
375	0,0075450	619,9	1,2458	0,0069683	610,0	1,2291	0,0063570	598,1	1,2096
376	0,0076754	623,0	1,2506	0,0071161	613,7	1,2348	0,0065324	602,7	1,2167
377	0,0077999	626,0	1,2551	0,0072553	617,1	1,2401	0,0066938	606,9	1,2231
378	0,0079191	628,7	1,2593	0,0073873	620,3	1,2450	0,0068441	610,8	1,2291
379	0,0080307	631,3	1,2633	0,0075130	623,4	1,2497	0,0069852	614,4	1,2346
380	0,0081390	633,9	1,2672	0,0076332	626,3	1,2542	0,0071185	617,7	1,2398
381	0,0082442	636,3	1,2709	0,0077490	629,1	1,2584	0,0072453	620,9	1,2446
382	0,0083466	638,7	1,2746	0,0078572	631,7	1,2624	0,0073663	624,0	1,2493
383	0,0084463	641,0	1,2781	0,0079622	634,2	1,2663	0,0074822	626,9	1,2537
384	0,0085435	643,2	1,2815	0,0080644	636,6	1,2700	0,0075936	629,6	1,2579
385	0,0086384	645,4	1,2848	0,0081638	639,0	1,2736	0,0076983	632,2	1,2618
386	0,0087312	647,5	1,2880	0,0082608	641,3	1,2771	0,0078001	634,7	1,2656
387	0,0088218	649,6	1,2912	0,0083553	643,5	1,2804	0,0078991	637,1	1,2693
388	0,0089105	651,6	1,2942	0,0084477	645,7	1,2837	0,0079956	639,4	1,2728
389	0,0089973	653,6	1,2972	0,0085379	647,8	1,2869	0,0080897	641,7	1,2763
390	0,0090824	655,5	1,3001	0,0086262	649,9	1,2901	0,0081815	644,0	1,2796
391	0,0091659	657,4	1,3029	0,0087125	651,9	1,2931	0,0082712	646,1	1,2829
392	0,0092477	659,2	1,3057	0,0087971	653,9	1,2961	0,0083590	648,2	1,2861
393	0,0093280	661,0	1,3084	0,0088801	655,8	1,2990	0,0084448	650,3	1,2892
394	0,0094069	662,8	1,3111	0,0089614	657,7	1,3018	0,0085288	652,3	1,2922
395	0,0094844	664,5	1,3137	0,0090412	659,5	1,3046	0,0086112	654,3	1,2952
396	0,0095606	666,2	1,3162	0,0091195	661,3	1,3073	0,0086919	656,2	1,2980
397	0,0096355	667,9	1,3187	0,0091965	663,1	1,3099	0,0087711	658,1	1,3008
398	0,0097093	669,5	1,3211	0,0092721	664,8	1,3125	0,0088489	659,9	1,3036
399	0,0097819	671,2	1,3235	0,0093465	666,5	1,3150	0,0089252	661,7	1,3063
400	0,0098534	672,7	1,3259	0,0094196	668,2	1,3175	0,0090002	663,5	1,3089

der Temperatur im kritischen Gebiet.
of Temperature in the Critical Range.
fin de la température, de 1 °C, dans la zone critique.
de temperaturas más preciso, de 1 °C, en la zona crítica.

t	220 at $t_s = 372{,}05\ ^\circ\mathrm{C}$			225 at $t_s = 373{,}94\ ^\circ\mathrm{C}$			230 at		
	v''	h''	s''	v''	h''	s''			
	0,004423	545,8	1,1276	0,003529	517,3	1,0829			
°C	v	h	s	v	h	s	v	h	s
350	0,0016420	391,5	0,8870	0,0016352	391,0	0,8858	0,0016287	390,4	0,8847
351	0,0016526	393,4	0,8901	0,0016454	392,8	0,8889	0,0016386	392,3	0,8877
352	0,0016635	395,4	0,8933	0,0016559	394,8	0,8920	0,0016487	394,2	0,8908
353	0,0016748	397,4	0,8965	0,0016668	396,8	0,8952	0,0016592	396,2	0,8939
354	0,0016867	399,4	0,8998	0,0016782	398,8	0,8984	0,0016701	398,1	0,8971
355	0,0016992	401,5	0,9030	0,0016901	400,8	0,9016	0,0016815	400,1	0,9002
356	0,0017124	403,5	0,9063	0,0017026	402,8	0,9048	0,0016935	402,1	0,9033
357	0,0017263	405,6	0,9097	0,0017158	404,8	0,9080	0,0017060	404,0	0,9065
358	0,0017410	407,8	0,9130	0,0017297	406,9	0,9113	0,0017192	406,1	0,9097
359	0,0017567	410,0	0,9165	0,0017445	409,0	0,9147	0,0017332	408,1	0,9129
360	0,0017735	412,2	0,9200	0,0017602	411,2	0,9181	0,0017479	410,2	0,9162
361	0,0017915	414,5	0,9237	0,0017769	413,4	0,9216	0,0017635	412,3	0,9196
362	0,0018109	416,9	0,9275	0,0017948	415,7	0,9252	0,0017802	414,5	0,9231
363	0,0018321	419,4	0,9314	0,0018141	418,0	0,9289	0,0017980	416,8	0,9267
364	0,0018553	422,0	0,9355	0,0018351	420,5	0,9328	0,0018172	419,2	0,9304
365	0,0018809	424,8	0,9399	0,0018580	423,1	0,9369	0,0018380	421,6	0,9342
366	0,0019098	427,8	0,9446	0,0018833	425,9	0,9412	0,0018606	424,2	0,9383
367	0,0019427	431,0	0,9496	0,0019115	428,8	0,9458	0,0018856	427,0	0,9425
368	0,0019813	434,7	0,9553	0,0019436	432,0	0,9508	0,0019133	429,9	0,9471
369	0,0020283	438,8	0,9617	0,0019809	435,6	0,9563	0,0019446	433,0	0,9520
370	0,0020889	443,7	0,9694	0,0020256	439,6	0,9625	0,0019807	436,5	0,9574
371	0,0021763	450,3	0,9795	0,0020818	444,3	0,9699	0,0020235	440,4	0,9635
372	0,0023519	461,7	0,9972	0,0021586	450,2	0,9791	0,0020761	444,9	0,9705
373	0,0050327	564,5	1,1567	0,0022841	458,9	0,9925	0,0021453	450,4	0,9790
374	0,0053921	575,0	1,1729	0,0038294	528,4	1,0999	0,0022471	457,7	0,9903
375	0,0056656	582,8	1,1849	0,0047290	558,2	1,1460	0,0024477	470,2	1,0096
376	0,0058942	589,2	1,1947	0,0051206	570,2	1,1645	0,0036289	523,4	1,0916
377	0,0060942	594,7	1,2031	0,0054088	578,7	1,1776	0,0044674	552,7	1,1367
378	0,0062739	599,5	1,2106	0,0056457	585,6	1,1881	0,0048775	565,8	1,1568
379	0,0064384	603,9	1,2174	0,0058510	591,4	1,1970	0,0051755	574,9	1,1708
380	0,0065908	608,0	1,2236	0,0060343	596,5	1,2049	0,0054183	582,2	1,1819
381	0,0067335	611,7	1,2294	0,0062012	601,1	1,2120	0,0056273	588,3	1,1913
382	0,0068680	615,3	1,2347	0,0063553	605,4	1,2184	0,0058131	593,7	1,1995
383	0,0069955	618,6	1,2398	0,0064992	609,3	1,2244	0,0059817	598,5	1,2069
384	0,0071170	621,7	1,2446	0,0066345	612,9	1,2300	0,0061370	602,9	1,2136
385	0,0072333	624,7	1,2491	0,0067626	616,4	1,2352	0,0062816	606,9	1,2197
386	0,0073450	627,6	1,2535	0,0068845	619,6	1,2401	0,0064173	610,7	1,2254
387	0,0074515	630,2	1,2575	0,0070009	622,7	1,2448	0,0065457	614,3	1,2308
388	0,0075527	632,8	1,2614	0,0071126	625,6	1,2492	0,0066676	617,6	1,2359
389	0,0076511	635,3	1,2652	0,0072206	628,4	1,2535	0,0067840	620,8	1,2407
390	0,0077470	637,7	1,2688	0,0073212	631,1	1,2575	0,0068955	623,8	1,2452
391	0,0078405	640,0	1,2723	0,0074189	633,6	1,2613	0,0070027	626,7	1,2496
392	0,0079317	642,3	1,2757	0,0075140	636,1	1,2650	0,0071046	629,4	1,2537
393	0,0080208	644,5	1,2791	0,0076067	638,4	1,2685	0,0072014	632,0	1,2576
394	0,0081079	646,7	1,2823	0,0076972	640,8	1,2720	0,0072957	634,5	1,2613
395	0,0081931	648,8	1,2854	0,0077856	643,0	1,2754	0,0073875	636,9	1,2650
396	0,0082765	650,8	1,2885	0,0078719	645,2	1,2787	0,0074772	639,3	1,2685
397	0,0083582	652,8	1,2915	0,0079564	647,3	1,2819	0,0075647	641,6	1,2719
398	0,0084382	654,8	1,2944	0,0080390	649,4	1,2850	0,0076502	643,8	1,2752
399	0,0085168	656,7	1,2973	0,0081201	651,5	1,2880	0,0077339	646,0	1,2785
400	0,0085939	658,6	1,3000	0,0081994	653,5	1,2910	0,0078157	648,1	1,2816

Tafel 3 a. Wasser und überhitzter Dampf mit 1 °C Stufung
Water and Superheated Steam with 1 °C Steps
Pour l'eau et la vapeur surchauffée, échelonnement plus
Agua y vapeur recalentado con un escalonamiento

t	235 at			240 at		
°C	v	h	s	v	h	s
350	0,0016225	389,9	0,8836	0,0016165	389,5	0,8825
351	0,0016320	391,8	0,8866	0,0016258	391,3	0,8855
352	0,0016418	393,7	0,8896	0,0016352	393,1	0,8885
353	0,0016519	395,6	0,8927	0,0016450	395,0	0,8915
354	0,0016624	397,5	0,8958	0,0016551	396,9	0,8945
355	0,0016734	399,4	0,8988	0,0016657	398,8	0,8976
356	0,0016848	401,4	0,9019	0,0016767	400,7	0,9006
357	0,0016968	403,3	0,9050	0,0016881	402,6	0,9036
358	0,0017094	405,3	0,9081	0,0017002	404,6	0,9067
359	0,0017226	407,3	0,9113	0,0017127	406,5	0,9098
360	0,0017365	409,3	0,9145	0,0017260	408,5	0,9129
361	0,0017513	411,4	0,9178	0,0017399	410,5	0,9161
362	0,0017669	413,5	0,9211	0,0017546	412,6	0,9193
363	0,0017835	415,7	0,9246	0,0017702	414,7	0,9226
364	0,0018012	418,0	0,9281	0,0017867	416,9	0,9261
365	0,0018203	420,3	0,9318	0,0018044	419,1	0,9296
366	0,0018409	422,8	0,9356	0,0018233	421,4	0,9332
367	0,0018633	425,3	0,9396	0,0018437	423,9	0,9370
368	0,0018878	428,0	0,9439	0,0018658	426,4	0,9410
369	0,0019151	430,9	0,9484	0,0018901	429,1	0,9452
370	0,0019457	434,0	0,9532	0,0019168	432,0	0,9497
371	0,0019807	437,5	0,9586	0,0019468	435,1	0,9545
372	0,0020217	441,3	0,9645	0,0019808	438,5	0,9597
373	0,0020715	445,6	0,9712	0,0020204	442,2	0,9655
374	0,0021347	450,8	0,9792	0,0020675	446,4	0,9720
375	0,0022219	457,3	0,9892	0,0021260	451,2	0,9795
376	0,0023622	466,6	1,0035	0,0022030	457,1	0,9886
377	0,0026906	484,9	1,0318	0,0023145	464,9	1,0005
378	0,0035846	524,0	1,0918	0,0025073	476,6	1,0186
379	0,0042604	548,4	1,1294	0,0029198	497,9	1,0511
380	0,0046669	562,0	1,1501	0,0035676	525,6	1,0936
381	0,0049674	571,5	1,1647	0,0041079	545,7	1,1244
382	0,0052125	579,1	1,1763	0,0044907	558,9	1,1446
383	0,0054233	585,5	1,1860	0,0047854	568,6	1,1594
384	0,0056101	591,1	1,1945	0,0050287	576,4	1,1713
385	0,0057794	596,1	1,2021	0,0052386	583,0	1,1813
386	0,0059351	600,6	1,2090	0,0054250	588,7	1,1900
387	0,0060799	604,8	1,2154	0,0055939	593,9	1,1978
388	0,0062156	608,7	1,2212	0,0057491	598,5	1,2048
389	0,0063438	612,3	1,2267	0,0058934	602,8	1,2113
390	0,0064655	615,7	1,2319	0,0060287	606,8	1,2173
391	0,0065816	619,0	1,2368	0,0061563	610,5	1,2229
392	0,0066927	622,1	1,2415	0,0062774	614,0	1,2282
393	0,0067994	625,1	1,2459	0,0063929	617,4	1,2332
394	0,0069022	627,9	1,2502	0,0065033	620,5	1,2379
395	0,0069979	630,5	1,2541	0,0066094	623,5	1,2425
396	0,0070911	633,1	1,2579	0,0067116	626,4	1,2468
397	0,0071820	635,5	1,2616	0,0068075	629,2	1,2509
398	0,0072707	637,9	1,2652	0,0068996	631,7	1,2547
399	0,0073573	640,2	1,2686	0,0069894	634,2	1,2584
400	0,0074419	642,5	1,2720	0,0070770	636,6	1,2620

der Temperatur im kritischen Gebiet (Fortsetzung).
of Temperature in the Critical Range (Continuation).
fin de la température, de 1 °C, dans la zone critique (Continuation).
de temperaturas más preciso, de 1 °C, en la zona crítica (Continuación).

t	245 at			250 at		
°C	v	h	s	v	h	s
350	0,0016108	389,0	0,8815	0,0016052	388,6	0,8805
351	0,0016197	390,8	0,8844	0,0016139	390,3	0,8834
352	0,0016289	392,6	0,8874	0,0016228	392,2	0,8863
353	0,0016384	394,5	0,8904	0,0016320	394,0	0,8893
354	0,0016482	396,4	0,8934	0,0016415	395,8	0,8922
355	0,0016583	398,2	0,8963	0,0016513	397,7	0,8951
356	0,0016689	400,1	0,8993	0,0016615	399,5	0,8981
357	0,0016799	402,0	0,9023	0,0016721	401,4	0,9010
358	0,0016914	403,9	0,9053	0,0016832	403,2	0,9039
359	0,0017035	405,8	0,9083	0,0016947	405,1	0,9069
360	0,0017161	407,7	0,9113	0,0017067	407,0	0,9099
361	0,0017293	409,7	0,9144	0,0017194	408,9	0,9129
362	0,0017432	411,7	0,9176	0,0017326	410,8	0,9160
363	0,0017579	413,7	0,9208	0,0017465	412,8	0,9191
364	0,0017734	415,8	0,9241	0,0017611	414,9	0,9223
365	0,0017899	418,0	0,9275	0,0017766	417,0	0,9256
366	0,0018075	420,2	0,9310	0,0017930	419,1	0,9290
367	0,0018263	422,6	0,9347	0,0018105	421,4	0,9325
368	0,0018465	425,0	0,9384	0,0018292	423,7	0,9361
369	0,0018684	427,5	0,9424	0,0018492	426,1	0,9399
370	0,0018923	430,2	0,9466	0,0018709	428,6	0,9438
371	0,0019186	433,1	0,9510	0,0018945	431,3	0,9480
372	0,0019480	436,1	0,9558	0,0019204	434,2	0,9524
373	0,0019811	439,5	0,9609	0,0019491	437,2	0,9571
374	0,0020192	443,1	0,9666	0,0019815	440,5	0,9622
375	0,0020641	447,2	0,9729	0,0020183	444,1	0,9677
376	0,0021187	451,8	0,9800	0,0020612	448,0	0,9738
377	0,0021880	457,3	0,9884	0,0021124	452,4	0,9806
378	0,0022821	464,0	0,9988	0,0021757	457,5	0,9884
379	0,0024236	473,2	1,0128	0,0022579	463,6	0,9978
380	0,0026650	486,9	1,0338	0,0023718	471,3	1,0096
381	0,0030668	506,5	1,0639	0,0025424	481,7	1,0254
382	0,0035588	527,5	1,0958	0,0028044	495,8	1,0470
383	0,0039987	544,3	1,1215	0,0031599	512,7	1,0727
384	0,0043474	556,7	1,1404	0,0035536	529,5	1,0983
385	0,0046292	566,3	1,1551	0,0039200	543,8	1,1201
386	0,0048664	574,2	1,1670	0,0042326	555,3	1,1375
387	0,0050729	580,8	1,1771	0,0044969	564,6	1,1516
388	0,0052571	586,7	1,1859	0,0047248	572,3	1,1633
389	0,0054244	591,9	1,1938	0,0049256	579,0	1,1734
390	0,0055784	596,7	1,2010	0,0051060	584,9	1,1823
391	0,0057215	601,0	1,2076	0,0052704	590,2	1,1903
392	0,0058557	605,1	1,2137	0,0054222	595,0	1,1976
393	0,0059824	608,9	1,2194	0,0055635	599,4	1,2042
394	0,0061026	612,5	1,2248	0,0056961	603,6	1,2104
395	0,0062171	615,9	1,2298	0,0058214	607,4	1,2162
396	0,0063267	619,1	1,2347	0,0059403	611,1	1,2216
397	0,0064320	622,2	1,2393	0,0060536	614,5	1,2267
398	0,0065333	625,1	1,2436	0,0061621	617,8	1,2316
399	0,0066294	627,9	1,2478	0,0062663	620,9	1,2363
400	0,0067202	630,5	1,2517	0,0063665	623,9	1,2407

Tafel 4. Internationale Rahmentafeln 1963, 1964 mit Toleranzen

Auf der Sechsten Internationalen Konferenz über die Eigenschaften des Wasserdampfes im Oktober 1963 wurden die folgenden Rahmentafeln (Skeleton Tables) 1963 in internationalen Einheiten vereinbart für Sättigungszustand (4a), spezifisches Volumen (4b) und spezifische Enthalpie (4c).

Bezugszustand ist der Zustand des flüssigen Wassers am Tripelpunkt bei 273,16 °K, wo die spezifische innere Energie und die spezifische Entropie genau zu Null angenommen sind. Die Angaben für 0 °C und 1 bar beziehen sich auf den metastabilen Zustand des flüssigen Wassers, stabil ist hier der feste Zustand.

Bei einem Druck von genau 1,01325 bar ist der Sättigungstemperatur der genaue Wert von 100 °C der Internationalen Temperaturskala 1948 zugeteilt. Bei einer Temperatur von genau 100 °C der Thermodynamischen Temperaturskala ist der Sättigungsdruck 1,01325 bar mit einer Toleranz von 0,00004 bar.

In der Nähe des kritischen Punktes sind die Toleranzen des spezifischen Volumens und der spezifischen Enthalpie der Dampfphase den entsprechenden Toleranzen der flüssigen Phase angeglichen. Die Toleranzen der Änderungen vom spezifischen Volumen und spezifischer Enthalpie bei der Verdampfung gehen gegen Null, wenn man sich dem kritischen Punkt nähert.

Die Rahmentafeln für Viskosität (4d) und Wärmeleitfähigkeit (4e) wurden 1964 in Paris vereinbart.

Table 4. International Skeleton Tables 1963, 1964 with Tolerances

At the Sixth International Conference on the Properties of Steam in October 1963 the following Skeleton Tables 1963 were agreed in international units for Saturation State (4a), specific Volume (4b) and specific Enthalpy (4c).

State of reference is the liquid phase at the triple point at 273,16 °K where the specific internal energy and the specific entropy are made exactly zero. The data for 0 °C and 1 bar refer to the metastable state of liquid water, the stable state is here solid.

At a pressure of exactly 1,01325 bar the saturation temperature has the exact assigned value of 100 °C on the International Practical Scale of Temperature 1948. At a temperature of exactly 100 °C on the Thermodynamic Celsius Scale the saturation pressure is 1,01325 bar, with a tolerance of 0,00004 bar.

Near the critical point, the tolerances on the specific volume and on the specific enthalpy in the vapour phase are correlated with the corresponding tolerances in the liquid phase. The tolerances on the changes in specific volume and in specific enthalpy on evaporation tend to zero as the critical point is approached.

The skeleton Tables for dynamic viscosity (4d) and thermal conductivity (4e) were agreed 1964 in Paris.

Table 4. Tables-cadres internationales 1963, 1964 avec tolérances

Lors de la sixième conférence internationale sur les propriétés de la vapeur d'eau en octobre 1963, les participants se sont mis d'accord sur les tables-cadres 1963 suivantes (Skeleton Tables) en unités internationales pour l'état de saturation (4a), le volume spécifique (4b) et l'enthalpie spécifique (4c).

L'état de référence est l'état de l'eau liquide au point triple à 273,16 °K, où l'énergie interne spécifique et l'entropie spécifique ont été prises comme étant exactement égales à zéro. Les valeurs pour 0 °C et 1 bar se rapportent à l'état métastable de l'eau liquide, stable est ici l'état solide.

A une pression de 1,01325 bar la température de saturation est assignée la valeur exacte de 100 °C de l'Escale Internationale de Température 1948. A une température exacte de 100 °C de l'Escale Thermodynamique Celsius la pression de saturation est 1,01325 bar avec une tolérance de 0,00004 bar.

Près du point critique les tolérances du volume spécifique et de l'enthalpie spécifique de la phase vaporeuse convergent avec les tolérances de la phase liquide. Les tolérances des changements du volume spécifique et de l'enthalpie spécifique à l'évaporation tendent à zéro si le point critique est approché.

Les tables-cadres pour la viscosité (4d) et la conductibilité thermique (4e) ont été resolues 1964 à Paris.

Tabla 4. Tablas básicas internacionales 1963, 1964 con tolerancias

En la sexta Conferencia Internacional sobre las propriedades del vapor de agua, celebrada en el mes de octubre 1963, de se acordaron para el estado de saturación (4a) el volumen específico (4b) y la entalpía específica (4c) las siguientes tablas básicas (Skeleton Tables) 1963 en unidades internacionales:

El estado de referencia es el del agua líquida en el punto triple a 273,16 °K, en el que la energía específica interna y la entropía específica se toman exactamente como si fueran cero. Los datos para 0 °C y 1 bar se refieren al estado metaestable des agua líquida; el estado establa es el sólido.

A una presión de exactamente 1,01325 bar, la temperatura de saturación tiene asignado el valor exacto de 100 °C de la escala de temperaturas internacional de 1948. A una temperatura estricta de 100 °C de la escala termodinámica la presión de saturación es de 1,01325 bar con una tolerancia de 0,00004 bar.

En las proximidades del punto crítico, las tolerancias del volumen específico y de la entalpía específica del estado gaseoso, se han ajustado a las correspondientes tolerancias del estado líquido. Durante la vaporización, las tolerancias de las variaciones del volumen y entalpía específicos tienden a cero, al aproximarse al punto crítico.

Las tablas básicas para la viscisidad (4d) y la conductibilidad térmica (4e) se acordaron en París en el año 1964.

4a. Internationale Rahmentafel 1963 für den Sättigungszustand

Jeweils die zweite Spalte enthält die Plus/Minus-Toleranzen in den gleichen Einheiten wie die Zustandsgrößen.

International Skeleton Table 1963 for Saturation State

For each parameter the second column represents the tolerances plus/minus in the same units as the parameter.

Table-cadre internationale 1963 pour l'état de saturation

Pour chaque cas, la deuxième colonne indique les tolérances plus/minus avec les mêmes unités que celles utilisées pour les grandeurs d'état.

Tabla básica internacional 1963 para el estado de saturación

La segunda columna comprende siempre las tolerancia por exceso y por defecto expresadas en las mismas unidades que las magnitudes del estado.

Temperatur °C	Druck, pressure bar	±	Spezifisches Volumen cm³/g Wasser, Water	±	Dampf, Steam	±	Spezifische Enthalpie J/g Wasser, Water	±	Dampf, Steam	±
0	0,006108	0,000006	1,00021	0,00005	206288	210	−0,0416	0,0004	2501	3
0,01	0,006112	0,000006	1,00021	0,00005	206146	210	0,000611	0,000001	2501	3
10	0,012271	0,000010	1,0004	0,0001	106422	110	41,99	0,04	2519	3
20	0,023368	0,000020	1,0018	0,0001	57836	58	83,86	0,08	2538	2
30	0,042418	0,000030	1,0044	0,0001	32929	33	125,66	0,08	2556	2
40	0,073750	0,000038	1,0079	0,0001	19546	19	167,47	0,08	2574	2
50	0,12335	0,00006	1,0121	0,0002	12045	12	209,3	0,1	2592	2
60	0,19919	0,00010	1,0171	0,0002	7677,6	7,7	251,1	0,1	2609	2
70	0,31161	0,00016	1,0228	0,0002	5045,3	5,0	293,0	0,1	2626	2
80	0,47358	0,00024	1,0290	0,0003	3408,3	3,4	334,9	0,2	2643	2
90	0,70109	0,00036	1,0359	0,0003	2360,9	2,4	376,9	0,2	2660	2
100	1,01325		1,0435	0,0003	1673,0	1,7	419,1	0,2	2676	2
110	1,4327	0,0010	1,0515	0,0004	1210,1	1,2	461,3	0,2	2691	2
120	1,9845	0,0013	1,0603	0,0004	891,71	0,89	503,7	0,2	2706	2
130	2,7011	0,0016	1,0697	0,0004	668,32	0,67	546,3	0,3	2720	2
140	3,6136	0,0021	1,0798	0,0004	508,66	0,51	589,1	0,3	2734	2
150	4,7597	0,0032	1,0906	0,0004	392,57	0,39	632,2	0,3	2747	3
160	6,1804	0,0042	1,1021	0,0004	306,85	0,31	675,5	0,3	2758	3
170	7,9202	0,0053	1,1144	0,0004	242,62	0,24	719,1	0,4	2769	3
180	10,027	0,007	1,1275	0,0004	193,85	0,19	763,1	0,4	2778	4
190	12,553	0,008	1,1415	0,0004	156,35	0,16	807,5	0,4	2786	4
200	15,550	0,008	1,1565	0,0004	127,19	0,13	852,4	0,4	2793	4
210	19,080	0,008	1,1726	0,0004	104,265	0,104	897,7	0,4	2798	4
220	23,202	0,009	1,1900	0,0004	86,062	0,086	943,7	0,4	2802	4
230	27,979	0,010	1,2087	0,0004	71,472	0,071	990,3	0,5	2803	4
240	33,480	0,012	1,2291	0,0004	59,674	0,060	1037,6	0,5	2803	4
250	39,776	0,013	1,2512	0,0004	50,056	0,050	1085,8	0,5	2801	4
260	46,941	0,015	1,2755	0,0004	42,149	0,042	1135,0	0,7	2796	4
270	55,052	0,017	1,3023	0,0004	35,599	0,036	1185,2	0,8	2790	4
280	64,191	0,020	1,3321	0,0004	30,133	0,030	1236,8	0,8	2780	4
290	74,449	0,022	1,3655	0,0005	25,537	0,030	1290	1	2766	4
300	85,917	0,024	1,4036	0,0007	21,643	0,035	1345	1	2749	4
310	98,694	0,030	1,4475	0,0007	18,316	0,035	1402	2	2727	5
320	112,89	0,03	1,4992	0,0007	15,451	0,035	1462	2	2700	6
330	128,64	0,04	1,562	0,001	12,967	0,035	1526	2	2666	6
340	146,08	0,04	1,639	0,001	10,779	0,035	1596	3	2623	7
350	165,37	0,04	1,741	0,001	8,805	0,035	1672	3	2565	8
360	186,74	0,05	1,894	0,004	6,943	0,040	1762	3	2481	8
370	210,53	0,05	2,22	0,02	4,93	0,10	1892	6	2331	12
371	213,06	0,10	2,29	0,02	4,68	0,10	1913	6	2305	14
372	215,63	0,11	2,38	0,03	4,40	0,11	1937	9	2273	16
373	218,2	0,1	2,51	0,04	4,05	0,12	1969	14	2230	18
374	220,9	0,1	2,80	0,15	3,47	0,12	2032	20	2146	30
374,15 ±0,10	221,2	0,1	3,17	0,15	3,17	0,15	2095	30	2095	30

146

4b. Internationale Rahmentafel 1963 für spezifisches Volumen

Von je zwei übereinanderstehenden Zahlen gibt die obere den vereinbarten Wert des Volumens

International Skeleton Table 1963 for Specific Volume

Of each pair of figures the upper represents the adopted value
Des deux nombres superposés toujours le nombre supérieure indique
De los dos números despuestos en columna, el superior da el valor

Druck bar	Temperatur in °C									
	0	50	100	150	200	250	300	350	375	400
1	1,0002	1,0121	1696	1936	2173	2406	2639	2871	2987	3103
	,0001	,0002	1	1	2	2	2	2	2	2
5	0,9999	1,0119	1,0433	1,0906	425,1	474,4	522,5	570,1	593,7	617,2
	,0002	,0002	,0002	,0003	,4	,4	,4	,4	,4	,4
10	0,9997	1,0117	1,0431	1,0903	206,0	232,7	257,9	282,4	294,5	306,5
	,0002	,0002	,0002	,0003	,3	,2	,2	,2	,2	,2
25	0,9989	1,0110	1,0423	1,0894	1,1556	87,0	98,9	109,7	114,9	120,0
	,0002	,0002	,0002	,0003	,0003	,2	,1	,1	,1	,1
50	0,9976	1,0099	1,0410	1,0878	1,1531	1,2495	45,34	51,93	54,90	57,76
	,0002	,0002	,0002	,0003	,0003	,0004	,07	,08	,09	,09
75	0,9964	1,0088	1,0398	1,0862	1,1507	1,2452	26,71	32,44	34,75	36,91
	,0002	,0002	,0003	,0004	,0004	,0004	,05	,07	,08	,08
100	0,9952	1,0077	1,0386	1,0846	1,1483	1,2409	1,397	22,44	24,53	26,40
	,0002	,0002	,0004	,0004	,0004	,0004	,001	,05	,05	,05
125	0,9940	1,0066	1,0373	1,0830	1,1460	1,2367	1,387	16,14	18,25	20,01
	,0002	,0002	,0004	,0004	,0004	,0004	,001	,05	,04	,04
150	0,9928	1,0055	1,0361	1,0813	1,1436	1,2327	1,378	11,49	13,91	15,65
	,0002	,0002	,0004	,0004	,0004	,0005	,001	,04	,04	,04
175	0,9915	1,0044	1,0348	1,0798	1,1414	1,2288	1,369	1,716	10,57	12,46
	,0002	,0002	,0004	,0004	,0004	,0005	,001	,002	,04	,04
200	0,9904	1,0033	1,0336	1,0782	1,1391	1,2251	1,360	1,665	7,68	9,95
	,0002	,0002	,0004	,0004	,0004	,0005	,001	,002	,03	,03
225	0,9892	1,0023	1,0324	1,0766	1,1369	1,2215	1,352	1,630	2,49	7,86
	,0002	,0002	,0004	,0004	,0004	,0005	,001	,002	,04	,03
250	0,9880	1,0012	1,0313	1,0751	1,1347	1,2179	1,345	1,600	1,98	6,00
	,0002	,0002	,0004	,0004	,0004	,0005	,001	,002	,02	,03
275	0,9868	1,0002	1,0301	1,0736	1,1326	1,2144	1,338	1,576	1,865	4,19
	,0002	,0002	,0004	,0004	,0004	,0005	,001	,002	,010	,03
300	0,9856	0,9992	1,0289	1,0721	1,1304	1,2111	1,331	1,555	1,797	2,82
	,0002	,0002	,0004	,0004	,0004	,0005	,001	,002	,008	,02
350	0,9834	0,9972	1,0267	1,0692	1,1264	1,2046	1,319	1,519	1,705	2,111
	,0002	,0002	,0004	,0004	,0004	,0006	,001	,003	,006	,010
400	0,9811	0,9951	1,0244	1,0664	1,1224	1,1984	1,308	1,489	1,644	1,912
	,0002	,0002	,0004	,0004	,0004	,0006	,001	,003	,005	,007
450	0,9788	0,9932	1,0222	1,0636	1,1186	1,1925	1,297	1,464	1,599	1,804
	,0002	,0002	,0004	,0004	,0004	,0006	,001	,003	,005	,006
500	0,9766	0,9912	1,0200	1,0609	1,1148	1,1868	1,288	1,443	1,564	1,731
	,0002	,0003	,0004	,0005	,0005	,0006	,001	,003	,005	,005
550	0,9745	0,9892	1,0178	1,0582	1,1111	1,1813	1,278	1,424	1,533	1,677
	,0003	,0003	,0004	,0005	,0005	,0006	,001	,003	,005	,005
600	0,9723	0,9873	1,0157	1,0556	1,1075	1,1760	1,270	1,407	1,507	1,634
	,0003	,0003	,0004	,0005	,0005	,0006	,001	,003	,005	,004
650	0,9703	0,9854	1,0137	1,0530	1,1040	1,1709	1,261	1,393	1,484	1,599
	,0003	,0003	,0004	,0005	,0005	,0007	,001	,003	,005	,004
700	0,9682	0,9836	1,0116	1,0505	1,1006	1,1660	1,254	1,380	1,464	1,569
	,0003	,0003	,0004	,0005	,0005	,0007	,001	,003	,005	,004
750	0,9662	0,9818	1,0096	1,0480	1,0973	1,1614	1,246	1,367	1,446	1,543
	,0003	,0003	,0004	,0005	,0005	,0008	,001	,003	,004	,004
800	0,9642	0,9800	1,0076	1,0456	1,0941	1,1568	1,239	1,355	1,430	1,519
	,0003	,0003	,0004	,0005	,0005	,0008	,001	,003	,004	,003
850	0,9622	0,9782	1,0057	1,0432	1,0910	1,1524	1,232	1,345	1,415	1,498
	,0003	,0003	,0004	,0005	,0005	,0008	,002	,004	,004	,003
900	0,9603	0,9765	1,0038	1,0409	1,0879	1,1481	1,226	1,334	1,401	1,480
	,0003	,0003	,0004	,0005	,0005	,0009	,002	,004	,004	,003
950	0,9584	0,9748	1,0019	1,0386	1,0848	1,1439	1,220	1,324	1,388	1,463
	,0003	,0003	,0004	,0005	,0005	,0010	,003	,004	,004	,003
1000	0,9566	0,9731	1,0000	1,0363	1,0818	1,1398	1,214	1,314	1,376	1,447
	,0003	,0003	,0004	,0005	,0005	,0012	,003	,004	,004	,003

von Wasser und überhitztem Dampf in cm³/g
in cm³/g und die untere die Plus/Minus-Toleranz in cm³/g an

of Water and Superheated Steam in cm³/g
of the specific volume in cm³/g and the lower the tolerance in cm³/g
la valeur convenue du volume specifique en cm³/g, le nombre inférieur la tolérance (±) en cm³/g
accordado del volumen específico en cm³/g y el inferior la tolerancia (±) en cm³/g

Druck bar	Temperatur in °C									
	425	450	475	500	550	600	650	700	750	800
1	3118	3334	3450	3565	3797	4028	4259	4490	4721	4952
	2	2	2	2	2	2	2	2	2	2
5	640,6	664,1	687,5	710,8	757,4	803,9	850,4	896,9	943,2	989,6
	,4	,4	,4	,4	,4	,4	,4	,4	,4	,4
10	318,4	330,3	432,2	354,0	377,5	401,0	424,4	447,7	471,1	494,3
	,2	,2	,2	,2	,2	,2	,2	,2	,2	,2
25	125,0	130,0	135,0	139,9	149,6	159,2	168,8	178,3	187,7	197,2
	,1	,1	,1	,1	,1	,1	,2	,2	,2	,2
50	60,53	63,24	65,89	68,50	73,61	78,62	83,6	88,4	93,3	98,1
	,09	,09	,09	,10	,10	,10	,1	,1	,1	,1
75	38,96	40,93	42,83	44,69	48,28	51,76	55,16	58,52	61,82	65,09
	,08	,08	,08	,08	,08	,08	,08	,08	,08	,08
100	28,12	29,73	31,26	32,76	35,61	38,32	40,96	43,55	46,09	48,58
	,05	0,5	,06	,07	,07	,07	,08	,08	,08	,08
125	21,56	22,98	24,31	25,59	27,99	30,26	32,44	34,56	36,64	38,68
	,04	,04	,04	,05	,05	,05	,06	,06	,07	,07
150	17,14	18,45	19,65	20,80	22,91	24,88	26,77	28,59	30,35	32,09
	,04	,04	,04	,04	,04	,04	,05	,06	,06	,07
175	13,93	15,19	16,31	17,36	19,28	21,04	22,71	24,31	25,86	27,38
	,03	,03	,03	,04	,04	,04	,04	,05	,05	,06
200	11,47	12,71	13,79	14,78	16,55	18,16	19,67	21,11	22,50	23,85
	,03	,03	,03	,03	,03	,04	,04	,05	,05	,06
225	,951	10,76	11,81	12,76	14,42	15,92	17,31	18,62	19,88	21,10
	,03	,03	,03	,03	,03	,03	,04	,05	,05	,05
250	7,89	9,17	10,22	11,14	12,72	14,12	15,42	16,63	17,79	18,91
	,02	,02	,02	,02	,02	,02	,03	,04	,05	,05
275	6,50	7,85	8,90	9,79	11,32	12,65	13,86	15,00	16,08	17,11
	,02	,02	,02	,02	,02	,02	,03	,03	,04	,04
300	5,298	6,736	7,799	8,682	10,16	11,43	12,58	13,64	14,65	15,62
	,020	,020	,020	,020	,02	,02	,02	,03	,03	,04
350	3,430	4,956	6,054	6,928	8,340	9,516	10,56	11,52	12,42	13,27
	,012	,014	,014	,015	,016	,018	,02	,03	,03	,04
400	2,546	3,686	4,758	5,620	6,980	8,086	9,051	9,93	10,75	11,52
	,009	,012	,012	,013	,014	,016	,018	,02	,03	,03
450	2,191	2,916	3,814	4,628	5,934	6,982	7,885	8,70	9,45	10,16
	,007	,009	,010	,010	,011	,013	,015	,02	,02	,03
500	2,010	2,492	3,170	3,884	5,114	6,108	6,960	7,72	8,42	9,07
	,006	,006	,008	,008	,010	,012	,014	,02	,02	,03
550	1,896	2,245	2,750	3,342	4,464	5,404	6,209	6,93	7,58	8,19
	,005	,005	,006	,007	,008	,010	,012	,02	,02	,02
600	1,816	2,085	2,474	2,950	3,950	4,831	5,592	6,27	6,89	7,46
	,004	,004	,005	,006	,008	,009	,011	,02	,02	,02
650	1,756	1,976	2,283	2,672	3,543	4,360	5,080	5,72	6,31	6,85
	,004	,004	,005	,005	,007	,008	,010	,02	,02	,02
700	1,706	1,892	2,144	2,466	3,221	3,971	4,648	5,26	5,81	6,32
	,004	,004	,004	,005	,006	,007	,009	,01	,02	,02
750	1,665	1,828	2,040	2,310	2,965	3,648	4,283	4,86	5,39	5,87
	,004	,004	,004	,005	,006	,007	,008	,01	,02	,02
800	1,631	1,775	1,958	2,189	2,760	3,380	3,972	4,52	5,02	5,48
	,003	,004	,004	,004	,006	,007	,008	,01	,01	,02
850	1,602	1,731	1,892	2,092	2,594	3,155	3,706	4,22	4,70	5,14
	,003	,003	,004	,004	,005	,006	,008	,01	,01	,02
900	1,576	1,693	1,837	2,014	2,458	2,966	3,478	3,97	4,42	4,84
	,003	,003	,004	,004	,005	,006	,007	,01	,01	,02
950	1,552	1,660	1,790	1,948	2,344	2,806	3,282	3,74	4,17	,457
	,003	,003	,004	,004	,005	,006	,007	,01	,01	,02
1000	1,530	1,630	1,750	1,892	2,248	2,670	3,111	3,54	3,95	4,34
	,003	,003	,004	,004	,005	,005	,006	0,1	,01	,02

4c. Internationale Rahmentafel 1963 für spezifische Enthalpie

Von je zwei übereinanderstehenden Zahlen gibt die obere den vereinbarten Wert

International Skeleton Table 1963 for Specific Enthalpy

Of each pair of figures the upper represents the adopted value
Des deux nombres superposés toujours le nombre supérieur indique
De los dos números despuestos en columna, el superior da el valor

Druck bar	Temperatur in °C									
	0	50	100	150	200	250	300	350	375	400
0	2502	2595	2689	2784	2880	2978	3077	3178	3229	3280
	2	2	2	2	2	2	2	2	2	2
1	0,06	209,3	2676	2777	2876	2975	3074	3175	3227	3278
	,01	,1	2	2	2	2	3	3	3	3
5	0,47	209,6	419,4	632,2	2857	2961	3064	3168	3220	3272
	,02	,2	,2	,3	3	3	4	4	4	4
10	0,98	210,1	419,7	632,4	2830	2943	3051	3158	3211	3264
	,02	,2	,4	,4	4	4	4	4	4	4
25	2,50	211,3	421,0	633,4	852,8	2881	3009	3126	3184	3240
	,05	,2	,4	,4	,4	5	5	4	4	4
50	5,05	213,5	422,8	634,9	853,8	1085,8	2925	3068	3134	3196
	,10	,2	,4	,4	,4	,5	5	5	4	4
75	7,58	215,7	424,7	636,5	855,0	1085,9	2814	3003	3079	3149
	,15	,2	,4	,4	,5	,5	6	5	4	4
100	10,1	217,9	426,6	638,1	856,1	1086,0	1343	2924	3017	3098
	,2	,2	,4	,4	,5	,5	1	5	4	4
125	12,6	220,0	428,5	639,7	857,2	1086,1	1340	2826	2946	3041
	,3	,2	,4	,4	,5	,6	1	6	6	5
150	15,1	222,1	430,4	641,3	858,3	1086,3	1338	2692	2861	2978
	,3	,2	,4	,4	,5	,6	1	8	8	6
175	17,6	224,3	432,3	642,9	859,5	1086,5	1336	1663	2755	2905
	,4	,3	,4	,4	,5	,6	1	3	8	6
200	20,1	226,5	434,2	644,5	860,6	1086,8	1334	1646	2605	2819
	,4	,3	,4	,4	,6	,6	1	3	8	8
225	22,6	228,6	436,1	646,1	861,8	1087,3	1332	1633	1980	2715
	,5	,3	,4	,4	,6	,7	1	3	12	8
250	25,1	230,7	438,0	647,7	863,0	1087,7	1331	1623	1850	2580
	,5	,3	,4	,4	,6	,8	1	3	8	8
275	27,5	232,8	439,9	649,3	864,2	1088,2	1330	1615	1814	2383
	,5	,3	,4	,4	,6	,8	1	3	8	8
300	30,0	235,0	441,8	650,9	865,4	1088,7	1329	1609	1791	2157
	,5	,3	,4	,4	,6	,8	1	3	6	8
350	34,9	239,2	445,6	654,1	867,9	1090	1327	1598	1762	1992
	,6	,3	,4	,4	,6	1	1	3	6	8
400	39,7	243,5	449,4	657,4	870,4	1091	1325	1590	1743	1934
	,7	,3	,4	,4	,6	1	1	3	6	8
450	44,6	247,7	453,2	660,7	873,0	1092	1324	1582	1729	1901
	,8	,4	,4	,4	,6	1	1	3	6	8
500	49,3	252,0	457,0	664,0	875,6	1094	1324	1577	1717	1878
	,8	,4	,4	,4	,6	1	2	3	6	8
550	54,1	256,2	460,8	667,3	878,4	1096	1323	1572	1709	1860
	,8	,4	,4	,4	,6	1	2	3	6	8
600	58,8	260,4	464,6	670,6	881,1	1097	1323	1568	1702	1847
	,9	,4	,4	,4	,7	1	2	3	6	8
650	63,5	264,6	468,4	674,0	883,8	1099	1323	1565	1696	1836
	1,0	,4	,4	,5	,8	1	2	3	6	8
700	68,1	268,8	472,1	677,3	886,6	1101	1323	1562	1691	1828
	1,0	,5	,5	,5	,8	1	2	3	6	8
750	72,7	273,0	476,0	680,7	889,3	1103	1324	1560	1687	1820
	1,1	,6	,5	,5	,9	1	2	4	6	8
800	77,3	277,1	479,8	684,0	892,2	1105	1324	1559	1684	1814
	1,2	,7	,7	,7	,9	1	2	4	6	8
850	81,9	281,3	483,6	687,4	895,0	1107	1325	1557	1681	1808
	1,2	,8	,8	,8	1,0	2	2	4	6	8
900	86,5	285,4	487,3	690,8	898,0	1109	1326	1557	1678	1804
	1,2	,9	,9	,9	1,0	2	2	4	6	8
950	91,1	289,6	491,2	694,2	900,9	1111	1327	1556	1676	1799
	1,2	1,0	1,0	1,0	1,3	2	3	5	6	8
1000	95,7	293,7	495,0	697,6	903,8	1114	1328	1555	1674	1796
	1,2	1,2	1,2	1,2	1,5	2	3	5	6	8

von Wasser und überhitztem Dampf in J/g

der Enthalpie in J/g und die untere die Plus/Minus-Toleranz in J/g an

of Water and Superheated Steam in J/g

of specific enthalpy in J/g and the lower the tolerance ($\pm$) in J/g
la valeur convenue de l'enthalpie spécifique in J/g, le nombre inférieur la tolérance ($\pm$) en J/g
accordado de la enthalpia especifica en J/g y el inferior la tolerancia ($\pm$) en J/g

Druck bar	Temperatur in °C									
	425	450	475	500	550	600	650	700	750	800
0	3332	3384	3436	3489	3597	3706	3817	3929	4043	4159
	2	2	2	2	3	3	4	4	4	4
1	3330	3383	3435	3488	3596	3705	3816	3928	4043	4159
	3	3	3	3	3	3	4	4	4	4
5	3325	3377	3430	3484	3592	3702	3813	3926	4040	4157
	4	4	4	4	4	4	4	4	4	4
10	3317	3371	3425	3478	3587	3698	3810	3923	4038	4155
	4	4	4	4	5	5	5	5	6	6
25	3295	3350	3406	3462	3574	3686	3799	3914	4030	4147
	4	4	4	4	5	5	5	6	6	6
50	3257	3317	3375	3434	3550	3666	3782	3898	4016	4136
	4	4	4	4	5	5	5	6	6	6
75	3216	3280	3342	3404	3526	3645	3764	3883	4003	4124
	4	4	4	4	5	6	6	6	6	6
100	3172	3242	3309	3374	3501	3625	3747	3868	3990	4112
	4	4	4	4	6	8	8	8	8	8
125	3125	3201	3273	3343	3476	3604	3729	3852	3976	4100
	4	4	4	5	8	10	10	10	10	10
150	3073	3157	3235	3310	3450	3582	3711	3836	3962	4089
	5	5	5	5	8	10	10	10	10	10
175	3017	3111	3196	3277	3423	3560	3692	3821	3949	4077
	6	6	6	6	8	10	10	11	11	11
200	2955	3062	3155	3241	3396	3538	3673	3805	3935	4065
	6	6	6	6	8	10	10	11	11	11
225	2885	3009	3112	3205	3368	3515	3654	3789	3922	4053
	6	6	6	6	8	10	10	11	11	12
250	2807	2952	3066	3167	3339	3492	3635	3773	3908	4041
	6	6	6	6	8	10	10	12	12	13
275	2718	2890	3018	3125	3308	3467	3615	3757	3894	4030
	6	6	6	6	8	10	10	12	13	13
300	2614	2822	2967	3084	3278	3444	3596	3740	3880	4018
	6	6	6	6	8	10	10	13	13	13
350	2375	2672	2858	2998	3216	3396	3557	3708	3853	3994
	6	6	6	6	8	10	10	13	13	13
400	2203	2514	2741	2906	3153	3347	3518	3676	3826	3971
	6	6	6	6	8	10	10	13	13	14
450	2115	2380.	2624	2813	3088	3298	3478	3643	3798	3948
	6	6	6	6	8	10	10	13	13	13
500	2064	2288	2522	2723	3023	3249	3439	3611	3771	3925
	6	6	6	6	8	10	10	13	13	14
550	2030	2228	2439	2641	2960	3200	3400	3579	3744	3902
	8	8	8	8	8	10	10	13	13	14
600	2005	2183	2378	2571	2900	3153	3362	3547	3718	3879
	8	8	8	8	8	10	10	13	13	13
650	1986	2151	2330	2514	2844	3107	3324	3516	3692	3857
	8	8	8	8	8	10	10	13	13	15
700	1971	2126	2294	2468	2793	3062	3288	3486	3666	3836
	8	8	8	8	8	10	10	13	14	16
750	1958	2106	2265	2430	2748	3021	3253	3456	3641	3814
	8	8	8	8	8	10	10	13	15	17
800	1948	2090	2241	2399	2709	2983	3219	3428	3617	3793
	8	8	8	8	8	10	10	13	15	18
850	1938	2077	2222	2373	2674	2948	3187	3400	3593	3773
	8	8	8	8	8	10	10	13	16	19
900	1932	2065	2206	2351	2644	2916	3157	3373	3570	3753
	8	8	8	8	8	10	10	13	16	20
950	1925	2056	2193	2333	2618	2887	3129	3348	3548	3734
	8	8	8	8	8	10	10	13	16	20
1000	1920	2047	2181	2318	2595	2861	3103	3324	3527	3715
	8	8	8	8	8	10	10	13	16	20

4d. Internationale Rahmentafel 1964 für die dynamische Viskosität von Wasser und überhitztem Dampf in 10^{-6} Poise

1 Poise = 1 dyn s/cm² = 1 g/cm s = 0,1 N s/m²

Von je zwei übereinanderstehenden Zahlen gibt die obere den vereinbarten Wert der dynamischen Viskosität und die untere die Plus/Minus-Toleranz in 10^{-6} Poise an

International Skeleton Table 1964 for Dynamic Viscosity of Water and Superheated Steam in 10^{-6} Poise

Of each pair of figures the upper represents the adopted value of dynamic viscosity and the lower the tolerance (±) in Poise

Des deux nombres supperposés toujours le nombre supérieur indique la valeur convenue de la viscosité dynamique, le nombre inférieur la tolérance (±) en Poise

De los dos números despuestos en columna, el superior da el valor accordado de la viscisidad dinamica y el inferior la tolerancia (±) en Poise

Druck bar	\multicolumn{18}{c}{Temperatur in °C}
---	0	50	100	150	200	250	300	350	375	400	425	450	475	500	550	600	650	700
1	17500	5440	121,1	141,5	161,8	182,2	202,5	223	233	243	253	264	274	284	304	325	345	365
	400	140	1,2	1,4	1,6	1,8	2,0	7	7	7	8	8	8	8	9	10	10	11
5	17500	5440	2790	1810	160,2	181,4	202,3		234	244	254	264	274	284	305	325	345	366
	400	140	70	50	1,6	1,8	2,0		9	10	10	11	11	11	12	13	14	15
10	17500	5440	2790	1810	158,5	180,6	202,2		234	244	255	265	275	285	305	326	346	366
	400	140	70	50	1,6	1,8	2,0		9	10	10	11	11	11	12	13	14	15
25	17500	5440	2800	1820	1340	177,8	201,6		236	246	256	266	276	287	307	327	347	367
	400	140	70	50	30	1,8	2,0		9	10	10	11	11	12	12	13	14	15
50	17500	5450	2800	1820	1350	1070	200,6		240	250	259	269	279	289	309	329	349	369
	400	140	70	50	30	30	2,0		10	10	10	11	11	12	12	13	14	15
75	17500	5450	2800	1830	1350	1080	199,2		244	253	263	273	282	292	312	332	352	372
	400	140	70	50	30	30	2,0		10	10	10	11	11	12	12	13	14	15
100	17500	5450	2810	1830	1360	1080	905		249	258	267	276	286	295	315	334	354	374
	400	140	70	50	30	30	23		10	10	11	11	11	12	13	13	14	15
125	17500	5460	2810	1840	1360	1090	911		254	263	271	280	289	299	318	337	357	376
	400	140	70	50	30	30	23		10	10	11	11	12	12	13	14	14	15
150	17400	5460	2820	1840	1370	1100	917		262	269	276	285	294	302	321	340	359	379
	400	140	70	50	30	30	23		11	11	11	11	12	12	13	14	14	15
175	17400	5460	2820	1850	1380	1100	924		273	276	282	290	298	307	324	343	362	381
	400	140	70	50	30	30	23		11	11	11	12	12	12	13	14	14	15
200	17400	5460	2830	1860	1380	1110	930	735	291	286	289	296	303	311	328	346	365	384
	400	140	70	50	40	30	23	29	12	11	12	12	12	12	13	14	15	15
225	17400	5460	2830	1860	1390	1120	936	747	491	299	298	302	309	316	332	350	368	386
	400	140	70	50	40	30	23	30	20	12	12	12	12	13	13	14	15	15
250	17400	5470	2840	1870	1390	1120	943	760	597	321	309	310	315	321	336	353	371	389
	400	140	70	50	40	30	24	30	24	13	12	12	13	13	13	14	15	16
275	17400	5470	2840	1870	1400	1130	949	772	633	367	324	320	322	327	341	357	374	392
	400	140	70	50	40	30	24	31	25	15	13	13	13	13	14	14	15	16
300	17400	5470	2850	1880	1400	1130	955	785	657	458	345	331	330	334	346	361	377	395
	400	140	70	50	40	30	24	31	26	18	14	13	13	13	14	14	15	16
350	17300	5480	2860	1890	1420	1150	968	805	693	573	416	363	351	349	357	369	385	401
	400	140	70	50	40	30	24	32	28	23	17	14	14	14	14	15	15	16
400	17300	5480	2870	1900	1430	1160	981	825	721	628	503	411	379	369	369	379	392	408
	700	200	120	80	60	50	39	33	29	25	20	16	15	15	15	15	16	16
450	17300	5490	2880	1910	1440	1170	993	837	743	664	565	468	415	393	383	389	401	415
	700	220	120	80	60	50	40	33	30	27	23	19	17	16	15	16	16	17
500	17200	5490	2890	1920	1450	1180	1010	850	762	693	609	521	456	421	400	401	410	423
	700	220	120	80	60	50	40	34	30	28	24	21	18	17	16	16	16	17
550	17200	5500	2900	1930	1460	1200	1020	860	780	716	643	564	497	453	418	414	420	431
	700	220	120	80	60	50	40	34	31	29	26	23	20	18	17	16	17	17
600	17200	5500	2910	1940	1480	1210	1030	870	795	736	670	600	534	485	439	428	430	439
	700	220	120	80	60	50	40	35	32	29	27	24	21	19	18	17	17	18
650	17200	5510	2920	1960	1490	1220	1040	882	809	754	693	629	567	516	460	442	441	448
	700	220	120	80	60	50	40	35	32	30	28	25	23	21	18	18	18	18
700	17100	5510	2930	1970	1500	1230	1060	895	822	770	713	654	596	545	482	458	453	458
	700	220	120	80	60	50	40	36	33	31	28	26	24	22	19	18	18	18
750	17100	5520	2940	1980	1510	1240	1070	905	835	784	732	676	621	572	504	474	466	468
	700	220	120	80	60	50	40	36	33	31	29	27	25	23	20	19	19	19
800	17100	5520	2950	1990	1520	1260	1080	915	846	798	748	695	644	596	526	491	478	478
	700	220	120	80	60	50	40	37	34	32	30	28	26	24	21	20	19	19

4e. Internationale Rahmentafel 1964 für die Wärmeleitfähigkeit von Wasser und überhitztem Dampf in 10^{-3} W/m grd.

1 W/m grd = 0,85985 kcal/m h grd

Von je zwei übereinanderstehenden Zahlen gibt die obere den vereinbarten Wert der Wärmeleitfähigkeit und die untere die Plus/Minus-Toleranz in 10^{-3} W/m grd an

International Skeleton Table 1964 for Thermal Conductivity of Water and Superheated Steam in 10^{-3} W/m deg

Of each pair of figures the upper represents the adopted value of thermal conductivity and the lower the tolerance ($\pm$) in 10^{-3} W/m deg

Des deux nombres superposés toujours le nombre supérieur indique la valeur convenue de la conductibilité thermique, le nombre inférieur la tolérance in 10^{-3} W/m deg

De los dos números despuestos en columna, el superior da el valor accordado de la conductibilidad térmica, y el inferior la tolerancia ($\pm$) en W/m deg

Druck bar	Temperatur in °C																	
	0	50	100	150	200	250	300	350	375	400	425	450	475	500	550	600	650	700
1	569	643	24,8	28,7	33,2	38,2	43,4	49,0	51,9	54,9	58,0	61,1	64,2	67,4	73,9	80,6	87,4	94,3
	11	13	0,8	0,9	1,0	1,1	1,3	1,5	1,6	1,6	2,3	2,4	2,6	2,7	3,0	3,2	3,5	3,8
5	569	644	681	687	33,8	38,6	43,8	49,4	52,3	55,3	58,3	61,4	64,5	67,7	74,3	80,9	87,7	94,6
	11	13	14	14	2,0	2,3	2,6	3,0	3,1	3,3	3,5	3,7	3,9	4,1	4,5	4,9	5,3	5,7
10	570	644	681	687	35,1	39,3	44,4	49,9	52,8	55,7	58,8	61,8	65,0	68,2	74,7	81,4	88,2	95,0
	11	13	14	14	2,1	2,4	2,7	3,0	3,2	3,3	3,5	3,7	3,9	4,1	4,5	4,9	5,3	5,7
25	571	645	682	688	665	42,9	46,5	51,6	54,3	57,2	60,2	63,3	66,4	69,6	76,1	82,7	89,5	96,3
	11	13	14	14	13	2,6	2,8	3,1	3,3	3,4	3,6	3,8	4,0	4,2	4,6	5,0	5,4	5,8
50	573	647	684	690	668	618	52,5	55,4	57,6	60,2	63,0	65,9	68,9	72,0	78,4	85,0	91,7	98,6
	11	13	14	14	13	12	3,2	3,3	3,5	3,6	3,8	4,0	4,1	4,3	4,7	5,1	5,5	5,9
75	575	649	686	691	670	622	63,7	60,8	62,0	63,9	66,3	68,9	71,7	74,7	80,9	87,4	94,0	101
	11	13	14	14	13	12	3,8	3,6	3,7	3,8	4,0	4,1	4,3	4,5	4,9	5,2	5,6	6
100	577	651	688	693	672	625	545	68,8	67,9	68,6	70,2	72,4	74,9	77,6	83,5	89,8	96,4	103
	12	13	14	14	13	13	11	4,1	4,1	4,1	4,2	4,3	4,5	4,7	5,0	5,4	5,8	6
125	579	653	689	695	674	629	552	81,3	75,9	74,5	74,9	76,4	78,4	80,8	86,3	92,4	98,9	105
	12	13	14	14	13	13	11	4,9	4,6	4,5	4,5	4,6	4,7	4,8	5,2	5,5	5,9	6
150	581	655	691	696	676	633	559	104	87,5	82,2	80,7	81,0	82,4	84,3	89,3	95,1	101	108
	12	13	14	14	14	13	11	6	5,3	4,9	4,8	4,9	4,9	5,1	5,4	5,7	6	6
175	583	657	693	698	679	636	565	442	106	92,6	87,9	86,5	86,9	88,3	92,5	98,0	104	110
	12	13	14	14	14	13	11	22	6	5,6	5,3	5,2	5,2	5,3	5,6	5,9	6	7
200	585	659	695	700	681	639	571	454	126	107	96,9	93,1	92,1	92,6	96,0	101	107	113
	12	13	14	14	14	13	11	23	13	6	5,8	5,6	5,5	5,6	5,8	6	6	7
225	587	661	696	701	683	642	577	465	297	130	109	101	98,1	97,4	99,6	104	110	115
	12	13	14	14	14	13	12	23	30	8	7	6	5,9	5,8	6	6	·7	7
250	589	662	698	703	685	646	582	476	376	157	125	111	105	103	104	107	112	118
	12	13	14	14	14	13	12	24	38	16	8	7	6	6	6	6	7	7
275	591	664	699	705	687	649	588	486	402	200	147	123	113	109	108	111	115	121
	12	13	14	14	14	13	12	24	40	20	9	7	7	7	6	7	7	7
300	592	666	701	706	689	652	592	496	419	264	171	138	122	116	112	114	118	124
	12	13	14	14	14	13	12	25	42	26	17	8	7	7	7	7	7	7
350	596	669	704	710	693	657	601	514	444	351	239	182	147	132	122	122	125	129
	12	13	14	14	14	13	12	26	44	35	24	11	9	8	7	7	7	8
400	599	672	707	713	697	662	609	529	468	390	296	220	177	153	134	130	132	135
	12	13	14	14	14	13	12	26	47	39	30	22	18	9	8	8	8	8
450	603	675	710	716	701	667	616	541	486	416	338	264	210	180	148	139	139	142
	12	13	14	14	14	13	12	27	49	42	34	26	21	11	9	8	8	8
500	606	678	713	720	704	671	622	552	501	436	370	301	246	206	163	149	147	148
	12	14	14	14	14	13	12	28	50	44	37	30	25	21	10	9	9	9

Tafel 5. Spezifische Wärmekapazität bei konstantem Druck c_p in $\dfrac{\text{kcal}}{\text{kg grd}}$

Table 5. Specific Heat Capacity at Constant Pressure c_p in kcal/kg deg
Table 5. Chaleur spécifique à pression constante c_p en kcal/kg deg
Tabla 5. Calor especifico de presión constante c_p en kcal/kg deg

p at ↓ / $t \longrightarrow$ °C	0	50	100	120	140	150	160	180	200	220	240	250	260	280	300
0,1	1,007	0,452	0,454	0,456	0,458	0,459	0,460	0,462	0,464	0,467	0,469	0,470	0,472	0,475	0,477
1	1,007	0,999	0,483	0,478	0,475	0,474	0,473	0,473	0,473	0,473	0,474	0,475	0,476	0,478	0,480
5	1,007	0,998	1,007	1,014	1,023	1,029	0,545	0,528	0,515	0,506	0,500	0,498	0,496	0,494	0,493
10	1,006	0,998	1,006	1,013	1,023	1,029	1,036	0,616	0,581	0,557	0,539	0,532	0,526	0,517	0,512
20	1,005	0,998	1,006	1,013	1,022	1,028	1,035	1,052	1,073	0,691	0,639	0,619	0,602	0,575	0,556
30	1,004	0,997	1,005	1,012	1,022	1,028	1,034	1,051	1,072	1,101	0,775	0,734	0,701	0,649	0,612
40	1,002	0,997	1,005	1,012	1,021	1,027	1,034	1,050	1,071	1,099	1,137	0,891	0,831	0,742	0,680
50	1,001	0,996	1,004	1,011	1,020	1,026	1,033	1,049	1,069	1,097	1,135	1,159	1,189	0,860	0,763
60	1,000	0,995	1,004	1,011	1,020	1,025	1,032	1,048	1,068	1,095	1,132	1,156	1,185	1,022	0,867
70	0,999	0,995	1,003	1,010	1,019	1,025	1,031	1,047	1,067	1,094	1,130	1,153	1,181	1,261	1,004
80	0,998	0,994	1,003	1,009	1,018	1,024	1,030	1,046	1,066	1,092	1,127	1,150	1,178	1,254	1,194
90	0,996	0,994	1,002	1,009	1,018	1,023	1,030	1,045	1,064	1,090	1,125	1,147	1,174	1,248	1,373
100	0,995	0,993	1,002	1,008	1,017	1,023	1,029	1,044	1,063	1,089	1,123	1,144	1,171	1,242	1,362
110	0,994	0,993	1,001	1,008	1,017	1,022	1,028	1,043	1,062	1,087	1,120	1,142	1,167	1,237	1,351
120	0,993	0,992	1,001	1,007	1,016	1,021	1,027	1,042	1,061	1,085	1,118	1,139	1,164	1,231	1,340
130	0,992	0,992	1,000	1,007	1,015	1,021	1,027	1,041	1,060	1,084	1,116	1,136	1,161	1,226	1,330
140	0,991	0,991	1,000	1,006	1,015	1,020	1,026	1,040	1,058	1,082	1,114	1,134	1,157	1,221	1,321
150	0,989	0,991	0,999	1,006	1,014	1,019	1,025	1,039	1,057	1,081	1,112	1,131	1,154	1,216	1,312
160	0,988	0,990	0,999	1,005	1,013	1,019	1,024	1,038	1,056	1,079	1,110	1,129	1,151	1,211	1,304
170	0,987	0,990	0,998	1,005	1,013	1,018	1,024	1,037	1,055	1,078	1,108	1,126	1,148	1,206	1,296
180	0,986	0,989	0,998	1,004	1,012	1,017	1,023	1,037	1,054	1,076	1,106	1,124	1,145	1,202	1,288
190	0,985	0,989	0,997	1,003	1,012	1,017	1,022	1,036	1,053	1,075	1,104	1,122	1,143	1,198	1,281
200	0,984	0,988	0,997	1,003	1,011	1,016	1,022	1,035	1,052	1,073	1,102	1,119	1,140	1,193	1,274
210	0,983	0,988	0,996	1,002	1,010	1,015	1,021	1,034	1,051	1,072	1,100	1,117	1,137	1,189	1,267
220	0,982	0,987	0,996	1,002	1,010	1,015	1,020	1,033	1,050	1,071	1,098	1,115	1,135	1,185	1,260
230	0,981	0,987	0,996	1,001	1,009	1,014	1,019	1,032	1,049	1,069	1,096	1,113	1,132	1,182	1,254
240	0,980	0,986	0,995	1,001	1,009	1,013	1,019	1,031	1,047	1,068	1,094	1,111	1,130	1,178	1,248
250	0,979	0,986	0,995	1,000	1,008	1,013	1,018	1,031	1,046	1,067	1,093	1,109	1,127	1,174	1,242
260	0,978	0,985	0,994	1,000	1,008	1,012	1,017	1,030	1,045	1,065	1,091	1,107	1,125	1,171	1,237
270	0,977	0,985	0,994	0,999	1,007	1,012	1,017	1,029	1,044	1,064	1,089	1,105	1,122	1,167	1,231
280	0,975	0,985	0,993	0,999	1,006	1,011	1,016	1,028	1,043	1,063	1,088	1,103	1,120	1,164	1,226
290	0,974	0,984	0,993	0,998	1,006	1,010	1,015	1,027	1,042	1,061	1,086	1,101	1,118	1,161	1,221
300	0,973	0,984	0,992	0,998	1,005	1,010	1,015	1,027	1,041	1,060	1,084	1,099	1,116	1,157	1,216
310	0,972	0,983	0,992	0,997	1,005	1,009	1,014	1,026	1,041	1,059	1,083	1,097	1,113	1,154	1,211
320	0,971	0,983	0,991	0,997	1,004	1,009	1,014	1,025	1,040	1,058	1,081	1,095	1,111	1,151	1,207
330	0,971	0,982	0,991	0,996	1,004	1,008	1,013	1,024	1,039	1,057	1,080	1,093	1,109	1,148	1,202
340	0,970	0,982	0,991	0,996	1,003	1,007	1,012	1,024	1,038	1,055	1,078	1,092	1,107	1,145	1,198
350	0,969	0,981	0,990	0,995	1,003	1,007	1,012	1,023	1,037	1,054	1,076	1,090	1,105	1,143	1,194
360	0,968	0,981	0,990	0,995	1,002	1,006	1,011	1,022	1,036	1,053	1,075	1,088	1,103	1,140	1,190
370	0,967	0,981	0,989	0,995	1,002	1,006	1,010	1,021	1,035	1,052	1,074	1,086	1,101	1,137	1,186
380	0,966	0,980	0,989	0,994	1,001	1,005	1,010	1,021	1,034	1,051	1,072	1,085	1,099	1,135	1,182
390	0,965	0,980	0,988	0,994	1,000	1,005	1,009	1,020	1,033	1,050	1,071	1,083	1,097	1,132	1,178
400	0,964	0,979	0,988	0,993	1,000	1,004	1,009	1,019	1,032	1,049	1,069	1,082	1,096	1,129	1,175
420	0,962	0,978	0,987	0,992	0,999	1,003	1,007	1,018	1,031	1,047	1,067	1,078	1,092	1,125	1,168
440	0,960	0,978	0,986	0,991	0,998	1,002	1,006	1,016	1,029	1,044	1,064	1,075	1,088	1,120	1,161
450	0,959	0,977	0,986	0,991	0,997	1,001	1,006	1,016	1,028	1,043	1,063	1,074	1,087	1,118	1,158
500	0,955	0,975	0,984	0,989	0,995	0,999	1,003	1,012	1,024	1,038	1,056	1,067	1,079	1,107	1,143
550	0,950	0,973	0,982	0,986	0,992	0,996	1,000	1,009	1,020	1,034	1,050	1,060	1,071	1,097	1,129
600	0,946	0,971	0,980	0,984	0,990	0,993	0,997	1,006	1,016	1,029	1,045	1,054	1,064	1,088	1,117
650	0,942	0,969	0,978	0,982	0,988	0,991	0,995	1,003	1,013	1,025	1,040	1,048	1,058	1,080	1,106
700	0,938	0,968	0,976	0,980	0,986	0,989	0,992	1,000	1,009	1,021	1,035	1,043	1,052	1,072	1,096
750	0,933	0,966	0,974	0,978	0,983	0,986	0,990	0,997	1,006	1,017	1,030	1,038	1,046	1,065	1,087
800	0,929	0,964	0,972	0,976	0,981	0,984	0,987	0,994	1,003	1,013	1,025	1,033	1,040	1,058	1,079
850	0,924	0,963	0,971	0,974	0,979	0,982	0,985	0,992	1,000	1,009	1,021	1,028	1,035	1,052	1,071
900	0,920	0,961	0,969	0,973	0,977	0,980	0,983	0,989	0,997	1,006	1,017	1,023	1,030	1,046	1,063
950	0,915	0,960	0,967	0,971	0,975	0,978	0,980	0,987	0,994	1,002	1,013	1,019	1,026	1,041	1,056
1000	0,910	0,958	0,965	0,969	0,973	0,976	0,978	0,984	0,991	0,999	1,009	1,015	1,021	1,035	1,050

Tafel 5. Spezifische Wärmekapazität bei konstantem Druck c_p in kcal/kg grd (Fortsetzung)

Specific Heat Capacity at Constant Pressure c_p in kcal/kg deg (Continuation)

p at ↓	$t \longrightarrow$ °C													
	300	320	340	350	360	380	400	420	425	440	450	460	480	500
0,1	0,477	0,480	0,483	0,485	0,486	0,489	0,493	0,496	0,496	0,499	0,501	0,502	0,505	0,509
1	0,480	0,483	0,485	0,487	0,488	0,491	0,494	0,497	0,497	0,500	0,501	0,503	0,506	0,509
5	0,493	0,493	0,494	0,495	0,495	0,497	0,499	0,501	0,502	0,504	0,505	0,507	0,510	0,512
10	0,512	0,508	0,506	0,505	0,505	0,505	0,506	0,508	0,508	0,509	0,510	0,511	0,514	0,516
20	0,556	0,543	0,534	0,530	0,528	0,524	0,522	0,521	0,521	0,521	0,521	0,521	0,523	0,524
30	0,612	0,586	0,567	0,560	0,554	0,545	0,539	0,535	0,535	0,533	0,532	0,532	0,532	0,533
40	0,680	0,637	0,607	0,595	0,585	0,569	0,559	0,551	0,550	0,547	0,545	0,544	0,542	0,542
50	0,763	0,698	0,652	0,635	0,620	0,597	0,581	0,569	0,567	0,561	0,558	0,556	0,553	0,551
60	0,867	0,770	0,705	0,681	0,660	0,628	0,605	0,589	0,586	0,577	0,573	0,569	0,564	0,561
70	1,004	0,858	0,766	0,733	0,705	0,663	0,632	0,611	0,606	0,595	0,589	0,584	0,576	0,571
80	1,194	0,969	0,839	0,793	0,756	0,701	0,662	0,634	0,628	0,614	0,606	0,599	0,589	0,582
90	1,373	1,114	0,927	0,864	0,815	0,743	0,694	0,659	0,652	0,634	0,624	0,616	0,603	0,594
100	1,362	1,312	1,036	0,950	0,884	0,791	0,730	0,687	0,678	0,656	0,644	0,634	0,618	0,606
110	1,351	1,603	1,176	1,056	0,967	0,845	0,768	0,716	0,706	0,680	0,665	0,653	0,633	0,619
120	1,340	1,555	1,358	1,190	1,068	0,908	0,811	0,748	0,736	0,704	0,687	0,673	0,649	0,632
130	1,330	1,531	1,606	1,362	1,194	0,981	0,859	0,783	0,768	0,731	0,711	0,694	0,667	0,647
140	1,321	1,508	1,997	1,589	1,354	1,069	0,914	0,821	0,803	0,759	0,736	0,716	0,685	0,661
150	1,312	1,488	1,957	1,911	1,561	1,174	0,975	0,862	0,841	0,790	0,763	0,740	0,704	0,677
160	1,304	1,469	1,879	2,494	1,838	1,304	1,047	0,908	0,883	0,882	0,791	0,765	0,724	0,693
170	1,296	1,452	1,815	2,381	2,246	1,466	1,131	0,958	0,929	0,857	0,821	0,791	0,745	0,710
180	1,288	1,436	1,761	2,197	3,009	1,668	1,229	1,015	0,979	0,896	0,854	0,819	0,767	0,728
190	1,281	1,421	1,716	2,068	3,526	1,928	1,346	1,080	1,036	0,937	0,888	0,849	0,789	0,746
200	1,274	1,407	1,677	1,971	2,843	2,269	1,485	1,153	1,100	0,982	0,926	0,881	0,814	0,766
210	1,267	1,394	1,642	1,894	2,494	2,851	1,651	1,236	1,172	1,032	0,966	0,915	0,839	0,786
220	1,260	1,382	1,611	1,832	2,272	3,895	1,851	1,331	1,254	1,087	1,010	0,951	0,865	0,806
230	1,254	1,370	1,584	1,779	2,115	6,621	2,093	1,439	1,346	1,147	1,058	0,990	0,893	0,828
240	1,248	1,359	1,559	1,735	1,997	25,025	2,388	1,563	1,450	1,213	1,110	1,032	0,923	0,850
250	1,242	1,349	1,536	1,696	1,904	8,818	2,927	1,704	1,568	1,287	1,166	1,077	0,954	0,874
260	1,237	1,339	1,516	1,662	1,834	4,850	3,600	1,864	1,700	1,368	1,228	1,125	0,987	0,898
270	1,231	1,329	1,497	1,631	1,787	3,663	4,600	2,045	1,848	1,457	1,295	1,177	1,021	0,923
280	1,226	1,321	1,479	1,604	1,749	3,085	5,886	2,249	2,014	1,555	1,367	1,233	1,058	0,950
290	1,221	1,312	1,462	1,579	1,717	2,738	6,645	2,478	2,198	1,662	1,446	1,293	1,096	0,977
300	1,216	1,304	1,447	1,556	1,688	2,504	6,306	2,961	2,400	1,777	1,531	1,358	1,137	1,006
310	1,211	1,296	1,433	1,535	1,661	2,334	5,498	3,329	2,812	1,902	1,621	1,426	1,180	1,035
320	1,207	1,289	1,419	1,516	1,636	2,205	4,664	3,681	3,107	2,035	1,718	1,498	1,225	1,066
330	1,202	1,281	1,406	1,498	1,613	2,101	3,982	3,938	3,383	2,176	1,820	1,575	1,271	1,098
340	1,198	1,275	1,394	1,482	1,588	2,017	3,475	4,040	3,588	2,324	1,927	1,655	1,320	1,131
350	1,194	1,268	1,383	1,466	1,567	1,947	3,103	3,996	3,688	2,585	2,039	1,738	1,371	1,165
360	1,190	1,261	1,372	1,451	1,548	1,888	2,827	3,859	3,682	2,733	2,154	1,825	1,423	1,200
370	1,186	1,255	1,362	1,437	1,529	1,836	2,616	3,675	3,601	2,850	2,273	1,913	1,476	1,236
380	1,182	1,249	1,352	1,424	1,512	1,791	2,451	3,473	3,476	2,925	2,430	2,004	1,531	1,273
390	1,178	1,244	1,342	1,412	1,496	1,752	2,318	3,269	3,329	2,957	2,516	2,096	1,586	1,310
400	1,175	1,238	1,333	1,400	1,480	1,717	2,209	3,074	3,173	2,952	2,576	2,189	1,642	1,347
420	1,168	1,227	1,316	1,378	1,451	1,656	2,041	2,731	2,867	2,866	2,622	2,350	1,754	1,422
440	1,161	1,218	1,301	1,358	1,424	1,607	1,916	2,462	2,596	2,727	2,590	2,363	1,865	1,495
450	1,158	1,213	1,293	1,348	1,412	1,585	1,866	2,351	2,479	2,650	2,555	2,363	1,920	1,531
500	1,143	1,191	1,259	1,304	1,354	1,481	1,682	1,969	2,054	2,267	2,307	2,256	2,005	1,695
550	1,129	1,172	1,231	1,266	1,306	1,408	1,559	1,751	1,805	1,968	2,046	2,070	1,967	1,773
600	1,117	1,155	1,205	1,234	1,267	1,351	1,461	1,607	1,648	1,762	1,833	1,883	1,878	1,763
650	1,106	1,139	1,183	1,206	1,236	1,303	1,390	1,502	1,531	1,624	1,682	1,731	1,775	1,725
700	1,096	1,126	1,163	1,186	1,209	1,269	1,339	1,426	1,448	1,526	1,573	1,615	1,683	1,672
750	1,087	1,113	1,144	1,166	1,186	1,238	1,299	1,370	1,388	1,449	1,488	1,526	1,586	1,605
800	1,079	1,101	1,131	1,149	1,167	1,213	1,267	1,325	1,341	1,388	1,422	1,455	1,504	1,536
850	1,071	1,092	1,120	1,135	1,152	1,192	1,240	1,298	1,304	1,346	1,372	1,400	1,443	1,477
900	1,063	1,084	1,111	1,123	1,139	1,175	1,217	1,261	1,273	1,309	1,332	1.357	1,396	1,427
950	1,056	1,077	1,101	1,113	1,127	1,159	1,197	1,237	1,247	1,278	1,298	1,319	1,354	1,383
1000	1,050	1,068	1,093	1,104	1,118	1,146	1,178	1,216	1,224	1,252	1,268	1,287	1,319	1,344

Tafel 5. Spezifische Wärmekapazität bei konstantem Druck c_p in kcal/kg grd (Fortsetzung)

Specific Heat Capacity at Constant Pressure c_p in kcal/kg deg (Continuation)

p at $\downarrow$ / $t \longrightarrow$ °C	500	520	540	550	560	580	600	620	640	650	660	680	700	750	800
0,1	0,509	0,512	0,515	0,517	0,519	0,522	0,525	0,528	0,532	0,533	0,535	0,538	0,541	0,549	0,557
1	0,509	0,513	0,516	0,517	0,519	0,522	0,526	0,529	0,532	0,534	0,535	0,539	0,542	0,550	0,557
5	0,512	0,515	0,518	0,520	0,522	0,525	0,528	0,531	0,534	0,536	0,537	0,540	0,543	0,551	0,558
10	0,516	0,519	0,522	0,523	0,525	0,528	0,531	0,533	0,536	0,538	0,539	0,542	0,545	0,553	0,560
20	0,524	0,526	0,529	0,530	0,531	0,533	0,536	0,539	0,541	0,543	0,544	0,547	0,549	0,556	0,563
30	0,533	0,534	0,535	0,536	0,537	0,539	0,541	0,544	0,546	0,547	0,549	0,551	0,554	0,560	0,566
40	0,542	0,542	0,543	0,543	0,544	0,545	0,547	0,549	0,551	0,552	0,553	0,555	0,558	0,563	0,569
50	0,551	0,550	0,550	0,550	0,550	0,551	0,553	0,554	0,556	0,557	0,558	0,560	0,562	0,567	0,572
60	0,561	0,559	0,558	0,557	0,557	0,558	0,558	0,560	0,561	0,562	0,562	0,564	0,566	0,570	0,575
70	0,571	0,568	0,566	0,565	0,568	0,567	0,567	0,568	0,569	0,569	0,570	0,571	0,572	0,576	0,580
80	0,582	0,577	0,574	0,573	0,572	0,571	0,570	0,571	0,571	0,571	0,572	0,573	0,574	0,578	0,582
90	0,594	0,587	0,582	0,581	0,579	0,578	0,577	0,576	0,576	0,576	0,577	0,577	0,578	0,581	0,585
100	0,606	0,597	0,591	0,589	0,587	0,585	0,583	0,582	0,582	0,582	0,582	0,582	0,583	0,585	0,588
110	0,619	0,608	0,601	0,598	0,595	0,592	0,589	0,588	0,587	0,587	0,587	0,587	0,587	0,589	0,591
120	0,632	0,620	0,611	0,607	0,604	0,599	0,596	0,594	0,592	0,592	0,592	0,591	0,591	0,592	0,594
130	0,647	0,632	0,621	0,616	0,613	0,607	0,603	0,600	0,598	0,597	0,597	0,596	0,596	0,596	0,597
140	0,661	0,644	0,631	0,626	0,622	0,615	0,610	0,606	0,604	0,603	0,602	0,601	0,600	0,600	0,601
150	0,677	0,657	0,642	0,636	0,631	0,623	0,617	0,613	0,609	0,608	0,607	0,606	0,605	0,603	0,604
160	0,693	0,671	0,654	0,647	0,641	0,631	0,624	0,619	0,615	0,614	0,612	0,610	0,609	0,607	0,607
170	0,710	0,685	0,665	0,658	0,651	0,640	0,632	0,626	0,621	0,619	0,618	0,615	0,614	0,611	0,610
180	0,728	0,699	0,678	0,669	0,661	0,649	0,640	0,633	0,627	0,625	0,623	0,620	0,618	0,615	0,614
190	0,746	0,714	0,690	0,680	0,672	0,658	0,647	0,639	0,633	0,631	0,629	0,625	0,623	0,619	0,617
200	0,766	0,730	0,703	0,692	0,683	0,667	0,655	0,647	0,640	0,637	0,635	0,631	0,628	0,623	0,620
210	0,786	0,746	0,717	0,705	0,694	0,677	0,664	0,654	0,646	0,643	0,640	0,636	0,632	0,626	0,623
220	0,806	0,763	0,730	0,717	0,706	0,687	0,672	0,661	0,653	0,649	0,646	0,641	0,637	0,630	0,627
230	0,828	0,780	0,745	0,730	0,717	0,697	0,681	0,669	0,659	0,655	0,652	0,646	0,642	0,634	0,630
240	0,850	0,798	0,759	0,743	0,730	0,707	0,690	0,676	0,666	0,662	0,658	0,652	0,647	0,638	0,633
250	0,874	0,817	0,774	0,757	0,742	0,717	0,699	0,684	0,673	0,668	0,664	0,657	0,652	0,642	0,637
260	0,898	0,836	0,790	0,771	0,755	0,728	0,708	0,692	0,680	0,675	0,670	0,663	0,657	0,646	0,640
270	0,923	0,855	0,806	0,786	0,768	0,739	0,717	0,700	0,687	0,681	0,676	0,668	0,662	0,650	0,643
280	0,950	0,876	0,822	0,800	0,781	0,750	0,726	0,708	0,694	0,688	0,682	0,674	0,667	0,654	0,647
290	0,977	0,897	0,839	0,815	0,795	0,762	0,736	0,716	0,701	0,694	0,689	0,679	0,672	0,658	0,650
300	1,006	0,918	0,856	0,831	0,809	0,773	0,746	0,725	0,708	0,701	0,695	0,685	0,677	0,663	0,654
310	1,035	0,941	0,873	0,847	0,823	0,785	0,756	0,733	0,715	0,708	0,702	0,691	0,682	0,667	0,657
320	1,066	0,964	0,891	0,863	0,838	0,797	0,766	0,742	0,723	0,715	0,708	0,696	0,687	0,671	0,660
330	1,098	0,987	0,910	0,879	0,853	0,809	0,776	0,750	0,730	0,722	0,715	0,702	0,692	0,675	0,664
340	1,131	1,012	0,929	0,896	0,868	0,822	0,787	0,759	0,738	0,729	0,721	0,708	0,698	0,679	0,667
350	1,165	1,037	0,948	0,913	0,883	0,834	0,797	0,768	0,746	0,736	0,728	0,714	0,703	0,683	0,671
360	1,200	1,062	0,968	0,931	0,899	0,847	0,808	0,777	0,753	0,743	0,735	0,720	0,708	0,688	0,674
370	1,236	1,088	0,988	0,949	0,915	0,860	0,818	0,786	0,761	0,751	0,741	0,726	0,713	0,692	0,678
380	1,273	1,115	1,008	0,967	0,931	0,873	0,829	0,795	0,769	0,758	0,748	0,732	0,719	0,696	0,681
390	1,310	1,142	1,029	0,985	0,948	0,887	0,840	0,804	0,777	0,765	0,755	0,738	0,724	0,700	0,685
400	1,347	1,170	1,050	1,004	0,964	0,900	0,851	0,814	0,785	0,772	0,762	0,744	0,730	0,704	0,688
420	1,422	1,225	1,093	1,042	0,999	0,928	0,874	0,833	0,800	0,787	0,776	0,756	0,740	0,713	0,695
440	1,495	1,280	1,137	1,081	1,033	0,956	0,897	0,852	0,817	0,802	0,789	0,768	0,751	0,721	0,702
450	1,531	1,307	1,159	1,101	1,051	0,970	0,909	0,861	0,825	0,810	0,796	0,774	0,756	0,725	0,706
500	1,695	1,430	1,263	1,197	1,139	1,043	0,968	0,910	0,866	0,847	0,831	0,804	0,783	0,746	0,723
550	1,773	1,525	1,349	1,281	1,220	1,114	1,028	0,959	0,907	0,885	0,866	0,834	0,810	0,767	0,740
600	1,763	1,594	1,407	1,342	1,284	1,179	1,086	1,009	0,948	0,923	0,900	0,864	0,835	0,787	0,756
650	1,725	1,614	1,452	1,393	1,335	1,229	1,138	1,056	0,988	0,960	0,934	0,893	0,860	0,806	0,773
700	1,672	1,592	1,476	1,422	1,364	1,259	1,180	1,098	1,026	0,995	0,967	0,921	0,885	0,825	0,788
750	1,605	1,560	1,482	1,429	1,376	1,278	1,199	1,127	1,061	1,028	0,998	0,948	0,909	0,842	0,803
800	1,536	1,522	1,469	1,424	1,378	1,288	1,216	1,151	1,089	1,056	1,026	0,973	0,931	0,859	0,817
850	1,477	1,480	1,445	1,409	1,371	1,295	1,228	1,165	1,107	1,079	1,049	0,996	0,952	0,876	0,830
900	1,427	1,435	1,412	1,390	1,359	1,297	1,235	1,175	1,118	1,093	1,066	1,015	0,971	0,892	0,843
950	1,383	1,394	1,383	1,365	1,342	1,293	1,237	1,182	1,126	1,100	1,075	1,028	0,987	0,908	0,856
1000	1,344	1,356	1,349	1,338	1,323	1,285	1,236	1,183	1,128	1,100	1,076	1,035	0,998	0,923	0,868

Tafel 5a. Spezifische Wärmekapazität c_{p0} und Enthalpie h_0 beim Drucke Null
Table 5a. Specific Heat Capacity c_{p0} and Enthalpy h_0 at Zero Pressure

t	c_{p0}	h_0	t	c_{p0}	h_0	t	c_{p0}	h_0	t	c_{p0}	h_0
°C	kcal/kg grd	kcal/kg	°C	kcal/kg grd	kcal/kg	°C	kcal/kg grd	kcal/kg	°C	kcal/kg grd	kcal/kg
0	0,4423	597,54	200	0,4632	687,90	400	0,4923	783,35	600	0,5251	885,07
10	0,4430	601,97	210	0,4645	692,54	410	0,4939	788,28	610	0,5267	890,33
20	0,4438	606,40	220	0,4658	697,19	420	0,4955	793,23	620	0,5283	895,60
30	0,4447	610,84	230	0,4671	701,86	430	0,4971	798,19	630	0,5300	900,90
40	0,4455	615,29	240	0,4685	706,53	440	0,4987	803,17	640	0,5316	906,20
50	0,4464	619,75	250	0,4699	711,23	450	0,5004	808,17	650	0,5333	911,53
60	0,4474	624,22	260	0,4712	715,93	460	0,5020	813,18	660	0,5349	916,87
70	0,4483	628,70	270	0,4727	720,65	470	0,5036	818,21	670	0,5365	922,23
80	0,4493	633,19	280	0,4741	725,38	480	0,5053	823,25	680	0,5381	927,60
90	0,4503	,637,69	290	0,4755	730,13	490	0,5069	828,31	690	0,5397	932,99
100	0,4514	642,20	300	0,4770	734,90	500	0,5085	833,39	700	0,5413	938,39
110	0,4524	646,72	310	0,4785	739,67	510	0,5102	838,48	710	0,5429	943,81
120	0,4535	651,25	320	0,4800	744,46	520	0,5118	843,59	720	0,5445	949,25
130	0,4547	655,79	330	0,4815	749,27	530	0,5135	848,72	730	0,5460	954,70
140	0,4558	660,34	340	0,4830	754,09	540	0,5151	853,86	740	0,5476	960,17
150	0,4570	664,90	350	0,4845	758,93	550	0,5168	859,02	750	0,5491	965,65
160	0,4582	669,48	360	0,4861	763,78	560	0,5185	864,20	760	0,5507	971,15
170	0,4594	674,07	370	0,4876	768,65	570	0,5201	869,39	770	0,5522	976,67
180	0,4606	678,67	380	0,4892	773,54	580	0,5218	874,60	780	0,5537	982,20
190	0,4619	683,28	390	0,4907	778,44	590	0,5234	879,83	790	0,5552	987,74
200	0,4632	687,90	400	0,4923	783,35	600	0,5251	885,07	800	0,5567	993,30

Tafel 5b. Spezifische Wärmekapazität c_p' und c_p'' im Sättigungszustand
Table 5b. Specific Heat Capacities c_p' and c_p'' in State of Saturation

t	p	c_p'	c_p''	t	p	c_p'	c_p''
°C	at	kcal/kg grd		°C	at	kcal/kg grd	
0	0,006228	1,0073	0,4429	200	15,855	1,0740	0,6790
10	0,012512	1,0014	0,4441	210	19,454	1,0870	0,7136
20	0,02383	0,9989	0,4457	220	23,656	1,1018	0,7523
30	0,04325	0,9981	0,4477	230	28,528	1,1190	0,7956
40	0,07520	0,9981	0,4503	240	34,138	1,1390	0,8447
50	0,12578	0,9987	0,4535	250	40,560	1,1624	0,9010
60	0,20313	0,9995	0,4575	260	47,869	1,1901	0,9666
70	0,3178	1,0007	0,4625	270	56,144	1,2233	1,0446
80	0,4829	1,0023	0,4685	280	65,468	1,2635	1,1387
90	0,7149	1,0043	0,4758	290	75,929	1,3133	1,2546
100	1,0332	1,0069	0,4844	300	87,621	1,3762	1,4004
110	1,4609	1,0100	0,4945	310	100,646	1,4579	1,5884
120	2,0246	1,0138	0,5063	320	115,12	1,5680	1,8443
130	2,7546	1,0183	0,5198	330	131,16	1,7243	2,2359
140	3,685	1,0234	0,5352	340	148,93	1,9663	2,9165
150	4,854	1,0294	0,5528	350	168,61	2,4135	4,0963
160	6,303	1,0362	0,5726	360	190,43	3,4820	5,9989
170	8,076	1,0440	0,5950	370	214,69	10,310	18,371
180	10,224	1,0527	0,6200	374,15	225,56	∞	∞
190	12,799	1,0627	0,6479				

Tafel 5c. Spezifische Wärmekapazität, Diagramm
Table 5c. Specific Heat Capacity, Diagram
Table 5c. Chaleur specifique diagramme
Tabla 5c. Capacidad calorífica específica, diagramma

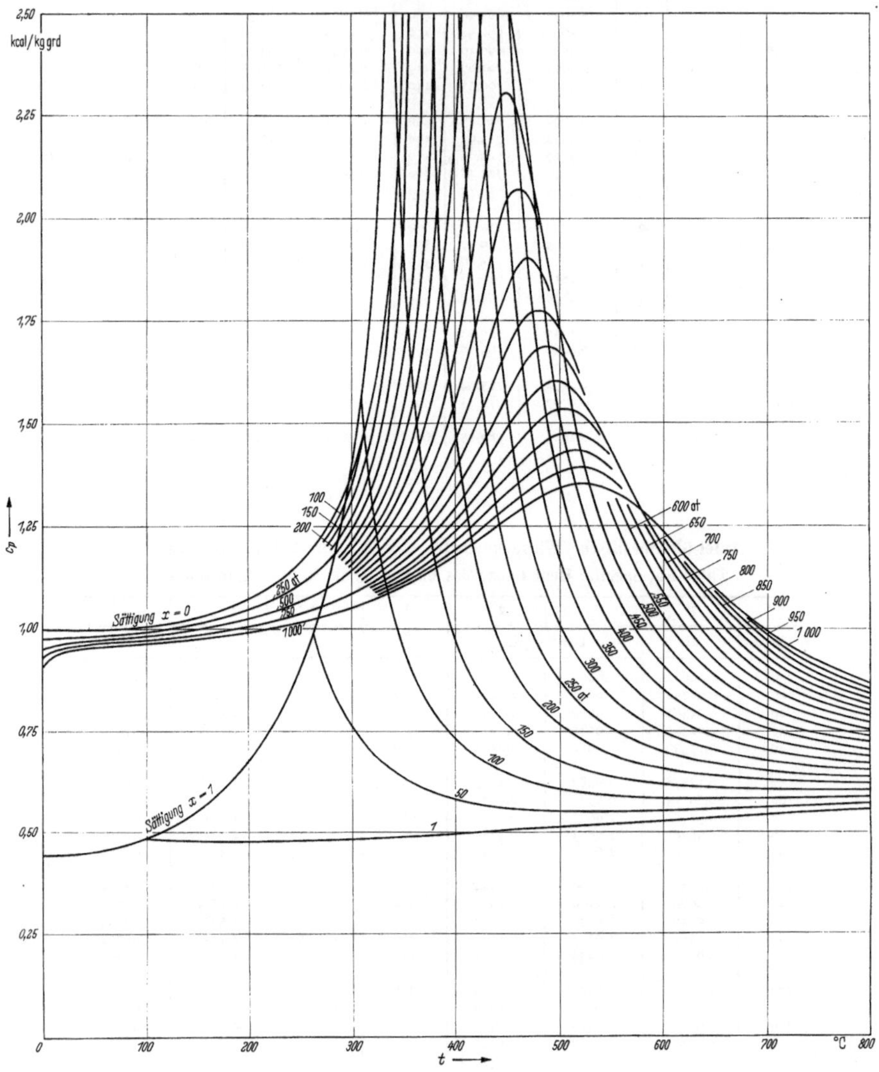

Tafel 6. Dynamische Viskosität, Wärmeleitfähigkeit, Prandtl-Zahl

als Funktionen vom Druck p und Temperatur t

Table 6. Dynamic Viscosity, Thermal Conductivity, Prandtl-Number
as Functions of Pressure p and Temperature t

Table 6. Viscosité dynamique, conductivité thermique, nombre de Prandtl

Tabla 6. Viscosidad dinámica, conductibilidad térmico, numero de Prandtl

In dieser Tafel sind alle Größen in internationalen Einheiten (bar, Joule, Watt) angegeben und berechnet nach den Gleichungen des Abschnittes C.

In this table all quantities are given in International Units and computed using the equations of paragraph C.

Dans cette table toutes les grandeurs sont données en unités du Système International et calculées d'après les equations de section C.

En esta tabla todos los magnitudes estan reçogidos en unitades del Sistema Internacional y calculados según las ecuaciónes de la sección C.

a) Dynamische Viskosität η in 10^{-6} kg/m s

(Fig. 1 und 2, S. 162/163)

t °C	1	10	25	50	100	150	200	250	300	350	400	450	500	550	600	650	700	750	800
0	1750	1750	1750	1750	1750	1740	1740	1740	1740	1730	1730	1730	1720	1720	1720	1720	1710	1710	1710
10	1300	1300	1300	1300	1300	1300	1300	1290	1290	1290	1290	1290	1280	1280	1280	1280	1280	1280	1280
20	1000	1000	1000	1000	1000	1000	999	990	998	997	997	996	996	995	994	994	993	992	992
30	797	797	797	797	797	797	797	797	797	797	797	797	796	796	796	796	796	796	796
40	651	651	652	652	652	652	653	653	653	653	654	654	654	654	655	655	655	656	656
50	544	544	544	545	545	546	546	547	547	548	548	549	549	550	550	551	551	552	552
60	463	463	463	464	464	465	466	467	467	468	469	469	470	471	471	472	473	473	474
70	400	401	401	401	402	403	404	404	405	406	407	408	408	409	410	411	412	412	413
80	351	351	351	352	353	354	355	355	356	357	358	359	360	361	362	362	363	364	365
90	311	311	312	312	313	314	315	316	317	318	319	320	321	322	323	324	325	326	326
100	12,11	279	279	280	281	282	283	284	285	286	287	288	289	290	291	292	293	294	295
110	12,52	252	253	253	254	255	256	257	258	259	260	262	263	264	265	266	267	268	269
120	12,92	230	230	231	232	233	234	235	236	237	238	239	241	242	243	244	245	246	247
130	13,33	211	212	212	213	214	215	216	218	219	220	221	222	223	224	225	226	227	228
140	13,74	195	195	196	197	198	199	200	201	203	204	205	206	207	208	209	210	211	213
150	14,15	181	182	182	183	184	185	187	188	189	190	191	192	193	194	196	197	198	199
160	14,55	169	169	170	171	172	173	175	176	177	178	179	180	181	183	184	185	186	187
170	14,96	159	159	160	161	162	163	164	165	166	168	169	170	171	172	173	174	176	177
180	15,37	14,96	150	150	151	153	154	155	156	157	158	159	161	162	163	164	165	166	168
190	15,77	15,40	141	142	143	144	145	147	148	149	150	151	153	154	155	156	157	158	160
200	16,18	15,85	134	135	136	137	138	139	141	142	143	144	145	146	148	149	150	151	152
210	16,59	16,29	127	128	129	130	132	133	134	135	136	138	139	140	141	142	143	145	146
220	16,99	16,74	122	122	123	124	126	127	128	129	130	132	133	134	135	136	138	139	140
230	17,40	17,18	16,79	117	118	119	120	122	123	124	125	126	128	129	130	131	132	134	134
240	17,81	17,61	17,28	112	113	114	115	117	118	119	120	121	123	124	125	126	128	129	130
250	18,22	18,05	17,77	107	109	110	111	112	113	115	116	117	118	119	121	122	123	124	126
260	18,62	18,49	18,26	103	104	106	107	108	109	111	112	113	114	115	117	118	119	120	122
270	19,03	18,92	18,74	18,38	101	102	103	104	105	107	108	109	110	112	113	114	115	117	118
280	19,44	19,35	19,22	18,95	97,0	98,2	99,4	101	102	103	104	106	107	108	109	111	112	113	114
290	19,84	19,78	19,69	19,51	93,6	94,9	96,1	97,4	98,6	99,9	101	102	104	105	106	107	109	110	111
300	20,25	20,22	20,16	20,06	90,5	91,7	93,0	94,3	95,5	96,8	98,1	99,3	101	102	103	104	106	107	108
310	20,7	20,7	20,6	20,6	86,6	88,3	89,4	91,1	92,4	93,8	94,9	96,1	97,5	98,4	99,7	101	102	103	105
320	21,1	21,1	21,1	21,1	21,6	84,5	85,9	87,7	89,2	90,6	92,0	92,9	94,3	95,5	96,6	97,8	99,0	100	102
330	21,4	21,5	21,6	21,7	22,4	80,4	82,1	84,1	85,8	87,5	88,8	90,0	91,1	92,4	93,5	94,8	96,0	97,2	98,3
340	21,9	21,9	22,0	22,2	23,0	76,0	78,2	80,2	82,1	84,0	85,5	86,9	88,0	89,2	90,5	91,8	93,1	94,3	95,5
350	22,3	22,3	22,4	22,7	23,6	25,4	73,0	75,9	78,5	80,2	82,1	83,6	84,8	86,2	87,5	88,9	90,2	91,4	92,6
360	22,7	22,8	22,9	23,2	24,1	25,7	66,8	70,6	73,7	76,3	78,3	80,3	81,5	83,2	84,7	86,2	87,4	88,7	90,0
370	23,1	23,2	23,4	23,7	24,6	26,0	29,6	64,3	68,5	72,0	74,2	76,7	78,3	80,2	81,9	83,5	84,9	86,2	87,5
380	23,5	23,6	23,8	24,2	25,0	26,3	28,8	53,7	63,2	67,5	70,6	73,0	75,1	77,3	79,1	80,9	82,3	83,7	84,9
390	23,9	24,0	24,2	24,6	25,4	26,6	28,6	34,9	56,1	63,0	67,0	69,9	72,3	74,3	76,3	78,2	79,7	81,2	82,6

a) Dynamische Viskosität η in 10^{-6} kg/m s (Fortsetzung)

t °C	p in bar →																		
	1	10	25	50	100	150	200	250	300	350	400	450	500	550	600	650	700	750	800
400	24,3	24,4	24,6	25,0	25,8	26,9	28,6	32,1	45,7	57,3	62,8	66,5	69,3	71,7	73,7	75,5	77,3	79,0	80,3
410	24,7	24,8	25,0	25,4	26,1	27,2	28,7	31,3	38,1	50,4	58,1	62,8	66,2	68,9	71,1	73,1	74,9	76,4	77,9
420	25,1	25,3	25,4	25,7	26,5	27,5	28,8	31,0	35,2	44,1	52,8	58,7	62,8	65,9	68,5	70,7	72,6	74,3	75,9
430	25,5	25,7	25,8	26,1	26,9	27,8	29,1	30,9	32,2	39,4	47,8	54,4	59,2	62,8	65,7	68,2	70,3	72,1	73,8
440	26,0	26,1	26,2	26,5	27,2	28,1	29,3	30,9	32,0	37,4	43,9	50,3	55,5	59,6	62,9	65,6	67,9	69,9	71,8
450	26,4	26,5	26,6	26,9	27,6	28,5	29,6	31,0	32,0	36,3	41,2	46,9	52,1	56,4	60,0	63,0	65,5	67,7	69,7
460	26,8	26,9	27,0	27,3	28,0	28,8	29,8	31,2	32,0	35,6	39,4	44,2	49,1	53,5	57,2	60,4	63,1	65,5	67,6
470	27,2	27,3	27,4	27,7	28,4	29,2	30,1	31,4	32,1	35,2	38,3	42,3	46,6	50,8	54,6	57,9	60,8	63,3	65,4
480	27,6	27,7	27,8	28,1	28,8	29,5	30,5	31,6	32,3	35,0	37,6	40,9	44,7	48,6	52,2	55,6	58,5	61,1	63,4
490	28,0	28,1	28,2	28,5	29,2	29,9	30,8	31,9	32,5	34,9	37,1	39,9	43,3	46,8	50,2	53,4	56,4	59,1	61,5
500	28,4	28,5	28,7	28,9	29,5	30,3	31,1	32,1	32,7	34,9	36,9	39,3	42,2	45,3	48,5	51,6	54,5	57,2	59,6
510	28,8	28,9	29,1	29,3	29,9	30,6	31,4	32,4	33,0	35,0	36,7	38,9	41,4	44,2	47,1	50,0	52,8	55,5	57,9
520	29,2	29,3	29,5	29,7	30,3	31,0	31,8	32,7	33,2	35,1	36,7	38,6	40,8	43,3	46,0	48,7	51,4	53,9	56,3
530	29,6	29,7	29,9	30,1	30,7	31,4	32,1	33,0	33,5	35,3	36,7	38,4	40,4	42,7	45,1	47,6	50,1	52,5	54,9
540	30,0	30,1	30,3	30,5	31,1	31,7	32,5	33,3	33,8	35,4	36,8	38,4	40,2	42,2	44,4	46,7	49,1	51,4	53,6
550	30,4	30,5	30,7	30,9	31,5	32,1	32,8	33,6	34,1	35,7	36,9	38,3	40,0	41,9	43,9	46,0	48,2	50,4	52,5
560	30,8	30,9	31,1	31,3	31,9	32,5	33,2	34,0	34,4	35,9	37,1	38,4	39,9	41,6	43,5	45,5	47,5	49,6	51,6
570	31,2	31,3	31,5	31,7	32,3	32,9	33,5	34,3	34,7	36,1	37,2	38,5	39,9	41,5	43,2	45,0	46,9	48,9	50,8
580	31,7	31,7	31,9	32,1	32,6	33,2	33,9	34,6	35,0	36,4	37,4	38,6	39,9	41,4	43,0	44,7	46,5	48,3	50,1
590	32,1	32,1	32,3	32,5	33,0	33,6	34,2	35,0	35,3	36,7	37,6	38,8	40,0	41,3	42,8	44,4	46,1	47,8	49,6
600	32,5	32,6	32,7	32,9	33,4	34,0	34,6	35,3	35,7	36,9	37,9	38,9	40,1	41,4	42,8	44,2	45,8	47,4	49,1
610	32,9	33,0	33,1	33,3	33,8	34,4	35,0	35,7	36,0	37,2	38,1	39,1	40,2	41,4	42,7	44,1	45,6	47,1	48,7
620	33,3	33,4	33,5	33,7	34,2	34,8	35,4	36,0	36,4	37,5	38,4	39,4	40,4	41,5	42,8	44,1	45,4	46,9	48,4
630	33,7	33,8	33,9	34,1	34,6	35,1	35,7	36,4	36,7	37,8	38,7	39,6	40,6	41,7	42,8	44,0	45,4	46,7	48,1
640	34,1	34,2	34,3	34,5	35,0	35,5	36,1	36,7	37,0	38,1	38,9	39,8	40,8	41,8	42,9	44,1	45,3	46,6	48,0
650	34,5	34,6	34,7	34,9	35,4	35,9	36,5	37,1	37,4	38,5	39,2	40,1	41,0	42,0	43,0	44,1	45,3	46,5	47,8
660	34,9	35,0	35,1	35,3	35,8	36,3	36,8	37,4	37,8	38,8	39,5	40,4	41,2	42,2	43,2	44,2	45,4	46,5	47,7
670	35,3	35,4	35,5	35,7	36,2	36,7	37,2	37,8	38,1	39,1	39,8	40,6	41,5	42,4	43,3	44,3	45,4	46,5	47,7
680	35,7	35,8	35,9	36,1	36,6	37,1	37,6	38,2	38,5	39,4	40,2	40,9	41,7	42,6	43,5	44,5	45,5	46,6	47,7
690	36,1	36,2	36,3	36,5	37,0	37,5	38,0	38,5	38,8	39,8	40,5	41,2	42,0	42,8	43,7	44,7	45,6	46,7	47,7
700	36,5	36,6	36,7	36,9	37,4	37,9	38,4	38,9	39,2	40,1	40,8	41,5	42,3	43,1	43,9	44,8	45,8	46,8	47,8

b) Wärmeleitfähigkeit λ in 10^{-2} W/m grd

(Fig. 3 und 4, S. 164)

$$1 \text{ W/m grd} = 1 \text{ J/s m grd} = \frac{1}{4,1868} \text{ cal/s m grd} = 0{,}85958 \text{ kcal/m h grd}$$

Thermal conductivity, conductivité thermique, conductibilidad térmica

t °C	p in bar →												
	1	10	25	50	100	150	200	250	300	350	400	450	500
0	56,9	57,0	57,1	57,3	57,7	58,1	58,5	58,9	59,2	59,6	59,9	60,3	60,6
10	58,7	58,8	58,9	59,1	59,5	59,9	60,3	60,7	61,1	61,4	61,8	62,1	62,4
20	60,4	60,4	60,6	60,8	61,2	61,6	62,0	62,3	62,7	63,0	63,4	63,7	64,0
30	61,8	61,9	62,0	62,3	62,7	63,1	63,4	63,8	64,2	64,5	64,8	65,1	65,4
40	63,2	63,2	63,4	63,6	64,0	64,4	64,8	65,1	65,5	65,8	66,1	66,4	66,7
50	64,3	64,4	64,5	64,7	65,1	65,5	65,9	66,2	66,6	66,9	67,2	67,5	67,8
60	65,4	65,4	65,6	65,8	66,1	66,5	66,9	67,2	67,6	67,9	68,2	68,5	68,7
70	66,2	66,3	66,4	66,6	67,0	67,4	67,7	68,1	68,4	68,7	69,0	69,3	69,5
80	67,0	67,1	67,2	67,4	67,7	68,1	68,4	68,8	69,1	69,4	69,7	70,0	70,2
90	67,6	67,7	67,8	68,0	68,3	68,7	69,0	69,3	69,6	69,9	70,3	70,5	70,8
100	2,48	68,1	68,2	68,4	68,8	69,1	69,5	69,8	70,1	70,4	70,7	71,0	71,3
110	2,55	68,5	68,6	68,8	69,1	69,4	69,8	70,1	70,4	70,7	71,0	71,3	71,6
120	2,62	68,7	68,8	69,0	69,3	69,7	70,0	70,3	70,6	70,9	71,2	71,5	71,8
130	2,70	68,8	68,9	69,1	69,4	69,8	70,1	70,4	70,7	71,0	71,4	71,7	72,0
140	2,78	68,8	68,9	69,1	69,4	69,8	70,1	70,4	70,7	71,1	71,4	71,7	72,0

b) Wärmeleitfähigkeit λ in 10^{-2} W/m grd (Fortsetzung)

t °C	p in bar → 1	10	25	50	100	150	200	250	300	350	400	450	500
150	2,86	68,7	68,8	69,0	69,3	69,6	70,0	70,3	70,6	71,0	71,3	71,6	72,0
160	2,95	68,5	68,6	68,7	69,1	69,4	70,0	70,1	70,5	70,8	71,1	71,5	71,8
170	3,04	68,1	68,2	68,4	68,8	69,1	69,5	69,8	70,2	70,5	70,9	71,2	71,6
180	3,13	3,36	67,8	68,0	68,3	68,7	69,1	69,5	69,8	70,2	70,6	70,9	71,3
190	3,22	3,42	67,2	67,4	67,8	68,2	68,6	69,0	69,4	69,8	70,2	70,5	70,9
200	3,31	3,50	66,5	66,8	67,2	67,6	68,1	68,5	68,9	69,3	69,7	70,1	70,4
210	3,41	3,57	65,8	66,0	66,5	67,0	67,4	67,9	68,3	68,7	69,1	69,5	69,9
220	3,51	3,66	64,9	65,1	65,7	66,2	66,7	67,2	67,6	68,1	68,5	68,9	69,3
230	3,61	3,74	4,17	64,1	64,7	65,3	65,9	66,4	66,9	67,4	67,8	68,2	68,7
240	3,71	3,83	4,21	63,0	63,7	64,3	64,9	65,5	66,1	66,6	67,0	67,5	67,9
250	3,81	3,92	4,26	61,8	62,5	63,3	63,9	64,6	65,2	65,7	66,2	66,7	67,1
260	3,91	4,02	4,32	60,4	61,3	62,1	62,8	63,5	64,2	64,8	65,3	65,8	66,3
270	4,01	4,11	4,39	5,26	59,8	60,7	61,6	62,4	63,1	63,7	64,3	64,9	65,3
280	4,12	4,21	4,47	5,21	58,2	59,3	60,2	61,1	61,9	62,6	63,3	63,9	64,3
290	4,22	4,31	4,55	5,20	56,5	57,7	58,7	59,7	60,6	61,4	62,2	62,8	63,3
300	4,33	4,42	4,63	5,21	54,5	55,9	57,1	58,2	59,2	60,1	60,9	61,6	62,2
310	4,44	4,52	4,72	5,24	52,3	53,9	55,3	56,6	57,7	58,7	59,6	60,4	61,0
320	4,55	4,63	4,81	5,28	7,58	51,6	53,2	54,7	56,0	57,2	58,2	59,0	59,7
330	4,66	4,73	4,91	5,34	7,21	49,1	50,9	52,6	54,1	55,4	56,6	57,5	58,3
340	4,77	4,84	5,01	5,40	6,97	46,2	48,4	50,3	52,0	53,5	54,8	55,9	56,8
350	4,88	4,95	5,11	5,48	6,83	9,90	45,4	47,6	49,6	51,4	52,9	54,1	55,2
360	4,99	5,06	5,22	5,56	6,75	9,25	41,2	44,4	46,8	48,8	50,6	52,2	53,7
370	5,11	5,17	5,32	5,64	6,71	8,83	13,6	40,4	43,6	46,0	48,1	49,9	51,6
380	5,22	5,29	5,43	5,73	6,70	8,60	12,2	33,4	39,7	42,8	45,2	47,3	49,2
390	5,34	5,40	5,54	5,83	6,71	8,35	11,3	17,6	34,6	39,2	42,1	44,4	46,6
400	5,45	5,52	5,65	5,93	6,74	8,18	10,6	15,4	26,3	35,1	38,8	41,5	43,7
410	5,57	5,63	5,76	6,03	6,79	8,06	10,1	13,9	21,7	30,0	35,4	38,5	41,0
420	5,69	5,75	5,88	6,13	6,85	8,00	9,80	12,9	18,8	25,4	31,6	35,6	38,3
430	5,81	5,87	5,99	6,24	6,91	7,96	9,56	12,1	16,7	22,0	27,4	32,5	35,7
440	5,92	5,99	6,11	6,35	6,99	7,96	9,38	11,5	15,2	19,5	24,1	29,0	33,1
450	6,04	6,11	6,23	6,46	7,07	7,97	9,27	11,1	14,1	17,6	21,5	25,9	30,7
460	6,17	6,23	6,35	6,58	7,16	8,00	9,19	10,8	13,3	16,2	19,6	23,4	27,7
470	6,29	6,35	6,47	6,69	7,26	8,05	9,14	10,6	12,7	15,2	18,0	21,4	25,2
480	6,41	6,47	6,59	6,81	7,36	8,10	9,12	10,4	12,2	14,4	16,9	19,8	23,2
490	6,53	6,59	6,71	6,93	7,46	8,17	9,13	10,4	11,9	13,8	16,0	18,5	21,5
500	6,66	6,72	6,83	7,05	7,57	8,25	9,15	10,3	11,7	13,4	15,3	17,6	20,2
510	6,78	6,84	6,96	7,17	7,68	8,33	9,18	10,2	11,5	13,0	14,8	16,8	19,1
520	6,91	6,97	7,09	7,30	7,79	8,42	9,23	10,2	11,4	12,8	14,4	16,2	18,3
530	7,03	7,10	7,21	7,42	7,91	8,52	9,29	10,2	11,3	12,6	14,1	15,7	17,6
540	7,16	7,22	7,34	7,55	8,03	8,62	9,36	10,3	11,3	12,5	13,8	15,3	17,0
550	7,29	7,35	7,47	7,68	8,15	8,73	9,44	10,3	11,3	12,4	13,6	15,0	16,6
560	7,41	7,48	7,60	7,81	8,28	8,84	9,53	10,3	11,3	12,3	13,5	14,8	16,2
570	7,54	7,61	7,73	7,94	8,40	8,96	9,62	10,4	11,3	12,3	13,4	14,6	16,0
580	7,67	7,74	7,86	8,07	8,53	9,07	9,72	10,5	11,3	12,3	13,3	14,5	15,7
590	7,80	7,87	7,99	8,20	8,66	9,19	9,83	10,6	11,4	12,3	13,3	14,4	15,5
600	7,93	8,00	8,12	8,33	8,79	9,32	9,94	10,6	11,4	12,3	13,2	14,3	15,4
610	8,06	8,13	8,25	8,47	8,92	9,45	10,1	10,7	11,5	12,3	13,2	14,2	15,3
620	8,20	8,27	8,39	8,60	9,06	9,58	10,2	10,8	11,6	12,4	13,3	14,2	15,2
630	8,33	8,40	8,52	8,74	9,19	9,71	10,3	11,0	11,7	12,5	13,3	14,2	15,2
640	8,46	8,53	8,66	8,87	9,33	9,84	10,4	11,1	11,8	12,5	13,3	14,2	15,2
650	8,60	8,67	8,79	9,01	9,47	9,98	10,6	11,2	11,9	12,6	13,4	14,2	15,2
660	8,73	8,81	8,93	9,15	9,61	10,1	10,7	11,3	12,0	12,7	13,5	14,3	15,2
670	8,87	8,94	9,07	9,29	9,75	10,3	10,8	11,4	12,1	12,8	13,6	14,3	15,2
680	9,00	9,08	9,21	9,43	9,89	10,4	11,0	11,6	12,2	12,9	13,6	14,4	15,2
690	9,14	9,22	9,35	9,57	10,0	10,5	11,1	11,7	12,3	13,0	13,7	14,5	15,3
700	9,28	9,35	9,49	9,71	10,2	10,7	11,2	11,8	12,5	13,1	13,8	14,6	15,4

c) Prandtl-Zahl $Pr = \eta\, c_p/\lambda$

(Fig. 5 und 6, S. 165)

berechnet aus η, λ und c_p nach Abschnitt C
calculated of η, λ and c_p from paragraph C

t °C $\downarrow$	p in bar $\longrightarrow$												
	1	10	25	50	100	150	200	250	300	350	400	450	500
0	13,0	13,0	12,9	12,8	12,6	12,4	12,3	12,1	11,9	11,8	11,6	11,5	11,4
10	9,28	9,26	9,22	9,17	9,05	8,94	8,84	8,73	8,63	8,55	8,45	8,37	8,30
20	6,94	6,93	6,90	6,86	6,79	6,72	6,65	6,59	6,52	6,47	6,40	6,35	6,30
30	5,39	5,38	5,36	5,33	5,28	5,23	5,19	5,14	5,09	5,06	5,02	4,98	4,95
40	4,30	4,30	4,29	4,27	4,23	4,20	4,16	4,13	4,10	4,08	4,05	4,02	4,00
50	3,54	3,53	3,52	3,51	3,48	3,46	3,43	3,41	3,38	3,36	3,34	3,32	3,31
60	2,96	2,96	2,95	2,94	2,93	2,91	2,88	2,87	2,85	2,83	2,82	2,81	2,80
70	2,53	2,53	2,53	2,52	2,50	2,48	2,47	2,46	2,45	2,43	2,42	2,41	2,41
80	2,20	2,20	2,19	2,19	2,18	2,16	2,15	2,14	2,13	2,12	2,12	2,11	2,10
90	1,94	1,93	1,93	1,93	1,92	1,91	1,90	1,89	1,89	1,88	1,87	1,87	1,86
100	0,984	1,73	1,73	1,72	1,71	1,71	1,70	1,69	1,69	1,68	1,68	1,67	1,67
110	0,980	1,56	1,56	1,55	1,54	1,54	1,54	1,53	1,53	1,52	1,52	1,52	1,51
120	0,978	1,42	1,42	1,42	1,41	1,41	1,40	1,40	1,40	1,39	1,39	1,39	1,39
130	0,975	1,31	1,31	1,30	1,30	1,30	1,29	1,29	1,29	1,29	1,28	1,28	1,28
140	0,973	1,21	1,21	1,21	1,21	1,21	1,20	1,20	1,20	1,20	1,19	1,19	1,19
150	0,970	1,14	1,14	1,13	1,13	1,13	1,13	1,13	1,12	1,12	1,12	1,12	1,12
160	0,968	1,07	1,07	1,07	1,07	1,07	1,06	1,06	1,06	1,06	1,06	1,05	1,05
170	0,966	1,02	1,02	1,02	1,01	1,01	1,01	1,01	1,00	1,00	1,00	1,00	0,999
180	0,964	1,15	0,970	0,969	0,968	0,965	0,963	0,961	0,960	0,958	0,956	0,956	0,953
190	0,961	1,13	0,935	0,933	0,930	0,927	0,925	0,923	0,921	0,919	0,917	0,917	0,915
200	0,959	1,11	0,904	0,902	0,899	0,896	0,893	0,891	0,888	0,886	0,885	0,884	0,883
210	0,957	1,09	0,881	0,879	0,874	0,869	0,867	0,864	0,862	0,860	0,858	0,856	0,855
220	0,954	1,07	0,863	0,861	0,855	0,850	0,846	0,842	0,840	0,837	0,835	0,834	0,832
230	0,952	1,06	1,25	0,849	0,842	0,835	0,829	0,825	0,822	0,818	0,816	0,815	0,812
240	0,951	1,04	1,22	0,842	0,833	0,826	0,819	0,813	0,808	0,805	0,802	0,799	0,798
250	0,950	1,03	1,18	0,842	0,831	0,820	0,812	0,805	0,799	0,795	0,791	0,788	0,786
260	0,948	1,02	1,16	0,848	0,834	0,821	0,810	0,801	0,794	0,787	0,783	0,780	0,776
270	0,947	1,01	1,13	1,38	0,845	0,829	0,814	0,802	0,793	0,786	0,780	0,774	0,771
280	0,943	0,997	1,10	1,34	0,865	0,841	0,823	0,809	0,796	0,787	0,778	0,772	0,769
290	0,942	0,989	1,08	1,30	0,895	0,864	0,840	0,821	0,805	0,792	0,781	0,774	0,769
300	0,939	0,981	1,07	1,26	0,940	0,899	0,866	0,840	0,819	0,803	0,790	0,779	0,771
310	0,937	0,978	1,05	1,23	1,00	0,947	0,898	0,866	0,839	0,818	0,799	0,785	0,777
320	0,934	0,970	1,04	1,20	1,62	1,02	0,947	0,902	0,866	0,837	0,816	0,796	0,784
330	0,933	0,965	1,03	1,17	1,54	1,12	1,02	0,950	0,902	0,868	0,837	0,815	0,796
340	0,931	0,959	1,01	1,14	1,47	1,33	1,12	1,02	0,950	0,904	0,866	0,837	0,813
350	0,930	0,954	1,00	1,12	1,40	2,19	1,31	1,12	1,02	0,950	0,903	0,867	0,832
360	0,928	0,953	0,994	1,09	1,34	1,90	1,82	1,24	1,10	1,02	0,951	0,901	0,858
370	0,926	0,949	0,990	1,08	1,30	1,71	4,01	1,65	1,22	1,10	1,01	0,940	0,892
380	0,925	0,945	0,982	1,06	1,25	1,55	2,41	4,14	1,45	1,22	1,10	1,01	0,937
390	0,922	0,942	0,974	1,04	1,21	1,45	1,99	5,89	2,45	1,51	1,24	1,10	1,01
400	0,921	0,938	0,968	1,03	1,18	1,37	1,75	2,81	4,27	1,99	1,45	1,22	1,10
410	0,920	0,936	0,962	1,01	1,15	1,31	1,58	2,08	3,52	2,67	1,73	1,37	1,19
420	0,918	0,933	0,956	1,00	1,12	1,26	1,46	1,79	2,48	2,87	2,05	1,56	1,31
430	0,917	0,930	0,952	0,993	1,10	1,22	1,37	1,61	1,92	2,53	2,25	1,74	1,44
440	0,916	0,927	0,947	0,984	1,08	1,18	1,31	1,49	1,70	2,16	2,21	1,88	1,56
450	0,915	0,925	0,943	0,976	1,06	1,15	1,26	1,40	1,56	1,83	2,08	1,90	1,64
460	0,913	0,923	0,939	0,968	1,04	1,13	1,22	1,33	1,45	1,65	1,90	1,85	1,69
470	0,912	0,921	0,936	0,963	1,03	1,10	1,18	1,27	1,37	1,52	1,72	1,77	1,67
480	0,911	0,920	0,933	0,957	1,02	1,08	1,15	1,23	1,32	1,43	1,57	1,69	1,63
490	0,910	0,918	0,930	0,952	1,00	1,06	1,12	1,18	1,27	1,36	1,47	1,57	1,57
500	0,908	0,916	0,928	0,947	0,993	1,05	1,10	1,15	1,22	1,30	1,39	1,46	1,50
510	0,908	0,915	0,925	0,943	0,984	1,03	1,08	1,13	1,18	1,26	1,32	1,51	1,42
520	0,906	0,913	0,922	0,938	0,976	1,02	1,06	1,11	1,15	1,21	1,27	1,34	1,36
530	0,906	0,911	0,921	0,935	0,968	1,01	1,04	1,09	1,12	1,18	1,22	1,28	1,31
540	0,905	0,911	0,918	0,931	0,961	0,998	1,03	1,06	1,10	1,14	1,19	1,24	1,27

c) Prandtl-Zahl $Pr = \eta\, c_p/\lambda$ (Fortsetzung)

t °C ↓	p in bar ⟶												
	1	10	25	50	100	150	200	250	300	350	400	450	500
550	0,904	0,909	0,916	0,928	0,955	0,988	1,01	1,04	1,08	1,11	1,16	1,20	1,23
560	0,904	0,908	0,914	0,925	0,948	0,980	1,00	1,03	1,06	1,09	1,12	1,16	1,19
570	0,903	0,906	0,912	0,922	0,944	0,970	0,989	1,01	1,04	1,07	1,10	1,13	1,15
580	0,902	0,905	0,910	0,919	0,938	0,959	0,979	0,997	1,02	1,04	1,07	1,10	1,12
590	0,901	0,904	0,909	0,917	0,934	0,952	0,969	0,983	1,00	1,03	1,05	1,07	1,10
600	0,900	0,903	0,907	0,915	0,929	0,945	0,958	0,976	0,990	1,01	1,03	1,05	1,07
610	0,900	0,902	0,906	0,912	0,926	0,938	0,947	0,965	0,980	0,998	1,01	1,03	1,04
620	0,898	0,901	0,904	0,910	0,921	0,932	0,942	0,954	0,966	0,982	0,994	1,01	1,02
630	0,897	0,900	0,903	0,908	0,918	0,928	0,937	0,945	0,955	0,970	0,979	0,991	1,00
640	0,897	0,899	0,901	0,906	0,914	0,923	0,933	0,938	0,945	0,958	0,964	0,976	0,981
650	0,896	0,898	0,901	0,904	0,911	0,918	0,921	0,930	0,936	0,946	0,953	0,960	0,964
660	0,895	0,896	0,899	0,902	0,908	0,915	0,917	0,924	0,928	0,936	0,940	0,948	0,951
670	0,894	0,896	0,897	0,900	0,905	0,909	0,912	0,918	0,921	0,927	0,930	0,937	0,940
680	0,894	0,895	0,896	0,898	0,902	0,905	0,908	0,912	0,916	0,918	0,921	0,926	0,930
690	0,893	0,894	0,895	0,896	0,899	0,903	0,903	0,905	0,910	0,911	0,913	0,915	0,920
700	0,892	0,893	0,893	0,895	0,897	0,899	0,902	0,902	0,904	0,905	0,908	0,909	0,910

d) Dynamische Viskosität, Wärmeleitfähigkeit, Prandtl-Zahl

im Sättigungszustand t_s, p_s in state of saturation t_s, p_s

t_s	p_s	η'	η''	λ'	λ''	Pr'	Pr''
°C	bar	10^{-6} kg/s m		10^{-2} W/m grd		—	
0	0,006108	1750	8,02	56,9	1,82	13,0	0,815
10	0,012270	1300	8,42	58,7	1,88	9,29	0,831
20	0,02337	1000	8,82	60,3	1,94	6,94	0,847
30	0,04241	797	9,22	61,8	2,00	5,39	0,863
40	0,07375	651	9,62	63,2	2,06	4,30	0,883
50	0,12335	544	10,02	64,3	2,12	3,54	0,896
60	0,19920	463	10,42	65,4	2,19	2,96	0,913
70	0,3116	400	10,82	66,2	2,25	2,53	0,930
80	0,4736	351	11,22	67,0	2,32	2,20	0,947
90	0,7011	311	11,62	67,6	2,40	1,94	0,966
100	1,0133	279	12,02	68,1	2,48	1,73	0,984
110	1,4327	252	12,42	68,4	2,56	1,56	1,00
120	1,9854	230	12,80	68,7	2,65	1,42	1,02
130	2,7013	211	13,17	68,8	2,75	1,31	1,04
140	3,614	195	13,54	68,8	2,85	1,21	1,06
150	4,760	181	13,90	68,7	2,96	1,14	1,08
160	6,181	169	14,25	68,4	3,08	1,07	1,11
170	7,920	159	14,61	68,1	3,21	1,02	1,13
180	10,027	149	14,96	67,7	3,36	0,970	1,15
190	12,551	141	15,30	67,1	3,51	0,935	1,18
200	15,549	134	15,65	66,5	3,68	0,904	1,21
210	19,077	127	15,99	65,7	3,87	0,881	1,24
220	23,198	122	16,34	64,8	4,07	0,864	1,26
230	27,976	116	16,70	63,9	4,30	0,853	1,29
240	33,478	111	17,07	62,8	4,55	0,846	1,33
250	39,776	107	17,45	61,8	4,84	0,842	1,36
260	46,943	103	17,85	60,3	5,17	0,848	1,40
270	55,058	99,4	18,28	59,0	5,55	0,860	1,44
280	64,202	96,1	18,75	57,5	6,00	0,883	1,49
290	74,461	93,0	19,27	55,8	6,55	0,916	1,54
300	85,927	90,1	19,84	54,1	7,22	0,958	1,61
310	98,700	86,5	20,7	52,3	8,06	1,00	1,71
320	112,89	83,0	21,7	50,8	8,65	1,07	1,94
330	128,63	79,4	23,1	48,2	9,60	1,19	2,24
340	146,05	75,4	24,7	46,0	10,7	1,35	2,82
350	165,35	70,9	26,6	43,7	11,9	1,64	3,83
360	186,75	65,3	29,2	39,9	13,7	2,38	5,34
370	210,54	56,0	34,0	34,8	16,6	6,95	15,7
374,15	221,20	45,0	45,0	23,8	23,8	∞	∞

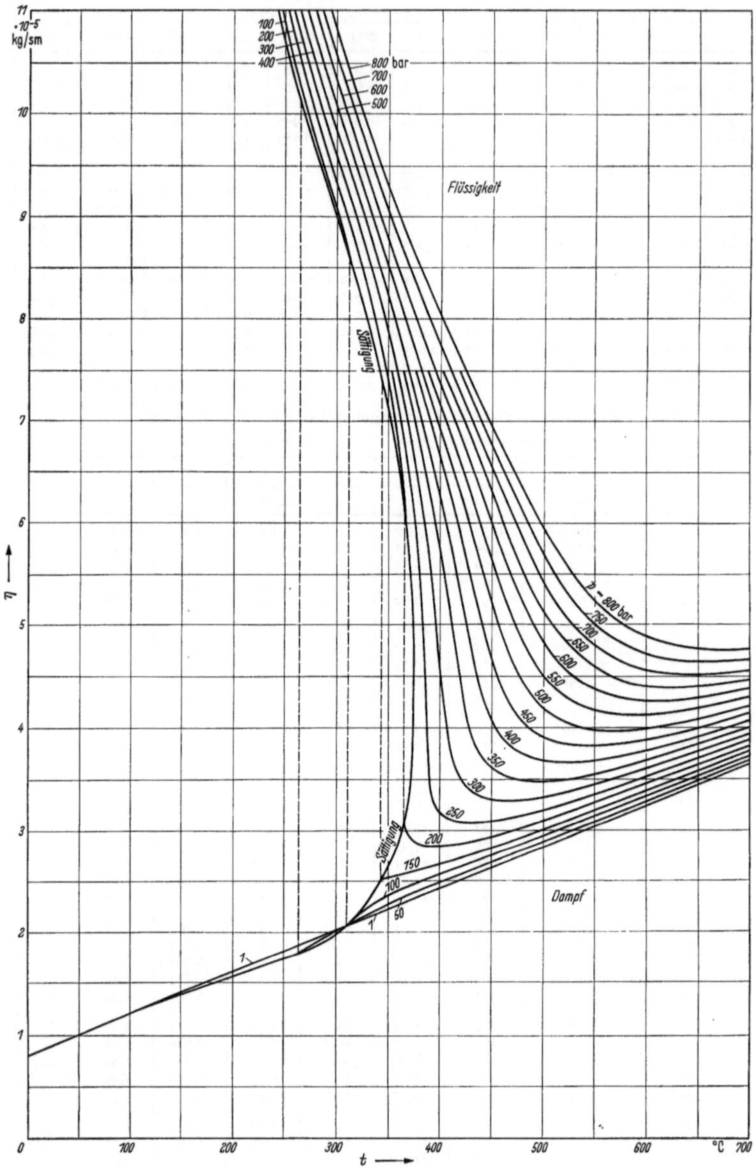

Fig. 1. η, t-Diagramm

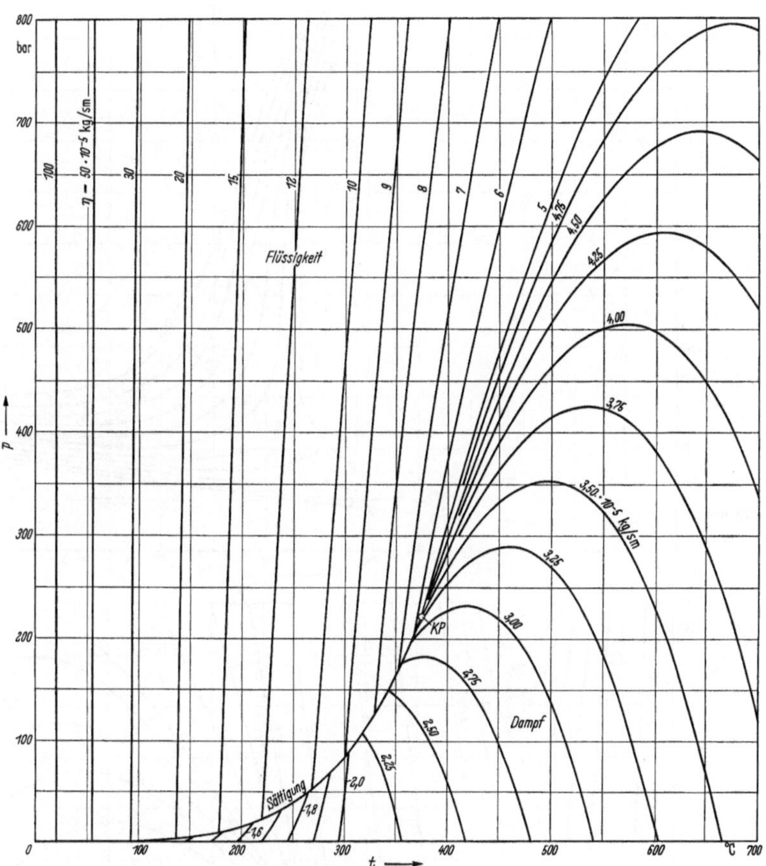

Fig. 2. η im p, t-Diagramm

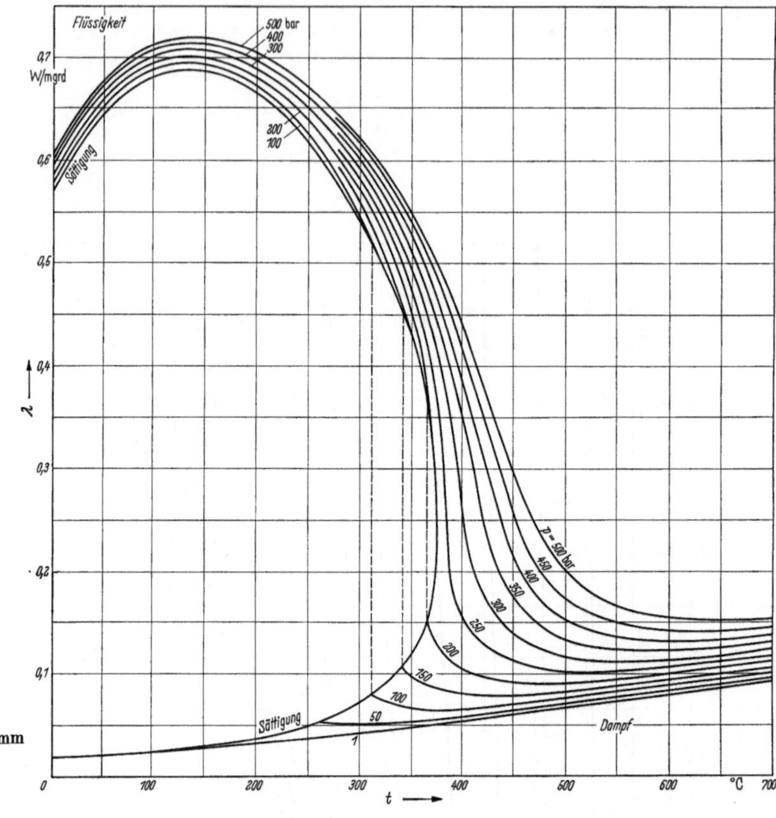

Fig. 3
λ, t-Diagramm

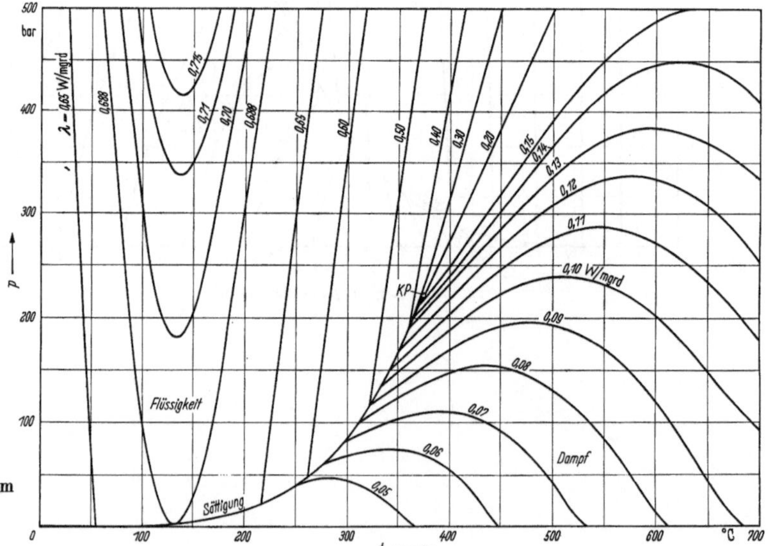

Fig. 4. λ im
p, t-Diagramm

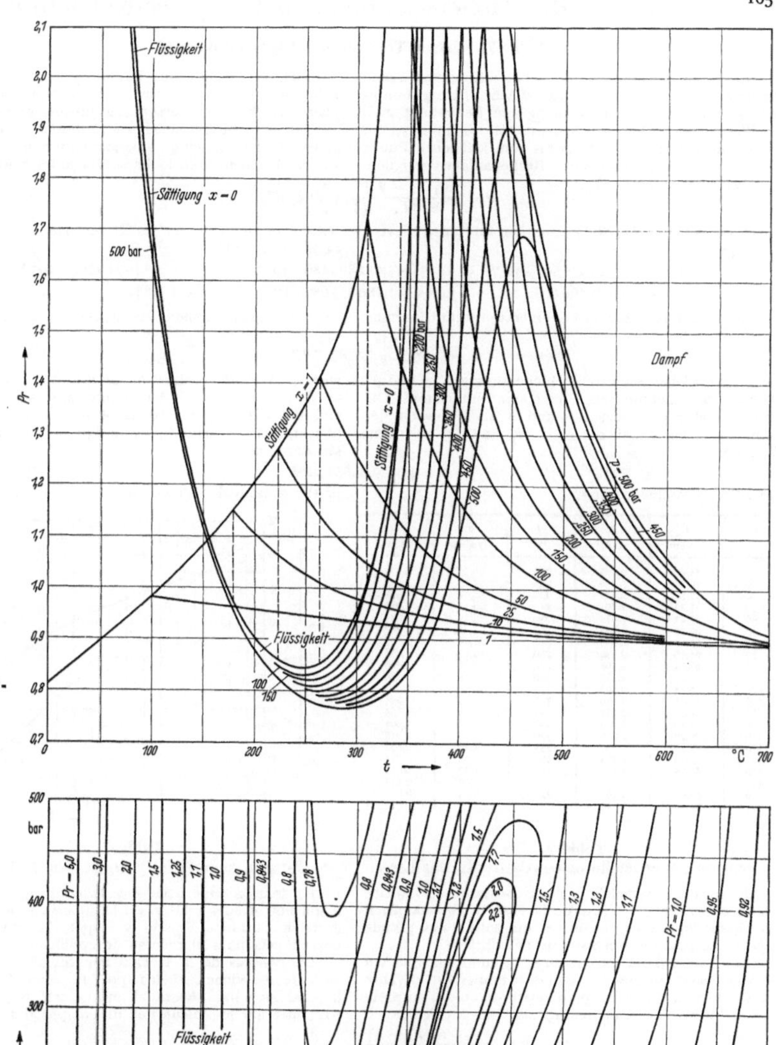

Fig. 5. _Pr, t_-Diagramm

Fig. 6. _Pr_ im _p, t_-Diagramm

Tafel 7. Oberflächenspannung und Laplace-Konstante

Table 7. Surface Tension and Laplace-Constant

Oberflächenspannung σ und Laplace-Konstante a sind Zustandsgrößen der Phasengrenzfläche flüssig–dampfförmig, die für den Siedevorgang von Bedeutung sind.

Werte der Oberflächenspannung σ in dyn/cm = erg/cm² liefert die folgende bis zum kritischen Punkt gültige und für den Gebrauch in Rechenanlagen geeignete Zahlenwertgleichung [15]

Surface tension σ and Laplace Constant a are quantities of the surface separating the liquid and vapour phase which are important for process of evaporation.

Values of surface tension σ in dyn/cm = erg/cm² are given by the following numerical equation valid until to the critical point and to be used also for computers [15]

$$\sigma = \frac{a_1(T_k - T)^2}{1 + \beta(T_k - T)} + \sum_{n=2}^{n=5} a_n (T_k - T)^n, \tag{1}$$

mit T in °K, $T_k = 647{,}30$ °K und den folgenden Werten der Konstanten

with T in °K, $T_k = 647{,}30$ °K and the following values of the constants

$$a_1 = +1{,}160\,936\,807 \cdot 10^{-1}, \qquad a_3 = -5{,}752\,805\,180 \cdot 10^{-6}, \qquad a_5 = -1{,}149\,719\,290 \cdot 10^{-11}$$
$$a_2 = +1{,}121\,404\,688 \cdot 10^{-3}, \qquad a_4 = +1{,}286\,274\,650 \cdot 10^{-8}, \qquad \beta = +0{,}83.$$

Die Laplace-Konstante ist definiert durch die Gleichung

The Laplace Constant is defined by the equation

$$a = \sqrt{\frac{\sigma}{g(\varrho' - \varrho'')}}, \tag{2}$$

mit g als örtlicher Schwerebeschleunigung und ϱ' und ϱ'' als Sättigungsdichten von Flüssigkeit und Dampf. Die Tafel 7 und Fig. 1 zeigen σ und a als Funktion der Temperatur gerechnet nach Gl. (1) und (2) mit dem Normwert

with g as local acceleration of gravity and ϱ' and ϱ'' as densities of saturated liquid and steam. Table 7 and the Fig. 1 show values of σ and a as functions of temperature calculated from equ. (1) and (2) with the standard value

$$g = 9{,}80665 \ \text{m/s}^2$$

der Schwerebeschleunigung.

of the acceleration of gravity.

t °C	σ dyn/cm	a mm	t °C	σ dyn/cm	a mm
0	75,60	2,777	210	35,53	2,073
10	74,24	2,752	220	33,23	2,022
20	72,78	2,727	230	30,90	1,968
30	71,23	2,701	240	28,56	1,912
40	69,61	2,675	250	26,19	1,851
50	67,93	2,648	260	23,82	1,787
60	66,19	2,620	270	21,44	1,719
70	64,40	2,592	280	19,07	1,646
80	62,57	2,563	290	16,71	1,568
90	60,69	2,533	300	14,39	1,484
100	58,78	2,502	310	12,11	1,393
110	56,83	2,470	320	9,89	1,294
120	54,85	2,437	330	7,75	1,184
130	52,83	2,403	340	5,71	1,061
140	50,79	2,368	350	3,79	0,916
150	48,70	2,331	355	2,89	0,832
160	46,59	2,292	360	2,03	0,735
170	44,44	2,253	365	1,22	0,614
180	42,26	2,211	370	0,47	0,437
190	40,05	2,167	374,15	0	0
200	37,81	2,121			

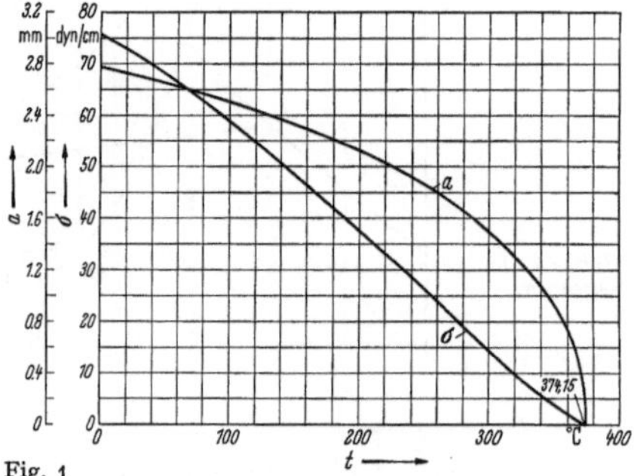

Fig. 1

Table 7.
Tension superficielle et constante de Laplace

La tension superficielle σ et la constante de Laplace a sont des variables d'état de la surface de séparation des phases liquide et vapeur, et qui sont d'une grande importance pour le processus de l'ébullition.

Des valeurs de la tension superficielle σ en dyne/cm = erg/cm² sont fournies par l'équation numérique suivante qui est valable jusqu'au point critique et qui se prête aussi à l'utilisation dans les installations à calculer

Tabla 7.
Tensión superficial y constante de Laplace

La tensión superficial σ y la constante de Laplace a son magnitudes relativas a la superficie de separación entre los estados líquido y vapor, las cuales tienen importancia para el proceso de ebullición.

Los valores de la tensión superficial σ, en dyn/cm = erg/cm², vienen dados por la ecuación siguiente la cual es válida hasta el punto crítico y apropiada para efectuar los cálculos en un computador:

$$\sigma = \frac{a_1(T_k - T)^2}{1 + \beta(T_k - T)} + \sum_{n=2}^{n=5} a_n (T_k - T)^n, \tag{1}$$

avec T en °K, $T_k = 647{,}30$ °K et les valeurs suivantes des constantes

con T en °K, $T_k = 647{,}30$ °K y los siguientes valores de las constantes:

$$a_1 = +1{,}160\,936\,807 \cdot 10^{-1}, \qquad a_3 = -5{,}752\,805\,180 \cdot 10^{-6}, \qquad a_5 = -1{,}149\,719\,290 \cdot 10^{-11},$$
$$a_2 = +1{,}121\,404\,688 \cdot 10^{-3}, \qquad a_4 = +1{,}286\,274\,650 \cdot 10^{-8}, \qquad \beta = +0{,}83.$$

La constante de Laplace est définie par l'équation

La constante de Laplace está definida por la ecuación:

$$a = \sqrt{\frac{\sigma}{g(\varrho' - \varrho'')}}, \tag{2}$$

avec g comme accélération de la pesanteur locale et avec ϱ' et ϱ'' comme densités de saturation du liquide et de la vapeur. La table 7 et la figure 1 montrent σ et a en fonction de la température, calculés au moyen des équations (1) et (2), avec la valeur normale de l'accélération de la pesanteur

siendo g la aceleración de la gravedad local y ϱ' y ϱ'' las densidades de saturación del líquido y del vapor. La tabla numérica 7 y la figura 1 proporcionan los valores de σ y a en función de la temperatura, calculados de acuerdo con las ecuaciones (1) y (2), con el valor normal de la aceleración de la gravedad

$$g = 9{,}80665 \ \text{m/s}^2.$$

Tafel 8. Isentropenexponent

Table 8. Isentropic Exponent
Table 8. Exponent isentropique
Tabla 8. Exponente isentrópico

Der Isentropenexponent k ist definiert durch die Gleichung
L'exponent isentropique k est défini par l'équation

The isentropic exponent k is defined by the equation
El exponente isentrópico está definida par la ecuación

$$k = - \frac{v}{p} \left(\frac{\partial p}{\partial v} \right),$$

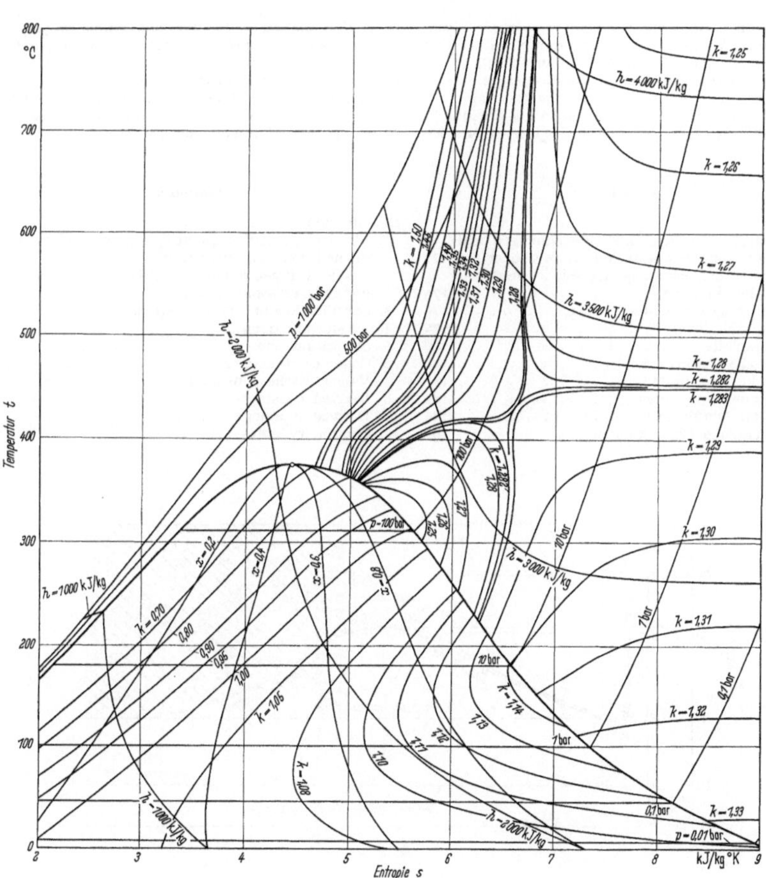

C. Formulationen und Gleichungen

I. Die 1967 IFC Formulation für industriellen Gebrauch

Eine Formulation der thermodynamischen Eigenschaften von Wasser und Wasserdampf, aufgestellt vom Internationalen Formulation Committee (IFC) der Sechsten Internationalen Dampftafel-Konferenz.

Diese zur unbeschränkten Veröffentlichung freigegebene Formulation ist hier fast wörtlich abgedruckt mit nur geringen, den Benutzer nicht interessierenden Kürzungen.

Inhalt

C. Formulations and Equations

I. The 1967 IFC Formulation for Industrial Use

A Formulation of the thermodynamic properties of ordinary water substance prepared by the International Formulation Committee (IFC) of the Sixth International Conference on the Properties of Steam.

This formulation allowed for unrestricted publication is given here almost verbally with only some slight reductions not of interest for the user.

Contents

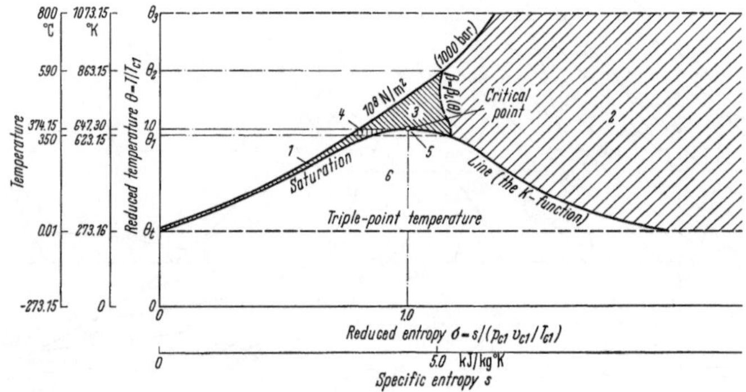

Fig. 1

C. Formulations et équations

I. La formulation IFC de 1967 pour usages industriels

Une formulation des propriétés thermodynamiques de l'eau naturelle et de la vapeur d'eau, établie par l'International Formulation Committee (IFC) de la Sixième Conférence Internationale sur les propriétés de la vapeur d'eau.

Cette formulation, dont la publication illimitée est autorisée, est reproduite ici de façon presque littérale, les quelques passages supprimés n'intéressant pas l'utilisateur.

Table des matières

C. Sistemas de fórmulas y ecuaciones

I. Sistema de fórmulas IFC 1967 para usos industriales

Se trata de un sistema de fórmulas de las propiedades termodinámicas del agua natural y de su vapor, confeccionado por el Comité Internacional de Formulación (IFC) de la 6ª Conferencia Internacional sobre Tablas del Vapor.

Dichos sistemas de fórmulas, cuya publicación ha quedado autorizada sin restricción alguna, se reproducen en este impreso casi literalmente, habiéndose abreviado sólo en parte el texto que carece de interés para el usuario.

Indice

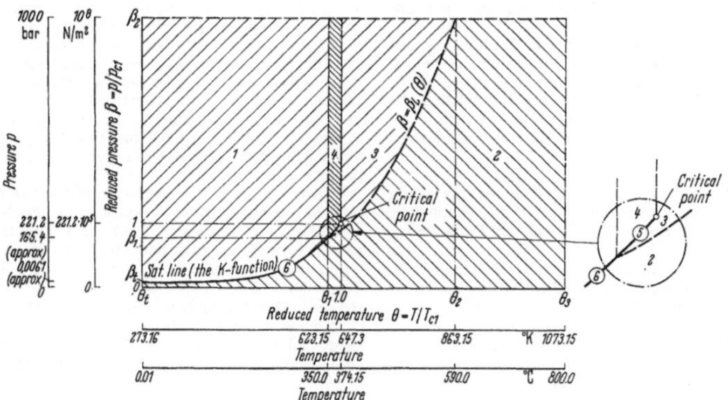

Fig. 2

Einführung

Mit dem zunehmenden Gebrauch von Rechenanlagen für komplizierte Rechnungen, besonders beim Entwurf von Kraftanlagen und der Optimierung ihrer Kreisprozesse, wurde es nötig, eine für den Gebrauch der Industrie geeignete *Formulation* der thermodynamischen Eigenschaften des Wassers und Wasserdampfes zu haben.

Wenn im folgenden der Einfachheit halber von Wasserdampf gesprochen wird, so ist darin der flüssige Zustand einbezogen.

Die verschiedenen thermodynamischen Eigenschaften sind nicht unabhängig voneinander. Wenn Druck p und Temperatur T als unabhängige Veränderliche einer Formulation gewählt werden, können Ausdrücke (hier *abgeleitete* Funktionen genannt) für spezifisches Volumen v, spezifische Entropie s, spezifische Enthalpie h und damit alle anderen thermodynamischen Eigenschaften durch partielle Differentiation der sogenannten *kanonischen (oder charakteristischen) Funktion* $g = g(p, T)$ abgeleitet werden, die man spezifische freie Enthalpie (Gibbs-Funktion) nennt. In ähnlicher Weise erhält man für v und T als unabhängige Veränderliche Ausdrücke für p, s, h usw. durch partielle Differentiation der *kanonischen Funktion* $f = f(v, T)$, die man spezifische freie Energie (Helmholtz-Funktion) nennt. Die folgende Formulation ist in kanonischen Funktionen angegeben und damit thermodynamisch konsistent.

Die kanonischen Funktionen sind die vollständige Formulation. Die daraus *abgeleiteten* Funktionen sind für den praktischen Gebrauch bestimmt und von sekundärer Art.

Die folgende Formulation beschreibt die thermodynamischen Eigenschaften des gewöhnlichen Wasserdampfes (d. h. natürlicher Isotopenzusammensetzung) vom Zustand des idealen Gases (bei $p = 0$) bis zum Drucke 10^8 N/m² (1000 bar) und für den Temperaturbereich von 273,16 °K (0,01 °C) bis 1073,15 °K (800 °C).

Das ganze Gebiet ist in sechs *Bereiche* 1 bis 6 aufgeteilt, wie das Fig. 1 (S. 168) im T, s- und Fig. 2 (S. 169) im p, t-Diagramm darstellt.

Abschnitt 1 dieser Darstellung enthält ein Verzeichnis der *physikalischen Größen*, ihrer *Bezeichnungen* und *Einheiten* und definiert gewisse *konstante Größen*, durch welche die Ausdrücke mit reduzierten dimensionslosen Veränderlichen dargestellt werden.

Abschnitt 2 bringt die *reduzierten dimensionslosen Größen* und die *thermodynamischen Beziehungen*, mit denen man die reduzierten Funktionen aus den angegebenen kanonischen Funktionen erhält.

Abschnitt 3 beschreibt die durch Zahlen gekennzeichneten Bereiche und gibt Gleichungen für Grenzen zwischen ihnen. Diese Gleichungen sind durch die Buchstaben K und L bezeichnet, wobei die K-Funktion die Gleichung der Sättigungslinie, die L-Funktion die Gleichung der Grenze zweier Bereiche im Einphasengebiet ist.

Abschnitt 4 gibt die Unterformulationen für jeden Bereich. Jede Unterformulation enthält die kanonische Funktion des Bereiches und die abgeleiteten Funktionen.

Abschnitt 5 zeigt die Funktion der Sättigungslinie, die zugleich als Bereichsgrenze dient, gekennzeichnet durch den Buchstaben K.

Abschnitt 6 enthält die kanonischen Funktionen, gekennzeichnet durch die Buchstaben A, B, C und D. Die kanonischen Teile der Unterformulationen von Abschnitt 4 umfassen eine oder mehrere der grundlegenden kanonischen Funktionen.

Abschnitt 7 gibt die Werte der Konstanten der Formulation meist als Zahlen; einige wenige, von anderen Konstanten abgeleitete auch als Gleichungen.

Das Material der Abschnitte 1 bis 7 ist hinreichend und notwendig für die Formulation.

Introduction

With the increasing use of digital computers, particularly in complicated calculations relating to plant design and cycle optimisation, it has become necessary to have a *formulation* of the thermodynamic properties of water substance convenient for industrial use.

The various thermodynamic properties are not independent of each other. For example, when the pressure p and temperature T are chosen as the independent variables of the formulation, then expressions (here called *derived functions*) for the specific volume, entropy, enthalpy and all other thermodynamic properties may be derived directly by partial differentiation of the socalled *canonical (or characteristic) function* $g = g(p, T)$, where g is the specific free enthalpy (Gibbs function). Similarly, when the specific volume v and temperature T are chosen as the independent variables, then expressions for the pressure, specific entropy, enthalpy and all other thermodynamic properties may be derived directly by partial differentiation of the *canonical function* $f = f(v, T)$, where f is the specific free energy (Helmholtz function). The formulation is presented in terms of these canonical functions, thereby maintaining thermodynamic consistency.

The canonical functions provide the definitive expression of the formulation. The *derived* functions are for practical use and are secondary to the canonical functions.

The formulation presented herein describes the thermodynamic properties of ordinary water substance throughout the whole of the region that extends in pressure from the ideal-gas limit (at zero pressure) to a pressure of 10^8 N/m² (1000 bar), and that extends in temperature from 273,16 °K (0,01 °C) to 1073,15 °K (800 °C).

This whole region is divided into six *sub-regions*, numbered 1 to 6 and shown on the temperature-entropy plane in Fig. 1 (p. 168) and on the pressure-temperature plane in Fig. 2 (p. 169).

Section 1 of this Statement lists the *physical quantities*, defines the *quantity symbols* and *units* used in the formulation, and defines certain *constant quantities* with the aid of which the expressions are presented in terms of reduced dimensionless variables.

Section 2 presents the *reduced dimensionless quantities* and also the required *thermodynamic relations* by means of which expressions for the derived functions can be obtained from the given canonical functions.

Section 3 specifies the sub-regions, which are identified by numbers, and gives information relating to equations which define the boundaries between sub-regions. These equations are identified by the letters K and L, the K-function being the equation for the saturation line and the L-function being the equation for a boundary between two sub-regions in the single-phase region.

Section 4 gives the specification for the *sub-formulation* to be used in each sub-region. Each such sub-formulation comprises the canonical function relevant to the sub-region, together with derived functions.

Section 5 presents the function giving the saturation line, which also serves as a boundary between sub-regions. This function is identified by the letter K.

Section 6 presents the canonical functions, which are identified by the letters A, B, C and D. The canonical parts of the sub-formulations set out in Section 4 each comprise one or more of these principal canonical functions.

Section 7 gives the values of the constants of the formulation. Most of these values are given numerically; a few, which are derived from other constants, are given symbolically.

The material in Sections 1 to 7 is sufficient and necessary to specify the formulation.

Introduction

Les installations à calculer étant de plus en plus utilisées pour des calculs compliqués, spécialement dans le cas de l'étude de centrales électriques et de l'optimisation de leurs cycles thermodynamiques, il était devenu nécessaire de disposer d'une formulation des propriétés thermodynamiques de l'eau et de la vapeur d'eau qui soit appropriée à l'usage dans l'industrie.

Si, dans ce qui suit, on ne parle, pour des raisons de simplicité, que de vapeur d'eau, cette notion comprendra aussi l'état liquide.

Les différentes propriétés thermodynamiques ne sont pas indépendantes les unes des autres. Si l'on choisit la pression p et la température T en tant que variables indépendantes d'une formulation, on peut obtenir des expressions (ici nommées *fonctions dérivées*) pour le volume spécifique v, l'entropie spécifique s, l'enthalpie spécifique h et, ainsi, pour toutes les autres propriétés thermodynamiques par différentiation partielle de la *fonction* dite *canonique* (*ou caractéristique*) $g = g(p, T)$ que l'on appelle enthalpie libre spécifique (fonction de Gibbs). De façon analogue, pour v et T en tant que variables indépendantes, on obtient des expressions pour p, s, h, etc. par différentiation partielle de la *fonction canonique* $f = f(v, T)$ que l'on appelle énergie libre spécifique (fonction de Helmholtz). La formulation qui suit est indiquée en fonctions canoniques et elle est donc thermodynamiquement consistente.

Les fonctions canoniques constituent la formulation définitive. Les fonctions *dérivées* sont destinées à l'usage pratique et elles sont de nature secondaire.

La formulation qui suit décrit les propriétés thermodynamiques de la vapeur d'eau ordinaire (c'est-à-dire de composition isotopique naturelle), de l'état du gaz idéal (pour $p = 0$) jusqu'à la pression de 10^8 N/m² (1000 bar), et pour la zone des températures de 273,16 °K (0,01 °C) jusqu'à 1073,15 °K (800 °C).

L'ensemble du domaine est subdivisé en six sousrégions, de 1 à 6, comme cela est représenté dans le diagramme T, s (fig. 1, p. 168) et dans le diagramme p, t (fig. 2, p. 169).

Le *chapitre 1* de cet exposé contient une liste des *grandeurs physiques*, de leurs *désignations* et *unités*, et il définit certaines *grandeurs constantes* par lesquelles sont représentées les expressions avec variables réduites sans dimension.

Le *chapitre 2* donne les *grandeurs réduites sans dimension* et les *relations thermodynamiques* avec lesquelles on obtient les fonctions réduites à partir des fonctions canoniques indiquées.

Le *chapitre 3* décrit les sous-régions désignées par des nombres et il donne des équations pour des limites entre ces sous-régions. Ces équations sont désignées par les lettres K et L, la fonction K étant l'équation de la ligne de saturation, la fonction L étant l'équation de la limite entre deux sous-régions dans le domaine à une phase.

Le *chapitre 4* donne les sous-formulations pour chaque sous-région. Chaque sous-formulation contient la fonction canonique de la sous-région et les fonctions dérivées.

Le *chapitre 5* montre l'équation de la ligne de saturation servant en même temps de limite de sous-région, désignée par la lettre K.

Le *chapitre 6* contient les fonctions canoniques désignées par les lettres A, B, C et D. Les parties canoniques des sous-formulations du chapitre 4 comprennent une ou plusieurs des fonctions canoniques fondamentales.

Le *chapitre 7* donne les valeurs des constantes de la formulation le plus souvent sous forme de nombres; quelques-unes, dérivées d'autres constantes, sont données aussi sous forme d'équations.

La matière des chapitres 1 à 7 est suffisante et nécessaire en ce qui concerne la formulation.

Introducción

Con el creciente uso de las instalaciones calculadoras para efectuar operaciones complicadas, en especial al diseñar las centrales térmicas y optimar sus procesos cíclicos, es necesario disponer de un sistema de fórmulas, adecuado para usos industriales, sobre las propiedades termodinámicas del agua y del vapor de agua.

Cuando en lo que sigue, para simplificar, se hable del vapor de agua, deberá considerarse también incluido en este concepto el estado líquido.

Las diversas propiedades termodinámicas no son independientes entre sí. Si se elige la presión p y la temperatura T como variables independientes de un sistema de fórmulas, pueden deducirse expresiones (denominadas aquí funciones derivadas) para la entropía s, entalpía h y volumen v, todas ellas específicas, y, por consiguiente, todas las restantes propiedades termodinámicas. Esto se consigue por diferenciación parcial de la denominada *función canónica* (o función característica) $g = g(p, T)$, que se designa entalpía específica libre (función de Gibbs). De forma análoga, tomando v ý T como variables independientes, se obtienen expresiones para p, s, h etc., por diferenciación parcial de la *función canónica* $f = f(v, T)$, que se denomina energía específica libre. El sistema de fórmulas que sigue está constituido por funciones canónicas y, por tanto, es termodinámicamente consistente.

Las funciones canónicas constituyen la formulación definitiva. Las funciones *derivadas* están destinadas al uso prático y son de naturaleza secundaria.

El sistema de fórmulas que se indicará a continuación describe las propiedades termodinámicas del vapor de agua normal (es decir, de la composición de isótopos natural), desde el estado del gas ideal (con $p = 0$) hasta la presión de 10^8 N/m² (1000 bar), y para una gama de temperaturas comprendidas entre 273,16 °K (0,01 °C) y 1073,15 °K (800 °C).

Todo el campo está dividido en 6 *zonas* numeradas del 1 al 6, tal como puede apreciarse en la figura 1 (p. 168), diagrama T, s, y en la figura 2 (p. 169), diagrama p, t.

El apartado 1 de esta exposición contiene una relación de las *magnitudes físicas*, de sus *designaciones* y *unidades* y en él se definen ciertas *magnitudes constantes*, por medio de las cuales se representan las expresiones con variables reducidas adimensionales.

El apartado 2 contiene *las magnitudes reducidas adimensionales* y las *designaciones termodinámicas*, con las que se obtienen las funciones reducidas partiendo de las funciones canónicas indicadas.

El apartado 3 describe las zonas designadas por números y proporciona las ecuaciones de las curvas que limitan estas zonas. Dichas ecuaciones se designan con las letras K y L, siendo la función K la ecuación de la curva de saturación y la función L la ecuación de la curva que limita las 2 zonas dentro de la región de un solo estado.

El apartado 4 recoge los sistemas de fórmulas secundarias para cada zona. Cada uno de estos sistemas comprende la función canónica de la zona y las funciones derivadas.

El apartado 5 da a conocer la función de la curva de saturación, que al mismo tiempo sirve para limitar las zonas y viene designada por la letra K.

El apartado 6 contiene las funciones canónicas, designadas por las letras A, B, C y D. Las componentes canónicas del sistema de fórmulas secundarias del apartado 4 comprenden una o varias de las funciones canónicas fundamentales.

El apartado 7 proporciona los valores de las constantes del sistema de fórmulas, en la mayoría de los casos en forma numérica. Solo algunas de estas constantes se dan en forma de ecuación, derivadas de otras.

Los datos de los apartados 1 a 6 son suficientes y necesarios para el sistema de fórmulas.

12*

Abschnitt 8 gibt die Zahlenwerte der abgeleiteten Konstanten und eine abgeleitete L-Funktion für die Rechenmaschine.

Abschnitt 9 enthält die praktisch wichtigen abgeleiteten Funktionen.

Abschnitt 10 zeigt die Größe von kleinen Unstetigkeiten der Zustandsgrößen an einigen der Bereichsgrenzen und weist auf die bei manchen Berechnungen nötige Vorsicht hin.

Section 8 gives the numerical values of the derived constants and a derived form of the L-function convenient for computer use.

Section 9 presents those derived functions which are of practical importance.

Section 10 gives information on the magnitudes of small discontinuities in property values which occur at some of the boundaries between sub-regions and draws attention to the need for caution when making certain calculations.

1. Physikalische Größen, ihre Bezeichnungen und ihre Einheiten, definierte konstante Größen

Physical quantities, quantity symbols, units and defined constant quantities

1.1 Physikalische Größen (Eigenschaften) / Physical quantities (properties)

Die folgenden physikalischen Größen erhalten die Bezeichnungen:

The following physical quantities are given the symbols listed:

spezifische freie Energie (Helmholtz-Funktion)	specific free energy (Helmholtz function)	f
spezifische freie Enthalpie (Gibbs-Funktion)	specific free enthalpy (Gibbs function)	g
spezifische Enthalpie	specific enthalpy	h
spezifische Entropie	specific entropy	s
spezifisches Volumen	specific volume	v
Druck	pressure	p
Temperatur (thermodynamische)	temperature (thermodynamic temperature)	T
spezifische isochore Wärmekapazität	specific isochoric heat-capacity	c_v
spezifische isobare Wärmekapazität	specific isobaric heat-capacity	c_p
Zustandsgrößen am kritischen Punkt	quantities at the critical point	v_c, p_c, T_c
Zustandsgrößen an der Sättigungslinie	quantities for the saturated liquid	f_f, h_f, s_f, v_f
Zustandsgrößen für gesättigten Dampf	quantities for the saturated vapour	h_g, s_g, v_g
Indices für die Verdampfung	increments in quantities for evaporation from liquid to vapour	h_{fg}, s_{fg}, v_{fg}
Zustandsgrößen am Tripelpunkt	quantities at the triple point	f_{tt}, s_{tt}, p_t, T_t
Gaskonstante des Wasserdampfes	specific ideal-gas constant	R
Sättigungsdruck	saturation pressure	p_s
Sättigungstemperatur	saturation temperature	T_s

1.2 Einheiten

Es werden die Einheiten des „Système International d'Unités" (SI-Einheiten) benutzt, wie sie die Conférence Générale des Poids et Mesures" (CGPM) definiert hat. Diese SI-Einheiten sind:

1.2 Units

The units of the Système International d'Unités (SI units) are used and have the definitions assigned to them by the Conférence Générale des Poids et Mesures (CGMP).

These SI units are

Größen	*Einheiten*	*Einheitszeichen*	*Quantities*	*Units*	*Unit Symbol*
f, g, h	Joule per Kilogramm	J/kg	f, g, h	joule per kilogramme	J/kg
v	Kubikmeter per Kilogramm	m³/kg	v	metre cubed per kilogramme	m³/kg
$p^{1)}$	Newton per Quadratmeter Joule per Kubikmeter Pascal	N/m² J/m³ Pa	$p^{1)}$	newton per metre squared joule per metre cubed pascal	N/m² J/m³ Pa
T	Grad Kelvin	°K	T	degree Kelvin	°K
s, R, c_v, c_p	Joule per Kilogramm Grad Kelvin	J/kg °K	s, R, c_v, c_p	joule per kilogramme degree Kelvin	J/kg °K

Die Internationale Standard Organisation (ISO/R 31) hat Gleichungen für andere Einheiten in SI-Einheiten angegeben.

Die Definitionen der CGPM enthalten auch

The International Organisation for Standardisation (ISO/R 31) has provided equations for other units in terms of SI units.

The definitions given by the CGPM and the ISO imply that

(genau)
$$T_t = 273{,}16 \ °\mathrm{K}$$
(exactly)

und daß die (thermodynamische) Celsiustemperatur genau $T - T_0$ ist, mit

and that the (thermodynamic) Celsius temperature is exactly $T - T_0$, where

(genau)
$$T_0 = 273{,}15 \ °\mathrm{K}.$$
(exactly)

Das Symbol T ist immer die thermodynamische (absolute) Temperatur. Temperaturen der Internationalen Praktischen Temperaturskala (1948) sind eine recht genaue Näherung der thermodynamischen Celsiusskala. Die Konstanten in Abschnitt 7 sind brauchbar, wenn die Internationale Praktische Skala und die thermodynamische Celsiusskala als identisch angesehen werden.

The symbol T in this Statement refers throughout to thermodynamic (absolute) temperature. Temperatures on the International Practical Scale of Temperature (1948) provide a closely approximate realisation of the numerical values on the thermodynamic Celsius scale. The constants listed in Section 7 are appropriate for use when the International Practical Scale and the thermodynamic Celsius scale are treated as being identical.

¹) Die hier aufgeführten Namen und Einheitensymbole sind Synonyme für dieselbe Druckeinheit.

¹) The names and unit symbols given here are synonyms for the same unit of pressure.

Le *chapitre 8* donne les valeurs numériques des constantes dérivées et une fonction L dérivée pour la machine à calculer.

Le *chapitre 9* contient les fonctions dérivées importantes en ce qui concerne l'usage pratique.

Le *chapitre 10* montre la grandeur de faibles discontinuités des variables d'état à quelques-unes des limites de sous-régions et attire l'attention sur la nécessité d'effectuer avec précaution certains calculs.

El apartado 8 proporciona los valores numéricos de las constantes deviradas y una función devirada L para la calculadora.

El apartado 9 contiene las funciones derivadas prácticamente importantes.

El apartado 10 da a conocer las magnitudes de pequeñas discontinuidades de las magnitudes de estado en algunas de las curvas límites, advirtiéndose en este apartado la precaución con que es necesario proceder al efectuar algunos cálculos.

1. Grandeurs physiques, leurs designations et leurs unites, grandeurs constantes définies
Magnitudes físicas, sus designaciones y unidades, magnitudes constantes definidas

1.1 Grandeurs physiques (propriétés) / Magnitudes físicas (propiedades)

Les grandeurs physiques suivantes seront désignées par:

Las magnitudes físicas que a continuación se relacionan reciben las designaciones indicadas:

l'énergie libre spécifique (fonction de Helmholtz)	energía libre específica (función de Helmholtz)	f
l'enthalpie libre spécifique (fonction de Gibbs)	entalpía libre específica (función de Gibbs)	g
l'enthalpie spécifique	entalpía específica	h
l'entropie spécifique	entropía específica	s
le volume spécifique	volumen específico	v
la pression	presión	p
la température (thermodynamique)	temperatura (termodinámica)	T
la chaleur spécifique isochore	capacidad térmica específica isócora	c_v
la chaleur spécifique isobare	capacidad térmica específica isóbara	c_p
les variables d'état au point critique	magnitudes de estado en el punto crítico	v_c, p_c, T_c
les variables d'état à la ligne de saturation	magnitudes de estado a lo largo de la curva de saturación	f_t, h_l, s_t, v_t
les variables d'état pour vapeur saturée	magnitudes de estado del vapor saturado	h_g, s_g, v_g
les indices pour la vaporisation	indices para la vaporización	h_{tg}, s_{tg}, v_{tg}
les variables d'état au point triple	magnitudes de estado en el punto triple	f_{tt}, s_{tt}, p_t, T
la constante du gaz de la vapeur d'eau	constante de los gases para el vapor de agua	R
la pression de saturation	presión de saturación	p_s
la température de saturation	temperatura de saturación	T_s

1.2 Unités
1.2 Unidades

On utilise les unités du Système International d'Unités (unités SI), comme elles ont été définies par la Conférence Générale des Poids et Mesures (CGPM).

Ces unités SI sont les suivantes:

Se utilizan las unidades del Sistème Internacional d'Unités (unidades SI), como se difinieron en la Conférance Générale des Poids et Mesures (CGPM).

Dichas unidades SI son las siguientes:

grandeurs	*noms des unités*	*symboles des unités*
f, g, h	joule par kilogramme	J/kg
v	mètre cube par kilogramme	m³/kg
$p^1)$	newton par mètre carré	N/m²
	joule par mètre cube	J/m³
	pascal	Pa
T	degré Kelvin	°K
s, R, c_v, c_p	joule par kilogramme et degré Kelvin	J/kg °K

magnitud	*unidades*	*símbolo*
f, g, h	Joule por kilogramo	J/kg
v	metro cúbico por kilogramo	m³/kg
$p^1)$	Newton por metro cuadrado	N/m²
	Joule por metro cúbico	J/m³
	Pascal	Pa
T	Grado Kelvin	°K
s, R, c_v, c_p	Joule por kilogramo y grado Kelvin	J/kg °K

L'Internationale Standard Organisation (ISO/R 31) a indiqué, pour d'autres unités, des équations en unités SI.

Les définitions de la CGPM contiennent aussi

La Internacionale Standard Organisation (ISO/R 31) ha indicado ecuaciones para otras unidades en el sistema internacional (SI).

En las definiciones de la CGPM se determina también

(valeur exacte)

$$T_. = 273{,}16 \text{ °K}$$

(exactamente)

et que la température Celsius (thermodynamique) est exactement égale à $T - T_0$, avec

y que la temperatura celsius (termodinámica) viene dada con exactitud por $T - T_0$, siendo

(valeur exacte)

$$T_0 = 273{,}15 \text{ °K.}$$

(exactamente)

Le symbole T désigne toujours la température thermodynamique (absolue). Les températures de « l'échelle pratique internationale des températures (1948) » s'approchent de façon suffisamment exacte de celles de l'échelle Celsius thermodynamique. Les constantes figurant au chapitre 7 sont utilisables si l'échelle pratique internationale et l'échelle Celsius thermodynamique sont considérées comme étant identiques.

El símbolo T representa siempre la temperatura termodinámica (absoluta). Las temperaturas de la escala práctica internacional (1948) constituyen una aproximación muy exacta de la escala celsius termodinámica. Las constantes del apartado 7 son utilizables en el caso de que la escala práctica internacional y la escala celsius termodinámica se consideren como idénticas.

¹) Les noms et les symboles présentes sont des synoymes de la même unité de pression.

¹) Los nombres y símbolos presentados son sinónimos de la misma unidad de presión.

1.3 Definierte konstante Größen

Übereinstimmend mit den Entscheidungen der ICPS (5. Internationale Konferenz, London, 1956) ist am Tripelpunkt

1.3 Defined constant quantities

In accordance with the decisions of the ICPS (5th International Conference, London, 1956):

$$s_{t1} = 0, \qquad f_{t1} = 0.$$

Das IFC definierte auf seiner ersten Sitzung in Prag 1965 unter anderen folgende konstante Größen:

The IFC, at its First Meeting in Prague, 1965, defined certain symbols for certain constant quantities. Among these are:

$$p_{t1} = 611{,}2 \ \text{N/m}^2 = 611{,}2 \ \text{J/m}^3$$

$$T_{c1} = 647{,}3 \ °\text{K}$$

$$p_{c1} = 22\,120\,000 \ \text{N/m}^2 = 22\,120\,000 \ \text{J/m}^3$$

$$v_{c1} = 0{,}003\,17 \ \text{m}^3/\text{kg}$$

$$R_1 = 461{,}51 \ \text{J/kg} \ °\text{K}.$$

Bemerkung: Allein auftretende Indizes t und c beziehen sich auf die wirklichen nicht genau bekannten Werte vom Tripelpunkt und kritischem Punkt. Der weitere Index 1 bezieht sich auf die obigen konstanten Größen, die von der 6. Internationalen Konferenz New York 1963 angenommen wurden als die zu dieser Zeit besten Schätzungen der wahren Werte. Es sei betont, daß die Konstanten des Abschnittes 7 gültig sind für die oben definierten Konstanten und daß deren Änderung auch eine Nachprüfung der ersteren nötig macht.

Note: Subscripts t and c, appearing alone, would refer to the actual values at the actual triple and critical points respectivly; these values are not known exactly. The further subscript 1 refers to the above constant quantities, which coincide with the values adopted by the 6th International Conference, New York, 1963, as the nearest estimates, at that time, of the true values. It is stressed that the constant listed in Section 7 are those appropriate for use when the defined constant quantities are as given above, and that no alterations to these defined constant quantities can be made without reviewing the values of the constants listed.

2. Reduzierte dimensionslose Größen, thermodynamische Beziehnungen

2. Reduced dimensionless quantities, and thermodynamic relations

2.1 Reduzierte dimensionslose Größen

a) Nach IFC ist:

2.1 Reduced dimensionless quantities

a) In accord with IFC:

der reduzierte Druck	$p/p_{c1} = \beta$	the reduced pressure
die reduzierte Temperatur	$T/T_{c1} = \Theta$	the reduced temperature
das reduzierte Volumen	$v/v_{c1} = \chi$	the reduced volume
die reduzierte Enthalpie	$h/(p_{c1} v_{c1}) = \varepsilon$	the reduced enthalpy
die reduzierte Entropie	$s/(p_{c1} v_{c1}/T_{c1}) = \sigma$	the reduced entropy

b) Es erwies sich als zweckmäßig hinzuzufügen:

b) It has been found expedient to add:

die reduzierte freie Enthalpie (Gibbs-Funktion)	$g/(p_{c1} v_{c1}) = \varepsilon - \Theta\,\sigma = \zeta$	the reduced free enthalpy (Gibbs function)
die reduzierte freie Energie (Helmholtz-Funktion)	$f/(p_{c1} v_{c1}) = \zeta - \beta\,\chi = \psi$	the reduced free energy (Helmholtz function)
die reduzierte Gaskonstante	$R_1 T_{c1}/(p_{c1} v_{c1}) = I_1$	the reduced ideal-gas constant

Gebraucht werden weiter:

der reduzierte Sättigungsdruck, wobei $\quad p_s/p_{c1} = \beta_k(\Theta)$

$p_s = p_s(T)$

die reduzierte Sättigungstemperatur, wobei $\quad T_s/T_{c1} = \Theta_K(\beta)$

$T_s = T_s(p)$

die reduzierte Tripelpunkts-Temperatur $\quad T_t/T_{c1} = \Theta_t$

der reduzierte Tripelpunkts-Druck $\quad p_t/p_{c1} = \beta_t = \beta_K(\Theta_t)$

Use is also made of

the reduced saturation pressure, where

$p_s = p_s(T)$

the reduced saturation temperature, where

$T_s = T_s(p)$

the reduced triple-point temperature

the reduced triple-point pressure

Zahlenwerte für Θ_t, β_t, $p_{c1} v_{c1}$, $p_{c1} v_{c1}/T_{c1}$ und I_1 enthält Abschnitt 8.

Numerical values for Θ_t, β_t, $p_{c1} v_{c1}$, $p_{c1} v_{c1}/T_{c1}$ and I_1 are given in Section 8.

2.2 Thermodynamische Beziehungen

Die bekannten thermodynamischen Beziehungen

2.2 Thermodynamic relations

The known thermodynamic relations,

$$s = -(\partial g/\partial T)_p = -(\partial f/\partial T)_v,$$

$$v = +(\partial g/\partial p)_T,$$

$$p = -(\partial f/\partial v)_T,$$

$$h = g + T\,s = f + p\,v + T\,s$$

1.8 Grandeurs constantes définies

Conformément aux décisions de l'ICPS (5ème Conférence Internationale, à Londres, en 1956), on a, au point triple

1.8 Magnitudes constantes definidas

De acuerdo con las decisiones de la ICPS (5. Conferencia Internacional, Londres, 1956) en el punto triple se verifica:

$$s_{tt} = 0, \qquad f_{tt} = 0.$$

En 1965, à Prague, à sa première séance, l'IFC a défini, entre autres, les grandeurs constantes suivantes:

El IFC definió en su primera reunión de Praga, en 1965, entre otras, las siguientes magnitudes constantes:

$$p_{t1} = 611{,}2 \ \mathrm{N/m^2} = 611{,}2 \ \mathrm{J/m^3}$$
$$T_{c1} = 647{,}3 \ ^\circ\mathrm{K}$$
$$p_{c1} = 22\,120\,000 \ \mathrm{N/m^2} = 22\,120\,000 \ \mathrm{J/m^3}$$
$$v_{c1} = 0{,}003\,17 \ \mathrm{m^3/kg}$$
$$R_1 = 461{,}51 \ \mathrm{J/kg} \ ^\circ\mathrm{K}.$$

Note. — Les indices t et c utilisés seuls se rapportent aux valeurs réelles du point triple et du point critique, non connues de façon exacte. L'indice 1 qui suit se réfère aux grandeurs constantes précitées qui ont été adoptées par la 6ème Conférence Internationale à New York en 1963 comme étant, à cette époque, les meilleures évaluations des vraies valeurs. Il est à remarquer que les constantes du chapitre 7 sont valables pour les constantes définies plus haut et qu'une modification de celles-ci rendra nécessaire une vérification des premières.

Nota: Los subíndices t y c que aparecen aislados se refieren a los valores reales, no exactamente conocidos, de los puntos triple y crítico. Acompañados de subíndice 1 se refieren a las magnitudes constantes arriba indicadas que, en la 6. Conferencia Internacional de Nueva York, en 1963, fueron aceptadas como las apreciaciones en aquel entonces más aproximadas a los valores reales. Hay que destacar que las constantes del apartado 7 resultan válidas para las constantes antes definidas y que una modificación de estas últimas hace necesaria una revisión de las primeras.

2. Grandeurs réduites sans dimension, relations thermodynamiques

2. Magnitudes adimensionales reducidas, relaciones termodinámicas

2.1 Grandeurs réduites sans dimension

a) Selon IFC, on a:

2.1 Magnitudes adimensionales reducidas

a) Según el IFC, es

la pression réduite	$p/p_{c1} = \beta$	la presión reducida
la température réduite	$T/T_{c1} = \Theta$	la temperatura reducida
le volume réduit	$v/v_{c1} = \chi$	el volumen reducido
l'enthalpie réduite	$h/(p_{c1} v_{c1}) = \varepsilon$	la entalpía reducida
l'entropie réduite	$s/(p_{c1} v_{c1}/T_{c1}) = \sigma$	la entropía reducida

b) Il s'est avéré utile d'ajouter:

b) A ello resulta conveniente añadir:

l'enthalpie libre réduite (fonction de Gibbs)
$$g/(p_{c1} v_{c1}) = \varepsilon - \Theta \sigma = \zeta$$
la entalpía libre reducida (función de Gibbs)

l'énergie libre réduite (fonction de Helmholtz)
$$f/(p_{c1} v_{c1}) = \zeta - \beta \chi = \psi$$
la energía libre reducida (función de Helmholtz)

la constante du gaz réduite
$$R_1 T_{c1}/(p_{c1} v_{c1}) = I_1$$
la constante de los gases reducida

On a, en outre, besoin de:

Además, se utilizan

la pression de saturation réduite, avec $p_s = p_s(T)$
$$p_s/p_{c1} = \beta_K(\Theta)$$
la presión de saturación reducida, siendo $p_s = p_s(T)$

la température de saturation réduite, avec $T_s = T_s(p)$
$$T_s/T_{c1} = \Theta_K(\beta)$$
la temperatura de saturación reducida, siendo $T_s = T_s(p)$

la température réduite du point triple
$$T_t/T_{c1} = \Theta_t$$
la temperatura reducida del punto triple

la pression réduite du point triple
$$p_t/p_{c1} = \beta_t = \beta_K(\Theta_t)$$
la presión reducida del punto triple

Le chapitre 8 contient des valeurs numériques pour Θ_t, β_t, $p_{c1} v_{c1}$, $p_{c1} v_{c1}/T_{c1}$ et I_1.

El apartado 8 contiene los valores numéricos para Θ_t, β_t, $p_{c1} v_{c1}$, $p_{c1} v_{c1}$ y I_1.

2.2 Relations thermodynamiques

Les relations thermodynamiques bien connues,

2.2 Relaciones termodinámicas

Las relaciones termodinámicas conocidas

$$s = -(\partial g/\partial T)_p = -(\partial f/\partial T)_v,$$
$$v = +(\partial g/\partial p)_T,$$

$$p = -(\partial f/\partial v)_T,$$
$$h = g + T s = f + p v + T s$$

als reduzierte dimensionslose Größen geschrieben lauten:

when written in terms of the reduced dimensionless quantities become:

$$\sigma = -(\partial\zeta/\partial\Theta)_\beta = -(\partial\psi/\partial\Theta)_\chi, \qquad \beta = -(\partial\psi/\partial\chi)_\Theta,$$

$$\chi = +(\partial\zeta/\partial\beta)_\Theta, \qquad \varepsilon = \zeta + \Theta\,\sigma = \psi + \beta\,\chi + \Theta\,\sigma.$$

Die reduzierten spezifischen Wärmekapazitäten sind:

The reduced specific heat-capacities are given by:

$$\frac{c_p\,T_{c1}}{p_{c1}\,v_{c1}} = -\Theta\left(\frac{\partial^2\zeta}{\partial\Theta^2}\right)_\beta = -\Theta\left(\frac{\partial^2\psi}{\partial\Theta^2}\right)_\chi + \Theta\left(\frac{\partial^2\psi}{\partial\chi\,\partial\Theta}\right)^2 \bigg/ \left(\frac{\partial^2\psi}{\partial\chi^2}\right)_\Theta,$$

$$\frac{c_v\,T_{c1}}{p_{c1}\,v_{c1}} = -\Theta\left(\frac{\partial^2\psi}{\partial\Theta^2}\right)_\chi = -\Theta\left(\frac{\partial^2\zeta}{\partial\Theta^2}\right)_\beta + \Theta\left(\frac{\partial^2\zeta}{\partial\Theta\,\partial\beta}\right)^2 \bigg/ \left(\frac{\partial^2\zeta}{\partial\beta^2}\right)_\Theta.$$

3. Spezifizierung der Unterbereiche

3.1 Die Bereiche sind in der folgenden Tabelle und in Fig. 1 und 2 angegeben

3. Specification of the sub-regions

3.1 The sub-regions are specified in the following table and illustrated in Figs. 1 and 2

Temperaturbereich Temperature range	Druckbereich Pressure range	Unterbereich Sub-region
$\Theta_t \leqq \Theta \leqq \Theta_1$	$0 \leqq \beta < \beta_K(\Theta)$	2
	$\beta = \beta_K(\Theta)$	6
	$\beta_K(\Theta) < \beta \leqq \beta_2$	1
$\Theta_1 < \Theta < 1$	$0 \leqq \beta \leqq \beta_L(\Theta)$	2
	$\beta_L(\Theta) < \beta < \beta_K(\Theta)$	3
	$\beta = \beta_K(\Theta)$	5
	$\beta_K(\Theta) < \beta \leqq \beta_2$	4
$1 \leqq \Theta < \Theta_2$	$0 \leqq \beta \leqq \beta_L(\Theta)$	2
	$\beta_L(\Theta) < \beta \leqq \beta_2$	3
$\Theta_2 \leqq \Theta \leqq \Theta_3$	$0 \leqq \beta \leqq \beta_2$	2

Die Funktionen $\beta_K(\Theta)$ und $\beta_L(\Theta)$ sind Gleichungen der Grenzen zwischen Bereichen, dabei ist die K-Funktion die Sättigungslinie und die L-Funktion die Grenze zwischen den Unterbereichen 2 und 3. Diese Funktionen und die Konstanten zur Festlegung der Unterbereiche der vorstehenden Tabelle sind in Abschnitt 3.2 und 3.3 enthalten.

The functions $\beta_K(\Theta)$ and $\beta_L(\Theta)$ are equations for boundaries between sub-regions, the K-function being the equation for the saturation line and the L-function the equation for the boundary between sub-region 2 and 3. These functions, and the constants required to complete the specification of the sub-regions in the table, are specified in Sections 3.2 and 3.3 respectively.

3.2 Gleichungen der Grenzen zwischen Unterbereichen

3.2.1 Die K-Funktion
Der reduzierte Sättigungsdruck
Diese Funktion enthält Abschnitt 5.
3.2.2 Die L-Funktion
Reduzierter Druck längs der Grenze zwischen Unterbereich 2 und 3.

3.2 Equations for boundaries between sub-regions

3.2.1 The K-function
Reduced saturation pressure
This function is given in Section 5.
3.2.2 The L-function
Reduced pressure along the boundary between sub-regions 2 and 3.

$$\beta_L = \beta_L(\Theta) = \frac{(\Theta_2 - \Theta)\beta_1 + (\Theta - \Theta_1)\beta_2 - L(\Theta_2 - \Theta)(\Theta - \Theta_1)}{\Theta_2 - \Theta_1},$$

$$\text{wobei} \quad \text{whence} \quad \frac{d\beta_L}{d\Theta} = \beta_L' = \beta_L'(\Theta) = \frac{\beta_2 - \beta_1 - L(\Theta_2 - 2\Theta + \Theta_1)}{\Theta_2 - \Theta_1}.$$

Abgeleitete Formen für β_L und β_L' für Rechenmaschinen enthält Abschnitt 8.2.

Derived forms for β_L and β_L', convenient for computer use, are given in Section 8.2.

3.3 Konstanten der Grenzen zwischen den Unterbereichen

3.3.1 Primäre Konstanten
Die Konstante L und die Konstanten der K-Funktion enthält Abschnitt 7.1.
3.3.2 Ausdrücke für die Werte der abgeleiteten Konstanten
Ausdrücke für die Werte der abgeleiteten Konstanten enthält Abschnitt 7.2.

3.3 Constants relating to boundaries between sub-regions

3.3.1 Primary constants
The constant L and the constants relating to the K-function are given in Section 7.1.
3.3.2 Expressions for values of derived constants
Expressions for the values of derived constants are given in Section 7.2.

écrites sous la forme de grandeurs réduites sans dimension sont indiquées ci-après:

se pueden expresar como magnitudes adimensionales reducidas de la siguiente forma:

$$\sigma = -(\partial\zeta/\partial\Theta)_\beta = -(\partial\psi/\partial\Theta)_\chi,$$
$$\chi = +(\partial\zeta/\partial\beta)_\Theta,$$
$$\beta = -(\partial\psi/\partial\chi)_\Theta,$$
$$\varepsilon = \zeta + \Theta\,\sigma = \psi + \beta\,\chi + \Theta\,\sigma.$$

Les chaleurs spécifiques réduites sont les suivantes:

Las capacidades térmicas específicas reducidas son las siguientes:

$$\frac{c_p\,T_{c1}}{p_{c1}\,v_{c1}} = -\Theta\left(\frac{\partial^2\zeta}{\partial\Theta^2}\right)_\beta = -\Theta\left(\frac{\partial^2\psi}{\partial\Theta^2}\right)_\chi + \Theta\left(\frac{\partial^2\psi}{\partial\chi\,\partial\Theta}\right)^2 \Big/ \left(\frac{\partial^2\psi}{\partial\chi^2}\right)_\Theta,$$

$$\frac{c_v\,T_{c1}}{p_{c1}\,v_{c1}} = -\Theta\left(\frac{\partial^2\psi}{\partial\Theta^2}\right)_\chi = -\Theta\left(\frac{\partial^2\zeta}{\partial\Theta^2}\right)_\beta + \Theta\left(\frac{\partial^2\zeta}{\partial\Theta\,\partial\beta}\right)^2 \Big/ \left(\frac{\partial^2\zeta}{\partial\beta^2}\right)_\Theta.$$

3. Specification des sous-regions   3. Especificación de las subzonas

3.1 Les sous-régions sont indiquées au tableau suivant et sur les figures 1 et 2

3.1 Las zonas quedan indicadas en la siguiente tabla y en las figuras 1 y 2

Témperature Temperatura	Pression Presión	Sous-région Zona
$\Theta_t \leqq \Theta \leqq \Theta_1$	$0 \leqq \beta < \beta_K(\Theta)$	2
	$\beta = \beta_K(\Theta)$	6
	$\beta_K(\Theta) < \beta \leqq \beta_2$	1
$\Theta_1 < \Theta < 1$	$0 \leqq \beta \leqq \beta_L(\Theta)$	2
	$\beta_L(\Theta) < \beta < \beta_K(\Theta)$	3
	$\beta = \beta_K(\Theta)$	5
	$\beta_K(\Theta) < \beta \leqq \beta_2$	4
$1 \leqq \Theta < \Theta_2$	$0 \leqq \beta \leqq \beta_L(\Theta)$	2
	$\beta_L(\Theta) < \beta \leqq \beta_2$	3
$\Theta_2 \leqq \Theta \leqq \Theta_3$	$0 \leqq \beta \leqq \beta_2$	2

Les fonctions $\beta_K(\Theta)$ et $\beta_L(\Theta)$ sont des équations des limites entre les sous-régions, la fonction K étant la ligne desaturation et la fonction L étant la limite entre les sous-régions 2 et 3. Cette fonction et les constantes des sous-régions du tableau ci-dessus sont contenues aux chapitres 3.2 et 3.3.

Las funciones $\beta_K(\Theta)$ y $\beta_L(\Theta)$ son ecuaciones de las curvas que limitan las zonas, siendo la función K la curva de saturación y la función L el límite entre las subzonas 2 y 3. Esta función y las constantes de las subzonas de la tabla precedente están contenidas en los apartados 3.2 y 3.3.

3.2 Equations des limites entre les sous-régions   3.2 Ecuaciones de las curvas que limitan las subzonas

3.2.1 La fonction K
La pression de saturation réduite
Cette fonction est contenue au chapitre 5.
3.2.2 La fonction L
Pression réduite le long de la limite entre les sous-régions 2 et 3.

3.2.1 La función K
La presión de saturación reducida
Esta función está contenida en el apartado 5.
3.2.2 La función L
La presión reducida a lo largo de la curva que limita las zonas 2 y 3.

$$\beta_L = \beta_L(\Theta) = \frac{(\Theta_2 - \Theta)\,\beta_1 + (\Theta - \Theta_1)\,\beta_2 - L(\Theta_2 - \Theta)(\Theta - \Theta_1)}{\Theta_2 - \Theta_1},$$

$$\text{avec con} \quad \frac{d\beta_L}{d\Theta} = \beta'_L = \beta'_L(\Theta) = \frac{\beta_2 - \beta_1 - L(\Theta_2 - 2\Theta + \Theta_1)}{\Theta_2 - \Theta_1}.$$

Des formes dérivées pour β_L et β'_L, destinées aux machines à calculer, sont contenues au chapitre 8.2.

En el apartado 8.2 se recogen formas derivadas para β_L y β'_L, destinadas a las calculadoras.

3.3 Constantes des limites entre les sous-régions   3.3 Constantes de las curvas límites entre las subzonas

3.3.1 Constantes primaires
La constante L et les constantes de la fonction K sont contenues au chapitre 7.1.
3.3.2 Expressions pour les valeurs des constantes dérivées
Le chapitre 7.2 contient des expressions pour les valeurs des constantes dérivées.

3.3.1 Constantes primarias
Las constantes L y las constantes relativas a la función K aparecen en el apartado 7.1.
3.3.2 Expresiones para los valores de las constantes reproducidas
En el apartado 7.2 están contenidas las expresiones para los valores de las constantes derivadas.

3.3.3 Numerische Werte der abgeleiteten Konstanten

Die numerischen Werte der abgeleiteten Konstanten enthält Abschnitt 8.1 und die numerischen Werte der abgeleiteten Formen für β_L und β_L' sind angegeben in Abschnitt 8.2.

3.3.3 Numerical values of derived constants

The numerical values of derived constants are given in Section 8.1 and the numerical values of the constants relating to the derived forms for β_L and β_L' are given in Section 8.2.

4. Unterformulationen

Für jeden Bereich sind im folgenden angegeben
(1) die kanonische Funktion und
(2) die abgeleiteten Funktionen und die Beziehungen zwischen kanonischen und abgeleiteten Funktionen.

Die Funktionen jeder Unterformulation sind gekennzeichnet durch die gleiche Zahl wie der Unterbereich.

Die Funktionen $\zeta_A(\Theta, \beta)$, $\zeta_B(\Theta, \beta)$, $\psi_0(\Theta, \chi)$ und $\psi_D(\Theta, \chi)$ sind angegeben in Abschnitt 6.

Der Sinn der Einführung der Terme α_0 und $\alpha_1 \Theta$ ist in Abschnitt 7.2 erläutert.

4. Subformulations

For each sub-region there are set out below
(1) the canonical function, and
(2) the derived functions, and the relations between the canonical and derived functions.

The functions of each sub-formulation are identified by the same number as that identifying the sub-region.

The functions $\zeta_A(\Theta, \beta)$, $\zeta_B(\Theta, \beta)$, $\psi_0(\Theta, \chi)$ and $\psi_D(\Theta, \chi)$ are given in Section 6.

The purpose of introducing the terms α_0 and $\alpha_1 \Theta$ is explained in Section 7.2.

4.1 Unterbereich 1   4.1 Sub-region 1

$$\zeta = \zeta_1(\Theta, \beta) = \zeta_A(\Theta, \beta) + \alpha_0 + \alpha_1 \Theta,$$

$$\chi = \chi_1(\Theta, \beta) = (\partial \zeta_1/\partial \beta)_\Theta, \qquad \sigma = \sigma_1(\Theta, \beta) = -(\partial \zeta_1/\partial \Theta)_\beta, \qquad \varepsilon = \varepsilon_1(\Theta, \beta) = \zeta_1 + \sigma_1 \Theta.$$

4.2 Unterbereich 2   4.2 Sub-region 2

$$\zeta = \zeta_2(\Theta, \beta) = \zeta_B(\Theta, \beta) + \alpha_0 + \alpha_1 \Theta,$$

$$\chi = \chi_2(\Theta, \beta) = (\partial \zeta_2/\partial \beta)_\Theta, \qquad \sigma = \sigma_2(\Theta, \beta) = -(\partial \zeta_2/\partial \Theta)_\beta, \qquad \varepsilon = \varepsilon_2(\Theta, \beta) = \zeta_2 + \sigma_2 \Theta.$$

4.3 Unterbereich 3   4.3 Sub-region 3

$$\psi = \psi_3(\Theta, \chi) = \psi_0(\Theta, \chi) + \alpha_0 + \alpha_1 \Theta,$$

$$\beta = \beta_3(\Theta, \chi) = -(\partial \psi_3/\partial \chi)_\Theta, \qquad \varepsilon = \varepsilon_3(\Theta, \chi) = \psi_3 + \sigma_3 \Theta + \beta_3 \chi,$$

$$\sigma = \sigma_3(\Theta, \chi) = -(\partial \psi_3/\partial \Theta)_\chi, \qquad \zeta = \zeta_3(\Theta, \chi) = \psi_3 + \beta_3 \chi.$$

Ausdrücke mit Θ und β als unabhängigen Variablen werden später gebraucht.

Die Gleichung $\beta = \beta_3(\Theta, \chi)$, aufgelöst nach χ, ergibt $\chi = \chi_3(\Theta, \beta)$.

Dann ist

Expressions having Θ and β as the independent variables are needed later.

The equation $\beta = \beta_3(\Theta, \chi)$, when solved for χ, gives $\chi = \chi_3(\Theta, \beta)$.

Then

$$\sigma = \sigma_3[\Theta, \chi_3(\Theta, \beta)] = \sigma_3(\Theta, \beta), \qquad \varepsilon = \varepsilon_3[\Theta, \chi_3(\Theta, \beta)] = \varepsilon_3(\Theta, \beta), \qquad \zeta = \zeta_3[\Theta, \chi_3(\Theta, \beta)] = \zeta_3(\Theta, \beta).$$

4.4 Unterbereich 4   4.4 Sub-region 4

$$\psi = \psi_4(\Theta, \chi) = \psi_0(\Theta, \chi) + \alpha_0 + \alpha_1 \Theta + \psi_D(\Theta, \chi),$$

$$\beta = \beta_4(\Theta, \chi) = -(\partial \psi_4/\partial \chi)_\Theta, \qquad \varepsilon = \varepsilon_4(\Theta, \chi) = \psi_4 + \sigma_4 \Theta + \beta_4 \chi,$$

$$\sigma = \sigma_4(\Theta, \chi) = -(\partial \psi_4/\partial \Theta)_\chi, \qquad \zeta = \zeta_4(\Theta, \chi) = \psi_4 + \beta_4 \chi.$$

Ausdrücke mit Θ und β als unabhängigen Veränderlichen werden später gebraucht.

Die Gleichung $\beta = \beta_4(\Theta, \chi)$ nach χ aufgelöst, ergibt $\chi = \chi_4(\Theta, \beta)$.

Damit wird

Expressions having Θ and β as the independent variables are needed later.

The equation $\beta = \beta_4(\Theta, \chi)$ when solved for χ, gives $\chi = \chi_4(\Theta, \beta)$.

Then

$$\sigma = \sigma_4[\Theta, \chi_4(\Theta, \beta)] = \sigma_4(\Theta, \beta), \qquad \varepsilon = \varepsilon_4[\Theta, \chi_4(\Theta, \beta)] = \varepsilon_4(\Theta, \beta), \qquad \zeta = \zeta_4[\Theta, \chi_4(\Theta, \beta)] = \zeta_4(\Theta, \beta).$$

4.5, 6 Unterbereich 5 und 6   4.5, 6 Sub-region 5 and 6

$$\beta = \beta_K(\Theta)$$

Feuchtegrad $x = \dfrac{\chi - \chi_t}{\chi_g - \chi_t} = \dfrac{\sigma - \sigma_t}{\sigma_g - \sigma_t} = \dfrac{\varepsilon - \varepsilon_t}{\varepsilon_g - \varepsilon_t}$, wobei die Indices f und g sich auf die flüssige bzw. gasförmige Phase beziehen, und die entsprechenden Größen sind die folgenden.

Dryness fraction $x = \dfrac{\chi - \chi_t}{\chi_g - \chi_t} = \dfrac{\sigma - \sigma_t}{\sigma_g - \sigma_t} = \dfrac{\varepsilon - \varepsilon_t}{\varepsilon_g - \varepsilon_t}$, where the subscripts f and g refer respectively to the liquid and gaseous phases and the quantities bearing these subscripts are given below.

4.5 Unterbereich 5   4.5 Sub-region 5

$$\chi_t = \chi_4[\Theta, \beta_K(\Theta)], \qquad \chi_g = \chi_3[\Theta, \beta_K(\Theta)],$$

$$\sigma_t = \sigma_4[\Theta, \beta_K(\Theta)], \qquad \sigma_g = \sigma_3[\Theta, \beta_K(\Theta)],$$

$$\varepsilon_t = \varepsilon_4[\Theta, \beta_K(\Theta)], \qquad \varepsilon_g = \varepsilon_3[\Theta, \beta_K(\Theta)].$$

3.3.3 Valeurs numériques des constantes dérivées

Les valeurs numériques des constantes dérivées sont contenues au chapitre 8.1; les valeurs numériques des formes dérivées pour β_L et β'_L sont indiquées au chapitre 8.2.

3.3.3 Valores numéricos de las constantes derivadas

Los valores numéricos de las constantes derivadas se recogen en el apartado 8.1 y los valores numéricos de las formas derivadas de β_L y β'_L se indican en el apartado 8.2.

4. Sous-formulations

Pour chaque sous-région sont indiquées, dans ce qui suit,
(1) la fonction canonique et
(2) les fonctions dérivées ainsi que les relations entre les fonctions canoniques et les fonctions dérivées.

Les fonctions de chaque sous-formulation sont repérées par le même nombre que celui de la sous-région.

Les fonctions $\zeta_A(\Theta, \beta)$, $\zeta_B(\Theta, \beta)$, $\psi_C(\Theta, \chi)$ et $\psi_D(\Theta, \chi)$ sont indiquées au chapitre 6.

Le sens de l'introduction des termes α_0 et $\alpha_1 \Theta$ est expliqué au chapitre 7.2.

4. Sistema de fórmulas secundarias

Para cada zona se indica a continuación
(1) la función canónica y
(2) las funciones derivadas, así como las relaciones entre las funciones canónicas y las derivadas.

Las funciones de cada sistema de fórmulas secundarias están caracterizadas por el mismo número que la subzona.

Las funciones $\zeta_A(\Theta, \beta)$, $\zeta_B(\Theta, \beta)$, $\psi_C(\Theta, \chi)$ y $\psi_D(\Theta, \chi)$ se indican en el apartado 6.

El significado de introducir los términos α_0 y $\alpha_1 \Theta$ se explica en el apartado 7.2.

4.1 Sous-région 1 / 4.1 Subzona 1

$$\zeta = \zeta_1(\Theta, \beta) = \zeta_A(\Theta, \beta) + \alpha_0 + \alpha_1 \Theta,$$

$$\chi = \chi_1(\Theta, \beta) = (\partial \zeta_1 / \partial \beta)_\Theta, \qquad \sigma = \sigma_1(\Theta, \beta) = -(\partial \zeta_1 / \partial \Theta)_\beta, \qquad \varepsilon = \varepsilon_1(\Theta, \beta) = \zeta_1 + \sigma_1 \Theta.$$

4.2 Sous-région 2 / 4.2 Subzona 2

$$\zeta = \zeta_2(\Theta, \beta) = \zeta_B(\Theta, \beta) + \alpha_0 + \alpha_1 \Theta,$$

$$\chi = \chi_2(\Theta, \beta) = (\partial \zeta_2 / \partial \beta)_\Theta, \qquad \sigma = \sigma_2(\Theta, \beta) = -(\partial \zeta_2 / \partial \Theta)_\beta, \qquad \varepsilon = \varepsilon_2(\Theta, \beta) = \zeta_2 + \sigma_2 \Theta.$$

4.3 Sous-région 3 / 4.3 Subzona 3

$$\psi = \psi_3(\Theta, \chi) = \psi_C(\Theta, \chi) + \alpha_0 + \alpha_1 \Theta,$$

$$\beta = \beta_3(\Theta, \chi) = -(\partial \psi_3 / \partial \chi)_\Theta, \qquad \varepsilon = \varepsilon_3(\Theta, \chi) = \psi_3 + \sigma_3 \Theta + \beta_3 \chi,$$

$$\sigma = \sigma_3(\Theta, \chi) = -(\partial \psi_3 / \partial \Theta)_\chi, \qquad \zeta = \zeta_3(\Theta, \chi) = \psi_3 + \beta_3 \chi.$$

Les expressions avec Θ et β en tant que variables indépendantes seront employées plus tard.

L'équation $\beta = \beta_3(\Theta, \chi)$ résolue par rapport à χ donne $\chi = \chi_3(\Theta, \beta)$.

On a alors

Las expresiones en las que Θ y β aparecen como variables independientes se utilizarán posteriormente.

De la ecuación $\beta = \beta_3(\Theta, \chi)$ resuelta según χ se obtiene $\chi = \chi_3(\Theta, \beta)$.

Entonces resuelta

$$\sigma = \sigma_3[\Theta, \chi_3(\Theta, \beta)] = \sigma_3(\Theta, \beta), \qquad \varepsilon = \varepsilon_3[\Theta, \chi_3(\Theta, \beta)] = \varepsilon_3(\Theta, \beta), \qquad \zeta = \zeta_3[\Theta, \chi_3(\Theta, \beta)] = \zeta_3(\Theta, \beta).$$

4.4 Sous-région 4 / 4.4 Subzona 4

$$\psi = \psi_4(\Theta, \chi) = \psi_C(\Theta, \chi) + \alpha_0 + \alpha_1 \Theta + \psi_D(\Theta, \chi),$$

$$\beta = \beta_4(\Theta, \chi) = -(\partial \psi_4 / \partial \chi)_\Theta, \qquad \varepsilon = \varepsilon_4(\Theta, \chi) = \psi_4 + \sigma_4 \Theta + \beta_4 \chi,$$

$$\sigma = \sigma_4(\Theta, \chi) = -(\partial \psi_4 / \partial \Theta)_\chi, \qquad \zeta = \zeta_4(\Theta, \chi) = \psi_4 + \beta_4 \chi.$$

Les expressions avec Θ et β en tant que variables indépendantes seront employées plus tard.

L'équation $\beta = \beta_4(\Theta, \chi)$ résolue par rapport à χ donne $\chi = \chi_4(\Theta, \beta)$.

On a alors

Las expresiones con Θ y β como variables independientes se utilizarán posteriormente.

De la ecuación $\beta = \beta_4(\Theta, \chi)$ resuelta según χ, se obtiene $\chi = \chi_4(\Theta, \beta)$.

Por consiguiente

$$\sigma = \sigma_4[\Theta, \chi_4(\Theta, \beta)] = \sigma_4(\Theta, \beta), \qquad \varepsilon = \varepsilon_4[\Theta, \chi_4(\Theta, \beta)] = \varepsilon_4(\Theta, \beta), \qquad \zeta = \zeta_4[\Theta, \chi_4(\Theta, \beta)] = \zeta_4(\Theta, \beta).$$

4.5, 6 Sous-régions 5 et 6 / 4.5, 6 Subzonas 5 y 6

$$\beta = \beta_K(\Theta)$$

Degré d'humidité $x = \dfrac{\chi - \chi_t}{\chi_g - \chi_t} = \dfrac{\sigma - \sigma_t}{\sigma_g - \sigma_t} = \dfrac{\varepsilon - \varepsilon_t}{\varepsilon_g - \varepsilon_t}$, les indices f et g se référant respectivement à la phase liquide et à la phase gazeuse; les grandeurs correspondantes sont les suivantes:

Grado de humedad $x = \dfrac{\chi - \chi_t}{\chi_g - \chi_t} = \dfrac{\sigma - \sigma_t}{\sigma_g - \sigma_t} = \dfrac{\varepsilon - \varepsilon_t}{\varepsilon_g - \varepsilon_t}$, refiriéndose los subíndices f y g a los estados líquido y gaseoso, respectivamente, y siendo las magnitudes correspondientes las siguientes.

4.5 Sous-région 5 / 4.5 Subzona 5

$$\chi_t = \chi_4[\Theta, \beta_K(\Theta)], \qquad \chi_g = \chi_3[\Theta, \beta_K(\Theta)],$$

$$\sigma_t = \sigma_4[\Theta, \beta_K(\Theta)], \qquad \sigma_g = \sigma_3[\Theta, \beta_K(\Theta)],$$

$$\varepsilon_t = \varepsilon_4[\Theta, \beta_K(\Theta)], \qquad \varepsilon_g = \varepsilon_3[\Theta, \beta_K(\Theta)].$$

4.6 Unterbereich 6

4.6 Sub-region 6

$$\chi_f = \chi_1[\Theta, \beta_K(\Theta)], \qquad \chi_g = \chi_2[\Theta, \beta_K(\Theta)],$$
$$\sigma_f = \sigma_1[\Theta, \beta_K^{\cdot}(\Theta)], \qquad \sigma_g = \sigma_2[\Theta, \beta_K(\Theta)],$$
$$\varepsilon_f = \varepsilon_1[\Theta, \beta_K(\Theta)], \qquad \varepsilon_g = \varepsilon_2[\Theta, \beta_K(\Theta)].$$

Die Definitionen in Abschnitt 4.1 bis 4.4 der abgeleiteten Funktionen χ_i, σ_i, ε_i (i = 1 bis 4) sind hierdurch erweitert, so daß sie auch $\beta = \beta_K^{\cdot}(\Theta)$ einschließen.
Die Funktion $\beta_K(\Theta)$ ist in Abschnitt 5 angegeben.

The definitions given in Sections 4.1 to 4.4 of the derived functions χ_i, σ_i, ε_i (i = 1 to 4) are hereby extended to include $\beta = \beta_K(\Theta)$.
The function $\beta_K(\Theta)$ is given in Section 5.

5. Die K-Funktion (Sättigungslinie) Reduzierter Sättigungsdruck

5. The K-function (Saturation line) Reduced saturation pressure

Diese Funktion gibt die Sättigungslinie, die zugleich eine Grenze zwischen Unterbereichen ist.

Die Gleichung für den reduzierten Sättigungsdruck β_K als Funktion der reduzierten Temperatur Θ ist

This function gives the saturation line, which is also a boundary between sub-regions.

The equation for the reduced saturation pressure, β_K, as a function of the reduced temperature, Θ, is

$$\beta_K(\Theta) = \exp\left[\frac{1}{\Theta}\,\frac{\sum\limits_{\nu=1}^{5} k_\nu(1-\Theta)^\nu}{1 + k_6(1-\Theta) + k_7(1-\Theta)^2} - \frac{(1-\Theta)}{k_8(1-\Theta)^2 + k_9}\right].$$

Die Konstanten der K-Funktion sind angegeben in Abschnitt 7.1.

The constants of the K-function are given in Section 7.1.

6. Kanonische Funktionen

6. Canonical Functions

6.1 Die A-Funktion Reduzierte freie Enthalpie (Gibbs-Funktion)

6.1 The A-function Reduced free enthalpy (Gibbs function)

$$\zeta_A(\Theta, \beta) = A_0\,\Theta(1 - \ln\Theta) + \sum_{\nu=1}^{10} A_\nu\,\Theta^{\nu-1} + A_{11}\left(\frac{17}{29}\,Z - \frac{17}{12}\,Y\right)Z^{12/17} + \{A_{12} + A_{13}\,\Theta + A_{14}\,\Theta^2 + A_{15}(a_6 - \Theta)^{10} +$$
$$+ A_{16}(a_7 + \Theta^{19})^{-1}\}\,\beta - (a_8 + \Theta^{11})^{-1}(A_{17}\,\beta + A_{18}\,\beta^2 + A_{19}\,\beta^3) - A_{20}\,\Theta^{18}(a_9 + \Theta^2)\{(a_{10} + \beta)^{-3} + a_{11}\,\beta\} +$$
$$+ A_{21}(a_{12} - \Theta)\,\beta^3 + A_{22}\,\Theta^{-20}\,\beta^4,$$

wobei

where

$$Z = Y + (a_3\,Y^2 - 2a_4\,\Theta + 2a_5\,\beta)^{\frac{1}{2}} \quad \text{und and} \quad Y = 1 - a_1\,\Theta^2 - a_2\,\Theta^{-6}.$$

6.2 Die B-Funktion Reduzierte freie Enthalpie (Gibbs-Funktion)

6.2 The B-function Reduced free enthalpy (Gibbs function)

$$\zeta_B(\Theta, \beta) = I_1\,\Theta \ln\beta + B_0\,\Theta(1 - \ln\Theta) + \sum_{\nu=1}^{5} B_{0\nu}\,\Theta^{\nu-1} - (B_{11}\,X^{13} + B_{12}\,X^3)\,\beta - (B_{21}\,X^{18} + B_{22}\,X^2 + B_{23}\,X)\,\beta^2 -$$
$$- (B_{31}\,X^{18} + B_{32}\,X^{10})\,\beta^3 - (B_{41}\,X^{25} + B_{42}\,X^{14})\,\beta^4 - (B_{51}\,X^{32} + B_{52}\,X^{28} + B_{53}\,X^{24})\,\beta^5 -$$
$$- \frac{(B_{61}\,X^{12} + B_{62}\,X^{11})\,\beta^4}{1 + b_{61}\,X^{14}\,\beta^4} - \frac{(B_{71}\,X^{24} + B_{72}\,X^{18})\,\beta^5}{1 + b_{71}\,X^{19}\,\beta^5} - \frac{(B_{81}\,X^{24} + B_{82}\,X^{14})\,\beta^6}{1 + (b_{81}\,X^{54} + b_{82}\,X^{27})\,\beta^6} + \beta\left(\frac{\beta}{\beta_L}\right)^{10}\sum_{\nu=0}^{6} B_{9\nu}\,X^\nu,$$

wobei $X = \exp[b(1 - \Theta)]$ und $\beta_L = \beta_L(\Theta)$, wofür der Ausdruck in Abschnitt 3.2.2 angegeben ist.

Die B-Funktion kann kürzer auch wie folgt geschrieben werden:

where $X = \exp[b(1 - \Theta)]$ and $\beta_L = \beta_L(\Theta)$, the expression for which is given in Section 3.2.2.

The B-function may also be expressed more compactly as follows:

$$\zeta_B(\Theta, \beta) = I_1\,\Theta \ln\beta + B_0\,\Theta(1 - \ln\Theta) + \sum_{\nu=1}^{5} B_{0\nu}\,\Theta^{\nu-1} - \sum_{\mu=1}^{5}\left\{\beta^\mu \sum_{\nu=1}^{n(\mu)} B_{\mu\nu}\,X^{z(\mu,\nu)}\right\} -$$
$$- \sum_{\mu=6}^{8} \frac{\sum\limits_{\nu=1}^{n(\mu)} B_{\mu\nu}\,X^{z(\mu,\nu)}}{\beta^{2-\mu} + \sum\limits_{\lambda=1}^{l(\mu)} b_{\mu\lambda}\,X^{x(\mu,\lambda)}} + \beta\left(\frac{\beta}{\beta_L}\right)^{10}\sum_{\nu=0}^{6} B_{9\nu}\,X^\nu.$$

Die Anzahl der Glieder $n(\mu)$ und $l(\mu)$ sowie der Exponenten $z(\mu, \nu)$ und $x(\mu, \lambda)$ zeigt die folgende Tabelle:

The numbers of terms $n(\mu)$ and $l(\mu)$, and the exponents $z(\mu, \nu)$ and $x(\mu, \lambda)$ are as follows:

μ	$n(\mu)$	$z(\mu, \nu)$			$l(\mu)$	$x(\mu, \lambda)$		μ
		$\nu = 1$	$\nu = 2$	$\nu = 3$		$\lambda = 1$	$\lambda = 2$	
1	2	13	3	—	—	—	—	1
2	3	18	2	1	—	—	—	2
3	2	18	10	—	—	—	—	3
4	2	25	14	—	—	—	—	4
5	3	32	28	24	—	—	—	5
6	2	12	11	—	1	14	—	6
7	2	24	18	—	1	19	—	7
8	2	24	14	—	2	54	27	8

4.6 Sous-région 6

$$\chi_t = \chi_1[\Theta, \beta_\mathrm{K}(\Theta)],$$
$$\sigma_t = \sigma_1[\Theta, \beta_\mathrm{K}(\Theta)],$$
$$\varepsilon_t = \varepsilon_1[\Theta, \beta_\mathrm{K}^-(\Theta)],$$

Les définitions, aux chapitres 4.1 à 4.4, des fonctions dérivées χ_i, σ_i, ε_i (i = 1 à 4) sont ainsi élargies de façon qu'elles renferment également $\beta = \beta_\mathrm{K}(\Theta)$.

La fonction $\beta_\mathrm{K}(\Theta)$ est indiquée au chapitre 5.

4.6 Subzona 6

$$\chi_g = \chi_2[\Theta, \beta_\mathrm{K}(\Theta)],$$
$$\sigma_g = \sigma_2[\Theta, \beta_\mathrm{K}(\Theta)],$$
$$\varepsilon_g = \varepsilon_2[\Theta, \beta_\mathrm{K}(\Theta)].$$

De esta forma, se han ampliado las definiciones de los apartados 4.1 a 4.4 referentes a las funciones χ_i, σ_i, ε_i (i = 1 a 4) de modo que se incluyen también $\beta = \beta_\mathrm{K}(\Theta)$.

La función $\beta_\mathrm{K}(\Theta)$ viene dada en el apartado 5.

5. La fonction K (ligne de saturation) Pression de saturation réduite

Cette fonction donne la ligne de saturation qui est, en même temps, une limite entre sous-régions.

L'équation pour la pression de saturation réduite β_K, en tant que fonction de la température réduite Θ, est égale à:

5. La función K (curva de saturación) Presión de saturación reducida

Esta función define la curva de saturación, que además constituye un límite entre subzonas.

La ecuación de la presión de saturación reducida β_K, como función de la temperatura reducida Θ, es la siguiente:

$$\beta_\mathrm{K}(\Theta) = \exp\left[\frac{1}{\Theta}\,\frac{\sum_{\nu=1}^{5} \mathrm{k}_\nu(1-\Theta)^\nu}{1+\mathrm{k}_6(1-\Theta)+\mathrm{k}_7(1-\Theta)^2} - \frac{(1-\Theta)}{\mathrm{k}_8(1-\Theta)^2+\mathrm{k}_9}\right].$$

Les constantes de la fonction K sont indiquées au chapitre 7.1.

Las constantes de la función K se indican en el apartado 7.1.

6. Fonctions canoniques

6. Funciones canónicas

6.1 La fonction A Enthalpie libre réduite (fonction de Gibbs)

6.1 La función A Entalpía libre reducida (función de Gibbs)

$$\zeta_\mathrm{A}(\Theta,\beta) = \mathrm{A}_0\,\Theta(1-\ln\Theta) + \sum_{\nu=1}^{10}\mathrm{A}_\nu\,\Theta^{\nu-1} + \mathrm{A}_{11}\left(\frac{17}{29}Z - \frac{17}{12}Y\right)Z^{12/17} + \{\mathrm{A}_{12} + \mathrm{A}_{13}\,\Theta + \mathrm{A}_{14}\,\Theta^2 + \mathrm{A}_{15}(\mathrm{a}_6 - \Theta)^{10} +$$
$$+ \mathrm{A}_{16}(\mathrm{a}_7+\Theta^{19})^{-1}\}\,\beta - (\mathrm{a}_8+\Theta^{11})^{-1}(\mathrm{A}_{17}\,\beta + \mathrm{A}_{18}\,\beta^2 + \mathrm{A}_{19}\,\beta^3) - \mathrm{A}_{20}\,\Theta^{18}(\mathrm{a}_9+\Theta^2)\{(\mathrm{a}_{10}+\beta)^{-3} + \mathrm{a}_{11}\,\beta\} +$$
$$+ \mathrm{A}_{21}(\mathrm{a}_{12}-\Theta)\,\beta^3 + \mathrm{A}_{22}\,\Theta^{-20}\,\beta^4,$$

avec   con

$$Z = Y + (\mathrm{a}_3\,Y^2 - 2\mathrm{a}_4\,\Theta + 2\mathrm{a}_5\,\beta)^{\frac{1}{2}} \quad \text{et y} \quad Y = 1 - \mathrm{a}_1\,\Theta^2 - \mathrm{a}_2\,\Theta^{-6}.$$

6.2 La fonction B Enthalpie libre réduite (fonction de Gibbs)

6.2 La función B Entalpía libre reducida (función de Gibbs)

$$\zeta_\mathrm{B}(\Theta,\beta) = I_1\,\Theta\ln\beta + \mathrm{B}_0\,\Theta(1-\ln\Theta) + \sum_{\nu=1}^{5}\mathrm{B}_{0\nu}\,\Theta^{\nu-1} - (\mathrm{B}_{11}X^{13} + \mathrm{B}_{12}X^3)\,\beta - (\mathrm{B}_{21}X^{18} + \mathrm{B}_{22}X^2 + \mathrm{B}_{23}X)\,\beta^2 -$$
$$- (\mathrm{B}_{31}X^{18} + \mathrm{B}_{32}X^{10})\,\beta^3 - (\mathrm{B}_{41}X^{25} + \mathrm{B}_{42}X^{14})\,\beta^4 - (\mathrm{B}_{51}X^{32} + \mathrm{B}_{52}X^{28} + \mathrm{B}_{53}X^{24})\,\beta^5 -$$
$$- \frac{(\mathrm{B}_{61}X^{12} + \mathrm{B}_{62}X^{11})\,\beta^4}{1+\mathrm{b}_{61}X^{14}\beta^4} - \frac{(\mathrm{B}_{71}X^{24} + \mathrm{B}_{72}X^{18})\,\beta^5}{1+\mathrm{b}_{71}X^{19}\beta^5} - \frac{(\mathrm{B}_{81}X^{24} + \mathrm{B}_{82}X^{14})\,\beta^6}{1+(\mathrm{b}_{81}X^{54} + \mathrm{b}_{82}X^{27})\,\beta^6} + \beta\left(\frac{\beta}{\beta_\mathrm{L}}\right)^{10}\sum_{\nu=0}^{6}\mathrm{B}_{9\nu}\,X^\nu,$$

avec $X = \exp[b(1-\Theta)]$ et $\beta_\mathrm{L} = \beta_\mathrm{L}(\Theta)$ pour qui l'expression est indiquée au chapitre 3.2.2.

La *fonction B* peut aussi être écrite, en plus court, de la façon suivante:

siendo $X = \exp[b(1-\Theta)]$ y $\beta_\mathrm{L} = \beta_\mathrm{L}(\Theta)$, para las que se han indicado expresiones en el apartado 3.2.2.

La *función B* puede escribirse también en la siguiente forma más abreviada:

$$\zeta_\mathrm{B}(\Theta,\beta) = I_1\,\Theta\ln\beta + \mathrm{B}_0\,\Theta(1-\ln\Theta) + \sum_{\nu=1}^{5}\mathrm{B}_{0\nu}\,\Theta^{\nu-1} - \sum_{\mu=1}^{5}\left\{\beta^\mu\sum_{\nu=1}^{n(\mu)}\mathrm{B}_{\mu\nu}\,X^{z(\mu,\nu)}\right\} -$$
$$- \sum_{\mu=6}^{8}\frac{\sum_{\nu=1}^{n(\mu)}\mathrm{B}_{\mu\nu}\,X^{z(\mu,\nu)}}{\beta^{2-\mu} + \sum_{\lambda=1}^{l(\mu)}\mathrm{b}_{\mu\lambda}\,X^{z(\mu,\lambda)}} + \beta\left(\frac{\beta}{\beta_\mathrm{L}}\right)^{10}\sum_{\nu=0}^{6}\mathrm{B}_{9\nu}\,X^\nu.$$

Le nombre des termes $n(\mu)$ et $l(\mu)$ ainsi que des exposants $z(\mu,\nu)$ et $x(\mu,\lambda)$ est donné par le tableau suivant:

El número de términos $n(\mu)$ y $l(\mu)$, así como de exponentes $z(\mu,\nu)$ y $x(\mu,\lambda)$ viene dado en la siguiente tabla:

μ	$n(\mu)$	$z(\mu,\nu)$			$l(\mu)$	$x(\mu,\lambda)$		μ
		$\nu=1$	$\nu=2$	$\nu=3$		$\lambda=1$	$\lambda=2$	
1	2	13	3	—	—	—	—	1
2	3	18	2	1	—	—	—	2
3	2	18	10	—	—	—	—	3
4	2	25	14	—	—	—	—	4
5	3	32	28	24	—	—	—	5
6	2	12	11	—	1	14	—	6
7	2	24	18	—	1	19	—	7
8	2	24	14	—	2	54	27	8

6.3 Die C-Funktion
Reduzierte freie Energie (Helmholtz-Funktion)

6.3 The C-function
Reduced free energy (Helmholtz function)

$$\psi_C(\Theta, \chi) = C_{00} + C_{01}\chi + \sum_{\nu=2}^{11} C_{0\nu}\,\chi^{1-\nu} + C_{012}\ln\chi + \left[C_{11}\chi + \sum_{\nu=2}^{6} C_{1\nu}\,\chi^{1-\nu} + C_{17}\ln\chi\right](\Theta-1) +$$

$$+ \left[C_{21}\chi + \sum_{\nu=2}^{7} C_{2\nu}\,\chi^{1-\nu} + C_{28}\ln\chi\right](\Theta-1)^2 + \left[C_{31}\chi + \sum_{\nu=2}^{9} C_{3\nu}\,\chi^{1-\nu} + C_{310}\ln\chi\right](\Theta-1)^3 +$$

$$+ (C_{40} + C_{41}\chi^{-5})\,\Theta^{-23}(\Theta-1) + C_{50}\,\Theta\ln\Theta + \chi^6\sum_{\nu=0}^{4} C_{6\nu}\,\Theta^{-2-\nu} + \sum_{\nu=0}^{8} C_{7\nu}(\Theta-1)^{\nu+1}.$$

6.4 Die D-Funktion
Reduzierte freie Energie (Helmholtz-Funktion)

6.4 The D-function
Reduced free energy (Helmholtz function)

$$\psi_D(\Theta, \chi) = \sum_{\mu=3}^{4}\sum_{\nu=0}^{4} D_{\mu\nu}\,y^\mu\,\chi^{-\nu} + y^{32}\sum_{\nu=0}^{2} D_{5\nu}\,\chi^\nu, \quad \text{wobei where} \quad y = (1-\Theta)/(1-\Theta_1).$$

6.5 Konstanten der kanonischen Funktionen

6.5 Constants relating to canonical functions

Die Werte der in Abschnitt 6.1, 6.2, 6.3 und 6.4 eingeführten Konstanten bringt Abschnitt 7.1.

The values of the constants introduced in Section 6.1, 6.2, 6.3 and 6.4 are given in Section 7.1.

7. Werte der Konstanten

7. Values of the constants

7.1 Zahlenwerte der primären Konstanten

7.1 Numerical values of the primary constants

7.1.1 Unterbereich 1 / 7.1.1 Sub-region 1

$$A_0 = 6{,}824\,687\,741 \cdot 10^3$$
$$A_1 = -5{,}422\,063\,673 \cdot 10^2$$
$$A_2 = -2{,}096\,666\,205 \cdot 10^4$$
$$A_3 = 3{,}941\,286\,787 \cdot 10^4$$
$$A_4 = -6{,}733\,277\,739 \cdot 10^4$$
$$A_5 = 9{,}902\,381\,028 \cdot 10^4$$
$$A_6 = -1{,}093\,911\,774 \cdot 10^5$$
$$A_7 = 8{,}590\,841\,667 \cdot 10^4$$
$$A_8 = -4{,}511\,168\,742 \cdot 10^4$$
$$A_9 = 1{,}418\,138\,926 \cdot 10^4$$
$$A_{10} = -2{,}017\,271\,113 \cdot 10^3$$

$$A_{11} = 7{,}982\,692\,717 \cdot 10^0$$
$$A_{12} = -2{,}616\,571\,843 \cdot 10^{-2}$$
$$A_{13} = 1{,}522\,411\,790 \cdot 10^{-3}$$
$$A_{14} = 2{,}284\,279\,054 \cdot 10^{-2}$$
$$A_{15} = 2{,}421\,647\,003 \cdot 10^2$$
$$A_{16} = 1{,}269\,716\,088 \cdot 10^{-10}$$
$$A_{17} = 2{,}074\,838\,328 \cdot 10^{-7}$$
$$A_{18} = 2{,}174\,020\,350 \cdot 10^{-8}$$
$$A_{19} = 1{,}105\,710\,498 \cdot 10^{-9}$$
$$A_{20} = 1{,}293\,441\,934 \cdot 10^1$$
$$A_{21} = 1{,}308\,119\,072 \cdot 10^{-5}$$
$$A_{22} = 6{,}047\,626\,338 \cdot 10^{-14}$$

$$a_1 = 8{,}438\,375\,405 \cdot 10^{-1}$$
$$a_2 = 5{,}362\,162\,162 \cdot 10^{-4}$$
$$a_3 = 1{,}720\,000\,000 \cdot 10^0$$
$$a_4 = 7{,}342\,278\,489 \cdot 10^{-2}$$
$$a_5 = 4{,}975\,858\,870 \cdot 10^{-2}$$
$$a_6 = 6{,}537\,154\,300 \cdot 10^0$$
$$a_7 = 1{,}150\,000\,000 \cdot 10^{-6}$$
$$a_8 = 1{,}510\,800\,000 \cdot 10^{-5}$$
$$a_9 = 1{,}418\,800\,000 \cdot 10^{-1}$$
$$a_{10} = 7{,}002\,753\,165 \cdot 10^0$$
$$a_{11} = 2{,}995\,284\,926 \cdot 10^{-4}$$
$$a_{12} = 2{,}040\,000\,000 \cdot 10^{-1}$$

7.1.2 Unterbereich 2 / 7.1.2 Sub-region 2

$$B_0 = 1{,}683\,599\,274 \cdot 10^1$$
$$B_{01} = 2{,}856\,067\,796 \cdot 10^1$$
$$B_{02} = -5{,}438\,923\,329 \cdot 10^1$$
$$B_{03} = 4{,}330\,662\,834 \cdot 10^{-1}$$
$$B_{04} = -6{,}547\,711\,697 \cdot 10^{-1}$$
$$B_{05} = 8{,}565\,182\,058 \cdot 10^{-2}$$
$$B_{11} = 6{,}670\,375\,918 \cdot 10^{-2}$$
$$B_{12} = 1{,}388\,983\,801 \cdot 10^0$$
$$B_{21} = 8{,}390\,104\,328 \cdot 10^{-2}$$
$$B_{22} = 2{,}614\,670\,893 \cdot 10^{-2}$$
$$B_{23} = -3{,}373\,439\,453 \cdot 10^{-2}$$
$$B_{31} = 4{,}520\,918\,904 \cdot 10^{-1}$$

$$B_{32} = 1{,}069\,036\,614 \cdot 10^{-1}$$
$$B_{41} = -5{,}975\,336\,707 \cdot 10^{-1}$$
$$B_{42} = -8{,}847\,535\,804 \cdot 10^{-2}$$
$$B_{51} = 5{,}958\,051\,609 \cdot 10^{-1}$$
$$B_{52} = -5{,}159\,303\,373 \cdot 10^{-1}$$
$$B_{53} = 2{,}075\,021\,122 \cdot 10^{-1}$$
$$B_{61} = 1{,}190\,610\,271 \cdot 10^{-1}$$
$$B_{62} = -9{,}867\,174\,132 \cdot 10^{-2}$$
$$B_{71} = 1{,}683\,998\,803 \cdot 10^{-1}$$
$$B_{72} = -5{,}809\,438\,001 \cdot 10^{-2}$$
$$B_{81} = 6{,}552\,390\,126 \cdot 10^{-3}$$
$$B_{82} = 5{,}710\,218\,649 \cdot 10^{-4}$$

$$B_{90} = 1{,}936\,587\,558 \cdot 10^2$$
$$B_{91} = -1{,}388\,522\,425 \cdot 10^3$$
$$B_{92} = 4{,}126\,607\,219 \cdot 10^3$$
$$B_{93} = -6{,}508\,211\,677 \cdot 10^3$$
$$B_{94} = 5{,}745\,984\,054 \cdot 10^3$$
$$B_{95} = -2{,}693\,088\,365 \cdot 10^3$$
$$B_{96} = 5{,}235\,718\,623 \cdot 10^2$$
$$b = 7{,}633\,333\,333 \cdot 10^{-1}$$
$$b_{61} = 4{,}006\,073\,948 \cdot 10^{-1}$$
$$b_{71} = 8{,}636\,081\,627 \cdot 10^{-2}$$
$$b_{81} = -8{,}532\,322\,921 \cdot 10^{-1}$$
$$b_{82} = 3{,}460\,208\,861 \cdot 10^{-1}$$

7.1.3 Unterbereich 3 / 7.1.3 Sub-region 3

$$C_{00} = -6{,}839\,900\,00 \cdot 10^0$$
$$C_{01} = -1{,}722\,604\,20 \cdot 10^{-2}$$
$$C_{02} = -7{,}771\,750\,39 \cdot 10^0$$
$$C_{03} = 4{,}204\,607\,52 \cdot 10^0$$
$$C_{04} = -2{,}768\,070\,38 \cdot 10^0$$
$$C_{05} = 2{,}104\,197\,07 \cdot 10^0$$
$$C_{06} = -1{,}146\,495\,88 \cdot 10^0$$
$$C_{07} = 2{,}231\,380\,85 \cdot 10^{-1}$$
$$C_{08} = 1{,}162\,503\,63 \cdot 10^{-1}$$
$$C_{09} = -8{,}209\,005\,44 \cdot 10^{-2}$$
$$C_{010} = 1{,}941\,292\,39 \cdot 10^{-2}$$
$$C_{011} = -1{,}694\,705\,76 \cdot 10^{-3}$$
$$C_{012} = -4{,}311\,577\,033 \cdot 10^0$$
$$C_{11} = 7{,}086\,360\,85 \cdot 10^{-1}$$
$$C_{12} = 1{,}236\,794\,55 \cdot 10^1$$
$$C_{13} = -1{,}203\,890\,04 \cdot 10^1$$
$$C_{14} = 5{,}404\,374\,22 \cdot 10^0$$
$$C_{15} = -9{,}938\,650\,43 \cdot 10^{-1}$$
$$C_{16} = 6{,}275\,231\,82 \cdot 10^{-2}$$

$$C_{17} = -7{,}747\,430\,16 \cdot 10^0$$
$$C_{21} = -4{,}298\,850\,92 \cdot 10^0$$
$$C_{22} = 4{,}314\,305\,38 \cdot 10^1$$
$$C_{23} = -1{,}416\,193\,13 \cdot 10^1$$
$$C_{24} = 4{,}041\,724\,59 \cdot 10^0$$
$$C_{25} = 1{,}555\,463\,26 \cdot 10^0$$
$$C_{26} = -1{,}665\,689\,35 \cdot 10^0$$
$$C_{27} = 3{,}248\,811\,58 \cdot 10^{-1}$$
$$C_{28} = 2{,}936\,553\,25 \cdot 10^1$$
$$C_{31} = 7{,}948\,418\,42 \cdot 10^{-6}$$
$$C_{32} = 8{,}088\,597\,47 \cdot 10^1$$
$$C_{33} = -8{,}361\,533\,80 \cdot 10^1$$
$$C_{34} = 3{,}586\,365\,17 \cdot 10^1$$
$$C_{35} = 7{,}518\,959\,54 \cdot 10^0$$
$$C_{36} = -1{,}261\,606\,40 \cdot 10^1$$
$$C_{37} = 1{,}097\,174\,62 \cdot 10^0$$
$$C_{38} = 2{,}121\,454\,92 \cdot 10^0$$
$$C_{39} = -5{,}465\,295\,66 \cdot 10^{-1}$$

$$C_{310} = 8{,}328\,754\,13 \cdot 10^0$$
$$C_{40} = 2{,}759\,717\,76 \cdot 10^{-6}$$
$$C_{41} = -5{,}090\,739\,85 \cdot 10^{-4}$$
$$C_{50} = 2{,}106\,363\,32 \cdot 10^2$$
$$C_{60} = 5{,}528\,935\,335 \cdot 10^{-2}$$
$$C_{61} = -2{,}336\,365\,955 \cdot 10^{-1}$$
$$C_{62} = 3{,}697\,071\,420 \cdot 10^{-1}$$
$$C_{63} = -2{,}596\,415\,470 \cdot 10^{-1}$$
$$C_{64} = 6{,}828\,087\,013 \cdot 10^{-2}$$
$$C_{70} = -2{,}571\,600\,553 \cdot 10^2$$
$$C_{71} = -1{,}518\,783\,715 \cdot 10^2$$
$$C_{72} = 2{,}220\,723\,208 \cdot 10^1$$
$$C_{73} = -1{,}802\,039\,570 \cdot 10^2$$
$$C_{74} = 2{,}357\,096\,220 \cdot 10^3$$
$$C_{75} = -1{,}462\,335\,698 \cdot 10^4$$
$$C_{76} = 4{,}542\,916\,630 \cdot 10^4$$
$$C_{77} = -7{,}053\,556\,432 \cdot 10^4$$
$$C_{78} = 4{,}381\,571\,428 \cdot 10^4$$

<table>
<tr><td>

6.3 La fonction C
Energie libre réduite (fonction de Helmholtz)

</td><td>

6.3 La función C
Energía libre reducida (función de Helmholtz)

</td></tr>
</table>

$$\psi_C(\Theta, \chi) = C_{00} + C_{01}\,\chi + \sum_{\nu=2}^{11} C_{0\nu}\,\chi^{1-\nu} + C_{012}\ln\chi + \left[C_{11}\,\chi + \sum_{\nu=2}^{6} C_{1\nu}\,\chi^{1-\nu} + C_{17}\ln\chi\right](\Theta - 1) +$$

$$+ \left[C_{21}\,\chi + \sum_{\nu=2}^{7} C_{2\nu}\,\chi^{1-\nu} + C_{28}\ln\chi\right](\Theta - 1)^2 + \left[C_{31}\,\chi + \sum_{\nu=2}^{9} C_{3\nu}\,\chi^{1-\nu} + C_{310}\ln\chi\right](\Theta - 1)^3 +$$

$$+ (C_{40} + C_{41}\,\chi^{-5})\,\Theta^{-23}(\Theta - 1) + C_{50}\,\Theta\ln\Theta + \chi^6 \sum_{\nu=0}^{4} C_{6\nu}\,\Theta^{-2-\nu} + \sum_{\nu=0}^{8} C_{7\nu}(\Theta - 1)^{\nu+1}.$$

<table>
<tr><td>

6.4 La fonction D
Energie libre réduite (fonction de Helmholtz)

</td><td>

6.4 La función D
Energía libre reducida (función de Helmholtz)

</td></tr>
</table>

$$\psi_D(\Theta, \chi) = \sum_{\mu=3}^{4} \sum_{\nu=0}^{4} D_{\mu\nu}\,y^\mu\,\chi^{-\nu} + y^{32} \sum_{\nu=0}^{2} D_{5\nu}\,\chi^\nu, \quad \text{avec con} \quad y = (1 - \Theta)/(1 - \Theta_1).$$

<table>
<tr><td>

6.5 Constantes des fonctions canoniques

Les valeurs des constantes introduites aux chapitres 6.1, 6.2, 6.3 et 6.4 sont indiquées au chapitre 7.1.

</td><td>

6.5 Constantes de las funciones canónicas

Los valores de las constantes introducidas en los apartados 6.1, 6.2, 6.3 y 6.4 vienen dados en el apartado 7.1.

</td></tr>
</table>

<table>
<tr><td>

7. Valeurs des constantes

7.1 Valeurs numériques des constantes primaires

7.1.1 Sous-zones 1

</td><td>

7. Valores de las constantes

7.1 Valores numéricos de las constantes primarias

7.1.1 Subzonas 1

</td></tr>
</table>

$$
\begin{aligned}
A_0 &= 6{,}824\,687\,741 \cdot 10^3 & A_{11} &= 7{,}982\,692\,717 \cdot 10^0 & a_1 &= 8{,}438\,375\,405 \cdot 10^{-1}\\
A_1 &= -5{,}422\,063\,673 \cdot 10^2 & A_{12} &= -2{,}616\,571\,843 \cdot 10^{-2} & a_2 &= 5{,}362\,162\,162 \cdot 10^{-4}\\
A_2 &= -2{,}096\,666\,205 \cdot 10^4 & A_{13} &= 1{,}522\,411\,790 \cdot 10^{-3} & a_3 &= 1{,}720\,000\,000 \cdot 10^0\\
A_3 &= 3{,}941\,286\,787 \cdot 10^4 & A_{14} &= 2{,}284\,279\,054 \cdot 10^{-2} & a_4 &= 7{,}342\,278\,489 \cdot 10^{-2}\\
A_4 &= -6{,}733\,277\,739 \cdot 10^4 & A_{15} &= 2{,}421\,647\,003 \cdot 10^2 & a_5 &= 4{,}975\,858\,870 \cdot 10^{-2}\\
A_5 &= 9{,}902\,381\,028 \cdot 10^4 & A_{16} &= 1{,}269\,716\,088 \cdot 10^{-10} & a_6 &= 6{,}537\,154\,300 \cdot 10^{-1}\\
A_6 &= -1{,}093\,911\,774 \cdot 10^5 & A_{17} &= 2{,}074\,838\,328 \cdot 10^{-7} & a_7 &= 1{,}150\,000\,000 \cdot 10^{-6}\\
A_7 &= 8{,}590\,841\,667 \cdot 10^4 & A_{18} &= 2{,}174\,020\,350 \cdot 10^{-8} & a_8 &= 1{,}510\,800\,000 \cdot 10^{-5}\\
A_8 &= -4{,}511\,168\,742 \cdot 10^4 & A_{19} &= 1{,}105\,710\,498 \cdot 10^{-9} & a_9 &= 1{,}418\,800\,000 \cdot 10^{-1}\\
A_9 &= 1{,}418\,138\,926 \cdot 10^4 & A_{20} &= 1{,}293\,441\,934 \cdot 10^1 & a_{10} &= 7{,}002\,753\,165 \cdot 10^0\\
A_{10} &= -2{,}017\,271\,113 \cdot 10^3 & A_{21} &= 1{,}308\,119\,072 \cdot 10^{-5} & a_{11} &= 2{,}995\,284\,926 \cdot 10^{-4}\\
& & A_{22} &= 6{,}047\,626\,338 \cdot 10^{-14} & a_{12} &= 2{,}040\,000\,000 \cdot 10^{-1}
\end{aligned}
$$

7.1.2 Sous-zones 2 / 7.1.2 Subzonas 2

$$
\begin{aligned}
B_0 &= 1{,}683\,599\,274 \cdot 10^1 & B_{32} &= 1{,}069\,036\,614 \cdot 10^{-1} & B_{90} &= 1{,}936\,587\,558 \cdot 10^2\\
B_{01} &= 2{,}856\,067\,796 \cdot 10^1 & B_{41} &= -5{,}975\,336\,707 \cdot 10^{-1} & B_{91} &= -1{,}388\,522\,425 \cdot 10^3\\
B_{02} &= -5{,}438\,923\,329 \cdot 10^1 & B_{42} &= -8{,}847\,535\,804 \cdot 10^{-2} & B_{92} &= 4{,}126\,607\,219 \cdot 10^3\\
B_{03} &= 4{,}330\,662\,834 \cdot 10^{-1} & B_{51} &= 5{,}958\,051\,609 \cdot 10^{-1} & B_{93} &= -6{,}508\,211\,677 \cdot 10^3\\
B_{04} &= -6{,}547\,711\,697 \cdot 10^{-1} & B_{52} &= -5{,}159\,303\,373 \cdot 10^{-1} & B_{94} &= 5{,}745\,984\,054 \cdot 10^3\\
B_{05} &= 8{,}565\,182\,058 \cdot 10^{-2} & B_{53} &= 2{,}075\,021\,122 \cdot 10^{-1} & B_{95} &= -2{,}693\,088\,365 \cdot 10^3\\
B_{11} &= 6{,}670\,375\,918 \cdot 10^{-2} & B_{61} &= 1{,}190\,610\,271 \cdot 10^{-1} & B_{96} &= 5{,}235\,718\,623 \cdot 10^2\\
B_{12} &= 1{,}388\,983\,801 \cdot 10^0 & B_{62} &= -9{,}867\,174\,132 \cdot 10^{-2} & b &= 7{,}633\,333\,333 \cdot 10^{-1}\\
B_{21} &= 8{,}390\,104\,328 \cdot 10^{-2} & B_{71} &= 1{,}683\,998\,803 \cdot 10^{-1} & b_{61} &= 4{,}006\,073\,948 \cdot 10^{-1}\\
B_{22} &= 2{,}614\,670\,893 \cdot 10^{-2} & B_{72} &= -5{,}809\,438\,001 \cdot 10^{-2} & b_{71} &= 8{,}636\,081\,627 \cdot 10^{-2}\\
B_{23} &= -3{,}373\,439\,453 \cdot 10^{-2} & B_{81} &= 6{,}552\,390\,126 \cdot 10^{-3} & b_{81} &= -8{,}532\,322\,921 \cdot 10^{-1}\\
B_{31} &= 4{,}520\,918\,904 \cdot 10^{-1} & B_{82} &= 5{,}710\,218\,649 \cdot 10^{-4} & b_{82} &= 3{,}460\,208\,861 \cdot 10^{-1}
\end{aligned}
$$

7.1.3 Sous-zones 3 / 7.1.3 Subzonas 3

$$
\begin{aligned}
C_{00} &= -6{,}839\,900\,00 \cdot 10^0 & C_{17} &= -7{,}747\,430\,16 \cdot 10^0 & C_{310} &= 8{,}328\,754\,13 \cdot 10^0\\
C_{01} &= -1{,}722\,604\,20 \cdot 10^{-2} & C_{21} &= -4{,}298\,850\,92 \cdot 10^0 & C_{40} &= 2{,}759\,717\,76 \cdot 10^{-6}\\
C_{02} &= -7{,}771\,750\,39 \cdot 10^0 & C_{22} &= 4{,}314\,305\,38 \cdot 10^1 & C_{41} &= -5{,}090\,739\,85 \cdot 10^{-4}\\
C_{03} &= 4{,}204\,607\,52 \cdot 10^0 & C_{23} &= -1{,}416\,193\,13 \cdot 10^1 & C_{50} &= 2{,}106\,363\,32 \cdot 10^2\\
C_{04} &= -2{,}768\,070\,38 \cdot 10^0 & C_{24} &= 4{,}041\,724\,59 \cdot 10^0 & C_{60} &= 5{,}528\,935\,335 \cdot 10^{-2}\\
C_{05} &= 2{,}104\,197\,07 \cdot 10^0 & C_{25} &= 1{,}555\,463\,26 \cdot 10^0 & C_{61} &= -2{,}336\,365\,955 \cdot 10^{-1}\\
C_{06} &= -1{,}146\,495\,88 \cdot 10^0 & C_{26} &= -1{,}665\,689\,35 \cdot 10^0 & C_{62} &= 3{,}697\,071\,420 \cdot 10^{-1}\\
C_{07} &= 2{,}231\,380\,85 \cdot 10^{-1} & C_{27} &= 3{,}248\,811\,58 \cdot 10^{-1} & C_{63} &= -2{,}596\,415\,470 \cdot 10^{-1}\\
C_{08} &= 1{,}162\,503\,63 \cdot 10^{-1} & C_{28} &= 2{,}936\,553\,25 \cdot 10^1 & C_{64} &= 6{,}828\,087\,013 \cdot 10^{-2}\\
C_{09} &= -8{,}209\,005\,44 \cdot 10^{-2} & C_{31} &= 7{,}948\,418\,42 \cdot 10^{-6} & C_{70} &= -2{,}571\,600\,553 \cdot 10^2\\
C_{010} &= 1{,}941\,292\,39 \cdot 10^{-2} & C_{32} &= 8{,}088\,597\,47 \cdot 10^1 & C_{71} &= -1{,}518\,783\,715 \cdot 10^2\\
C_{011} &= -1{,}694\,705\,76 \cdot 10^{-3} & C_{33} &= -8{,}361\,533\,80 \cdot 10^1 & C_{72} &= 2{,}220\,723\,208 \cdot 10^1\\
C_{012} &= -4{,}311\,577\,033 \cdot 10^0 & C_{34} &= 3{,}586\,365\,17 \cdot 10^1 & C_{73} &= -1{,}802\,039\,570 \cdot 10^2\\
C_{11} &= 7{,}086\,360\,85 \cdot 10^{-1} & C_{35} &= 7{,}518\,959\,54 \cdot 10^0 & C_{74} &= 2{,}357\,096\,220 \cdot 10^3\\
C_{12} &= 1{,}236\,794\,55 \cdot 10^1 & C_{36} &= -1{,}261\,606\,40 \cdot 10^1 & C_{75} &= -1{,}462\,335\,698 \cdot 10^4\\
C_{13} &= -1{,}203\,890\,04 \cdot 10^1 & C_{37} &= 1{,}097\,174\,62 \cdot 10^0 & C_{76} &= 4{,}542\,916\,630 \cdot 10^4\\
C_{14} &= 5{,}404\,374\,22 \cdot 10^0 & C_{38} &= 2{,}121\,454\,92 \cdot 10^0 & C_{77} &= -7{,}053\,556\,432 \cdot 10^4\\
C_{15} &= -9{,}938\,650\,43 \cdot 10^{-1} & C_{39} &= -5{,}465\,295\,66 \cdot 10^{-1} & C_{78} &= 4{,}381\,571\,428 \cdot 10^4\\
C_{16} &= 6{,}275\,231\,82 \cdot 10^{-2} & &
\end{aligned}
$$

7.1.4 Unterbereich 4   7.1.4 Sub-region 4

$$D_{30} = -1{,}717\,616\,747 \cdot 10^{0}$$
$$D_{31} = 3{,}526\,389\,875 \cdot 10^{0}$$
$$D_{32} = -2{,}690\,899\,373 \cdot 10^{0}$$
$$D_{33} = 9{,}070\,982\,605 \cdot 10^{-1}$$
$$D_{34} = -1{,}138\,791\,156 \cdot 10^{-1}$$

$$D_{40} = 1{,}301\,023\,613 \cdot 10^{0}$$
$$D_{41} = -2{,}642\,777\,743 \cdot 10^{0}$$
$$D_{42} = 1{,}996\,765\,362 \cdot 10^{0}$$
$$D_{43} = -6{,}661\,557\,013 \cdot 10^{-1}$$

$$D_{44} = 8{,}270\,860\,589 \cdot 10^{-2}$$
$$D_{50} = 3{,}426\,663\,535 \cdot 10^{-4}$$
$$D_{51} = -1{,}236\,521\,258 \cdot 10^{-3}$$
$$D_{52} = 1{,}155\,018\,309 \cdot 10^{-3}$$

7.1.5 Sättigungslinie   7.1.5 Saturation line

$$k_1 = -7{,}691\,234\,564 \cdot 10^{0}$$
$$k_2 = -2{,}608\,023\,696 \cdot 10^{1}$$
$$k_3 = -1{,}681\,706\,546 \cdot 10^{2}$$
$$k_4 = 6{,}423\,285\,504 \cdot 10^{1}$$

$$k_5 = -1{,}189\,646\,225 \cdot 10^{2}$$
$$k_6 = 4{,}167\,117\,320 \cdot 10^{0}$$
$$k_7 = 2{,}097\,506\,760 \cdot 10^{1}$$

$$k_8 = 10^{9}$$
$$k_9 = 6$$

7.1.6 Grenze zwischen Unterbereich 2 und 3   7.1.6 Boundary between sub-regions 2 and 3

$$L = 7{,}160\,997\,524 \cdot 10^{0}.$$

Eine abgeleitete Form der L-Funktion und die Werte der zugehörigen abgeleiteten Konstanten enthält Abschnitt 8.2.

A derived form of the L-function and the values of the resulting derived constants are given in Section 8.2.

7.2 Ausdrücke für die Werte der abgeleiteten Konstanten
7.2 Expressions for values of derived constants

$$\Theta_t = 27316/64730, \qquad \Theta_2 = 86315/64730,$$
$$\Theta_1 = 62315/64730, \qquad \Theta_3 = 107315/64730,$$

$$\beta_2 = 10000/2212, \qquad \beta_t = \beta_\mathrm{K}'(\Theta_t),$$
$$\beta_1 = \beta_\mathrm{K}(\Theta_1), \qquad I_1 = R_1 T_{o1}/(p_{o1}\,v_{o1}).$$

Die Zahlenwerte der obigen 8 Konstanten sind mit 10 Stellen in Abschnitt 8.1 angegeben.

Die Konstanten α_0 und α_1 können beide zu Null angenommen werden. Wenn die berechneten Werte von innerer Energie und Entropie am Bezugszustand (flüssige Phase im Tripelpunkt) mit höchster Genauigkeit Null werden, sind sie gemäß dem benutzten Computer mit Hilfe der folgenden Ausdrücke zu berechnen:

The numerical values of the above 8 constants are given to 10 digits in Section 8.1.

The constants α_0 and α_1 may be taken each to be zero. If it be desired that the calculated values of the internal energy and entropy at the reference state (the liquid phase at the triple point) each approximate to zero with the highest precision, then these constants should be evaluated, to suit the computer in use, by means of the following expressions:

$$\alpha_0 = [-\zeta_\mathrm{A} + \beta(\partial\zeta_\mathrm{A}/\partial\beta)_\Theta + \Theta(\partial\zeta_\mathrm{A}/\partial\Theta)_\beta]_{\Theta-\Theta_t,\ \beta-\beta_t}, \qquad \alpha_1 = [-(\partial\zeta_\mathrm{A}/\partial\Theta)_\beta]_{\Theta-\Theta_t,\ \beta-\beta_t}.$$

8. Abgeleitete Konstanten
8. Derived constants

8.1 Zahlenwerte der abgeleiteten Konstanten
8.1 Numerical values of derived constants

$$\alpha_0 = 0, \qquad \beta_2 = 4{,}520\,795\,660 \cdot 10^{0}, \qquad \Theta_3 = 1{,}657\,886\,606 \cdot 10^{0},$$
$$\alpha_1 = 0, \qquad \Theta_t = 4{,}219\,990\,731 \cdot 10^{-1}, \qquad I_1 = 4{,}260\,321\,148 \cdot 10^{0},$$
$$\Theta_1 = 9{,}626\,911\,787 \cdot 10^{-1}, \qquad \beta_1 = 7{,}475\,191\,707 \cdot 10^{-1},$$
$$\Theta_2 = 1{,}333\,462\,073 \cdot 10^{0}, \qquad \beta_t = 2{,}763\,311\,032 \cdot 10^{-5}.$$

Zur Bequemlichkeit sind die vereinbarten Konstanten hier wiederholt:

For convenience the adopted constant quantities are repeated here:

$$T_{o1} = 647{,}3\ {}^\circ\mathrm{K}\ \text{(genau) (exactly)}, \qquad p_{o1} = 22\,120\,000\ \mathrm{N/m^2}\ \text{(genau) (exactly)}, \qquad v_{o1} = 0{,}003\,17\ \mathrm{m^3/kg}\ \text{(genau) (exactly)},$$

woraus die folgenden konstanten Größen abgeleitet sind:

whence the constant quantities given below are derived:

$$p_{o1}\,v_{o1} = 70\,120{,}4\ \mathrm{J/kg}\ \text{(genau) (exactly)}, \qquad p_{o1}\,v_{o1}/T_{o1} = 108{,}327\,5143\ \mathrm{J/kg\ {}^\circ K}.$$

8.2 Abgeleitete Form der L-Funktion und Werte der zugehörigen Konstanten
8.2 Derived form of the L-function and values of the constants relating thereto

Wenn die L-Funktion umgeformt wird in

When the L-function is rearranged to give

$$\beta_L = \beta_L(\Theta) = L_0 + L_1\,\Theta + L_2\,\Theta^2, \qquad \frac{d\beta_L}{d\Theta} = \beta_L' = \beta_L'(\Theta) = L_1 + 2L_2\,\Theta,$$

haben die zugehörigen Konstanten L_0, L_1 und L_2 die Zahlenwerte

then the derived constants L_0, L_1 and L_2 have the numerical values

$$L_0 = 1{,}574\,373\,327 \cdot 10^{1}, \qquad L_1 = -3{,}417\,061\,978 \cdot 10^{1}, \qquad L_2 = 1{,}931\,380\,707 \cdot 10^{1}.$$

9. Abgeleitete Funktionen
9. Derived functions

9.1 Unterbereich 1
9.1 Sub-region 1

Reduziertes Volumen

Reduced volume,

$$v/v_{o1} = \chi_1 = (\partial\zeta_\mathrm{A}/\partial\beta)_\Theta,$$

$$\chi_1 = A_{11}\,a_5\,Z^{-5/17} + \{A_{12} + A_{13}\,\Theta + A_{14}\,\Theta^2 + A_{15}(a_6 - \Theta)^{10} + A_{16}(a_7 + \Theta^{19})^{-1}\} -$$
$$- (a_8 + \Theta^{11})^{-1}(A_{17} + 2A_{18}\,\beta + 3A_{19}\,\beta^2) - A_{20}\,\Theta^{18}(a_9 + \Theta^2)\{-3(a_{10} + \beta)^{-4} + a_{11}\} +$$
$$+ 3A_{21}(a_{12} - \Theta)\,\beta^2 + 4A_{22}\,\Theta^{-20}\,\beta^3,$$

7.1.4 *Sous-zones 4*

$$D_{30} = -1{,}717\,616\,747 \cdot 10^{0}$$
$$D_{31} = 3{,}526\,389\,875 \cdot 10^{0}$$
$$D_{32} = -2{,}690\,899\,373 \cdot 10^{0}$$
$$D_{33} = 9{,}070\,982\,605 \cdot 10^{-1}$$
$$D_{34} = -1{,}138\,791\,156 \cdot 10^{-1}$$

7.1.5 *Ligne de saturation*

$$k_1 = -7{,}691\,234\,564 \cdot 10^{0}$$
$$k_2 = -2{,}608\,023\,696 \cdot 10^{1}$$
$$k_3 = -1{,}681\,706\,546 \cdot 10^{2}$$
$$k_4 = +6{,}423\,285\,504 \cdot 10^{1}$$

7.1.4 *Subzonas 4*

$$D_{40} = 1{,}301\,023\,613 \cdot 10^{0} \qquad D_{44} = 8{,}270\,860\,589 \cdot 10^{-2}$$
$$D_{41} = -2{,}642\,777\,743 \cdot 10^{0} \qquad D_{50} = 3{,}426\,663\,535 \cdot 10^{-4}$$
$$D_{42} = 1{,}996\,765\,362 \cdot 10^{0} \qquad D_{51} = -1{,}236\,521\,258 \cdot 10^{-3}$$
$$D_{43} = -6{,}661\,557\,013 \cdot 10^{-1} \qquad D_{52} = 1{,}155\,018\,309 \cdot 10^{-3}$$

7.1.5 *Curva de saturación*

$$k_5 = -1{,}189\,646\,225 \cdot 10^{2} \qquad k_8 = 10^{9}$$
$$k_6 = 4{,}167\,117\,320 \cdot 10^{0} \qquad k_9 = 6$$
$$k_7 = 2{,}097\,506\,760 \cdot 10^{1}$$

7.1.6 *Limite entre sous-région 2 et 3* — 7.1.6 *Curva límita entre las zonas 2 y 3*

$$L = 7{,}160\,997\,524 \cdot 10^{0}.$$

Une forme derivée de la fonction L et de les valeurs des constantes derivées sont contenues au chapitre 8.2.

Una forma derivada para función L y las valores de las constantes derivadas aparecen en el apartado 8.2.

7.2 Expressions pour les valeurs des constantes dérivées

$$\Theta_t = 27\,316/64\,730, \qquad \Theta_2 = 86\,315/64\,730,$$
$$\Theta_1 = 62\,315/64\,730, \qquad \Theta_3 = 107\,315/64\,730,$$

Les valeurs numériques de ces 8 constantes sont donnés au chapitre 8.1. Les constantes α_0 et α_1 peuvent être admises égal a zéro. Si les valeurs calculées de l'énergie interne et de l'entropie à l'état de référence (phase liquide au point triple) deviennent égales à zéro avec la précision maximale, elles sont à calculer, suivant le calculateur utilisé, au moyen des formules suivantes:

7.2 Expresiones para los valores de las constantes derivadas

$$\beta_2 = 10\,000/2212, \qquad \beta_t = \beta_K(\Theta_t),$$
$$\beta_1 = \beta_K(\Theta_1), \qquad I_1 = R_1 T_{c1}/(p_{c1}\,v_{c1}).$$

Los valores numéricos de estes 8 constantes apareces en el apartado 8.1.

Los constantes α_0 y α_1 poden dado que cero. Si los valores calculados para la energía interna y la entropía en el estado de referencia (fase líquida en el punto triple) se hacen cero con la mayor exactitud, se calcularán entonces, según el calculador empleado, con ayuda de las siguientes expresiones:

$$\alpha_0 = \left[-\zeta_A + \beta\,(\partial\zeta_A/\partial\beta)_\Theta + \Theta\,(\partial\zeta_A/\partial\Theta)_\beta\right]_{\Theta\,=\,\Theta_t,\ \beta\,=\,\beta_t}, \qquad \alpha_1 = \left[-(\partial\zeta_A/\partial\Theta)_\beta\right]_{\Theta\,=\,\Theta_t,\ \beta\,=\,\beta_t}.$$

8. Constantes dérivées — 8. Constantes derivadas

8.1 Valeurs numériques des constantes dérivées — 8.1 Valores numéricos de las constantes derivados

$$\alpha_0 = 0, \qquad \beta_2 = 4{,}520\,795\,660 \cdot 10^{0}, \qquad \Theta_3 = 1{,}657\,886\,606 \cdot 10^{0},$$
$$\alpha_1 = 0, \qquad \Theta_t = 4{,}219\,990\,731 \cdot 10^{-1}, \qquad I_1 = 4{,}260\,321\,148 \cdot 10^{0},$$
$$\Theta_1 = 9{,}626\,911\,787 \cdot 10^{-1}, \qquad \beta_1 = 7{,}475\,191\,707 \cdot 10^{-1},$$
$$\Theta_2 = 1{,}333\,462\,073 \cdot 10^{0}, \qquad \beta_t = 2{,}763\,311\,032 \cdot 10^{-5}.$$

Pour convenance les constantes adoptées sont répétées ici:

Por conveniencia las constantes adoptados son repetito aqui

$$T_{c1} = 647{,}3\,^{\circ}\mathrm{K} \text{ (valeur exacte) (exactamente)}, \qquad p_{c1} = 22\,120\,000\,\mathrm{N/m^2} \text{ (valeur exacte) (exactamente)},$$
$$v_{c1} = 0{,}003\,17\,\mathrm{m^3/kg} \text{ (valeur exacte) (exactamente)},$$

desquelles les grandeurs suivantes sont dérivées:

de que las constantes siguientes estan derivadas

$$p_{c1}\,v_{c1} = 70\,120{,}4\,\mathrm{J/kg} \text{ (valeur exacte) (exactamente)}, \qquad p_{c1}\,v_{c1}/T_{c1} = 108{,}327\,5143\,\mathrm{J/kg\,^{\circ}K}.$$

8.2 Forme dérivée de la fonction L et valeurs des constantes relatives — 8.2 Forma derivada de la función L y las constantes relativos

Si la fonction L est arrangée dans la manière

Cuando la función es ponado de la modo

$$\beta_L = \beta_L(\Theta) = L_0 + L_1\,\Theta + L_2\,\Theta^2,$$

et en conséquence

y por consiguiente

$$\frac{\mathrm{d}\beta_L}{\mathrm{d}\Theta} = \beta'_L = \beta'_L(\Theta) = L_1 + 2L_2\,\Theta,$$

les constantes dérivées L_0, L_1 et L_2 ont les valeurs numériques

Las constantes derivados L_0, L_1 y L_2 tienen las valores numéricos

$$L_0 = 1{,}574\,373\,327 \cdot 10^{1}, \qquad L_1 = -3{,}417\,061\,978 \cdot 10^{1}, \qquad L_2 = 1{,}931\,380\,707 \cdot 10^{1}.$$

9. Fonctions dérivées — 9. Funciones derivados

9.1 Sous-région 1 — 9.1 Subzona 1

Volume réduit — *Volumen reducido*

$$v/v_{c1} = \chi_1 = (\partial\zeta_A/\partial\beta)_\Theta,$$

$$\chi_1 = A_{11}\,a_5\,Z^{-5/17} + \{A_{12} + A_{13}\,\Theta + A_{14}\,\Theta^2 + A_{15}(a_6 - \Theta)^{10} + A_{16}(a_7 + \Theta^{19})^{-1}\} -$$
$$- (a_8 + \Theta^{11})^{-1}(A_{17} + 2A_{18}\,\beta + 3A_{19}\,\beta^2) - A_{20}\,\Theta^{18}(a_9 + \Theta^2)\{-3(a_{10} + \beta)^{-4} + a_{11}\} +$$
$$+ 3A_{21}(a_{12} - \Theta)\,\beta^2 + 4A_{22}\,\Theta^{-20}\,\beta^3,$$

wobei / where

$$Z = Y + (a_3 Y^2 - 2a_4\Theta + 2a_5\beta)^{\frac{1}{2}}, \qquad Y = 1 - a_1\Theta^2 - a_2\Theta^{-6}.$$

Reduzierte Entropie / *Reduced entropy,*

$$s/(p_{o1}v_{o1}/T_{o1}) = \sigma_1 = -(\partial\zeta_A/\partial\Theta)_\beta - \alpha_1,$$

$$\sigma_1 = -\alpha_1 + A_0\ln\Theta - \sum_{\nu=2}^{10}(\nu-1)A_\nu\Theta^{\nu-2} + A_{11}\left[\left\{\frac{5}{12}Z - (a_3-1)Y\right\}Y' + a_4\right]Z^{-5/17} +$$

$$+ \{-A_{13} - 2A_{14}\Theta + 10A_{15}(a_6-\Theta)^9 + 19A_{16}(a_7+\Theta^{19})^{-2}\Theta^{18}\}\beta - 11(a_8+\Theta^{11})^{-2}\Theta^{10}(A_{17}\beta + A_{18}\beta^2 + A_{19}\beta^3) +$$

$$+ A_{20}\Theta^{17}(18a_9 + 20\Theta^2)\{(a_{10}+\beta)^{-3} + a_{11}\beta\} + A_{21}\beta^3 + 20A_{22}\Theta^{-21}\beta^4,$$

wobei / where

$$Y' = -2a_1\Theta + 6a_2\Theta^{-7}.$$

Reduzierte Enthalpie / *Reduced enthalpy,*

$$h/(p_{o1}v_{o1}) = \varepsilon_1 = \zeta_A + \alpha_0 + \alpha_1\Theta + \Theta\sigma_1,$$

$$\varepsilon_1 = \alpha_0 + A_0\Theta - \sum_{\nu=1}^{10}(\nu-2)A_\nu\Theta^{\nu-1} + A_{11}\left[Z\left\{17\left(\frac{Z}{29} - \frac{Y}{12}\right) + 5\Theta\frac{Y'}{12}\right\} + a_4\Theta - (a_3-1)\Theta\,Y\,Y'\right]Z^{-5/17} +$$

$$+ \{A_{12} - A_{14}\Theta^2 + A_{15}(9\Theta + a_6)(a_6-\Theta)^9 + A_{16}(20\Theta^{19} + a_7)(a_7+\Theta^{19})^{-2}\}\beta -$$

$$- (12\Theta^{11} + a_8)(a_8+\Theta^{11})^{-2}(A_{17}\beta + A_{18}\beta^2 + A_{19}\beta^3) + A_{20}\Theta^{18}(17a_9 + 19\Theta^2)\{(a_{10}+\beta)^{-3} + a_{11}\beta\} +$$

$$+ A_{21}a_{12}\beta^3 + 21A_{22}\Theta^{-20}\beta^4.$$

9.2 Unterbereich 2 / 9.2 Sub-region 2

Reduziertes Volumen / *Reduced volume,*

$$v/v_{o1} = \chi_2 = (\partial\zeta_B/\partial\beta)_\Theta,$$

$$\chi_2 = I_1\Theta/\beta - \sum_{\mu=1}^{5}\mu\,\beta^{\mu-1}\sum_{\nu=1}^{n(\mu)}B_{\mu\nu}X^{z(\mu,\nu)} - \sum_{\mu=6}^{8}\frac{(\mu-2)\beta^{1-\mu}\sum_{\nu=1}^{n(\mu)}B_{\mu\nu}X^{z(\mu,\nu)}}{\left\{\beta^{2-\mu} + \sum_{\lambda=1}^{l(\mu)}b_{\mu\lambda}X^{x(\mu,\lambda)}\right\}^2} + 11\left(\frac{\beta}{\beta_L}\right)^{10}\sum_{\nu=0}^{6}B_{9\nu}X^\nu,$$

wobei / where

$$X = \exp[b(1-\Theta)] \quad \text{und and} \quad \beta_L = \beta_L(\Theta),$$

wofür der Ausdruck in Abschnitt 3.2.2 gegeben ist, und die Glieder $n(\mu)$ und $l(\mu)$ sowie die Exponenten $z(\mu,\nu)$ und $x(\mu,\lambda)$ in Abschnitt 6.2 enthalten sind. / the expression for which is given in Section 3.2.2, and the numbers of terms $n(\mu)$ and $l(\mu)$, and the exponents $z(\mu,\nu)$ and $x(\mu,\lambda)$, are listed in Section 6.2.

Reduzierte Entropie / *Reduced entropy,*

$$s/(p_{o1}v_{o1}/T_{o1}) = \sigma_2 = -(\partial\zeta_B/\partial\Theta)_\beta - \alpha_1,$$

$$\sigma_2 = -\alpha_1 - I_1\ln\beta + B_0\ln\Theta - \sum_{\nu=1}^{5}(\nu-1)B_{0\nu}\Theta^{\nu-2} - b\sum_{\mu=1}^{5}\beta^\mu\sum_{\nu=1}^{n(\mu)}z(\mu,\nu)B_{\mu\nu}X^{z(\mu,\nu)} -$$

$$- b\sum_{\mu=6}^{8}\frac{\displaystyle\sum_{\nu=1}^{n(\mu)}B_{\mu\nu}X^{z(\mu,\nu)}\left[z(\mu,\nu) - \frac{\sum_{\lambda=1}^{l(\mu)}x(\mu,\lambda)b_{\mu\lambda}X^{x(\mu,\lambda)}}{\beta^{2-\mu} + \sum_{\lambda=1}^{l(\mu)}b_{\mu\lambda}X^{x(\mu,\lambda)}}\right]}{\beta^{2-\mu} + \sum_{\lambda=1}^{l(\mu)}b_{\mu\lambda}X^{x(\mu,\lambda)}} + \beta\left(\frac{\beta}{\beta_L}\right)^{10}\sum_{\nu=0}^{6}\left[\left\{\frac{10\beta_L'}{\beta_L} + \nu b\right\}B_{9\nu}X^\nu\right].$$

Reduzierte Enthalpie / *Reduced enthalpy,*

$$h/(p_{o1}v_{o1}) = \varepsilon_2 = \zeta_B + \alpha_0 + \alpha_1\Theta + \Theta\sigma_2,$$

$$\varepsilon_2 = \alpha_0 + B_0\Theta - \sum_{\nu=1}^{5}B_{0\nu}(\nu-2)\Theta^{\nu-1} - \sum_{\mu=1}^{5}\beta^\mu\sum_{\nu=1}^{n(\mu)}B_{\mu\nu}\{1 + z(\mu,\nu)b\Theta\}X^{z(\mu,\nu)} -$$

$$- \sum_{\mu=6}^{8}\frac{\displaystyle\sum_{\nu=1}^{n(\mu)}B_{\mu\nu}X^{z(\mu,\nu)}\left[\{1 + z(\mu,\nu)b\Theta\} - \frac{b\Theta\sum_{\lambda=1}^{l(\mu)}x(\mu,\lambda)b_{\mu\lambda}X^{x(\mu,\lambda)}}{\beta^{2-\mu} + \sum_{\lambda=1}^{l(\mu)}b_{\mu\lambda}X^{x(\mu,\lambda)}}\right]}{\beta^{2-\mu} + \sum_{\lambda=1}^{l(\mu)}b_{\mu\lambda}X^{x(\mu,\lambda)}} + \beta\left(\frac{\beta}{\beta_L}\right)^{10}\sum_{\nu=0}^{6}\left[\left\{1 + \Theta\left(\frac{10\beta_L'}{\beta_L} + \nu b\right)\right\}B_{9\nu}X^\nu\right].$$

9.3 Unterbereich 3 / 9.3 Sub-region 3

Reduzierter Druck / *Reduced pressure,*

$$p/p_{o1} = \beta_3 = -(\partial\psi_0/\partial\chi)_\Theta,$$

$$\beta_3 = -\left\{C_{01} + \sum_{\nu=2}^{11}(1-\nu)C_{0\nu}\chi^{-\nu} + C_{012}\chi^{-1}\right\} - \left\{C_{11} + \sum_{\nu=2}^{6}(1-\nu)C_{1\nu}\chi^{-\nu} + C_{17}\chi^{-1}\right\}(\Theta-1) -$$

$$- \left\{C_{21} + \sum_{\nu=2}^{7}(1-\nu)C_{2\nu}\chi^{-\nu} + C_{28}\chi^{-1}\right\}(\Theta-1)^2 - \left\{C_{31} + \sum_{\nu=2}^{9}(1-\nu)C_{3\nu}\chi^{-\nu} + C_{310}\chi^{-1}\right\}(\Theta-1)^3 +$$

$$+ 5C_{41}\chi^{-6}\Theta^{-23}(\Theta-1) - 6\chi^5\sum_{\nu=0}^{4}C_{6\nu}\Theta^{-2-\nu}.$$

avec   con

$$Z = Y + (a_3\,Y^2 - 2a_4\,\Theta + 2a_5\,\beta)^{\frac{1}{2}}, \qquad Y = 1 - a_1\,\Theta^2 - a_2\,\Theta^{-6}.$$

Entropie réduite   *Entropía reducida*

$$s/(p_{c1}\,v_{c1}/T_{c1}) = \sigma_1 = -(\partial\zeta_{\mathbf{A}}/\partial\Theta)_\beta - \alpha_1,$$

$$\sigma_1 = -\alpha_1 + A_0\ln\Theta - \sum_{\nu=2}^{10}(\nu-1)\,A_\nu\,\Theta^{\nu-2} + A_{11}\left[\left\{\frac{5}{12}\,Z - (a_3-1)\,Y\right\}Y' + a_4\right]Z^{-5/17} +$$

$$+ \{-A_{13} - 2A_{14}\,\Theta + 10A_{15}(a_6-\Theta)^9 + 19A_{16}(a_7+\Theta^{19})^{-2}\,\Theta^{18}\}\,\beta - 11\,(a_8+\Theta^{11})^{-2}\,\Theta^{10}\,(A_{17}\beta + A_{18}\beta^2 + A_{19}\beta^3) +$$

$$+ A_{20}\,\Theta^{17}(18a_9 + 20\,\Theta^2)\,\{(a_{10}+\beta)^{-3} + a_{11}\beta\} + A_{21}\beta^3 + 20A_{22}\,\Theta^{-21}\beta^4,$$

avec   con

$$Y' = -2a_1\,\Theta + 6a_2\,\Theta^{-7}.$$

Enthalpie réduite   *Entalpía reducida*

$$h/(p_{c1}\,v_{c1}) = \varepsilon_1 = \zeta_{\mathbf{A}} + \alpha_0 + \alpha_1\,\Theta + \Theta\,\sigma_1,$$

$$\varepsilon_1 = \alpha_0 + A_0\,\Theta - \sum_{\nu=1}^{10}(\nu-2)\,A_\nu\,\Theta^{\nu-1} + A_{11}\left[Z\left\{17\left(\frac{Z}{29} - \frac{Y}{12}\right) + 5\,\Theta\,\frac{Y'}{12}\right\} + a_4\,\Theta - (a_3-1)\,\Theta\,Y\,Y'\right]Z^{-5/17} +$$

$$+ \{A_{12} - A_{14}\,\Theta^2 + A_{15}(9\,\Theta + a_6)\,(a_6-\Theta)^9 + A_{16}(20\,\Theta^{19} + a_7)\,(a_7+\Theta^{19})^{-2}\}\,\beta -$$

$$- (12\,\Theta^{11} + a_8)\,(a_8+\Theta^{11})^{-2}\,(A_{17}\beta + A_{18}\beta^2 + A_{19}\beta^3) + A_{20}\,\Theta^{18}(17a_9 + 19\,\Theta^2)\,\{(a_{10}+\beta)^{-3} + a_{11}\beta\} +$$

$$+ A_{21}\,a_{12}\,\beta^3 + 21A_{22}\,\Theta^{-20}\beta^4.$$

9.2 Sous-région 2   9.2 Subzona 2

Volume réduit   *Volumen reducido*

$$v/v_{c1} = \chi_2 = (\partial\zeta_{\mathbf{B}}/\partial\beta)_\Theta,$$

$$\chi_2 = I_1\,\Theta/\beta - \sum_{\mu=1}^{5}\mu\,\beta^{\mu-1}\sum_{\nu=1}^{n(\mu)}B_{\mu\nu}\,X^{z(\mu,\nu)} - \sum_{\mu=6}^{8}\frac{(\mu-2)\,\beta^{1-\mu}\sum_{\nu=1}^{n(\mu)}B_{\mu\nu}\,X^{z(\mu,\nu)}}{\left\{\beta^{2-\mu}+\sum_{\lambda=1}^{l(\mu)}b_{\mu\lambda}\,X^{z(\mu,\lambda)}\right\}^2} + 11\left(\frac{\beta}{\beta_{\mathbf{L}}}\right)^{10}\sum_{\nu=0}^{6}B_{9\nu}\,X^\nu,$$

avec   con

$$X = \exp[b(1-\Theta)] \quad \text{et y} \quad \beta_{\mathbf{L}} = \beta_{\mathbf{L}}(\Theta),$$

dont l'expression est donnée au chapitre 3.2.2 et les nombres des termes $n(\mu)$ et $l(\mu)$ et les exponents $z(\mu,\nu)$ et $x(\mu,\lambda)$ sont déclarés au chapitre 6.2. de que expresion contene apartado 3.2.2 y los nùmeros de los términos $n(\mu)$ y $l(\mu)$ y los exponentes $z(\mu,\nu)$ y $x(\mu,\lambda)$ son enúmerados en apartado 6.2.

Entropie réduite   *Entropia reducida*

$$s/(p_{c1}\,v_{c1}/T_{c1}) = \sigma_2 = -(\partial\zeta_{\mathbf{B}}/\partial\Theta)_\beta - \alpha_1,$$

$$\sigma_2 = -\alpha_1 - I_1\ln\beta + B_0\ln\Theta - \sum_{\nu=1}^{5}(\nu-1)\,B_{0\nu}\,\Theta^{\nu-2} - b\sum_{\mu=1}^{5}\beta^\mu\sum_{\nu=1}^{n(\mu)}z(\mu,\nu)\,B_{\mu\nu}\,X^{z(\mu,\nu)} -$$

$$- b\sum_{\mu=6}^{8}\frac{\displaystyle\sum_{\nu=1}^{n(\mu)}B_{\mu\nu}\,X^{z(\mu,\nu)}\left[z(\mu,\nu) - \frac{\displaystyle\sum_{\lambda=1}^{l(\mu)}x(\mu,\lambda)\,b_{\mu\lambda}\,X^{z(\mu,\lambda)}}{\beta^{2-\mu}+\displaystyle\sum_{\lambda=1}^{l(\mu)}b_{\mu\lambda}\,X^{z(\mu,\lambda)}}\right]}{\beta^{2-\mu}+\displaystyle\sum_{\lambda=1}^{l(\mu)}b_{\mu\lambda}\,X^{z(\mu,\lambda)}} + \beta\left(\frac{\beta}{\beta_{\mathbf{L}}}\right)^{10}\sum_{\nu=0}^{6}\left[\left\{\frac{10\beta_{\mathbf{L}}'}{\beta_{\mathbf{L}}} + \nu\,b\right\}B_{9\nu}\,X^\nu\right].$$

Enthalpie réduite   *Entalpía reducida*

$$h/(p_{c1}\,v_{c1}) = \varepsilon_2 = \zeta_{\mathbf{B}} + \alpha_0 + \alpha_1\,\Theta + \Theta\,\sigma_2,$$

$$\varepsilon_2 = \alpha_0 + B_0\,\Theta - \sum_{\nu=1}^{5}B_{0\nu}(\nu-2)\,\Theta^{\nu-1} - \sum_{\mu=1}^{5}\beta^\mu\sum_{\nu=1}^{n(\mu)}B_{\mu\nu}\{1 + z(\mu,\nu)\,b\,\Theta\}\,X^{z(\mu,\nu)} -$$

$$- \sum_{\mu=6}^{8}\frac{\displaystyle\sum_{\nu=1}^{n(\mu)}B_{\mu\nu}\,X^{z(\mu,\nu)}\left[\{1 + z(\mu,\nu)\,b\,\Theta\} - \frac{b\,\Theta\displaystyle\sum_{\lambda=1}^{l(\mu)}x(\mu,\lambda)\,b_{\mu\lambda}\,X^{z(\mu,\lambda)}}{\beta^{2-\mu}+\displaystyle\sum_{\lambda=1}^{l(\mu)}b_{\mu\lambda}\,X^{z(\mu,\lambda)}}\right]}{\beta^{2-\mu}+\displaystyle\sum_{\lambda=1}^{l(\mu)}b_{\mu\lambda}\,X^{z(\mu,\lambda)}} + \beta\left(\frac{\beta}{\beta_{\mathbf{L}}}\right)^{10}\sum_{\nu=0}^{6}\left[\left\{1 + \Theta\left(\frac{10\beta_{\mathbf{L}}'}{\beta_{\mathbf{L}}} + \nu\,b\right)\right\}B_{9\nu}\,X^\nu\right].$$

9.3 Sous-région 3   9.3 Subzona 3

Pression réduite   *Presión reducido*

$$p/p_{c1} = \beta_3 = -(\partial\psi_{\mathbf{C}}/\partial\chi)_\Theta,$$

$$\beta_3 = -\left\{C_{01} + \sum_{\nu=2}^{11}(1-\nu)\,C_{0\nu}\,\chi^{-\nu} + C_{012}\,\chi^{-1}\right\} - \left\{C_{11} + \sum_{\nu=2}^{6}(1-\nu)\,C_{1\nu}\,\chi^{-\nu} + C_{17}\,\chi^{-1}\right\}(\Theta-1) -$$

$$- \left\{C_{21} + \sum_{\nu=2}^{7}(1-\nu)\,C_{2\nu}\,\chi^{-\nu} + C_{28}\,\chi^{-1}\right\}(\Theta-1)^2 - \left\{C_{31} + \sum_{\nu=2}^{9}(1-\nu)\,C_{3\nu}\,\chi^{-\nu} + C_{310}\,\chi^{-1}\right\}(\Theta-1)^3 +$$

$$+ 5C_{41}\,\chi^{-6}\,\Theta^{-23}(\Theta-1) - 6\chi^5\sum_{\nu=0}^{4}C_{6\nu}\,\Theta^{-2-\nu}.$$

Reduzierte Entropie   *Reduced entropy,*

$$s/(p_{o1}\, v_{o1}/T_{o1}) = \sigma_3 = -(\partial\,\psi_0/\partial\,\Theta)_\chi - \alpha_1,$$

$$\sigma_3 = -\alpha_1 - \left\{ C_{11}\,\chi + \sum_{\nu=2}^{6} C_{1\nu}\,\chi^{1-\nu} + C_{17}\ln\chi + C_{50} \right\} - 2\left\{ C_{21}\,\chi + \sum_{\nu=2}^{7} C_{2\nu}\,\chi^{1-\nu} + C_{28}\ln\chi \right\}(\Theta - 1) -$$

$$- 3\left\{ C_{31}\,\chi + \sum_{\nu=2}^{9} C_{3\nu}\,\chi^{1-\nu} + C_{310}\ln\chi \right\}(\Theta - 1)^2 + (C_{40} + C_{41}\,\chi^{-5})\,(22\,\Theta^{-23} - 23\,\Theta^{-24}) - C_{50}\ln\Theta +$$

$$+ \chi^6 \sum_{\nu=0}^{4} \{(\nu + 2)\,C_{6\nu}\,\Theta^{-3-\nu}\} - \sum_{\nu=0}^{8} \{(\nu + 1)\,C_{7\nu}\,(\Theta - 1)^\nu\}.$$

Reduzierte Enthalpie   *Reduced enthalpy,*

$$h/(p_{o1}\, v_{o1}) = \varepsilon_3 = \psi_0 + \alpha_0 + \alpha_1\,\Theta + \Theta\,\sigma_3 + \chi\,\beta_3,$$

$$\varepsilon_3 = \alpha_0 + \left\{ (C_{00} - C_{012} - C_{50}) - C_{11}\,\chi + \sum_{\nu=2}^{11} \nu\,C_{0\nu}\,\chi^{1-\nu} - \sum_{\nu=2}^{6} C_{1\nu}\,\chi^{1-\nu} + (C_{012} - C_{17})\ln\chi \right\} +$$

$$+ \left\{ (-C_{17} - C_{50}) - (C_{11} + 2C_{21})\,\chi + \sum_{\nu=2}^{6} (\nu - 1)\,C_{1\nu}\,\chi^{1-\nu} - 2\sum_{\nu=2}^{7} C_{2\nu}\,\chi^{1-\nu} - 2C_{28}\ln\chi \right\}(\Theta - 1) +$$

$$+ \left\{ -C_{28} - (2C_{21} + 3C_{31})\,\chi + \sum_{\nu=2}^{7} (\nu - 2)\,C_{2\nu}\,\chi^{1-\nu} - 3\sum_{\nu=2}^{9} C_{3\nu}\,\chi^{1-\nu} - (C_{28} + 3C_{310})\ln\chi \right\}(\Theta - 1)^2 +$$

$$+ \left\{ -C_{310} - 3C_{31}\,\chi + \sum_{\nu=2}^{9} (\nu - 3)\,C_{3\nu}\,\chi^{1-\nu} - 2C_{310}\ln\chi \right\}(\Theta - 1)^3 +$$

$$+ (23\,C_{40} + 28\,C_{41}\,\chi^{-5})\,\Theta^{-22} - (24\,C_{40} + 29\,C_{41}\,\chi^{-5})\,\Theta^{-23} + \chi^6 \sum_{\nu=0}^{4} \{(\nu - 3)\,C_{6\nu}\,\Theta^{-2-\nu}\} - \sum_{\nu=0}^{8} \{C_{7\nu}\,(1 + \nu\,\Theta)\,(\Theta - 1)^\nu\}.$$

9.4 Unterbereich 4   **9.4 Sub-region 4**

Reduzierter Druck   *Reduced pressure,*

$$p/p_{o1} = \beta_4 = \beta_3 - (\partial\,\psi_D/\partial\,\chi)_\Theta,$$

$$\beta_4 = \beta_3 + \sum_{\mu=3}^{4} \sum_{\nu=0}^{4} \nu\,D_{\mu\nu}\,y^\mu\,\chi^{-\nu-1} - y^{32} \sum_{\nu=0}^{2} \nu\,D_{5\nu}\,\chi^{\nu-1}.$$

Reduzierte Entropie   *Reduced entropy,*

$$s/(p_{o1}\, v_{o1}/T_{o1}) = \sigma_4 = \sigma_3 - (\partial\,\psi_D/\partial\,\Theta)_\chi,$$

$$\sigma_4 = \sigma_3 + \frac{\displaystyle\sum_{\mu=3}^{4} \sum_{\nu=0}^{4} \mu\,D_{\mu\nu}\,y^{\mu-1}\,\chi^{-\nu} + 32\,y^{31} \sum_{\nu=0}^{2} D_{5\nu}\,\chi^\nu}{1 - \Theta_1}.$$

Reduzierte Enthalpie   *Reduced enthalpy,*

$$h/(p_{o1}\, v_{o1}) = \varepsilon_4 = \varepsilon_3 + \psi_D + (\sigma_4 - \sigma_3)\,\Theta + (\beta_4 - \beta_3)\,\chi,$$

$$\varepsilon_4 = \varepsilon_3 + \sum_{\mu=3}^{4} \sum_{\nu=0}^{4} D_{\mu\nu}\{(1 - \mu + \nu)\,y + \mu/(1 - \Theta_1)\}\,y^{\mu-1}\,\chi^{-\nu} - y^{31} \sum_{\nu=0}^{2} D_{5\nu}\{(31 + \nu)\,y - 32/(1 - \Theta_1)\}\,\chi^\nu.$$

Beachte: In den drei abgeleiteten Ausdrücken für Unterbereich 4 ist: *Note:* In the three derived expressions for sub-region 4:

$$y = (1 - \Theta)/(1 - \Theta_1).$$

10. Zu beachtende Bemerkungen   ## 10. Cautionary notes

10.1 Diskontinuitäten an den Grenzen zwischen Sub-regionen

10.1 Discontinuities at boundaries between sub-regions

Es ist zu beachten, daß Diskontinuitäten der Eigenschaftswerte (Zustandsgrößen) an der Grenze zwischen Subregion 2 und 3 sowie an der Grenze zwischen Subregion 1 und 4 auftreten. Immerhin sind diese Diskontinuitäten für spezifisches Volumen, spezifische Enthalpie und spezifische freie Enthalpie kleiner als die auf der ersten Sitzung des IFC (Prag, 1965) empfohlenen, nicht zu überschreitenden Maximalwerte. Aber wenn Werte der spezifischen Entropie in 5 °C-Schritten ausgerechnet werden, so beträgt an vier Punkten der Grenze zwischen Subregion 2 und 3 die Diskontinuität 0,3 J/kg °K und an einem Punkt 0,4 J/kg °K im Vergleich zu dem empfohlenen Maximalwert von 0,2 J/kg °K.

Für die spezifische Wärmekapazität an der Grenze zwischen Subregion 1 und 4 überschreiten die Diskontinuitäten nicht den empfohlenen Maximalwert von 1 %,

It should be noted that there are discontinuities in property values at the boundary between sub-regions 2 and 3 and at the boundary between subregions 1 and 4. Nevertheless, for the specific volume, specific enthalpy and specific free enthalpy, the discontinuities are less than the maximum values which the First Meeting of the International Formulation Committee (Prague, 1965) recommended should not be exceeded. However, when values of the specific entropy are listed at 5-degree intervals, there are four points on the boundary between sub-regions 2 and 3 at which the discontinuity has a value of 0,3 J/kg °K, and one point having a value of 0,4 J/kg °K, compared with the recommended maximum acceptable value of 0,2 J/kg °K.

For the specific heat-capacity, the discontinuities at the boundary between sub-regions 1 and 4 do not exceed

Entropie réduite	*Entropia reducida*

$$s/(p_{c1} v_{c1}/T_{c1}) = \sigma_3 = - (\partial \psi_C/\partial \Theta)_\chi - \alpha_1,$$

$$\sigma_3 = -\alpha_1 - \left\{ C_{11}\chi + \sum_{\nu=2}^{6} C_{1\nu}\chi^{1-\nu} + C_{17}\ln\chi + C_{50} \right\} - 2 \left\{ C_{21}\chi + \sum_{\nu=2}^{7} C_{2\nu}\chi^{1-\nu} + C_{28}\ln\chi \right\} (\Theta - 1) -$$

$$- 3 \left\{ C_{31}\chi + \sum_{\nu=2}^{9} C_{3\nu}\chi^{1-\nu} + C_{310}\ln\chi \right\} (\Theta - 1)^2 + (C_{40} + C_{41}\chi^{-5})(22\,\Theta^{-23} - 23\,\Theta^{-24}) - C_{50}\ln\Theta +$$

$$+ \chi^6 \sum_{\nu=0}^{4} \{ (\nu + 2) C_{6\nu}\,\Theta^{-3-\nu} \} - \sum_{\nu=0}^{8} \{ (\nu + 1) C_{7\nu}(\Theta - 1)^\nu \}.$$

Enthalpie réduite	*Entalpia reducida*

$$h/(p_{c1} v_{c1}) = \varepsilon_3 = \psi_C + \alpha_0 + \alpha_1 \Theta + \Theta \sigma_3 + \chi \beta_3,$$

$$\varepsilon_3 = \alpha_0 + \left\{ (C_{00} - C_{012} - C_{50}) - C_{11}\chi + \sum_{\nu=2}^{11} \nu\,C_{0\nu}\chi^{1-\nu} - \sum_{\nu=2}^{6} C_{1\nu}\chi^{1-\nu} + (C_{012} - C_{17})\ln\chi \right\} +$$

$$+ \left\{ (-C_{17} - C_{50}) - (C_{11} + 2C_{21})\chi + \sum_{\nu=2}^{6} (\nu - 1) C_{1\nu}\chi^{1-\nu} - 2\sum_{\nu=2}^{7} C_{2\nu}\chi^{1-\nu} - 2C_{28}\ln\chi \right\} (\Theta - 1) +$$

$$+ \left\{ -C_{28} - (2C_{21} + 3C_{31})\chi + \sum_{\nu=2}^{7} (\nu - 2) C_{2\nu}\chi^{1-\nu} - 3\sum_{\nu=2}^{9} C_{3\nu}\chi^{1-\nu} - (C_{28} + 3C_{310})\ln\chi \right\} (\Theta - 1)^2 +$$

$$+ \left\{ -C_{310} - 3C_{31}\chi + \sum_{\nu=2}^{9} (\nu - 3) C_{3\nu}\chi^{1-\nu} - 2C_{310}\ln\chi \right\} (\Theta - 1)^3 +$$

$$+ (23C_{40} + 28C_{41}\chi^{-5})\,\Theta^{-22} - (24C_{40} + 29C_{41}\chi^{-5})\,\Theta^{-23} + \chi^6 \sum_{\nu=0}^{4} \{ (\nu - 3) C_{6\nu}\,\Theta^{-2-\nu} \} - \sum_{\nu=0}^{8} \{ C_{7\nu}(1 + \nu\,\Theta)(\Theta - 1)^\nu \}.$$

9.4 Sous-région 4	**9.4 Subzona 4**
Pression réduite	*Presión reducido*

$$p/p_{c1} = \beta_4 = \beta_3 - (\partial \psi_D/\partial \chi)_\Theta,$$

$$\beta_4 = \beta_3 + \sum_{\mu=3}^{4} \sum_{\nu=0}^{4} \nu\,D_{\mu\nu}\,y^\mu \chi^{-\nu-1} - y^{32} \sum_{\nu=0}^{2} \nu\,D_{5\nu}\,\chi^{\nu-1}.$$

Entropie réduite	*Entropia reducida*

$$s/(p_{c1} v_{c1}/T_{c1}) = \sigma_4 = \sigma_3 - (\partial \psi_D/\partial \Theta)_\chi,$$

$$\sigma_4 = \sigma_3 + \frac{\displaystyle\sum_{\mu=3}^{4} \sum_{\nu=0}^{4} \mu\,D_{\mu\nu}\,y^{\mu-1}\chi^{-\nu} + 32y^{31} \sum_{\nu=0}^{2} D_{5\nu}\,\chi^{\nu}}{1 - \Theta_1}.$$

Enthalpie réduite	*Entalpia reducida*

$$h/(p_{c1} v_{c1}) = \varepsilon_4 = \varepsilon_3 + \psi_D + (\sigma_4 - \sigma_3)\,\Theta + (\beta_4 - \beta_3)\,\chi,$$

$$\varepsilon_4 = \varepsilon_3 + \sum_{\mu=3}^{4} \sum_{\nu=0}^{4} D_{\mu\nu}\{ (1 - \mu + \nu) y + \mu/(1 - \Theta_1) \}\,y^{\mu-1}\chi^{-\nu} - y^{31} \sum_{\nu=0}^{2} D_{5\nu}\{ (31 + \nu) y - 32/(1 - \Theta_1) \}\,\chi^\nu.$$

Note: Dans les trois expressions dérivées de la sous-région 4 est	*Notar*: En las tres expresiones por subzona 4:

$$y = (1 - \Theta)/(1 - \Theta_1).$$

10. Remarques à observer	**10. Observaciones a tener en cuenta**
10.1 Discontinuités aux limites entre sous-régions	**10.1 Discontinuidades en las curvas límites entre las subzonas**

Il faut tenir compte du fait que discontinuités des valeurs des propriétés (variables d'état) se présentent à la limite entre les sous-régions 2 et 3 ainsi qu'à la limite entre les sous-régions 1 et 4. Ces discontinuités pour le volume spécifique, l'enthalpie spécifique et l'enthalpie libre spécifique sont plus petit es que les valeurs maximales recommandées à la première séance de l'IFC (Prague, 1963) et ne doivent pas être dépassées. Si, cependant, des valeurs de l'entropie spécifique sont calculées par pas de 5 °C, la discontinuité, à quatre points de la limite entre les sous-régions 2 et 3, s'élève à 0,3 J/kg °K et, à un point, elle s'élève à 0,4 J/kg °K, par rapport à la valeur maximale recommandée de 0,2 J/kg °K.

Pour la chaleur spécifique à la limite entre les sous-régions 1 et 4, les discontinuités ne dépassent pas la

Hay que tener en cuenta que se presentan discontinuidades de las magnitudes de estado en los límites entre las subregiones 2 y 3, así como entre las subregiones 1 y 4. De todos modos, estas discontnuidades relativas al volumen específico, entalpía específica y entalpía específica libre se considerarán como los valores máximos recomendados en la primera reunión del IFC (Praga, 1963) que no deben ser sobrepasados. Sin embargo, si los valores de entropía específica se calculan a intervalos de 5 °C, la discontinuidad asciende a 0,3 J/kg °K, en cuatro puntos de la curva límite entre las subzonas 2 y 3, y a 0,4 J/kg °K, en un punto, en comparación con el valor máximo recomendado de 0,2 J/kg °K.

En lo que se refiere a la capacidad calorífica específica en el límite entre las subzonas 1 y 4, las disconti-

aber an der Grenze zwischen Subregion 2 und 3 sind sie im allgemeinen größer als 1 %, wobei ihr größter Wert 6,5 % ist. Aber in diesem Gebiet in der Nähe des kritischen Punktes sind auch die Messungen recht unsicher.

Die Größe dieser Diskontinuitäten ist aber ohne Bedeutung für industrielle Anwendungen.

10.2 Bei der numerischen Rechnung zu beachten

Die Kenntnis der Technik der numerischen Analysis wird bei den Benutzern dieser Formulation als bekannt vorausgesetzt. Zwei Punkte sollten aber erwähnt werden:

(1) Es ist evident, daß man, um genügend genaue Werte bei der numerischen Inversion in Subregion 3 und 4 zu erhalten, die Unsicherheit von Druck und Volumen oder beide in angemessener Weise beachten muß. Wenn der Fehler des Druckes allein berücksichtigt wird, muß man sehr scharfe Bedingungen einhalten (möglicherweise bis zu 1 auf 10^6 und in der Nähe des kritischen Punktes noch mehr).

(2) Es ist auch zu beachten, daß Fehler beim Rechnen mit endlichen Differenzen auftreten können, wenn die Intervalle zu klein gewählt werden.

the recommended maximum value of 1 %, but at the boundary between sub-regions 2 and 3 they are in general in excess of 1 %, the greatest discontinuity being 6,5 %. However, in this area near the critical point measurements are rather uncertain.

The magnitudes of these discontinuities are not significant industrially.

10.2 Precautions to be observed in numerical computation

The precautions and techniques of numerical analysis will be well known to users of this formulation. Two points, however, warrant comment.

(1) it will be clearly evident that, in order to attain an adequately precise result from numerical inversion in sub-regions 3 and 4, it is necessary to control the pressure error or the volume error, or both, within appropriate bounds. When pressure alone is controlled, very severe conditions must be imposed (possibly as fine as 1 part in 10^6 or, near the critical point, much finer).

(2) Note should be taken of the fact that errors may arise if finite-difference techniques be used with too small an interval.

II. Gleichungen für dynamische Viskosität und Wärmeleitfähigkeit

II. Equations for Dynamic Viscosity and Thermal Conductivity

Die *dynamische Viskosität* η läßt sich innerhalb der Toleranzen der Rahmentafel 1964 (S. 150) durch die folgenden vier international vereinbarten Gln. (1), (2), (3) und (4) darstellen, deren Geltungsbereich Fig. 1 zeigt (S. 190). Der Bereich *I* gilt für Druckwasser, die Bereiche *II* und *III* für überhitzten Dampf, wobei in *II* die Viskosität bei

The *dynamic viscosity* η within the tolerances of the skeleton tables 1964 (p. 150) can be represented by the following four international agreed eqs. (1), (2), (3) and (4) of which the regions of validity are given in Fig. 1 (p. 190). Region *I* relates to pressurized water. The regions *II* and *III* cover superheated steam, where in *II* the viscosity of

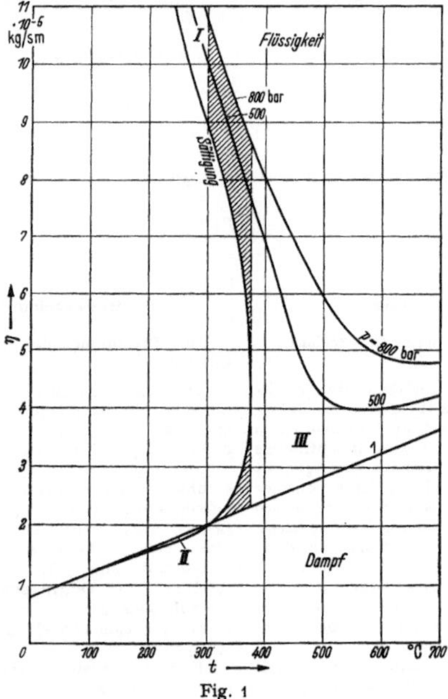

Fig. 1

valeur maximale recommandée de 1 %, mais à la limite entre les sous-régions 2 et 3, elles sont généralement supérieures à 1 %, leur valeur maximale étant de 6,5 %. Dans cette zone cependant, à proximité du point critique, les mesures sont également peu sûres.

La grandeur de ces discontinuités est cependant sans importance pour les applications industrielles.

10.2 A observer lors du calcul numérique

Il est supposé que ceux qui emploient cette formulation connaissent bien la technique de l'analyse numérique. Cependant, il faut mentionner les deux points suivants:

(1) Il est évident que, pour obtenir, lors de l'inversion numérique, des valeurs suffisamment précises dans les sous-régions 3 et 4, il faut tenir compte de façon appropriée de l'incertitude de la pression ou du volume, ou des deux. Si l'on tient compte uniquement de l'erreur de la pression, il faut satisfaire à des conditions très rigoureuses (le cas échéant, jusqu'à 1 sur 10^6 et, à proximité du point critique, encore davantage).

(2) Il faut aussi tenir compte du fait que des erreurs peuvent se produire lors du calcul avec différences finies si les intervalles sont choisis trop petits.

nuidades no sobrepasan el valor máximo recomendado del 1 %, siendo sin embargo, por lo general, superiores a dicho valor en la curva que separa las subregiones 2 y 3, donde llega a alcanzar un valor máximo del 6,5 %. No obstante, en esta zona, próxima al punto crítico, las medidas son también muy inseguras.

La magnitud de estas discontinuidades carece, sin embargo, de importancia en la aplicación industriales.

10.2 A tener en cuenta en los cálculos numéricos

Se da por supuesto que quien use este sistema de fórmulas conoce la técnica del análisis matemático. Sin embargo, conviene hacer dos aclaraciones:

(1) Es evidente que, para obtener valores suficientemente exactos en la inversión numérica dentro de las subregiones 3 y 4, hay que tener en cuenta en forma adecuada la inseguridad de la presión y del volumen, o de ambos. Si se considera solo el error de la presión, habrá que atenerse a condiciones muy estrictas (posiblemente del orden de 1 entre 10^6, y en las proximidades de punto crítico, aún más).

(2) Habrá que tener presente también que pueden surgir errores al operar con diferencias de finidas, si se han elegido intervalos demasiado pequeños.

II. Equations pour la viscosité dynamique et la conductivité thermique

La *viscosité dynamique* η peut être représentée, à l'intérieur des tolérances de la table-cadre (p. 150), par quatre équations qui ont fait l'objet d'un accord international et dont les zones d'application sont montrées par la fig. 1 (p. 190). La zone *I* est valable pour l'eau sous pression, les zones *II* et *III* sont valables pour la vapeur sur-

II. Ecuaciones relativas a la viscosidad dinámica y la conductibilidad térmica

La *viscosidad dinámica* η se puede representar, dentro de las tolerancias de las tablas básicas (p. 150), por medio de cuatro ecuaciones aceptadas internacionalmente, cuyas zonas de validez pueden apreciarse en la figura 1 (p. 190). La zona *I* es válida para el agua a presión, las zonas *II* y *III*, para el vapor recalentado, disminuyendo la

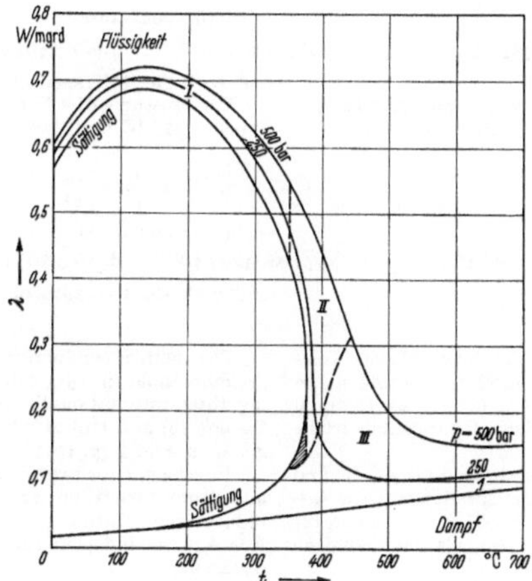

Fig. 2

konstanter Temperatur mit steigendem Druck abnimmt $[(\partial\eta/\partial p)_T < 0]$, in *III* mit steigendem Druck zunimmt $[(\partial\eta/\partial p)_T > 0]$. Für den in Fig. 1 schraffierten Bereich wurde bisher noch keine Gleichung aufgestellt. Als unabhängige Veränderliche sind gewählt die auf den kritischen Wert T_c reduzierte Temperatur $\Theta = T/T_c$, der auf den kritischen Druck p_c reduzierte Druck $\beta = p/p_c$ und das auf den kritischen Wert v_c reduzierte spezifische Volumen $\chi = v/v_c$. Im Sättigungszustand gilt die Bezeichnung Θ_s und β_s.

Im Bereich *I* für Druckwasser von 0 bis 300 °C und vom Sättigungsdruck β_s bis 800 bar gilt

constant temperature decreases with rising pressure $[(\partial\eta/\partial p)_T < 0]$ and in *III* increases $[(\partial\eta/\partial p)_T > 0]$. For the hatched region of Fig. 1 up to now no equation has been given. Independant variables are the reduced temperature $\Theta = T/T_c$, the reduced pressure $\beta = p/p_c$, and the reduced specific volume $\chi = v/v_c$, where the index c denotes the critical state. In state of saturation Θ_s and β_s are used.

In region *I* for pressurized water of 0 to 300 °C and from saturation pressure until 800 bar the international agreed equation reads

$$\frac{\eta}{10^{-7}\,\text{kg/s m}} = a_1 \cdot 10^{\frac{a_2}{\Theta - a_3}} [1 + (\beta - \beta_s)\, a_4\,(\Theta - a_5)] \tag{1}$$

mit den Konstanten   with the constants

$$a_1 = 2{,}414\,000\,000 \cdot 10^2, \qquad a_3 = 2{,}162\,830\,218 \cdot 10^{-1}, \qquad a_5 = 4{,}711\,880\,117 \cdot 10^{-1}$$

$$a_2 = 3{,}828\,209\,486 \cdot 10^{-1}, \qquad a_4 = 1{,}498\,693\,949 \cdot 10^{-1},$$

und mit Toleranzen von

$\pm 2{,}5\%$ bei Sättigung

$\pm 2{,}5\%$ für   1 bar $\leqq p \leqq 350$ bar

und $\pm 4\%$ für 350 bar $< p \leqq 800$ bar.

and with tolerances of

$\pm 2{,}5\%$ in state of saturation

$\pm 2{,}5\%$ for   1 bar $\leqq p \leqq 350$ bar

and $\pm 4\%$ for 350 bar $< p \leqq 800$ bar.

Für überhitzten Dampf bei $p = 1$ bar und Temperaturen von 100 bis 300 °C, also an den Grenzen der Bereiche *II* und *III* nach Fig. 1, gilt die international vereinbarte Gleichung

For superheated steam at $p = 1$ bar and temperatures of 100 °C until 300 °C that is at the limites of region *II* and *III* in Fig. 1 the internationally agreed equation reads

$$\frac{\eta_1}{10^{-7}\,\text{kg/s m}} = b_1 (\Theta - b_2) + b_3 \tag{2}$$

mit den Konstanten   with the constants

$$b_1 = 2{,}634\,511\,000 \cdot 10^2, \qquad b_2 = 4{,}219\,836\,243 \cdot 10^{-1}, \qquad b_3 = 8{,}040\,000\,000 \cdot 10^1$$

und mit den Toleranzen von

$\pm 1\%$ für 100 °C $\leqq t \leqq 300$ °C

$\pm 3\%$ für 300 °C $\leqq t \leqq 700$ °C.

and with the tolerances of

$\pm 1\%$ for 100 °C $\leqq t \leqq 300$ °C

$\pm 3\%$ for 300 °C $< t \leqq 700$ °C.

Für Drücke von 1 bar bis zum Sättigungsdruck und Temperaturen von 100 bis 300 °C gilt im Bereich *II* nach Fig. 1 und mit η_1 nach Gl. (2)

For pressures from 1 bar until saturation pressure and temperatures of 100 °C until 300 °C in region *II* of Fig. 1 and η_1 taken from eq. (2) are given by

$$\frac{\eta}{10^{-7}\,\text{kg/s m}} = \frac{\eta_1}{10^{-7}\,\text{kg/s m}} - \frac{1}{\chi} [c_1 - c_2 (\Theta - c_3)] \tag{3}$$

mit den Konstanten   with the constants

$$c_1 = 5{,}861\,198\,738 \cdot 10^2, \qquad c_2 = 1{,}204\,753\,943 \cdot 10^3, \qquad c_3 = 4{,}219\,836\,243 \cdot 10^{-1}.$$

und der Toleranz $\pm 1\%$.

Für Drücke von 1 bar bis 800 bar und für Temperaturen von 375 bis 800 °C mit η_1 nach Gl. (2) gilt

and with the tolerance of $\pm 1\%$.

For pressures of 1 bar until 800 bar and for temperatures of 375 °C until 800 °C, and with η_1 of eq. (2) is

$$\frac{\eta}{10^{-7}\,\text{kg/s m}} = \frac{\eta_1}{10^{-7}\,\text{kg/s m}} + \frac{d_1}{\chi} + \frac{d_2}{\chi^2} + \frac{d_3}{\chi^3} \tag{4}$$

mit den Konstanten   with the constants

$$d_1 = 1{,}113\,564\,669 \cdot 10^2, \qquad d_2 = 6{,}732\,080\,129 \cdot 10^1, \qquad d_3 = 3{,}205\,147\,019 \cdot 10^0.$$

und der Toleranz ± 4.

and with the tolerance of $\pm 4\%$.

Die *Wärmeleitfähigkeit* λ läßt sich innerhalb der Toleranzen der Rahmentafel (S. 151) durch die folgenden drei international vereinbarten Gln. (5), (6), (7) sowie durch die Gln. (8) und (10) darstellen, deren Gültigkeitsbereiche Fig. 2 (S. 191) zeigt.

Im Bereich *I* des Druckwassers von 0 bis 350 °C und vom Sättigungsdruck bis 500 bar mit den auf die kritischen Daten reduzierten Werten der Temperatur $\Theta = T/T_c$ und des Druckes $\beta = p/p_c$ als unabhängigen Veränderlichen gilt die Gleichung

The thermal conductivity λ within the tolerances of the skeleton table (p. 151) can be represented by the following three internationally agreed eqs. (5), (6), (7) and by the eqs. (8) and (10) of which the regions of validity are given in Fig. 2 (p. 191).

In region *I* for pressurized water of 0 °C until 350 °C and from saturation pressure until 500 bar with the reduced temperature $\Theta = T/T_c$ and the reduced pressure $\beta = p/p_c$ as independant variables λ is given by the equation

$$\frac{\lambda}{\text{W/m grd}} = \sum_{\nu=0}^{\nu=4} a_\nu\, \Theta^\nu + (\beta - \beta_s) \sum_{\nu=0}^{\nu=3} b_\nu\, \Theta^\nu + (\beta - \beta_s)^2 \sum_{\nu=0}^{\nu=3} c_\nu\, \Theta^\nu \tag{5}$$

chauffée; dans la zone *II*, la viscosité, à une température constante, diminue avec l'augmentation de la pression $[(\partial\eta/\partial p)_T < 0]$ dans la zone *III*, elle augmente avec l'augmentation de la pression $[(\partial\eta/\partial p)_T > 0]$. Pour la zone hachurée de la fig. 1, on n'a pas encore établi d'équation. On a choisi, en tant que variables indépendantes, la température $\Theta = T/T_o$ réduite à la valeur critique T_o, la pression $\beta = p/p_o$ réduite à la pression critique p_o et le volume spécifique $\chi = v/v_o$ réduit à la valeur critique v_o. Pour l'état de saturation, on emploie les désignations Θ_s et β_s.

Dans la zone *I* pour l'eau sous pression, de 0 à 300 °C et de la pression de saturation β_s jusqu'à 800 bar, on a

viscosidad en la zona *II*, a temperatura constante, y a medida que aumenta la presión $[(\partial\eta/\partial p)_T < 0]$, mientras que en la zona *III* crece a medida que se incrementa la presión $[(\partial\eta/\partial p)_T > 0]$. Para la zona rayada en la figura 1 no se ha establecido hasta ahora ninguna ecuación. Como variables independientes se han elegido la temperatura $\Theta = T/T_c$, reducida al valor crítico T_c, la presión $\beta = p/p_c$, reducida a la presión crítica p_c, y el volumen específico $\chi = v/v_c$, reducido al valor crítico v_c. En el estado de saturación se utilizan las designaciones Θ_s y β_s.

En la zona *I*, para el agua a presión, desde 0 a 300 °C y desde la presión de saturación β_s hasta 800 bar, se verifica que

$$\frac{\eta}{10^{-7}\,\text{kg/s m}} = a_1 \cdot 10^{\frac{a_4}{\Theta - a_3}} \left[1 + (\beta - \beta_s)\, a_4\,(\Theta - a_5)\right] \tag{1}$$

avec les constantes

con las constantes

$$a_1 = 2{,}414\,000\,000 \cdot 10^2, \qquad a_3 = 2{,}162\,830\,218 \cdot 10^{-1}, \qquad a_5 = 4{,}711\,880\,117 \cdot 10^{-1}$$
$$a_2 = 3{,}828\,209\,486 \cdot 10^{-1}, \qquad a_4 = 1{,}498\,693\,949 \cdot 10^{-1},$$

et les tolérances

de $\pm 2{,}5\%$ pour l'état de saturation

de $\pm 2{,}5\%$ pour   1 bar $\leqq p \leqq$ 350 bar et

de $\pm 4\%$ pour 350 bar $< p \leqq$ 800 bar.

y con tolerancias

de $\pm 2{,}5\%$ en el estado de saturación

de $\pm 2{,}5\%$ para   1 bar $\leqq p \leqq$ 350 bar y

de $\pm 4\%$ para 350 bar $< p \leqq$ 800 bar.

Pour la vapeur surchauffée, à $p = 1$ bar et à des températures de 100 à 300 °C, donc aux limites des zones *II* et *III* suivant fig. 1, on a l'équation qui a fait l'objet d'un accord international

Para el vapor recalentado, a la presión de $p = 1$ bar y temperaturas comprendidas entre 100 y 300 °C, es decir, en los límites de las zonas *II* y *III* de acuerdo con la figura 1, rige la siguiente ecuación, aceptada internacionalmente:

$$\frac{\eta_1}{10^{-7}\,\text{kg/s m}} = b_1\,(\Theta - b_2) + b_3 \tag{2}$$

avec les constantes

con las constantes

$$b_1 = 2{,}634\,511\,000 \cdot 10^2, \qquad b_2 = 4{,}219\,836\,243 \cdot 10^{-1}, \qquad b_3 = 8{,}040\,000\,000 \cdot 10^1$$

et avec les tolérances de

$\pm 1\%$ pour 100 °C $\leqq t \leqq$ 300 °C

$\pm 3\%$ pour 300 °C $< t \leqq$ 700 °C.

y con las tolerancias de

$\pm 1\%$ para 100 °C $\leqq t \leqq$ 300 °C

$\pm 3\%$ para 300 °C $< t \leqq$ 700 °C.

Pour pressions de 1 bar jusqu'à la pression de saturation et pour températures de 100 à 300 °C, on a, dans la zone *II* suivant fig. 1 et avec η_1 selon l'équation (2)

Con presiones a partir de 1 bar hasta la de saturación, temperaturas comprendidas entre 100 y 300 °C, y con η de acuerdo con la ecuación (2), en la zona *II* según la figura 1 se cumple:

$$\frac{\eta}{10^{-7}\,\text{kg/s m}} = \frac{\eta_1}{10^{-7}\,\text{kg/s m}} - \frac{1}{\chi}\left[c_1 - c_2\,(\Theta - c_3)\right] \tag{3}$$

avec les constantes

con las constantes

$$c_1 = 5{,}861\,198\,738 \cdot 10^2, \qquad c_2 = 1{,}204\,753\,943 \cdot 10^3, \qquad c_3 = 4{,}219\,836\,243 \cdot 10^{-1}.$$

et la tolérance de $\pm 1\%$.

Pour pressions de 1 bar à 800 bar et pour températures de 375 à 800 °C, avec η_1 selon l'équation (2), on a

y con la tolerancia de $\pm 1\%$.

Para presiones de 1 a 800 bar y temperaturas comprendidas entre 375 y 800 °C, con η_1 según la ecuación (2) se cumple

$$\frac{\eta}{10^{-7}\,\text{kg/s m}} = \frac{\eta_1}{10^{-7}\,\text{kg/s m}} + \frac{d_1}{\chi} + \frac{d_2}{\chi^2} + \frac{d_3}{\chi^3} \tag{4}$$

avec les constantes

con las constantes

$$d_1 = 1{,}113\,564\,669 \cdot 10^2, \qquad d_2 = 6{,}732\,080\,129 \cdot 10^1, \qquad d_3 = 3{,}205\,147\,019 \cdot 10^0.$$

et la tolérance de $\pm 4\%$.

y con la tolerancia de $\pm 4\%$.

La *conductivité thermique* λ peut être représentée, à l'intérieur des tolérances de la table-cadre (p. 151), par trois équations (5), (6), (7), qui ont fait l'objet d'un accord international, et par les équations (8) et (10) dont les zones d'application sont montrées par la fig. 2 (p. 191).

Dans la zone *I* de l'eau sous pression, de 0 à 350 °C et de la pression de saturation jusqu'à 500 bar, avec les valeurs réduites aux caractéristiques critiques de la température $\Theta = T/T_o$ et de la pression $\beta = p/p_o$ en tant que variables indépendantes, on a l'équation

La *conductibilidad* térmica λ se puede representar, dentro de las tolerancias de la tabla básica (p. 151), por tres ecuaciones (5), (6), (7) aceptadas internacionalmente y por las ecuaciones (8) y (10), cuyas zonas de validez da a conocer la figura 2 (p. 191).

En la zona *I*, correspondiente al agua a presión, a temperaturas comprendidas entre 0 a 350 °C y desde la presión de saturación hasta 500 bar, tomando como variables independientes la temperatura $\Theta = T/T_c$ y la presión $\beta = p/p_c$, reducidas a los valores críticos, se verifica la siguiente ecuación

$$\frac{\lambda}{\text{W/m grd}} = \sum_{\nu=0}^{\nu=4} a_\nu\, \Theta^\nu + (\beta - \beta_s) \sum_{\nu=0}^{\nu=3} b_\nu\, \Theta^\nu + (\beta - \beta_s)^2 \sum_{\nu=0}^{\nu=3} c_\nu\, \Theta^\nu \tag{5}$$

mit den Konstanten

with the constants

$$a_0 = -9{,}224\,700\,000 \cdot 10^{-1} \qquad b_0 = -2{,}095\,427\,600 \cdot 10^{-1} \qquad c_0 = 8{,}104\,183\,147 \cdot 10^{-2}$$

$$a_1 = 6{,}728\,934\,102 \cdot 10^{0} \qquad b_1 = 1{,}320\,227\,345 \cdot 10^{0} \qquad c_1 = -4{,}513\,858\,027 \cdot 10^{-1}$$

$$a_2 = -1{,}011\,230\,521 \cdot 10^{1} \qquad b_2 = -2{,}485\,904\,388 \cdot 10^{0} \qquad c_2 = 8{,}057\,261\,332 \cdot 10^{-1}$$

$$a_3 = 6{,}996\,953\,832 \cdot 10^{0} \qquad b_3 = 1{,}517\,081\,933 \cdot 10^{0} \qquad c_3 = -4{,}668\,315\,566 \cdot 10^{-1}$$

$$a_4 = -2{,}316\,062\,510 \cdot 10^{0}$$

Die Toleranz beträgt:

The tolerance is:

$$\pm 2\% \text{ für } \quad 0\,°C \leqq t \leqq 300\,°C,$$

$$\pm 5\% \text{ für } 300\,°C < t \leqq 350\,°C.$$

$$\pm 2\% \text{ for } \quad 0\,°C \leqq t \leqq 300\,°C,$$

$$\pm 5\% \text{ for } 300\,°C < t \leqq 350\,°C.$$

Für überhitzten Wasserdampf von 1 bar und bei Temperaturen von 100 bis 700 °C gilt für die hier mit λ_1 bezeichnete Wärmeleitfähigkeit

For superheated steam of 1 bar and temperatures of 100 °C until 700 °C the thermal conductivity λ_1 is

$$\frac{\lambda_1}{10^{-3}\,\text{W/m grd}} = 17{,}6 + 5{,}87 \cdot 10^{-2} \left(\frac{t}{°C}\right) + 1{,}04 \cdot 10^{-4} \left(\frac{t}{°C}\right)^2 - 4{,}51 \cdot 10^{-8} \left(\frac{t}{°C}\right)^3 \tag{6}$$

mit Toleranzen von $\pm 3\%$ für 100 °C $\leqq t \leqq$ 400 °C und von $\pm 4\%$ für 400 °C $< t \leqq$ 700 °C.

with tolerances of $\pm 3\%$ for 100 °C $\leqq t \leqq$ 400 °C and of $\pm 4\%$ for 400 °C $< t \leqq$ 700 °C.

Für Drücke $p > 1$ bar ist zu Gl. (6) ein von Temperatur t und Dichte ϱ abhängiges Doppelpolynom zu addieren. Damit gilt in den Bereichen

For pressure $p > 1$ bar a twofold polynom depending on temperature t and density ϱ has to be added to eq. (6). In this way in the regions

$$1 \text{ bar} < p \leqq 175 \text{ bar}: \quad t_s \leqq t \leqq 700\,°C$$

$$175 \text{ bar} < p \leqq 225 \text{ bar}: \quad 400\,°C \leqq t \leqq 700\,°C$$

$$225 \text{ bar} < p \leqq 275 \text{ bar}: \quad 425\,°C \leqq t \leqq 700\,°C$$

$$275 \text{ bar} < p \leqq 350 \text{ bar}: \quad 450\,°C \leqq t \leqq 700\,°C$$

$$350 \text{ bar} < p \leqq 450 \text{ bar}: \quad 500\,°C \leqq t \leqq 700\,°C$$

$$450 \text{ bar} < p \leqq 500 \text{ bar}: \quad 550\,°C \leqq t \leqq 700\,°C$$

für die Wärmeleitfähigkeit λ des überhitzten Dampfes

the thermal conductivity λ of superheated steam with λ_1 from eq. (6) is given by

$$\frac{\lambda - \lambda_1}{10^{-3}\,\text{W/m grd}} = \left[103{,}51 + 0{,}4198 \left(\frac{t}{°C}\right) - 2{,}771 \cdot 10^{-5} \left(\frac{t}{°C}\right)^2\right] \left(\frac{\varrho}{\text{g/cm}^3}\right) + \frac{2{,}1482 \cdot 10^{14}}{\left(\frac{t}{°C}\right)^{4{,}20}} \left(\frac{\varrho}{\text{g/cm}^3}\right)^2, \tag{7}$$

wobei λ_1 aus Gl. (6) zu berechnen ist. Die Toleranz erreicht hier $\pm 6\%$. Die Gl. (7) darf nicht bis zur Sättigungslinie extrapoliert werden, da sie selbst bei geringer Überschreitung der oben angegebenen Gültigkeitsbereiche falsche Werte liefert.

In den Bereichen II und III von Fig. 2 lassen sich auch die folgenden, international aber noch nicht angenommenen Gleichungen verwenden:

Für den kritischen Bereich II handelt es sich um die λ implizit enthaltende Gleichung

The tolerance is here $\pm 6\%$. The eq. (7) cannot be extrapolated until saturation line because already small exceeding of the above limites of validity produce wrong values

In the regions II and III of Fig. 2 also the following not yet internationally agreed equations are applicable:

For the critical region II it is the equation containing λ implicitly

$$\Theta = \sum_{\nu=0}^{\nu=8} a_\nu \left(\frac{\lambda}{\text{W/m grd}}\right)^\nu + (\beta - c_0) \sum_{\nu=0}^{\nu=8} b_\nu \left(\frac{\lambda}{\text{W/m grd}}\right)^\nu, \tag{8}$$

die aus der Beobachtung hervorgeht, daß die Linien $\lambda = $ const in der p, t-Ebene im kritischen Gebiet nahezu geradlinig verlaufen.

Die Konstanten von Gl. (8) haben folgende Werte

and resulting from the observation that the curves $\lambda = $ const in the p, t-planeare almost straight lines.

The constants of eq. (8) have the following values

$$a_0 = 1{,}365\,350\,409 \cdot 10^{0} \qquad b_0 = 1{,}514\,476\,538 \cdot 10^{0}$$

$$a_1 = -4{,}802\,941\,449 \cdot 10^{0} \qquad b_1 = -1{,}958\,487\,269 \cdot 10^{1}$$

$$a_2 = 2{,}360\,292\,291 \cdot 10^{1} \qquad b_2 = 1{,}136\,782\,784 \cdot 10^{2}$$

$$a_3 = -5{,}144\,066\,584 \cdot 10^{1} \qquad b_3 = -3{,}270\,035\,653 \cdot 10^{2}$$

$$a_4 = 3{,}886\,072\,609 \cdot 10^{1} \qquad b_4 = 3{,}973\,645\,617 \cdot 10^{2}$$

$$a_5 = 3{,}347\,617\,334 \cdot 10^{1} \qquad b_5 = 9{,}682\,365\,169 \cdot 10^{1}$$

$$a_6 = -1{,}010\,369\,288 \cdot 10^{2} \qquad b_6 = -7{,}030\,682\,926 \cdot 10^{2}$$

$$a_7 = 1{,}012\,258\,396 \cdot 10^{2} \qquad b_7 = 5{,}429\,942\,625 \cdot 10^{2}$$

$$a_8 = -4{,}569\,066\,893 \cdot 10^{1} \qquad b_8 = -8{,}566\,878\,481 \cdot 10^{1}$$

$$c_0 = 1{,}017\,179\,024 \cdot 10^{0}$$

Die Toleranz beträgt $\pm 10\%$.

The tolerance is $\pm 10\%$.

avec les constantes   con las constantes

$$a_0 = -9{,}224\,700\,000 \cdot 10^{-1} \qquad b_0 = -2{,}095\,427\,600 \cdot 10^{-1} \qquad c_0 = 8{,}104\,183\,147 \cdot 10^{-2}$$
$$a_1 = 6{,}728\,934\,102 \cdot 10^{0} \qquad b_1 = 1{,}320\,227\,345 \cdot 10^{0} \qquad c_1 = -4{,}513\,858\,027 \cdot 10^{-1}$$
$$a_2 = -1{,}011\,230\,521 \cdot 10^{1} \qquad b_2 = -2{,}485\,904\,388 \cdot 10^{0} \qquad c_2 = 8{,}057\,261\,332 \cdot 10^{-1}$$
$$a_3 = 6{,}996\,953\,832 \cdot 10^{0} \qquad b_3 = 1{,}517\,081\,933 \cdot 10^{0} \qquad c_3 = -4{,}668\,315\,566 \cdot 10^{-1}$$
$$a_4 = -2{,}316\,062\,510 \cdot 10^{0}$$

La tolérance est de:

$$\pm 2\% \text{ pour } \quad 0\ ^\circ\text{C} \leqq t \leqq 300\ ^\circ\text{C},$$
$$\pm 5\% \text{ pour } 300\ ^\circ\text{C} < t \leqq 350\ ^\circ\text{C}.$$

Pour la vapeur surchauffée, à 1 bar et à des températures de 100 à 700 °C, on a, pour la conductivité thermique désignée ici par λ_1

La tolerancia es de

$$\pm 2\% \text{ para } \quad 0\ ^\circ\text{C} \leqq t \leqq 300\ ^\circ\text{C},$$
$$\pm 5\% \text{ para } 300\ ^\circ\text{C} < t \leqq 350\ ^\circ\text{C}.$$

Tratándose del vapor de agua recalentado, desde 1 atmósfera, y a temperaturas comprendidas entre 100 y 700 °C, para la conductibilidad térmica, designada en este caso λ_1, se cumple

$$\frac{\lambda_1}{10^{-3}\,\text{W/m grd}} = 17{,}6 + 5{,}87 \cdot 10^{-2}\left(\frac{t}{^\circ\text{C}}\right) + 1{,}04 \cdot 10^{-4}\left(\frac{t}{^\circ\text{C}}\right)^2 - 4{,}51 \cdot 10^{-8}\left(\frac{t}{^\circ\text{C}}\right)^3 \tag{6}$$

avec des tolérances de $\pm 3\%$ pour $100\ ^\circ\text{C} \leqq t \leqq 400\ ^\circ\text{C}$ et de $\pm 4\%$ pour $400\ ^\circ\text{C} < t \leqq 700\ ^\circ\text{C}$

con tolerancias de $\pm 3\%$ para $100\ ^\circ\text{C} \leqq t \leqq 400\ ^\circ\text{C}$ y de $\pm 4\%$ para $400\ ^\circ\text{C} < t \leqq 700\ ^\circ\text{C}$.

Pour pressions $p > 1$ bar, il faut additionner à l'équation (6) un polynôme double dépendant de la température t et de la masse volumique ϱ. Ainsi, on a, dans les zones

A presiones $p > 1$ bar hay que añadir a la ecuación (6) un doble polinomio dependiente de la temperatura t y de la densidad ϱ. Con ello, en las zonas

$$1 \text{ bar } < p \leqq 175 \text{ bar:} \qquad t_s \leqq t \leqq 700\ ^\circ\text{C}$$
$$175 \text{ bar } < p \leqq 225 \text{ bar: } 400\ ^\circ\text{C} \leqq t \leqq 700\ ^\circ\text{C}$$
$$225 \text{ bar } < p \leqq 275 \text{ bar: } 425\ ^\circ\text{C} \leqq t \leqq 700\ ^\circ\text{C}$$
$$275 \text{ bar } < p \leqq 350 \text{ bar: } 450\ ^\circ\text{C} \leqq t \leqq 700\ ^\circ\text{C}$$
$$350 \text{ bar } < p \leqq 450 \text{ bar: } 500\ ^\circ\text{C} \leqq t \leqq 700\ ^\circ\text{C}$$
$$450 \text{ bar } < p \leqq 500 \text{ bar: } 550\ ^\circ\text{C} \leqq t \leqq 700\ ^\circ\text{C}$$

pour la conductivité thermique de la vapeur surchauffée

se verifica para la conductibilidad térmica del vapor recalentado

$$\frac{\lambda - \lambda_1}{10^{-3}\,\text{W/m grd}} = \left[103{,}51 + 0{,}4198\left(\frac{t}{^\circ\text{C}}\right) - 2{,}771 \cdot 10^{-5}\left(\frac{t}{^\circ\text{C}}\right)^2\right]\left(\frac{\varrho}{\text{g/cm}^3}\right) + \frac{2{,}1482 \cdot 10^{14}}{\left(\frac{t}{^\circ\text{C}}\right)^{4{,}20}}\left(\frac{\varrho}{\text{g/cm}^3}\right)^2, \tag{7}$$

λ_1 devant être calculé à partir de l'équation (6). La tolérance atteint ici $\pm 6\%$. L'équation (7) ne doit pas être extrapolée jusqu'à la ligne de saturation car elle fournit des valeurs erronées même en cas de faible dépassement des zones d'application indiquées plus haut.

Dans les zones *II* et *III* de la fig. 2, on peut aussi utiliser les équations suivantes qui, cependant, ne sont pas encore reconnues sur le plan international:

Pour la zone critique *II*, il s'agit de l'équation, contenant implicitement,

en donde λ_1 se calculará de la ecuación (6). La tolerancia asciende en este caso a $\pm 6\%$. No es admisible extrapolar la ecuación (7) hasta la curva de saturación, puesto que proporciona valores erróneos al sobrepasar ligeramente las zonas de validez antes indicadas.

En las zonas *II* y *III* de la figura 2 se pueden utilizar también las ecuaciones indicadas a continuación que, sin embargo, no han sido aún aceptadas internacionalmente:

Se trata para la zona crítica *II*, de la ecuación en forma implícita

$$\Theta = \sum_{\nu=0}^{\nu=8} a_\nu \left(\frac{\lambda}{\text{W/m grd}}\right)^\nu + (\beta - c_0)\sum_{\nu=0}^{\nu=8} b_\nu \left(\frac{\lambda}{\text{W/m grd}}\right)^\nu, \tag{8}$$

qui résulte de l'observation que les lignes $\lambda = $ const, dans le plan p, t ont une allure presque rectiligne dans la zone critique.

Les constantes de l'équation (8) ont les valeurs suivantes

la cual se deduce al observar que las líneas $\lambda = $ const representadas en el plano p, t tienen un trazado prácticamente recto dentro de la zona crítica.

Las constantes de la ecuación (8) tienen los siguientes valores

$$a_0 = 1{,}365\,350\,409 \cdot 10^{0} \qquad b_0 = 1{,}514\,476\,538 \cdot 10^{0}$$
$$a_1 = -4{,}802\,941\,449 \cdot 10^{0} \qquad b_1 = -1{,}958\,487\,269 \cdot 10^{1}$$
$$a_2 = 2{,}360\,292\,291 \cdot 10^{1} \qquad b_2 = 1{,}136\,782\,784 \cdot 10^{2}$$
$$a_3 = -5{,}144\,066\,584 \cdot 10^{1} \qquad b_3 = -3{,}270\,035\,653 \cdot 10^{2}$$
$$a_4 = 3{,}886\,072\,609 \cdot 10^{1} \qquad b_4 = 3{,}973\,645\,617 \cdot 10^{2}$$
$$a_5 = 3{,}347\,617\,334 \cdot 10^{1} \qquad b_5 = 9{,}682\,365\,169 \cdot 10^{1}$$
$$a_6 = -1{,}010\,369\,288 \cdot 10^{2} \qquad b_6 = -7{,}030\,682\,926 \cdot 10^{2}$$
$$a_7 = 1{,}012\,258\,396 \cdot 10^{2} \qquad b_7 = 5{,}429\,942\,625 \cdot 10^{2}$$
$$a_8 = -4{,}569\,066\,893 \cdot 10^{1} \qquad b_8 = -8{,}566\,878\,481 \cdot 10^{1}$$
$$c_0 = 1{,}017\,179\,024 \cdot 10^{0}$$

La tolérance est de $\pm 10\%$.   La tolerancia es del $\pm 10\%$.

Die Gl. (8) gilt von der Grenze zum Bereich *I* bei 350 °C bis zur Grenze zum Bereich *III*, die gegeben ist durch die Parabel in der p, t-Ebene

The eq. (8) is valid from the boundary of region *I* at 350 °C up to the boundary of region *III* given by the parabola in the p, t-plane.

$$\beta = \sum_{\nu=0}^{\nu=2} e_\nu\, \Theta^\nu \tag{9}$$

mit den Konstanten

with the constants

$$e_0 = 5{,}060\,225\,796 \cdot 10^1, \quad e_1 = -1{,}056\,677\,634 \cdot 10^2, \quad e_2 = 5{,}596\,905\,687 \cdot 10^1.$$

Für den Bereich *III*, d. h. für Temperaturen von 100 bis 700 °C und für Drücke von 1 bis 500 bar bis zu der durch Gl. (9) gegebenen Grenze zum Bereich *II*, kann folgende Gleichung [4] verwendet werden:

For the region *III*, that is for the temperatures of 100 to 700 °C and for pressures of 1 to 500 bar and up to the boundary of region *II* given by eq. (9) the following equation [4] can be used:

$$\frac{\lambda}{\text{W/m grd}} = \frac{A\,\Theta^{1,445}}{(1 - B\,d_1\,\Theta^{-7})^C} + \frac{d_2\,\beta^4 \exp[-9\,d_3(\Theta - 1)]}{1 + d_4\,\beta^{-12}} \{d_5 - d_6\,\beta \exp[-d_3(\Theta - 1)]\} \tag{10}$$

$$\text{mit} \quad A = a_1\,\beta + a_2; \quad B = \frac{b_1\,\beta^{1,63}}{1 + b_2\,\beta^{3,26}}; \quad C = \frac{c_1\,\beta^{1,5} + c_2}{B} - c_3$$

und den Konstanten

and with the constants

$$a_1 = 1{,}012\,472\,978 \cdot 10^{-2} \qquad d_1 = 2{,}100\,200\,454 \cdot 10^{-6}$$
$$a_2 = 5{,}141\,900\,883 \cdot 10^{-2} \qquad d_2 = 2{,}394\,090\,099 \cdot 10^1$$
$$b_1 = 6{,}637\,426\,916 \cdot 10^5 \qquad d_3 = 3{,}458\,000\,000 \cdot 10^0$$
$$b_2 = 1{,}388\,806\,409 \cdot 10^0 \qquad d_4 = 1{,}363\,235\,390 \cdot 10^1$$
$$c_1 = 3{,}388\,557\,874 \cdot 10^5 \qquad d_5 = 1{,}360\,000\,000 \cdot 10^{-2}$$
$$c_2 = 5{,}768\,000\,000 \cdot 10^2 \qquad d_6 = 7{,}852\,600\,000 \cdot 10^{-3}$$
$$c_3 = 2{,}060\,000\,000 \cdot 10^{-1}$$

Die Toleranzen im Bereich *III* sind längs der Isobaren $p = 1$ bar

The tolerances in region *III* along the isobar $p = 1$ bar are

$$\pm 3\% \text{ für } 100\text{ °C} \leqq t \leqq 400\text{ °C und}$$
$$\pm 4\% \text{ für } 400\text{ °C} < t \leqq 700\text{ °C,}$$

$$\pm 3\% \text{ for } 100\text{ °C} \leqq t \leqq 400\text{ °C and}$$
$$\pm 4\% \text{ for } 400\text{ °C} < t \leqq 700\text{ °C,}$$

im übrigen Bereich *III* sind sie $\pm 6\%$ und steigen in der Nähe des kritischen Punktes auf $\pm 10\%$.

Im schraffierten Gebiet von Fig. 2 gibt es zur Zeit keine Gleichung, man muß dort graphisch interpolieren.

in the remaining region *III* they are $\pm 6\%$ and increase in the neighbourhood of the critical point to $\pm 10\%$.

In the hatched region of Fig. 2 there is up to now no equation available, and here interpolations have to be made graphically.

L'équation (8) est valable de la limite de la zone I, à 350 °C, jusqu'à la limite de la zone III, qui est donnée par la parabole dans le plan p, t

La ecuación (8) es válida desde el límite de la zona I, a 350 °C, hasta el de la zona III, el cual viene dado, en el plano p, t, por la parábola

$$\beta = \sum_{\nu=0}^{\nu=2} e_\nu \, \Theta^\nu \tag{9}$$

avec les constantes

con las constantes

$$e_0 = 5{,}060\,225\,796 \cdot 10^1, \qquad e_1 = -1{,}056\,677\,634 \cdot 10^2, \qquad e_2 = 5{,}596\,905\,687 \cdot 10^1.$$

Pour la zone III, c'est-à-dire pour températures de 100 à 700 °C et pour pressions de 1 à 500 bar, jusqu'à la limite de la zone II, donnée par l'équation (9), on peut utiliser l'équation suivante [4]:

Para la zona III, es decir, a temperaturas comprendidas entre 100 y 700 °C, y con presiones de 1 a 500 bar hasta alcanzar la curva límite de la zona II, definida por la ecuación (9), puede utilizarse la siguiente ecuación [4]:

$$\frac{\lambda}{\text{W/m grd}} = \frac{A\,\Theta^{1{,}445}}{(1 - B\,d_1\,\Theta^{-7})^C} + \frac{d_2\,\beta^4 \exp[-9 d_3(\Theta - 1)]}{1 + d_4\,\beta^{-12}} \{d_5 - d_6\,\beta \exp[-d_3(\Theta - 1)]\} \tag{10}$$

$$\text{avec} \quad A = a_1\,\beta + a_2; \quad B = \frac{b_1\,\beta^{1{,}63}}{1 + b_2\,\beta^{3{,}26}}; \quad C = \frac{c_1\,\beta^{1{,}5} + c_2}{B} - c_3$$

et les constantes

y las constantes

$$a_1 = 1{,}012\,472\,978 \cdot 10^{-2} \qquad d_1 = 2{,}100\,200\,454 \cdot 10^{-6}$$
$$a_2 = 5{,}141\,900\,883 \cdot 10^{-2} \qquad d_2 = 2{,}394\,090\,099 \cdot 10^1$$
$$b_1 = 6{,}637\,426\,916 \cdot 10^5 \qquad d_3 = 3{,}458\,000\,000 \cdot 10^0$$
$$b_2 = 1{,}388\,806\,409 \cdot 10^0 \qquad d_4 = 1{,}363\,235\,390 \cdot 10^1$$
$$c_1 = 3{,}388\,557\,874 \cdot 10^5 \qquad d_5 = 1{,}360\,000\,000 \cdot 10^{-2}$$
$$c_2 = 5{,}768\,000\,000 \cdot 10^2 \qquad d_6 = 7{,}852\,600\,000 \cdot 10^{-3}$$
$$c_3 = 2{,}060\,000\,000 \cdot 10^{-1}$$

Les tolérances dans la zone III, le long des isobares $p = 1$ bar, sont de

A lo largo de la isóbara $p = 1$, las tolerancias en la zona III son las siguientes

$$\pm 3\,\% \quad \text{pour } 100\ ^\circ\text{C} \leqq t \leqq 400\ ^\circ\text{C},$$
$$\pm 4\,\% \quad \text{pour } 400\ ^\circ\text{C} < t \leqq 700\ ^\circ\text{C}.$$

$$\pm 3\,\% \quad \text{para } 100\ ^\circ\text{C} \leqq t \leqq 400\ ^\circ\text{C},$$
$$\pm 4\,\% \quad \text{para } 400\ ^\circ\text{C} < t \leqq 700\ ^\circ\text{C},$$

Dans les autres parties de la zone III, elles sont de $\pm 6\,\%$ et, à proximité du point critique, elles montent à $\pm 10\,\%$.

Pour la partie hachurée de la fig. 2, il n'existe pas encore d'équation d'interpolation, il est donc nécessaire d'interpoler graphiquement.

en el resto de la zona III ascienden dichas tolerancias a $\pm 6\,\%$, y aumentan en las proximidades del punto crítico hasta $\pm 10\,\%$.

Por el momento, no existe ninguna ecuación que permita interpolar dentro de la zona rayada de la figura 2, sino que habrá que realizar esto gráficamente.

721/17/68 — III/18/203

Additional material from *VDI-Wasserdampftafeln,*
ISBN 978-3-662-22843-2, is available at http://extras.springer.com